시리아의 눈물,
꿈과 희망을 안아 주세요!

노경실 선생님의 지구촌 인권 동화 3
시리아의 눈물, 꿈과 희망을 안아 주세요!

초판 1쇄 펴낸 날 | 2015년 2월 25일
초판 5쇄 펴낸 날 | 2021년 5월 20일
글 작가 | 노경실 **그림 작가** | 문보경

펴낸이 | 이종미 **펴낸 곳** | 담푸스 **대표** | 이형도 **등록** | 제395-2008-00024호
주소 | 경기도 파주시 회동길 363-8, 304호
전화 | 031)919-8510(편집) 031)907-8512(마케팅) **팩스** | 070)4275-0875
홈페이지 | http://dhampus.com **메일** | dhampus@naver.com
편집 | 김현정, 유소영 **디자인** | 박정현 **마케팅** | 최민용

ISBN 978-89-94449-50-0 74810
　　　 978-89-94449-29-6 (세트)

이 도서의 국립중앙도서관 출판예정도서목록(CIP)은 서지정보유통지원시스템 홈페이지(http://seoji.nl.go.kr)와 국가자료공동목록시스템(http://www.nl.go.kr/kolisnet)에서 이용하실 수 있습니다. (CIP제어번호: CIP2015003004)

노경실 선생님의 지구촌 인권 동화 3

시리아의 눈물,
꿈과 희망을 안아 주세요!

노경실 글 | 문보경 그림

담푸스

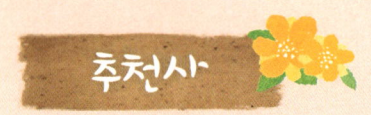

추천사

시리아의 어린이들을 기억해 주세요

갑자기 하늘에서 폭탄이 떨어진다면 어떨까요? 친구와 신나게 놀던 아이들도, 과자 가게에 있던 아이들도 갑자기 하늘에서 떨어진 폭탄에 죽거나 다칩니다. 믿기지 않는 일이죠?

지금 시리아 아이들이 겪고 있는 현실입니다. 시리아는 모래와 사막의 땅, 중동에 위치해 있어요. 시리아는 2011년부터 사 년 동안 내전을 겪고 있지요. 보통 전쟁은 한 나라와 다른 나라가 싸우는 것이지만, 내전은 한 나라 안에서 같은 국민이 서로 다른 주장을 하며 전쟁을 하는 것입니다.

여느 전쟁과 마찬가지로 시리아 내전에서도 많은 사람들이 죽고 다쳤어요. 이 책의 주인공인 바질과 히암, 오마르처럼 한 순간에 죽거나 모든 걸 잃어버린 아이들도 있고, 누르처럼 이웃 나라로 도망쳐 살고 있는 아이들도 아주 많이 있지요. 칠백만 명이 넘는 아이들이 전쟁으로 죽거나 다치고, 가까운 사람을 잃는 등 피해를 입었어요.

전쟁은 사람들의 목숨만 앗아 가는 게 아니에요. 집을 부수고, 도로와 상하수도를 부수고, 사람들이 살아가는 모든 환경을 파괴합니다. 전쟁이 일어나면 사람들은 자기가 살던 집과 고향을 떠날 수밖에 없게 돼요. 이런 사람들을 난민이라고 해요. 백오십만 명의 어린이들이 시리아를 떠나 이웃 나라에서 난민 생활을 하고 있지요.

난민들은 천막으로 된 난민촌에서 지내는데 시설이나 물자가 너무 부족해요. 아이들은 학교에 다니지 못하고, 잘 먹지 못해 건강하지 않죠.

내전을 피해 요르단에서 머물고 있는 열 살 소녀 파티마는 말합니다. "여기에는 물이 없어요. 어떤 날은 먹을 음식도 없어요. 시리아가 그리워요. 그곳에 있었을 때는 행복했어요." 라고 말이에요.

이렇게 수많은 아이들이 긴 전쟁이 끝나길 기다리며 우리들의 도움을 간절히 기다리고 있어요.

시리아의 아이들은 대부분 학교에 가고, 운동을 하고, 친구들과 놀고, 수영을 하는 것이 소원이라고 합니다. 나라의 보호를 받지 못하는 아이들이지만 모두 꿈을 꿀 수 있는 권리가 있지요.

유니세프에서는 시리아의 아이들을 위해 먹을 물과 위생 시설을 제공하고, 공부를 할 수 있도록 교육을 지원하고 있습니다. 또 건강을 위한 보건 진료를 강화하는 노력을 하고 있습니다.

전쟁을 멈추는 것도 중요하고, 전쟁으로 파괴된 것들을 다시 회복하는 일도 중요합니다. 시리아의 어린이들도 우리처럼 부모님이 주는 맛있는 음식을 먹고, 학교에서 친구들과 공부를 하고, 경치가 예쁜 곳으로 나들이 가는 평화를 꿈꿉니다. 우리가 시리아를 잊지 않고 마음을 보탠다면 시리아에도 조금 더 빨리 평화가 찾아올 수 있지 않을까요?

《시리아의 눈물, 꿈과 희망을 안아 주세요!》가 시리아의 현실을 알리고 평화를 찾아 주는 데 보탬이 될 수 있다면 좋겠습니다. 우리가 조금만 관심을 기울이면 불가능한 일이 아닐 거예요.

지구 반대편, 아름다운 나라 시리아에서 어떤 일들이 일어나는지 알고 도움의 손을 내밀어 주세요. 시리아의 아이들에게 평화와 행복이 찾아들길 진심으로 바랍니다.

유니세프한국위원회

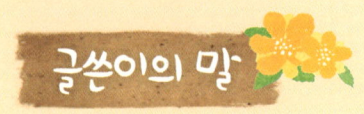

시리아 어린이의 꿈을 지켜 주세요

　성형 수술비도 의료 보험 혜택을 받게 해 달라. 간헐적 단식으로 살을 뺀다. 외모도 스펙이다. 애완견 전용 호텔과 유치원의 등장. 자녀들의 생일 파티를 위한 고급 출장 요리. 날마다 듣고 보는 뉴스 중 한 부분입니다.
　참으로 이상하지 않나요? 인터넷과 스마트폰 덕분에 이 세상 모든 일이 벌거벗은 것처럼 훤히 보이는데 왜 지구 곳곳의 아이들을 보지 못하는 걸까요? 알면서도 나와 내 주변의 것들이 더 소중하게 여겨져서 그들의 아픔을 잠시 잊고 있나요?
　몸과 마음이 아프고, 미래가 보장되지 않은 아이들은 아프리카나 남미, 그리고 아시아 곳곳의 가난한 나라에만 있는 것이 아닙니다. 한류 영향으로 세계의 시선을 한 몸에 받고 있는 우리나라에서도 학대 받고, 버림받으며, 왜곡된 가치관으로 소외 받는 어린이들이 너무도 많습니다.

　모든 고통에는 등급이 없습니다. 의식주는 물론 놀고 배우며, 하루를 평안히 보내고 내일을 기대하는 것, 가정과 이웃, 학교와 놀이터 등 어린이에게 가장 기본적인 삶의 자원 중 하나라도 부족하게 되면 동일한 고통이 일어나는 것입니다.

　그래서 나는 작가라는 입장에서 아이들에게 손을 내밀고, 어른들에게 호소합니다. "내 이웃의 아이들, 이름도 모르는 지구촌 곳곳의 아이들의 아픔을 알기라도 합시다." 그리고 "우리의 양심이 나를 책망하기 전에 무엇인가 실천합시다."라는 마음도 전합니다.

　겨울이 오면 너무 추워서, 뜨거운 여름이 되면 지칠 것 같아서 아이들 걱정을 하는 것은 오로지 친부모만의 마음이 아닙니다. 이렇듯 염려와 긍휼의 마음을 갖는 것만으로도 우리는 이미 양심의 명령에 충실한 아름다운 사람입니다.

　　　　　　　　　　　2015년 겨울, 일산 흰돌마을에서, 노경실.

차례

바질의 짓밟힌 꽃
·
13

히암, 오마르! 눈을 감지 마!
·
37

꺼지지 않는 빛, 누르
·
61

바질의 짓밟힌 꽃

- 우리도 행복했었습니다.

"이드 알 아드하!"

바질은 색연필로 무언가를 그리며 작게 말했습니다.

아빠는 이드 알 아드하가 되면 꽃 기르는 법이 담긴 책을 사 준다고 약속했어요. 남동생인 나씨르에게는 축구화를 사 주기로 했고요. 이드 알 아드하는 기원전 2000년도 넘는 옛날에 아브라함이라는 조상이 신에게 제사를 드린 날을 기념하는 명절이지요.

바질은 꽃과 나무, 그리고 이름 모르는 작은 풀들을 참 좋아합니다. 그래서 앞마당에 꽃과 작은 나무들을 기르지요. 하지만 어린이를 위한 식물 책은 구하기 아주 힘들어요. 도서관에도 많지 않고요.

친구들은 양이나 염소, 강아지나 고양이를 기르지만 바질은 눈만 뜨면 꽃을 돌봅니다. 바질의 이름이 식물 이름이라서 그런지도 모르겠어요. 아빠가 어린 시절, 머리가 아픈 병에 걸렸는데 바질을 먹고 병이 나았대요. 그래서 첫딸의 이름을 너무 고마운 식물인 바질이라고 이름 지은 것이지요.

바질은 자기가 만든 꽃밭에 '바질의 꽃밭'이라는 팻말을 만들어서 꽂아 두었습니다.

바질의 꽃밭에도 바질을 잔뜩 심어 놓았어요. 엄마가 그 잎을 따서 토마토 요리나 생선 요리에 사용할 때마다 바질은 어깨가 으쓱하지요. 집안 살림에 한몫한 것 같아서 말이에요.

이것만이 아닙니다. 바질은 예쁘게 핀 꽃들을 화분에 심어 집 안에 들여놓지요. 그러면 분위기가 환해지고, 향긋한 내음으로 식구들의 기분이 좋아집니다. 또 친구들이나 생일을 맞은 동네 어른들께 바질 화분을 선물하면 칭찬을 많이 받기도 해요.

덕분에 바질은 '꽃 천사'라는 별명이 생겼습니다. 상상해

보세요. 꽃이나 천사라는 별명 하나만 얻어도 너무 행복할 텐데, 두 가지가 어우러진 '꽃 천사'란 별명을 얻다니! 아마 하늘나라의 천사들도 부러워했을 겁니다.

"바질! 나씨르!"

거실에서 엄마가 불렀습니다.

바질은 색칠하던 것들을 얼른 책상 서랍 속에 넣고 뛰어나갔습니다. 엄마가 어디를 가자고 할지 알고 있거든요. 나씨르도 자기 방에서 강아지처럼 뛰어나왔습니다.

아침에 아빠는 엄마에게 돈을 주고 출근했지요. 배 속에 아기를 가진 엄마는 제법 부른 배로 뒤뚱뒤뚱 현관으로 걸어갔습니다.
"시장에 가면 사람이 어마어마하게 많은 거 알지? 엄마 옆에 꼭 붙어 있어야 한다."
"걱정 마세요. 나도 벌써 열 살이잖아요!"
"엄마, 나는 일곱 살!"
바질 남매는 노래하듯 흥겨운 목소리로 말했습니다.

오늘은 이드 알 아드하 명절 첫날이라 거리마다 사람들로 붐볐습니다. 한국의 추석, 서양의 추수감사절처럼 큰 명절이니까요.

엄마는 시장에 갈 때에 되도록 두 아이를 데리고 가지요. 시장은 아이들에게 커다란 놀이터이자 텔레비전과는 비교도 안 될 만큼 생생한 삶의 현장이거든요. 엄마의 말벗이 되어 주기도 하고요.

바질과 나씨르도 시장에 가는 걸 즐거워합니다. 맛있는 간식거리를 엄마가 돈 아까워하지 않고 사 주거든요. 새로 나온 장난감 구경도 할 수 있고, 엄마가 기분이 좋을 때에는 사 주기도 하지요. 또 옷이나 운동화, 학용품도 새것으로 살 수 있는 날이 시장 가는 날이니까요.

"엄마, 바클라바*랑 초콜릿도 살 거죠?"

나씨르가 물었습니다. 보통 때에는 달달하지 않은 쿱즈 아라비라는 빵만 먹어서인지 나씨르는 침을 삼켰습니다.

---

*바클라바: 밀가루 반죽으로 만든 달콤한 디저트로 터키와 중동에서 많이 먹어요.

"그런데 엄마는 뭘 살 거예요? 아빠가 엄마 것도 사라고 돈 주셨어요?"

바질은 엄마 마음을 알면서도 모른 척하고 물었습니다.

"엄마는 살 게 없을 거야. 맨날 집에만 있잖아. 나처럼 축구 하는 것도 아니고, 누나처럼 학교에 다니지도 않으니까."

"말조심해!"

바질은 나씨르를 한 대 때리고 싶었지만 꾹 참고 쏘아보았습니다. 아무리 누나라고 해도 남자 동생을 때리면 혼이 나거든요.

"맞아. 엄마는 살 게 없어. 과자랑 고기랑 너희들 것만 사도 행복해."

엄마 목소리에 힘이 없었습니다.

"난 다 알아요!"

바질이 더는 참지 못하고 소리쳤습니다.

"엄마, 화장품 사고 싶어 하잖아요? 저번에 아밀 엄마랑 말하는 거 다 들었어요. 엄마, 화장품 사세요. 엄마도 하고 싶은 거 해야죠."

순간, 엄마가 활짝 웃었습니다.

"바질! 너, 다 컸구나. 엄마 마음도 읽을 줄 알고! 그럼 네 핑계 대고 화장품 살까? 아빠는 네 말이라면 무조건 고개를 끄덕이시잖아!"

"화장품 사요, 엄마!"

바질은 마치 애원하듯 말했습니다.

"그럼 우리 엄마가 왕비님처럼 예뻐지는 거야?"

나씨르가 눈치를 살피며 물었습니다. 이번에는 엄마에게 아부하는 게 분명했지요.

"그래, 그래! 엄마가 아라비안나이트의 세헤라자드 왕비처럼 예뻐질게!"

엄마는 부른 배를 앞으로 내밀며 걸으면서도 왕비님처럼 뽐내듯 말했습니다. 바질과 나씨르는 아기 오리들처럼 엄마 곁을 졸졸 따라갔습니다.

새해가 되고, 어느새 4월이 되었습니다.

바질의 집에는 커다란 축복이 생겼습니다. 건강한 사내아이가 태어난 거지요.

"우리 아기 이름은 알 하디야라고 하자. 선물이란 뜻이지."

아빠는 셋째 아기가 아들인 것이 얼마나 기쁜지 사흘 동안 동네잔치를 연다고 사람들에게 알렸습니다.

잔치 첫날, 나씨르는 입이 불었지요.

"누나, 나는 남자 아니야? 왜 아빠는 아기만 남자인 것처럼 좋아하셔?"

나씨르는 시끄러운 집 안에서 나와 바질의 꽃밭 앞에 앉으며 물었습니다.

"나씨르, 그런 게 아니야. 우리 집의 기둥 하나가 더 생겨서 좋아하시는 거야. 너는 오른쪽 기둥. 알 하디야는 왼쪽 기둥."

"그럼 우리 집에 두 개의 기둥이 생긴 거야?"

나씨르는 고개를 갸웃하며 물었습니다.

"그럼!"

바질은 나씨르의 등을 토닥여 주었습니다.

"그럼 누나는 뭐야? 누나는 우리 집 기둥이 아니야?"

"나? 나는…….."

바질은 눈을 깜빡였습니다. 생각도 못한 동생의 질문에 금방 할 말이 떠오르지 않았거든요. 그러다 자기가 정성 들여 쓴 팻말을 보았습니다.

'바질의 꽃밭'

바질은 빙긋 웃으며 말했습니다.

"나씨르, 나는 우리 집의 꽃밭이야. 그래서 우리 집에 아름다운 향기를 가득하게 할 거야. 그리고 아빠의 두통도 낫게 해 주고, 엄마의 요리도 더 맛있게 해 드릴 거야."

"와! 누나는 너무 멋있어! 누나는 크면 뭐가 될 거야?"

바질은 나씨르의 두 번째 질문에는 얼른 대답할 수 있었습니다. 미래에 대해 늘 생각했었거든요.

"나는 선생님이나 공무원이 돼서 여자아이들도 학교에 다닐 수 있게 할 거야. 그리고 글자를 모르는 엄마들이랑 할머니들한테도 글을 가르쳐 드릴 거야."

나씨르는 존경하는 눈빛으로 누나를 쳐다보았습니다.

"아이, 왜 그래?"

바질은 쑥스러워서 어깨를 올렸다가 내렸습니다.

오늘은 잔치 둘째 날입니다.
멀리 사는 친할아버지, 외할머니와 외할아버지 등 친척들도 모두 바질네 집으로 왔습니다. 친할머니는 재작년에 병으로 하늘나라로 갔지요.
마을 전체가 들썩였습니다. 사람들은 노래하고, 춤추고, 악기를 연주했습니다. 술에 취한 남자 어른들이 빙글빙글 춤을 추었습니다. 여자들은 어른 아이 할 것 없이 음식을 만들고, 술과 차를 나르느라 바빴습니다.
바질은 잠시 틈을 내어 엄마와 아기가 누워 있는 방으로 들어갔습니다. 엄마 옆에는 외할머니가 앉아 있었습니다.
"엄마!"

바질은 활짝 웃으며 엄마의 두 손을 잡았습니다.

"바질, 네 동생 좀 보렴. 아빠랑 나씨르를 꼭 닮았어."

엄마는 자랑스럽게 말했습니다.

"바질, 네가 두 동생을 잘 길러야 한다. 너는 우리들과 다른 세상에서 사니까 공부도 마음껏 하거라."

외할머니는 바질을 격려하며 선물도 주었습니다. 하얀 무명 손수건이었습니다. 테두리는 한 땀 한 땀 분홍 실로 공그르기를 하여 단단하게 마무리가 되어 있었습니다. 그리고 한 귀퉁이에 초록색 실로 바질의 잎사귀 하나와 바질의 이름을 수놓았습니다.

바질은 하얀 손수건으로 얼굴을 감싸며 눈물을 글썽였습니다.

"네, 할머니 고마워요."

그날 밤, 바질은 외할머니와 함께 잠자리에 들었습니다. 바질은 너무 행복했습니다. 사랑스러운 두 동생, 늘 인자하신 부모님과 할머니와 할아버지. 그리고 마음껏 할 수 있는 공부와 처음으로 산 식물 책.

바질은 기도했습니다.

'나는 정말 행복해요. 열심히 공부해서 우리 나라의 가난한 아이들을 가르치는 선생님이 될게요!'

잔치 마지막 날.

아침 식사를 마친 바질은 친구들과 꽃밭 앞에 앉아 이야기를 나누었습니다. 사실은 친구들에게 꽃 자랑을 하고 싶었지요.

친구들은 바질이 하는 꽃 이야기에 귀를 모았습니다. 부러워하기도 했고, 작은 감탄사를 소리내기도 했습니다. 어떤 친구는 종이를 가지고 와서 바질의 이야기를 받아 적기도 했습니다.

그때였습니다.

마을회관의 종소리가 요란하게 들려왔습니다. 곧이어 스피커에서 흘러나오는 남자 어른의 다급한 목소리는 마을뿐 아니라 사람들의 심장마저 뒤흔들었습니다.

"공습입니다! 피하세요! 어서 피하, 으악!"

요란한 종소리도, 숨 가쁜 어른의 목소리도 뚝 멈추었습니다.

"무슨 일이지?"

"집 안으로 들어가자!"

바질과 친구들은 일어났습니다. 바질은 보았습니다. 하늘에서 무언가 번쩍 빛나는 것이 날아오는 것을! 바질은 눈이 부셔 잠깐 두 눈을 깜빡였습니다. 그때, 집 안에서 아빠의 목소리가 들렸습니다.

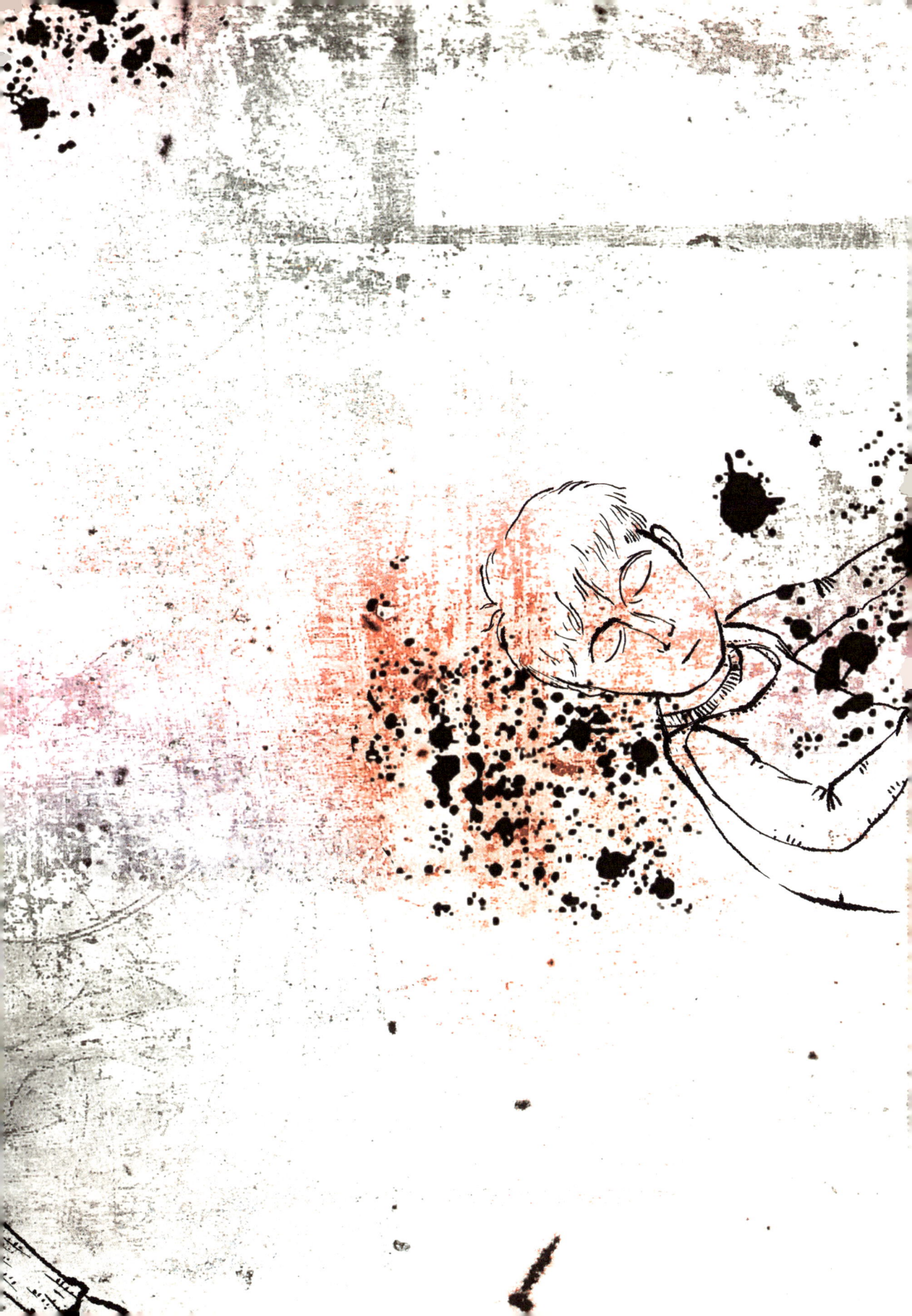

"바질! 어딨니?"

그 순간, 지진이 난 것처럼 온 땅이 뒤흔들리며 고막이 터질 듯한 폭탄 소리가 들렸습니다.

쾅쾅쾅!

쾅쾅!

"엄… 마……."

바질은 눈을 떴습니다.

'바질의 꽃밭' 팻말은 보이지 않았습니다. 꽃밭에서 불기운이 오르며 짙은 회색 연기가 솟아오르고 있었습니다.

"꽃들이 어디 갔지?"

점점 어두워지는 바질의 두 눈에 들어온 것은 빨강, 노랑, 하양, 주홍, 보라의 꽃이 아니었습니다. 바질처럼 땅바닥에 쓰러져 있는 친구들의 얼굴이었습니다. 온몸에서 피가 흐르는 친구들.

바질은 친구들의 피를 닦아 주어야 한다고 생각했습니다. 겨우 힘을 내어 치마 주머니에서 외할머니가 준 손수건을 꺼

냈습니다. 그러나 일어나지 못했습니다. 하얀 손수건은 바질의 손에서 흐르는 피로 점점 붉게 물들고 있었습니다.

"안 돼. 힘 내야 해. 알미, 자밀, 자키아, 수자딘, 알 마따르, 앗쌀……."

바질은 친구들의 얼굴을 하나하나 보며 중얼거렸습니다. 그러나 이미 눈을 감은 친구들은 바질을 보며 웃지 못했습니다. 꽃 이야기에 반짝반짝 빛나던 친구들의 두 눈은 결코 열리지 않았습니다.

바질은 겨우 고개를 돌려 집 쪽을 보았습니다. 대문부터 반 이상 무너진 집. 희뿌연 연기와 매캐한 폭탄 내음으로 더 이상 아무 것도 보이지 않았습니다.

'엄마… 아빠… 나씨르……. 그리고 아가야…….'

바질은 이제 목소리마저 나오지 않았습니다. 분명 목청 높여 엄마를 불렀는데도 실낱 같은 신음 소리만 제 귀에 들렸습니다.

'안 돼. 눈을 떠야 해. 일어나야 해. 난 우리 집 꽃밭이야. 나씨르가 학교에 다니면 공부도 도와줘야 해. 우리 아가도

업어줄 거야. 엄마가 시장 갈 때 같이 가야 하는데…… 내 식물 책은 어떡하고…… 아빠 구두도 닦아야 하는데…… 참, 다음 달 외할머니 생신 때는 나도 선물 준비할 건데…….'

바질이 일어나려고 마음속으로 몸부림칠수록 손에 들고 있는 손수건은 빠르게 검붉은 손수건으로 변하고 있었습니다.

그때, 희뿌연 먼지 속에서 누군가 달려오는 것 같았습니다. 바질은 땅바닥에 누운 채 목소리로 알았지요.

"바질! 내 딸아!"

"누나!"

그리고 친구들의 이름을 부르는 친구들의 부모님들.

바질은 피에 물든 손수건을 흔들려고 애를 쓰며 소리쳤습니다.

'아빠, 나 여기 있어요! 내 꽃밭의 팻말을 찾아 주세요! 꽃들도 돌봐 주세요!'

그러나 바질의 목소리는 누구의 귀에도 들리지 않았습니다. 대신 저 하늘 위에서 바질을 데려가려고 천사들이 내려오는 듯 햇살이 반짝였습니다.

히암, 오마르!
눈을 감지 마!

- 세상에 사랑이 있나요?

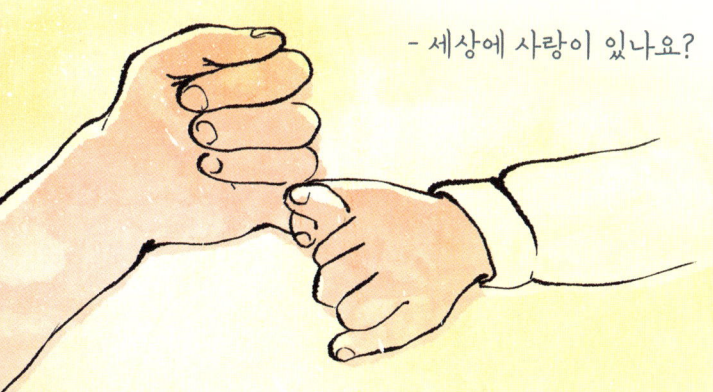

"전쟁이 났어!"

아브라임 씨가 집 안으로 뛰어 들어오며 외쳤습니다. 아브라임 씨 얼굴은 땀으로 범벅이었습니다.

"전쟁이요? 어느 나라가 쳐들어왔는데요?"

"3차 세계대전이에요?"

아브라임 씨의 두 아들인 히암과 오마르가 거실 소파에서 일어나지도 못한 채 물었습니다. 너무 놀랐거든요.

"엄마, 무서워요!"

막내둥이이며 외동딸인 여섯 살 카림은 엄마를 찾아 부엌으로 뛰어갔습니다.

아빠는 두 아들을 품에 안았습니다.

"히암! 오마르! 잘 들어라. 내일부터 학교는 임시 휴교란다. 꼼짝 말고 집에 있어야 해."

"아빠! 어느 나라가 쳐들어왔는데요?"

맏아들인 히암이 아빠 품에 안긴 채 물었습니다.

"악당 나라가 쳐들어왔죠?"

둘째 아들인 오마르도 물었습니다.

그러나 아빠는 아무 대답도 못했습니다. 그때 부엌에서 엄마랑 카림이 나왔습니다.

"드디어 전쟁으로까지 번졌군요……."

엄마는 이미 다 안다는 듯이 소파에 앉으며 한숨을 내쉬었습니다. 카림은 엄마의 옷자락을 꽉 잡고 곁에 앉았습니다.

"아하! 나도 다 알아요!"

그제야 상황을 파악한 히암이 고개를 끄덕였습니다. 히암은 열두 살이라 텔레비전을 뉴스를 볼 수 있어서 나라 형편이 어떤지 조금은 알고 있습니다.

아빠는 열두 살이 되어야만 뉴스를 볼 수 있게 허락하거든요. 그 전에는 판단력이 흐려서 뉴스를 보면 나쁜 선입견

이 생길 수 있다고 믿기 때문이지요. 작년 가을에 오마르가 하도 졸라서 엄마가 뉴스를 보게 해 주었는데 아빠가 알고서 큰 야단이 있었지요.

아빠는 얼마나 화가 났는지 오마르와 엄마를 외할머니 댁에 일주일간 보냈었답니다. 아빠의 명령을 지키지 않은 것은 아빠의 권위를 인정하지 않은 것이며, 처음 잘못했을 때에

단단히 혼을 내야 버릇을 고칠 수 있다고 생각해서이지요.

하지만 이제 히암은 열두 살이라 얼마든지 텔레비전 뉴스를 볼 수 있지요. 그래서 히암은 나라가 평화롭지 않은 것을 어느 정도 알고 있었습니다.

'그런데 전쟁이라니? 같은 나라의 국민끼리 전쟁을 할 수 있나?'

히암은 너무 놀라 아무 말도 못했습니다.

아빠는 두 아들과 나란히 소파에 앉은 다음 말했습니다.

"다시 말하지만 학교는 임시 휴교야. 그러니까 꼼짝 말고 집에만 있어야 한다."

"그럼 아빠는요?"

오마르가 물었습니다.

"사무실에 나가야 해. 아빠는 공무원이잖아. 공무원은 군인처럼 나라가 위험할 때에도 자기 자리를 지키는 거야."

"오, 신이시여!"

엄마는 두 손을 모아 기도했습니다.

"엄마, 무서워, 무서워······."

카림은 엄마의 가슴팍을 파고들었습니다.

"아빠, 그런데 우리는 누구 편이에요?"

히암이 아주 작은 목소리로 물었습니다. 나라의 의견이 둘로 나뉘어 정부군과 반군이 생겼다고 들었거든요.

"큰일 날 소리! 우린 누구 편도 아니야! 그 누구한테도 그런 말 하지 마라. 잘못하다간 우리 식구 모두 무슨 일을 당할지 몰라. 지금은 그저 가만 있는 거야. 우리 생명과 집을 지키는 게 우선이야."

아빠의 눈이 번쩍였습니다.

히암은 그 눈빛이 너무 무서워 고개를 돌렸습니다.

그날 저녁, 히암은 오마르와 한 침대에 누웠습니다. 물론 저마다 침대가 있지만 오늘만큼은 서로 함께 있기를 원해서이지요.

"형, 전쟁이 나면 형도 총 들고 싸울 거야?"

이제 초등학교 1학년인 오마르에게 전쟁은 만화책의 한 장면 같았습니다.

"난 어른이 아니야."

"그래도 형이잖아? 나보다 어른이잖아?"

"그래도 아직 어른은 아니야."

"그러면 아빠가 총 들고 싸우나? 아빠는 어른이니까!"

"아빠는 공무원이지 군인이 아니야."

"그럼 누가 총 들고 싸우는 건데?"

"몰라, 몰라!"

히암은 이불을 머리 위까지 휙 뒤집어쓰며 소리쳤습니다. 히암은 전쟁보다 학교 일로 더 속상하거든요.

이번 주 금요일은 학교에서 레슬링 대회를 하는 날입니다. 히암은 여러 번의 경기를 거쳐 본선까지 올라왔지요. 본선 경기에서 모두 네 명의 승리자가 결정됩니다. 그 뒤 네 명의 선수는 마을에 있는 다섯 개 학교의 대표 선수들과 겨루게 되지요. 히암 스스로뿐만 아니라 어른들도 히암이 승리할 거라고 생각하고 있습니다.

'히암은 우리 학교 최고의 레슬링 선수일 거야!'
'아니야. 히암은 우리 마을 최고의 선수로 뽑힐 거야!'
'그럼! 열아홉 명의 선수를 다 이길걸!'

히암은 나라 최고의 레슬링 선수가 되는 게 꿈이지요. 그래서 운동뿐 아니라 공부도 열심히 하고, 예의 바른 학생이 되려고 노력해요. 덕분에 학교에서도 인기 최고입니다.

동생들은 히암이 형이며, 오빠인 걸 늘 자랑스러워하지요. 엄마는 히암을 위해 아낌없이 도와주고 있습니다.

아빠의 기대는 더욱 큽니다. 나중에 2020년에 열리는 올림픽대회에 나가길 간절히 바라고 있습니다.

'그런데 학교가 휴교라고? 그럼 시합은 언제 열리지?'

히암은 나라에 전쟁이 일어났다고 하지만 크게 걱정하지는 않았습니다.

'다른 나라가 쳐들어온 게 아니잖아. 우리 나라 사람들끼리 싸우는 거니까 금방 끝날 거야. 어쩜 내일이면 뉴스가 나올 거야. 어른들이 다시 사이가 좋아져서 학교에 갈 수 있다고…….'

히암은 레슬링 대회에서 기분 좋게 판정승*을 하는 꿈을 꾸게 해 달라고 기도하며 눈을 감았습니다.

그때, 멀리서 희미한 소리가 들려왔습니다.

콰앙…….

쾅…….

'으음, 비가 오나? 천둥소린가? 번개가 친 건가…….'

히암은 깊이 깊이 잠들었습니다.

"엄마, 내 양말 어딨어요?"

"내 양말도요!"

세수를 한 히암과 오마르는 얼굴을 닦으며 엄마를 찾았습

---

*판정승: 권투나 레슬링 같은 경기에서 심판의 판정으로 이기는 것을 뜻해요.

니다.

"잊었니? 오늘부터 학교에 못 가잖아."

엄마가 작은 목소리로 말했습니다. 오늘도 카림은 엄마 옷자락을 꼭 붙잡고 있었습니다.

"아하……."

하림은 그 자리에 풀썩 주저앉으며 한숨을 내쉬었습니다.

'오늘이 화요일이지. 수, 목, 금 사흘 뒤면 경기하는 날인데……. 그래! 기다리자. 어른들이니까 애들보다 더 빨리 화해하겠지.'

"아빠는 이렇게 위험한데도 사무실에 나갔으니, 너희는 집에서 공부 열심히 해야 한다."

엄마의 말에 히암은 아침밥을 먹자마자 오마르를 데리고 책상 앞에 나란히 앉았습니다.

그러나 히암은 책을 펼칠 수 없었습니다.

'왜 우리 나라 어른들은 서로 미워하지? 우리 어린이들 걱정은 안 하나? 어른들 모두 집에 자식이 있을 텐데…….'

히암은 두 손으로 머리를 감싸 쥐었습니다.

오마르는 공부가 되지 않는지 이모가 생일 선물로 사 준 퍼즐판을 열었습니다. 신드바드와 멋진 배가 그려진 천 조각이나 되는 퍼즐이지요. 오마르는 방바닥에 앉아 퍼즐을 맞추기 시작했습니다. 오마르는 퍼즐을 시작한 뒤부터 퍼즐 만드는 회사 사장이 된다고 말하지요.

'안 돼! 정신 차리고 공부하자!'

히얌은 머리를 흔들며 두 손을 쭈욱 올려 기지개를 켰습니다. 그러다가 퍼즐을 하는 오마르를 보았습니다. 순간, 온몸이 뜨거워지는 것 같았습니다.

"오마르!"

얼마나 크게 소리를 질렀는지 오마르가 퍼즐 조각을 든 채 부들부들 떨었습니다.

"지금 그런 오락이나 할 때야? 우리 나라는 전쟁 중이고, 학교도 못 가는데 그깟 오락이나 해?"

히암은 사실 이 말도 하고 싶었지요.

'나는 레슬링 경기도 못하게 됐단 말이야!'

히암은 그만 분에 못 이겨 동생의 뺨을 때리고 말았습니다.

오마르는 아무렇게나 뒤섞이고 흩어진 퍼즐 조각들 위에 엎드려 엉엉 울었습니다.

그제서야 히암은 제정신이 들어 오마르를 일으켜 안았습니다.

"미안해, 미안해. 오마르, 울지 마. 형이 잘못했어."

그러나 오마르는 울음을 멈추지 않았습니다. 처음으로 형에게 맞은 거라 슬픔이 컸지요.

마침 엄마는 거실에서 카림을 재우고, 이층 방에서 청소를 하느라 아래층의 소동을 몰랐습니다. 게다가 전쟁이 어떻게

돌아가는지 알기 위해 텔레비전 뉴스를 틀어 놓고 있었지요.

뉴스에서는 끔찍한 소식들이 계속 흘러나왔습니다. '민간인이 사는 마을에 폭탄이 떨어지고, 아무 죄 없는 사람들이 피 흘리며 죽었다. 어린 아이들도 죽거나 부모를 잃고 거리에서 울고 있다. 건물들이 불에 타고, 병원에는 환자를 받을 수 없을 정도로 부상자가 많고, 이웃 나라로 떠나는 피난민이 생기고 있다.'

일하는 엄마의 몸이 바르르 떨렸습니다. 사무실에서 일하는 아빠가 너무 걱정되었지요.

엄마는 심장이 터질 것 같아 진정시키려고 히암의 레슬링복을 다림질했습니다. 엄마는 이때가 가장 행복하거든요.

"신이시여, 히암의 앞길을 축복하소서. 내 생명이 들풀이라면 히암의 생명은 살구나무입니다. 신이시여, 히암의 미래를 축복하소서. 우리 집에 옷장이 없어도 좋으나 히암의 꿈은 이루어져야 합니다."

엄마는 새 옷장을 사는 게 소원이지요. 결혼할 때 들여놓은 옷장이 너무 구식이라며 싫어하거든요.

엄마가 노래하듯 기도하며 다림질을 하고 있을 때였습니다.
"쉿! 소리 내지 마. 엄마 몰래 나가야 돼."
히암은 오마르를 데리고 집 밖을 빠져나가고 있었습니다. 오마르가 울음을 그치지 않자 너무 미안해서 과자를 사 준다고 했거든요. 히암은 용돈을 꺼내서 오마르의 손을 잡고 살금살금 대문을 열고 나왔습니다.
아침 열 시쯤이었어요.

형제는 집 밖으로 나오자마자 강아지들처럼 뛰었습니다. 여기저기서 희미하게 총소리가 들렸지만 거리는 아무 일 없는 것처럼 조용했지요.

"형! 저기!"

오마르가 모하메드 아저씨네 과자 가게를 가리켰어요.

형제는 과자 가게 안에서 이것저것 구경했습니다. 사고 싶은 건 많은데 돈은 부족하니까요.

"오마르! 나중에 내가 금메달 따면 모하메드 아저씨네 과자 가게를 통째로 사 줄게!"

"정말?"

"그럼! 형이 동생한테 왜 거짓말을 해?"

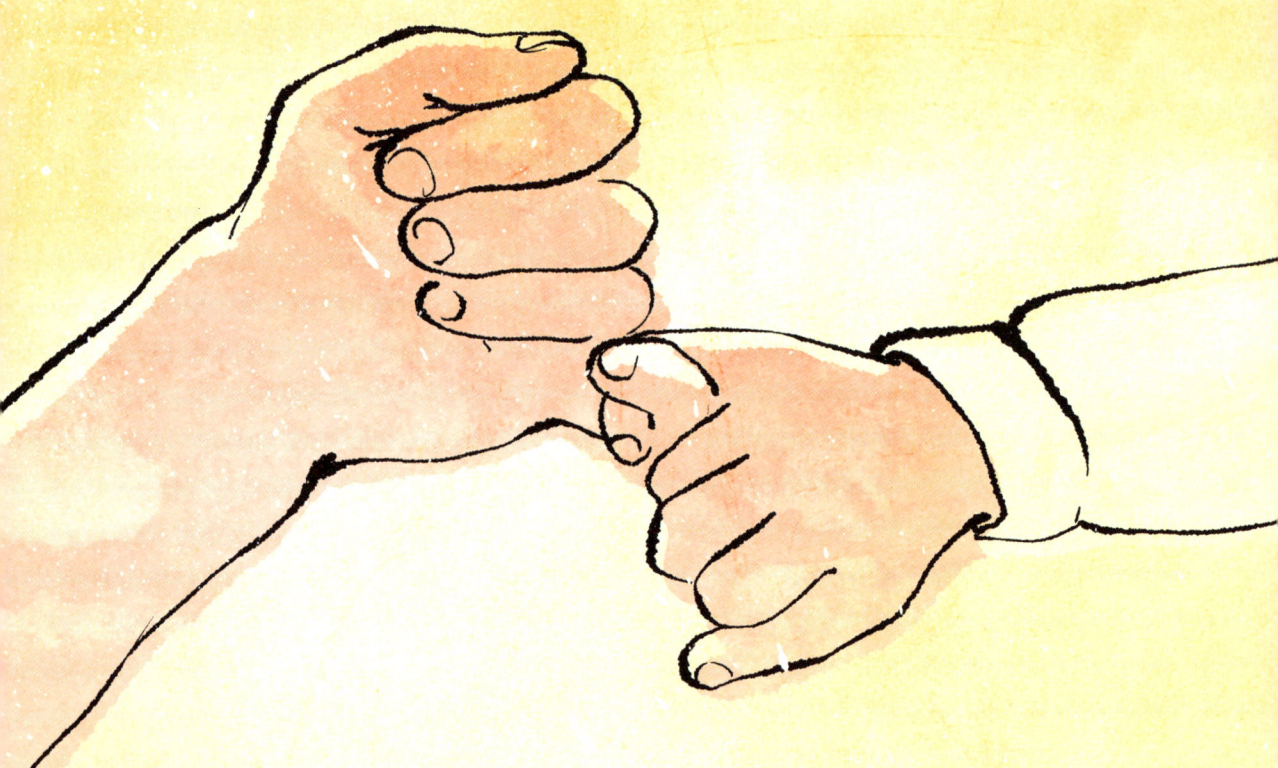

"그럼 나는 퍼즐 회사 사장이 돼서 레슬링 옷 사 줄게!"

"그래! 우리 서로 약속 지키자. 그리고 다시는 때리지 않을게!"

"응. 나도 형 말 잘 들을게!"

형제는 알록달록 과자 봉지들 앞에서 손가락을 걸고 약속했습니다. 크레파스의 색깔처럼 예쁜 과자 봉지들이 형제의 약속을 축하해 주는 카드 같았습니다.

그 순간!

꽝!

꽈광!

과자 가게의 지붕이 내려앉는 소리, 뒤이어 들리는 사이렌 소리, 다급한 방송.

"주민 여러분, 얼른 대피하세요. 우리 마을이 폭격을 받고 있습니다!"

'형…… 모하메드 아저씨가 저기 엎드려 있어…….'

'오마르, 아저씨가 술을 많이 마셔서 잠자는 걸 거야.'

'그래? 형, 꼭 레슬링 선수…… 돼야 해……. 그래서 과자…….'

'그래……. 아저씨네 가게 과자 다 사 줄게…….'

피투성이가 된 형제는 무너진 가게의 벽돌과 나무판자들 아래에 눌려서 서로를 바라보며 말했습니다.

눈으로, 두 눈으로.

눈빛으로, 두 눈빛으로 말했습니다.

'오마르, 형이 때려서 미안해. 아팠지?'

'아냐, 형. 하나도 안 아팠어…….'

'오마르, 그런데 큰일났다. 아빠가 집에 오시면 우리를 찾을 텐데……. 우리 공부 안 하고 과자 사러 갔다고 혼나겠다.'

'형! 형은 레슬링 선수잖아. 올림픽도 나갈 거니까 아빠가 야단 안 칠 거야. 나는 형만 믿어. 형이 나 지켜 줄 거지?'

두 형제의 눈빛이 점점 희미해졌습니다.

오마르의 눈이 먼저 감겼습니다.

히암은 수없이 '안 돼, 오마르! 안 돼, 오마르!' 라고 속으로 부르짖으며 무너진 건물 더미 사이로 뿌옇게 보이는 하늘을 올려다보았습니다.

'정말 이상해······. 우리도 싸우면 금방 화해하는데······ 왜 어른들은······.'

그때, 히암의 질문에 대답이라도 하듯 어디선가 소리가 들렸습니다.

"이 마을은 우리가 접수했다!"

"우리 편에 반대하는 사람은 다 잡아라!"

꺼지지 않는 빛, 누르

- 우리는 살아서 빛이 될 것입니다.

12월, 요르단의 겨울도 시리아처럼 춥습니다.

얼마나 추운지 엄마는 '잔인한 겨울 바람'이라고 하지요.

그래도 누르는 아침이면 저절로 눈이 떠집니다. 예전에는 그러지 않았습니다.

'누르, 어서 일어나야지. 학교 늦겠다. 어서!'

'엄마, 오 분만…… 오 분만 더 잘게요.'

'쯧쯧, 동생은 벌써 일어났어!'

'아말은 아직 어리잖아요. 아말도 나만큼 크면 공부하기 힘들어서 늦잠 잘 거예요.'

'핑계는! 어서 일어나!'

'정말 딱 오 분만요…….'

예전에는 이렇게 어리광도 피우고, 게으름도 부렸지요. 하지만 지금은 학교도 못 가는데 저절로 눈이 떠집니다. 예전에 증조할아버지가 새벽 세 시면 일어났던 것처럼요.

하지만 일찍 학교에 가는 게 아닙니다.

"누르, 어서 가자."

엄마는 아말과 누르의 목과 어깨에 겹겹이 스웨터와 목도리를 감아 주었습니다.

천막 문을 열자마자 온몸이 그대로 얼어붙을 것 같은 찬바람이 후욱 불어왔습니다.

"콜록콜록……."

며칠 전부터 감기를 앓고 있는 아말이 또다시 기침을 했습니다. 천식은 아니지만 한번 기침을 하면 쉽게 가라앉지 않았습니다. 그러면서 열도 오르지요.

엄마는 아말을 천막에 두고 가고 싶었지만 한 끼 식사를 위해서는 찬바람을 헤치고 가야만 합니다. 폭격이 쏟아질 때에 파편을 맞아 왼쪽 다리를 심하게 저는 엄마는 절뚝이면서도 앞장서서 걸었습니다. 전쟁이 나기 전까지 엄마는 초등학교 선생님이었지요.

"우리는 자랑스러운 시리아 국민인데, 어쩌다가 이 지경이 됐을까?"

엄마는 얼굴을 찡그렸습니다.

"엄마, 우리 조금만 더 참아요. 지금 난민촌에 있는 우리나라 사람 모두 용기를 잃지 않으려고 애쓰고 있잖아요."

누르는 이런 말을 한 자기 자신이 대견하게 생각되었습니다.

'이제 난 다 컸나 봐.'
그때였습니다.
"앗, 차가워!"
아말이 작게 비명을 질렀습니다. 시리아에서 급히 피난 나올 때에 신고 있던 샌들인데, 그나마 다 해어졌습니다.

밤새도록 내린 겨울 빗물이 질퍽질퍽한 진흙탕을 만들어서 두 발은 금방 젖고 말았습니다. 아말뿐 아닙니다. 누르도, 엄마도, 다른 사람들의 발이 모두 겨울비에 젖어서 새파랗게 변하고 있었습니다.

그래도 오늘 하루를 살아갈 수 있는 빵과 물을 위해 걸어야 하지요. 추위에 얼어붙는 것은 두 발만이 아닙니다. 늦은 여름에 피난을 왔기에 입고 있는 옷도 변변찮습니다. 난민 구호소에서 준 옷으로 겨우 추위는 피하고 있지요.

"와, 오늘도 한참 기다려야 하네요."

누르는 눈을 크게 떴습니다.

난민 구호소 앞에는 셀 수 없이 많은 사람들이 빵을 받기 위해 줄지어 서 있었습니다.

"여기서 십 킬로미터만 가면 우리 나라인데……. 우리 집이 있는데……."

엄마는 줄을 서며 말했습니다. 엄마는 하루도 빼놓지 않고 같은 말을 하지요. 엄마의 얼굴을 꼭 닮은 아말도 이제는 엄마처럼 말합니다.

"여기서 십 킬로미터만 가면 우리 집도 있고, 우리 학교도 있고, 내 인형들도 있는데……."

누르는 엄마와 동생의 이런 주절거림이 싫었습니다. 그러나 이제는 오히려 다행이라고 생각하지요.

'그래! 그리워하고, 돌아가고 싶어하는 것은 희망을 가졌

다는 거잖아. 아빠가 그러셨어. 사람은 희망이 있으면 그것으로 새 출발을 할 준비는 다 된 거라고!'

누르의 아빠는 회사에 가던 중 폭격으로 하늘나라에 갔지요. 그래서 이제 열한 살밖에 안 된 누르가 집안의 가장이 된 거랍니다. 누르는 아빠가 한없이 그리울 때마다 자기 이름을 생각합니다.

'누르야, 네 이름의 뜻은 빛이란다. 하지만 반짝반짝 빛나는 보석 같은 빛이 아니야. 그런 빛은 소중하지도, 아름답지도 않아. 그런 건 돈으로 사고파는 빛이잖아. 하지만 누르, 네 빛은 어둠을 밝히는 빛이야. 너는 꼭 훌륭한 사람이 되어서 우리 집과 세상을 환하게 밝히는 희망의 빛이 되어야 한다!'

"오빠, 오늘은 피타 빵이네!"

며칠 동안 옥수수빵만 먹어서인지 아말은 좋아했습니다.

그때, 구호소에서 빵을 나누어 주는 어른들의 이야기가 들렸습니다.

"지금 이곳에만 난민이 십만 명이나 됩니다."

"그래서 빵을 하루에 오십만 개나 배급하고 있잖아요."

"그래도 충분하지 않습니다. 가까운 유럽 나라들에 부탁해서 좀 더 많은 식량을 도와 달라고 해야 합니다. 그리고 아이들을 위해 천막 학교라도 만들어야겠어요."

"알겠습니다. 최선을 다 하지요."

순간, 누르는 두 귀가 번쩍 열렸습니다.

'학교?'

가슴이 벌렁벌렁 뛰었습니다.

'학교!'

참 이상한 일입니다. 예전에는 일 분이라도 학교에 늦게 가고, 공부도 안 하려고 했는데……. 이제는 학교라는 말만 들어도 가슴 전체가 뒤흔들릴 만큼 심장이 뛰다니!

그날 오후, 난민촌에 좋은 소식이 들렸습니다. 나무조각을 깔고 등과 허리가 아프게, 추위에 잡아먹힐 것처럼 떨면서 잠을 자야했던 가족들에게 매트리스가 도착했습니다.

하지만 오늘 밤도 누르는 잠을 잘 수 없었습니다. 천막 여기저기서 신음 소리, 울음소리, 비명 소리가 추운 겨울밤을 무섭게 뒤흔들었습니다.

"엄마! 엄마! 어딨어요!"

"우리 아가, 엄마가 지켜 주지 못해서 미안해……. 하늘나라는 춥지 않니? 아가야……."

"살려 주세요! 제발 우리 아빠한테 총을 쏘지 마세요!"

"누가 날 죽이는 것 같아요! 도와주세요!"

무서운 전쟁을 겪고 피난 나온 사람들의 마음이 많이 아파서 잠을 못 자는 겁니다. 끔찍한 장면들을 두 눈으로 보았기에 두려움에 잠을 못 자는 거지요.

누르의 엄마도 가끔씩 악몽을 꾸고, 헛소리를 하곤 합니다. 아말도 마찬가지입니다. 한밤중에 벌떡 일어나 '으악! 으악!' 비명을 지릅니다. 요르단으로 피난 오는 중에 피 흘리는 사람, 숨진 사람, 온몸에 총탄을 맞은 사람 같은 처참한 모습을 많이 보았거든요.

누르도 마음이 아프고, 아무리 지워도 지워지지 않는 공포의 순간들이 셀 수 없습니다. 그러나 아빠의 말대로 어둠을 밝히는 등불이 되려고 이겨냅니다.

다음 날, 누르는 난민촌에서 알게 된 동갑내기 사비아와 햇빛이 비치는 곳에 서서 이야기를 나누었습니다.

"사비아, 너는 나중에 뭐가 되고 싶어?"

사비아는 시린 두 발을 번갈아 뛰며 말했습니다.

"뭐가 되고 싶은지는 모르겠지만 무슨 일을 하고 싶은지는 확실해."

"무슨 일?"

"나도 저 아저씨랑 아줌마들처럼 난민 어린이들을 도와주는 일을 하고 싶어."

사비아는 계속 두 발을 차례대로 내딛으며 손가락으로 난민 구호소 본부를 가리켰습니다. 그곳에는 늘 웃어 주는 유럽에서 온 어른들이 있지요.

"누르, 너는?"

"난 빛이 될 거야!"

"빛?"

사비아가 제자리에 멈춰 섰습니다.

"빛이 되려면 어둠 속에 있어야 하잖아? 한낮에 불을 켜는 사람은 없으니까."

"응!"

누르는 아무렇지 않게 말했습니다.

"그 어둠이 뭔지 알아?"

"응?"

누르는 뭐라 대답하지 못했습니다. 사비아는 다시 두 발을 번갈아 뛰며 말했습니다.

"생각나면 나중에 말해 줘. 참, 우리 난민촌에서 나가."

"어디로?"

"요르단에 우리 아빠의 먼 친척이 있는데 아주 싼 월세로 방을 하나 얻었어. 나랑 내 동생은 학교 다니면서 그 아저씨네 빵집에서 일하기로 했어. 우리 오빠들은 자동차 정비소에서 일할 수 있대."

"좋겠다!"

누르는 긴 탄식을 내뱉었습니다.

"누르! 넌 그래도 엄마가 있잖아!"

사비아의 목소리가 떨렸습니다. 사비아의 엄마도 폭격으로 하늘나라에 갔지요.

"사비아! 넌 아빠가 있잖아! 아들한테 아빠가 없다는 게 얼마나 슬픈 건 줄 알아!"

누르는 얼굴이 새빨개지도록 소리를 질렀습니다.

사비아가 멍한 눈으로 누르를 쳐다보았습니다.

누르도 사비아를 쳐다보았습니다.

두 아이는 한없이 서로를 보고, 보고, 보았습니다.

그러더니 눈물이 흐르기 시작했습니다.

"누르!"

"사비아!"

두 아이는 서로를 부둥켜안고 엉엉 울었습니다.

여름 샌들 안으로 악마의 이빨처럼 파고드는 겨울바람이 얼마나 차가운지 잊은 채.

여름 웃옷 안으로 맹수의 발톱처럼 속속이 할퀴어 오는 겨울바람이 얼마나 매서운지도 잊은 채.

한참을 운 두 아이는 서로 약속했습니다.

"누르, 우리 연락하며 지내자. 너도 공부 포기하지 마."

"사비아, 나도 일을 해서 집을 얻게 되면, 우리 같이 학교에 다니자."

"참, 아까 내가 숙제 내준 거 꼭 풀어야 해."

"아하, 어둠에 대한 거……. 알았어."

누르는 퉁퉁 부은 얼굴로 천막에 돌아왔습니다. 그런데, 엄마와 아말의 얼굴이 다른 날보다 더 어두웠습니다.

"엄마! 아말! 왜 그래요? 무슨 일이에요?"

엄마도 사비아네 이사 소식을 들은 것입니다. 엄마가 사비아네와 친한 건 아니지만 난민촌을 떠나는 것이 너무 부러웠던 거지요. 전쟁을 피해 목숨을 건졌지만, 예전처럼 살 수 없어서 힘든 겁니다.

누르는 결심했습니다.

'아침에 학교라는 말을 들었을 때 내 가슴이 마구 뛰었어. 학교는 내 빛이야. 그래! 내가 빛이 되기 전에 우선 빛을 만나야 해!'

다시 천막 밖으로 나온 누르는 조금이라도 얼굴을 아는 어른은 모두 찾아다녔습니다.

"무슨 일이든 할 수 있어요. 일거리를 소개해 주세요. 학교도 다니고 싶고, 엄마랑 여동생을 책임져야 해요."

누르는 자기 자신이 스스로 대견하게 생각되었습니다.

그전에는 아이들과 장난치고, 텔레비전 보느라 하루가 가는 줄 몰랐습니다. 그런데 지금, 누가 시키지도 않았는데 정신없이 뛰어다니다니!

하지만 결과는 좋지 않았습니다.

'너 같은 꼬마한테 무슨 일을 맡길 수 있겠니?'

'잘못하면 일만 하고 돈을 못 받을 수도 있어. 그만큼 네가 어리다는 거야.'

'글쎄……. 너같은 애가 할 일이 있을까?'

그러나 천막으로 돌아온 누르는 기도했습니다. 엄마와 아말이 모르게 기도했습니다.

'나는 누르, 빛입니다. 내가 빛이 될 수 있게 먼저 나에게 빛을 주세요. 촛불처럼 작은 빛이라도 좋아요! 나처럼 어린 아이의 기도를 들어줘야 진짜 좋은 신이 아닌가요?'

며칠 뒤, 누르에게 기쁜 소식이 전해졌습니다.

난민촌에서 가까운 곳에 요르단 사람이 운영하는 철공소가 있는데 잔일을 하는 일자리가 있다고 했습니다.

일주일에 육 일, 매일 밤 열두 시간씩 일을 해야 하지요. 그럼 한 푼도 안 쓰고, 일 년을 일하면 월세만 내는 집으로 이사할 수 있었습니다.

'학교는 나중에 얼마든지 다닐 수 있으니까 괜찮아! 그리

고 책에서 읽은 것처럼 학교 다니기 전까지는 나 스스로 공부하면 돼. 모르는 거 있으면 사비아한테 가르쳐 달라고 하면 되잖아!'

누르가 이 소식을 알리자 엄마는 갑자기 천막에서 나갔습니다.

누르와 아말은 불안한 마음으로 엄마를 기다렸습니다. 삼십 분 정도 지난 다음에 돌아온 엄마의 몸에서 차가운 겨울바람이 휘익 불어왔습니다.

엄마는 두 아이에게 말했습니다.

"누르야, 엄마가 바람 속에서 깊이 생각했어. 그래, 누르야. 네 결정을 응원할게. 잊지 말자. 우리는 자랑스러운 시리아 사람이야! 지금은 비록 천막에서 제대로 씻지도, 먹지도, 배우지도 못하지만……."

엄마는 울먹였습니다.

"엄마!"

누르와 아말이 엄마의 품에 안겼습니다. 그러나 엄마는 두 아이를 떼어 놓고 말을 이었습니다.

"늘 기억하자. 우리는 곧 우리 나라로, 우리 집으로, 우리 학교로 돌아간다는 꿈과 희망을!"

그러면서 엄마는 두 아이를 안아 주었습니다.

순간, 누르는 깨달았습니다.

'그래! 어둠은 엄마가 말한 그 희망이 없다는 거야!'

누르는 당장 사비아에게 달려가고 싶었지만 꾹 참았습니다. 지금은 엄마와 아말과 함께 꼭 안고 있는 게 좋으니까요! 천막을 뒤흔드는 매서운 겨울바람 소리가 이제는 무섭지 않게 느껴져서 얼마든지 그 소리를 들어 줄 수 있으니까요!

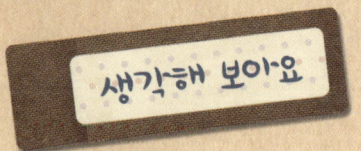

끝나지 않은 전쟁, 깊어 가는 상처

위치	중동, 지중해 연안
수도	다마스쿠스
화폐	시리아 파운드(Syrian Pound)
언어	아랍어
인구	22,530,746명 (2012년 기준)
기후	지중해성 기후, 내륙성 기후, 사막성 기후
면적	185,180㎢ (한반도의 5분의 4)
종교	수니파 이슬람교 74%, 기타 이슬람교 16%, 기독교 10%
민족	아랍인 90.3%, 쿠르드족·아르메니아인·기타 9.7%

1. 시리아는 어떤 나라인가요?

시리아는 아주 오래된 역사를 지닌 나라입니다. 유프라테스 강과 티그리스 강 사이에 위치해 수많은 다른 민족의 침입에 시달리기도 했지요.

시리아에서는 많은 인권 침해가 일어나고 있습니다. 1980년대에는 이슬람 봉기를 진압하며 수만 명이 죽었고, 2000년대 이후에도 정부를 비판하는 말을 하는 건 무척 어려운 일이에요. 2011년까지는 유튜브나 페이스북 같은 인터넷 사이트도 들어갈 수 없었지요.

2. 시리아 내전 사 년의 기록

 2010년 튀니지에서 시작해서 아프리카 북부와 중동 지역 여러 나라에서 일어난 민주화 운동을 '아랍의 봄'이라고 해요. 시리아에서도 2011년부터 민주화 운동이 일어났습니다. 남부 지역의 일부 학생들이 정부에 반대하는 글을 써서 벽에 붙였다는 이유로 고문을 당했다는 소식이 전해지자, 이에 분노하던 주민들이 정부

에 반대하는 시위에 나섰습니다. 정부는 군대를 동원해 시위에 나선 주민들에게 총을 쏘았고, 이를 계기로 시위는 정부군과 반정부군 사이의 내전으로 번졌습니다. 내전은 종교적인 갈등으로까지 번졌고, 이웃 국가들이 각각 정부군과 반정부군을 도우면서 피해 상황은 점점 더 커져갔습니다.

3. 시리아 내전의 가장 큰 피해는 아이들에게로

시리아 내전으로 수많은 사람들이 죽거나 다쳤고, 고향을 떠나야했습니다. 유엔에 따르면 2013년 6월까지 시리아 내전으로 죽은 사람 수가 십만 명이 넘는다고 합니다. 그 가운데 최소 칠천 명이 어린이들입니다. 시리아 어린이 네 명 가운데 세 명꼴로 가족을 비롯한 가까운 사람을 잃었고, 세 명 가운데 한 명이 폭행이나 총격을 받았다고 합니다.

또 전쟁으로 고향을 잃고 이웃 나라인 요르단, 레바논, 터키 등으로 살길을 찾아 흩어진 난민이 무려 삼백만 명 정도가 되는데 그중에서 백오십만 명이 어린아이들입니다.

　　내전은 갓 태어난 아이의 생명마저 위협합니다. 시리아에 있는 병원은 절반 가까이 문을 닫았습니다. 교육 문제도 마찬가지입니다. 전쟁 전에는 구십 퍼센트가 넘는 어린이들이 학교에 다닐 수 있었지만, 오래된 내전 때문에 십 퍼센트도 안 되는 아이들만이 학교에 다니게 되었습니다. 안전하고 즐거운 곳이어야 할 학교는 폭격의 목표가 되었고, 그나마 남은 학교도 난민 대피소나 무장 세력의 은신처로 사용되고 있는 실정입니다. 사 년이 다 되도록 끝나지 않는 전쟁 속에서 수백만 명의 아이들이 고통 받고 있습니다. 우리가 도움의 손을 내밀어 주길 기다리면서 말입니다.

도천기
공학박사
배관기능장, 에너지기능장, 용접기능장 외 다수
(주) 리더스산업 대표이사
사단법인 한국배관기능장협회 회장

김관식
공학석사
배관기능장 외 다수
한국건설교육원장
사단법인 한국배관기능장협회 부회장

출제기준 | 필기

직무분야	건설	중직무분야	건설배관	자격종목	배관기능장	적용기간	2018.7.1. ~ 2020.12.31.
직무내용: 건축배관 설비(급배수, 통기, 급탕, 냉난방 및 공기조화설비, 소화설비, 가스설비 등)와 플랜트설비(프로세스 배관, 유틸리티 배관 등)의 설계도서 검토, 적산, 시공, 검사 및 사업관리를 하는 직무 수행							
필기검정방법	객관식		**문제수**	60문제		**시험시간**	1 시간

필기과목명	문제수	주요항목	세부항목	세세항목
배관공작, 배관재료, 배관설비제도, 용접, 배관시공, 안전관리 및 배관작업, 설비자동화시스템, CAD, 공업경영에 관한 사항	60	1. 배관공작	1. 배관공학의 기초	1. 유체 역학의 기초 2. 열과 증기 및 전열 3. 배관의 열응력과 진동
			2. 배관용 공구 및 기계	1. 수가공 및 측정공구 2. 배관용공구 및 기계
			3. 관의 이음 및 성형	1. 강관의 이음 및 성형 2. 주철관의 이음 3. 비철금속관의 이음 4. 비금속관의 이음
			4. 용접의 종류 및 특성	1. 가스용접 2. 아크용접 3. 특수용접 4. 기타용접
			5. 가스절단 및 용접검사	1. 가스절단 2. 용접검사
		2. 배관재료	1. 관의 종류 및 특성	1. 관의 시방 및 제조방법 2. 강관 3. 주철관 4. 비철금속관 5. 비금속관
			2. 관이음재료	1. 강관 이음쇠 2. 주철관 이음쇠 3. 비철 및 비금속관 이음쇠 4. 신축이음쇠
			3. 배관 부속재료	1. 밸브 2. 트랩 및 여과기 3. 패킹, 피복 및 방청 4. 지지장치 5. 배관설비 계측기기 6. 기타 부속재료

출제기준 | 필기

필기과목명	문제수	주요항목	세부항목	세세항목
		3. 기계제도	1. 제도 통칙	1. 제도의 기본(도면크기, 문자와 선, 도면관리 등) 2. 투상법 3. 도형의 표시방법 4. 치수 기입법
			2. 배관 CAD	1. 배관도시 기호 및 용어 2. 플랜트 배관도 3. 용접기호 및 용어
		4. 배관시공	1. 위생설비 및 소화 설비	1. 급수설비 2. 오·배수, 통기설비 3. 급탕설비 4. 소화설비 5. 정화조설비
			2. 냉난방 및 공조설비	1. 냉난방설비 2. 공기조화설비 3. 열원 및 열교환기 설비
			3. 신재생에너지 설비	1. 태양열 설비 2. 지열 설비
			4. 플랜트 배관설비	1. 가스배관 2. 석유 화학배관설비 3. 기타 플랜트배관설비
			5. 배관설비 검사	1. 배관의 검사방법 2. 배관의 점검 및 보수방법
			6. 안전관리	1. 안전일반 2. 배관작업 안전 3. 용접작업 안전
			7. 설비자동화	1. 제어요소의 특성과 제어장치의 구성 2. 자동제어의 종류 3. 자동제어의 응용
		5. 공업경영	1. 품질관리	1. 통계적 방법의 기초 2. 샘플링 검사 3. 관리도
			2. 생산관리	1. 생산계획 2. 생산통계
			3. 작업관리	1. 작업방법연구 2. 작업시간 연구
			4. 기타 공업경영 관련사항	1. 기타 공업경영 관련사항

출제기준 | 실기

직무분야	건설	중직무분야	건설배관	자격종목	배관기능장	적용기간	2018.7.1.~2020.12.31.

직무내용 : 건축배관 설비(급배수, 통기, 급탕, 냉난방 및 공기조화설비, 소화설비, 가스설비 등)와 플랜트설비(프로세스 배관, 유틸리티 배관 등)의 설계도서 검토, 적산, 시공, 검사 및 사업관리를 하는 직무 수행

수행준거 :
1. 배관설비도면을 보고 CAD작업을 할 수 있다.
2. 배관설비도면을 해독하고 재료산출 및 적산 후 공사비를 산출할 수 있다.
3. 배관용 공구 및 장비를 이용하여 절단, 성형가공 및 이음을 할 수 있다.
4. 배관 치수검사와 허용압력기준으로 제작할 수 있다.
5. 배관 안전 수칙을 준수하여 사고예방을 할 수 있다.
6. 배관에 관한 관리감독 및 사업관리를 할 수 있다.

필기검정방법	작업형	시험시간	8시간 정도

실기과목명	주요항목	세부항목	세세항목
배관실무	1. 설계도서 작성	1. 설계도면 작성 및 CAD 작업하기	1. 공조설비의 계통도, 장비도면, 덕트와 배관도면을 작성할 수 있다. 2. 열원설비의 열흐름도, 장비도면도면을 작성할 수 있다. 3. 환기설비의 계통도, 장비도면, 덕트·배관, 도면을 작성할 수 있다. 4. 위생설비의 계통도, 장비도면, 배관도면을 작성할 수 있다. 5. 부속품과 이해가 곤란한 부분은 도면해석을 위하여 시공 상세도를 작성할 수 있다. 6. 설비설계 도면과 건축부문을 검토하여 중복배치의 간섭을 방지하여 작성할 수 있다. 7. 장치설치 후 시공상태를 반영한 준공도서를 작성할 수 있다.
	2. 위생설비 설계	1. 급수시스템 설계하기	1. 저층건물의 경우 상수도 직결방식으로 설계할 수 있다. 2. 옥상 또는 별도의 장소에 설치하는 고가탱크방식으로 설계할 수 있다. 3. 급수가압펌프를 이용하여 필요한 곳에 급수할 수 있는 압력탱크방식으로 설계할 수 있다. 4. 지하저수조가 설치된 경우 펌프직송방식으로 설계할 수 있다.
		2. 급탕시스템 설계하기	1. 온수 사용방법을 결정 할 수 있다. 2. 피크 지속시간을 산출하여 급탕설계를 할 수 있다. 3. 냉온수 압력차에 의한 온도변화가 일어나지 않도록 설계할 수 있다. 4. 급탕설비시스템에서 팽창탱크장치를 설계할 수 있다. 5. 균일한 온수온도 유지를 위한 배관방식을 설계할 수 있다.

출제기준 | 실기

실기과목명	주요항목	세부항목	세세항목
		3. 오배수 시스템 설계하기	1. 오배수배관에 대한 수평과 수직배관, 분기시스템을 설계할 수 있다. 2. 우수배관에 대한 수평과 수직배관, 분기시스템을 설계할 수 있다. 3. 특수배수로서 기름, 방사성물질을 함유한 배수배관에 대한 수평과 수직배관, 분기시스템을 설계할 수 있다. 4. 간접배수로서 음식물기기, 의료기구와 같이 역류방지를 필요로 하는 배관에 대한 수평과 수직배관, 분기시스템을 설계할 수 있다. 5. 오배수배관에서 배관의 악취의 유입을 방지하기 위한 트랩과 통기방식을 설계할 수 있다.
		4. 특수설비 시스템 설계하기	1. 관련법, 시행령과 규칙, 안전을 고려한 설비시스템을 선정할 수 있다. 2. 안전성, 이용성과 내구성을 고려하여 가스 공급방식을 선정할 수 있다. 3. 오물의 종류에 따른 적합한 오물 처리방법을 선정할 수 있다. 4. 중수도, 우수시스템의 적용기술 분석과 처리방법을 검토하여 선정할 수 있다.
		5. 위생기구 선정하기	1. 급수와 급탕을 필요로 하는 곳에 설치하는 위생기기를 선정할 수 있다. 2. 소변기와 대변기의 종류별 기기를 선정할 수 있다. 3. 식기세정기의 종류별 기기를 선정할 수 있다. 4. 샤워기의 종류별 압력을 검토하여 기기를 선정할 수 있다. 5. 역류방지를 위한 기기를 선정할 수 있다.
	3. 설비적산	1. 공조·열원·환기설비 적산하기	1. 열원설비와 부속기기의 장비와 재료비의 산출과 노무비를 계산할 수 있다. 2. 공기조화기기용 설비의 장비와 재료비의 산출과 노무비를 계산할 수 있다. 3. 환기설비의 장비와 재료비의 산출과 노무비를 계산할 수 있다.
		2. 위생설비 적산하기	1. 급수설비의 장비와 재료비의 산출과 노무비를 계산할 수 있다. 2. 급탕설비의 장비와 재료비의 산출과 노무비를 계산할 수 있다. 3. 배수·통기설비의 장비와 재료비의 산출과 노무비를 계산할 수 있다.

실기과목명	주요항목	세부항목	세세항목
	4. 설비배관공사	1. 배관시공하기	1. 배관재료와 부속품 및 공구 등을 준비할 수 있다. 2. 배관 및 용접이음 등을 할 수 있다.
		2. 압력시험 및 검사하기	1. 조립형상 접합상태 및 치수검사를 할 수 있어야 한다. 2. 압력시험기준에 따라 시험압력과 압력유지 여부를 파악하고 시험압력(수압)변동 상태와 배관의 각 이음부에 압력누출여부를 세부적으로 확인할 수 있어야 한다.
		3. 작업안전 준수하기	1. 복장상태 및 보호구 착용상태를 점검할 수 있어야 한다. 2. 작업안전을 준수할 수 있어야 한다.

차례 | Contents

Part 1 배관공작 ... 11

Chapter 1 배관공학의 기초 ... 12
Chapter 2 배관용 공구 및 기계 ... 26
Chapter 3 강관의 이음 및 성형 ... 34
Chapter 4 용접의 종류와 특성 ... 48
Chapter 5 가스절단 및 용접검사 ... 66

Part 2 배관재료 ... 71

Chapter 1 관의 종류 및 특성 ... 72
Chapter 2 관이음 재료 ... 87
Chapter 3 배관 부속 재료 ... 96

Part 3 기계제도 ... 111

Chapter 1 제도통칙 ... 112
Chapter 2 배관 CAD ... 119

Part 4　배관시공　135

- Chapter 1　위생설비 및 소화설비 ········· 136
- Chapter 2　냉난방 및 공조설비 ········· 144
- Chapter 3　신재생에너지설비(태양열설비, 지열설비) ········· 157
- Chapter 4　플랜트 배관설비 ········· 160
- Chapter 5　배관설비 검사 ········· 165
- Chapter 6　안전관리 ········· 170
- Chapter 7　설비자동화 ········· 185

Part 5　공업경영　199

- Chapter 1　품질관리 ········· 200
- Chapter 2　생산관리 ········· 210
- Chapter 3　작업관리 ········· 222
- Chapter 4　기타 공업 경영 관련사항 ········· 232

Part 6　실기적산　241

- Chapter 1　배관기능장 실기 적산 예상문제 ········· 242
- Chapter 2　배관기능장 실기 적산 예상문제 ········· 255

차례 | Contents

Part 7 필기 과년도 기출문제   275

2009년 제46회 필기시험(7월 12일 시행) ········· 276
2010년 제47회 필기시험(3월 28일 시행) ········· 285
2010년 배관기능장 제48회 필기시험(7월 11일 시행) ········· 294
2011년 기능장 제49회 필기시험(4월 17일 시행) ········· 303
2011년 기능장 제50회 필기시험(7월 31일 시행) ········· 312
2012년 기능장 제51회 필기시험(4월 8일 시행) ········· 321
2012년 기능장 제52회 필기시험(7월 22일 시행) ········· 329
2013년 기능장 제53회 필기시험(4월 14일 시행) ········· 338
2013년 기능장 제54회 필기시험(7월 21일 시행) ········· 347
2014년 기능장 제55회 필기시험(4월 6일 시행) ········· 356
2014년 기능장 제56회 필기시험(7월 20일 시행) ········· 365
2015년도 배관기능장 제57회 필기시험(4월 4일 시행) ········· 375
2015년도 기능장 제58회 필기시험(7월 19일 시행) ········· 383
2016년도 기능장 제59회 필기시험(4월 2일 시행) ········· 391
2016년도 배관기능장 제60회 필기시험(7월 10일 시행) ········· 401
2017년 기능장 제61회 필기시험(3월 5일 시행) ········· 411
2017년 배관기능장 제62회 필기시험(7월 8일 시행) ········· 420
2018년 배관기능장 제63회 필기시험(3월 31일 시행) ········· 430

PART 01 배관공작

배관기능장

제1장 배관공학의 기초
제2장 배관용 공구 및 기계
제3장 관의 이음 및 성형
제4장 용접의 종류와 특성
제5장 가스절단 및 용접검사

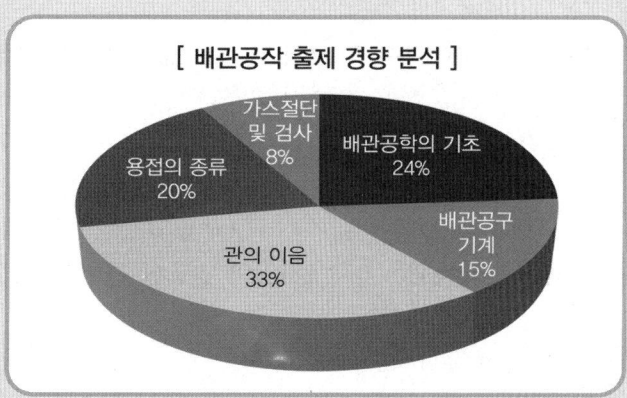

[배관공작 출제 경향 분석]

- 가스절단 및 검사 8%
- 배관공학의 기초 24%
- 배관공구 기계 15%
- 관의 이음 33%
- 용접의 종류 20%

제1장 배관공학의 기초

01 유체역학의 기초

(1) 유체의 종류
유체란 흐르는 성질을 갖고 있고 형상이 정해지지 않았으며 자유롭게 변형되는 성질이 있는, 액체와 기체이다.
① 비압축성 유체 : 흐름 중에 밀도가 일정하게 유지되는 유체
② 압축성 유체 : 자유롭게 압축이나 팽창이 되는 유체
③ 이상유체(완전유체) : 압축성과 점성이 없는 유체

복잡하게 생긴 물체의 부피를 잴 때는 아르키메데스 원리[Archimedes'Principle]가 이용된다. 여기서 밀도의 원리가 출발하였다.

(2) 밀도, 비중량 비중

$$밀도(p) = \frac{질량(m)}{체적(V)} (kg/m^3)$$

① 밀도 : 물질의 질량을 부피로 나눈 값으로 물질마다 고유한 값을 지니며, 단위는 g/㎖, g/cm^3 등을 주로 사용한다.
② 비중량
  순수한 물은 1기압 4℃일 때 가장 무겁고, 이 온도보다 높거나 낮아지면 가벼워진다.
  • γ(물의 비중량)=1kg/ℓ =1,000kg/m³, 1기압 4℃일 때의 비중량
  • 공기의 비중량 : 0℃ 1기압의 건조한 공기의 비중량 1.293kg/m³

(3) 압축성, 점성, 표면장력

① 압축성 : 압력의 크기에 따라 유체의 체적이나 밀도가 변하는 성질을 말한다. 액체는 압축성이 적고, 기체는 압축성이 크다.
② 점성 : 모든 유체가 유체 내에서 서로 접촉하는 두 층이 서로 떨어지지 않으려는 성질이다. 점성의 크기는 점성계수로 나타내고 μ를 사용하며, 단위는 $N.s/m^2 = Pa$, $s = kg/(ms)$
③ 표면장력 : 액체는 액체 분자의 응집력 때문에 그 표면을 되도록 작게 하려는 성질이 있으며, 이 때문에 액체의 표면에 생기는 장력을 말한다.

(4) 압력, 절대압력, 진공압력, 표준기압

① 압력 : 단위면적당 작용하는 수직방향의 힘(kg/cm^2)
② 절대압력
- 어떤 용기 내의 가스가 용기의 내벽에 미치는 실제의 압력
- 완전진공의 상태를 0으로 기준하여 측정한 압력으로 단위는 [$kg/cm^2 a$], $1b/m^2 a$
- 절대압력 = 게이지 압력 + 대기압
  = 대기압 - 진공압력
- 게이지 압력 = 절대압력 - 대기압

③ 진공압력
- 표준 대기압보다 낮은 압력으로 mmHg로 표시
- 진공도 = $\dfrac{진공게이지압력}{대기압} \times 100$

④ 표준 대기압(0℃, 1atm)
$1atm = 1.033 kg/cm^2 = 760 mmHg = 10.332 mH_2O = 14.71 b/in^2 = 1013.25 mmbar = 101.325 kPa$

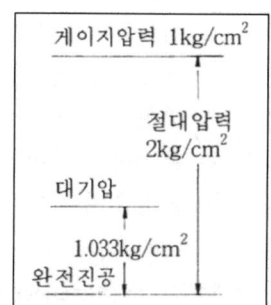

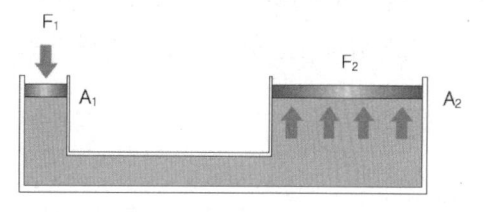

> **TIP 파스칼의 원리**
> "밀폐 용기 중에 정지 유체의 일부에 가해진 압력은 유체 중의 모든 부분에 일정하게 전달된다."는 원리
>
> $\dfrac{F_1}{A_1} = \dfrac{F_2}{A_2}$ $F_2 = F_1 \dfrac{A_2}{A_1}$

(5) 액주계 부르동관 압력계

① 액주계 : 압력(또는 압력 차)을 측정하는 기구이다. 관 또는 용기 내의 압력의 강도는 그 속에 V자형의 관을 세우고 그 관을 상승하는 액의 높이로 측정하는 것을 마노미터(액주계)라고 한다.

② 부르동관 압력계 : 압력을 부르동관의 변위로 검출하는 압력계이다. 부르동관을 이용한 탄성 압력계의 일종으로, 공업용 압력측정장치로 널리 사용한다. 동 또는 황동제로 한쪽 끝을 고정하고 다른 쪽 끝은 폐쇄한 형태의 관이다.

(6) 정상류, 비정상류 유선, 유관

① 정상류 : 어떤 장소에서의 액체의 유동 상태가 시간에 따라서 변화하지 않는 흐름
② 비정상류 : 흐름의 특징이 시간에 대해 변화하는 유체 흐름
③ 유선 : 운동하는 유체의 각 점에서 속도벡터의 방향이 접선 방향이 되도록 그은 곡선으로, 정상흐름(Steady Flow)에서는 유선이 변화하지 않음(유체의 흐름에 따라 가상한 선)
④ 유관 : 유선을 벽으로 하는 관

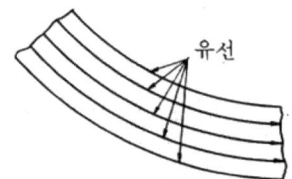

(7) 유량, 베르누이의 정리

① 유속$(V) = \dfrac{유량(Q)}{단면적(A)}$ 으로 나타낸다.

- $Q = AV$ $Q = \dfrac{\pi D^2}{4} \cdot V$, $D = \sqrt{\dfrac{4Q}{\pi V}}$

- 유량$(Q) = AV$, 유속$(V) = \dfrac{Q}{A}$

② 베르누이의 정리

점성이 없는 유체가 하나의 관속을 끊임없이 일정한 상태로 흐르고 있을 때는 유로의 어느 점에 있어서도 위치수두, 압력수두, 속도수두의 총합은 일정하다. 유체가 흐르는 속도와 압력, 높이의 관계를 수량적으로 나타낸 법칙이다.

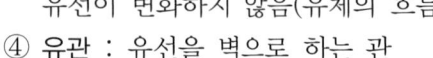

압력수두 + 속도수두 + 위치수두 = 일정

> **TIP 토리첼리의 정리**
> 용기 벽에 뚫은 작은 구멍에서 내부의 액체가 유출하는 속도에 관한 법칙으로, 이 법칙이 성립되는 것은 액체의 점성이 작고, 그 영향이 무시될 경우에 한한다(유출속도$(v) = \sqrt{2gh}$: 베르누이의 정리에서).

(8) 오리피스와 노즐

① **오리피스** : 유체를 분출시키는 구멍. 비교적 소량의 유량 측정에 사용한다. 보통 원형 오리피스가 표준이다.
② **노즐** : 원통 모양으로 생긴 것의 끝에 뚫린 작은 구멍으로부터 유체를 분출시키는 장치이다.

(9) 벤투리계 피토관

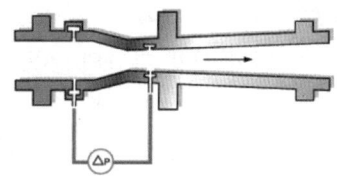

① 유체의 유속을 측정하는 데 사용되는 관이다.
② 관의 양 끝은 넓고 중앙 부분이 좁은 형태이다.
③ 관을 지나는 유체의 유속은 베르누이의 정리와 연속방정식을 사용하여 구한다.
④ 관로와 교축부에 생기는 압력차를 측정하여 유량을 구하는 장치이다.

(10) 층류와 난류, 레이놀즈수

① **층류** : 유체의 규칙적인 흐름으로, 흐트러지지 않고 일정하게 흐르는 것(관내 유속이 아주 느릴 때)을 말한다.
② **난류** : 유체의 각 부분이 시간적이나 공간적으로 불규칙한 운동을 하면서 흘러가는 것이다(관내 유속을 증가시켜 일정속도 이상일 때).
③ **레이놀즈수** : 움직이는 유체 내에 물체를 놓거나 유체가 관속을 흐를 때 난류와 층류의 경계가 되는 값을 말한다.

02 열과 증기 및 전열

(1) 온도(Temperature)

① **섭씨온도** : 물의 어는점(氷點)을 0°C, 끓는점(沸點)을 100°C로 정하고 100등분하여 하나의 눈금을 1°C로 표시하는 온도이다.
② **화씨온도** : 물의 어는점(氷點)을 32°F, 끓는점(沸點)을 212°F로 정하고 180등분하여 하나의 눈금을 1°F로 표시하는 온도이다.
③ **절대온도** : 기체의 압력이 0이 되어 기체 분자의 운동이 정지되는 온도 또는 내릴 수 있는 최저의 한계온도를 말한다.

> **TIP 섭씨, 화씨, 절대온도의 관계**
> $°C = K - 273$, $°C = \frac{5}{9} \times (°F - 32)$, $°F = (\frac{9}{5} \times °C) + 32$

(2) 열(Cal, Kcal)

① 열을 정량적으로 정의하기 위해서 열량(熱量, Quantity of Heat)이라는 물리량을 사용한다.
② 열량의 단위는 일반적으로 칼로리(Calorie, Cal)를 사용한다.
③ 열을 에너지의 한 형태로서 취급하여 에너지의 공통단위인 줄(Joule, J)로 표시한다.
④ 1cal는 물 1g의 온도를 1°C만큼 올리는 데 필요한 양, 1cal=4.18J이다.

(3) 비열(Specific Heat)

① 어떤 물질 1kg의 온도를 1°C 올리는 데 필요한 열량(C : kcal/kg · °C, BTU/lb · °F)을 말한다.
② 물질별 비열
- 물 : 1kcal/kg · °C
- 얼음 : 0.5kcal/kg · °C
- 증기 : 0.441kcal/kg · °C
- 공기 : 0.24kcal/kg · °C

(4) 정압비열(C_p)과 정적비열(C_v), 비열비

① **정압비열**(C_p) : 압력이 항상 일정한 상태에서 측정된 비열
② **정적비열**(C_v) : 체적이 항상 일정한 상태에서 측정된 비열
※ 비열이 큰 물질은 온도를 상승시키기 어렵고, 상승된 온도는 잘 내려가지 않는다.

③ 비열비 : 정압비열과 정적비열의 비

$$k = \frac{C_p}{C_v} > 1 \, (C_p > C_v \text{이기 때문에 비열비}(k) \text{는 항상 1보다 크다})$$

(5) 열용량(Heat Content)
① 어떤 물질의 온도를 1°C 또는 1K 높이는 데 필요한 열량(kcal)을 말한다.
② 열을 가하거나 빼앗을 때 물체의 온도가 얼마나 쉽게 변하는지를 알려주는 값이다.
③ 단위 질량에 대한 열용량은 비열이다.
④ 열용량의 단위는 cal/°C 또는 J/K를 사용한다.
⑤ 열용량 $= G \cdot C = P \cdot V \cdot C$
 [G : 무게(kg), C : 비열(kcal/kg·°C), P : 비중(kg/ℓ), V : 체적(ℓ)]

(6) 현열과 잠열
① 현열(감열) : 물질의 상태변화 없이 온도변화에만 필요한 열을 말한다.
 $Q = G \cdot C \cdot \Delta t$
 여기서, Q : 현열(kcal)
  G : 물체의 중량(kgf)
  C : 비열(kcal/kgf·°C)
  Δt : 온도변화(°C)
② 잠열(숨은열) : 물질의 온도변화 없이 상태변화에만 필요한 열을 말한다.
 $Q = G \cdot r$
 여기서, Q : 잠열(kcal)
  G : 물체의 중량(kgf)
  r : 잠열량(kcal/kgf)
③ 물의 증발잠열 : 539kcal/kgf, 얼음의 융해잠열 : 79.68kcal/kgf

(7) 열에너지
① 내부에너지 : 모든 물체가 감열과 잠열로서 열을 비축하고 있는 것이다.
② 엔탈피 : 어떤 물체가 갖는 단위중량당의 열량으로 내부에너지와 외부에너지의 합이다.
 $h = U + A \cdot P \cdot v$
 여기서, h : 엔탈피(kcal/kgf)
  U : 내부에너지(kcal/kgf)
  A : 일의 열당량($\frac{1}{427}$kcal/kgf·m)
  P : 압력(kgf/m^2)
  v : 비체적(m^3/kgf)

(8) 포화온도와 포화압력
① 포화온도 : 어떤 압력 하에서 액체가 증발하기 시작하는 온도이다.
② 포화압력
- 액화하기 쉬운 가스를 액화하는 데 필요한 압력
- 가스가 응축할 때의 온도에 정해진 압력
- 포화온도에 대응하는 압력

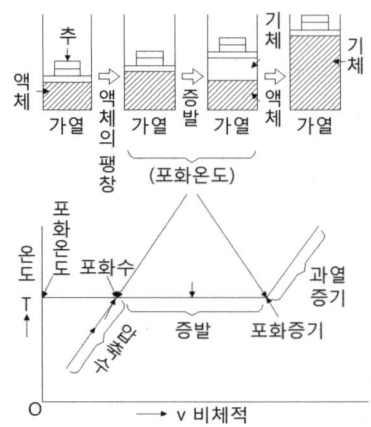

(9) 포화증기 건조도
① 포화증기 : 포화온도에 도달한 포화수가 증발하여 증기가 생성되는 것이다. 증기 속에 수분이 포함된 습포화증기, 수분이 전혀 없는 건포화증기로 구분한다.
② 건조도 : 증기 속에 함유되어 있는 물방울의 혼용률이다. 증기 1kg 안에 건조증기 $x$kg이 있다고 할 때 나머지 수분이므로 수분은 $(1-x)$kg이 된다. x를 건도 또는 건조도라 하고, $(1-x)$를 습도라 한다.

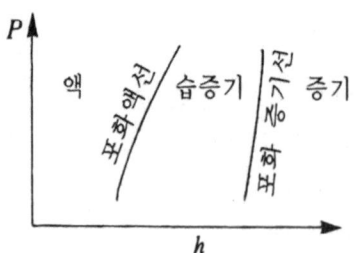

⑽ **습한포화증기, 건조포화증기, 과열증기**
   ① 습한포화증기(안개 상태) → 건조포화증기(안개 상태가 없음) → 과열증기
   ② 건조도 $x=1$이면 건조포화증기
   ③ 건조도 $x<1$이면 습증기
   ④ 건조포화증기를 가열하면 포화온도 이상으로 상승되어 과열증기가 된다.

⑾ **과냉각액, 과열증기**
   ① 과냉각액 : 포화온도에 도달하기 전의 액(증발하기 전의 액)
   ② 과열증기 : 건조포화증기에 열을 가해 압력변화 없이 포화온도 이상으로 상승한 증기

   과열도＝과열증기 온도－포화증기 온도

   ③ 과열증기의 특징
      • 증기의 마찰손실이 적다.
      • 같은 압력의 포화증기에 비해 보유열량이 많다.
      • 증기소비량이 적어도 된다.
      • 과열증기로 피가열물을 가열할 경우 가열 표면의 온도가 불균일해진다.
      • 가열장치에 큰 열응력이 발생한다.

   • 물의 임계온도 : 약 374℃
   • 물의 임계압력 : 225.6kg/cm^2(22.56MPa)
   • 임계압력 : 액체가 습증기 상태를 거치지 않고 건증기로 변할 때의 압력

⑿ **기체의 상태**
   ① 보일의 법칙 : 일정 온도하에서 일정량의 기체가 차지하는 부피는 압력에 반비례한다.
      $P_1 \cdot V_1 = P_2 \cdot V_2$
   ② 샤를의 법칙 : 일정 압력하에서 일정량의 기체가 차지하는 부피는 절대온도에 비례한다.
      $\dfrac{V_1}{T_1} = \dfrac{V_2}{T_2}$
   ③ 보일－샤를의 법칙 : 일정량의 기체가 차지하는 부피는 압력에 반비례하고, 절대온도에 비례한다.
      $\dfrac{P_1 \cdot V_1}{T_1} = \dfrac{P_2 \cdot V_2}{T_2}$

여기서, P_1 : 변하기 전의 절대압력
P_2 : 변한 후의 절대압력
V_1 : 변하기 전의 부피
V_2 : 변한 후의 부피
T_1 : 변하기 전의 절대온도(K)
T_2 : 변한 후의 절대온도(K)

(13) **열역학 법칙**

① **열역학 제0법칙(=열평형의 법칙)** : 온도가 서로 다른 물질이 접촉할 때 시간이 흐르면 두 물질의 온도는 같게 된다.

$$t_m = \frac{G_1 \cdot C_1 \cdot t_1 + G_2 \cdot C_2 \cdot t_2}{G_1 \cdot C_1 + G_2 \cdot C_2}$$

여기서, t_m : 평균온도(℃)
G_1, G_2 : 각 물질의 중량(kgf)
C_1, C_2 : 각 물질의 비열(kcal/kgf·℃)
t_1, t_2 : 각 물질의 온도(℃)

② **열역학 제1법칙(=에너지 보존의 법칙)** : 기계적 일이 열로 변하거나 열이 기계적 일로 변할 때 이들의 비는 일정한 관계가 성립된다.

$Q = A \cdot W$, $W = J \cdot Q$

여기서, Q : 열량(kcal)
W : 일량(kgf·m)
A : 일의 열당량($\frac{1}{427}$ kcal/kgf·m)
J : 열의 일당량(427kgf·m/kcal)

③ **열역학 제2법칙(=에너지 변환의 방향성의 법칙)**
고립계에서 총 엔트로피(무질서도)의 변화는 항상 증가하거나 일정하다. 에너지의 전달에는 방향이 있다. 자연계에서 일어나는 모든 과정들은 비가역과정이다.

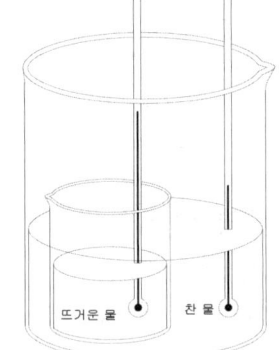

열역학 제2법칙을 설명하는 모식도

열역학 제2법칙을 수식으로 ΔS≥0, 부등호(>)는 비가역과정에 적용되고 엔트로피의 변화(ΔS)는 0보다 크다.

④ **열역학 제3법칙[=절대영도에서의 엔트로피에 관한 법칙(네른스트의 열정리)]**
열역학과정에서 엔트로피의 변화 ΔS는 절대온도 T가 0으로 접근할 때 일정한 값을 갖는다. 절대온도 T가 0에서 그 가장 낮은 상태의 에너지를 갖게 된다는 법칙으로, 절대온도 영도에서 열용량은 0이 된다.

> **포화증기로 만드는 데 필요한 열량**
>
> 0℃의 물 1Kg을 100℃의 포화증기로 만드는 데 필요한 열량은 몇 KJ인가?(단, 물의 비열은 4.19KJ/Kg·k이고, 물의 증발잠열은 2,256.7KJ/Kg이다)
>
> [해설] $H_1 = 1 \times 4.19 \times (100-0) = 419$
> $H_2 = 1 \times 2256.7 = 2256.7$
> $\therefore Q = 419 + 2256.7 = 2675.7 KJ$

> **SI 기본단위**
> - 길이(m) : 1미터는 평면 전자파가 진공 중에서 1/299,792,458초 동안 진행한 거리
> - 질량(kg) : 질량의 기본단위는 킬로그램(Kilogram)
> - 시간(s) : 시간의 기본단위는 초(Second)
> - 전류(A) : 전류의 기본단위는 암페어(Ampere)
> - 온도(K) : 온도의 기본 단위는 캘빈(Kelvin)
> - 물질량(mol) : 1몰은 12탄소의 0.012kg에 있는 원자의 수와 같은 어떤 계의 물질량
> - 광도(Cd) : 광도의 기본단위는 칸델라(Candela)
>
> **열량의 단위 J, 힘의 단위 N, 질량의 단위 kg**
> - 1J : 1뉴턴(N)의 힘을 작용시켜 1m 이동시켰을 때 일에 상당하는 열량
> - 힘의 단위(N), 질량의 단위(kg)
> - 1kg(질량)×9.8m/sec² = 9.8N = 1kg중(무게)
> - 1kgf = 9.80665N

03 배관의 열응력과 진동

(1) 열응력(Thermal Stress, 熱應力, 熱応力)

재료가 고정되어 있고, 온도가 변화한 경우 재료의 늘어남 또는 수축을 저지하기 때문에 생기는 응력이다.

Δl : $t'-t$의 온도차 때문에 늘어나는 길이

열응력 $\delta = E\alpha(t'-t)(kg/mm^2)$

E : 재료의 종탄성 계수
α : 재료의 선팽창 계수
t : 처음 온도(℃)
t' : 나중 온도(℃)

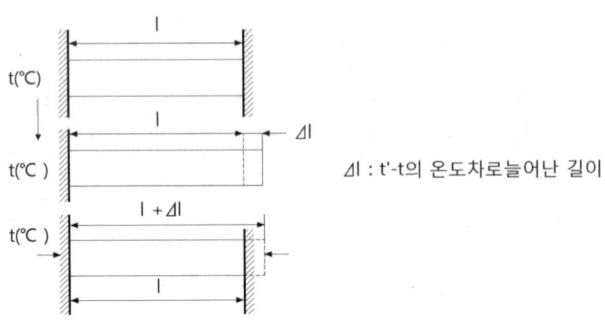

(2) 배관 열응력
① 배관호칭경 100mm 이상으로서 설계온도가 120°C 이상인 배관은 열응력을 고려한다.
② 배관호칭경 100mm 미만인 경우에는 설계온도가 250°C 이상일 경우에 열응력을 고려한다.
③ 펌프의 인입토출배관으로서 온도가 100°C 이상 혹은 −20°C 이하인 배관호칭경이 50mm 이상의 배관이다.

(3) 열응력 해소방안
① 배관의 배열(Route)을 조정하여 배관계에 유연성(Flexibility)을 준다.
② 배관계에 루프(Loop)를 주거나 벤드(Bend)를 사용한다.
③ 일직선으로 하는 경우는 조인트를 사용한다. 조인트에 손상이 가지 않도록 한다.

(4) 정상 상태에서의 배관진동(Steady State Vibration)
① 정상 상태에서의 배관진동은 긴 주기로 반복 발생을 말한다.
② 회전 또는 왕복동기기와 같이 기기 자체의 진동이다.
③ 유체의 압력에 의한 맥동이 배관계에 작동하여 발생하는 진동이다.
④ 와류와 같은 유체 유발에 의한 진동이다.
⑤ 바람에 의한 진동 형태 등이 정상 상태의 배관진동에 속한다.

제1장 출제 예상 문제

제1장 배관공학의 기초

01
순수한 물의 물리적 성질에 관한 설명으로 옳은 것은?
① 밀도는 약 $1kg/cm^3$이다.
② 물의 비중은 0°C일 때 1이다.
③ 점성계수는 온도가 높을수록 작아진다.
④ 동일조건에서 해수(바닷물)보다 비중이 약 1.2배 크다.

[해설] 동일조건에서 순수한 물은 해수보다 비중이 작다.

02
다음 중 SI 기본단위가 아닌 것은?
① 시간(s) ② 길이(m)
③ 질량(kg) ④ 압력(Pa)

[해설] 압력은 유도단위이다.

03
10℃의 물 1kg을 100℃의 포화증기로 만드는 데 필요한 열량은 약 몇 KJ인가?(단, 물의 비열은 4.19KJ/kg·K이고, 물의 증발잠열은 2256.7KJ/kg이다)
① 539 ② 639
③ 2633.8 ④ 2937.8

[해설]
- 현열 $Q_1 = G \cdot C \cdot \Delta t = 1 \times 4.19 \times (100-10) = 377.1 kJ$
- 잠열 $Q_2 = G \cdot r = 1 \times 2256.7 = 2256.7 kJ$
- 열량 $Q = Q_1 + Q_2 = 377.1 + 2256.7 = 2633.8 kJ$

04
증발량이 0.54kg/s인 보일러의 증기엔탈피가 2636KJ/kg이고, 급수엔탈피는 83.9KJ/kg이다. 이 보일러의 상당증발량은 약 얼마인가?(단, 물의 증발잠열은 2256.7KJ/kg이다)
① 0.61kg/s ② 0.63kg/s
③ 0.86kg/s ④ 0.98kg/s

[해설] $G_e = \dfrac{G(h_2 - h_1)}{2256.7} = \dfrac{0.54 \times (2636 - 83.9)}{2256.7} = 0.6106 kg/s$

05
비중 1.2인 유체를 $0.067m^3/s$ 유량으로 높이 12m를 올리려면 펌프의 동력은 약 몇 kW가 필요한가?(단, 펌프의 효율은 100%로 가정한다)
① 9.46 ② 10.14
③ 11.2 ④ 15.01

[해설] $kW = \dfrac{\gamma QH}{102\eta} = \dfrac{(1.2 \times 1000) \times 0.067 \times 12}{102 \times 1} = 9.458 kW$

06
표준약어의 설명으로 옳지 않은 것은?
① API : 미국석유협회
② AWS : 미국용접협회
③ AISI : 미국철강협회
④ ANSI : 미국재료시험학회

[해설]
- API(American Petroleum Institute) : 미국석유협회
- AWS(American Welding Society) : 미국용접협회
- AISI(American Iron and Steel Institute) : 미국철강협회
- ANSI(American National Standard Institute) : 미국표준협회
- ASTM(American Society for Testing and Materials) : 미국재료시험협회

07
어느 건물에서 열관류율이 $0.35W/m^2 \cdot K$인 벽체의 크기가 4m×20m이다. 외기온도가 -10℃이고 실내온도는 20℃로 하려고 한다면 이 벽체로부터의 손실열량(kW)은 얼마인가?
① 0.84 ② 8.4
③ 840 ④ 8,400

[해설] 벽체 손실열량
$= A \cdot K \cdot \Delta t$ 전체면적$(A) = 4 \times 20 = 80 m^2$
$80 \times 0.35 \times (20 - (-10)) = 840 W (0.84 KW)$

정답 01 ④ 02 ④ 03 ③ 04 ① 05 ① 06 ④ 07 ①

08

그림에서 단면 ①의 지름이 0.7m, 단면 ②의 지름이 0.4m일 때 단면 ①에서의 유속이 5m/s이면 단면 ②에서의 유량은 약 몇 m³/s인가?

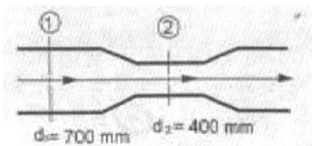

① 0.92 ② 1.92
③ 2.92 ④ 3.92

해설 연속의 방정식에서 $Q_1 = Q_2$이므로,
$Q_1 = A \cdot V = \frac{\pi}{4} \times 0.7^2 \times = 1.92 \text{m}^3/\text{s}$

09

순수한 물 1kg을 섭씨 20℃에서 100℃로 온도를 올리는 데 필요한 열량은 약 몇 kJ인가?(단, 물의 비열은 4.187kJ/kg · K이다)

① 134 ② 335
③ 1,360 ④ 2,590

해설 $Q_1 = G \cdot C \cdot \Delta t = 1 \times 4.187 \times (100-20) = 334.96 \text{kJ}$

10

내경이 10cm인 수평직관 속을 평균 유속 5m/s로 물이 흐를 때 길이 10m에서 나타나는 손실수두는 약 몇 m인가?[단, 관의 마찰손실계수(λ)는 0.017이다]

① 1.25 ② 2.08
③ 2.10 ④ 2.17

해설 $h_f = f \times \frac{L}{D} \times \frac{V^2}{2g} 0.017 \times \frac{10}{0.1} \times \frac{5^2}{2 \times 9.8}$
$= 2.168 \text{mH}_2\text{O}$

11

열에 관한 설명으로 옳지 않은 것은?

① 순수한 물의 비열은 4.19kJ/kg · K이다.
② 순수한 물이 100℃에서 끓고 있을 때의 포화압력은 760mmHg이다.
③ 표준대기압 하에서 10kg의 물을 10℃에서 90℃로 올리는 데 필요한 열량은 3352kJ이다.
④ 표준대기압 하에서 100℃의 물 1kg이 100℃의 수증기가 되기 위한 열량은 2675.8kJ이다.

해설 표준대기압 하에서 100℃의 물 1kg이 100℃의 수증기가 되기 위한 열량은 2,256kJ/kg

12

평균 온도차가 5℃일 때 열관류율이 500W/m² · K인 응축기가 있다. 응축기에서 제거되는 열량이 18kW일 때 전열면적은 몇 m²인가?

① 2.3 ② 4.6
③ 7.2 ④ 9.6

해설 $F = \frac{18 \times 1,000}{500 \times 5} = 7.2 \text{m}^2$

13

배관 내의 유속이 2m/s일 때, 수격작용에 의해 발생하는 수압은 약 몇 kgf · cm² 정도인가?

① 2.8 ② 28
③ 280 ④ 2,800

해설 배관에서의 수격작용
밸브 등을 급속개폐 시 유속의 불규칙한 변화로 유속의 14배 이상의 압력변화로 나타난다.
$2 \times 14 = 28 \text{kgf} \cdot \text{cm}^2$

14

다음 중 윌리엄-하젠(William-Hazen) 공식에 의한 급수관의 유량선도와 가장 거리가 먼 것은?

① 유량(L · min) ② 마찰손실(mmAq/m)
③ 유속(m/s) ④ 평균급수유속(m/s)

해설 윌리암-하젠(William-hazen) 공식
$h = \frac{10.67 L \times Q^{1.85}}{C^{1.85} \times D^{4.87}}$

여기서, h : 마찰손실수두(m)
L : 관의 길이(m)
Q : 유량(m³/s)
D : 관 내경(m)
C : 유속계수(강관일 경우 100)

15

그림과 같은 높이 20m인 커다란 저수탱크 밑에 구멍(지름 2cm)이 생겨 탱크 속의 물이 유출되고 있다. 이때 유량 m³/s은 약 얼마인가?(단, 유출에 의한 높이의 변화를 무시하며, 유량계수 $C_v=1$이다)

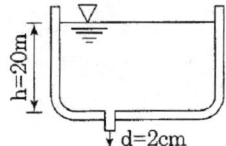

① 6.2×10^{-3} ② 6.2×10^{-3}
③ 6.2×10^{3} ④ 1.98×10^{3}

[해설] ① 유출되는 물의 유속 계산
$V = \sqrt{2gh} = \sqrt{2 \times 9.8 \times 20} = 19.798 ≒ 19.8(m/s)$
② 유량 계산
$Q = C_v A V$
$= 1 \times \dfrac{3.14}{4} \times 0.02^2 \times 19.8 = 6.2 \times 10^{-3}(m^3/s)$

16

0°C의 얼음 1kg을 100°C의 포화증기로 만드는 데 필요한 열량은 약 얼마인가?(단, 얼음의 융해열은 333.6kJ/kg, 물의 비열은 4.19kJ/kg·K, 물의 증발잠열은 2256.7kJ/kg이다)

① 2,255kJ   ② 2,590kJ
③ 2,674kJ   ④ 3,009kJ

[해설] 잠열 $Q_1 = G \cdot \Upsilon = 1 \times 333.6 = 333.6k$
현열 $Q_2 = G \cdot C \cdot \Delta t = 1 \times 4.19 \times (100-0) = 419kJ$
잠열 $Q_3 = G \cdot r = 1 \times 2256.7 = 2256.7kJ$
열량 계산 $Q = Q_1 + Q_2 + Q_3 = 333.6 + 419 + 2256.7$
$= 3009.3kJ$

17

건구온도(t_1) 26°C, 상대습도(ϕ_1) 50%인 공기 70kg과 건구온도(t_2) 32°C, 상대습도(ϕ_2) 70%인 공기 30kg을 단열혼합하면 온도는 몇 °C인가?

① 27.8°C   ② 28.3°C
③ 28.8°C   ④ 29.3°C

[해설]
$t_m = \dfrac{G_1 \cdot C_1 \cdot t_1 + G_2 \cdot C_2 \cdot t_2}{G_1 \cdot C_1 + G_2 \cdot C_2}$
$= \dfrac{70 \times 0.24 \times 26 + 30 \times 0.24 \times 32}{70 \times 0.24 + 30 \times 0.24} = 27.8°C$
정압비열 − 0.24ksal/kgf·°C

제 2 장 배관용 공구 및 기계

01 수가공 및 측정공구

(1) 가공 및 측정공구 종류

구분	종류	설명
수가공 공구	줄(File)	• 금속 및 비금속판이나 관을 절삭하거나 다듬질 할 때 사용 • 단면 형상에 따른 종류 : 평줄, 각줄, 원형줄, 반원줄, 삼각줄 • 길이에 따른 종류 : 100~400mm까지 50mm 간격으로 7종류가 있음
	해머	• 핀(Pin), 볼트(Bolt) 및 쐐기 등을 박거나 뺄 때 사용 • 용도에 따라 쇠해머, 플라스틱해머 등이 있음
	정(Chisel)	• 강을 열처리하여 평정, 평홈정, 홈정으로 분류 • 일반적으로 정의 날끝각은 60°
	기 타	나사절단기, 튜브커터, 파이프벤더, 파이프렌치, 스캐너, 몽키렌치 및 줄 쇠톱, 바이스플라이어, 실 테이프, 액체 실, 샌드페이퍼 등
측정 공구	자(Ruler)	• 가장 간편한 측정공구로 직선치수를 측정하는 데 사용 • 강철제 곧은자, 접기자, 줄자 등이 있음
	버니어캘리퍼스	• 조(Jaw) 사이에 공작을 끼우고 치수를 읽을 수 있도록 한 것 • 두께, 관의 바깥지름 및 안지름, 깊이 등을 측정(노기스)할 수 있음
	마이크로미터	• 마이크로미터 나사를 사용 • 물체의 크기를 1/1000mm까지 측정할 수 있는 정밀측정기기
	수준기(Level)	수평을 맞출 필요가 있을 때 사용하는 측정기
	다이얼게이지	• 기어장치로 미소한 변위를 확대하여 길이나 변위를 정밀측정하는 계기 • 평면의 요철, 공작물 결합의 적부, 축 중심의 흔들림 등 소량의 오차를 검사

> **TIP** ① 스패너, 렌치 사용 시 안전사항
> • 해머 대용으로 사용하지 말 것
> • 너트에 맞는 것을 사용할 것
> • 파이프렌치를 사용할 때는 정지장치를 확실히 할 것
> • 스패너와 너트 사이에 물림쇠를 끼우지 않아야 함
> • 스패너에 파이프를 끼우거나 해머로 두들겨서 돌리지 않아야 함

- 벗겨져도 손을 다치거나 넘어지지 않는 자세를 취함
- 몸 앞으로 조금씩 잡아 당겨 돌림
- 작은 볼트에 너무 큰 스패너나 렌치를 사용하지 않음

② **토치램프 취급 시 안전사항**
- 작업 전에 소화기, 모래 등을 준비함
- 사용하기 전에 주변에 인화물질이 없는지 확인함
- 각 부분에서 휘발유의 누설 여부를 확인한 후 점화함
- 사용 전에 기름이 누설되는 곳이 없는지 각 부분을 점검함
- 프라이밍 컵에 휘발유를 소량 붓고 점화한 후 서서히 예열함
- 예열 후 15~20회 정도 펌핑해 줌
- 작업 중에 휘발유가 떨어지면 화기가 완전히 없는지 확인한 후 휘발유를 주유함

02 배관용 공구 및 기계

(1) 배관용 공구 및 기계 사진

Hack Sawing Machine	로터리식 벤더	스트랩 파이프렌치	수동 나사절삭기
익스트렉터(Extractor)	익스팬더(확관기)	동파이프 벤더	전동나사절삭기
동파이프 커팅기	강관 커터기	바이스	파이프렌치

(2) 핵소잉 머신(Hack Sawing Machine)
활 모양의 프레임(Frame)에 톱날을 끼워 크랭크 작용에 의한 왕복운동으로 강관을 절단하는 것이다.

(3) 동파이프 수동벤더
① 고정롤과 유동롤로 구성되어 있으며, 동파이프 지름에 따라 사용하는 롤 크기가 다르다.
② 1/2, 5/8, 3/4, 7/8인치 등이 사용된다.

(3) 로터리식 벤더
공장 등에 설치하여 동일 치수의 모양을 다량으로 구부릴 때 편리하며, 기계식과 유압식으로 구부리는 힘형, 압력형, 클램프형, 심봉 등으로 구성되어 있는 벤더이다.

(4) 포터블 소잉 머신
① 날이 고정된 프레임에 크랭크의 왕복운동으로 파이프를 절단하는 것이다.
② 무게가 가볍고 구조가 간단하여 현장휴대용에 주로 이용되는 절단기이다.
③ 쇠톱을 전동화한 것으로, 일정한 장소에 이동시켜 주로 현장용으로 이용한다.

(5) 스트랩 파이프렌치
① 스트랩으로 파이프를 돌리는 렌치이다.
② 나사 반대 방향으로 파이프를 감아서 스트랩의 끝을 세로로 조이며, 상처가 남지 않는 렌치이다.

(6) 익스트렉터(Extractor)
T자 모양으로 연결하기 위하여 직관에서 구멍을 내고 관을 분기할 때 사용하는 동관용 주공구이다.

(7) 파이프 리머(Pipe Reamer)
관 절단 후 관 내면에 생기는 거스러미(Burr)를 제거하는 공구이다.

(8) 익스팬더(확관기)
동관의 끝을 넓히는 공구이다.

⑼ 수동 나사절삭기

수동으로 관 끝에 나사를 가공하는 절삭공구이다.

① 오스터형 나사절삭기(Oster Type Pipe Threader) : 핸들을 회전하여 나사를 가공하는 것으로, 다이스는 4개가 1조로, 100A까지 나사가공이 가능하고 배관 가이드는 3개가 1조로 구성된다.

② 리드형 나사절삭기(Reed Type Pipe Threader) : 핸들을 상하로 왕복시키면서 나사를 가공하는 것이다. 50A까지의 작은 관에 사용하며, 다이스는 2개가 1조로, 배관 가이드는 4개가 1조로 구성된다.

⑽ 동력 나사절단기

① 오스터형(Oster Type) : 동력으로 관을 저속으로 회전시키며 절삭기를 밀어 넣어 나사를 가공하는 것으로, 50A 이하의 배관에 사용한다.

② 호브형(Hob Type) : 호브(Hob)를 100~180rpm의 저속도로 회전시키며, 관을 어미나사와 척의 연결에 의해 1회전하는 사이에 자동으로 1피치(Pitch)만큼 나사가 가공된다. 호브와 사이드커터를 동시에 설치하면 나사가공과 절단을 함께 할 수 있다. 종류에는 50A 이하, 65~150A, 80~200A가 있다.

③ 다이헤드형(Diehead Type) : 다이헤드를 이용한 나사가공 전용기계이다. 관의 절단, 거스러미 제거, 나사가공을 할 수 있다.

- 취급 시 주의사항
  - 동력원으로 전기를 사용하므로 누전 및 감전에 주의한다.
  - 배관을 척(Chuck)에 정확히 고정시킨다.
  - 리머를 이용하여 배관 내면의 거스러미를 제거한다.
  - 나사가공 시 발생하는 칩(Chip)은 제거한다.
  - 윤활유(절삭유)가 부족하지 않도록 적정량을 유지한다.

(11) 동력 나사절단기(파이프 머신) 작동법

관용 나사로 소형 15~20mm(1/2"~3/4")과 중형 25~50mm(1"~ 2")을 주로 사용한다. 관의 규격은 내경 mm수로 통칭 15mm는 15A로 칭한다.

관 규격＝나사규격		
15mm＝1/2"	20mm＝3/4"	25mm＝1"
32mm＝$1\frac{1}{4}$"	40mm＝$1\frac{1}{2}$"	50mm＝2"

① 파이프를 바이스에 물리고 바이스에 연결된 텐션 고정구를 3번 정도 탁탁탁 쳐서 견고히 고정시킨다.
② 스위치를 작동 후 파이프를 회전한다.
③ 이동구를 서서히 나사 끝부분으로 이동하여 탭을 파이프로 밀어 넣는다.
④ 나사초벌을 내고 재벌을 낸다.
⑤ 구경이 큰 파이프는 3번 정도 나누어서 만든다.
⑥ 나사가 탭에 올라타서 나사가 내어지고 거의 다 내어졌다 싶으면 탭 조를 푼다.

(12) 동관용 공구

① 튜브 커터(Tube Cutter) : 관지름 20mm 이하의 동관 절단에 사용하는 공구이다.
② 튜브 벤더(Tube Bender) : 관지름 20mm 이하의 동관을 상온에서 필요한 각도(0~180°)로 구부릴 때 사용하는 공구이다.
③ 플레어링 공구 : 동관을 압축이음(Flare Joint)할 때 동관 끝을 나팔관 모양으로 넓히기 위하여 사용하는 공구이다.
④ 리머(Reamer) : 관 내면에 생기는 거스러미를 제거하는 데 사용한다.
⑤ 사이징 툴(Sizing Tools) : 동관의 끝부분을 원형으로 교정하기 위하여 사용한다.
⑥ 확관기(Expander) : 동일한 지름의 동관을 이음쇠 없이 납땜이음 할 때 한쪽 관 끝에 소켓을 만드는 데 사용한다.
⑦ 티 뽑기(Extractor) : 관 이음재(티)를 사용하지 않고 동관에 구멍을 내어 간단히 관을 연결하는 데 사용한다.
⑧ 용접 토치 : 동관을 가열하여 납땜이음, 관 구부리기 등을 할 때 사용하는 공구로, 휘발유용·등유용·LP가스용이 있다.

(13) 연관(鉛管)용 공구

① 봄 볼(Bom Boll) : 주관(主管)에서 분기이음 하는 경우 주관에 구멍을 뚫기 위하여 사용하는 공구이다.
② 드레서(Dresser) : 연관 표면을 깎아서 산화물을 없애기 위하여 사용하는 공구이다.

③ 벤드 벤(Bend Ben) : 연관에 끼워서 관을 구부리거나 관을 바르게 펼 때 사용하는 공구이다.
④ 턴 핀(Turn Pin) : 연관 끝 부분을 나팔 모양으로 넓히는 데 사용하는 공구이다.
⑤ 메리트(Mallet) : 턴 핀을 때려 넣거나, 이음부 주위를 오므리는 데 사용하는 나무해머이다.

(14) 주철관용 공구
① 납 용해용 공구세트 : 냄비, 파이어포트, 납물용 국자, 산화납 제거기 등으로 이루어진다.
② 클립(Clip) : 소켓접합 시 용해된 납물의 비산을 방지한다.
③ 링크형 파이프 커터 : 관지름 75~200mm의 주철관을 절단할 때 사용하는 것으로 원형의 특수 강제커터, 링크, 핸들 및 래칫 레버로 구성되어 있다.
④ 코킹 정 : 소켓접합 시 다지기에 사용하는 정이다.

(15) 관 벤딩용 기계
① 수동 롤러에 의한 벤더
  • 호칭 32A 이하의 관을 냉간굽힘 할 때 사용하는 것이다.
  • 롤러(Roller)에 관을 삽입한 후 핸들을 돌려 180°까지 자유롭게 벤딩(Bending)하는 형식이다.
  • 곡률 반지름은 관지름의 4~5배 이상으로 한다.
② 램식 벤딩 머신
  • 상온에서 배관을 90°까지 구부리는 데 사용한다.
  • 지름이 작은 관을 구부리는 데 편리하다.
③ 로터리식 파이프 벤딩 머신
  • 동일 치수의 모양을 대량 생산할 수 있다.
  • 구부림 각도는 180°까지 가능하다.
  • 굽힘형(Bending Die), 압력형(Pressure Die), 클램프형(Clamp Post), 심봉(Mandrel) 등으로 구성된다.

제 1 장 출제 예상 문제

제2장 배관용 공구 및 기계

01
벤터에 의한 관 굽히기 도중에 관이 파손되었다면 그 원인으로 가장 적합한 것은?
① 받침쇠가 너무 들어갔다.
② 굽힘형이 주축에서 빗나가 있다.
③ 굽힘 반경이 너무 작다.
④ 재질이 부드럽고 두께가 얇다.

[해설] 관이 파손(破損) 되는 원인
① 압력형의 조정이 강하고 저항이 크다.
② 받침쇠가 너무 나와 있다.
③ 곡률 반지름이 너무 작다.
④ 재료에 결함이 있다.

02
다음 중 장갑을 착용하고 작업하면 안 되는 것은?
① 경납땜 작업   ② 아크용접 작업
③ 드릴 작업   ④ 가스절단 작업

[해설] 드릴은 회전하는 기계이므로, 장갑을 끼고 작업하지 않는다.

03
동력나사 절삭기에 관한 설명으로 옳은 것은?
① 다이헤드식은 관의 절단과 나사절삭은 가능하나 거스러미 제거 작업은 불가능하다.
② 오스터식은 지지로드를 이용하여 절삭기를 수동으로 이송하며, 구조가 복잡하고 관경이 큰 것에 주로 사용된다.
③ 오스터식, 호브식, 램식, 다이헤드식의 4가지 종류가 있다.
④ 호브식은 나사절삭용 전용기계이지만, 호브와 파이프커터를 함께 장치하면 관의 나사절삭과 절단을 동시에 할 수 있다.

[해설] 다이헤드형
관의 절단, 나사절삭, Burr 제거 등의 일을 연속적으로 할 수 있고, 관을 물린 척을 저속 회전시키면서 다이헤드를 관에 밀어 넣어 나사를 가공하는 동력나사 절삭기이다. 램식은 파이프 벤딩기이다.

04
램식과 로터리식 파이프 벤딩 머신에 대한 비교 설명으로 틀린 것은?
① 램식은 이동식이므로 배관공사 현장에서 지름이 비교적 작은 관에 적당하다.
② 로터리식은 관에 모래를 채우는 대신 심봉을 넣고 구부린다.
③ 로터리식은 두께에 관계없이 강관 및 스테인리스관, 동관까지도 벤딩이 가능하다.
④ 동일 모양의 굽힘을 다량 생산하는 데 적합한 것은 램식이다.

[해설] 로터리식 파이프 벤딩 머신

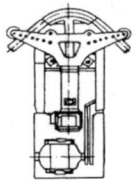 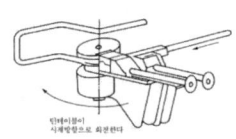

① 심봉을 넣고 구부림
② 두께에 관계없이 강관 및 스테인리스관, 동관까지도 벤딩
③ 동일 모양의 굽힘을 다량 생산

05
강관을 4조각내어 90° 마이터관을 만들려 할 때 절단각은 얼마인가?
① 7.5°   ② 11.25°
③ 15°   ④ 22.5°

[해설] 절단각 = $\dfrac{중심각}{2 \times (편수-1)} = \dfrac{90}{2 \times (4-1)} = 15$도

06
수가공용 공구 중 줄의 종류를 눈금의 크기에 따라 분류한 것으로 잘못된 것은?
① 세목   ② 중목
③ 황목   ④ 초목

[해설] 줄의 종류 : 황목, 중목, 세목

정답 01 ③ 02 ③ 03 ④ 04 ④ 05 ③ 06 ④

07
벤더로 관을 굽힐 때 관이 파손되는 원인이 아닌 것은?
① 압력 조정이 세고 저항이 크다.
② 관이 미끄러진다.
③ 받침쇠가 너무 나와 있다.
④ 굽힘 반지름이 너무 작다.

해설 관이 미끄러지는 것은 파손원인이 아니다.

08
구리관의 끝 부분을 정확한 지름의 원형으로 만들 때 사용하는 주된 공구는?
① 익스트랙터(Extractors)
② 사이징 툴(Sizing Tools)
③ 플레어 툴(Flare Tool)
④ 익스팬더(Expander)

해설 **익스트랙터(Extractors)**
직관에서 구멍을 내고 관을 T자 모양으로 분기할 때 사용하는 동관용 공구로, 티뽑기라고도 한다.

09
동관용 공구 중에서 동관 끝의 확관용 공구로 맞는 것은?
① 익스팬더
② 사이징 툴
③ 튜브벤더
④ 튜브커터

해설 익스팬더는 동관 끝의 확관용 공구이다.

10
동력식 나사절삭기 사용 시 안전수칙으로 틀린 것은?
① 절삭된 나사부는 맨손으로 만지지 않도록 한다.
② 기계의 정비·수리 등은 기계를 정지시킨 후 한다.
③ 나사절삭 시에는 계속 절삭유를 공급한다.
④ 절삭기 사용 후에는 필히 척을 닫아 둔다.

해설 사용 후에는 척을 반드시 열어 둔다.

11
오스터형 수동 나사절삭기에서 107번(117R) 절삭기로 절삭 가능한 관은?
① 8A－32A
② 15A－50A
③ 40A－80A
④ 65A－100A

해설 8A－32A : 102번
15A－50A : 104번
40A－80A : 105번

12
주철관 전용 절단공구로 가장 적합한 것은?
① 링크형 파이프 커터
② 클램프형 파이프 커터
③ 천공형 파이프 커터
④ 소켓형 파이프 커터

해설 **링크형 파이프 커터**
주철관 절단 시 주로 사용되며, 원형의 특수 강제 커터, 링크, 핸들 및 래칫 레버로 구성되어 있다. 구조상 매설된 주철관의 절단에 적합하다.

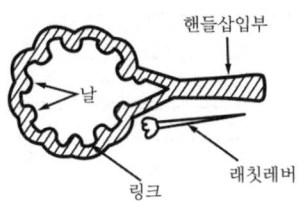

13
수공구 사용에 대한 안전 유의사항 중 잘못된 것은?
① 사용 전에 모든 부분에 기름을 칠하고 사용할 것
② 결함이 있는 것은 절대로 사용하지 말 것
③ 공구의 성능을 충분히 알고 사용할 것
④ 사용 후에는 반드시 점검하고 고장부분은 즉시 수리 의뢰할 것

해설 기름을 칠하고 사용하면 미끄러워서 안전사고 위험이 있다.

제 3 장 강관의 이음 및 성형

01 강관의 이음 및 성형

(1) 나사 이음

① 나사절삭 및 조립
- 나사절삭 : 수동 나사절삭기에 의한 방법과 동력나사절삭기에 의한 방법으로 절삭한다.
- 관의 조립 : 나사부에 패킹제를 감은 연결용 부속을 조립한다.

② 관 길이 산출 : 배관도에서는 관의 중심선을 기준으로 mm 단위로 치수가 주어진다.

[주철제 나사 이음재에서 최소물림길이]

배관호칭(A)	15(A)	20(A)	25(A)	32(A)	40(A)	50(A)
최소길이(mm)	11	13	15	17	18	20

파이프 절단치수	
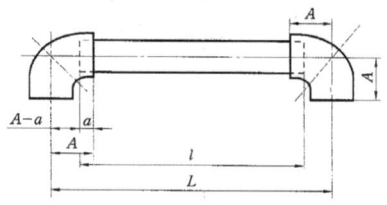	$l = L - 2(A-a)$ A : 단면에서 중심까지 거리 a : 유효나사 길이 $A-a$: 여유치수 l : 파이프 절단치수 L : 도면치수

호칭치수	A : 단면에서 중심까지 거리	a(유효나사 길이)	A−a(여유치수)
15A	27	11	16
20A	32	13	19
25A	38	15	23
32A	46	17	29

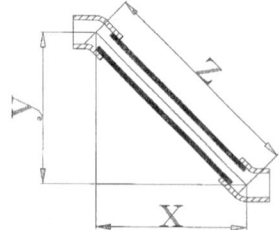

$z^2 = x^2 + y^2$
$z = \sqrt{x^2 + y^2}$
$x = 1, \ y = 1, z = 1.414$
$\iota = x \text{ or } y \times 1.414 - 2 \times$ 여유치수

(2) 용접이음

① 종류
- 맞대기용접 : 관 끝을 베벨 가공한 다음 루트 간격을 맞춘 후 이음이다.
- 슬리브용접 : 슬리브 길이는 관지름의 1.2~1.7배로 한다.

② 용접이음의 장단점

장점	단점
• 이음부 강도가 높다 • 하자 발생이 적다. • 마찰저항이 적다. • 배관의 보온, 피복 시공이 쉽다. • 시공기간을 단축할 수 있다 • 유지비, 보수비가 절약된다.	• 열응력이 발생한다. • 재질의 변형이 일어나기 쉽다. • 용접부의 변형과 수축이 발생한다. • 용접부의 잔류응력이 발생한다.

(3) 플랜지 이음

① 주로 호칭지름 65A 이상의 관에 시공하며, 주요기기의 보수점검을 위하여 분해할 필요가 있는 경우에 사용한다.
② 플랜지 사이에 패킹재를 넣고 볼트와 너트를 이용하여 기밀을 유지한다.
③ 볼트 조립 시 대각선 방향으로 여러 번에 걸쳐 죄어준다.

TIP 플랜지를 관과 이음하는 방법에 따른 분류법
- 맞대기 용접
- 나사 이음
- 슬리브 용접
- 블라인드
- 랩조인트
- 소켓용접

딘플랜지 - Din 규격 플랜지	카본스틸 플랜지 - 탄소강으로 만든 것	랩조인트 플랜지 - 나팔 모양 파이프 연결	롱웰딩넥 플랜지
소캣웰드 플랜지	스테인리스 플랜지	나사이음 플랜지	웰딩넥 플랜지
블라인드 플랜지	슬립온 플랜지	SQ 플랜지	SAE 플랜지

(4) 강관의 구부림 작업

① 냉간벤딩 : 상온에서 가공하는 것으로 수동 롤러에 의한 방법과 냉간용 벤더에 의한 방법이 있다.
② 열간벤딩 : 강관의 용접선이 가운데 오도록 한 다음 800~900°C로 가열 후 벤딩한다.
③ 곡관의 길이 계산
- 360° 구부림 곡선 길이 : 360°길이$(l) = \pi \cdot D (D$: 지름$)$
- 180° 구부림 곡선 길이 : 180°길이$(l) = \frac{1}{2}\pi \cdot D$
- 90° 구부림 곡선 길이 : 90°길이$(l) = \frac{1}{4}\pi \cdot D$
- 45° 구부림 곡선 길이 : 45°길이$(l) = \frac{1}{8}\pi \cdot D$
- 기타각도의 구부림 곡선 길이 : θ길이$(l) = \pi \cdot D \frac{\theta}{360}$
  (θ : 구부림 각도, D : 벤딩지름)

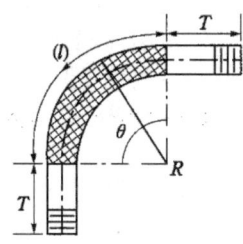

구부림 곡선 길이 계산

02 주철관의 이음[노허브, 빅토리, 메카니컬, 플랜지, 타이톤, 얀 이음(소켓 이음)]

(1) 주철관의 역사

① 1455년 독일 Dillenburg성의 배수관 설치를 위하여 주철관을 제조한 것이 주철관의 시초이다.
② 1661년 독일의 Brannfels에서 주철관이 급수용으로 사용되었다.
③ 프랑스 루이 14세 시대에 파리시 근교에 각종 구경의 주철관을 설치 패킹에는 납이 사용되었다.
④ 1948년 덕타일 주철(Ductile Cast-Iron)의 제조방법이 발전하여 폭넓게 실용화되었다.
⑤ 1922년 미국 시멘트 모르타르 라이닝 주철관이 개발되었다.
⑥ 1957년 일본 사형, 금형의 양자의 장점을 병용한 원심력 주조법에 의한 덕타일 주철관을 제조하였다.

1) 대한민국의 주철관 역사
① 1953년 원심력 회주철관 생산
② 1968년 덕타일 주철관 생산
③ 1971년 시멘트 모르타르 라이닝 주철관 생산
④ 1984년 KSD 4316으로 KS(한국공업규격) 규격 제정

2) 노허브 이음
① 주철관 이음에서 종래에 사용되는 소켓 이음을 개량한 것
② 스테인리스강 커플링과 고무링만으로 쉽게 이음

3) 빅토리 접합
① 고무링과 칼라를 사용하여 접합
② 압력이 증가할수록 고무링이 더욱 관 벽에 밀착되어 누수를 방지하는 주철관 접합

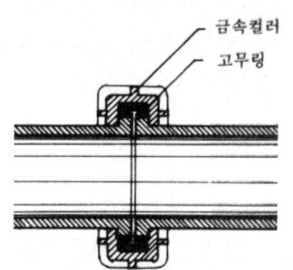

4) 기계적 접합(메카니컬 조인트)
① 고무링을 압륜으로 조여서 볼트로 체결한 것
② 굽힘성이 풍부하여 다수의 굴곡에도 누수가 없고, 작업이 간편
③ 수중에서도 용이하게 접합할 수 있는 주철관 접합(소켓이음과 플랜지 이음의 장점을 채택)
④ 외압에 대한 굽힘성이 풍부
⑤ 간단한 공구로 신속하게 이음할 수 있으며, 숙련공이 필요하지 않음
⑥ 고압에 대한 저항이 큼

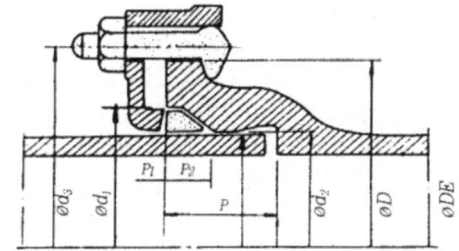

5) 타이톤 접합
① 고무링 하나만으로 이음
② 온도변화에 따른 신축이 있음
③ 소켓 내부의 홈은 고무링을 고정시킴
④ 돌기부는 고무링이 있는 홈 속에 들어맞게 되어 있음
⑤ 삽입구는 테이퍼 되어 있음

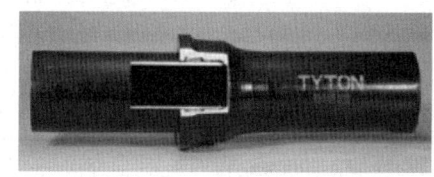

6) 플랜지 접합
① 플랜지가 부착된 주철관을 플랜지를 맞댄 이음
② 사이에 패킹을 넣어 볼트와 너트로 조여 이음하는 방법
③ 플랜지를 죄이는 볼트는 대각선 방향으로 균등하게 조임

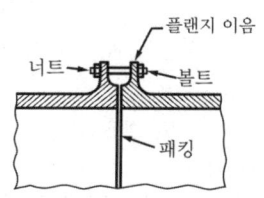

제3장 강관의 이음 및 성형

7) 소켓이음(Socket Joint, 얀이음)

① 관의 소켓부에 납과 얀(Yarn)을 넣어 이음하는 방법으로 연납이음이라도 함
② 얀은 누수방지용, 납은 얀의 이탈방지역할을 함
③ 급수관 : 삽입길이에 대하여 얀 1/3, 납 2/3
④ 배수관 : 삽입길이에 대하여 얀 2/3, 납 1/3
⑤ 납이 굳은 후 코킹(Calking, 다지기) 작업을 함
⑥ 얀의 양이 너무 많고, 납이 적은 경우 누수 가능

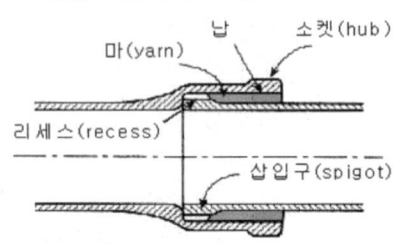

03 비철금속관의 이음

(1) 동관 이음

연납용접 (Soldering)	• 프로판토치, 전기가열기로 용접온도 200~300°C에서 용접 • 호칭지름 40A 이하의 소형관 용접 시 사용 작업이 용이하나 용접부 강도가 약함 • 용접재 명칭 　- 50A 솔더[Sn 50%+Pb 50%] 　- 95TA 솔더[Sn 95%+Sb 5%] 　- 96TS 솔더(Sn 96%+Ag 4%)
경납용접 (Brazing)	• 용접온도 700~850°C, 가열방법 산소+아세틸렌 불꽃 • 용접재 종류 : 인동납(BCuP), 은납(BAg) • 고온 및 사용압력이 높은 곳에 사용 • 과열되면 관의 손상 우려가 있으며, 용접부 강도가 강함
압축이음 (Compressed Joint)	• 관지름 20mm 이하의 동관을 이음할 때 사용 • 플레어링 툴 세트를 이용하여 동관 끝을 나팔관 모양으로 가공 후 압축이음 • 이음재를 사용하여 관을 접합 • 기기의 점검, 보수, 기타 분해할 때 적합 • 나팔관 가공 시 갈라지거나 관 끝이 밀려들어가는 현상이 없어야 함 • 압축 접합이므로 나사용 실(Seal) 등을 사용하지 않음
플랜지 이음 (Flange Joint)	• 시트 모양에 의한 분류 : 끼우기형, 홈꼴형, 랩형(Lap Joint Type) • 재질에 따른 분류 : 황동제, 청동제(포금제), 주철제, 단조제품 • 이음 방법에 의한 분류 : 납땜에 의한 방법, 유합 플랜지
동관의 플레어 이음 (Flare Joint)	• 지름 20mm 이하의 동관접합 시공 시 이용하는 이음 • 기계의 점검, 보수, 기타 관의 착탈을 쉽게 하기 위해 이용

(2) 연관의 이음

① 플라스턴 이음(plastann joint)
- 비교적 용융점(232℃)이 낮은 플라스턴 합금(주석40%+납60%)에 의한 이음 방법이다.
- 숙련이 없어도 간단하게 작업할 수 있는 이음이다.

② 연관 벤딩
- 관 속에 모래를 채우거나 심봉을 넣어 토치램프 등으로 가열하면서 구부리는 방법이다.
- 연관의 용융온도는 327℃(연관의 가열 밴딩 온도는 : 100℃)이다.

04 비금속관의 이음

(1) 콘크리트관 이음[시멘트와 모래의 배합(1:1) 수분의 양은 약 17%]
- 콤보 이음
- 칼라 신축 이음
- 턴 앤드 글로브 이음
- 칼라 신축 이음(W식)

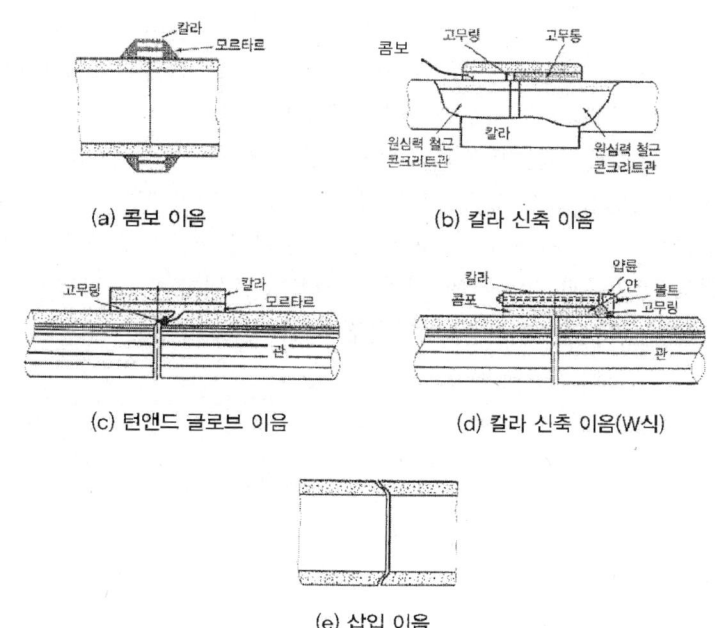

(a) 콤보 이음 (b) 칼라 신축 이음

(c) 턴앤드 글로브 이음 (d) 칼라 신축 이음(W식)

(e) 삽입 이음

(2) 석면 시멘트관 이음

심플렉스 이음 (고무개스킷 이음)	• 칼라 속에 2개의 고무링을 넣고 이음하는 방식 • 사용압력이 10.5기압(kg/cm^2) 이상 • 굽힘성과 수밀성이 우수 • 75~500mm의 지름이 작은 경우에 사용되는 이음	
기볼트 이음 (에터니트관 접합법)	2개의 플랜지와 2개의 고무링 및 1개의 슬리브를 사용	
칼라 이음	• 접속환(칼라)을 사용 • 모르타르를 충진하여 이음한 것 • 구성재는 물을 흡수하여 팽창함	

(3) 염화비닐관의 이음

① TS 이음법 : 테이퍼로 만들어진 TS 이음관에 접착제를 바른 관을 삽입하여 이음 방법으로, 관을 1/25~1/27 테이퍼로 절삭하여 삽입한다.

② 고무링 이음법(편수 칼라 이음법) : 고무링의 탄성을 이용하여 누설을 방지하는 이음 방법으로, 접착제 또는 가열할 필요 없이 고무링을 그대로 삽입시키면 되는 경제적 이음법이다.

③ H식 열간 이음법 : 호칭 지름 10~25mm인 관에 H식 이음관을 사용하여 접합하는 방법으로, 삽입관의 바깥쪽과 이음관의 안쪽을 선삭기(旋削機)로 갈아내고 이음부 안팎으로 접착제를 고르게 바른 후 한 번에 삽입하면 이음이 되는 방법이다.

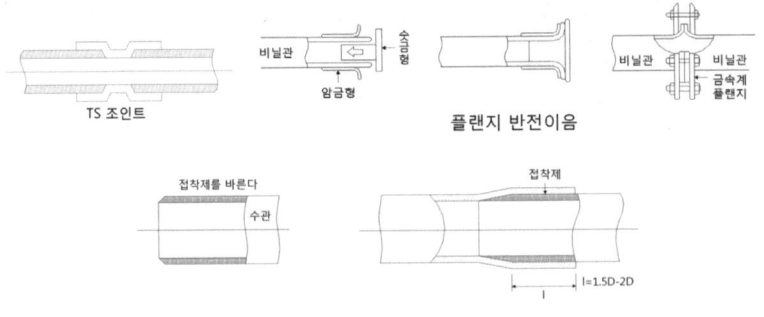

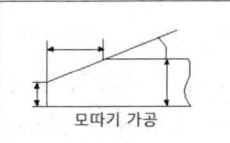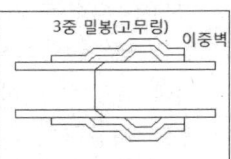

고무링 이음법

경질염화비닐관의 특징	
장점	단점
① 내식, 내산, 내알칼리성이 크다. ② 전기의 절연성이 크다. ③ 열의 불양도체이다. ④ 가볍고 강인하며, 가격이 저렴하다. ⑤ 배관 가공이 쉬워 시공비가 적게 소요된다.	① 저온 및 고온에서 강도가 약하다. ② 열팽창률이 심하다. ③ 충격강도가 작다. ④ 용제에 약하다.

(4) 경질염화비닐관의 이음

냉간 이음법	• 나사 이음법 : 금속관과의 연결부 접합에 사용 • 냉간 삽입 이음법(TS Joint) : 접착제 사용
열간 이음법	• 1단법 : 열가소성, 복원성, 용착성을 이용하여 50mm 이하의 관에 사용 • 2단법 : 암관, 수관에 가열·냉각 접착제를 이용하여 65mm 이상의 관에 사용. 연화온도 70~80°C, 삽입적정온도 : 130°C, 삽입길이 관지름의 1.5~2배
플랜지 이음법	• 65mm 이상의 지름이 큰 관에 사용 • 관을 해체할 필요가 있는 경우에 사용
테이퍼코어 이음법	• 지름이 큰 관의 이음에 적당 • 테이퍼코어와 테이퍼플랜지를 이용하는 것으로 이종관(異種管) 이음에도 사용
용접 이음법	• 열풍용접기를 사용 • 지름이 큰 관의 분기관이나 조각내어 구부리기, 부분적 수리 등에 이용

(5) 폴리에틸렌관 이음

① 용착 슬리브 이음 : 관 끝의 바깥쪽과 이음관의 안쪽을 동시에 가열하여 용융 이음하는 방법이다. 가열 지그를 이용한 적정용착(가열)온도는 약 200°C 정도이다.

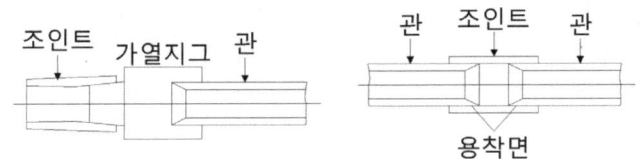

② 인서트 조인트 이음 : 폴리에틸렌관과 인서트를 클램프로 죄어 이음하는 방법이다. 50mm 이하 폴리에틸렌관 접합용으로 사용하며, 가열 연화한 인서트를 끼우고 물로 냉각하여 클램프로 조여 접합하는 방법이다.

③ 테이퍼 조인트 이음 : 슬리브 너트와 캡 너트 사용한다. 50mm 이하의 관에 폴리에틸렌관 전용의 포금제 테이퍼 조인트를 사용하여 접합하는 방법이다.

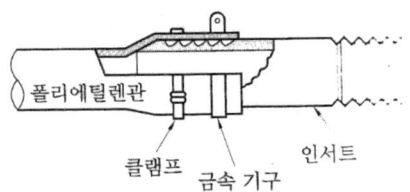

인서트 조인트 접합

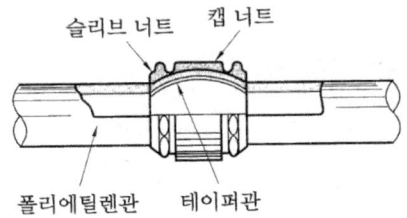

테이퍼 조인트 접합

④ 고무링 접합, 나사 접합

> **TIP 폴리에틸렌관(Polyethylene Pipe)의 특징**
> ① 염화비닐관보다 가볍다.
> ② 염화비닐관보다 화학적, 전기적 성질이 우수하다.
> ③ 내한성이 좋아 한랭지 배관에 알맞다.
> ④ 염화비닐관에 비해 인장강도가 1/5 정도로 작다.
> ⑤ 화기에 극히 약하다.
> ⑥ 유연해서 관면에 외상을 받기 쉽다.
> ⑦ 장시간 직사광선(햇빛)에 노출되면 노화된다.
> ⑧ 폴리에틸렌관의 종류 : 수도용, 가스용, 일반용

(6) 폴리부틸렌관의 이음

① 에이콘 이음 : 본체, 그라프링(Grab Ring)·오링(O-Ring)·캡·서포트슬리브로 구성되며, 관을 연결구에 삽입하여 그라프링과 O링에 의한 이음방법이다.

> **TIP 폴리부틸렌관(PB파이프)의 특징**
> ① 반영구적 수명   ② 내부식성
> ③ 내열 내압 크리프트성   ④ 가볍고 유연함
> ⑤ 중앙 집중식 난방에 적합   ⑥ 간편한 시공성

05 스테인리스강관 이음

(1) 스테인리스강관 이음
① 스테인리스강관은 내식용, 내열용 및 고온배관 저온배관에도 사용한다.
  • 기존의 스테인리스강관 접합은 주로 용접 접합이나 플랜지 접합을 이용한다.
  • 최근에는 무용접 접합방법이 개발되어 사용되고 있다.

(2) 스테인리스강관 용접 이음
① 현장의 용접기술자 숙련도에 의해 품질이 달라진다.
② 용접 결합 시 화재 우려가 있다.
③ 신축·팽창을 위하여 별도의 장치를 해야 한다.
④ 용접 불량 시 누수의 우려가 크다.
⑤ 유지·보수 시 관을 절단하여야 한다.
⑥ 가공 시 용접열, 용접봉 등에 의해 파이프에 영향을 준다.
⑦ 공사비가 높아진다.

(3) 플랜지 이음
① 플랜지 및 볼트, 너트에 의한 접합으로 수축·팽창이 불가능하다.
② 플랜지 부위를 용접 접합하기 때문에 용접 접합방식의 특징과 비슷하다.
③ 유지·보수 시 관을 절단할 필요가 없다.
④ 일반적으로 50A 이하에서는 용접 접합, 65A 이상에서는 플랜지 이음을 사용한다.
⑤ 협소한 공간에서의 작업이 어렵다.

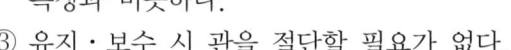

(4) 무용접 접합방식
① Groove 방식으로 조인트 부분의 신축 편심 굽힘, 회전이 가능, 일반적으로 65A 이상의 배관에 적용한다.
② 배관 숙련공이 불필요하다.
③ 용접작업은 누수와는 관련이 없고, 관 이탈을 방지한다.
④ 스패너 1개만으로 접합·분리가 가능하다.
⑤ 약간의 수축·팽창은 조인트 부에서 흡수가 가능하다.
⑥ 공장 생산이므로 접합부위의 품질이 일정하다.

유격 (신축, 굽힘, 변위흡수, 회전)

⑦ 유지·보수가 간단하다.
⑧ 커플링 결합 시 연결된 배관 사이의 유격에 의해 소음 및 진동의 전파를 감쇄한다.
⑨ 내부 고무링이 소음 및 진동의 일부를 흡수한다.
⑩ 공사비가 가장 저렴하다.
⑪ 점차 무용접 접합방식의 사용이 많아지고 있다.

(5) MR 조인트

① 스테인리스강관 이음쇠 중 하나이다.
② 동합금제 링을 캡너트로 죄어 고정시켜 결합한다.
③ 동합금제 이음쇠 사용에 따른 관내 수온변화에 의한 이완이 없다.
④ 화기를 사용하지 않아 기존 건물의 배관공사에 적합하다.

제3장 출제 예상 문제

01
단식과 복식이 있으며, 이음 방법은 나사 이음식, 플랜지 이음식이 있고 일명 팩리스(Packless) 신축 조인트라고도 하는 것은?

① 슬리브형   ② 벨로스형
③ 루프형   ④ 스위블형

해설 벨로스형(Bellows Type) – 팩리스(Packless)형이라 하며, 단식과 복식 2종류가 있다.

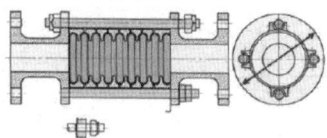

02
주철관의 타이튼 이음(Tyton Joint)에 관한 설명으로 틀린 것은?

① 이음에 필요한 부품은 고무링 하나뿐이다.
② 매설할 경우 특수공구를 이용한 작업할 공간이 필요하므로 이음부를 넓게 팔 필요가 있다.
③ 온도변화에 따른 신축이 자유롭다.
④ 이음 과정이 간단하며, 관 부설을 신속히 할 수 있다.

해설 매설할 경우 이음부를 넓게 팔 필요가 없다(작업공간만 확보되면 됨).

03
주철관 이음 중 종래 사용하여 오던 소켓 이음을 개량한 것으로 스테인리스강 커플링과 고무링만으로 쉽게 이음할수 있는 방법은?

① 플랜지 이음   ② 타이튼 이음
③ 스크루 이음   ④ 노-허브 이음

해설 노허브 이음(No-Hub Joint)은 종래 사용하여 오던 소켓 이음을 개량한 것으로, 스테인리스강 커플링과 고무링만으로 쉽게 이음 할 수 있는 방법이다.

04
석면 시멘트관의 심플렉스 이음에 관한 설명으로 틀린 것은?

① 수밀성과 굽힘성은 우수하지만, 내식성은 약하다.
② 호칭지름 75~500mm의 지름이 작은 관에 많이 사용된다.
③ 접합에 끼워 넣는 공구로는 플릭션 풀러(Friction Puller)를 사용한다.
④ 칼라 속에 2개의 고무링을 넣고 이음하여, 고무 개스킷 이음이라고도 한다.

해설 수밀성과 굽힘성 및 내식성도 우수하다.

05
주철관의 소켓 이음에 관한 설명으로 옳은 것은?

① 코킹방법은 예리한 정을 먼저 사용하고 점차 둔한 정을 사용한다.
② 용융 납은 2~3회에 걸쳐 나누어 삽입하면서 매회 코킹하도록 한다.
③ 콜타르(Coal Tar)는 주철관 표면에 방수피막을 형성시키기 위해 도포한다.
④ 마(얀)의 삽입길이는 수도용의 경우 전체 삽입 길이의 2/3, 배수용 1/3이 적합하다.

해설 얀(Yarn)의 양과 납이 적당량 있어야 누수가 되지 않으며, 용융 납은 1회로 단번에 붓는다.
• 급수관 : 얀 ⅓ + 납 ⅔
• 배수관 : 얀 ⅔ + 납 ⅓

06
100A 강관으로 반지름(R) 800mm의 6편 마이터(Miter) 배관을 제작하고자 한다. 절단각은 얼마인가?(단, 중심각은 90°이다)

① 7°   ② 9°
③ 15° ④ 19°

해설 마이터 절단각 $= \dfrac{중심각}{2 \times (편수-1)} = \dfrac{90}{2 \times (6-1)} = 9°$

정답 01 ② 02 ② 03 ④ 04 ① 05 ① 06 ②

07

강관의 슬리브 용접 시 슬리브의 길이는 관경의 몇 배로 하는 것이 가장 적당한가?

① 1.2 ~ 1.7배 ② 4 ~ 4.5배
③ 2.0 ~ 2.5배 ④ 7배 이상

[해설] 강관의 슬리브 용접 시 슬리브의 길이는 관경의 1.2~1.8배, 맞대기 용접 이음용 롱엘보의 곡률 반지름은 강관 호칭지름의 1.5배이다.

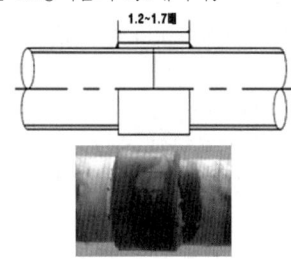

08

외경 50mm인 증기관으로 오메가형 루프 이음을 설치할 경우 흡수해야 할 배관길이를 10mm로 한다면 벤드의 전 길이는 얼마인가?

① 1.65m ② 500mm
③ 22.36cm ④ 223cm

[해설] 신축관 길이
$= 0.073\sqrt{d\Delta l} = 0.073\sqrt{50 \times 10} = 1.63 ≒ 1.65\,\text{m}$

09

이음쇠 끝부분의 접합부 형상을 나타내는 기호 중 수나사가 있는 접합부를 의미하는 기호는?

① M ② F
③ C ④ P

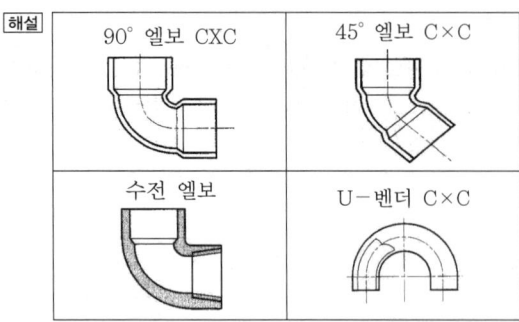

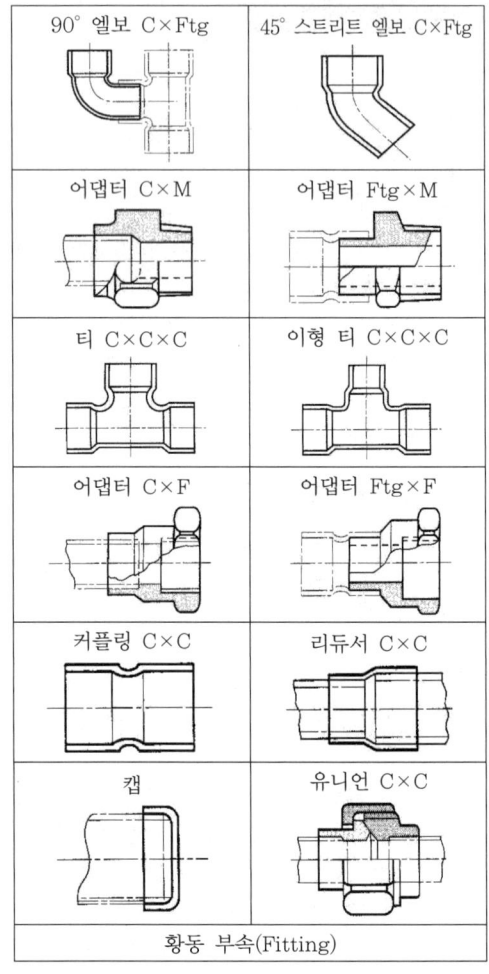

황동 부속(Fitting)

10

호칭지름 25A(바깥지름 34mm)의 관을 곡률반지름 150mm으로 90° 구부림할 때 구부림한 안쪽의 곡선부 길이는 약 몇 mm인가?

① 133 ② 284
③ 209 ④ 259

[해설] $L = \dfrac{90}{360} \times 3.14 \times D$

$= \dfrac{90}{360} \times 3.14 \times (300 - 34) = 208.915\,\text{mm}$

정답 07 ① 08 ① 09 ① 10 ③

11
주철관의 타이튼 이음(Tyton Joint)에 관한 설명으로 틀린 것은?
① 이음에 필요한 부품은 고무링 하나뿐이다.
② 매설할 경우 특수공구를 이용한 작업할 공간이 필요하므로 이음부를 넓게 팔 필요가 있다.
③ 비가 올 때나 물기가 있는 곳에서도 이음이 가능하다.
④ 이음 과정이 간단하며 관 부설을 신속히 할 수 있다.

해설 매설할 경우 이음부를 넓게 팔 필요가 없다(작업공간만 확보되면 됨).

12
그림과 같이 90° 벤딩하고자 할 때 파이프의 총 길이는 몇 mm인가?

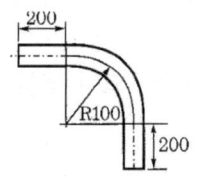

① 714　　② 739
③ 857　　④ 557

해설 $L = \dfrac{90}{360} \times 3.14 \times 200 + (200+200) = 557\text{mm}$

13
용접 이음을 나사 이음과 비교한 특징 설명 중 틀린 것은?
① 나사 이음처럼 관 두께에 불균일한 부분이 생기지 않고 유체의 압력손실이 적다.
② 용접 이음은 나사 이음보다 이음의 강도가 크고 누수의 우려가 적다.
③ 용접 이음은 돌기부가 없으므로 배관상의 공간효율이 좋다.
④ 용접 이음은 나사 이음보다 이음부의 강도가 작고 누수의 우려가 크다

해설 용접 이음은 나사 이음보다 이음부의 강도가 크고 누수의 우려가 적다

14
주철관 이음 시 스테인리스 커플링과 고무링만으로 쉽게 이음할 수 있는 접합법은?
① 노허브 이음　　② 빅토리 이음
③ 타이톤 이음　　④ 플랜지 이음

해설 노허브 이음(No-Hub Joint)은 종래에 사용해 오던 소켓 이음을 개량한 것으로, 스테인리스강 커플링과 고무링만으로 쉽게 이음 할 수 있는 방법이다.

15
다음은 동관의 저온용접에 관한 설명 중 올바른 것은?
① 용접되는 재료의 변질이 없다.
② 용접 시 열에 의한 변형이 적으나 균열 발생은 많다.
③ 공정 조직으로 하면 결정이 조대화 된다.
④ 공정 조직으로 하면 취약한 이음이 된다.

16
염화비닐관 이음에서 고무링 이음의 특징으로 틀린 것은?
① 시공 작업이 간단하며, 특별한 숙련이 없어도 시공할 수 있다.
② 외부의 기후 조건이 나빠도 이음이 가능하다.
③ 신축 및 휨에 대하여 완전하며 신축관을 따로 설치할 필요가 없다.
④ 시공속도가 느리며 수압에 견디는 강도가 작다.

해설 고무링은 작업속도가 빠르며, 수압에 견디는 강도가 크다.

제 4 장 용접의 종류와 특성

01 용접의 종류와 특성

(1) 용접 종류

① 융접
- 모재의 접합부를 용융시킨 후 용가재를 첨가하여 접합하는 방법이다.
- 아크용접, 가스용접, 테르밋 용접, 스터드 용접, 전자빔 용접 등이 있다.

② 압접
- 접합부를 상온 상태 또는 적당한 온도로 가열하여 기계적 압력을 가해 접합하는 방법이다.
- 압접, 단접, 전기저항 용접, 확산 용접, 초음파 용접, 냉간압접 등이 있다.

③ 납땜
- 모재를 용융시키지 않고 땜납이 녹아서 접합면의 사이에 침투되어 접합하는 방법이다.
- 연납, 경납땜이 있다.

> **TIP**
> - 용접작업의 4대 구성 요소 : 용접모재, 열원, 용가재, 용접기구
> - 점용접의 3대 요소 : 통전시간, 전극의 가압력, 용접전류

(2) 용접의 분류

	용접의 분류
융접	• 아크용접 : 비소모 전극(탄소 아크 용접, 원자 수소 용접, TIG), 소모 전극(금속 아크 용접, 스터드 용접, 피복금속 아크 용접, 잠호 용접, MIG) • 가스 용접 : 산소-수소 용접, 산소-아세틸렌 용접, 공기-아세틸렌 용접 • 테르밋 용접 　　　　　　　　　• 일렉트로 슬래그 용접 • 일렉트로 가스 용접 　　　　　　• 전자빔 용접 • 플라즈마 용접 　　　　　　　　• 레이저 용접 • 전착 용접 • 저온 용접
압접	• 가열식 : 압접, 단접, 전기 저항 용접(점 용접, 심 용접, 프로젝션 용접, 오프셋 용접, 플래시 버트 용접, 퍼커션 용접) • 비가열식 : 확산 용접, 초음파 용접, 마찰 용접, 폭압 용접, 냉간 압접
납땜	• 연납　　　　　　　　　　　　　• 경납

(3) 용접의 장·단점

용접의 장점	용접의 단점
• 이음부의 강도가 크고, 누설 염려가 없다. • 자재 절약 및 작업의 공정수가 줄어든다. • 중량감소, 유지, 보수비를 절약한다. • 돌기부가 없어 피복공사가 용이하다. • 내부 관에 유체의 마찰손실이 적다(유체저항이 적다). • 배관의 공간효율이 좋다.	• 재질이 변화 된다. • 잔류응력이 있다. • 품질검사가 어렵다. • 균열, 용접결함 발생이 있을 수 있다.

02 가스 용접

(1) 가스 용접 종류

① 산소-아세틸렌(Oxygen-Acetylene) 용접(가장 많이 사용)
② 산소-수소(Oxygen-Hydrogen) 용접
③ 산소-프로판 용접(Oxygen-Propane)용접
④ 가스 용접의 장단점

장점	단점
• 얇은 금속의 용접에 적용한다. • 전기를 이용할 수 없는 곳에서의 금속 접합에 이용한다. • 금속의 가스 절단에 많이 이용된다. • 응용범위가 넓으며, 운반이 편리하다. • 가열할 때 열량 조절이 비교적 자유롭기 때문에 박판 용접에 적당하다. • 전원 설비가 없는 곳에서도 쉽게 설치할 수 있고 설치비용이 저렴하다. • 아크 용접에 비해 유해광선의 발생이 적다. • 아크 용접에 비해 불꽃의 온도가 낮다.	• 열 집중력이 나빠서 효율적인 용접이 어렵다. • 폭발의 위험성이 크고 금속이 탄화 및 산화될 가능성이 많다. • 아크용접에 비해 가열 범위가 커서 용접응력이 크고 가열시간이 오래 걸린다. • 용접 변형이 크고 금속의 종류에 따라서 기계적 강도가 떨어진다. • 아크용접에 비해 일반적으로 신뢰성이 적다.

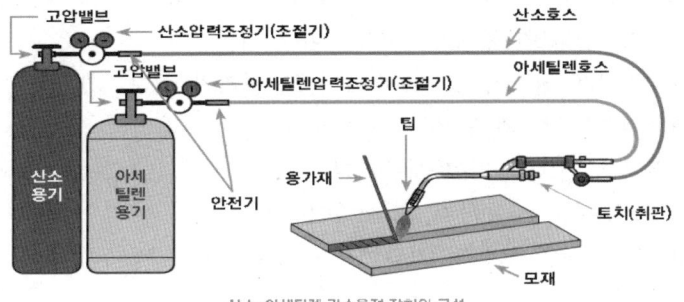

산소-아세틸렌 가스용접 장치의 구성

(2) 가스의 특징

① 산소(O_2)
- 상온에서 무색·무미·무취의 기체로, 압축가스로 취급된다.
- 산소 자체는 연소성이 없으나 다른 물질을 연소시키는 조연성(지연성) 가스이다.
- 지각 중에 약 50%가 존재한다.
- 공기 중에 체적비로 21%, 중량비로 23% 함유되어 있다.
- 물에 약간 용해되며, 액체산소는 담청색을 띤다.
- 비중은 1.105, 비등점은 $-183°C$, 용융점은 $-219°C$이다.
- 금, 백금, 수은 등을 제외한 모든 원소와 화합 시 화합물을 만든다.
- 충전 용기 : 이음매 없는 용기에 충전하며, 녹색으로 도색한다.
- 분자량 32로 공기보다 무겁다.

② 아세틸렌(C_2H_2)
- 고압가스 중에서 가장 위험한 가스로, 산화폭발·화합폭발·분해폭발을 일으킨다.
- 무색의 기체로 불순물(포스핀, 황화수소, 실란, 암모니아)로 인해 특유한 냄새가 난다.
- 비점 $-84°C$, 융점 $-81°C$이며, 고체 아세틸렌은 융해되지 않고 승화한다.
- 액체아세틸렌보다는 고체아세틸렌이 비교적 안정하다.
- 15°C에서 물 1L에 1.1L 용해하지만, 15°C 아세톤에는 25L 용해한다.
- 아세틸렌을 산소 중에서 연소시키면 3,000°C 이상의 고온을 얻을 수 있다.
- 충전 용기 : 용접 용기에 충전하며, 황색(노랑색)으로 도색한다. 또한 15°C에서 1.5MPa 이하로 충전해야 한다.
- 공기 중 폭발범위 : 2.5~81vol%
- 분자량이 26으로 공기보다 가볍다.
- 아세틸렌은 동 및 동합금과 접촉 시 동-아세틸드(아세틸라이드)를 생성하여 폭발(화합폭발)의 위험이 있으므로 동의 함유량이 62%를 초과하는 동 및 동합금 사용을 금지한다.

③ 프로판[Propane(C_3H_8, 액화석유가스 LPG)]
- 액화하기 쉽고 용기에 넣어 수송이 편리하다.
- 상온에서는 기체 상태이고 무색투명하며, 약간의 냄새가 난다.
- 온도변화에 따른 팽창률이 크고 물에 잘 녹지 않는다.
- 쉽게 기화하며, 발열량(12,000kcal/kg)이 높다.
- 폭발한계가 좁아 안전도가 상대적으로 높고 관리가 쉽다.
- 연소할 때 필요한 산소의 양은 1 : 4.5이다.
- 가정에서 취사용 연료로 많이 사용된다.
- 가스절단용으로 주로 사용하며, 경제적이다.
- 열간 굽힘, 예열 등의 부분적 가열에도 프로판가스가 경제적이다.

(3) 가스 용접 불꽃

① **불꽃심(백심, Flame Core)** : 팁에서 나오는 혼합가스가 연소하여 형성된 환원성의 백색 불꽃이다.
② **속불꽃(내염, Inner Flame)** : 백심 부분에서 생성된 일산화탄소와 수소가 공기 중의 산소와 결합 연소하여 3,200~3,500℃의 높은 열을 발생하는 부분으로 약간의 환원성을 띠게 된다. 따라서 이 부분에서 용접하면 산화를 방지할 수 있다.
③ **겉불꽃(외염, Outer Flame)** : 연소 가스가 다시 공기 중의 산소와 결합하여 완전 연소되는 부분으로 불꽃의 가장 자리를 이루며, 약 2,000℃의 열을 내게 된다.
④ **탄화불꽃(아세틸렌 과잉 불꽃)** : 이 불꽃은 아세틸렌의 양이 산소보다 많을 때 생기는 불꽃으로 백심과 겉불꽃과의 사이에 연한 백심의 제3의 불꽃, 즉 아세틸렌 깃(Feather)이 존재하는 불꽃으로, 알루미늄이나 스테인리스강의 용접에 이용된다.
⑤ **중성불꽃(표준불꽃)** : 산소와 아세틸렌의 용적비가 1 : 1의 비율로 혼합될 때 얻어지며, 이론상 혼합비는 산소 2.5에 아세틸렌 1로 모든 일반 용접에 이용된다.
⑥ **산화불꽃(산소 과잉 불꽃)** : 산소의 양이 아세틸렌의 양보다 많은 불꽃으로, 금속을 산화시키는 성질이 있으므로 구리나 황동 등의 용접에 이용된다.

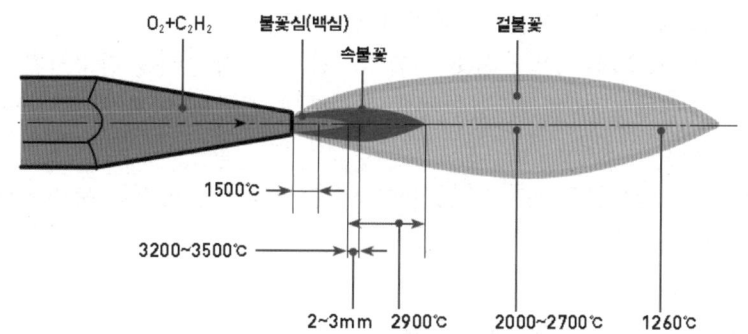

용접재료	불꽃 종류	용접재료	불꽃 종류	용접재료	불꽃 종류
강판	중성	니켈크롬강	중성	니켈	약한 탄화
연강판	중성	구리	중성, 산화	모넬메탈	약한 탄화
고탄소강	중성	알루미늄	중성, 탄화	망간강	약한 탄화
주강	중성	황동	산화	가단주철	약한 탄화
주철	중성	청동	산화	-	-

(4) 토치 점화와 조절
① 토치에 점화한다.
- 토치를 가연성 물질이 없는 안전한 곳을 향하도록 잡는다(가스 용기와 4~5m 이상 떨어질 것).
- 토치의 산소 밸브를 약간의 먼지가 날릴 정도로 극소량 열어준다.
- 아세틸렌 밸브를 1/5~1/4 정도 회전하여 열며, 점화 라이터를 점화한다.
- 점화는 가스용접 전용 라이터를 사용한다(성냥, 일반 라이터 사용 금지).
  ※ 주의 : 점화 시에 아세틸렌만 열고 점화하면 그을음이 많이 발생하며, 산소를 많이 방출하고 점화하면 폭음(순간연소)이 일어난다.

② 불꽃을 조절한다.
- 토치에 점화한 후 산소밸브를 조금씩 열어서 불꽃을 조절한다.
- 그을음에 발생되는 탄화불꽃－산소를 증가시키면 불꽃은 날개 모양의 푸르스름한 속불꽃이 점점 짧아진다.
- 산소를 더욱 증가시키면 날개 모양의 푸르스름한 속불꽃이 백심불꽃과 일치하며, 백심불꽃이 청백색의 바깥 불꽃에 둘러싸인 중성불꽃이 된다.
- 산소를 더욱 증가시키면 백심불꽃의 길이가 짧아지고 바깥불꽃이 어두워지며, 가스가 분출되는 소리가 심해진다. 이 불꽃이 산화불꽃이다.
- 불꽃이 강한 경우에는 먼저 산소를 감소시킨 후 아세틸렌을 감소시켜 다시 중성불꽃으로 만든다. 반대로 세게 할 경우에는 아세틸렌 밸브를 먼저 열고 산소를 열어 불꽃을 조절한다.
- 점화 시 팁의 끝부분으로부터 불꽃이 떨어진 상태에서 산소를 분출시키면 폭음과 함께 불이 꺼진다.

③ 팁(Tip)
- 독일식(A형) : 연강판의 모재 두께를 표시
  (예 2번은 2mm의 연강판 용접이 가능한 것을 표시)
- 프랑스식(B형) : 팁에서 불꽃이 되어 유출되는 아세틸렌의 양(L/h)을 표시
  (예 B형 350번은 팁의 능력이 350L/h에 해당)

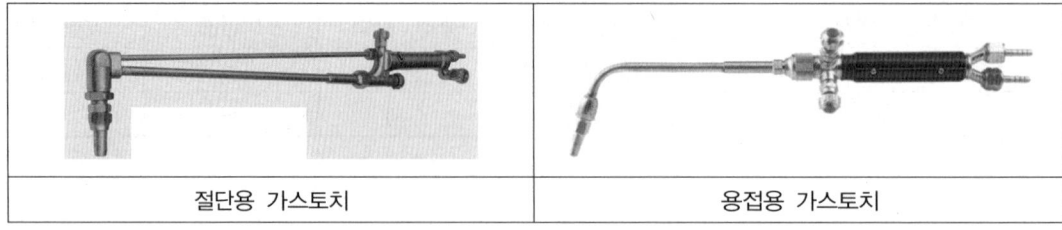

| 절단용 가스토치 | 용접용 가스토치 |

(5) 가스 용접 재료

① 용접봉 : 연강용 가스 용접봉에 대한 규격은 KS D 7005에 규정한다.
② 용제(Flux) : 모재 표면 산화피막의 용융온도가 모재의 용융온도보다 높기 때문에 사용하는 것으로 연강 이외의 합금, 주철, 알루미늄 등을 용접할 때 사용한다.

[금속 재료별 용제의 종류]

금속	용제의 종류
연강	사용하지 않음
반경강	중탄산소다 + 탄산소다
주철	붕사 + 중탄산소다 + 탄산소다
동합금	붕사
알루미늄	염화리듐(15%), 염화칼리(45%), 염화나트륨(30%), 불화칼리(7%), 염산칼리(3%)

(6) 가스 용접 전진법과 후진법

① 전진법(Forward Method) : 오른손에 토치, 왼손에 용접봉을 잡고 우에서 좌로 용접하는 방법으로 5mm 이하의 얇은 판 등에 사용된다.
② 후진법(Back Hand Method) : 오른손에 토치, 왼손에 용접봉을 잡고 좌에서 우로 용접하는 방법으로 가열시간이 짧아 과열되지 않으며, 용접 변형이 적고 속도가 빨라 두꺼운 판에 사용된다.

03 아크 용접

(1) 아크 용접의 종류

전극에 의한 분류	• 탄소 아크 용접 • 서브머지드 아크 용접 • 탄산가스 아크 용접	• 금속 아크 용접 • 불활성 가스 아크 용접 • 스터드 용접
전류에 의한 분류	• 직류 아크 용접	• 교류 아크 용접

(2) 피복 아크 용접(Shielded Metal Arc Welding)

① 피복된 용접봉과 모재 사이에 발생하는 전기 아크에 의해 모재와 용접봉을 용융시켜 모재를 접합하는 용접법이다.

② 가장 오래전부터 발달한 방법으로, 설비비가 싸고 양호한 용접이다.
③ 용접봉 집게로 지지된 피복용접봉과 피용접물 사이에 교류 또는 직류의 전압을 걸어 아크를 발생시킨다.
④ 아크의 강한 열(약 6,000℃)에 의해 용접봉이 녹고, 금속은 증기 또는 용적이 되어 용융지에 융착한다.
⑤ 부재를 용접할 때는 Groove를 만들어 두고, 거기에 용착금속으로 메워서 접합한다.
⑥ 비드의 표면은 용적의 응고에 의해 잔물결무늬를 나타낸다.
⑦ 용접봉은 금속심선 주변에 유기물·무기물 혼합물로 만들어진 피복제를 이용한다.
⑧ 피복제가 아크열로 분해해서 아크를 안정시킨다.
⑨ 용융금속은 발생한 가스와 슬래그에 의해 외부의 기체로부터 보호되어 산화·질화를 방지한다.
⑩ 용접봉과 모재 사이의 아크전압은 아크의 길이와 전류에 따라 증가한다.
⑪ 용접봉의 용접속도는 아크전류에 정비례 하지만, 아크전압에는 무관해서 고능률을 얻기 위해서는 대전류를 사용한다.
⑫ 모재표면에서 측정한 용접금속의 깊이를 용입이라고 하며, 전류 I가 클수록 깊어지고 용접속도 V가 빠를수록 감소한다. 피복 아크 용접에서는 이를 용접입열이라 한다.

$$\text{단위길이당 전기적 에너지}(H) = \frac{60EI}{V}(\text{Joule/cm})$$
$$(E : \text{아크전압}, \ I : \text{아크전류}, \ V : \text{용접속도})$$

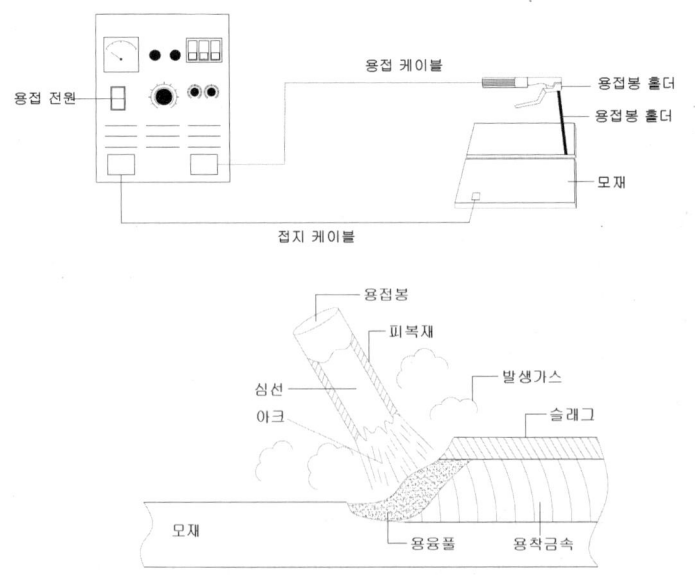

(3) 아크 용접기의 종류

가동 철심형	• 변압기의 원리를 이용한 것 • 가동 철심으로 누설자속을 가감하여 전류를 조정하는 것 • 광범위한 전류조정이 어렵지만, 미세한 전류조정이 가능 • 현재 가장 많이 사용
가동 코일형	• 1차, 2차코일 중 하나를 이용해서 누설자속을 변화하여 전류를 조정 • 전류의 안정도가 높고 소음이 없음 • 가격이 비싸며, 현재 거의 사용하지 않음
탭 전환형	• 코일의 감긴 수에 따라 전류를 조정 • 적은 전류조정 시 무부하 전압이 높아 전격의 위험이 큼 • 탭 전환부 소손이 심하며 넓은 범위의 전류조정이 어려움 • 주로 소형 용접기에 사용됨
가포화 리액터형	• 가변저항의 변화로 용접 전류를 조정하는 것 • 전기적 전류 조정으로 소음이 없고 내구성이 큼 • 원격 조작이 간단하고 원격 제어가 가능함

(5) 수하특성과 정전압 특성

수하 특성	부하전류가 증가하면 단자전압이 저하하는 특성이 있으며, 아크를 안정시키는 데 필요함
정전압 특성 (CP특성)	수하 특성과 반대되는 성질로, 부하전류가 변하여도 단자전압은 거의 변화하지 않는 특성이 있음

(6) 보통 사용률과 허용 사용률

① 보통 사용률 : 정격 2차 전류로서 용접하는 경우의 사용률(%)

$$\therefore 정격\ 사용률 = \frac{아크발생시간}{아크발생시간 + 정지시간} \times 100$$

② 허용 사용률 : 정격 2차 전류 이하의 전류로 용접을 하는 경우의 허용되는 사용률(%)

$$\therefore 허용\ 사용률 = \frac{(정격\ 2차\ 전류)^2}{(실제\ 용접\ 전류)^2} \times 정격\ 사용률$$

> 정격 2차 전류 200A, 정격 사용률이 50%인 아크 용접기로 150A의 용접전류를 사용시 허용 사용률은 약 몇 %인가?
>
> [해설] 허용사용률 = (정격 2차 전류^2/실제의 용접 전류^2) × 정격사용률(%)
> = (200^2/150^2) × 50 = 88.85% ∴ 약 90%

(7) 직류 아크 용접의 극성 특성

정극성(DCSP)의 특성	• 모재가 양극(+), 용접봉이 음극(-) • 모재의 용입이 깊고, 봉의 녹음이 느림 • 비드 폭이 좁음 • 일반적으로 널리 사용됨
역극성(DCRP)의 특성	• 모재가 양극(-), 용접봉이 음극(+) • 모재의 용입이 얕고, 봉의 녹음이 빠름 • 비드 폭이 넓음 • 박판, 주철, 합금강, 비철금속에 사용

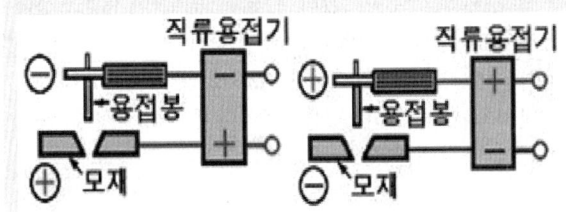

직류용접기의 아크 쏠림(Arc Blow) 현상
아크가 한쪽으로 쏠리는 현상으로 아크가 불안정하게 되고 용착금속 재질이 변화되며, 슬래그 혼입과 기공 등이 발생한다.

(8) 아크 용접봉

① 피복제의 역할
- 아크를 안정시킨다.
- 용접금속을 보호한다.
- 용융점이 낮은 슬래그를 생성한다.
- 용착금속의 탈산·정련작용을 한다.
- 용착금속에 필요한 원소를 공급한다.
- 용착금속의 유동성을 증가시킨다.
- 용착금속의 급랭을 방지한다.
- 전기절연 작용을 한다.
- 용적(Globule)의 미세화 및 용착효율을 상승시킨다.

② 용접봉의 종류

용접봉 명칭	피복제 기호	특징
일미나이트계	E4301	용입이 깊고 비드가 깨끗하며, 일반용접에 사용한다.
라임티탄계	E4303	용입은 중간 정도이고 비드가 깨끗하며, 박판에 사용한다.
고셀룰로오스계	E4311	용입이 깊고 비드가 거칠며, 스패터가 많이 발생한다.
고산화티탄계	E4313	용입이 얇고 슬래그가 적으며, 인장강도가 커서 박판에 좋다.
저수소계	E4316	스패터가 적고 유황이 많으며, 고탄소강 및 균열이 심한 부분에 사용한다.
철분 산화티탄계	E4324	스패터가 적고 비드가 깨끗하다.
철분 저수소계	E4326	용입은 중간 정도이고 비드가 깨끗하다.
철분 산화철계	E4327	용입이 깊고 비드가 깨끗하며 작업성이 좋다.
특수계	E4340	지정된 작업에 사용한다.

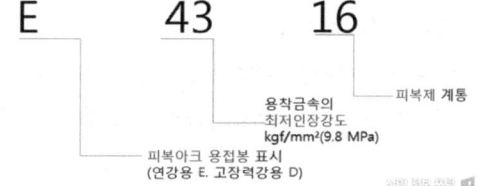

TIP 직류 용접기와 교류 용접기의 차이

비교 항목	직류용접기	교류용접기
아크 안전성	우 수	약간 불안
극성 이용	가 능	불가능
무부하 전압	약간 낮음(최대 60V)	높음(80~100V)WJ
전격의 위험	적 음	많음(무부하 전압이 높음)
구 조	복 잡	간 단
고장률	많 음	적 음
역 률	매우 양호	불 량
가 격	비 쌈	저 렴
자기쏠림방지	불가능	자기쏠림이 거의 없음

04 특수 용접(TIG 용접)

(1) TIG 용접(Tungsten Inert Gas Welding)
① 전극이 소모되지 않는 비용극식 불활성 가스 아크 용접이다.
② 알루미늄, 구리, 구리합금, 스테인리스강, 등의 용접에 이용된다.
③ 전원으로 직류와 교류를 사용한다.
④ 용접 결과에 극성이 미치는 영향이 크고, 수하특성이 적용된다.
⑤ TIG 용접에서는 직류 역극성을 사용한다.
⑥ 정극성은 산화막 청청작용이 없으므로 경합금에는 적당하지 않다.
⑦ 역극성은 아르곤가스 이온이 모재표면에 충돌하여 산화막을 제거하는 작용을 한다.
⑧ 용제를 사용하지 않아도 용접이 가능하다.
⑨ 전 자세 용접, 고능률적, 용접 품질의 우수성을 갖는다.

(2) MIG 용접(Metal Inert Gas Welding)
① 전극선을 계속 소모하여 용극식 불활성 아크 용접이라 한다.
② 직류 역극성으로, 전극 와이어는 미립자가 되어 모재에 이행하여 매우 아름다운 비드 외관이 얻어진다.
③ MIG 아크는 중심부에 백열의 원추부가 있으며, 종 모양의 미광부가 있고 다시 외부를 불활성 가스류가 있다.
④ 아크는 매우 안정되고, 그 속을 와이어의 용적이 고속도로 용융지에 투사되고 있다.
⑤ MIG 용접은 전류밀도가 매우 높다(피복 아크 용접의 6배, TIG의 2배).
⑥ 비드의 표면은 매끄럽게 얻어지며, 전 자세 용접이 가능하다.
⑦ 직류의 정전압 특성과 상승특성을 이용하여 지향성을 가진다.

(3) CO_2 용접법(CO_2-O_2 Arc Welding Process)
① CO_2와 O_2의 혼합가스를 보호가스로 하여 행하는 용접으로, C.S. 아크 용접법이라고도 한다.
② 가정용 전기냉장고의 압축기, 유압기기와 자동차의 뒷차축, 하우징의 다량 생산, 박판의 고능률 용접에 사용된다.
③ 용입이 깊기 때문에 스폿 용접 작업에 이용된다.
④ 저렴한 탄산가스를 사용하므로 용접의 경비가 절감되어 매우 경제적이다.
⑤ 토치에서 탄산가스나 혼합가스로 아크와 용융금속을 대기로부터 보호한다.

> **첨가 산소에 의해서 용융강의 산화 반응 촉진 효과**
> - 슬래그 생성량이 많아지며, 비드의 외관이 좋아진다.
> - 용융 풀의 온도가 상승된다.
> - 용입이 증대된다.
> - 금속 개재물의 응집의 촉진에 의해서 개재물의 부상이 좋아진다.
> - 용착금속이 깨끗하여 연성, 충격치가 개선된다.

(4) CO_2의 반응 효과

① 용접에 사용되는 CO_2는 아크열에 의해 해리되어 $CO_2 = CO + O$와 같은 반응을 한다.
② 강한 산화성을 나타내게 되어 금속의 주위를 산성 분위기로 만들기 때문에 용융금속에 탈산제가 없으면 금속은 산화된다.
③ 응고점 부근에서 심하게 일어나기 때문에 빠져나가려던 CO가 빠져나가지 못하여 용착금속에 산화된 기포가 많게 된다.
④ 산화된 기포를 없애기 위해 망간(Mn) 규소(Si) 등을 첨가한다.
- $2FeO + Si = 2Fe + SiO_2$
- $FeO + Mn = Fe + MnO$

⑤ 용융금속의 산화철을 적당히 감소시켜 기공의 발생을 방지한다.
⑥ 산화, 질화가 없고 우수한 용착금속을 얻는다.
⑦ 완전한 용입으로 기계적 성질이 양호하다.
⑧ 저렴한 가격으로, 용제가 없으므로 슬래그 섞임이 없다.
⑨ 전 자세 용접, 전류밀도가 커서 용입이 깊고 용접속도가 빠르다.

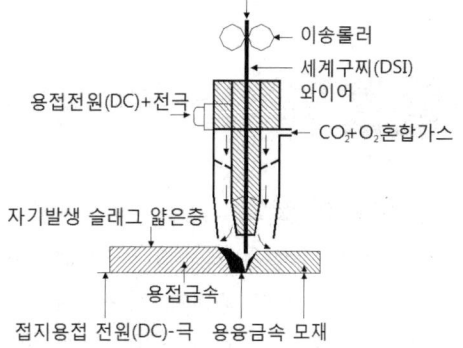

(5) 서브머지드 아크 용접

모재이음 표면에 미세한 입상의 용재를 공급하고, 용재 속에 연속적으로 전극 와이어를 송급하여 모재와 전극 와이어를 용융시켜 용접부를 대기로부터 보호하면서 용접하는 방법이다.

- 지름이 350A 이상의 큰지름의 강관을 만들 때 사용
- 띠강판의 측면을 용접하도록 베벨(Bevel) 가공함
- 프레스 또는 벤딩롤러로 원통형으로 만든 다음 자동 용접을 함

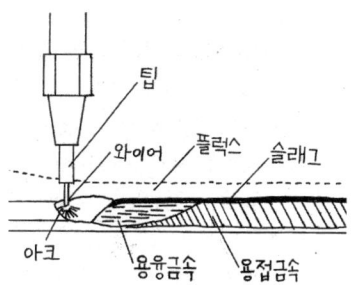

서브머지드 아크 용접에서 시·종단부의 용접결함을 막기 위해 사용하는 것
앤드탭

(6) 일렉트로 슬래그 용접

① 수랭 동판을 용접부 양편에 부착한다.
② 용융된 슬래그 속에서 전극과 와이어를 연속적으로 송급한다.
③ 용융 슬래그 내를 흐르는 저항열에 의하여 전극와이어와 모재를 용융 접합법이다..

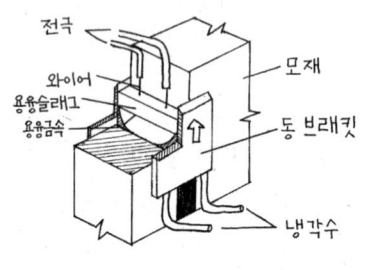

(6) 플러그 용접

접합하려는 2개의 부재 중 한쪽의 부재에 둥근 구멍을 뚫고, 뚫은 구멍을 용접하여 두 부재를 이음하는 것이다.

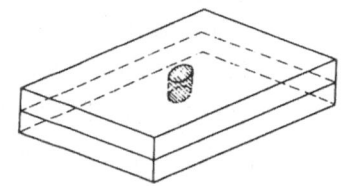

05 기타 용접

(1) 전기저항 용접

① 저항 용접은 자동차 및 가전분야를 비롯한 대형 강구조물에 이르기까지 폭넓게 적용된다.
② 3대 요소 : 용접 전류, 통전 시간, 가압력
③ 용제가 필요 없으며, 용접시간이 짧고 작업이 간단하다.
④ 용접부의 중량을 경감시킬 수 있고 변형이 적다.

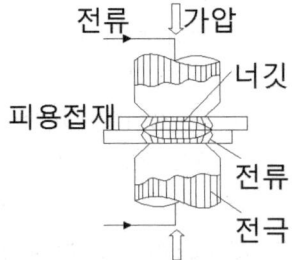

용접부의 형상에 따른 전기저항용접 종류
- 점 용접(Spot Welding)
- 프로젝션 용접(Projection Welding)
- 저항심 용접(Resistance seam Welding)
- 업셋 용접 또는 저항벗 용접(Upset Welding or Resistance Butt Welding)
- 플래시 용접 또는 플래시 벗 용접(Flash Welding or Flash Butt Welding)
- 벗심 용접(Butt Seam Welding)
- 용접 및 퍼커션(Percussion) 용접

(2) 점 용접(Spot Welding)

① 두 장의 금속판을 전극 사이에서 가압하면서 대전류를 통해 단시간 내에 용접하는 방법이다.
② 전극은 순구리 또는 구리 합금을 사용하며, 수랭한다.
③ 피용접판은 강하게 가압되어 용접 후에는 너겟(Nugget, 바둑돌 모양의 자국)이 발생한다.
④ 점 용접의 요소는 전류, 압력, 통전 시간, 전극의 형상 등이다.

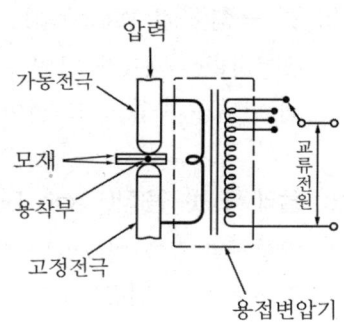

(3) 프로젝션 용접(Projection Welding)

① 여러 점을 용접하기 때문에 능률이 좋다.
② 주로 강판, 스테인리스강, 니켈합금의 용접에 적용하며, 이종금속끼리의 용접도 가능하다.
③ 프레스 가공품을 비롯한 기계가공품 전반에 걸쳐 널리 사용된다.
④ 기타 자동차부품, 전기기구 등의 제작에 적용된다.

통전 가압 전

통전 가압 후

프로젝션 용접의 장점
- 열용량의 차이가 많은 서로 다른 금속의 접합에서 좋은 결과를 얻을 수 있다.
- 작업속도가 빠르다.
- 전극면적이 넓으므로 기계적 강도나 열전도면에서 유리하고 전극의 소모가 적다.
- 신뢰도가 높다.

프로젝션 용접 시 고려사항
- 용접기 설비가 비싸며, 모재 용접부에 정밀도가 높은 돌기(Projection)를 만들어야 한다.
- 프로젝션은 전류가 통하기 전의 가압력에 견뎌야 하며, 다른 판재가 충분히 가열될 때까지 녹지 않아야 한다.

---

(4) 저항심용접(Resistance Seam Welding)

① 원판 전극을 사용하여 용접전류를 공급·가압·회전시켜 Spot 용접을 연속적으로 행하면 선용접이 된다.
② 공급되는 전류의 일부는 용접부로 흘러 손실되고, 일부는 원판 전극 사이에 흐르므로 대전류를 요한다.
③ 통전법에는 단속통전법과 연속통전법 및 맥동통전법이 있다.
④ 모재가 가열됨으로써 단속적인 통전을 행하는 경우가 많다.
⑤ 강의 경우 통전시간 : 휴지시간은 1 : 1, 경합금에는 1 : 3 정도이다.

(5) 벗 용접(Butt Welding)

용접하려는 재료의 단면을 맞대어 전극 사이에 대전류를 통하면 재료 사이의 접촉저항에 의해 단면을 가열·연화하여 용접한다.

(6) 플래시 벗 용접(Flash Butt Welding).

저항가열 외에 아크열도 적극적으로 이용하여 비교적 넓은 접합 단면적을 가는 재료를 상대적으로 낮은 전류밀도를 적용하여 압접하는 방법이다.

(7) 스터드(Stud) 용접 및 퍼커션(Percussion) 용접

스터드 용접 및 퍼커션 용접은 둘 다 접합부에 직접 단시간의 아크를 발생시켜 국소적으로 용융시켜 가압·접합하는 방법이다.

(8) 전자빔 용접(Electron Beam Welding)

고진공(10^{-4}~10^{-6}mmHg) 속에서 적열된 필라멘트에서 전자빔을 접합부에 조사(照射)하여 그 충격열을 이용하여 용융 용접하는 방법이다.

제4장 출제 예상 문제

01
자동 금속 아크 용접법으로 모재 이음 표면에 미세한 입상모양의 용제를 공급하고, 용제 속에 연속적으로 전극 와이어를 송급하여 모재 및 전극 와이어를 용융시켜 용접부를 대기로부터 보호하면서 용접하는 방법인 것은?

① 일렉트로 슬래그 용접
② 불활성가스 용접
③ 이산화탄소 아크 용접
④ 서브머지드 아크 용접

해설 **서브머지드 아크 용접**
잠호 용접이라고 하며, 모재와 용접봉 사이의 아크 가열에 의해서 용융금속이 생성되며 용접봉의 선단은 플럭스(Flux) 중에 매몰된 상태로 용접을 실시한다. 아크는 플럭스에 의해서 외부로부터 차폐·보호된다.

02
용접봉에 (−)극을, 모재에 (+)극을 연결하는 극성을 무엇이라 하는가?

① 역극성 ② 정극성
③ 반극성 ④ 교류

해설 직류 정극성 : 모재를 양극(+)에, 용접봉을 음극(−)

03
내용적 40L의 용기에 140kgf/cm²의 산소가 들어 있을 때 B형 350번 팁으로 혼합비 1 : 1의 표준불꽃을 사용한다면 작업 시간은 얼마인가?

① 30시간 ② 25시간
③ 20시간 ④ 16시간

해설 계산 : 140kgf/cm²×40L=5,600 ℓ

$$작업시간 = \frac{가스량[L]}{팁의 능력[L/h]} = \frac{5,600}{350} = 16시간$$

04
TIG 용접 직류 정극성(DCSP)의 설명 중 잘못된 것은?

① 가스이온은 전극에서 모재 쪽으로 흐른다.
② 역극성보다 용입이 깊어진다.
③ 전극에서 모재 쪽으로 전자가 흐른다.
④ 비드 폭이 좁아진다.

해설 TIG 용접 직류 정극성에서는 가스이온은 모재에서 전극 쪽으로 흐른다.

05
다음 중 탄산가스 아크 용접의 장점이 아닌 것은?

① 풍속 2m/s 이상의 바람에도 방풍대책이 필요 없다.
② 용접 중 수소 발생이 적어 기계적 성질이 양호하다.
③ 아크의 집중성이 양호하기 때문에 용입이 깊다.
④ 심선의 지름에 대하여 전류 밀도가 높기 때문에 용착속도가 크다.

해설 풍속 2m/s 이상의 바람에는 방풍대책이 필요하다.

06
땜납은 사용하는 납재의 융점에 의해 연납과 경납으로 구분되는데, 일반적인 구분의 용융온도(℃)는?

① 250 ② 350
③ 450 ④ 550

해설 용융온도는 450℃ 이하를 연납, 450℃ 이상을 경납으로 구분한다.

정답 01 ④ 02 ② 03 ④ 04 ① 05 ① 06 ③

07
다음 그림과 같은 순서로 용접하는 용착법은 무엇인가?

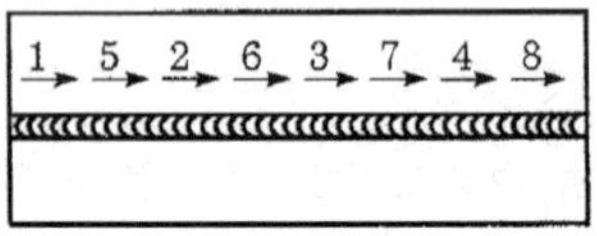

| 1 → 5 → 2 → 6 → 3 → 7 → 4 → 8 |

① 빌드업법　　② 단속용접법
③ 스킵법　　　④ 캐스케이드법

해설 **스킵법** : 용접비드를 건너 띄어서 하는 방법으로 용접부 잔류응력이 적게 남는다.

08
이음하려고 하는 금속을 용융시키지 않고 모재보다 용융점이 낮은 요가재를 금속 사이에 용융·첨가하여 용접·접합하는 방법은?

① 가스압접　　② 경납땜
③ 마찰용접　　④ 냉간압접

해설 경납땜은 450℃ 이상에서 모재보다 용융점이 낮은 요가재를 금속 사이에 용융·첨가하여 용접·접합한다. 용접재로는 은납, 황동납 등이 있고 용제로 붕사를 사용한다.

09
용접법의 분류에서 압접에 속하지 않는 것은?

① 저항 용접　　② 유도가열 용접
③ 초음파 용접　　④ 스터드 용접

해설 **스터드 용접**
원봉이나 볼트를 모재에 심기 위한 용접방법이다. 심으려 하는 물건과 모재와의 사이에 아크를 발생시키고 적당하게 용융한 뒤에 용융지 속에 압착·용접한다. 이 방법은 아크스터드 용접이라고도 한다.

10
정격 2차 전류 200A, 정격 사용률이 50%인 아크 용접기로 150A의 용접 전류를 사용시 허용 사용률은 약 몇 %인가?

① 53　　② 65
③ 71　　④ 89

해설 허용 사용률 = $\frac{(정격\ 2차\ 전류)^2}{(실제\ 용접\ 전류)^2} \times 정격\ 사용률(\%)$
$= \frac{(200)^2}{(150)^2} \times 50 = 88.88\%$

11
AW-300인 교류 아크 용접기의 정격 2차 전류는 얼마인가?

① 100A　　② 220A
③ 150A　　④ 300A

해설
- AW100 - 100A(정격 2차 전류)
- AW150 - 150A(정격 2차 전류)
- AW220 - 220A(정격 2차 전류)

12
산소와 아세틸렌가스의 혼합비 중 가장 위험성이 큰 것은?

① 산소(85%) + 아세틸렌(15%)
② 산소(50%) + 아세틸렌(50%)
③ 산소(15%) + 아세틸렌(85%)
④ 산소(60%) + 아세틸렌(40%)

해설 아세틸렌의 공기 중에서 연소범위는 2.5~81%이고, 산소량이 많을수록 폭발범위가 증가한다.

13
다음은 용접의 극성을 설명한 것이다. 올바른 것은?

① 직류 정극성(DCSP)은 용접봉을 양극(+), 모재를 음극(-)측에 연결한 것이다.
② 직류 역극성(DCRP)은 용접봉의 용융속도가 빠르나 모재의 용입이 얕아지는 경향이 있다.
③ 직류 정극성은 비드 폭이 넓다.
④ 교류 용접기의 극성은 용접봉 측에 양극(+), 모재측에 음극(-)만 연결된다.

해설 **직류역극성(DCRP)의 특징**
- 모재가 양극(-), 용접봉이 음극(+)이다.
- 모재의 용입이 얕다.
- 용접봉의 녹는 속도가 빠르다.
- 용접 비드의 폭이 넓다.

정답　07 ③　08 ②　09 ④　10 ④　11 ④　12 ①　13 ②

14
탄산가스 아크 용접(CO_2)의 특징 중 틀린 것은?
① 용착 금속의 성질이 양호하다.
② 보통 아크 용접보다 속도가 느리다.
③ 용접부에 슬래그 섞임이 없고 용접 후의 처리가 간단하다.
④ 가시 아크이므로 시공이 편리하다.

해설 보통 아크 용접보다 속도가 빠르다.

15
불활성가스 텅스텐 아크 용접(TIG 용접)에서 펄스(Pulse)장치를 사용할 때 얻어지는 장점이 아닌 것은?
① 우수한 품질의 용접이 얻어진다.
② 박판 용접에서 용락이 잘된다.
③ 전극봉의 소모가 적고, 수명이 길다.
④ 좁은 홈 용접에서 안정된 상태의 용융지가 형성된다.

16
피복 용접봉에 사용하는 피복제의 역할이 아닌 것은?
① 용융점이 낮은 적당한 점성의 가벼운 슬래그를 만든다.
② 용적을 미세화하고 용착효율을 높인다.
③ 용착금속의 냉각속도를 느리게 한다.
④ 슬래그 제거를 어렵게 한다.

해설 용접피복제는 슬래그 제거를 용이하게 해준다.

17
다음 중 일반적인 폴리부틸렌관 이음인 것은?
① MR 이음
② 에이콘 이음
③ 몰코 이음
④ TS식 냉간 이음

해설 에어콘 이음
본체, 그래브링(Grab Ring), 오링(O-Ring), 캡, 서포트슬리브로 구성되며, 관을 연결구에 삽입하여 그래브링과 O링에 의한 이음방법이다.

18
탄산가스 아크 용접의 특징에 대한 설명으로 틀린 것은?
① 솔리드 와이어를 이용한 용접에서는 용제를 사용할 필요가 없으므로 용접부에 슬래그 섞임이 없다.
② 전류밀도가 낮으므로, 용입이 얕고 용접속도가 느리다.
③ 가시 아크이므로 아크 및 용융지의 상태를 보면서 용접할 수 있어 시공이 편리하다.
④ 일반적으로 용접할 수 있는 재질이 강종(鋼種)으로 한정되어 있다.

해설 보통 아크 용접보다 속도가 빠르다.

정답 14 ② 15 ② 16 ④ 17 ② 18 ②

제5장 가스절단 및 용접검사

(1) 가스절단
① 금속을 절단하는 방법의 하나이다.
② 일반적으로 산소-아세틸렌 절단을 말한다.
③ 아세틸렌 외에 수소, 천연가스, 석탄가스, 프로판가스 등을 사용한다.
④ 용단 불꽃의 비산으로 화재발생 위험에 대한 주의가 필요하다.

> **선화**
> 가스의 연소유출속도가 연소속도에 비해 크게 되었을 때 불꽃이 염공에 접하여 연소되지 않고 염공을 떠나 공중에서 연소하는 현상을 말한다.

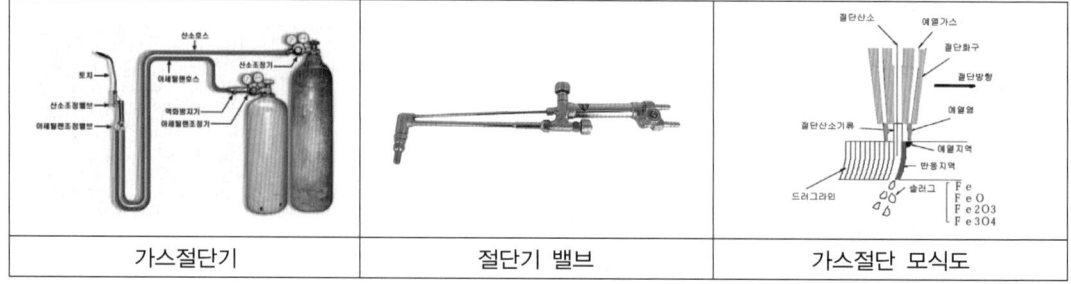

| 가스절단기 | 절단기 밸브 | 가스절단 모식도 |

(2) 스카이핑(Scarfing)
① 불꽃 가공의 일종으로 가스절단의 원리를 응용한 것이다.
② 강재의 표면을 비교적 낮고, 폭넓게 용삭(鎔削)한다.
③ 결함을 제거하는 방법이다.
④ 깊이와 폭의 비가 1 : 3~7 정도의 평편한 타원형이다.
⑤ 강괴와 강편 등의 표면 흠집, 균열, 비금속 개재물 또는 탈탄층을 제거한다.

> **용접부의 다듬질 방법을 나타내는 보조기호**
> • F : 지정하지 않을 때　　　• C : 치핑
> • G : 연삭　　　　　　　　• M : 절삭(Machining)

(3) 아크 에어 가우징

① 아크절단에 압축 공기를 병용한 방법이다.
② 용접 현장에서 용접결함부의 제거, 절단 및 구멍 뚫기, 용접 홈의 준비

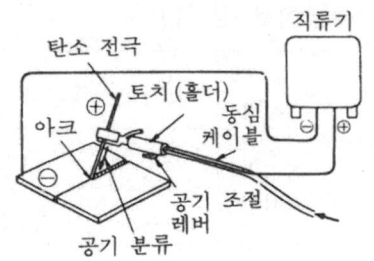

(4) 균열

① 용접부에 생긴 균열을 말한다.
② 주로 용접 금속이 응고할 때 수축이나 구속응력 등에 의해 생긴다.
③ 발생 온도에 따라 고온 균열과 저온 균열로 구별된다.
④ 종(세로) 균열(Longitudinal Crack) : 용접 비드에 평행하게 발생한 균열이다.
⑤ 횡(가로) 균열(Transverse Crack) : 용접선 또는 가스 절단선에 대하여 직각 방향으로 발생한 균열이다.
⑥ 루트 균열(Root Crack) : 루트의 노치에 의한 응력 집중부에서 발생한 균열이다.
⑦ 비드 밑 균열(Under Bead Crack) : 비드 아래쪽에 발생한 균열이다.
⑧ 크레이터 균열(Crater Crack) : 용접 비드의 크레이터 부분에 발생한 균열이다.
⑨ 지단균열(Toe Crack) : 용접부의 지단(모재의 면과 용접 비드의 표면이 만나는 점)에서 발생한 균열이다.

(5) 잔류 응력 완화법

① 피닝법 : 끝이 구면인 특수한 용접부를 연속적으로 때려 용접 표면에 소성변형을 주어 잔류응력을 완화(제거)한다.
② 저온 응력 완화법 : 잔류응력 제거방법 중 주로 용접부의 용접선 방향에 생긴 인장잔류응력을 저온가열하여 제거하는 것이다.
③ 기계적 응력 완화법
④ 노내 풀림 완화법

잔류응력 경감법
- 적당한 예열
- 용착 금속량의 감소
- 용착법의 적절한 선정

(6) 용접부 검사법

파괴 검사법	• 금속조직검사	• 기계적 시험(검사)
비파괴 검사법	• 육안검사(VT, Visual Test) • 자기검사(MT, Magnetic Test) • 초음파검사(UT, Ultrasonic Test)	• 침투검사(PT, Penetrant Test) • 방사선투과검사(RT, Rediographic Test)

(7) 용접 결함

① 내부결함 : 기공, 은점, 슬래그 혼입
② 표면결함 : 피트, 언더컷, 오버랩, 균열
③ 다층 용접 시 1층에서 변형이 가장 많이 발생

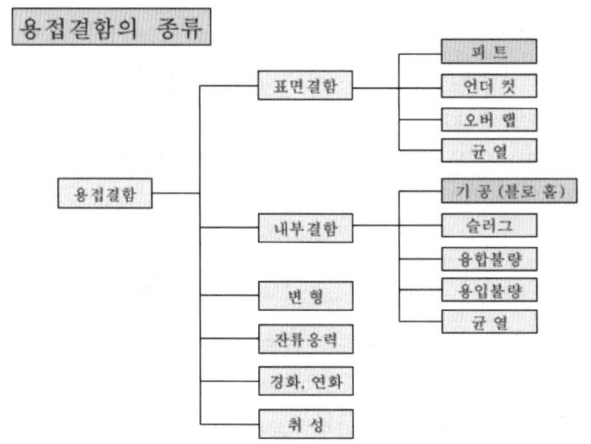

용접 후 용접 변경을 교정하는 방법
- 롤러로 거는 방법
- 가열 후 해머질 하는 방법
- 박판에 대한 점 수축법
- 가열 후 압력을 주어 수랭하는 방법

제5장 출제 예상 문제

01
다음 중 용접부의 잔류응력 완화법이 아닌 것은?
① 기계적 응력 완화법
② 저온 응력 완화법
③ 침탄 응력 완화법
④ 노내 풀림 완화법

[해설] 침탄 응력 완화법은 담금질의 한 종류로 경도가 증가한다.

02
용접부의 파괴시험 검사법 중 기계적 시험 방법이 아닌 것은?
① 부식시험　　② 피로시험
③ 굽힘시험　　④ 충격시험

[해설] • 부식시험은 파괴시험의 일종이다.
• **기계적 시험의 종류** : 인장시험, 굽힘시험, 충격시험, 피로시험

03
길이 30m인 65A 강관의 중앙을 가스 절단한 후 절단부위를 다루는 방법으로 가장 안전한 것은?
① 관에 손가락을 끼워서 든다.
② 장갑을 끼고 손으로 잡는다.
③ 단조용 집게나 플라이어로 잡는다.
④ 절단 부위에서 가장 먼 곳을 맨손으로 잡는다.

[해설] 화상 등 부상의 위험이 있으므로 단조용 집게나 플라이어 등 공구를 사용해서 작업한다.

04
용접결함 중 내부결함에 속하지 않는 것은?
① 기공　　② 언더컷
③ 균열　　④ 슬래그 혼입

[해설] 언더컷 : 외부 결함

05
용접부 비파괴시험의 종류 중 방사선투과시험을 나타내는 기본 기호로 맞는 것은?
① UT　　② VT
③ PT　　④ RT

[해설] UT(초음파검사), VT(육안검사), PT(침투검사)

06
다음 중 가스 절단이 가장 잘 되는 재료는?
① 연강　　② 비철금속
③ 주철　　④ 스테인리스

[해설] 산소와 아세틸렌 또는 프로판 불꽃을 이용한 가스 절단은 탄소강(연강)에 적합하다.

07
용접부의 검사법 중 비파괴시험에 속하는 것은?
① 피로시험　　② 부식시험
③ 침투시험　　④ 내압시험

[해설] **용접의 비파괴시험**
외관검사, 육안검사, 침투검사, 자기검사, 방사선투과검사, 초음파탐상검사

08
용접부 응력 제거 방법 중 용접부 양측 약 150mm를 일정 속도로 이동하는 가스불꽃을 이용하여 150~200°C로 가열한 후 수랭하는 방법은?
① 국부풀림법
② 피닝법
③ 기계적 응력 완화법
④ 저온 응력 완화법

[해설] **저온 응력 완화법**
용접부 응력 제거 방법 중 용접부 양측 약 150mm를 일정 속도로 이동하는 가스불꽃을 이용하여 150~200°C로 가열한 후 수랭하는 방법

정답 01 ③　02 ①　03 ③　04 ②　05 ④　06 ①　07 ③　08 ④

PART 02 배관재료

배관기능장

제1장 관의 종류 및 특성
제2장 관 이음 재료
제3장 배관부속재료

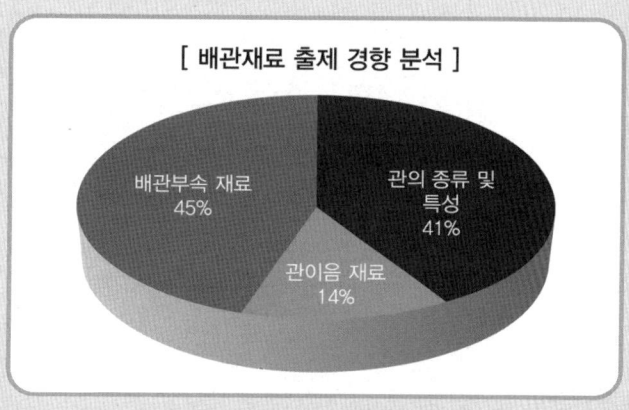

[배관재료 출제 경향 분석]

배관부속 재료 45%
관의 종류 및 특성 41%
관이음 재료 14%

제1장 관의 종류 및 특성

01 관의 시방 및 제조방법

(1) 파이프(Pipe)와 튜브(Tube)

관(Pipe & Tube)	
파이프	• 안지름을 의미하는 호칭지름(Norminal Bore)으로 규격화 • 압력별 용도별 분류 • 스케줄번호로 체계화
튜브	• 비철금속이나 비금속에 많이 사용 • 바깥지름으로 표시 • 스케줄번호 없이 실제의 관벽 두께로 표기

(2) 관(Pipe & Tube)의 종류

(3) 스케줄 번호

압력관의 두께를 표시하는 번호로서 10, 20, 30, 40, 50, 60, 70, 80······

$SCH\ NO = \dfrac{P}{S} \times 10$

여기서, P=사용압력(kg/cm²)
S=허용응력(kg/m². 인장강도/안전율)

> 최고 사용압력이 65kg/cm²의 배관에서 SPPS을 사용하는 경우, 인장강도가 38kg/mm²일 때 안전율을 4로 하면 스케줄 번호는?
> 해설 SCH NO=10*P/S=10×(65÷(38/4))=68.4 → 70

(4) 관의 표기방법

기호	제조방법	기호	제조방법
-E	전기저항 용접관	-E-C	냉간 완성 전기저항 용접관
-B	단접관	-B-C	냉간 완성 단접관
-A	아크 용접관	-A-C	냉간 완성 아크 용접관
-S-H	열간가공 이음매 없는 관	-S-C	냉간완성 이음매 없는 관

> **단접관[Butt Weld Pipe]**
> 띠강을 다이에 통하도록 하여 관 형태로 성형하여 그 맞닿는 부분을 가열하여 단접시킨 것이다.
>
> **SS41와 SS400**
> • 금속재료의 기호로서 SS41의 명칭 : 일반구조용 압연 강재
> • SS41은 구기호이고, SS400은 신기호이다.
> • 41이나 440 모두 인장강도를 표시.
> • 41은 Kg/mm² 이고 440은 N/mm²이다.
> • 인장강도 표시 방식을 N/mm²로 하다 보니 SS41을 SS440으로 바꾼 것이다.
> SS34 → SS330   SS41 → SS440
> SS50 → SS490   SS55 → SS540
>
> **고압배관용(SPPH)** : 관의 재질은 킬드강으로 만들며(심리스관), 350°C 이하이다.
> 100kg/cm² 이상의 배관용에 쓰이는 관의 KS재료 기호이다.
>
> **프리스트레스(Pre-stress) 콘크리트관** : 강선을 인장해서 붙인 뒤 원주 방향으로 압축 부여하는 관이다.
> PS관, 메이커에 따라 PS 흄관이 있다.

(5) 강관의 제조방법

강관의 제조방법별로 분류하면 접합부의 유무에 따라 무계목 강관과 접합강관(단접강관, 용접강관)으로 분류할 수 있다.

① **무계목 강관** : 빌릿 등의 소재를 가열해 천공기로 중심에 구멍을 뚫고 압연 인발해 소정의 외경과 두께로 만든 강관이다.
- 소재에 구멍을 뚫은 다음 연신하는 경사압연방식이다.
- 프레스로 압출하는 프레스 방식 등으로 만든다.

② **단접강관** : 소정(所定)의 폭으로 절단한 스켈프(강관의 재료가 되는 반제품)를 약 1,400℃ 정도로 가열한 후 연속식 단접기에서 관형태로 성형하면서 양단을 롤로 압착시켜 제조한다. 소경관이 대부분이며 대량 생산방식에 적용한다(다품종 소량 생산은 부적합).

③ **용접강관** : 대강 또는 스켈프를 상온에서 연속 롤 성형기를 통해 관형태로 성형한 후 접합부를 용접해 제조하는 강관이다. 용접법에 따라 전기저항용접강관(ERW 강관), 가스용접관, 아크용접강관(SAW 강관)으로 분류한다.
- 아크용접강관(SAW 강관) : 성형방법에 따라 UOE 프레스 강관, 스파이럴 강관, 롤벤딩 강관, 연속성형 강관으로 구분한다.
- 전기저항용접강관(ERW 강관) : 코일 상태로 감긴 스켈프을 사용하고 이것을 관 형태로 성형해 저항열을 이용, 용접한 강관으로서 용접강관 생산량의 대부분을 차지한다. 초기에는 저주파전류를 이용한 저항용접법이 주로 사용되었으나 최근에는 생산성, 품질면에서 우수한 고주파 용접법으로 제조하고 있다.

02 강관(鋼管)

(1) 강관(Steel Pipe, 鋼管)
- 유전개발용, 송유관용, 일반배관용, 구조용, 열교환기용, 농업용, 전선관용 등 광범위하게 사용된다.
- 접합부의 유무에 따라 보통 무계목강관(Seamless Pipe)과 용접강관(Welded Steel Pipe)으로 나뉜다.

(2) 강관의 종류

분류	KS번호 (JIS)	규격명칭	KS기호 (JIS)	비고
배관용	D 3507 (G 3452)	배관용 탄소강 강관 (S : steel, P : pipe, P : piping)	SPP (SGP)	증기, 물, 가스 및 공기 등의 사용압력 10kg/cm^2 이하의 일반배관용. 호칭경 6~500A, 흑·백관
	D 3562 (G 3454)	압력배관용 탄소강 강관 (S : steel, P : pipe, P : pressure, S : service)	SPPS (STPG)	350℃ 이하, 사용압력 10~100 kg/cm^{2}의 압력 배관용, 외경은 SPP와 같고 두께는 스케줄 치수 계열로 Sch#80까지 호칭경 6~500A
	D 3564 (G 3455)	고압배관용 탄소강 강관 (S : steel, P : pipe, P : pressure, H : high)	SPPH (STS)	350℃ 이하, 사용압력 100kg/cm^2 이상의 고압배관, 암모니아 합성공업 등의 고압배관, 내연기관의 연료분사 관용, SPPS와 동일 Sch# 80~160
	D 3570 (G 3456)	고온배관용 탄소강 강관 (S : steel, P : pipe, H : high, T : temperature)	SPHT (STPT)	350℃ 이상의 고온배관용, 외경은 SPPS와 동일, Sch# 10~160까지
	D 3583 (G 3457)	배관용 아아크 용접 탄소강 강관 (S : steel, P : pipe, W : welding)	SPW (STPY)	호칭경 350~1500A의 대경관, 사용 압력15kg/cm^2 이하의 수도, 도시가스, 공업용수 등의 일반배관용, 두께는 6.0~15.1mm
	D 3573 (G 3458)	배관용 합금강 강관 (S : steel, P : pipe, A : alloy)	SPA (STPA)	Mo강, Cr-Mo강의 이음매 없는 관으로 고온도의 배관에서 스테인레스 관을 사용하는 것 이외의 곳, 외경은 SPP와 같고 두께는 스케줄 치수 계열에 따르며 고온강도가 크고 내산화성·내식성이 강하여 고온·고압 보일러의 증기관·석유 정제용 고온 고압의 유관 등에 사용
	D 3576 (G 3459)	배관용 오오스테나이트 스테인레스 강관(steel tube siainless)	STS×T (SUS-TP)	내식, 내산, 고온용으로 저온용에도 사용, 외경은 SPP와 같고, Sch# 80까지, 6~300A
	D 3569 (G 3460)	저온배관용 강관 (S : steel P : pipe, L : low, T : temperature)	SPLT (STPL)	빙점 이하의 특히 저온용이고, SPHT와 같은 외경으로 Sch# 160까지
	D 3507 (G 3442)	수도용 아연도금 강관 (S : steel, P : pipe, P : pipiping, W : water)	SPPW (SGPW)	정수두 100m 이하의 수도용으로 SPP에 아연 도금(600g/m^2 이상)

	D 3565 (G 3443)	수도용 도복장 강관 (S : steel, T : tube, P : pipe, W : water, A : asphalt, C : coltar)	STPW-A STPW-C (-)	SPP 또는 SPW관에 피복한 것으로 정수두 100m 이하의 수도용, 80~1500A.
	(G 4093)	배관용 이음매 없는 니켈 크롬, 철, 합금관	(NCF-TP)	내식·내열·고온용을 대상으로 원자력기용의 화학 공업용, 석유 공업용
	(G 5202)	고온·고압용 원심력 주강관	(SCPH-CF)	용접성이 우수한 주강관, 특히고장력으로 토목,건축용 기둥·석유 화학용의 고온 고압관, 가열로의 관에 쓴다. 탄소강계 2종, 저합금강계 3종류의 5종류
열전달용	D 3563 (G 3461)	보일러·열교환기용 탄소강강관 (S : steel, T : tube, H : heat)	STH (STB)	관 내외에서 열교환이 목적인 보일러의 수관, 연관, 과열관, 공기예열관, 화학공업, 석유공업의 열교환기관, 콘덴서관, 촉매관, 가열노관용에 쓴다. 관경 15.9~139.8mm, 두께 1.2~12.5mm
	D 3572 (G 3462)	보일러, 열교환기용 합금강 강관 (S : steel, T : tube, H : heat, A : alloy)	STHA (STBA)	
	D 3577 (G 3463)	보일러,열교환기용 스테인레스강 강관 (ST : suainless, S : steel, T : tube)	STS×TB (SUS-TB)	
	D 3571 (G 3464)	저온 열교환기용 강관 (S : steel, T : tube, L : low, T : temperature)	STLT (STBL)	빙점 아래 특히 저온에 사용, 냉동창고, 스케이트 링크 등의 배관에 사용되며 50kg/cm^{2}의 수압시험을 실시한다.
	(G 4904)	열교환기용 이음매 없는 Ni-Cr철 합금판	(NCT-TB)	주로 원자력 발전, 원자력선의 증기 발생기용, 화학공업, 석유공업의 각종 장치의 열교환기용에도 사용
구조용	D 3566 (G 3444)	일반 구조용 탄소강 강관 (S : steel, P : pipe, S : structure)	SPS (STK)	일반 구조용 강재로 사용되며 관경은 21.7~101.6mm, 두께 1.9~16.0 mm
	D 3517 (G 3445)	기계 구조용 탄소강 강관 (S : steel tube, M : machine)	SM (STKM)	자동차, 자전거, 기계, 항공기 등의 기계부품으로 절삭해서 사용
	D 3574 (G 3441)	구조용 합금강 강관 (S : steel tube A : alloy)	STA (STKS)	항공기, 자동차, 자전거, 기타 구조물에 사용
	D 3536	구조용 스테인레스강 강관 (ST : suainless, S : steel, T : tube)	STST (SUS)	
	D 3568 (G 3466)	일반 구조형 각형 강관 (S : steel, P : pipe, S : structural, R : rectangular)	SPSR (STKR)	토목·건축·기타 구조물, 표준 길이 6m,8m,10m,12m

기 타	(G 5201)	용접구조용 원심력 주강관	(SCW-CF)	압연강재, 단강품, 주조품과 용접해서 사용한다. 용접성이 우수하고, 고장력이어서 토목 건축용 기둥, 석유화학용 고온고압관, 가열노관에 사용
	D 3575 (G 3429)	고압가스 용기용 이음매 없는 강관 (S : steel, T : tube, H : high, G : gas)	STHG (STH)	고압가스, 액화가스 또는 용해 가스를 충전하고 용기의 제조에 쓴다.
	(G 3429)	유정용 이음매 없는 강관	(STO)	유정 굴삭 및 채유 등에 사용하는 관
	(G 3465)	시추용 이음매 없는 강관	(STM-C)	사추용 케이싱, 코아튜브, 시추 롯드에 사용

(3) 강관의 KS 표시방법

① 배관용
- SPP : 배관용 탄소강관(석유정제용 배관에 널리 사용)
- SPPS : 압력배관용 탄소강관(350℃ 이하 사용, 압력 1~10MPa)
- SPPH : 고압배관용 탄소강관(350℃ 이하 사용, 압력 10MPa 이상)
- SPHT : 고온배관용 탄소강관(350℃ 초과 사용)
- SPA : 배관용 합금강 강관
- SPW : 배관용 아크 용접 탄소강관
- STS*T : 배관용 스테인리스 강관(화학공장 내식성, 내열성, 고온성, 저온용, 구조용)
- STS : 일반구조용 탄소강관

② 수도용
- SPPW : 수도용 아연 도금 강관
- STWW : 상수도용 도복장 강관

③ 보일러용(열전달)
- STH(STBH) : 보일러 열교환기용 탄소강 강관
- STHA : 보일러 열교환기용 합금강 강관
- STS*TB : 보일러 열교환기용 스테인리스 강관

(4) 스테인레스 강관(StainlessSteel Pipe)

상수도의 오염으로 배관의 수명이 짧아지고 부식의 우려가 있어 스테인레스 강관의 이용도가 증대되고 있다.

① 스테인레스 강관의 종류
- 배관용 스테인레스 강관
- 보일러 열교환기용 스테인레스 강관

- 위생용 스테인레스 강관
- 배관용 아크용접 대구경 스테인레스 강관
- 일반배관용 스테인레스 강관
- 구조 장식용 스테인레스 강관

② 스테인레스 강관의 특징
- 내식성이 우수하고 위생적이다.
- 강관에 비해 기계적 성질이 우수하다.
- 두께가 얇고 가벼워 운반 및 시공이 용이하다.
- 저온에 대한 충격성이 크고, 추운 곳에도 배관이 가능하다.
- 나사식, 용접식, 몰코식, 플랜지 이음 등 시공이 용이하다.

03 주철관(鑄鐵管)

(1) 주철관(鑄鐵管, Cast Iron Pipe : CIP관)
① 주철관은 순철에 탄소가 일부 함유되어 있는 것으로 내압성, 내마모성이 우수하다.
② 강관에 비하여 내식성, 내구성이 뛰어나다.
③ 수도용 급수관(수도본관), 가스 공급관, 광산용 양수관, 화학공업용 배관, 통신용 지하매설관, 건축설비 오배수 배관 등에 광범위하게 사용된다.

(2) 제조방법에 의한 분류
① 수직법 : 주형을 관의 소켓쪽 아래로 하여 수직으로 세우고 용선을 부어 제조한다.
② 원심력법 : 금형을 회전시키면서 쇳물을 부어 제조한다.

(3) 재질상 분류
① 보통 주철관 : 내구성과 내마모성은 고급주철관과 같으나 외압이나 충격에 약하고 무르다.
② 고급 주철관 : 주철 중의 흑연 함량을 적게 하고 강성을 첨가하여 금속조직을 개선한 것으로 기계적 성질이 좋고 강도가 크다.
③ 구상흑연(덕타일) 주철관 : 양질의 선철에 강을 배합한 것으로 주철중의 흑연을 구상화(球狀化)시켜서 질이 균일하고 치밀하며 강도가 크다.

(4) 압력에 따른 분류

　① 고압관 : 정수두 100mH$_2$O 이하
　② 보통압관 : 정수두 75mH$_2$O 이하
　③ 저압관 : 정수두 45mH$_2$O 이하

(5) 주철관의 특징

　① 내구력이 크다.
　② 내식성이 커서 지하매설배관에 적합하다.
　③ 다른 배관에 비해 압축강도가 크나 인장강도는 약하다
　　(취성이 크다).
　④ 충격에 약해 크랙(Crack)의 우려가 있다.
　⑤ 압력이 낮은 저압(7~10kg/cm^2 정도)에 사용한다.

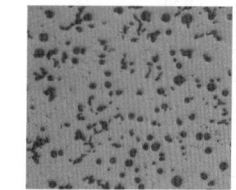
구상화흑연주철의 광학현미경사진
흑연이 구상화되어 있음

(6) 수도용 주철관의 종류

　① 수도용 원심력 금형관
　② 수도용 원심력 사형 주철관
　③ 수도용 원심력 덕타일 주철관
　④ 수도용 수직형 주철관

구상 흑연 주철관 : 수도용 원심력 덕타일 주철관
· 주조한 채로 흑연이 구상(球狀)으로 되어 있는 주철
· 용탕에 마그네슘, 칼슘 등을 첨가하고 조직 속의 흑연을 구상화한 것
· 보통 주철에 비해 강력하고 점성이 강하다.

수도용 원심력 덕타일 주철관의 특징
· 보통 주철(회주철)과 같이 수명이 길다.
· 강관과 같이 고압에 견디는 높은 강도와 인성(靭性)을 가지고 있다.
· 보통 주철과 같은 좋은 내식성이 있다.
· 변형에 대한 높은 가요성이 있다.
· 충격에 대한 높은 연성을 가지고 있다.
· 우수한 가공성을 가지고 있다.

04 비철금속관(非鐵金屬管)

(1) 동관(銅管)
① 내식성이 우수하다.
② 내산, 내알카리성 재료로 매끄러운 내부 표면을 가지고 있으므로 스케일이 잘 생성되지 않는다.
③ 급수, 급탕, 난방, 가스배관 등에 널리 쓰인다.
④ 관을 굴곡시키거나 확관하기 쉬우므로 가공성이 뛰어나 시공이 용이하다.

(2) 동관의 특징
① 담수(淡水)와 알칼리성에 내식성이 강하다.
② 연수(軟水)에 부식되고, 열전도율이 높다.
③ 전성과 연성이 풍부하다.
④ 기계적 가공이 용이하다.
⑤ 초산, 진한 황산, 암모니아에는 심하게 침식된다.
⑥ 유기약품과 가성소다 등에 침식되지 않음

> 동관의 두께 순서 : K > L > M > N

(3) 동관의 종류

동관의 종류		
제조법에 의한 분류	인성동관 (Toughpitch Copper Tube)	• 전기 및 열의 전도성 우수 • 고온사용 시 수소취화현상 발생 • 전기부품, 열교환기관 등에 주로 사용
	인탈산 동관 (Phosphorus Deoxidized)	• 인(P)으로 탈산처리한 것 • 전기전도성은 인성동관보다 낮음 • 수소취화현상이 발생하지 않음 • 일반배관, 열교환기용, 건축설비 재료에 사용
	무산소 동관(Oxygen Free)	• 수소취화현상 발생하지 않음 • 전기용 재료, 화학공업용에 사용
재질에 의한 분류	연질(O : Soft Of Annealed)	• 가공 및 작업 용이 • 상수도, 가스배관 등에 사용
	반연질(OL : Light Annealed)	• 약간의 경도와 강도를 부여한 것

	반경질($\frac{1}{2}$H : Half hard)	경질에 경도와 강도를 부여한 것
	경질(H : hard or drawn)	• 경도 및 강도에서 가장 강함 • 건설자재로 사용
두께에 의한 분류	K형	• 두께가 두꺼움 • 고압배관, 상수도관, 의료배관에 사용
	L형	• 급탕, 급수 및 냉온수배관, 가스배관 등 • 압력이 적게 작용하는 곳에 사용
	M형	• K형, L형보다 두께가 얇음 • 저압증기 난방용관, 가스배관, 통기관으로 사용
형태에 의한 분류	직관	• 일반배관용에 사용 • 15A~150A는 6m, 200A이상은 3m로 제작
	코일	• 코일 형식으로 감아놓은 것 • 상수도, 가스배관 등 이음매 없음 • 레벨 와운형(200~300m) • 벤치형(50m, 70, 100m) • 팬케이크형(15m, 30m)
	온수온돌용	• 조립식 온수온돌 전용 배관 • 방의 규모에 따라 20종의 규격으로 제작

(4) 연관(鉛管, Lead Pipe)

일명 납(Pb)관이라 하며, 용도에 따라 1종(화학공업용), 2종(일반용), 3종(가스용)으로 나눈다.

(5) 알루미늄관(Al관)

은백색을 띠는 관으로 구리 다음으로 전기 및 열전도성이 양호하며 전·연성이 풍부하여 가공이 용이하며 건축재료 및 화학공업용 재료로 널리 사용된다. 알루미늄은 알칼리에는 약하고, 특히 해수, 염산, 황산, 가성소다 등에 약하다.

- 주석관 : 양조공장, 화학공장에서의 알코올, 맥주 등의 수송관 재료로 가장 적합하다.
- 열교환기용 티탄관 : 내식성, 특히 내해수성이 좋으며 화학공업용이나 석유공업용의 열교환기, 해수, 담수화 장치에 사용되며 이음매 없는 관과 용접관으로 구분하며, 관의 내·외면에서 열을 전달할 목적으로 사용한다.

05 비금속관(非金屬管)

(1) 합성수지관

① 염화비닐관
- 내식, 내산, 내알칼리성이 크다.
- 열의 불양도체이다.
- 가볍고 강인하며, 가격이 저렴하다.
- 저온 및 고온에서 강도가 약하다.
- 열팽창률이 심하다.
- 충격강도가 작다.
- 용제에 약하다.
- 경질염화비닐관, 연질염화비닐관

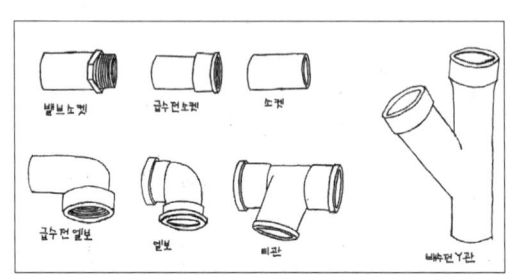

② 폴리에틸렌관
- 염화비닐관보다 가볍다.
- 염화비닐관보다 화학적, 전기적 성질이 우수하다.
- 내한성이 좋아 한랭지 배관에 알맞다.
- 염화비닐관에 비해 인장강도가 1/5 정도로 작다.
- 화기에 극히 약하다.
- 유연해서 관면에 외상을 받기 쉽다.
- 장시간 직사광선(햇빛)에 노출되면 노화된다.

③ 폴리부틸렌관(PB관)
- 가볍고 시공이 간편하며, 재사용 가능하다.
- 내충격, 내유연성, 내열성, 내화학작용 등이 뛰어나다.
- 유해물질의 용출이나 수질오염이 없어 위생적이다.
- 사용온도는 −30~110℃, 내한성과 내열성이 우수하다.
- 고온에서도 강도를 유지한다.
- 그라프링과 O링에 의한 에이콘이음
- 온수온돌의 난방배관, 음용수 및 온수배관에 사용한다.
- 농업 및 원예용 배관, 화학배관 등에 사용한다.
- 관의 굽힘거리는 80cm, 최소굽힘지름은 20cm 이상이다.

> **가교화 폴리에틸렌관=엑셀(X-L) 파이프**
> - 고밀도 폴리에틸렌을 가교성형장치에 의해서 반투명 유백색으로 6m/100m를 표준으로 제조한다.
> - 온수온돌 난방배관 및 급수관에 주로 사용한다.

(2) 콘크리트관

① **원심력식 철근 콘크리트관** : 흄관(Hume pipe)이라 하며, 철제 형틀 속에 원통형으로 조립된 철근망을 넣고 축선을 수평으로 하여 회전시키면서 반죽한 콘크리트를 투입시키면 원심력에 의하여 고르게 다져지면서 치밀한 콘크리트관이 되며, 성형 후에는 증기양생을 실시하여 고르게 경화시킨다. 용도에 따라 보통관과 압력관으로 분류되며, 모양에 따라 A형, B형, C형으로 분류된다.

② **석면 시멘트관** : 에터니트관이라고 하며 석면과 시멘트를 중량비 1 : 5~6의 비율로 배합하고, 적당한 양의 물로 혼합하여 반죽한 다음 관지름과 동일한 심관의 둘레에 얇게 감고 롤러로 5~9kgf/cm²의 압력을 가하면서 성형한다.

③ **프리스트레스(Pre-stress) 콘크리트관** : 콘크리트관 외주에 PS강선을 인장해서 감아붙인 뒤 관의 원주방향으로 압축응력을 부여하여 내외압에 의해서 일어나는 인장응력과 상쇄할 수 있게 한 관이다.

(3) 애터니트관

석면과 시멘트를 중량비 1 : 5 정도의 비율로 배합한 후 적당한 양의 물로 혼합하여 윤전기에 의해서 얇은 층을 만들어 압력을 가하여 만든다.

> 강관의 슬리브 용접 시 슬리브의 길이는 관경의 몇 배가 적당한가?
> [해설] 1.2~1.8배
>
> 맞대기 용접 이음용 롱엘보의 곡률 반지름은 강관 호칭지름의 몇 배?
> [해설] 1.5배

제1장 출제 예상 문제

제1장 관의 종류 및 특성

01
관의 내외에서 열교환을 목적으로 하는 장소에 사용되는 보일러, 열교환기용 합금강관의 KS 재료 기호는?

① STH
② STHA
③ SPA
④ STS×TB

[해설] STH : 보일러 열교환기용 탄소강관, SPA : 배관용 합금강관

02
배관용 타이타늄관에 관한 설명으로 틀린 것은?

① 내식성, 특히 내해수성이 좋다.
② 제조방법에 따라 이음매 없는 관과 용접관으로 나눈다.
③ 화학장치, 석유정제장치, 펄프제지공업장치 등에 사용된다.
④ 관은 안지름이 최소 200mm부터 1000mm까지 있고, 두께는 20mm 이상이다.

[해설] 타이타늄관은 내식성 특히 내해수성이 좋고 화학장치, 석유정제장치, 펄프제지공업장치 등에 사용되며 제조방법에 따라 이음매 없는 관과 용접관으로 나눈다.

03
비중이 0.92~0.96 정도로 염화비닐관보다 가볍고 −60°C에서도 취화하지 않아 한랭지 배관에 적절한 관은?

① 폴리에틸렌관
② 경질염화비닐관
③ 연관
④ 동관

[해설] 폴리에틸렌관
비중이 0.92~0.96 정도로 염화비닐관보다 가볍고 −60°C에서도 취화하지 않아 한랭지 배관에 적절하다.

04
폴리에틸렌관에 가열 지그를 사용하여 관 끝의 바깥쪽과 이음관의 안쪽을 동시에 가열하여 용융이음 하는 것은?

① 턴 앤드 그루브 이음
② 인서트 이음
③ 용착슬리브 이음
④ 용접 이음

[해설] 용착 슬리브 접합은 관 끝의 바깥쪽과 이음관의 안쪽을 동시에 가열하여 용융이음 하는 방법이다.

05
최고사용압력이 6.5MPa의 배관에서 SPPS을 사용하는 경우, 인장강도 380MPa일 때 안전율을 4로 하면 다음 스케줄 번호 중 가장 적합한 것은?

① 40
② 80
③ 100
④ 120

[해설] 스케줄 번호 $= 1000 \times \dfrac{P}{S} = 1000 \times \dfrac{6.5}{380 \times \dfrac{1}{4}} = 68.42$

이므로 큰 사이즈를 적용하면 #80

06
일반적으로 PS관이라고 불리며, PS강선을 인장해서 감아 붙인 뒤 관의 원주방향으로 압축응력을 부여해서 내·외압에 의해서 일어나는 인장응력과 상쇄할 수 있게 제작된 특수관은?

① 규소 청동관
② 폴리부틸렌관
③ 석면 시멘트관
④ 프리스트레스 콘크리트관

[해설] 프리스트레스 콘크리트관
일반적으로 PS관이라 칭하며, PS강선으로 압축응력을 부과하여 인장응력과 상쇄할 수 있게 한 것이다.

정답 01 ② 02 ④ 03 ① 04 ③ 05 ② 06 ④

07
비중이 작고 열 및 전기의 전도도가 높으며 용접이 잘 되고 고순도일수록 내식성 및 가공성이 좋아지므로 이음매 없는 관과 용접관이 있고 화학공업용 배관, 열교환기 등에 적합한 것은?

① 석면 시멘트관   ② 염화비닐관
③ 강관   ④ 알루미늄관

해설 **알루미늄관** : 비중이 2.7로 가볍고 열전도율이 높으며 가공성 및 내식성이 좋아서 화학공업용 배관, 열교환기 등에 사용된다.

08
폴리부틸렌관(PB) 이음쇠에 관한 설명으로 올바른 것은?

① PB관에 PB관을 연결 시 나사 이음과 용접 이음이 필요하다.
② 이음쇠 안쪽에 내장된 그래브링과 O링을 이용한 용접접합이다.
③ 이종관과의 접합 시는 커넥션 및 어댑터를 사용, 나사이음을 한다.
④ 스터드 앤드를 이용한 플랜지 이음을 하는 것이 일반적이다.

해설 **폴리부틸렌관** : PB관이라 하며, 관을 연결구에 삽입하여 그라프링과 O링에 의한 접합을 할 수 있다.

09
강관의 종류와 KS 규격 기호가 맞는 것은?

① SPHT : 고압배관용 탄소강관
② SPPH : 고온배관용 탄소강관
③ STHA : 저온배관용 탄소강관
④ SPPS : 압력배관용 탄소강관

해설
- SPHT : 고온배관용 탄소강관
- SPPH : 고압배관용 탄소강관
- STHA : 보일러 열교환기용 합금강관

10
비금속 배관재료에 대한 일반적인 이음방법이 올바르게 짝지어진 것은?

① 경질염화비닐관 - 기볼트 이음
② 석면 시멘트관 - 고무링 이음
③ 폴리에틸렌관 - 용착 슬리브 이음
④ 콘크리트관 - 심플렉스 이음

해설
- **경질염화비닐관** : 테이퍼 코어 접착접, 용접법
- **석면 시멘트관** : 기볼트 접합
- **콘크리트관** : 콤포이음, 몰탈 접합

11
강관의 종류와 KS 규격 기호를 짝지은 것으로 틀린 것은?

① 수도용 아연도금 강관 : SPPW
② 고압배관용 탄소강관 : SPPH
③ 압력배관용 탄소강관 : SPPS
④ 고온배관용 탄소강관 : STHS

해설 **고온배관용 탄소강관** : SPHT

12
양질의 선철에 강을 배합하여 원심력을 이용하여 주조한 후 노속에서 730℃ 이상 고르게 가열하여 풀림처리한 주철관은?

① 수도용 원심력식 사형 주철관
② 수도용 원심력식 금형 주철관
③ 수도용 원심력 덕타일 주철관
④ 수도용 입형 주철관

해설 **수도용 원심력 덕타일 주철관**
구상 흑연 주철관이라 하며 양질의 선철에 강을 배합하여 용해하고, 회전하는 주형에 주입한 다음 원심력을 이용하여 생산하며 관의 질이 균일하게 되어 강도가 크다.

13
배관재료에 대한 설명 중 부적당한 것은?

① 연관 : 초산, 농염산 등에 내식성이 뛰어나다.
② 동관 : 콘크리트 속에서 잘 부식되지 않는다.
③ 주철관 : 강관에 비해 내구성, 내식성이 풍부하다.
④ 흄관 : 원심력 철근 콘크리트 관이다.

해설 **연관** : 초산, 농염산에 침식되며 증류수, 극연수에 다소 침식되는 경향이 있다.

정답 07 ④ 08 ③ 09 ④ 10 ③ 11 ④ 12 ③ 13 ①

14
내식, 내열 및 고온용 관으로서 특히 내식성이 필요로 하는 화학공업배관에 가장 적합한 강관은?
① 배관용 아크 용접 탄소강 강관
② 고압배관용 탄소강 강관
③ 배관용 스테인리스 강관
④ 알루미늄 도금 강관

해설 **배관용 스테인리스 강관**
내식, 내열 및 고온용 관으로서 특히 내식성이 필요로 하는 화학공업배관에 가장 적합한 강관이다.

15
경질염화비닐관과 연결이 가능하지 않는 이종관은?
① 동관　　　　　② 연관
③ 강관　　　　　④ 콘크리트관

해설 콘크리트관은 대부분 큰 사이즈라 차이가 심하고 재질 또한 맞지 않다.

16
내산성 및 내알칼리성이 우수하며 전기 절연성이 가장 큰 관은?
① 동관　　　　　② 연관
③ 염화비닐관　　④ 알루미늄관

해설 **염화비닐관**: 내산성 및 내알칼리성이 우수하며 전기 절연성이 좋다

17
가스배관에서 고압배관 재료로 적당하지 않는 것은?
① 배관용 탄소강관(KS D 3507)
② 압력배관용 탄소강관(KS D 3562)
③ 배관용 스테인리스강관(KS D 3576)
④ 이음매 없는 동 및 동합금관(KS D 5301)

해설 배관용 탄소강관은 사용압력이 비교적 낮은(10kgf/cm² 이하) 배관용으로 사용된다.

18
강관제조방법 표시에서 냉간가공 이음매 없는 강관은?
① -S-C　　　　② -E-C
③ -A-C　　　　④ -B-C

해설
- -S-C : 냉간완성 이음매 없는 관
- -E-C : 냉간완성 전기저항 용접관
- -A-C : 냉간완성 아크 용접관
- -B-C : 냉간완성 단접관

19
수도형 입형주철관 중 저압관의 최대 사용 정수두로 가장 적합한 것은?
① 75m 이하　　　② 65m 이하
③ 55m 이하　　　④ 45m 이하

해설
- **보통압관** : 7.5[kgf/cm²] 이하
- **저압관** : 4.5[kgf/cm²] 이하

정답 14 ③　15 ④　16 ③　17 ①　18 ①　19 ④

제 2 장 관이음 재료

01 강관 이음쇠

(1) 강관 이음쇠의 분류

강관 이음쇠	
이음방법에 의한 분류	나사식 용접식 플랜지식
재질에 의한 분류	강제 이음재 가단 주철제 이음재
사용용도에 의한 분류	• 배관의 방향을 전환할 때 : 엘보(Elbow), 벤드(Bend) • 관을 도중에 분기할 때 : 티(Tee), 와이(Y), 크로스(Cross) • 동일 지름의 관을 연결할 때 : 소켓(Socket), 니플(Nipple), 유니언(Union) • 이경관을 연결할 때 : 리듀서(Reducer), 부싱(Bushing), 이경 엘보, 이경 티 • 관 끝을 막을 때 : 플러그(Plug), 캡(Cap) • 관의 분해, 수리가 필요할 때 : 유니언, 플랜지

(2) 나사형 이음

① 강관 이음쇠
- 니플 : 평형 니플, 크로스 니플, 바렐 니플
- 벤드(Bend) : 90° 벤드, 45° 벤드, 리턴 벤드(Return Bend)

② 가단 주철제 관 이음쇠
- 지름이 같은 경우 : 호칭지름으로 한다.
- 지름이 2개인 경우 : 지름이 큰 것을 첫 번째, 작은 것을 두 번째 순서로 한다.
- 지름이 3개인 경우 : 동일 중심선 위에 있는 구멍 중에서 지름이 큰 것을 첫 번째, 작은 것을 두 번째, 나머지를 세 번째로 한다.
- 지름이 4개인 경우 : 지름이 가장 큰 것을 첫 번째, 이것과 동일 중심선 위에 있는 것을 두 번째, 나머지 큰 것에서 작은 것 순으로 한다.

가단 주철제 관 이음쇠품질
- 누설시험 : 공기압 0.5MPa을 가했을 때 누설이 없어야 한다.
- 내압시험 : 수압 2.5MPa을 가했을 때 누설이 없어야 한다.
- 나사축선의 어긋남 : 300mm 거리에 2mm 이하

나사형 강관 주철제 이음쇠

장니플	중니플	단니플	주물단 니플	파이프 니플
백드레샤	백소켓	백주물 소켓	백유니온	백엘보 90°
백엘보 45°	백이경 엘보	백티	백이경티	백플러그
백캡	백부싱	백레듀셔(리듀싱)		

(3) 용접식 관이음쇠

맞대기 용접 이음쇠 : 재질, 바깥지름, 안지름 및 두께는 배관용 탄소강관(SPP)과 동일한 것으로 한다.

(4) 플랜지(Flange)

① 플랜지 면의 형상에 의한 분류
- 전면 시트 : 호칭압력 1.6MPa 이하에 사용
- 대평면 시트 : 호칭압력 6.3MPa 이하에 사용, 연질 가스켓(Gasket) 사용
- 소평면 시트 : 호칭압력 1.6MPa 이상에 사용, 경질 가스켓(Gasket) 사용
- 삽입형 시트 : 호칭압력 1.6MPa 이상에 사용하며, 소평면보다 기밀을 요하는 경우 사용
- 홈형 시트 : 호칭압력 1.6MPa 이상으로 극히 기밀을 요하는 경우 사용

② 관과 이음방법에 의한 분류
- 맞대기 용접 플랜지 : 슬립 온 플랜지(Slip On Flange), 웰드 넥 플랜지(Weld Neck Flange), 차입 플랜지(Socket Flange)
- 나사식 플랜지 : 나사 조립후 용접에 의해 완전밀봉 시 사용
- 반스톤식 플랜지 : 랩 조인트 플랜지(Lap Joint Flange)라 하며 고압배관에 사용

③ 호칭압력에 의한 분류 : 사용압력 및 온도에 따라 규격화하여 사용

02 주철관 이음쇠

주철관 이음쇠	
수도용 주철관 이형관	이음부 모양에 따라 레드 이음관, 기계식 이음관, 플랜지 이음관으로 분류
배수용 주철관 이형관	• 건물내의 오수관 및 배수관을 배관 할 때 사용 • 오수가 원활하게 흐르고 연결 부분에서 오물 막힘 방지 • 종류 : 곡관, Y관, T관, 연관 이음용, 기타

03 비철 및 비금속관이음

(1) 비철이음

동관 이음쇠		
동 이음쇠	특징	• 용접 시 가열시간이 짧아 공수절감 • 두께가 균일 • 내식성이 좋음 • 내면이 동관과 같아 마찰손실이 적음 • 작업공간이 협소하여도 작업 용이
	종류	• 강관 이음쇠 부속과 같이 사용 용도에 맞게 동일한 형태로 제조 • 대부분 동관을 부속에 삽입하여 가스용접에 의하여 접합 • 90° 엘보 C×C, 45° 엘보 C×C, 티 C×C×C, 리듀서 C×C, 소켓 C×C, 캡 C×C, 리턴 벤드 C×C 등
압축 이음쇠	사용	• 압축 이음쇠(Flare Joint)는 용접 이음이 곤란한 곳이나, 분리 결합이 요구될 때 사용 • 동관의 끝부분을 접시모양으로 가공하여 압축 이음할 때 사용
황동 주물 이음쇠	특징	• 황동을 주물로 하여 제작하는 것 • 관과 접촉되는 부분은 기계가공 후 용접 이음을 함
	종류	• C(Female Solder Cup) : 이음재 내로 관이 들어가 접합되는 형태 • M(Male NPT Thread) : 관형나사가 밖으로 난 나사이음용 이음재 　(예 C×M 어댑터) • F(Female NPT Thread) : 관형나사가 안으로 난 나사이음용 이음재 　(예 C×F 어댑터) • Ftg(Male Solder Cup) : 이음쇠 바깥쪽으로 관이 들어가 접합되는 형태 　(예 Ftg×M 어댑터)

동관이음쇠의 예

어댑터 C×M　　엘보 C×F　　엘보 C×F(대)　　어댑터 C×F　　엘보 C×M

티 C×C×F　　티 C×C(대)　　유니언 C×M　　유니언 C×F

- C(Female Solder Cup) : 이음재 내로 관이 들어가 접합되는 형태이다.
- M(Male NPT Thread) : ANSI 규격 관형나사가 밖으로 난 나사이음용 이음재이다(예 C×M 어댑터).
- F(female NPT Thread) : ANSI 규격 관형나사가 안으로 난 나사이음용 이음재이다(예 C×F 어댑터).
- Ftg(Male Solder Cup) : 이음쇠 바깥쪽으로 관이 들어가 접합되는 형태이다(예 Ftg×M 어댑터).

(2) 비금속관 이음
  ① 경질염화비닐관(PVC관)
    • 냉간 이음
      - 접착제를 발라 관 및 이음관을 이음하는 방법
      - TS식 조인트(Taoer Sized Fitting)를 이용한다.
      - 가열이 필요없으며 시공 작업이 간단하여 시간이 절약된다.
      - 특별한 숙련이 필요 없는 경제적 이음방법이다.
      - 좁은 장소 또는 화기를 사용할 수 없는 장소에서 작업 가능하다.
    • 열간 이음
      - 열간 접합을 할 때에는 열가소성, 복원성 및 융착성을 이용해서 접합한다.
    • 용접이음
      - 염화비닐관을 용접으로 연결할 때에는 열풍용접기(Hot Jet Gun)를 사용한다.
      - 주로 대구경관의 분기접합, T접합 등에 사용한다.
  ② 폴리에틸렌관(PE관)
    • 폴리에틸렌관은 용제에 잘 녹지 않으므로 염화비닐관에서와 같은 방법으로는 이음이 불가능
    • 테이퍼조인트 이음, 인서트 이음, 플랜지 이음, 테이퍼코어 플랜지 이음, 융착 슬리브 이음, 나사 이음 등이 있다.

> 융착 슬리브 이음은 관 끝의 바깥쪽과 이음부속의 안쪽을 동시에 가열, 용융하여 이음하는 방법으로 이음부의 접합강도가 가장 확실하고 안전한 방법으로 가장 많이 사용된다.

  ③ 철근 콘크리트관(흄관)
    • 몰타르 접합(Mortar Joint)   • 칼라 이음(Collar Joint)
  ④ 석면 시멘트관(에터너트관)
    • 기볼트 이음(Gibolt Joint)   • 칼라 이음(Collar Joint)
    • 심플렉스 이음(Simplex Joint)

02 신축이음쇠

• 배관의 온도변화에 따른 열팽창(배관의 신축)을 흡수한다.
• 배관이나 기기의 파손을 방지하기 위하여 설치한다.

- 신축길이 계산식

  $\Delta L = L \cdot \alpha \cdot \Delta t$

  여기서, ΔL : 관의 신축길이(mm)

  L : 관길이(mm)

  α : 선팽창계수(1.2×10^{-5}/℃)

  Δt : 온도차 ℃

(1) 신축이음쇠 종류

슬리브형 (Sleeve Type)	• 신축에 의한 자체 응력이 발생되지 않음 • 설치장소가 필요하며, 단식과 복식이 있음 • 슬리브와 본체와의 사이에는 패킹을 다져넣고 그랜드로 밀착시킴 • 50A 이하의 배관에는 나사식, 65A 이상은 플랜지식을 사용
벨로스형 (Bellows Type)	• 팩리스(Packless)형 • 설치장소에 구애받지 않음 • 가스, 증기, 물 등 2MPa, 450℃까지 축 방향 신축흡수에 사용 • 단식과 복식 2종류가 있다.
루프형 (Loop Type)	• 곡관으로 만들어진 관의 가요성(可撓性)을 이용한 것 • 구조가 간단하고 내구성이 좋음 • 고온, 고압배관이나 옥외배관에 주로 사용 • 곡률 반지름은 관지름의 6배 이상
스위블형 (Swivel Type)	• 지웰이음, 지블이음, 회전이음이라 한다. • 2개 이상의 엘보를 사용하여 관의 신축을 흡수하는 것 • 직관길이 30m 에 대하여 회전관을 1.5m 정도로 조립한다.
볼 조인트 (Ball Joint)	• 볼 조인트와 오프셋 배관을 이용해서 신축을 흡수하는 방법 • 설치공간이 적고, 입체적인 변위까지도 안전하게 흡수한다. • 어떤 현상이 의한 신축에도 배관이 안전한 신축 이음이다.

   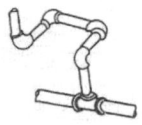 

슬리브형   벨로스형   루프형   스위블형   볼조인트형

플랜지 시트 종류별 호칭압력

- 전면 시트 : 16kgf/cm^2 이하
- 대평면 시트 : 63kgf/cm^2 이하
- 소평면 시트 : 16kgf/cm^2 이상
- 삽입 시트 : 16kgf/cm^2 이상
- 홈 시트(채널형) : 16kgf/cm^2 이상

제2장 출제 예상 문제

01
다음 보기에 설명한 신축이음쇠의 특징 중 어느 한 가지의 항목에도 해당되지 않는 신축이음쇠는?

> ① 이음부의 나사회전을 이용한다.
> ② 관을 굽혀 사용하며, 신축에 따라 자체 응력이 생긴다.
> ③ 배관에 곡선부분이 있으면 신축이음쇠에 비틀림이 생겨 파손원인이 된다.
> ④ 평면 및 입체적인 변위까지도 흡수한다.

① 볼조인트형 신축이음쇠
② 슬리브 신축이음쇠
③ 벨로스형 신축이음쇠
④ 스위블형 신축이음쇠

[해설] 벨로스형(Bellows Type)
팩리스(Packless)형이라 하며, 단식과 복식 2종류가 있다

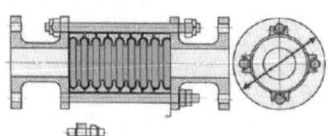

02
배관의 열 변형에 대응하기 위하여 사용하는 신축이음쇠 중 설치공간을 많이 차지하나 고장이 적어 고온 고압의 옥외배관에 가장 적합한 것은?

① 루프형 신축이음쇠
② 슬리브형 신축이음쇠
③ 스위블형 신축이음쇠
④ 벨로스형 신축이음쇠

[해설] 루프형(Loop Type) 신축이음쇠
• 곡관으로 만들어진 관의 가요성(可撓性)을 이용한다.
• 구조가 간단하고 내구성이 좋아 고온, 고압배관이나 옥외배관에 주로 사용한다.
• 곡률 반지름은 관지름의 6배 이상으로 한다.

03
동관 이음쇠의 종류와 기호표시가 잘못된 것은?
① C : 이음쇠 내로 관이 들어가는 접합형태
② Ftg : 이음쇠 외부로 관이 들어가는 형태
③ F : 이음쇠 안쪽에 관용나사가 가공된 형태
④ C×F : 이음쇠 외부에 관용나사가 가공된 형태

[해설] ④ C×F : 이음쇠 외부에 관용나사가 가공된 형태
⇒ C×F 어댑터 : 이음쇠 내부에 관용나사가 가공된 형태

04
신축이음쇠 중 평면상의 변위뿐 아니라 입체적인 변위까지도 안전하게 흡수할 수 있는 이음쇠는?
① 루프형 신축이음쇠
② 스위블형 신축이음쇠
③ 벨로스형 신축이음쇠
④ 볼 조인트형 신축이음쇠

[해설] 볼 조인트형 신축이음쇠
신축이음쇠 중 평면상의 변위뿐 아니라 입체적인 변위까지도 안전하게 흡수할 수 있는 이음쇠이다.

05
강관의 신축이음쇠 중 압력 8kgf/cm² 이하의 물, 기름 등의 배관에 사용하고 직선으로 이음하므로 설치공간이 루프형에 비해 작으며, 신축량이 크고 신축으로 인한 응력이 생기지 않는 것은?

① 루프형　　　② 슬리브형
③ 벨로즈형　　④ 스위블형

[해설] 슬리브형 신축이음쇠
압력 8kgf/cm² 이하의 물, 기름 등의 배관에 사용하고 직선으로 이음하므로 설치공간이 루프형에 비해 작으며, 신축량이 크고 신축으로 인한 응력이 생기지 않는다.

정답　01 ③　02 ①　03 ④　04 ④　05 ②

06

한쪽은 나사 이음용 니플(Nipple)과 연결하고 다른 한쪽은 이음쇠의 내부에 관을 삽입하여 용접하는 동관이음쇠의 형식은?

① C×F ② C×M
③ Ftg×M ④ Ftg×F

해설

CxF 어뎁터   CxM 어뎁터

① C : 이음재 내로 관이 들어가 접합되는 형태이다.
② M : 나사가 밖으로 난 나사이음용 이음재이다.
③ F : 나사가 안으로 난 나사음용 이음재이다.
④ Ftg : 이음쇠 바깥쪽으로 관이 들어가 접합되는 형태이다.

07

그루브 조인트(Groove Joint) 이음쇠의 종류로 가장 거리가 먼 것은?

① 고정식 그루브 조인트
② 유동식 그루브 조인트
③ 고정식 티 조인트
④ 유동식 용접 그루브 조인트

해설 **그루브 조인트(Groove Joint)**
용접이 필요없는 방식의 배관부속으로 고정식과 유동식으로 구분되며 용접 그루브 조인트는 해당하지 않는다.

08

배관의 방향을 바꿀 때 사용되는 관이음쇠는?

① 소켓 ② 캡
③ 니플 ④ 밴드

해설 배관의 방향을 전환할 때는 엘보나 밴드를 사용한다. 플러그와 캡은 은관 끝을 막을 때 사용하는 부속이다.

09

스위블형 신축이음쇠에 관한 설명으로 가장 적합한 것은?

① 회전 이음, 지블 이음, 지웰 이음 등으로도 불린다.
② 신축량이 큰 배관에서도 나사부가 헐거워지지 않는다.
③ 설치비가 비싸 쉽게 조립해서 만들기 힘들다.
④ 굴곡부에서 압력강하가 없다.

해설 **스위블형 신축이음쇠** : 회전 이음, 지블 이음, 지웰 이음

10

스테인리스 강관 MR 조인트에 관한 설명으로 맞는 것은?

① 프레스 가공 등이 필요하고, 관의 강도를 100% 활용할 수 있다.
② 스패너 이외의 특수한 접속공구가 필요하다.
③ 청동제 이음쇠를 사용하여도 다른 강관과는 자연 전위차가 있어 부식의 문제가 있다.
④ 화기를 사용하지 않기 때문에 기존 건물 등의 배관공사가 적합하다.

해설 **MR 조인트 이음쇠** : 동합금제 링을 캡너트로 되어서 고정시켜 결합하는 이음쇠 부품

11

합성수지관 접합용 공구가 아닌 것은?

① 드레서 ② 열풍 용접기
③ 가열기 ④ 비닐용 파이프 커터

해설 **드레서** : 연관 표면의 산화물을 없애기 위한 연관용 공구

12

플랜지 관 이음쇠의 종류 중 관 끝을 막으려고 할 때만 사용되는 플랜지는?

① 랩 조인트 플랜지 ② 블라인드 플랜지
③ 소켓 용접 플랜지 ④ 나사이음 플랜지

해설 **블라인드 플랜지** : 막힘 플랜지라고도 하며 관 끝을 막으려고 할 때 사용한다.

정답 06 ① 07 ④ 08 ④ 09 ① 10 ④ 11 ④ 12 ②

13
순동 이음쇠의 특징 설명으로 틀린 것은?
① 용접 시 가열시간이 짧아 공수 절감을 가져온다.
② 벽 두께가 균일하므로 취약부분이 적다.
③ 외형이 크지 않은 구조이므로 배관공간이 적어도 된다.
④ 내면이 동관과 같아 압력손실이 많다.

해설 내면이 동관과 같아서 압력손실과 무관하다.

14
스테인리스 강관의 이음쇠 중 동합금제 링을 캡너트로 고정시켜 결합하는 이음쇠는?
① MR 조인트 이음쇠
② 몰코 조인트 이음쇠
③ 랩 조인트 이음쇠
④ 팩리스 조인트 이음쇠

해설 **MR 조인트 이음쇠**
동합금제 링을 캡너트로 되어서 고정시켜 결합하는 이음쇠 부품이다.

정답 13 ④ 14 ①

제 3 장 배관 부속 재료

01 밸브의 종류

밸브의 종류		
글로브 밸브 (Glove Valve)	스톱밸브	• 구조상 디스크와 시트가 원추상으로 접촉되어 폐쇄하는 밸브 • 미세한 디스크의 리프트라도 예민하게 유량변화됨 • 유량조절에 사용
	앵글밸브	• 엘보와 글로브 밸브를 조합한 것으로 직각으로 구성 • 유체의 압력손실이 많이 발생 • 굽어지는 장소에 사용
	니들밸브	• 밸브 디스크 모양을 원뿔 모양으로 한다. • 유량 조절을 정확히 할 목적으로 사용한다.
슬루스 밸브 (게이트 밸브) (Sluice Valve, Gate Valve) 또는 사절변	특징	• 리프트가 커서 개폐에 시간이 걸린다. • 밸브를 완전히 열면 관로의 단면적과 거의 같게 된다. • 쐐기형의 밸브 본체가 밸브 시트 안을 눌러 기밀을 유지한다. • 유로의 개폐용으로 사용한다. • 밸브를 절반 정도 열고 사용하면 와류가 발생한다. • 유체의 저항이 커지기 때문에 유량 조절에는 부적합하다.
체크밸브 (Check Valve) 역류방지밸브	스윙식	• Swing Type • 수평, 수직배관에 사용
	리프트식	• Lift Type • 수평배관에 사용
	풋 밸브	• Foot Valve 펌프 흡입관 하부에 사용되는 체크 밸브의 일종 • 펌프 정지 시 흡입관 내부의 물이 빠져나가는 것을 방지 • 펌프를 보호하는 역할
	해머리스 체크 밸브	• Hammerless Check Valve=스모렌스키 체크밸브 • 펌프 출구측의 체크 밸브용으로 사용 • 워터해머(Water Hammer)의 방지와 바이패스 밸브의 기능
안전밸브 (Safety Valve)	특징 및 종류	• 장치 내부의 압력이 이상 상승 시 압력을 외부로 분출함. • 밸브의 지름과 양정이 충분할 것 • 증기압력이 정상으로 되면 작동이 정지될 것 • 기구에 의한 분류 : 스프링식, 지렛대식, 중추식 • 용도에 의한 분류 : 안전밸브, 릴리프 밸브, 안전 릴리프 밸브

감압밸브 (Pressure Reducing Valve)	특징 및 종류	• 고압의 증기를 저압의 증기로 만들기 위한 밸브 • 부하측의 압력을 일정하게 유지하기 위한 밸브 • 부하 변동에 따른 증기의 소비량을 절감하기 위하여 • 작동방법에 따른 분류 : 피스톤식, 다이어프램식, 벨로스식 • 구조에 따른 분류 : 스프링식, 추식 • 제어방식에 따른 분류 : 자력식(직동식과 파일럿 작동식), 타력식
볼밸브 (Ball Valve)		• 콕(Cock)이라 하며 핸들을 90° 회전시켜 유로를 급속히 개폐
버터플라이 밸브 (Butter Fly Valve)		• 밸브 봉을 축으로 하여 원형평판이 회전함으로써 개폐동작(butterfly valve)
자동온도 조절밸브 (Automatic Temperature)		• 열교환기, 건조기, 온수탱크 등의 온도를 일정하게 유지시키는 밸브 • 종류-직동식과 파일럿식(Automatic Temperature Valve)
공기빼기 밸브 (Air Vent)		• 냉·온수 배관에 체류하는 공기를 자동적 또는 수동적으로 배출
전자밸브 (Solenoid Valve)		• 몸체, 디스크, 시트, 실린더 등으로 구성 • 전자코일의 여자(勵磁)에 의하여 작동
다이아프램 밸브		• 산 등의 화학약품을 차단하는 경우에 사용. 금속부분이 부식할 염려도 없는 밸브

02 주요 밸브 모양

글로브 밸브	슬루스 밸브	체크 밸브	안전 밸브
감압 밸브	볼 밸브	버터 플라이 밸브	전자 밸브

> **화학설비 장치 배관재료의 구비 조건**
> - 접촉 유체에 대해 내식성이 클 것
> - 저온에서 재질의 열화(劣化)가 없을 것
> - 가공이 용이하고 가격이 저렴할 것
> - 고온 고압에 대한 기계적 강도가 클 것
> - 크리프(Creep)강도가 클 것

03 트랩 및 여과기

(1) 증기 트랩(Steam Trap)

증기배관 내에 생성하는 응축수는 워터 해머의 원인이 되기 때문에 필요에 따라 제거하여야 한다. 응축수를 자동적으로 배출하기 위한 장치가 스팀 트랩이다.

증기트랩 목적
- 트랩으로 증기의 통과 방지
- 배관 내의 응축수 배출
- 배관 내의 공기 제거

증기트랩의 종류		
구분	작동원리	종류
기계식 트랩	증기와 응축수의 비중차, 플로트 또는 버킷의 부력 이용	상향 버킷식, 하향 버킷식, 레버 플로트식, 자유 플로트식
온도조절식 트랩	증기와 응축수의 온도차 이용, 금속의 신축성 이용	바이메탈식, 벨로스식
열역학적 트랩	증기와 응축수의 열역학적, 유체역학적 특성차 이용	오리피스식, 디스크식

(2) 배수 트랩

건물 내의 배수관 및 하수관에서 발생하는 유해한 가스가 실내로 침입하는 것을 방지하기 위한 수봉식 기구이다. 트랩의 봉수(封水) 깊이는 50~100mm이다. 흐르는 물로 트랩의 내면을 세정하는 자기 세정 작용을 해야 한다.

배수 트랩에서 봉수의 파괴 원인
① 자기 사이펀 작용
② 감압
③ 모세관 작용
④ 운동량에 의한 관성

배수트랩 종류		
관 트랩 (Pipe Trap)	S 트랩	• 바닥에 설치된 세면기, 대변기, 소변기 등 위생기구의 배수 수평관에 사용
	P 트랩	• 벽면에 매설되는 배수 수직관에 접속할 때 사용
	U 트랩	• 배수 수평주관 끝부분에 설치되는 가옥트랩 또는 메인트랩
박스 트랩 (Box Trap)	드럼 트랩	• 요리장에 사용 • 찌꺼기가 하수관으로 흐르지 않게 방지하는 트랩
	벨 트랩	• 바닥면의 배수에 사용하는 트랩 • 벨(Bell)을 씌우지 않고 사용하면 트랩 작용이 안됨
	가솔린 트랩	• 자동차의 차고나 공장 등의 바닥 배수에 사용 • 배수 중의 가솔린, 기계유, 모래 등을 분리 • 모래는 주철제의 버킷 밑에 침전 • 기름 등은 수면 위에 띄워서 제거할 수 있도록 한 것
	그리스 트랩	• 배수 중에 섞여 있는 지방이 식어서 트랩 위에 떠오르도록 한 구조 • 호텔, 식당 등 요리장에서 사용

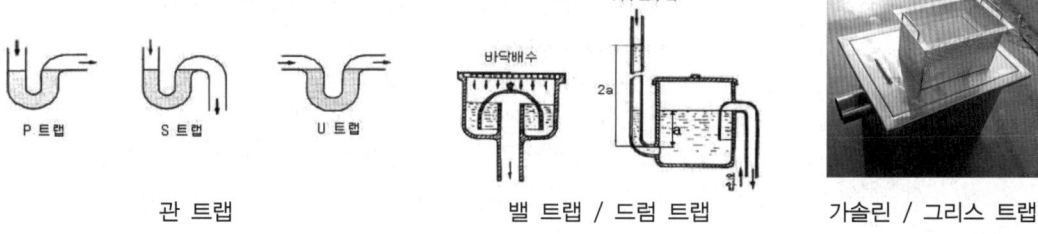

관 트랩 / 벨 트랩 / 드럼 트랩 / 가솔린 / 그리스 트랩

(3) 여과기[=스트레이너(strainer)]

배관 전반부(밸브, 트랩, 기기 등의 앞)에 설치한다. 유체에 혼합되어 있는 불순물을 제거하여 기기의 성능을 보호한다.

여과기 종류	
Y형 여과기	• 45°로 경사진 몸체에 원통형 철망을 넣은 것 • 유체 저항을 작게 한 여과기
U형 여과기 =오일 여과기 (Oil Strainer)	• 주철제 통에 여과망이 달린 둥근 통을 수직으로 넣은 것 • 구조상 유체의 흐름 방향이 직각 변환 • Y형 여과기에 비하여 유체에 대한 저항이 큼
V형 여과기	• 주철제의 몸체 속에 V자 모양의 여과망을 넣은 것 • 유체가 일직선으로 되어 있어 Y형이나 U형 여과기에 비하여 유체 저항이 낮음

02 패킹 패복 및 방청

(1) 배관부품 패킹 재료

패킹 재료			
플랜지 패킹	고무 패킹	천연고무 패킹	• 탄성 우수하지만 열과 기름에는 약함 • 내산, 내알칼리성이 강하나 흡수성이 약함 • 내열성(100℃), 내한성(-55℃)이 약함 • 냉수, 배수 및 공기배관에 사용
		합성고무 (Neoprene)	• 내열도가 -46~121℃인 천연고무의 성질을 개선시킨 것 • 내산성, 내열성, 내유성이 좋고, 기계적 성질이 양호 • 증기배관 외 물, 공기, 기름 및 냉매배관 등 광범위하게 사용
	식물성 섬유제	특성 용도	• 한지를 여러 겹 붙여서 일정한 두께로 만듦 • 내유 가공한 오일시트 패킹이 주로 사용 • 내열성이 낮아 펌프, 기어박스, 유류배관 등 용도가 제한적
	동물성 섬유제	가죽	내열도가 낮으며, 알칼리에 용해되고 내약품성이 약함
		펠트	• 가죽에 비해 거친 섬유제품 • 알칼리에는 용해되고 내유성이 있어 유류배관에 사용
	석면 조인트 시트	특징	• 강인한 광물질로 된 패킹제 • 450℃의 고온에서도 사용 • 증기, 온수, 고온의 기름배관에 적합 • 석면 가공한 슈퍼 히트(Super Heat)가 많이 사용
	합성수지 패킹	특징	테프론(-260~260℃)이며, 기름에도 침식되지 않는다.
	금속 패킹	용도	• 압력용 : 철, 구리, 알루미늄 사용 • 고온, 고압, 내식성 : 스테인리스, 크롬강 및 모넬메탈이 사용
나사용 패킹	페인트		• 광명단을 혼합하여 사용 • 고온의 기름배관을 제외하고는 모두 사용
	일산화연		• 냉매배관에 사용 • 페인트에 소량의 일산화연을 첨가한 것
	액상 합성수지		• 내유성, 내열범위(-30~130℃), 내화학성 • 약품, 증기, 기름배관에 사용
그랜드 패킹	석면 각형 패킹		• 사각형 석면에 흑연과 윤활유를 침투시킨 것 • 내열성 및 내산성 우수. 대형 밸브의 그랜드에 사용
	석면 얀 패킹		• 내열성, 내산성 우수. 석면사(絲)를 꼬아서 만든 것 • 소형 밸브의 그랜드에 사용
	몰드 패킹		• 석면, 흑연, 수지 등을 배합 성형한 것 • 밸브, 펌프의 그랜드에 주로 사용
	아마존 패킹		• 면포와 내열고무, 컴파운드를 가공 성형한 것 • 압축기 등의 그랜드에 사용

(2) 방청도료

방청도료			
합성 수지 도료	프탈산계	상온에서 도막을 건조, 내후성 우수, 내유성 우수, 내수성은 취약	
	요소 멜라민계	• 특수한 부식에 금속을 보호하기 위한 내열 도료로 사용 • 베이킹 도료로 사용된다. 내열성, 내유성, 내수성 우수	
	염화 비닐계	• 금속의 방식 도료로서 내약품성, 내유성, 내산성 우수 • 부착력과 내후성 내열성이 약함	
	실리콘 수지계	• 요소 멜라민계와 같이 내열도료 및 베이킹 도료로 사용 • 내열도가 200~350℃ 정도로 우수	
광명단 도료		• 연단(鉛丹)을 아마인유(亞麻仁油)와 혼합한 것 • 페인트 초벌에 사용. 내풍화 우수	
산화철 도료		• 산화 제2철을 보일유나 아마인유와 혼합한 것 • 도막이 부드럽고 가격이 저렴	
알루미늄 도료 (=은분 페인트)		• 알루미늄 분말을 유성 바니시(oil varnish)에 혼합한 도료 • 수분, 습기의 방지가 양호하여 녹을 잘 방지 • 내열성이 좋고 (400~500℃), 열반사성으로 난방용 방열기 표면에 사용	
타르 및 아스팔트		• 대기중에 노출 시 외부적 원인(온도변화)에 따라 균열이 발생 • 도료 단독으로 사용하는 것보다는 주트 섬유와 함께 사용하고 130℃ 정도로 가열 후 사용	
고농도 아연도료		아연의 희생부식으로 내부식성 우수.최근 배관공사에 많이 사용	
에폭시 수지		• 비스페놀 A와 에피클로로히드린을 혼합해서 만듦 • 아미노산 등의 경화제를 가하면 기계적 강도나 내약품성이 우수 • 내열성, 내수성이 크고 전기절연도 우수 • 도료 접착제, 방식용으로 가장 적합	

(3) 배관의 피복

① 방로(防露) 방음
- 관 내를 흐르는 물의 온도가 주변 공기의 노점온도보다 낮을 경우 이슬 발생
- 관 표면에 이슬이 맺히므로 방로 피복이 요구
- 배수관 유체에 따라 급수에 방로용 피복의 시공여부와 두께가 결정
- 노출된 배수관일 경우에는 더욱 배관소음 발생되기 때문에 방음을 위하여 피복이 요구됨

② 피복재료 두께와 요구사항
- 피복재료의 두께는 표면온도가 노점 온도 이상이 되도록 할 것
- 배수관 피복재료 두께는 10mm 정도를 표준으로 할 것
- 피복재 위에는 테이프를 감고 페인트칠을 하여 마무리할 것
- 피복재료는 열전도율이 작고 흡습, 흡수성이 작을 것
- 적당한 기계적 강도가 있고 시공성이 좋을 것

③ 피복재료(보온재) 분류

재질에 의한 분류	• 유기질 보온재 : 펠트, 코르크, 기포성 수지 • 무기질 보온재 : 석면, 암면, 규조토, 탄산마그네슘, 유리섬유 • 금속질 보온재 : 알루미늄 박(泊)
안전 사용온도에 의한 분류	• 저온용 : 유기질 보온재 • 상온용 : 유리솜, 규조토, 석면, 암면, 탄산마그네슘 • 고온용 : 규산칼슘, 펄라이트, 팽창질석

④ 보온재의 종류 및 특징

• 유기질 보온재

종류	개요	사용온도
펠트	• 양모 펠트와 우모 펠트 2종류가 있음 • 아스팔트를 방습한 것은 -60℃ 까지의 보랭용 곡면 시공에 사용	100℃ 이하
코르크	• 보냉재로 사용(냉각기, 펌프 등) • 보온재로 사용(액체 및 기체를 쉽게 침투시키지 않는 특성) • 탄화 코르트(아스팔트를 합성하여 방수성을 향상) 사용	130℃ 이하
기포성수지	• 다공질 제품으로 열전도율이 가볍다. • 굽힘성이 풍부하며 불연소성 • 방로재, 보랭재로 사용	85℃ 이하
텍스류	• 톱밥, 목재, 펄프를 원료로 압축판 모양으로 제작한 것 • 부식, 충해 방습지 처리가 필요하다.	120℃ 이하

• 무기질 보온재

종류	개요	사용온도
석면	• 아스베스토질 섬유로 진동 보온재로 사용 • 400℃ 이하의 관이나 탱크, 노벽 등의 보온재로 사용 • 800℃에서는 강도와 보온성 상실	350~550℃ 이하
암면	• 안산암, 현무암, 석회석 등을 원료로 섬유상으로 제조 • 흡수성이 적고, 섬유가 거칠며 꺾어지기 쉽다. • 알칼리에는 강하나, 강산에는 약하다.	400~600℃ 이하
규조토	• 열전도율이 크다. 접착성이 좋다. • 500℃ 이하의 보온용으로 사용한다. • 진동이 있는 곳에서 사용 부적합	• 석면 사용(500℃) • 삼여물 사용 (250℃)
유리섬유	• 용융유리를 섬유형태로 제조한다. • 흡수성이 크기 때문에 방수처리를 하여야 한다. • 보온, 보랭재로 일반건축의 벽체, 덕트 등에 사용한다.	350℃ 이하 (방수처리 시 600℃)
탄산마그네슘	• 탄산마그네슘 85%과 석면 15%으로 구성. • 석면 혼합비율에 따라 열전도율이 달라진다. • 물반죽 또는 보온판, 보온통 형태로 사용	250℃ 이하

규산칼슘	• 규산질, 석회질, 암면 등을 혼합하여 만든 결정체 보온재 • 압축강도가 크며 내수성, 내구성이 우수하며 시공이 편리 • 고온 공업용에 가장 많이 사용	650℃ 이하
실리카 파이버	실리카 울이나 탄산 글라스로부터 섬유를 산처리해서 만든 것	실리카 파이버(1100℃), 세라믹 파이버(1300℃)

05 지지 장치

(1) 지지장치의 종류

외부에서의 진동과 충격에 견디는 내충격성, 온도변화에 따른 관의 내신축성, 관과 유체 및 피복제의 합계 중량을 지지하는 물리·기계적 특성이 요구되는 지지장치가 필요하다.

① 행거(Hanger) : 배관계 중량을 위에서 걸어 당겨 지지할 목적으로 사용한다.
② 서포트(Support) : 배관계 중량을 아래에서 위로 지지할 목적으로 사용한다.
③ 리스트레인트(Restraint) : 배관의 신축으로 인한 배관의 상하, 좌우 이동을 제한하고 구속하는 목적에 사용한다.
④ 브레이스(Brace) : 펌프, 압축기 등에서 발생하는 진동을 흡수하여 배관계통에 전달되는 것을 방지하는 역할을 한다.
⑤ 기타 지지물 : 이어(Ears), 슈즈(Shoes), 러그(Lugs), 스커트(Skirts) 등이 있다.

지지장치의 종류		
행거 (Hanger)	리지드 행거	수직방향의 변위가 없는 곳에 사용(Rigid hanger)
	스프링 행거	변위가 적은 곳에 사용하며 스프링식과 중추식(Spring hanger)
	콘스턴트 행거	관의 상하 방향 이동을 허용하면서 변위가 큰 곳에 사용(Constant Hanger)
서포트 (Support)	스프링 서포트	상하 이동 가능
	롤러 서포트	배관의 신축에 유연
	파이프 슈	엘보 부분과 수평 부분을 고정, 배관의 이동을 완전 구속
	리지드서포트	H빔으로 만든 것으로 종류가 다른 여러 배관을 지지
리스트레인트 (Restraint)	앵커	지지부분에 완전히 고정
	스톱	회전 및 배관 축과 직각방향의 이동만 구속, 나머지 방향 이동은 유연
	가이드	신축 이음(루프형, 슬리브형) 등에 설치하는 것 축과 직각 방향의 이동만구속하고, 축방향의 이동은 허용 및 안내하는 역할
브레이스 (Brace)	방진구	진동을 방지하거나 완화시키는 역할
	완충기	배관 내의 수격작용, 안전밸브 분출반력 등 충격을 완화하는 역할

| 배관기능장 |

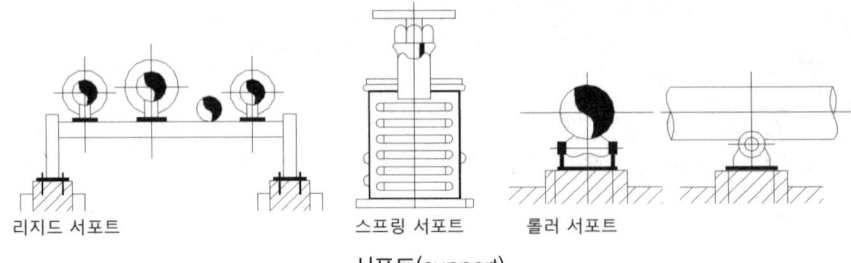

서포트(support)

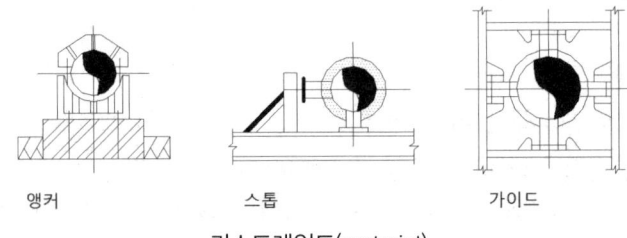

리스트레인트(restraint)

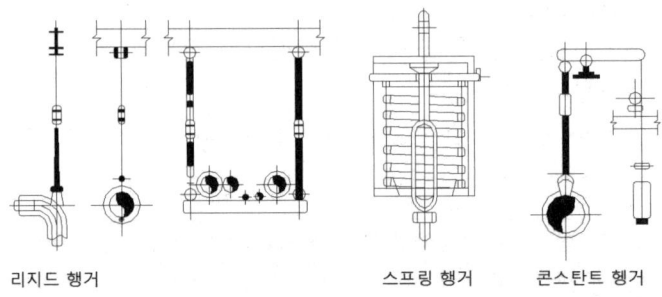

행거(hanger)

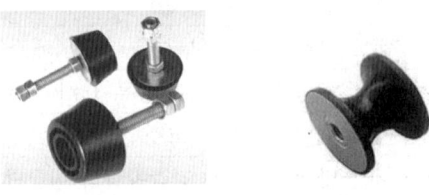

브레이스(brace) 방진구 완충기

06 배관설비 계측기기

(1) 접촉식 온도계의 종류

① 유리제 봉입식 온도계 : 수은 온도계, 알코올 유리온도계, 베크만 온도계, 유점 온도계
② 바이메탈 온도계 : 열팽창율이 서로 다른 2종의 얇은 금속판을 밀착시킨 것
③ 압력식 온도계 : 액체나 기체의 체적 팽창을 이용한 것으로 액체 압력식 온도계, 기체 압력식 온도계
④ 저항 온도계 : 전기저항이 온도에 따라 변화하는 것을 이용한 것
⑤ 서미스터(Thermister) : 금속산화물을 이용하여 반도체로 만든 것으로 감도가 크고 응답성이 빠름
⑥ 열전대 온도계 : 제베크(Seebeck) 효과를 이용한 것으로 저온 및 고온 측정 가능
⑦ 제게르 콘(Seger Kone) 온도계 : 내연성의 금속산화물로 만든 것으로 벽돌의 내화도 측정에 사용
⑧ 서모컬러(Thermo Color) : 온도 변화에 따라 색이 변하는 성질을 이용

(2) 비접촉식 온도계의 종류

① 광고온도계 : 표준전구의 전류 또는 저항을 측정하여 온도를 측정하는 것
② 광전관 온도계 : 광전지 혹은 광전관을 사용하여 자동으로 측정하는 것(광고온도계를 자동화시킨 것)
③ 방사 온도계 : 스테판 볼츠만 법칙 이용. 측정범위가 500~3000℃ 정도이고 측정시간 지연이 적고, 연속 측정, 기록, 제어가 가능
④ 색 온도계 : 물체가 가열될 때 발생하는 빛의 밝고 어두움을 이용하여 온도를 측정하는 것

(3) 압력식 온도계[Pressure Type Thermometer, 壓力式溫度計]

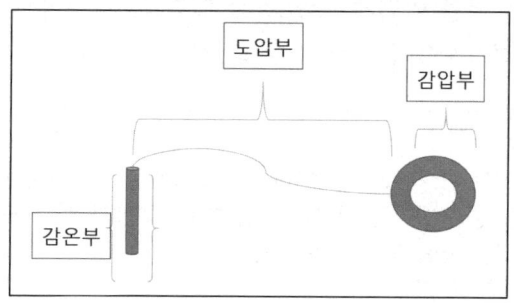

① 유체의 압력이 온도에 의해 변하는 것을 이용한 온도계
② 감온부, 도압부, 감압부로 구성
③ 온도에 의해 발생한 압력은 모세관의 도압부를 거쳐 부르동관 지침을 작동
④ 응답은 약간 느리지만 비교적 저렴
⑤ 도압부에는 길이 2~30m의 모세관을 이용할 수 있으므로 원격 측정에 이용
⑥ 도압부에 사용하는 매체에 따라 액체 압력식, 기체 압력식, 증기 압력식

(4) 열전대의 구비조건
① 열기전력이 크고, 온도상승에 따라 연속적으로 상승할 것
② 열기전력의 특성이 안정되고, 장시간 사용해도 변형이 없을 것
③ 기계적 강도가 크고 내열성, 내식성이 있을 것
④ 재생도(재현성)가 크고 가공이 용이할 것
⑤ 전기저항 온도계수와 열전도율이 낮을 것
⑥ 재료의 구입이 쉽고(경제적이고) 내구성이 있을 것

07 기타 부속재료

(1) 1차 압력계의 종류
① 액주식 압력계(Manometer) : 단관식 압력계, U자관식 압력계, 경사관식 압력계 등
② 침종식 압력계 : 아르키메데스의 원리를 이용한 것, 단종식과 복종식으로 구분
③ 자유 피스톤형 압력계 : 부르동관 압력계의 교정용으로 사용

(2) 2차 압력계의 종류
① 탄성 압력계 : 부르동관 압력계, 벨로스식 압력계, 다이어프램 압력계, 캡슐식
② 전기식 압력계 : 전기저항 압력계, 피에조 전기 압력계, 스트레인 게이지

> **압력계 설치 시공방법**
> - 고압라인의 압력계에는 사이펀관을 부착하여 부르동관을 보호한다.
> - 유체에 맥동이 있을 경우 댐퍼를 설치하여 압력계에 유체가 들어가지 않게 한다.
> - 압력계의 설치 위치는 1.5m 정도가 가장 좋다.

(3) 유량계

① 직접식 유량계(정도가 높아 상거래용으로 사용) : 오벌 기어식, 루츠식, 로터리 피스톤식, 로터리 베인식, 습식 가스미터, 왕복피스톤식 등이 있다.

② 간접식 유량계
- 차압식 유량계(조리개 기구식) : 오리피스미터, 플로어 노즐, 벤투리미터.
- 면적식 유량계 : 부자식 (플로트식), 로터미터.
- 유속식 유량계 : 피토관, 임펠러식, 열선식
- 기타 유량계 : 전자식, 와류(Vortex)식, 초음파

> **TIP**
> - 액상 합성수지 : 화학약품에 강하고 내유성이 크며 내열범위가 -30~130℃까지 사용 가능한 나사용 합성수지 중 열경화성 수지(페놀, 요소, 멜라민)
> - 모네메탈 : 플랜지 금속 패킹
> - 홈시트 : 호칭지름 16kg/cm² 이상에 사용. 매우 기밀을 요하는 배관에 사용되는 플랜지 패킹용
> - 네오플렌 : 내유, 내후, 내산화성이 우수. 내열도(-46~121℃)까지 안정되어 있는 플랜지 패킹(증기배관에는 제외)
> - 석면 조인트 시트 : 광물성 천연섬유(석면)+합성고무 등을 섞어 판 모양으로 가공한 것. 450℃ 이하 유류 증기 사용
> - 플라스틱 코어형 메탈 패킹 : 고온 고압용. 석면섬유와 순수한 흑연을 혼합. 스테인리스선과 인코넬선과 석면사로 편조한 패킹
> - 글랜드 패킹(밸브의 회전부에 사용) : 석면 각형 패킹, 아마존 패킹, 몰드 패킹
> - 유기물 보온재 : 펠트, 텍스, 코르크, 기포성 수지, 우모, 양모, 폴리스티렌폼, 폴리우레탄폼
> - 무기질 보온재 : 석면, 규조토, 펄라이트, 암면, 규산칼슘, 탄산마그네슘, 그라스울, 실리카 파이버, 세라믹 파이버
> - 보온재의 구비조건 : 열전도율이 작아야 함. 부피, 비중이 작고, 흡습성, 흡수성이 없어야 안전, 사용온도가 넓은 것
> - 유리섬유 : 용융 상태인 유리에 압축공기 또는 증기를 분사시켜 짧은 섬유 모양으로 만든 것. 단열, 내열, 내구성이 좋은 보온재
> - 규조토 : 단열효과가 낮아 다소 두껍게 시공. 500℃ 이하의 노벽 등에 물을 반죽하여 칠함. 대표적인 수결재(水結材) 보온재
> - 석면 : 광물성 섬유류. 450℃까지의 고온에 견디는 패킹. 아스베스토스가 주원료. 400℃ 탈수분해. 800℃에서 강도와 보온성을 잃음
> - 암면무기질 : 보온재로 홈매트, 블랭킷, 파이프커버, 하이울 등의 종류가 있는 보온재
> - 코르크 : 보온재 중 액체, 기체의 침투를 방지하는 작용이 있는 유기질 보온재
> - 그라스 : 울두루마리 형태의 매트로 만든 제품이 주종. 보온 단열 효과도 우수하며, 복원력이 뛰어남. 흡음재로도 사용
> - 펠트 : 아스팔트로 방한한 것은 -60℃ 정도까지 유지. 보랭용에 사용. 동물성은 100℃ 이하의 배관에 사용하는 보온재.
> - 탄산마그네슘 : 300~320℃에서 열분해. 내습성 250℃ 이하에서 사용. 석면과 혼합으로 보온재 만들어 사용
> - 냉동 배관의 보온 시공 순서 : 아스팔트 바름 → 보온재 → 철사 → 방수지 → 테이프 → 도장

제3장 출제 예상 문제

제3장 배관 부속 재료

01
배수, 급수, 공기 등의 배관에 쓰이는 패킹재로서 탄성이 우수하고 흡습성이 없으며 산, 알칼리 등에는 강하나, 열과 기름에는 약한 것은?
① 석면 패킹
② 금속 패킹
③ 합성수지 패킹
④ 고무 패킹

해설 **고무패킹** : 패킹재로서 탄성이 우수하고 흡습성이 없으며 산, 알칼리 등에는 강하나, 열과 기름에는 약한 것이 특징이다.

02
계측기기의 구비조건에 해당되지 않는 것은?
① 근거리의 지시 및 기록이 가능하고 구조가 복잡할 것
② 견고성과 신뢰성이 높고 경제적일 것
③ 설치장소와 주위조건에 대해 내구성이 있을 것
④ 정밀도가 높고 취급 및 보수가 용이할 것

해설 구조가 단순한게 좋다.

03
배수트랩의 사용 용도에 대한 내용 중 옳지 않은 것은?
① 그리스 트랩 : 호텔, 레스토랑 등의 조리실
② 가솔린 트랩 : 자동차 차고나 공장 등의 바닥
③ P 트랩 : 세면기 수직배수관
④ S 트랩 : 건물의 발코니 등 바닥배수면

해설 **S 트랩** : 위생기구(세면기, 대변기, 소변기)를 바닥에 설치된 배수 수평관에 접속할 때 사용된다.

04
온도 조절 밸브의 선정 시 고려할 사항으로 거리가 먼 것은?
① 밸브의 지름 및 배관 지름
② 사용유체의 비중, 점성, 경도
③ 최대 유량 시에 밸브의 허용압력 손실
④ 가열 또는 냉각되는 유체의 종류와 압력

05
플랜지를 관과 이음 하는 방법에 따라 분류할 때 이에 해당되지 않는 것은?
① 소켓 용접형
② 랩 조인트 형
③ 나사 이음형
④ 바이패스 형

해설 바이패스는 플랜지를 관과 이음하는 방법에 속하지 않는다.

06
게이트 밸브에 관한 설명 중 틀린 것은?
① 글로브 밸브 또는 옥형변이라 한다.
② 유체의 흐름을 단속하는 대표적인 밸브이다.
③ 완전히 열었을 때 유체의 흐름에 의한 마찰저항 손실이 적다.
④ 밸브를 절반 정도 열고 사용하면 와류가 생겨 유체의 저항이 커지기 때문에 유량조절에는 적합하지 않다.

해설 슬루스 밸브 또는 사절변이라고 한다.

07
액체가 습증기 상태를 거치지 않고 건증기로 변할 때의 압력을 무엇이라 하는가?
① 증발압력
② 포화압력
③ 기화압력
④ 임계압력

해설 **임계압력** : 액체가 습증기 상태를 거치지 않고 건증기로 변할 때의 압력

정답 01 ④ 02 ① 03 ④ 04 ② 05 ④ 06 ① 07 ④

08
플랜지 시트 종류 중 전면 시트(seat) 플랜지를 사용할 때 사용 가능한 호칭압력으로 가장 적합한 것은?
① 1kgf/cm² 이하 ② 16kgf/cm² 이하
③ 40kgf/cm² 이하 ④ 63kgf/cm² 이상

09
증기 트랩에서 오픈(Open) 트랩이라고도 하며, 공기가 거의 배출되지 않으므로 열동식 트랩을 병용하여 사용되는 트랩은 어느 것인가?
① 상향식 버킷 트랩 ② 온도 조절 트랩
③ 플러시 트랩 ④ 충격식 트랩

10
글랜드 패킹에 속하지 않는 것은?
① 플라스틱 패킹 ② 메커니컬실
③ 일산화연 ④ 메탈 패킹

[해설] **일산화연**: 나사용 패킹으로 냉매배관에 사용한다.

11
다음 중 체크 밸브에 속하지 않는 것은?
① 리프트형 ② 스윙형
③ 풋형 ④ 글로브형

12
배관계의 진동이나 수격작용에 의한 충격 등을 감쇠 또는 완화시키는 것이 주목적인 지지장치는?
① 레스트레인트(Restraint)
② 브레이스(Brace)
③ 서포트(Support)
④ 터언 버클(Turn Buckle)

[해설] **브레이스(Brace)**: 배관계의 진동이나 수격작용에 의한 충격 등을 감쇠 또는 완화시키는 것이 주목적인 지지장치

13
다음 보온 피복재 중 유기질 피복재가 아닌 것은?
① 코르크 ② 암면
③ 기포성 수지 ④ 펠트

[해설] 암면은 무기질 보온재료이다.

14
트랩의 봉수가 모세관 현상에 의하여 없어지는 경우의 조치사항으로 가장 적당한 것은?
① 트랩 가까이에 통기관을 세운다.
② 머리카락 같은 이물질을 제거한다.
③ 기름을 흘려 보내 봉수가 없어지는 것을 막는다.
④ 배수구에 격자를 설치한다.

[해설] 머리카락 같은 이물질을 제거한다.

15
글랜드 패킹의 종류가 아닌 것은?
① 오일시트 패킹 ② 석면 얀 패킹
③ 아마존 패킹 ④ 몰드 패킹

[해설] 오일시트 패킹은 식물성 섬유제품에 속한다.

16
온도조절기나 압력조절기 등에 의해 신호 전류를 받아 전자 코일의 전자력을 이용하여 자동적으로 개폐시키는 밸브의 명칭은?
① 전동 밸브 ② 팽창 밸브
③ 플로트 밸브 ④ 솔레노이드 밸브

[해설] **솔레노이드 밸브**: 전자 코일의 전자력을 이용하여 자동적으로 개폐시키는 밸브

정답 08 ② 09 ① 10 ③ 11 ④ 12 ② 13 ② 14 ② 15 ① 16 ④

17
앵글, 환봉, 평강 등으로 만들어 파이프의 이동을 방지하기 위한 지지물을 장치하기 위해 천정, 바닥, 벽 등의 콘크리트에 매설하여 두는 지지 금속으로 맞는 것은?
① 인서트(Insert)　② 슬리브(Sleeve)
③ 행거(Hanger)　④ 앵커(Anchor)

해설 **인서트(Insert)** : 앵글, 환봉, 평강 등으로 만들어 파이프의 이동을 방지하기 위한 지지물을 장치하기 위해 천정, 바닥, 벽 등의 콘크리트에 매설하여 두는 지지 금속

18
증기관 및 환수관의 압력차가 있어야 응축수를 배출하고, 환수관을 트랩보다 위쪽에 배관할 수 있는 트랩은 어느 것인가?
① 버킷 트랩(Bucket Trap)
② 그리스 트랩(Grease Trap)
③ 플로트 트랩(Float Trap)
④ 벨로스 트랩(Bellows Trap)

해설 **버킷 트랩(Bucket Trap)** : 버킷에 들어 있는 응축수가 일정량이 되면 부력을 상실한 버킷이 떨어져 밸브를 열고 증기압으로 배수하는 구조의 트랩. 상향형과 하향형이 있다.

19
압력계에 대한 설명 중 틀린 것은?
① 고압라인의 압력계에는 사이펀관을 부착하여 설치한다.
② 유체의 맥동이 있을 경우는 맥동댐퍼를 설치한다.
③ 부식성 유체에 대해서는 격막시일(Seal) 또는 시일포트(Seal Port)를 설치하여 압력계에 유체가 들어가지 않도록 한다.
④ 현장지시 압력계의 설치위치는 일반적으로 1.0m의 높이가 적당하다.

해설 압력계의 설치높이는 일반적으로 눈높이(약 1.5m)보다 조금 높게 설치해야 잘 보인다.

20
밸브에 일어나는 현상 중 포핑(Popping)에 대한 설명으로 맞는 것은?
① 유체가 밸브를 통과할 때 밸브 또는 유체에서 나는 소리
② 밸브 디스크가 반복하여 밸브 시트를 두드리는 불안전한 상태
③ 화학적 또는 전기 화학적 작용에 의하여 금속 표면이 변질되어 가는 현상
④ 입구쪽 유체의 압력이 취출압력을 초과하면 내부의 압력 유체를 취출하는 현상

해설 **포핑** : 입구쪽 유체의 압력이 취출압력을 초과하면 내부의 압력 유체를 취출하는 현상

21
백관에 방청 도료의 도장 시공 상의 주의사항이 아닌 것은?
① 2액 혼합형의 도료일 때는 그 혼합비율, 혼합후의 경과시간에 주의를 요한다.
② 도료 건조 시에는 가능한 직사일광에서 건조해야 한다.
③ 저온 다습을 피한다.
④ 한 번에 두껍게 바르지 말고 수회에 걸쳐 바른다.

해설 도료 건조 시 가능한 직사일광을 피해서 가능한 그늘진 곳에서 건조해야 한다.

PART 03 기계제도

배 관 기 능 장

제1장 제도통칙
제2장 배관 CAD

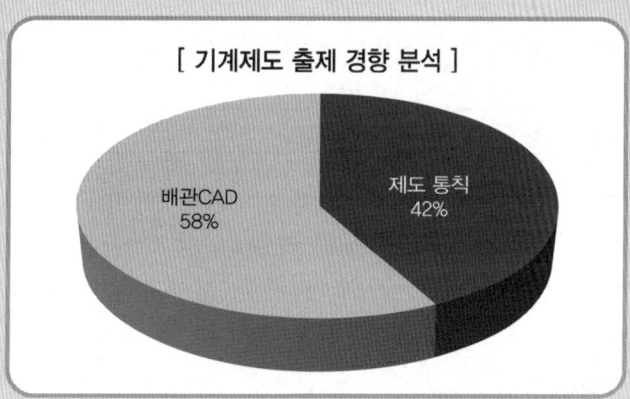

제 1 장 제도통칙

01 제도의 기본(도면 크기, 문자와 선, 도면관리) 제도통칙

(1) 도면의 크기

① 제도 용지의 크기는 A0~A6에 따른다. 다만, 필요에 따라서 직사각형으로 연장할 수 있다.
② 도면은 그 길이 방향을 좌우 방향으로 놓은 위치를 정위치로 한다.
③ 도면의 테두리를 만들 때는 여백을 다음의 그림과 같이 하고, 치수는 표에 따른다.
④ 도면의 테두리를 만들지 않을 때도 도면의 여백은 ③에 따른다.
⑤ 접은 도면의 크기는 A4 크기를 원칙으로 한다.

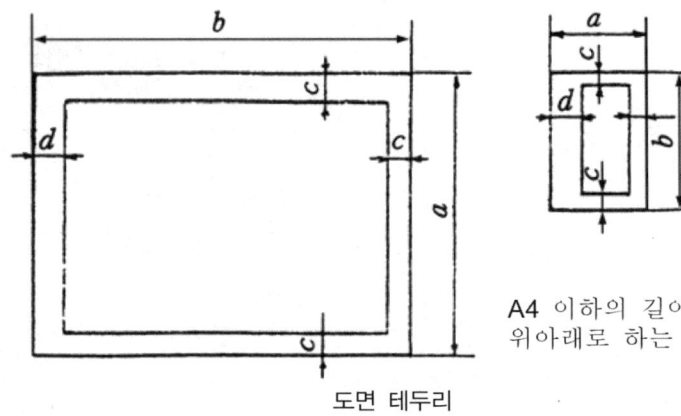

A4 이하의 길이 방향을 위아래로 하는 경우

도면 테두리

[제도지의 치수(단위 : mm)]

제도지의 치수		A0	A1	A2	A3	A4	A5	A6
a×b		841×1,189	594×841	420×594	297×420	210×297	148×210	105×148
c(최소)		10	10	10	5	5	5	5
d (최소)	묶지 않을 때	10	10	10	5	5	5	5
	묶을 때	25	25	25	25	25	25	25

(2) 선

선의 종류 및 사용법은 다음의 표에 따른다.

선의 종류		사용 방법(보기)
실 선	————	• 단면의 윤곽 표시 • 물체의 보이는 겉모양을 표시하는 선
	———	보이는 부분의 윤곽 표시 또는 좁거나 작은 면의 단면 부분 윤곽 표시하는 해칭(Hatching)선
	——	• 치수선, 치수 보조선, 인출선, 격자선 등의 표시 • 선 굵기 비율 : 4 : 2 : 1
파선 또는 점선	– – – – –	보이지 않는 부분이나 절단면보다 양면 또는 윗면에 있는 부분 표시
1점 쇄선	—·—·—	중심선, 절단선, 기준선, 경계선, 참고선 등의 표시
2점 쇄선	—··—··—	상상선 또는 1점 쇄선과 구별할 필요가 있을 때

02 투상법

(1) 투상도의 종류

제1각법은 눈 → 물체 → 투상면, 제3각법은 눈 → 투상면 → 물체순이다(기계제도에서 가장 많이 사용).

① **정투상도**
- 직교하는 3개의 화면 중간에 물체를 놓고 평행광선에 의해 투상된 자취를 그린 것
- 보는 방향에서의 형상과 크기만 나타나고, 다른 부분은 알 수 없음
- 물체 전체를 완전히 표현하려면 두 개 이상의 투상도가 필요
- 정면도, 평면도, 측면도로 나타냄
- 제1각법, 제3각법

② **등각투상도**
- 정면, 평면, 측면을 하나의 투상면 위에 동시에 볼 수 있도록 함
- 두 개의 옆면 모서리가 수평선과 30°가 되게 해서 세 축이 120° 각도가 되도록 입체도를 투상한 것

③ **부등각투상도** : 직육면체의 등각 투상도에서 직각으로 만나는 3개의 모서리가 임의의 각도를 이룸

④ **사투상도** : 하나의 그림으로 육면체의 세 면 중의 한 면만을 중점적으로 엄밀, 정확하게 표시할 수 있는 투상법

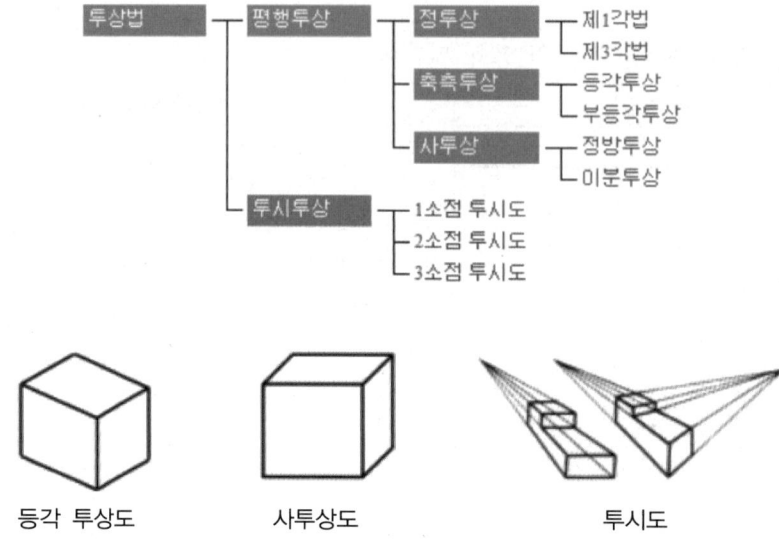

등각 투상도　　　사투상도　　　투시도

03　도형의 표시 방법

(1) **투상도의 이름**
① **정면도** : 물체의 가장 기본이 되는 면을 정면에서 본 모양을 나타낸 도면
② **평면도** : 물체를 위에서 내려다 본 모양을 나타낸 도면
③ **측면도** : 정면도를 기준으로 물체의 옆면을 본 모양을 나타낸 도면으로 좌측면도와 우측면도가 있다.
④ **저면도** : 물체를 밑에서 본 모양을 나타낸 도면
⑤ **배면도** : 물체의 정면 반대쪽인 뒷면을 나타낸 도면

(2) **배관도에서 입체도를 그리는 이유**
① 계통도를 보다 구체적으로 지시할 경우
② 손실수두 또는 유량 등을 계산할 경우
③ 배관 및 관이음쇠의 수량을 산출할 경우
④ 배관을 가공하기 위해 관 가공도(加工圖)를 그릴 때

04 치수 기입법

(1) 치수의 단위 및 치수 기호

① 길이mm, 각도rad를 기입한다.
② 지름 기호 : ϕ , 반지름 기호 : R
③ 정사각형 기호 : □
④ 구면기호 : "구면"이라 쓴 다음 구의 지름 또는 반지름 기호를 쓰고 치수를 기입한다.
⑤ 모따기(chamfering) 기호 : C
⑥ 판의 두께 : t

치수선	• 외형선에 평행하게 그은 선 • 0.2mm 이하의 가는 실선 사용하고 양 끝에 화살표를 붙임
치수보조선	치수선을 긋기 위하여 외형선에서 연장하여 치수선에 수직으로 그은 직선
지시선	• 구멍의 치수, 가공법, 부품번호 등을 기입할 때 쓰이는 선 • 수평선에 대하여 60°의 직선으로 긋고 지시되는 쪽에 화살표를 붙임
화살표	• 치수나 각도를 기입하는 치수선 끝에 붙여 그 한계를 표시하는 것 • 길이와 나비의 비 3 : 1
치수 숫자	치수선의 중앙 바로 위에 직각 또는 경사지게 표기

제1장 출제 예상 문제

01
KS 배관의 간략도시방법에서 사용하는 선의 종류별 호칭방법에 따른 선의 적용이 서로 틀린 것은?
① 굵은 실선 : 유선 및 결합부품
② 가는 실선 : 해칭, 인출선, 치수선, 치수보조선
③ 굵은 파선 : 다른 도면에 명시된 유선
④ 가는 1점 쇄선 : 도급 계약의 경계

[해설] 가는 1점 쇄선 : 중심선, 기준선, 피치선

02
입체 배관도로 배관의 일부분만을 작도하는 도면으로 부분 제작을 목적으로 하는 도면의 명칭은?
① 평면 배관도
② 입면 배관도
③ 부분 배관도
④ 입체 배관도

03
플랜트 배관도의 종류 중 형식에 따른 분류에 속하지 않는 것은?
① 장치 배관도
② 평면 배관도
③ 입면 배관도
④ 부분 배관도

[해설] 플랜트 배관도의 종류
평면 배관도, 입면 배관도, 입체 배관도, 부분 배관조립도, 공정도, 계통도, 배치도 등

04
배관설비 라인 인덱스 장점으로 볼 수 없는 것은?
① 배관 시공 시 배관재료를 정확히 선정할 수 있다.
② 배관 공사의 관리 및 자재 관리에 편리하다.
③ 배관 내의 유체마찰이 감소된다.
④ 배관기기장치의 운전계획, 운전교육에 편리하다.

[해설] 라인 인덱스
배관에서 장치와 관에 번호를 부여, 공사와 관리를 편하게 한 것이다.

05
도형의 한정된 특정 부분을 다른 부분과 구별하는 데 사용하는 해칭은 어느 선으로 나타내는가?
① 굵은실선
② 가는실선
③ 은선
④ 파단선

06
다음 그림과 같은 상관체의 전개도법으로 알맞은 방법은?
① 방사 전개법
② 삼각 전개법
③ 평형 전개법
④ 타출 전개법

[해설]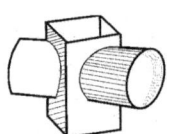

07
배관도면을 작성할 때 건물의 바닥면을 기준선으로 하여 배관장치 높이를 표시하는 기호는?
① EL
② GL
③ FL
④ CL

[해설] FL : 건물의 바닥면을 기준으로 하여 높이를 표시한 기호

08
다음과 같은 배관 라인 인덱스에서 관에 흐르는 유체의 종류는?

2-80A-PA-16-39-HINS

① 작업용 공기
② 재생 냉수
③ 저압 증기
④ 연료 가스

정답 01 ④ 02 ③ 03 ① 04 ③ 05 ② 06 ③ 07 ③ 08 ①

해설 ① 2 : 장치번호
② 80A : 배관의 호칭
③ PA : 유체기호(PA-작업용 공기)
④ 16 : 배관번호
⑤ 39 : 배관재료 종류별 기호
⑥ HINS : 보온·보랭기호(HINS : 보온, CINS : 보랭, PP : 화상방지)

09
기계제도 분야에서 가장 많이 사용되는 방법으로 보는 방향에서의 형상과 크기만 나타내고, 다른 부분은 알 수가 없기 때문에 물체 전체를 완전히 표현하려면 두 개 이상의 투상도가 필요한 것은?

① 등각투상도
② 사투상도
③ 투시도
④ 정투상도

해설 **정투상도**
직교하는 3개의 화면 중간에 물체를 놓고 평행광선에 의해 투상된 자취를 그린 것으로, 제1각법과 제3각법이 있으며 정면도, 평면도, 측면도로 나타낸다.

10
치수기입방법에 대한 설명으로 틀린 것은?

① 치수선, 치수보조선에는 가는 실선을 사용한다.
② 치수보조선은 각각의 치수선보다 약간 길게 끌어내어 그린다.
③ 부품의 중심선이나 외형선은 필요에 따라 치수선으로 사용할 수 있다.
④ 일반적으로 불가피한 경우가 아닐 때에는 치수보조선과 치수선이 다른 선과 교차하지 않게 한다.

해설 • 부품의 중심선이나 외형선은 필요에 따라 치수선으로 사용할 수 없다.
• 중심선은 가는 일점 쇄선 또는 가는 실선으로 그리고, 외형선은 굵은 실선으로 그린다.

11
관의 높이표시방법에 대한 설명 중 올바른 것은?

① OP : 기준면에서 관 중심까지 높이를 나타낼 때 사용
② TOP : 기준면에서 관 외경이 윗면까지 높이를 표시할 때 사용
③ BOP : 기준면에서 관 외경의 밑면까지 높이를 표시할 때 사용
④ TOB : 기준면에서 관의 지지대 중심까지 높이를 표시할 때 사용

12
등각투영도에 대한 설명으로 맞는 것은?

① 4개의 좌표축을 90°씩 4등분하여 입체적으로 구성한 것이다.
② 3개의 좌표축을 90°씩 3등분하여 입체적으로 구성한 것이다.
③ 3개의 좌표축을 120°씩 3등분하여 입체적으로 구성한 것이다.
④ 4개의 좌표축을 120°씩 4등분하여 입체적으로 구성한 것이다.

해설 **등각투영도**
3개의 좌표축을 120°씩 3등분하여 입체적으로 구성한 것

13
가는 파선을 적용할 수 있는 경우를 나열한 것으로 틀린 것은?

① 바닥
② 벽
③ 도급계약의 경계
④ 뚫린 구멍

해설 **가는 파선**
대상물의 보이지 않는 부분을 표시하고, 바닥, 벽, 뚫린 구멍 등에 적용한다.

14
평면, 정면, 측면을 하나의 투상면 위에 동시에 볼 수 있도록 그린 투상도는?

① 사투상도
② 투시투상도
③ 정투상도
④ 등각투상도

해설 **등각투상도**
면, 정면, 측면을 하나의 투상면 위에 동시에 볼 수 있도록 그린 투상도

정답 09 ④ 10 ③ 11 ③ 12 ③ 13 ③ 14 ④

15
배관 내의 유체를 표시하는 기호 중 냉각수를 표시하는 것은?
① C ② CH
③ B ④ R

16
배관도시 방법 중 높이표시방법이 올바르게 설명된 것은?
① FL : 가장 아래에 있는 관의 중심을 기준으로 한 배관장치의 높이를 나타낼 때 기입
② TOB : 가장 위에 있는 관의 중심을 기준으로 한 관 중심까지의 높이를 나타낼 때 기입
③ EL : 2층의 바닥면을 기준으로 한 높이를 나타낼 때 기입
④ GL : 지면을 기준으로 한 높이를 나타낼 때 기입

[해설] ① FL : 1층 바닥면을 기준으로 하여 높이를 표시
② TOB : 관의 윗면을 기준으로 하여 표시
③ EL : 지방의 해수면에 기준선(Base Line)을 설정하여 기준선으로부터의 높이를 표시

17
치수기입을 위한 치수선을 그릴 때 유의할 사항으로 맞지 않는 것은?
① 치수선은 원칙적으로 치수보조선을 사용하여 긋는다.
② 치수선은 원칙적으로 지시하는 부품의 길이 또는 각도를 측정하는 방향으로 평행하게 긋는다.
③ 치수선에는 가는 일점 쇄선을 사용한다.
④ 치수선은 지시하는 부위가 좁을 경우에는 연장하여 그을 수 있다. 치수선 또는 그 연장선 끝에는 화살표, 사선 또는 동그라미를 붙여 그린다.

[해설] 치수선은 가는 실선을 사용한다.

18
같은 지름의 3편 엘보를 전개할 때 가장 적합한 전개도법은?
① 평행선법 ② 삼각형법
③ 방사선법 ④ 혼합법

[해설] **평행선법**
같은 지름의 3편 엘보를 전개할 때 가장 적합하다.

19
대상물의 보이지 않는 부분의 모양을 표시하는 데 쓰이는 선은?
① 굵은 실선 ② 가는 1점 쇄선
③ 파선 ④ 가는 2점 쇄선

[해설] **파선** : 물체의 보이지 않는 부분을 표시한 선

제2장 배관 CAD

01 배관 도시기호 및 용어

(1) 관의 높이 표시방법

① EL(Elevation Line) 표시
- 지방의 해수면에 기준선(Base Line) 설정
- 기준선으로부터의 높이를 표시하는 표시법

② BOP(Bottom of Pipe)
- 지름이 다른 관의 높이를 나타낼 때 적용
- 관 바깥지름의 아랫면을 기준으로 하여 표시

③ TOP(Top of Pipe) : 관의 윗면을 기준으로 하여 표시
④ GL(Ground Line) : 포장된 지표면을 기준으로 하여 배관장치의 높이를 표시할 때 적용
⑤ FL(Floor Line) : 1층 바닥면을 기준으로 하여 높이를 표시

(2) 관의 표시

① 굵은 실선으로 나타내고, 같은 도면 내에서의 관의 실선 굵기는 같게 한다.
② 관의 교차 및 굽힘 방향을 나타낼 경우에는 다음과 같은 관의 접속 상태의 도시기호에 따른다.

[관의 접속 상태 도시기호]

접속상태	실제모양	도시기호	실제모양	도시기호
접속하지 않을 때		─┼─ ┼─	A ↓	A ─⊙
접속하고 있을 때		─●─	B ↓	B ─○
분기하고 있을 때		─●─	C D	C○ ○D

(3) 관의 이음종류(연결방법) 도시기호

이음 종류	연결 방법	도시기호	예	이음종류	연결 방법	도시기호
관이음	나사형	─┼─		신축이음	루프형	⌒Ω⌒
	용접형	─✕─			슬리브형	─▭─
	플랜지형	─╫─			벨로스형	─〰─
	턱걸이형	─⊂─			스위블형	
	납땜형	─○─			─	─

(4) 결합부 및 끝 부분의 위치

결합부, 끝 부분의 종류	도시	치수가 표시하는 위치
결합부 일반		결합부의 중심
용접식		용접부의 중심
플랜지식		플랜지 면
관의 끝		관의 끝 면
막힌 플랜지		관의 플랜지 면
나사박음식 캡 및 나사박음식 플러그		관의 끝 면
용접식 캡		관의 끝 면

(5) 파이프관의 이음 도시

종류	도시기호	종류	도시기호
일반		엘보 또는 밴드	
플랜지형		티	
턱걸이형		크로스	
막힌 플랜지형		신축이음	
유니언형		용접이음	
		납땜이음	

(6) 밸브 및 콕

명칭	도시기호	명칭	도시기호	명칭	도시기호
밸브 일반		수동밸브		공기릴리프밸브	
앵글밸브		일반조작밸브		일반 콕	
체크밸브		전동밸브		게이트밸브	
스프링안전밸브		전자밸브		글로브밸브	
볼 밸브		릴리프 밸브 (일반)		추 안전밸브	
버터플라이 밸브		체크 밸브		3방향 밸브	

(7) 계기

명칭	도시기호	명칭	도시기호	명칭	도시기호
계기 일반		압력계	P	온도계	T

(8) 기타 관의 기호

명칭	기호	비고	명칭	기호	비고
송기관	———	증기 및 온수	Y자관		-
복귀관	---------	증기 및 온수	곡 관		주철 이형관
증기관	—/—	증 기	T자관		주철 이형관
응축수관	----/----	-	Y자관		주철 이형관

기타 관		–	90° Y자관		주철 이형관
급수관		–	편심 조인트		주철 이형관
상수도관		–	팽창 곡관		주철 이형관
우물 급수관		–	팽창 조인트		–
급탕관		–	배관 고정점		–
환탕관		–	스톱 밸브		–
배수관		–	슬루스 밸브		–
통기관		–	앵글 밸브		–
소화관		–	체크 밸브	리프트형		–
주철관	급수 배수		관 지름 75mm 관 지름 100mm		스윙형		–
연관	급수 배수		관 지름 13mm 관 지름 100mm	콕		–
콘크리트관	급수 배수		관 지름 150	삼방 콕		–
도 관		관 지름 100mm	안전 밸브		–
수직관		–	배압 밸브		–
수직 상향·하향부		–	감압 밸브		–
곡관		–	온도 조절 밸브		–
플랜지		–	공기 밸브		–
유니언		–	압력계		–
엘 보		–	연성계		–

명칭	기호		명칭	기호	
티		–	온도계		–
증기 트랩		–	급기도 단면		–
스트레이너		–	배기도 단면		–
바닥 박스		–	급기 댐퍼 단면		–
유수분리기		–	배기 댐퍼 단면		–
기수분리기		–	급기구		–
리포트 피팅		–	배기구		–
분기가열기		–	양수기		–
주형 방열기		–	청소구		–
벽걸이 방열기		–	하우스 트랩		–
		–	그리스 트랩		–
핀 방열기		–	기구 배수구		–
대류 방열기		–	바닥 배수구		–

02 플랜트 배관도

(1) 플랜트 배관도의 종류

① 배관 평면도
- 배관 평면도는 개략적인 외형만 표시
- 배관 접속과 직접 관련이 있는 기기 전부 표시
- 빔, 파이프, 가대 등 운전하는 부대시설도 기입
- 시설의 표기 범위는 최소한 배관선 및 치수선과 교차하지 않아야 함

② 배관 입면도
- 배관을 측면에서 보고 그린 도면
- 복잡한 경우 여러 개의 입면도로 도면 판독이 용이
- 입면도상의 관의 높이 표시 BOP EL, EL로 표시
- 높이 표시를 하여 쉽게 도면 판독이 용이

③ 배관 입체도
- 배관 시스템의 흐름, 밸브, 계측기기 등 필요한 기기의 위치를 쉽게 알아 볼 수 있도록 판독하는 도면
- 시공자가 배관 경로를 쉽게 파악할 수 있음
- 플랜트 설비 시 매우 편리
- 입체적인 원근과 고저를 표현하는 것이 목적이기 때문에 축척은 반드시 일정치 않아도 무관
- 3축 방향과 방위를 오른쪽 상단에 표시
- 공정을 단축하기 위한 도면으로 Spool Drawing로 나타낼 수도 있음

④ 부분 조립도(Spool Drawing)
- 배관 라인 한 개에 대한 상세도
- 부분조립도 도면의 형식은 평면 배관도, 입면 배관도, 입체 배관도 형식 중 편리한 것을 선택
- 부분 조립도는 공장제작용 도면으로 각부의 치수와 높이를 기입
- 장치 및 계기에 접합된 플랜지 치수, 배관 이음쇠와 플랜지 면 사이의 치수도 기입
- 공장 제작에 불편이 없게 해야 함
- 배관 재료의 검사는 부분조립도 도면에 의해 정확성을 기할 수 있음
- 공장 제작이므로, 용접 등 작업의 질을 향상함

⑤ 공정도
- 제작 공정의 상태를 표시하는 제작 공정도와 제조공정을 표시하는 제조 공정도가 있음
- 배관에서는 제조 공정도를 플랜트 공정도라고도 함

⑥ 계통도
- 배관 계통도는 배관의 계통은 물론 계장류의 설치 장소, 종류 등이 상세히 기재되므로 'P&ID'라고도 함
- P&ID 도면은 장치의 설계, 건설, 운전, 조작, 안전 상태를 검토하면서 작성
- 주요기기는 외관의 번호, 호칭치수, 관의 재질을 명시
- 종류
    - Process P&ID : 주 생산라인 장치 표시
    - Utility P&ID : 간접적 보조 역할(냉각수, 증기, 질소가스, 압축공기, 전력 등의 배관장치)

⑦ 배치도(개략계획도)
- 배치도는 탱크(Tank), 타워(Tower), 펌프 등의 장치와 기계의 설치 위치를 표시
- 배관도는 보통 기기류의 높이와 넓이, 계단, 사다리 등의 위치 구조물의 위치와 간격을 표시
- Battery Limit은 장치의 구역 한계를 나타냄

(2) 판금 전개도

입체의 표면을 한 평면 위에 펼쳐놓은 도형을 말하며, 각 면의 모양·면적·수 등의 관계를 알 수 있다.

① 평행선 전개법 : 각기둥과 원기둥을 경사지게 절단된 제품을 전개하는 데 적합한 것으로, 능선이나 직선 면소에 직각 방향으로 전개하는 방법이다. 능선이나 면소는 실제 길이이고 서로 나란하다.

② 방사선 전개법 : 각뿔이나 원뿔 등 꼭짓점을 중심으로 부채꼴로 전개한다.

> **부채꼴의 중심각(θ) 계산**
>
> $$\theta = \frac{360R}{L}$$
>
> 여기서, R : 원뿔 밑면 원의 반지름(mm) L : 면소의 길이(mm)

③ 삼각 전개법 : 입체의 표면을 몇 개의 삼각형으로 분할하여 전개도를 그리는 방법이다.

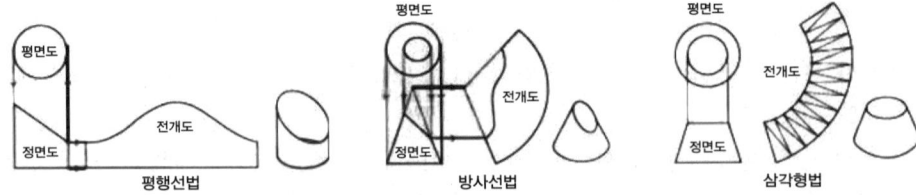

마이터(Miter)관

$$절단각 = \frac{중심각}{2 \times (편수 - 1)}$$

(3) 라인 인덱스(Line Index)
① 배관 도면에서 각 장치와 배관에 번호를 부여한다.
② 배관 라인의 성질을 명확히 구별하고, 재료의 집계 등에 정확을 기할 수 있다.

　　　3 － 5B － P － 20 － 40 － CINS
　　　❶　❷　❸　❹　❺　❻

❶ 3 장치번호
❷ 5B 배관의 호칭지름
❸ PA 유체의 기호
❹ 20 배관 번호
❺ 40 배관 재료기호
❻ CINS : 보온, 보냉 기호(보냉 : CINS 보온 : HINS 화상방지 : PP)

2B-S115-A10-H20
- 관의 호칭지름
- 관의 외면에 실시하는 설비 · 재료(보온재료)
- 유체의 종류 · 상태
- 배관계의 시방(도면에 붙이는 명세표에 기재한 번호)
- 배관계의 식별(배관번호)

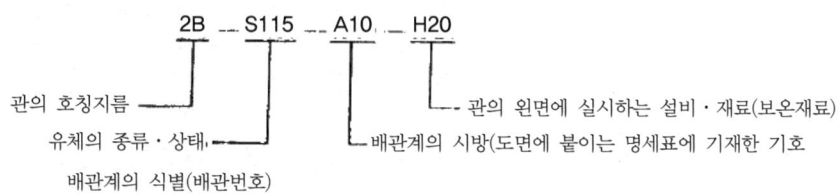

---

(4) 유체의 종류

A	공기	흰색
G	가스	황색 노랑
O	기름	어두운 주황
S	수증기	적색 빨강
W	물	파랑

(6) 공정도의 종류

① 부품 공정도(Product Process Chart)
   • 소재가 제품화되는 과정을 분석, 기록하기 위해 사용
   • 공정 내용을 작업, 운반, 저장, 정체, 검사 등 공정도시기호를 사용하여 표시
② 작업 공정도(Operation Process Chart) : 자재가 공정으로 들어오는 지점과 공정에서 행하여지는 검사와 작업을 도식적으로 표시
③ 유통 공정도(Flow Process Chart, 흐름 공정도) : 공정 중에 발생되는 작업, 운반, 검사, 정체, 저장 등의 내용을 표시하는 데 사용
④ 유통선도(Flow Diagram, 흐름선도)
   • 유통공정도의 단점을 보완하기 위해 사용
   • 혼잡한 지역을 파악하기 위해 쓰임
   • 공정흐름의 원활 여부를 알 수 있음
⑤ 조립 공정도(Assembly Process Chart) : 많은 부품 또는 원재료를 조립에 의해 생산하는 제품의 공정을 작업과 검사의 2가지 기호를 나타내는 데 사용

03 용접기호 및 용어

(1) 용접 종류와 기호

구분	용접의 종류		기호	비고
아크 및 가스 용접	홈용접	I형	||	오프셋 용접, 플래시 용접, 마찰 용접을 포함
		V형, X형	V	X형은 기선에 대칭으로 기입
		U형, H형	Y	H형은 기선에 대칭으로 기입
		V형, K형	V	• V형은 기선에 대칭으로 기입 • K형은 세로 방향의 선은 왼쪽에 씀
		J형, 양면 J형	┝	• 양면 J형은 기선에 대칭으로 기입 • 기호의 세로선은 왼쪽에 씀
		플레어 V형, X형	⌒⌒	플레어 X형은 기선에 대칭으로 기입
		플레어 V형, K형	|⌒	플레어 K형은 기선에 대칭으로 기입

펠릿용접	연 속	〼	기호의 세로방향은 왼쪽에 기입
	단 속	◺	단속 병렬용접의 경우 기선에 대칭으로 기입
저항 용접	플러그, 슬롯 용접	⊓	–
	비드 또는 덧붙이기	⌒	덧붙이기의 경우 기호를 2개 나란히 기입
	점 용접	✳	겹치기 이음의 저항용접, 아크용접, 전자빔
	프로젝션 용접	○	–
	심 용접	⊖	점 용접의 연속

(2) 용접 보조 기호

구분		보조기호	비고
용접부의 표면현상	평탄	—	
	볼록	⌒	기선의 바깥쪽을 향하여 볼록
	오목	⌣	기선의 바깥쪽을 향하여 오목
용접부의 다듬질 방법	치핑	C	다듬질 방법을 특별히 구별하지 않는 경우는 "F"라 기입
	연삭	G	
	절삭	M	
현장 용접		⚑	
온 둘레 용접		○	온 둘레 용접이 뚜렷한 경우에는 생략해도 무방
온 둘레 현장 용접		⚑	

(3) 용접부의 기호 표시 방법

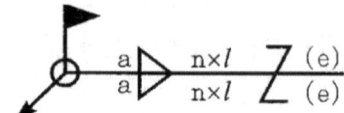

① a : 용접 목두께, z : 용접 목길이
② n : 용접부의 개수(용접 수)
③ l : 용접부 길이(크레이트 제외)
④ (e) : 인접한 용접부 간의 간격

① ○ : 온 둘레 용접
② z6 : 목길이 6mm
③ 3×50 : 용접부의 개수 3개와 용접부 길이 50mm
④ 2×50 : 용접부의 개수 2개와 용접부 길이 50mm
⑤ (20) : 인접한 용접부 간의 거리(피치)

제 2 장 출제 예상 문제

제2장 배관 CAD

01
다음 평면배관도를 입체배관도로 표현한 것으로 옳은 것은?

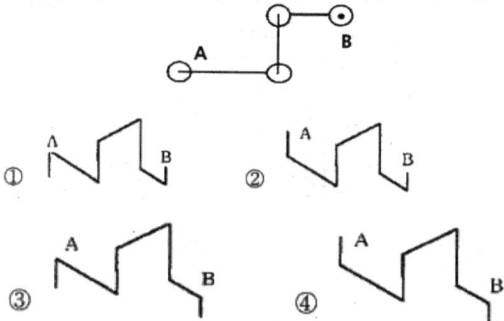

02
배관도면에서 다음의 기호가 나타내는 것은?

① 열려있는 체크 밸브 상태
② 열려있는 앵글 밸브 상태
③ 위험 표시의 밸브 상태
④ 닫혀있는 밸브 상태

03
다음의 용접기호에서 인접하는 용접부 간의 간격(피치)을 나타내는 것은?

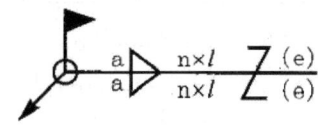

① a
② n
③ l
④ (e)

[해설]
- a : 용접 목두께
- l : 용접부 길이
- (e) : 인접한 용접부 간의 간격

04
다음과 같은 입체도의 평면도로 가장 적합한 것은?

05
다음 기호는 KS 배관의 간략 도시방법 중 환기계 및 배수계 끝부분 장치의 하나이다. 평면도로 표시된 다음의 간략 도시기호의 명칭은?

① 콕이 붙은 배수구
② 벽붙이 환기삿갓
③ 회전식 환기삿갓
④ 고정식 환기삿갓

정답 01 ① 02 ④ 03 ④ 04 ② 05 ①

06

그림과 같은 도면의 지시기호에 "13-20드릴"이라고 구멍을 지시한 경우 대한 설명으로 옳은 것은?

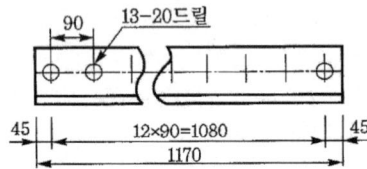

① 드릴 구멍의 지름은 13mm이다.
② 드릴 구멍의 피치는 45mm이다.
③ 드릴 구멍은 13개이다.
④ 드릴 구멍의 깊이는 20mm이다.

[해설] ① 13-20 드릴 : 드릴 구멍의 지름은 20mm이고, 구멍 수는 13개이다.
② 90 : 드릴 구멍의 피치는 90mm이다.
③ 12×90=1,080 : 드릴 구멍 간격 12개의 피치 90mm이며, 길이가 1,080mm이다.

07

그림과 같은 용접기호를 설명한 것으로 옳은 것은?

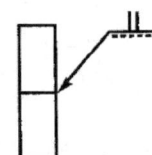

① I형 맞대기 용접 : 화살표 쪽에 용접
② I형 맞대기 용접 : 화살표 반대쪽에 용접
③ H형 맞대기 용접 : 화살표 쪽에 용접
④ H형 맞대기 용접 : 화살표 반대쪽에 용접

[해설] • 용접기호와 파선이 반대쪽에 있으면 화살표쪽 용접
• 용접기호와 파선이 함께 있으면 화살표 반대쪽 용접

08

도면과 같은 배관도로 시공하기 위해 부품을 산출한 소요부품의 수가 올바른 것은?

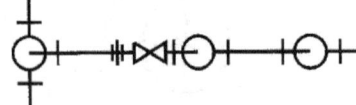

① 티(Tee) : 2개   ② 엘보(Elbow) : 5개
③ 밸브(Valve) : 2개   ④ 유니언(Union) : 3개

[해설] ① 티(Tee) : 1개
② 엘보(Elbow) : 5개
③ 밸브(Valve) : 1개
④ 유니언(Union) : 1개

09

다음과 같은 90°, 60°, 30°로 이루어진 직각 삼각형 모양의 앵글 브래킷의 C부 길이는 몇 mm인가?

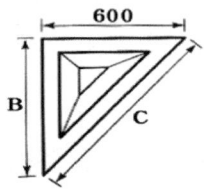

① 1,000   ② 1,040
③ 1,200   ④ 1,800

[해설] 길이계산 : $C = \dfrac{600}{\tan 30°} = 1,200$mm

10

관의 끝부분 표시방법에서 블라인더 플랜지 또는 스냅 커버 플랜지를 나타내는 기호는?

① ─┤│   ② ───┃
③ ─●   ④ ─■

11

계장형 도시기호 중 노즐 타입의 유량검출기는?

12

강관을 4조각 내어 중심각이 90° 마이터관을 만들려 할 때 절단각은 몇 도인가?

① 7.5   ② 11.25
③ 15   ④ 22.5

[해설] 절단각 = $\dfrac{\text{중심각}}{2 \times (\text{편수}-1)} = \dfrac{90}{2 \times (4-1)} = 15°$

13
그림과 같은 입체배관도에 대한 평면도로 맞는 것은?

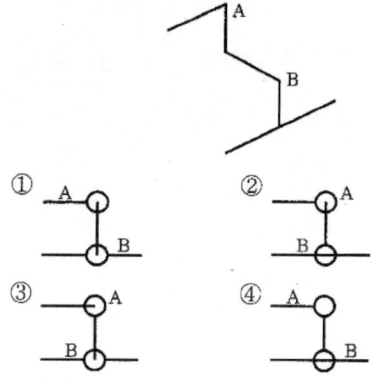

14
다음의 계장계통 도면에서 FRC가 의미하는 것은?

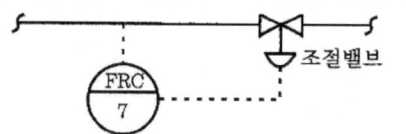

① 수위 기록 조절계 ② 유량 기록 조절계
③ 압력 기록 조절계 ④ 온도 기록 조절계

해설 ① 수위 기록 조절계 : LRC
② 유량 기록 조절계 : FRC
③ 압력 기록 조절계 : PRC
④ 온도 기록 조절계 : TRC

15
다음의 용접기호 중 현장 용접기호 표시 기호는?

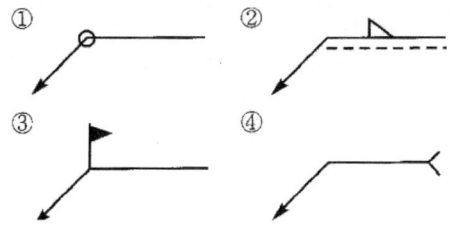

16
다음과 같은 배관 도시기호의 종류는?

① 글로브밸브
② 밸브 일반
③ 게이트밸브
④ 전동밸브

17
파이프 내에 흐르는 유체의 종류별 표시기호 설명으로 틀린 것은?

① 공기 : A   ② 연료가스 : K
③ 연료유 : O   ④ 증기 : S

해설 연료가스 : G

18
다음의 배관도에서 ①~③의 명칭이 올바르게 나열된 것은?

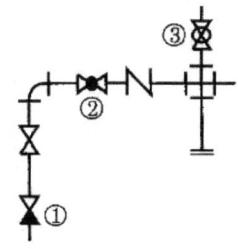

① ① 체크 밸브, ② 글로브 밸브, ③ 콕 일반
② ① 체크 밸브, ② 글로브 밸브, ③ 볼 밸브
③ ① 앵글 밸브, ② 슬루스 밸브, ③ 콕 일반
④ ① 앵글 밸브, ② 슬루스 밸브, ③ 볼 밸브

19
다음과 같은 도시기호의 계기 명칭인 것은?

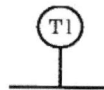

① 압력지시계
② 온도지시계
③ 진동지시계
④ 소음지시계

정답 13 ③ 14 ② 15 ③ 16 ① 17 ② 18 ② 19 ②

20
다음과 같은 펠릿 용접기호에서 a는 무엇을 뜻하는가?

$$a \triangle n \times l(e)$$

① 용접부 수 ② 목두께
③ 목길이 ④ 용접길이

[해설] a : 용접 목두께, z : 용접 목길이, n : 용접부의 개수, l : 용접부 길이, (e) : 인접한 용접부 간의 간격

정답 20 ②

PART 04 배관시공

배 관 기 능 장

- 제1장 위생설비 및 소화설비
- 제2장 냉난방 및 공조설비
- 제3장 신재생에너지설비(태양열설비, 지열설비)
- 제4장 플랜트 배관설비
- 제5장 배관설비 검사
- 제6장 안전관리
- 제7장 설비자동화

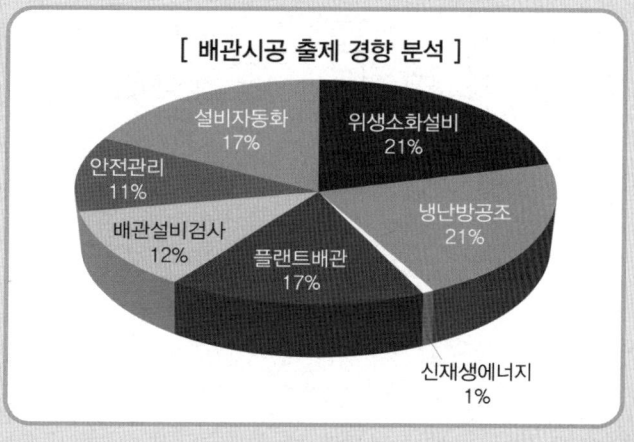

[배관시공 출제 경향 분석]

제1장 위생설비 및 소화설비

01 급수설비

(1) 급수배관

직결식 배관법	우물직결식	우물이나 근처에 펌프를 설치하여 급수하는 방법
	수도직결식	수도 본관으로부터 급수관을 직접 연결하여 급수하는 방법
옥상탱크식 (고가탱크식)	특징	• 옥상에 설치된 탱크까지 양수하여 급수관을 통해 각 수전에 급수 • 하향 공급식 급수법 • 고가수조 오버플로관의 관지름은 양수관의 2배 크기로 함
압력탱크식	특징	• 지상에 압력용 밀폐탱크를 설치 • 탱크 내 물이 압축공기에 의하여 급수되는 방식

(2) 고층 건물의 급수 조닝(Zoning) 방식

① **층별식** : 건물의 각 존의 물탱크에 양수하여 공급하는 방식이다.
② **중계식** : 양수펌프가 각 존의 물탱크를 수원으로 하여 상부의 존으로 중계해서 양수하는 방식이다.
③ **압력조정식** : 건물의 최하층에 존 수만큼 양수펌프를 설치하며, 수량을 자동적으로 조절하여 항상 급수관 속의 수압을 일정하게 유지하도록 자동으로 제어하는 방식이다.

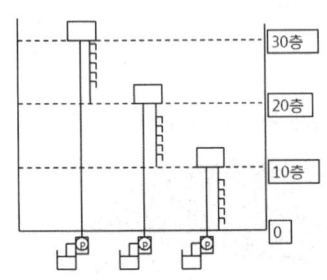
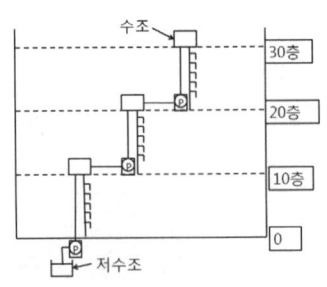
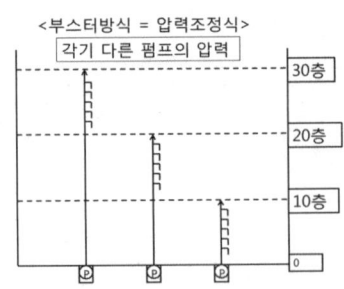

(3) 급수펌프(원심펌프)

① 한 개 또는 여러 개의 임펠러 회전으로 발생하는 원심력을 이용하는 펌프이다.
② 액체를 이송하거나 압력을 상승시켜 축과 직각방향으로 토출한다.
③ 대기압 하에서 흡입양정(揚程) 이론적인 양정 10m, 실용(실제)적인 양정은 7m이다.

볼류트(Volute) 펌프	임펠러 바깥둘레에 안내깃(베인)이 없는 저양정용 펌프
터빈(Turbine) 펌프	임펠러 바깥둘레에 안내깃(베인)이 있는 고양정용 펌프

공동현상(Cavtitation) : 저압 유수 중에 기포가 다수 발생하는 현상이다.
- 소음과 진동이 발생
- 특성곡성, 양정곡선의 저하
- 깃(임펠러)의 침식
- 양수 불능

수격작용(Water Hammering)
급격한 유속 변화로 관속 물의 압력이 크게 상승·하강하여 소음이 발생하는 현상으로, 송수 과정에서 급수밸브를 급격히 폐쇄하는 경우에 발생한다. 관을 서서히 닫거나 관 지름을 크게 하고 굴곡배관은 피한다.

서징(Surging)현상
맥동현상이라도 하며, 주기적으로 운동·양정·토출량이 규칙적으로 변동하는 현상이다.

02 오·배수 통기설비

(1) 오·배수 트랩

① 발생하는 유해한 가스가 실내로 침입하는 것을 방지하기 위한 수봉식 기구이다.
② 트랩의 봉수 깊이는 50~100mm로 하고, 50mm보다 작으면 봉수가 잘 없어진다.
③ 봉수가 100mm 이상이 되면 자기세척작용이 약해지고 트랩의 밑에 찌꺼기가 막히는 원인이 된다.

요구조건	• 봉수가 안정성을 유지할 수 있는 구조일 것 • 흐르는 물로 트랩의 내면을 세정하는 자기세정작용을 할 것 • 봉수가 확실하고 유효하게 유지되면서 유해가스를 완전하게 차단할 것 • 구조가 간단하고, 유수면이 평활하여 오수가 머무르지 않는 구조일 것 • 재료의 내식성이 풍부할 것
봉수가 파괴되는 원인	• 자기 사이펀 작용　　　　　• 감압(降壓)에 의한 흡인 작용 • 모세관 작용　　　　　　　• 분출작용 • 증발　　　　　　　　　　• 운동량에 의한 관성

(2) 통기방식의 종류

각개통기방식		• 위생기구마다 별개의 통풍시설을 설치하는 것 • 트랩의 워터실이 사이펀 작용과 배압 등으로 봉수가 깨지는 것을 방지
루프통기방식		• 2개 내지 8개 이상의 기구군을 일괄하여 통기하는 방식 • 통기 수직관에 접속하는 것을 회로 통기관이라 함
신정통기방식		최상 배수 수직관에 배수 수직관을 더 연결해 통기관으로 사용하는 방법
특수 통기 방식	섹스티아 방식 (Sextia System)	• 배수의 수류에 선회력을 만들어 관내 통기홀을 만드는 방식 • 1967년경 프랑스에서 개발된 특수 이음쇠
	소벤트 방식 (Sovent System)	• 공기혼합 이음쇠는 배수와 공기를 수직관 안에서 혼합하는 역할 • 공기분리 이음쇠는 공기와 물을 분리시킴 • 배수 수직관 내부에 공기 코어를 연속적으로 유지시키는 구조

(3) 배수 통기배관의 시공상 주의사항

① 배수 트랩은 2중으로 만들지 말아야 한다.
② 통기관은 기구의 오버플로선보다 150mm 이상으로 입상시킨 다음 수직관에 연결한다.
③ 가솔린 트랩의 통기관은 단독으로 옥상까지 입상하여 대기 중에 개구하여야 한다.
④ 트랩의 청소구를 열었을 때 바로 악취가 새어 나와서는 안 된다.
⑤ 간접배수 수직관의 신정 통기는 다른 일반 배수 수직관의 신정 통기 또는 통기 주관에 연결하지 않고 단독으로 지붕 위까지 올려 세워 대기 중에 개구하여야 한다.
⑥ 루프 통기관은 최상류 기구로부터 기구 배수관이 배수 수평지관에 연결된 직후의 하류측에서 입상하여야 한다.
⑦ 통기 수직관은 최하위의 배수 수평지관보다도 더욱 낮은 점에서 배수관과 45° Y조인트로 연결하여야 한다.
⑧ 루프통기방식인 경우 기구 배수관은 배수 수평지관 위에 수직으로 연결하지 말아야 한다.
⑨ 냉장고 배수관은 반드시 간접 배관을 하여 물을 일단 루프에 받아 모아 하류 배수관으로 배출시킨다.

03 급탕설비

(1) 급탕설비

① **배관 구배** : 중력 순환식은 1/150, 강제 순환식은 1/200이다.
② **팽창탱크 및 팽창관 설치** : 최고층 급탕 콕보다 5m 이상 높은 곳에 팽창탱크를 설치하고, 팽창관에는 밸브나 체크 밸브를 설치하지 않아야 한다.
③ 급탕관과 환탕관(반탕관)은 최소 20A 이상으로 하며, 환탕관은 급탕관보다 1~2단계 작은 치수를 사용한다.
④ 신축 조인트를 설치해야 하는데 직선 배관일 경우 강관은 30mm마다, 동관의 경우 20m마다, 수직 배관일 경우 10~20m마다 설치한다.

개별식 급탕법	주택 등과 같이 소규모 급탕에 적합한 것으로, 가스·전기·증기 등을 열원으로 사용한다.
중앙식 급탕법	• 직접 가열식 : 온수 보일러에서 가열된 물을 저탕조에 저장 후 공급하는 방식 • 간접 가열식 : 탱크 내 가열 코일을 설치하여 물을 간접적으로 가열하는 방식 • 기수 혼합법 : 보일러에서 나온 증기를 물탱크 속에 불어 넣어 물을 가열하는 방식

기수 혼합법
① 보일러에서 나온 증기를 물탱크 속에 불어 넣어 물을 가열하는 것
② 소음을 방지하기 위하여 스팀 사일런스를 사용하는 급탕방식
  • 증기가 물에 주는 열효율은 100%이다.
  • 소음을 내는 단점이 있어 스팀 사일런서를 설치하여 소음을 감소시킨다.
  • 사용 증기압은 1~4kgf/cm^2 정도이다.
  • 자동온도조절기를 설치하여 물의 온도를 일정 온도로 자동으로 조절한다.

04 소화설비

옥내소화전설비	• 설치위치 : 방수구까지 수평거리 25m 이하 • 개폐 밸브 : 바닥으로부터 1.5m 이하 • 방수량은 130L/min, 방수압력은 $1.7kgf/cm^2$ 이상 • 입상관의 안지름은 50mm 이상
스프링클러설비	• 폐쇄형 : 화재열에 헤드가 자동으로 개방되면서 살수와 동시에 경보를 울림 • 개방형 : 천장이 높은 곳이나 공장·창고 등에 설치
드렌처(Drencher)설비	• 창문, 출입구, 처마 끝에 물을 뿌려 수막을 형성 • 화재발생을 예방하는 소화설비 • 헤드 설치 간격 : 수평거리 2.4m 이하, 수직거리 4m 이하로 배치 • 헤드의 종류 : 헤드지름이 9.5mm, 7.0mm, 6.4mm의 3종류

05 정화조설비

정화조의 입구에서 출구까지의 순서 : 부패조 → 예비여과조 → 산화조 → 소독조

① 부패조 : 염기성 박테리아에 의해 오물을 분해한다.
② 예비여과조 : 제2부패조와 산화조의 중간에 설치한다. 오수는 여과조의 아래에서 위로 흐르며 부유물을 걸러내는 곳이다.
③ 산화조 : 오수 중의 유기물을 분해한다.
④ 소독조 : 정화된 오수의 균을 살균 소독 후 방류한다.

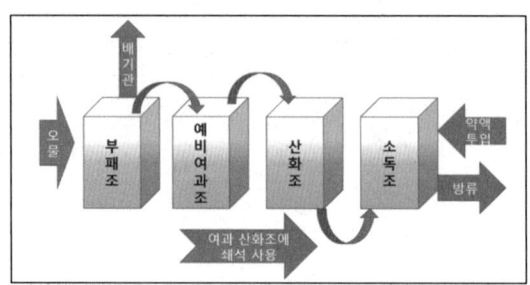

제1장 출제 예상 문제

01
옥내소화전에 대한 내용으로 잘못된 것은?
① 방수압력은 노즐의 끝을 기준으로 1.7kgf/cm² 이상 3kgf/cm² 이하로 한다.
② 입상관의 안지름은 50mm 이상으로 한다.
③ 소화전의 바닥면을 기준으로 높이 1.5m 이내의 높이에 설치한다.
④ 소화펌프 가까이에 게이트 밸브와 체크 밸브를 설치한다.

해설 옥내소화전 방수압력은 노즐의 끝을 기준으로 1.7kgf/cm² 이상 7kgf/cm² 이하이다.

02
오물정화조의 구비조건이 아닌 것은?
① 정화조 순서는 부패조, 예비여과조, 산화조, 소독조의 구조로 한다.
② 정화조의 바닥, 벽, 천장, 칸막이 벽 등은 방수재료로 시공해야 한다.
③ 부패조, 예비여과조, 산화조에는 안지름이 40cm 이상의 맨홀을 설치한다.
④ 부패조는 침전·분리에 적합한 구조로 하고, 오수를 담고 있는 깊이는 2m 이상으로 한다.

해설 **부패조**
단독 또는 다른 처리법과 조합시켜 오수 처리를 하는 탱크를 말하며, 오수 중의 부유물을 침전·분리하고, 침전한 오니를 탱크 바닥에 저류하여 혐기성 분해를 한다. 분뇨정화조 등으로 많이 사용된다.

03
어느 방의 전난방부하가 1.16kW일 때 복사난방을 하려면 DN15인 코일을 약 몇 m나 시설해야 하는가?(단, DN15인 코일의 m당 표면적은 0.047m²이고, 관 1m²당 방열량은 0.26kW/m²라고 한다)
① 85   ② 95
③ 100   ④ 110

해설 $L = \dfrac{난방부하}{관 표면적 \times 방열량} = \dfrac{1.16}{0.047 \times 0.26} = 94.9\text{m}$

04
옥상 탱크식 급수법의 양수관이 25A일 때 옥상 탱크의 오버플로관의 관지름으로 가장 적당한 것은?
① 25A   ② 50A
③ 75A   ④ 100A

해설 오버플로관의 크기는 양수관의 2배 크기로 한다 (25A×2배=50A).

05
오물정화조의 주요 구조의 기능에 대한 설명 중 잘못된 것은?
① 부패조 : 염기성 박테리아에 의해 오물을 분해시킨다.
② 예비여과조 : 부패조의 기능이 상실되면 작동한다.
③ 산화조 : 오수 중의 유기물을 분해시킨다.
④ 소독조 : 정화된 오수의 균을 살균 소독 후 방류한다.

해설 **예비여과조**
오수는 여과조의 아래에서 위로 흐르며 부유물을 걸러내는 곳이다.

06
불연성가스 소화설비에 대한 설명 중 틀린 것은?
① 소화제 사용에 따른 오염 손상도가 없다.
② 불연성가스를 방출시켜 산소의 함유량을 줄여 질식소화하는 방식이다.
③ 펌프 등의 압송장치가 필요 없고 가스압 자체의 힘으로 방출할 수 있다.
④ 이 소화설비는 통신기기실, 창고, 대형 발전기 등의 소화에 사용해서는 안 된다.

해설 불연성가스 소화설비는 통신기기실, 전기실, 전산실, 대형 발전기 등의 소화에 적합하다.

정답 01 ① 02 ④ 03 ② 04 ② 05 ② 06 ④

07
다음 중 짧은 전향 날개가 많아 다익송풍기라고도 하며, 비교적 소음이 적고 풍압이 낮은 곳에 주로 사용되는 송풍기는?
① 시로코형   ② 축류 송풍기
③ 리밋 로드형   ④ 엘리미네이터

해설 시로코형 : 다익송풍기

08
통기관의 관지름 결정방법 중 틀린 것은?
① 배수탱크의 통기관지름은 50mm 이상으로 한다.
② 각개통기관은 그것에 연결되는 배수관지름의 1/2 이상으로 하며, 최소관지름은 20mm 이상으로 한다.
③ 도피통기관은 배수수직관, 통기수직관 중 관지름이 적은 쪽의 관지름 이상으로 한다.
④ 신정통기관의 관지름은 관지름을 줄이지 않고 연장해서 대기 중에 개방한다.

해설 최소관지름은 30mm이다.

09
급수설비에서 수질오염 방지대책에 관한 설명으로 틀린 것은?
① 빗물이 침입할 수 없는 구조로 하여야 한다.
② 급수탱크 내부에 급수 이외의 배관이 통과해서는 안 된다.
③ 지하탱크나 옥상탱크는 건물 골조를 공용으로 이용하여 만들어야 한다.
④ 역사이퍼 작용을 막기 위해서 급수관이 부압으로 되었을 때 물이 역류되어 빨려 들어가지 않는 구조로 시공해야 한다.

해설 지하탱크나 옥상탱크는 건물 골조와는 별도의 시설로 만들어야 한다.

10
펌프의 설치 및 주변 배관 시 주의사항이다. 틀린 것은?
① 펌프는 일반적으로 기초 콘크리트 위에 설치한다.
② 흡입관은 되도록 길게 하고 직관으로 배관한다.
③ 효율을 좋게 하기 위해서 펌프의 설치 위치를 되도록 낮춰서 흡입양정을 작게 한다.
④ 흡입관의 중량이 펌프에 미치지 않도록 관을 지지하여야 한다.

해설 흡입관은 직관으로 배관하고 가능하면 짧게 하는 것이 좋다.

11
냉매의 조건을 설명한 것 중 잘못된 것은?
① 응고점이 낮을 것
② 임계온도는 상온보다 가급적 높을 것
③ 같은 냉동능력에 대하여 소요동력이 클 것
④ 증기의 비체적이 적을 것

해설 냉동능력이 같을 경우 소요동력이 적을수록 좋다.

12
온수난방의 팽창탱크에 관한 다음 설명 중 틀린 것은?
① 안전밸브 역할을 한다.
② 팽창탱크의 최고층 방열기보다 1m 이상 높은 곳에 위치하여야 한다.
③ 온도변화에 따른 체적팽창을 도출시킨다.
④ 온수의 순환을 촉진시키는 역할이 주목적이다.

해설 온수순환을 촉진시키는 것은 온수순환펌프의 역할이다.

13
건물의 외벽, 창, 지붕 등에 일정한 간격으로 배열하여 인접건물 화재 시 수막을 만드는 소화설비는?
① 방화전   ② 스프링클러
③ 드렌처   ④ 사이어미즈 커넥션

해설 드렌처 설비
소방대상물을 인접 장소 등의 화재 등으로부터 방화구획이나 연소 우려가 있는 부분의 개구부 상단에 설치하여 물을 수막(水幕) 형태로 살수하는 소방시설의 일종의 소방설비이다.

정답 07 ④ 08 ② 09 ③ 10 ② 11 ③ 12 ④ 13 ③

14
통기관의 관지름을 결정하는 원칙 설명 중 틀린 것은?
① 신정 통기관의 관지름은 관지름을 줄이지 않고 연장해서 대기 중에 개방한다.
② 결합 통기관은 배수 수직관과 통기 수직관 중 관지름이 작은 쪽의 관지름 이상으로 한다.
③ 각개 통기관의 관지름은 그것에 연결되는 배수관 지름의 1/2보다 작으면 안 되고, 최소관지름은 30mm이다.
④ 루프 통기관의 관지름은 배수 수평 분기관과 통기 수직관 중 관지름이 큰 쪽의 1/2보다 작으면 안 되고, 최소관지름은 30mm이다.

[해설] 루프 통기관의 최소관지름은 40mm이다.

15
펌프와 관련된 용어 중 "클수록 저양정(대유량)이 되고, 작을수록 고양정(소유량)이 된다"와 가장 관계가 밀접한 용어는?
① 단수　　　　② 사류
③ 비교회전수　④ 안내날개

16
옥외소화전 설치는 건축물의 각 부분으로부터 1개의 호스접속구까지의 수평거리는 몇 m 이하로 하는가?
① 20m 이하　　② 30m 이하
③ 40m 이하　　④ 50m 이하

[해설] 옥외소화전 설치는 건축물의 각 부분으로부터 1개의 호스접속구까지의 수평거리는 40m 이하이다.

17
수도본관에서 옥상탱크까지 수직 높이가 20m이고, 관 마찰손실률이 20%일 때 옥상탱크로 물을 보내기 위하여 수도본관에서 필요한 최소수압은 약 몇 MPa 이상인가?
① 0.024　　② 0.24
③ 0.34　　　④ 2.40

[해설] $P = 20 + (20 \times 0.2) = 0.24$ MPa

18
펌프의 배관에 관한 설명으로 틀린 것은?
① 토출 쪽은 압력계를 설치한다.
② 흡입 쪽은 진공계나 연성계를 설치한다.
③ 흡입 쪽 수평관은 펌프 쪽으로 올림 구배한다.
④ 스트레이너는 펌프 토출 쪽 끝에 설치한다.

[해설]
- 스트레이너(여과기)는 펌프 흡입측에 설치한다.
- 스트레이너는 관내의 불순물을 제거하여 기기의 성능을 보호하는 역할을 하는 배관설비용 부품으로 종류에는 Y형, U형, V형이 있다.

제 2 장 냉난방 및 공조설비

01 냉난방설비

(1) 온수난방설비

온수 온도에 의한 분류	• 저온수식 : 60~90°C 온수 사용, 개방식 팽창탱크 사용 • 보통온수식 : 85~90°C 온수 사용, 개방식 팽창탱크 사용 • 고온수식 : 100~150°C 온수사용, 밀폐식 팽창탱크 사용
온수 순환방법에 의한 분류	• 중력순환식 : 온수의 온도차(밀도차)에 의해 자연 순환시키는 방법 • 강제순환식 : 순환펌프를 이용하여 강제적으로 순환시키는 방법
배관방식에 의한 분류	• 단관식 : 송수관과 환수관이 하나의 관으로 이루어지는 방식 • 복관식 : 송수관과 환수관이 각각인 방식
온수 공급방법에 의한 분류	• 상향순환식 : 송수주관을 방열기 아래쪽에 배관하여 상향 기울기로 배관 • 하향순환식 : 온수를 하향으로 공급하는 방식
온수 환수방법에 의한 분류	• 직접 환수방식 : 방열기에서 열교환 한 온수가 순차적으로 귀환되는 방식으로, 먼 쪽의 방열기는 온수순환이 어렵다. • 역귀환방식(Reversed Return System) : 공급 및 환수관의 길이가 같도록 배관하는 방식으로 환수관의 길이가 길어지는 단점이 있으며, 각 방열기에 공급되는 온수의 양을 일정하게 배분하는 효과가 있다.

팽창탱크
온수 온도상승에 의한 체적팽창 및 그 압력을 흡수하는 하이탱크이다.
• 팽창된 온수의 넘침을 방지하여 열손실을 방지
• 장치 내 보충수 공급 및 공기침입을 방지

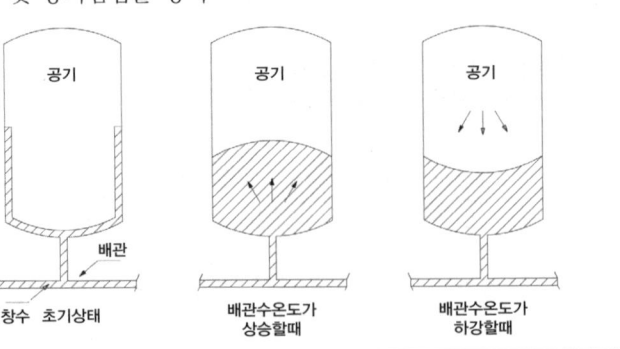

(2) 증기난방설비

① 단관 중력환수관식에서 상향공급식은 1/100~1/200, 하향공급식은 1/50~1/100 정도의 하향 구배로 한다.
② 진공환수방식의 증기 주관은 1/200~1/300 정도의 하향구배로 한다.
③ 증기 지관을 분기할 때는 수직 또는 45° 이상으로 분기한다.
④ 지름이 다른 관의 접합 시에는 편심리듀서를 사용하여 응축수가 고이는 것을 방지한다.
⑤ 예열시간이 온수난방에 비하여 짧고 증기순환이 빠르며, 배관이 가늘어도 된다.
⑥ 열의 운반능력이 크고 유지와 시설비가 저렴하며, 건물 높이에 제한이 없어 대규모 건물에 적합하다.

증기압력에 의한 분류	• 저압식 : 증기압력 0.15~0.35kgf/cm² 정도로서, 일반건물에 사용 • 고압식 : 증기압력 1kgf/cm² 이상이고 공장건물, 지역난방에 사용
배관방식에 의한 분류	• 단관식 : 응축수와 증기가 동일관 속을 흐르는 방식 • 복관식 : 송수와 환수를 각각 배관하는 방식(단관식에 비해 배관길이가 길어지며, 관지름이 작음)
공급방식에 의한 분류	• 상향공급식 : 증기관을 위로 세워 올려서 각 방열기에 공급하는 방식 • 하향공급식 : 증기관을 아래로 내려서 각 방열기에 공급하는 방식
환수관의 배관방식에 의한 분류	• 건식환수관식 : 환수주관의 위치가 보일러 수면보다 높게 배관하는 방식(증기의 유출을 방지하기 위해 반드시 증기 트랩을 설치해야 함) • 습식환수관식 : 환수주관의 위치가 보일러 수면보다 아래에 위치(응축수가 관내를 만수 상태로 흐름)
응축수 환수방법에 의한 분류	• 중력환수식 : 응축수를 중력에 의해 보일러로 환수시키는 방식(저압보일러에 주로 사용) • 기계환수식 : 탱크에 모인 응축수를 펌프로 보일러에 보내는 방식(응축수 탱크는 방열기보다도 낮은 곳에 설치해야 함) • 진공환수관식 : 환수관 마지막 끝부분에 진공펌프를 설치하며, 배관 내의 공기를 흡입하여 응축수를 환수시키는 방식

(3) 보일러 주변의 배관

① 하트포드 연결법(Hartford Connection) : 환수주관을 보일러 하단에 직접 접속하면 보일러 내의 수면이 안전저수위 이하로 내려가는 현상을 막기 위해 증기관과 환수관 사이에 밸런스관(균형관)을 설치하여 안전저수면보다 높은 위치에 환수관을 접속하는 배관방법으로, 보일러 수의 역류를 방지할 수 있다.
② 리프트 이음(Lift Fitting) : 진공환수관식에서 보일러보다 방열기가 아래쪽에 설치되는 경우 설치하는 이음방법이다. 수직입상관은 환수주관보다 1~2단계 낮은 관을 사용하며, 1단의 최고 흡상 높이는 1.5m 이내로 한다. 흡상 높이가 높은 경우에는 여러 개를 조합하여 설치할 수 있다.

③ 증기트랩 : 방열기에서 열교환 후 발생된 응축수를 배출하기 위하여 설치되는 것으로, 응축수가 될 수 있도록 보온을 하지 않는 냉각레그(Cooling Leg)를 1.5m 이상 설치한다.

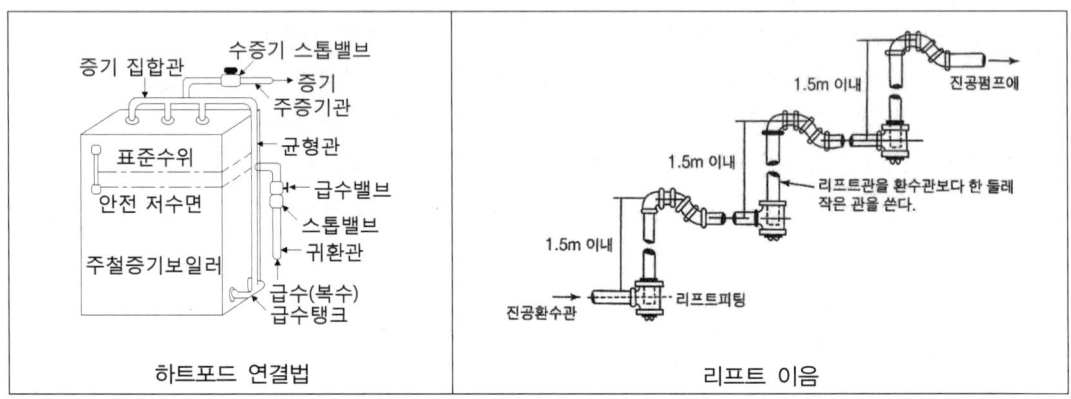

하트포드 연결법 / 리프트 이음

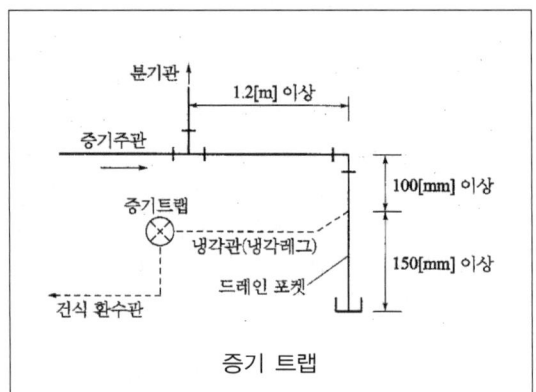

증기 트랩

(4) 복사난방설비

① 실내의 바닥, 천장 또는 벽면에 증기나 온수가 통과하는 패널(Pannel)에서 발생되는 복사열을 이용하여 난방하는 방법이다.
② 실내온도 분포가 균등하여 쾌감도가 높다.
③ 방열기가 필요하지 않으므로 바닥면의 이용도가 높다.
④ 공기대류가 적으므로 바닥면 먼지 상승이 없다.
⑤ 개방되어 있는 방에서도 난방효과가 있다.

(5) 방열기(Radiator)

실내에 설치하여 증기 또는 온수를 통과시켜 복사, 대류에 의해 난방을 하는 기기이다.

① 방열기의 종류

주형(柱形) 방열기 (Column Radiator)	• 기둥의 수와 크기에 따라 2주형, 3주형, 3세주형, 5세주형이 있음 • 3세주형과 5제세주형이 많이 사용됨
벽걸이형 방열기 (Wall Radiator)	• 주철제로 수평형과 수직형이 있음 • 수평형의 폭은 540mm, 수직형은 360mm, 설치 수는 15쪽까지 조립하여 사용
길드 방열기 (Gilled Radiator)	• 길이 1m 정도의 주철관에 많은 핀(Pin)을 부착 • 양쪽 끝에 플랜지가 붙어 있음
강판제 방열기	• 외형이 주철제 방열기와 비슷하고 2주, 3주, 4주의 종류가 있음 • 프레스로 성형하여 용접으로 제작
강관제 방열기	고압 증기에도 사용이 가능하며, 강관을 조립하여 사용
알루미늄 방열기	• 알루미늄으로 제작된 섹션을 조립 • 외관이 미려하고 경량이므로 최근에 가장 많이 사용됨
대류 방열기 (Convector)	• 강판제 케이싱 속에 튜브 등의 가열기를 설치한 것 • 공기는 하부로 유입되어 가열되고, 상부로 토출 • 자연대류에 의해 난방하는 방열기로 컨벡터 또는 캐비닛 히터라고 함

② 방열기 종류 및 도시기호

구분	종별	도시기호
주 형	2주형	II
	3주형	III
	3세주형	3
	5세주형	5
벽걸이형(W)	수평형	H
	수직형	V

방열기 호칭법 : 종별-형×쪽수
① 쪽수 (섹션수)
② 종별 (벽걸이형은 'W'로 표시)
③ 형(치수, 높이)
　(벽걸이형은 'H' 또는 'V'로 표시)
④ 유입관 지름
⑤ 유출관 지름
⑥ 설치 수

③ 방열기 쪽수 계산

- 증기난방 $(N_s) = \dfrac{H_1}{650 \cdot a}$

- 온수난방 $(N_w) = \dfrac{H_1}{450 \cdot a}$

여기서, N_s : 증기방열기 쪽수(개, 쪽)
　　　　N_w : 온수방열기 쪽수(개, 쪽)
　　　　H_1 : 난방부하(kcal/h)
　　　　a : 방열기 쪽당 방열면적(m^2)

(6) 냉방설비

① 냉동능력
- 1한국 냉동톤 : 0°C 물 1톤(1,000kg)을 0°C 얼음으로 만드는 데 1일 동안 제거해야 할 열량으로, 3,320kcal/h에 해당한다.
- 1미국 냉동톤 : 32°F 물 2,000파운드(1b)를 32°F 얼음으로 만드는 데 1일 동안 제거해야 할 열량으로, 3,024kcal/h에 해당한다.

② 냉동장치
- **냉각탑(쿨링타워)** : 냉동기나 공기조화장치에서 응축기의 냉각용수를 다시 냉각시키는 장치이다. 1RT는 3,900kcal/h이고 병류형, 향류형, 직류형이 있다.
- 냉동사이클(Refrigeration Cycle : 증발 → 압축 → 응축 → 팽창)
  - 압축기 : 기체냉매를 고온·고압의 기체로 압축한다.
  - 응축기 : 방열기라고도 하며, 고온·고압의 기체에서 열을 방출해 냉매를 액화시킨다.
  - 모세관 : 팽창 밸브라고도 하며, 저온·고압의 액체가 모세관을 통과하여 압력이 낮아지게 한다.
  - 증발기 : 저온·저압의 액체냉매가 기화하면서 열을 빼앗아 냉장고의 온도를 내리는 역할을 한다.

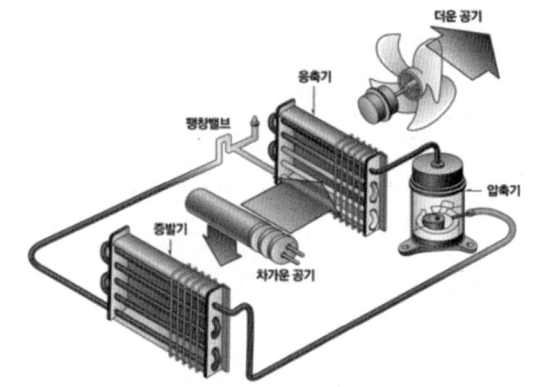

③ 냉매의 조건
- 임계온도가 높고 응축, 액화가 쉬울 것
- 증발잠열이 크고 기체의 비체적이 적을 것
- 냉동장치에 악영향을 미치지 않을 것
- 화학적으로 안정하고 분해하지 않을 것
- 인화 및 폭발성이 없을 것
- 인체에 무해할 것(비독성 가스일 것)
- 가격이 저렴할 것

02 공기조화설비

(1) 공기조화기[AHU(Air Handing Unit)]
① 공기 중 먼지를 제거하고 열원이나 냉원을 사용하여 공기의 온도 및 습도를 조절하는 기능을 한다.
② 실내의 온도, 습도, 청정도를 유지하는 설비 및 장치이다.
③ 종류 : 중앙식과 개별식이 있다.

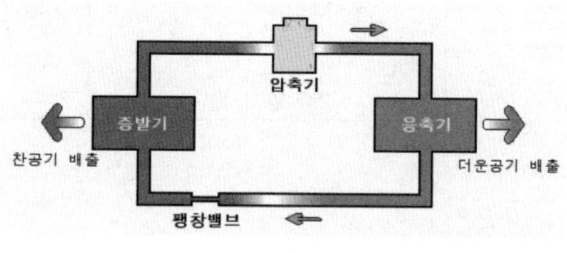

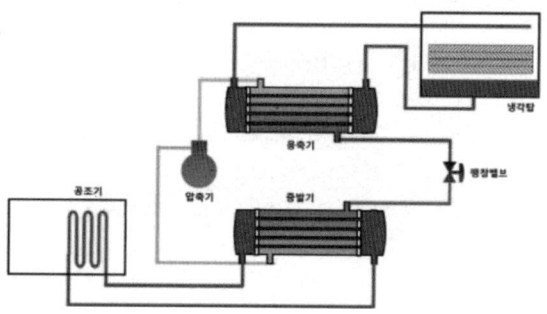

(2) 공기조화기 구성기기

공기 냉각기	냉동기에서 만들어진 냉수 및 냉매를 이용하여 직접 공기를 냉각시키는 기기
공기 가열기	열매(증기, 온수)를 이용하여 공기를 가열하는 기기
가습기	겨울철 난방 시 급습장치에 의해 습도를 높여주는 기기
감습기	여름철 냉방 시 냉각 코일 등을 이용하여 습기를 제거하는 기기
공기 세정기	여과기를 통과할 때 제거되지 않는 먼지, 매연 등을 미세한 물방울로 공기 세정 장치
공기 여과기	공기 중 먼지 등을 제거하는 장치
송풍기 및 펌프	덕트 실내·실외로 공기를 공급

(3) 급기구와 배기구

① **레지스터** : 댐퍼(셔터)를 부착하여 풍량을 조절한다.
② **다공판형** : 강판 등에 작은 구멍을 개공률 10% 정도로 뚫어 급기구로 사용한다.
③ **디퓨저** : 여러 개의 원형이나 각형으로 공기를 흡입 및 토출시켜 기류를 확산한다.
④ **루버** : 큰 가로날개가 바깥쪽으로 아래로 경사지게 붙여져 고정되는 형태이다.

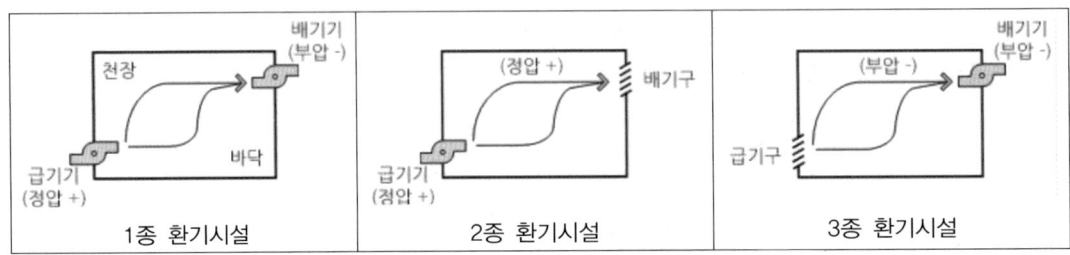

(4) 가이드 베인

덕트의 주요 요소로서, 굽은(회전) 부분의 기류를 안정시키는 역할을 한다.

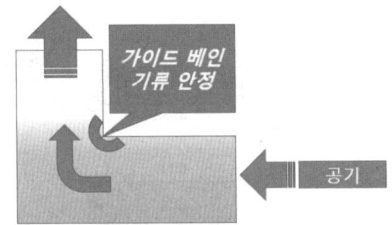

> **덕트 내의 소음 방지법**
> • 댐퍼 취출구에 흡음재를 부착한다.
> • 덕트의 도중에 흡음재를 부착한다.
> • 송풍기 출구 부근에 플리넘 챔버를 장치한다.
> • 덕트의 적당한 곳에 흡음장치를 설치한다.

03 열원 및 열교환기 설비

(1) 보일러
① 본체 : 연료의 연소발생 기능과 증기 및 온수를 발생시키는 기능으로 구성된다.
② 연소장치 : 고체연료를 사용하는 보일러에서는 화격자, 액체 및 기체연료를 사용하는 보일러에서는 버너가 사용된다.
③ 안전장치 : 안전밸브, 저수위 경보기, 방폭문, 가용전, 화염검출기, 증기압력 제한기, 전자밸브 등이 있다.
④ 급수장치 : 급수펌프, 급수관, 급수 밸브, 인젝터, 급수내관 등이 있다.
⑤ 분출장치 : 분출관, 분출 밸브 및 분출 콕 등이 있다.
⑥ 송기장치 : 증기내관, 비수방지관, 기수분리기, 주증기 밸브, 감압 밸브, 증기헤더, 신축이음 등이 있다.
⑦ 통풍장치 : 송풍기, 댐퍼, 연도, 연돌, 통풍계통 등이 있다.
⑧ 자동제어 : 부하에 따른 연료, 공기량 및 급수량을 제어하는 장치이다.
⑨ 폐열회수 : 과열기, 재열기, 절탄기, 공기예열기 등이 있다.
⑩ 기타 : 급수처리 장치, 집진장치, 매연취출장치 등이 있다.

(2) 보일러 분류

		입형 보일러	입형 횡관 보일러, 입형 연관보일러, 코트란 보일러	
원통형 보일러	횡형 보일러	노통식	코르니시(드럼 1개), 랭커셔(드럼 2개)	
		연관식	기관차, 케와니, 횡연관식	
		노통연관식(산업용)	일반용	노통연관식
			선박용	스코치, 하우덴존슨, 브로돈카프스
수관식 보일러	자연순환식 보일러	완경사 보일러	바브콕 보일러(15°)	
		경사수관 보일러	스네기찌 보일러(30°) 다쿠마 보일러(45°) 야로 보일러(3동 A형)	
		급경사 보일러	가르베 보일러(90°)	
		곡관식 보일러	2동 D형 보일러, 스털링 보일러	
	강제순환식 보일러	단동보일러(드럼 1개)	라몬트 보일러, 베록스 보일러	
	관류식 보일러 (산업체에서 가장 많이 사용)	무동 보일러 (드럼 없이 관으로만 되어 있음)	관류 보일러	벤슨 보일러
				슐처 보일러
				소형관류 보일러

			앳모스 보일러
			람진 보일러
주철제 보일러	증기 보일러		
	온수 보일러		
특수 보일러	특수열매체 보일러	다우삼, 카네크롤, 모빌썸, 세큐리티, 수은	
	간접가열 보일러	레플러, 슈미트	
	특수연료 보일러	버게스, 바아크	
	폐열 보일러	하이네, 리보일러	
	기타 보일러	전기보일러, 원자로	

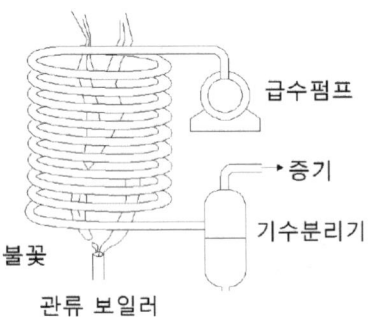
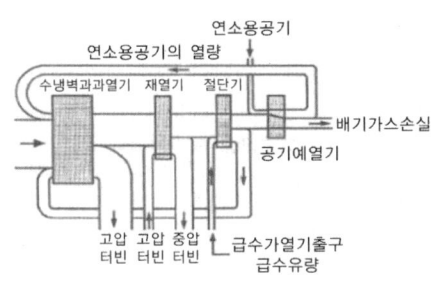
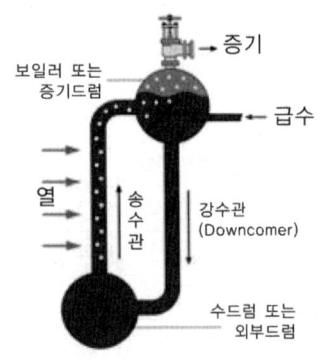
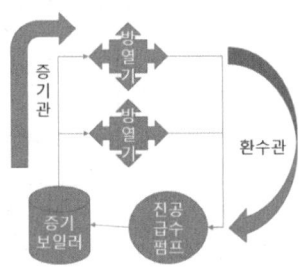

온수보일러	증기보일러
일수장치	안전 밸브
수고계	압력계
온도계(본체)	온도계(본체 밖)
팽창탱크	팽창탱크 없음
순환펌프	순환펌프(강제순환식에만 부착)
-	수면계

> **폐열회수장치(과열기 → 재열기 → 절탄기 → 공기예열기)**
> - 과열기(Super Heater) : 보일러에서 발생한 습포화증기의 온도만을 높여 과열증기를 만드는 장치
> - 재열기(Reheater) : 재차 열을 가하여 과열증기로 만들어 저압터빈에서 팽창하도록 하는 장치
> - 급수예열기(Economizer) : 보일러 급수를 연소가스 여열(餘熱)을 이용하여 예열시키는 장치(절탄기)
> - 공기예열기(Air Preheater) : 연소가스의 여열을 이용하여 연소실에 공급되는 2차 공기를 예열하는 장치

(3) 열교환기

① 다관식 : 고정관판형, 유동두형, U자관형, 케플형
② 단관식 : 트롬본형, 탱크형, 스파이럴형
③ 이중관식, 판형(Plate Type)식

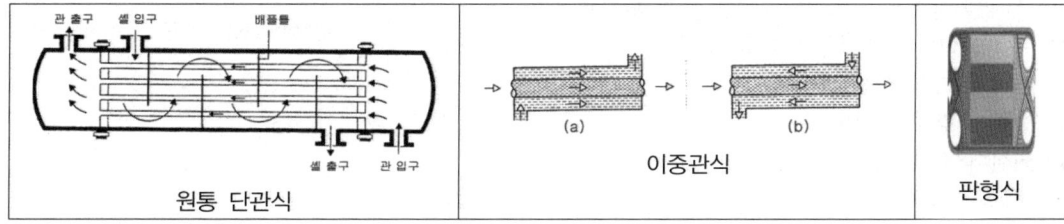

재비기(Reboiler)	장치 중에서 응축된 유체를 재가열·증발시킬 목적으로 사용하는 열교환기
예열기(Preheater)	유체에 미리 열을 주어 다음 공정의 효율을 증대시키는 열교환기
가열기(Heater)	유체의 온도를 높이는 데 사용하며, 유체를 재가열하여 과열상태로 만들기 위한 열교환기
응축기(Condenser)	응축성 기체의 잠열을 제거해 액화시키는 열교환기

제 2 장 출제 예상 문제

제2장 냉난방 및 공조설비

01
압축기의 분류에서 용적식(체적식) 압축기에 해당하지 않는 것은?
① 왕복식 ② 회전식
③ 원심식 ④ 나사식

해설 비용적식 : 원심식

02
함진가스를 방해판 등에 충돌시켜 기류의 급격한 방향전환을 행하게 함으로써 매진이 기류에서 떨어져 나가는 현상을 이용한 집진장치는?
① 관성 분리식 집진장치
② 중력 침강식 집진장치
③ 원심력 집진장치
④ 백 필터 집진장치

해설 **중력 침강식 집진장치**
함진가스를 방해판 등에 충돌시켜 기류의 급격한 방향 전환을 행하게 함으로써 매진이 기류에서 떨어져 나가는 현상을 이용한 집진장치이다.

03
백 필터(Bag Filter)를 사용하는 집진방식인 것은?
① 원심력식 ② 중력식
③ 전기식 ④ 여과식

해설 **여과식 집진장치**
함진가스를 여과재(Filter)에 통과시켜 입자를 분리·포집하는 건식방식으로, 백 필터(Bag Filter)를 사용한다.

04
다음 중 보일러의 제어장치에 포함되지 않는 것은?
① 급수제어 ② 연소제어
③ 증기온도제어 ④ 풋 밸브제어

해설 **보일러의 제어장치**
급수제어, 연소제어, 증기온도제어, 증기압력제어

05
난방시설에서 팽창탱크의 설치 목적이 아닌 것은?
① 보일러 운전 중 장치 내의 온도 상승에 의한 체적팽창이나 이상팽창의 압력을 흡수한다.
② 팽창한 물을 배출하여 장치 내의 열손실을 방지한다.
③ 운전 중 장치 내를 일정한 압력으로 유지하고 온수온도를 유지한다.
④ 공기를 배출하고 운전정지 후에도 일정압력이 유지된다.

해설 팽창탱크는 팽창한 물을 수위를 조절하고 열손실과 상관이 없다.

06
집진장치 중 일반적으로 집진효율이 가장 좋은 것은?
① 중력식 집진장치 ② 관성력식 집진장치
③ 원심력식 집진장치 ④ 전기식 집진장치

해설 전기식 집진장치의 효율 : 91~99.2%

07
인접건물의 화재로부터 해당 건물을 보호·예방하기 위하여 창이나 벽, 지붕에 물을 뿌려 수막을 형성하기 위해 사용하는 것은?
① 송수구 ② 드렌처
③ 스프링클러 ④ 옥내소화전

해설 **드렌처 설비**
소방대상물을 인접 장소 등의 화재 등으로부터 방화구획이나 연소 우려가 있는 부분의 개구부 상단에 설치하여 물을 수막(水幕) 형태로 살수하는 소방시설의 소방설비이다.

정답 01 ③ 02 ② 03 ④ 04 ④ 05 ② 06 ④ 07 ②

08
수관식 보일러의 특징에 대한 설명으로 틀린 것은?
① 보일러수의 순환이 빠르고 효율이 높다.
② 전열면적이 커서 증기발생량이 빠르다.
③ 구조가 단순하여 제작이 쉽다.
④ 급수의 순도가 나쁘면 스케일이 발생하기 쉽다.

[해설] 수관식 보일러
구조가 복잡하고 제작이 어려우며, 가격이 비싸다.

09
보일러의 수면계 기능시험의 시기로 틀린 것은?
① 보일러를 가동하기 전
② 보일러를 가동하여 압력이 상승하기 시작했을 때
③ 2개 수면계의 수위에 차이가 없을 때
④ 수면계 유리의 교체, 그 외의 보수를 했을 때

[해설] 보일러 수면계는 2개의 수면계 수위에 차이가 있을 때 기능시험을 실시한다.

10
사용목적에 따라 열교환기를 분류할 때 이에 대한 설명으로 틀린 것은?
① 응축기 : 응축성 기체를 사용하여 현열을 제거해 기화시키는 열교환기
② 예열기 : 유체에 미리 열을 주어 다음 공정의 효율을 증대시키는 열교환기
③ 재비기 : 장치 중에서 응축된 유체를 재가열·증발시킬 목적으로 사용하는 열교환기
④ 과열기 : 유체의 온도를 높이는 데 사용하여 유체를 재가열하여 과열상태로 만들기 위한 열교환기

[해설] 응축기
증기를 냉각해 열을 빼앗아서 응축 변화시키는 열교환기이다.

11
증기난방에 비교한 온수난방의 특징 설명 중 잘못된 것은?
① 난방부하의 변동에 따라서 열량조절이 용이하다.
② 온수보일러는 증기보일러보다 취급이 용이하다.
③ 설비비가 많이 드는 편이나 비교적 안전하여 주택 등에 적합하다.
④ 예열시간이 짧아서 단시간에 사용하기 편리하다.

[해설] 예열시간이 길어 단시간에 사용하기 곤란하다.

12
압축공기 배관의 부품에 들어가지 않는 것은?
① 세퍼레이터(Separator)
② 공기여과기(Air Filter)
③ 애프터쿨러(After Cooler)
④ 사이어미즈 커넥션(Siamese Connection)

[해설] 압축공기 배관 부품
세퍼레이터, 공기여과기, 애프터쿨러

13
전기집진장치의 특성에 관한 설명 중 틀린 것은?
① 집진효율이 99.9% 이상이다.
② 압력손실이 적어 송풍기에 따른 동력비가 적게 든다.
③ 함진가스의 처리 가스량이 적어 소용량 집진시설에 적합하다.
④ 각종 공기조화장치나 병원의 수술실 등에서 많이 사용된다.

[해설] 전기식 집진장치의 특징은 압력손실이 적어 동력비가 적게 들고 집진효율이 좋으며, 병원의 수술실 등에 많이 사용된다.

14
가장 미세한 먼지를 집진할 수 있으므로 병원의 수술실 및 제약공장 등에서 많이 사용하는 집진법은?
① 전기 집진법   ② 원심 분리법
③ 여과 집진법   ④ 중력 집진법

정답 08 ③ 09 ③ 10 ① 11 ④ 12 ③ 13 ③ 14 ①

15
공조시스템에서 차압 검출 스위치가 설치되는 곳은?
① 송풍기 출구의 덕트
② AHU의 증기코일 입구
③ AHU의 냉각코일 입구
④ 덕트 내부의 에어필터

해설 공조시스템에서 차압 검출 스위치는 덕트 내부의 에어필터에 설치된다.

16
개별식 급탕법의 장점을 중앙식 급탕법과 비교 설명한 것으로 옳은 것은?
① 탕비장치가 크므로 열효율이 좋다.
② 대규모 급탕에는 경제적이다.
③ 배관 중 열손실이 적다.
④ 열원으로 값싼 연료를 쓰기가 쉽다.

해설 ①, ②, ④ : 중앙집중식의 장점이다.

17
보일러의 과열로 인한 파열의 원인이 아닌 것은?
① 화염이 국부적으로 집중 연소될 경우
② 보일러수에 유지분이 함유되어 있는 경우
③ 스케일 부착으로 열전도율이 저하될 경우
④ 물 순환이 양호하여 증기의 온도가 상승될 경우

해설 ④ : 물 순환이 양호하여 증기의 온도가 상승될 경우 보일러가 과열될 수 없다.

18
증기의 공급압력과 응축수의 압력차가 0.35kgf/cm² 이상일 때에 한하여 유닛히터나 가열코일 등에 사용하는 특수 트랩은?
① 박스 트랩
② 플러시 트랩
③ 버킷 트랩
④ 리프트 트랩

19
압축공기 배관에 많이 쓰이는 회전식 압축기에 관한 설명 중 잘못된 것은?
① 로터리(Rotary)의 회전에 공기를 압축한다.
② 용적형으로 기름 윤활방식이며, 소용량이다.
③ 왕복식 압축기에 비해 부품수가 적고, 흡입밸브가 없어 구조가 간단하다.
④ 실린더 피스톤에 의해 기체를 흡입하며, 고압축비를 얻을 수 있다.

해설 ④ : 왕복동식 압축기 설명이다.

20
집진장치의 덕트 시공에 대한 설명으로 잘못된 것은?
① 냉난방용보다 두꺼운 판을 사용한다.
② 곡선부는 직선부보다 두꺼운 판을 사용한다.
③ 메인 덕트에서 분기할 때는 최저 45° 이상 경사지게 대칭으로 분기한다.
④ 먼지 등이 통과하면서 마찰이 심한 부분에는 강관을 사용한다.

해설 분기관을 메인 덕트에 연결하는 경우 최저 30° 이상으로 한다.

정답 15 ④ 16 ③ 17 ④ 18 ② 19 ④ 20 ③

제 3 장 신재생에너지설비
(태양열설비, 지열설비)

01 태양열설비 및 지열설비

(1) **신재생에너지설비**

① 신재생에너지는 화석에너지의 고갈 문제와 환경 문제를 해결할 수 있는 가장 깨끗한 에너지원이다.
② 기후변화협약 등으로 그 중요성이 재인식되었다.
③ 차세대 가장 중요한 성장동력의 하나로 주목되고 있다.
④ 신재생에너지는 신에너지와 재생에너지를 합해서 지칭하는 용어이다.
⑤ 수소, 연료전지, 석탄액화가스 등 3종의 신에너지가 각광받고 있다.
⑥ 태양열, 태양광, 바이오에너지, 풍력, 수력, 지열, 해양, 폐기물 등 8종의 재생에너지가 있다.

[신재생에너지의 종류(환경부 분류)]

신에너지	수소에너지	수소가 연소 시 발생하는 폭발력 또는 수소를 분해하여 에너지원으로 활용하는 기술
	연료전지	수소, 메탄 및 메탄올 등의 연료를 산화시켜서 생기는 화학에너지를 전기에너지로 변환시키는 기술
	석탄액화가스	저급원료를 일산화탄소와 수소가 주성분인 가스로 제조하여 전기를 생산하는 신발전기술
재생에너지	태양열	태양열 흡수·저장·열변환을 통하여 건물의 냉난방 및 급탕에 활용하는 기술
	태양광	태양광발전시스템을 이용하여 태양광을 직접 전기에너지로 변환시키는 기술
	바이오에너지	광합성되는 유기물 및 유기물을 소비하여 생성되는 모든 생물 유기체의 에너지
	풍력	풍력발전시스템을 이용하여 전기를 생산 수요자에게 공급하는 기술
	수력	물의 운동에너지를 전기에너지로 변환하여 전기를 발생시키는 에너지
	지열	지하의 뜨거운 물과 돌을 포함하여 땅이 가지고 있는 에너지를 사용하는 기술
	해양에너지	조력발전·파력발전·해저층과 해수표면층의 온도 차를 이용한 온도차 발전기술
	폐기물에너지	가연성 폐기물을 열분해하는 기술, 성형고체연료의 제조기술, 소각에 의한 열회수 기술

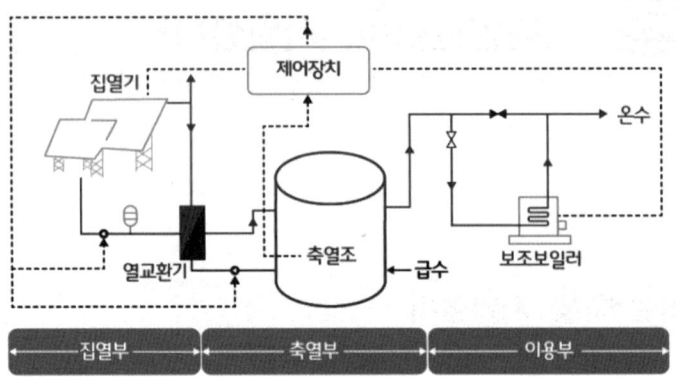

태양열설비

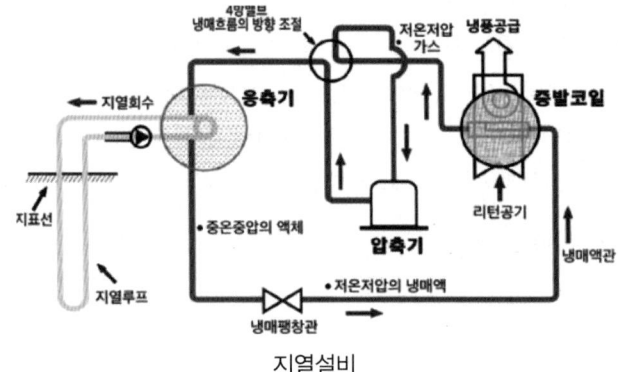

지열설비

제3장 출제 예상 문제

제3장 신재생에너지설비
(태양열설비, 지열설비)

01
다결정 실리콘 태양전지의 제조공정 순서를 바르게 나열한 것은?

㉠ 셀	㉡ 잉곳
㉢ 실리콘 입자	㉣ 웨이퍼 슬라이스
㉤ 태양전지 모듈	

① ㉢ → ㉣ → ㉡ → ㉠ → ㉤
② ㉢ → ㉡ → ㉣ → ㉠ → ㉤
③ ㉡ → ㉢ → ㉠ → ㉣ → ㉤
④ ㉡ → ㉢ → ㉣ → ㉠ → ㉤

[해설] ㉢ 실리콘입자 → ㉡ 잉곳 → ㉣ 웨이퍼 슬라이스 → ㉠ 셀 → ㉤ 태양전지 모듈

02
태양광발전시스템은 옥외에 설치됨에 따라 낙뢰에 대한 대책이 필요하다. 다음 중 틀린 것은?
① 직격뢰에 대한 대책으로는 피뢰침을 설치해야 한다.
② 유도뢰는 정전유도에 의한 것과 전자유도에 의한 것이 있다.
③ 여름뢰는 하강기류가 발생하기 쉬운 곳에서 발생하기 쉽다.
④ 겨울뢰는 겨울에 기온이 급변할 때 발생하기 쉽다.

[해설] 여름뢰는 상승기류가 발생하기 쉬운 곳에서 발생한다.

03
태양광발전시스템의 인버터시스템 중 고전압 방식의 특징으로 틀린 것은?
① 전류가 크기 때문에 굵은 케이블을 사용한다.
② 인버터 고장 시 발전량 손실이 매우 크다.
③ 스트링이 길어 음영손실이 높다.
④ 전압강하가 줄어든다.

[해설] 인버터시스템 중 고전압 방식은 전류가 낮다.

04
다음은 태양열발전시스템의 발전원리를 나타낸 것이다. 괄호 안의 공정으로 올바른 것은?

집광열 → (㉠) → (㉡) → (㉢) → 터빈 (동력) → 발전

① ㉠ 열전달, ㉡ 증기발생, ㉢ 축열
② ㉠ 열전달, ㉡ 축열, ㉢ 증기발생
③ ㉠ 축열, ㉡ 열전달, ㉢ 증기발생
④ ㉠ 증기발생, ㉡ 열전달, ㉢ 축열

[해설] 태양열발전시스템의 발전원리
집광열 → 축열 → 열전달 → 증기발생 → 터빈 → 발전

05
인버터의 기능이 아닌 것은?
① 유효 및 무효전력 조정기능
② 유도뢰 전류 파형 감쇠기능
③ 전압 및 주파수 조정기능
④ 최대출력 추종제어기능

[해설] 유도뢰 방지는 각 장비별로 유도뢰를 차단하는 '서지보호장치(SPD)'를 설치한다.

06
신재생에너지설비와 관계가 없는 것은?
① 태양에너지설비
② 원자력발전설비
③ 바이오에너지설비
④ 폐기물에너지설비

[해설] 신재생에너지
태양, 풍력, 바이오, 수력, 연료전지, 액화가스, 석탄, 중질잔사유, 해양에너지, 폐기물, 지열에너지 등

07
신재생에너지라 할 수 없는 것은?
① 태양에너지
② 석유에너지
③ 해양에너지
④ 지열에너지

정답 01 ② 02 ③ 03 ① 04 ③ 05 ② 06 ② 07 ②

제4장 플랜트 배관설비

01 가스배관

(1) 공급방법

저압공급	• 가스홀더에서 직접 홀더 압을 이용해서 공급하는 가스공급방법 • 큰 지름의 배관이 필요하며, 비용도 상승하게 되어 공급범위가 한정된 가스공급방법 • 도시가스의 경우 공급압력 0.1MPa 미만
중압공급	• 정압기에서 압력을 감압하여 수요자에게 공급하는 방법 • 지구정압기방식과 전용정압기방식 및 병용공급방식으로 분류 • 도시가스의 경우 공급압력 0.1MPa 이상 1MPa 미만
고압공급	• 대량의 가스를 먼 곳까지 수송하는 경우의 방식 • 공급구역이 넓은 경우에 공급하는 방법 • 압력이 높아 지름이 작은 관으로도 가스공급이 가능 • 도시가스의 경우 공급압력 1MPa 이상

(2) 공급시설

원료 → 제조 → 압축기로 압송 → 가스홀더 → 정압기 → 공급

가스홀더 (Gas Holder)	• 가스 제조소에서 제조된 가스, LNG를 기화시킨 가스를 일시 저장 • 제조량과 수요량을 조절하는 저장시설 • 유수식 가스홀더, 무수식 가스홀더, 중·고압식 가스홀더(구형 가스홀더) 등
정압기 (Governor)	1차측 압력(공급압력)에 관계없이 2차측 압력(수요압력)을 일정하게 유지

(3) 도시가스 배관 시공상의 유의사항

① 내식성이 있는 공급관은 하중에 견딜 수 있도록 지면으로부터 충분한 깊이로 매설한다.
② 건물 내의 배관은 가능하면 노출배관으로 하여야 한다.
③ 건물의 벽을 관통하는 부분의 배관에는 보호관 및 부식방지 피복을 한다.
④ 콘크리트 내 매설과 곡선배관은 피하고 직선배관을 한다.

02 석유화학 배관설비

(1) 석유화학 플랜트
① 석유화학 플랜트는 석유에 원료인 벙커c유를 수입하여 이것을 정제하여 산업에 필요한 재품의 자재를 생산하는 것이다.
② 석유화학공장은 발전설비, 전기설비, 배관설비, 기계(종합) 등 모든 산업기기가 총집결된 종합시설이다.
③ 자체 열병합발전소를 소유하고 있다.

(2) 관의 이음방법
① 이음의 선호도 : 용접 이음, 플랜지 이음, 나사 이음(나사 이음의 경우 누설의 염려가 있음)
② 사용되는 밸브의 종류에는 글로브 밸브, 슬루스 밸브, 체크 밸브, 안전 밸브, 자동 조절 밸브 등이 있다.
③ 고온·고압용 밸브는 주조품보다는 단조품을 선호한다.
④ 배관 내 유체의 누설은 화학장치에 대해 부식을 촉진하고 재해 유발의 원인(누설방지용 개스킷 사용)이 된다.
⑤ 관의 지지간격은 관지름의 30~80배로 하고, 밸브나 곡관 부근을 지지하는 것을 원칙으로 한다.
⑥ 플랜지 및 유니언 부분은 적당한 부분을 지지하여 분해·조립을 쉽게 할 수 있도록 한다.

(3) 고압화학배관설비

필요조건	·접촉 유체에 대해 내식성이 클 것 ·고온·고압에 대한 기계적 강도가 클 것 ·저온에서 재질의 열화(劣化)가 없을 것 ·크리프(Creep) 강도가 클 것 ·가공이 용이하고 가격이 저렴할 것
고온·고압 화학배관의 부식 종류	·수소(H_2)에 의한 강의 탈탄(脫炭) ·암모니아(NH_3)에 의한 강의 질화(窒化) ·일산화탄소(CO)에 의한 금속의 카아보닐화 ·황화수소(H_2S)에 의한 부식(황화) ·산소(O_2), 탄산가스(CO_2)에 의한 산화

03 기타 플랜트 배관 설비

(1) 플랜트 배관의 구분
① 프로세스 배관(Process Piping) : 프로세스 반응에는 직접 관여하는 유체의 배관이다.
② 유틸리티(Utility) 배관 : 프로세스의 반응에는 직접 관여하지는 않는 배관으로, 프로세스에 중대한 영향을 미친다.

(2) 파이프 랙
① 관로는 여러 개의 평행한 인접 Pipe의 선로에 배당된 공간이며, Pipe Rack은 관로의 지지 구조물이다.
② 일반적으로 강재 혹은 콘크리트와 철 구조로 만든다.
③ 보통 철강 빔으로 배관을 배열할 수 있는 틀을 말한다.
④ Pipe Rack 위를 지나가는 파이프의 최소 크기는 보통 2인치이다.

(3) 파이프 랙의 배관방법
① 아이형강으로 구조한다.
② 대구경은 외쪽으로 배관한다.
③ 소구경은 안쪽 배관한다.
④ 중앙은 유틸리티 배관으로 한다.
⑤ 1층은 프로세스 배관, 2층은 유틸리티 배관으로 한다.

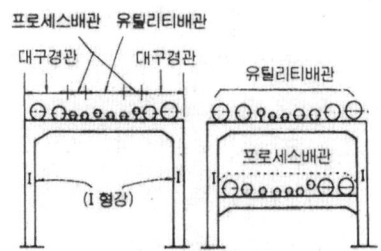

(4) 집진장치(Dust Collector)의 종류
중력집진장치, 관성력집진장치, 원심력집진장치, 음파집진장치, 세정집진장치(습식집진장치), 여과식집진장치(백필터 사용), 전기집진장치

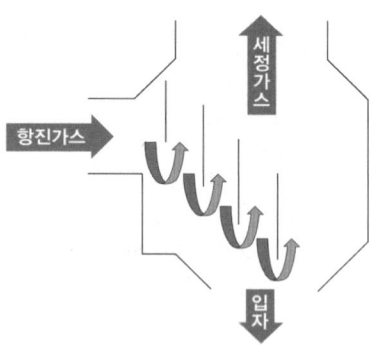

> **전기식 집진장치의 특징**
> • 제진효율이 가장 높다.
> • 압력손실이 적고, 미세한 입자 제거에 용이하다.
> • 대량의 가스를 취급할 수 있다.
> • 보수비, 운전비가 적다.
> • 설치 소요면적이 크고, 설비비가 많이 소요된다.
> • 부하변동에 적응이 어렵다.
> • 취급입자 : 0.05~20μm, 집진효율 : 90~99.9%

제4장 출제 예상 문제

제4장 플랜트 배관설비

01
가스관의 부설 위치에 따른 명칭을 설명한 것으로 잘못된 것은?
① 실내관이란 중간 밸브에서 연소기 콕까지의 배관을 말한다.
② 옥외배관이란 소유자의 토지 경계에서 연소기까지의 배관을 말한다.
③ 본관이란 가스제조공장의 부지 경계에서 정압기까지의 배관을 말한다.
④ 공급관이란 정압기에서 가스 사용자가 점유하고 있는 토지 경계까지 이르는 배관을 말한다.

[해설] • 가스부지 경계 → 본관 → 정압기 → 공급관 → 부지경계 → 옥외배관 → 가스미터 → 옥내배관 → 중간 밸브 → 실내관 → 연소기콕 → 연소기
• 옥외배관이란 소유자의 토지 경계에서 가스미터까지의 배관을 말한다.

02
기송배관의 일반적인 3가지 형식이 아닌 것은?
① 진공식 배관
② 압송식 배관
③ 수송식 배관
④ 진공 압송식 배관

[해설] 기송배관
• 공기 수송기를 사용하여 분말이나 미립자를 운송하는 데 효과적인 배관
• 기송배관의 종류 : 진공식, 압송식, 진공 압송식

03
근래 인간공학이 여러 분야에서 크게 기여하고 있다. 다음 중 어느 단계에서 인간공학적 지식이 고려됨으로써 기업에 가장 큰 이익을 줄 수 있는가?
① 제품의 개발단계
② 제품의 구매단계
③ 제품의 사용단계
④ 작업자의 채용단계

[해설] 제품의 개발단계에서부터 인간공학적 지식이 고려되고 반영되어야 기업에 이익이 최대로 될 수 있다.

04
압축공기 배관의 부품에 들어가지 않는 것은?
① 세퍼레이터(Separator)
② 공기여과기(Air Filters)
③ 애프터쿨러(After Cooler)
④ 사이어미즈 커넥션(Siamese Connection)

05
압축기로 공기를 밀어 넣고 송급기(Feeder)에서 운반물을 흡입해서 공기와 함께 수송한 다음 수송관 끝에서 공기와 분리하여 외부에 취출하는 기송배관 형식은?
① 진공식
② 진공압송식
③ 압송식
④ 압송진공식

[해설] 기송배관의 종류
진공식, 압송식, 진공 압송식

06
가스배관에서 가스공급시설 중 하나인 정압기에 관한 설명으로 옳은 것은?
① 제조공장과 공급지역이 비교적 가깝고 공급면적이 좁아 저압의 가스를 보낼 때 사용한다.
② 원거리 지역에 대량의 가스를 수송하기 위하여 공압 압축기로 가스를 압축하는 역할을 한다.
③ 사용량이 서로 다른 시간별 또는 특정 시기에 소요 공급압력을 일정하게 유지하는 역할을 한다.
④ 제조공장에서 생산·정제된 가스를 저장하여 가스의 품질을 균일하게 하고 제조량과 소요량을 조절하는 것이다.

[해설] 정압기
공급가스가 설정압력에 맞게 항상 일정하게 유지하는 역할을 한다.

정답 01 ② 02 ③ 03 ① 04 ④ 05 ③ 06 ③

07 가스배관 시공에 있어서 가스계량기에서 중간 밸브 사이에 이르는 배관은 무엇인가?
① 본관
② 옥내배관
③ 공급관
④ 옥외배관

해설 공급관 → 옥외배관 → 가스계량기 → 옥내배관

08 공기수송배관에서 기송방식이 아닌 것은?
① 터보식(Turbo Type)
② 진공식(Vacuum Type)
③ 압송식(Pressure Type)
④ 진공압송식(Vacuum Pressure Type)

해설 **기송배관의 종류**
진공식, 압송식, 진공 압송식

09 다음은 수요자 전용 가스정압기의 배관설치 도면이다. (가) 배관의 명칭은?

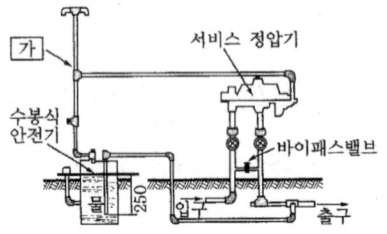

① 팽창관
② 방출관
③ 공기공급관
④ 정압기

해설 **방출관**
정압기에서 방출되는 가스를 대기 중으로 방출시키는 관이다.

정답 07 ② 08 ① 09 ②

제5장 배관설비 검사

01 배관의 검사방법 및 배관의 점검 및 보수방법

(1) 배관의 검사방법

급수 및 급탕배관	급수배관 수압시험 압력	• 공공수도 직결배관 : 17.5kgf/cm² • 탱크 및 급수관 : 10.5kgf/cm²
	급탕배관 수압시험	관을 피복하기 전에 사용최고압력의 2배 이상
배수 및 통기배관	만수시험	배관 내에 물을 충만한 후 누설 유무를 시험
	기압시험	공기를 이용하여 0.35kgf/cm²의 압력으로 15분간 유지
	기밀시험	연기시험과 박하시험으로 최종시험에 해당

(2) 배관의 세정방법

기계적 (물리적) 세정방법	• 물 분사기(Water Jet) 세정법 : 고압펌프 • 샌드 블라스트(Sand Blast) 세정법 : 모래 분사 • 쇼트 블라스트(Shot Blast) 세정법 : 강구(Steel Ball) 분사 • 피그(Pig) 세정법 : 피그볼을 사용
화학적 세정방법	• 산성 약제 : 염산(HCl), 황산(H_2SO_4), 인산(H_3PO_4), 설파민산(NH_2SO_3H) • 알칼리성 약제 : 가성소다(NaOH), 암모니아(NH_3), 탄산나트륨(Na_2CO_3), 인산나트륨(Na_3CO_4) • 유기산 : 구연산, 개미산 • 화학세정의 공정 : 물세척 → 탈지세정 → 물세척 → 산세정 → 중화방청 → 물세척 → 건조

유기용제
- 물질을 녹이는 액체인 휘발유나 벤젠 등의 화학물질
- 기계를 보존하기 위한 세척제로도 사용
- 고무신 공장의 노동자들이 사용하는 사염화염
- 전화교환기계 조정실에서 세정제로 쓰이는 사염화탄소
- 이황화탄소, 트리클로로에틸렌, 사염화탄소, 노르말 헥산 등
- 휘발성과 독성 빈혈 이해력, 기억력, 판단력 호흡곤란현상

(3) 배관설비의 응급조치법

① 코킹법 : 정을 대고 때려서 기밀을 유지하는 응급조치 방법이다.
② 인젝션법 : 볼을 일정량 넣고 볼이 누설부분에 정착하여 누설을 미량이 되게 하거나 정지시키는 응급조치 방법이다.
③ 스토핑 박스법 : 스토핑 박스를 설치하여 누설을 방지하는 방법이다.
④ 박스 설치법 : 누설 부분에 용접을 하여 누설을 방지하는 방법이다.
⑤ 핫태핑(Hot Tapping)법과 플러깅(Plugging)법 : 바이패스로 유체를 우회 통과시키는 응급조치 방법이다.
⑥ 가스팩(Gas Pack) : 가스팩을 관 내로 삽입한 후 공기펌프 등으로 가스팩을 팽창시켜 가스를 차단하는 기구이다.

용어의 정의

- 리버스 리턴(Reverse Return) : 균일한 온수의 흐름을 위한 온수난방 배관법(역귀환방식)
- 리프트 피팅(Lift Fitting) : 진공환수식의 진공펌프 흡입구보다 낮은 위치에 응축수를 끌어올리기 위해 설치(1.5m 이내)
- 1보일러 마력 : 100℃의 물 15.65Kg을 1시간 동안 증기로 변화시키는 증발능력(15.65×539= 8,435kcal/h)
- 0℃의 물 1kgf을 100℃의 포화증기로 만드는 데 필요한 열량 : 639kcal
- 재비기(Reboiler) : 응축된 유체를 재가열하여 증발시킬 목적으로 사용하는 열교환기
- 하드포트 연결법 : 저압증기난방에서 환수장치 고장의 경우 보일러의 물이 응축되는 것을 방지하기 위한 배관 연결법
- 펠세이션 댐퍼 : 압력계 배관 시공 시 유체에 맥동이 있는 경우 설치하여 압력계에 맥동이 전파되지 않게 하는 것
- 댐퍼의 약자 : FD(방화댐퍼), MID(전동댐퍼), SD(방연댐퍼)
- 압축공기 배관에서 공기탱크를 설치하는 목적 : 맥동 완화, 압축공기의 저장, 드레인 분리
- 프로세서 : 배관 유닛으로 들어가 열교환기, 노(爐) 등의 기기에 접속되는 원료 운반배관
- 레지스터 : 공기조화설비에서 덕트 그릴에 댐퍼를 부착하여 풍량 조절 기능을 하며, 벽면이나 천장에 부착하여 급기구로 사용
- 후부 냉각기 : 고온증기를 함유한 압축공기를 냉각시키고 분리기에 의해 수분을 제거하도록 돕는 장치
- 공조설비와 관련된 습공기 이론에서 건구온도, 습구온도, 노점온도가 동일한 경우 : 상대습도 100%
- 건구온도 : 건습구(乾濕球) 온도계에 있어서 구(球)의 둘레를 물에 적시지 않고 측정 한 기온(공기의 참온도)
- 습구온도 : 건습구습도계의 두 개의 온도계 중 물에 적신 헝겊으로 싼 온도
- 노점온도 : 수증기가 응축하기 시작하여 이슬이 맺히는 온도
- 일리미네이터(Eliminator) : 냉각탑 공기 출구에 물방울이 공기와 함께 유출하지 못하도록 하는 것
- 정풍량 단일 덕트 방식 : 항상 일정한 풍량을 공급하는 공조방식
- 진공차단기(Vacuum Breaker) : 역류방지용, 수전용으로 진공차단기(Vacuum Breaker)를 설치함
- 캐비테이션(Cavitation) 방지법 : 흡입관경을 크게, 길이를 짧게, 양흡입으로, 최소굴곡부, 저회전

- 배관설비의 응급조치법 : 코킹법, 인젝션법, 스토핑 박스법, 박스법, 핫태핑법과 플러깅법
- 간접가열식 급탕법 : 스토리지탱크 또는 탱크히터라고 하는 증기를 공급하는 저탕조를 사용하는 급탕법(증기압력은 0.3~1kg/cm^2)
- 드렌처 : 건물의 외벽, 지붕 등에 인접건물 화재 시 수막을 만드는 장치
- 서지 업서버 : 스프링클러설비에 수격작용을 방지 또는 완화시키기 위하여 설치하는 것
- 여과식 집진장치 : 백 필터(Bag Filter)를 사용하는 집진장치(건식)
- 전기식 집진장치 : 집진장치 중 일반적으로 가장 효율이 좋은 것
- 트리클로로에틸렌 : 유기용제의 세정제, 난연성 불수용성의 액체, 석유계 유기물의 용해 세정에 적합
- 알칼리 약제 : 암모니아, 가성소다, 탄산소다, 인산소다
- 중성 약제 : 구연산, 옥살산
- 산성 약제 : 황산, 염산, 인산, 술파민산
- 설파민산 : 백색 분말, 칼슘·마그네슘 등을 용해, 저온(40℃)에서 경도 성분을 제거, 수도설비 세정에 적합
- 유화처리 : 화학세정 작업에서 스케일이 경질일 때, 실리카 등이 많을 때, 산세정 전처리로 실시하는 것
- 관성분리식 집진장치 : 함진가스를 방해판 방향 전환으로 매진이 기류에서 떨어져 나가는 현상을 이용한 집진장치
- 고압공급방식 : 공급압력 10kg/cm^2 이상으로 공급
- 중앙공급방식 : 공급압력 1~10kg/cm^2, 기구 정압기 방식과 전용 정압기 방식 및 병용 공급방식으로 분류
- 저압공급방식 : 공급압력 1kg/cm^2, 가스홀더에서 직접 홀더압을 이용해서 공급하는 가스공급방법
- 가스홀더(가스저장탱크) : 제조공정에서 정제된 가스를 저장하여 제조량과 수용량을 조절하는 가스저장탱크
- 압기 : 가스공급시설 중 가스공급압력을 수요압력으로 조정하기 위한 기구
- 가스팩 : 가스배관의 보수 또는 연장 작업 시 배관 내에서 가스를 차단할 경우에 적합
- 수소(H_2) : 강의 탈탄, 암모니아(NH_3)강의 질화, 일산화탄소(CO)강의 카보일화
- 황화수소(H_2S) : 강의 황화물화, 산소(O_2), 탄산가스(CO_2)강의 산화
- 직접법액면계 : 직관식, 플로트식(부자식), 검척식
- 간접법액면계 : 압력식, 초음파식, 정전용량식, 방사선식, 차압식, 다이어프램식, 편위식, 기포식, 슬립 튜브식 등

제5장 출제 예상 문제

01
가스가 누설될 경우 초기에 발견하여 중독 및 폭발 사고를 미연에 방지하도록 하는 설비는?
① 가스저장설비   ② 가스공급설비
③ 부취설비   ④ 부스터(Booster)설비

[해설] 무색무취인 가스를 독특한 냄새를 가진 물질을 주입하여 누설 시 냄새로 감지할 수 있는 설비를 부취설비라 한다.

02
길이 30cm 되는 65A 강관의 중앙을 가스절단 한 후 절단 부위를 다루는 방법으로 가장 안전한 방법은?
① 손가락을 끼워서 든다.
② 장갑을 끼고 손으로 잡는다.
③ 단조용 집게나 플라이어로 잡는다.
④ 절단 부위에서 가장 먼 곳을 손으로 잡는다.

[해설] 절단 부위는 뜨거워 화상을 입을 위험이 있으므로 적당한 공구(단조용 집게나 플라이어)를 사용 한다.

03
배수관 및 통기관의 배관 완료 후 또는 일부 종료 후 각 기구 접속구 등을 밀폐하고, 배관 최상부에서 배관 내에 물을 가득 채운 상태에서 누수의 유무를 시험하는 것은?
① 수압시험   ② 통수시험
③ 연기시험   ④ 만수시험

[해설] 배관 내에 물을 가득 채운 상태에서 누수의 유무를 시험을 만수시험이라 한다.

04
장치의 운전을 정지시키지 않고 유체가 흐르는 상태에서 고장을 수리하는 것으로, 바이패스를 시키거나 분기하여 유체를 우회 통과시키는 응급조치 방법인 것은?
① 핫태핑법(Hot Tapping)과 플러깅법(Plugging)
② 스토핑박스법(Stopping Box)과 박스설치법(Box-In)
③ 코킹법(Caulking)과 밴드보강법
④ 인젝션법(Injection)과 밴드보강법

[해설] 유체가 흐르는 상태에서 장치의 운전을 정지시키지 않고 고장을 수리하는 방법으로 핫태핑법과 플러깅법을 사용한다.

05
플랜트 내부의 이물질을 물리적으로 제거할 때 각종 세정기를 사용하여 실시한다. 배관류의 세정에 국한하여 실시되며, 관내 밑스케일을 제거하는 데 최적의 기계적 세정방법으로 적합한 것은?
① 물분사기(Water Jet) 세정법
② 피그(Pig) 세정법
③ 샌드 블라스트(Sand Blast) 세정법
④ 쇼트 블라스트(Shot Blast) 세정법

06
배관설비 시험에 관한 일반적인 설명으로 잘못된 것은?
① 고압가스설비는 상용압력의 1.5배 이상 압력으로 실시하는 내압시험 및 상용압력 이상의 압력으로 기밀시험을 실시한다.
② 통수시험은 방로피복을 한 후에 실시한다.
③ 일반적으로 주관과 지관을 분리하여 시험하고 지관은 지관 모두를 시험한다.
④ 공기빼기밸브에서 물이 나오기 시작하여 관내 공기가 완전히 빠진 것을 확인 후 밸브를 닫고 시험한다.

[해설] 통수시험은 방로피복(또는 보온피복)을 하기 전에 실시한다.

정답 01 ③ 02 ③ 03 ④ 04 ① 05 ② 06 ②

07
보일러의 수면계 기능시험의 시기로 틀린 것은?
① 보일러를 가동하기 전
② 보일러를 기동하여 압력이 상승하기 시작했을 때
③ 2개 수면계의 수위에 차이가 없을 때
④ 수면계 유리의 교체, 그 외의 보수를 했을 때

[해설] 2개 수면계의 수위에 차이가 없을 때는 기능시험을 할 필요가 없다.

08
순환법에 의한 화학세정의 공정을 순서대로 열거한 것 중 가장 적합한 것은?
① 물세척 → 중화방청 → 탈지세정 → 물세척 → 건조 → 물세척 → 산세정
② 물세척 → 탈지세정 → 산세정 → 물세척 → 중화방청 → 건조 → 물세척
③ 물세척 → 탈지세정 → 물세척 → 산세정 → 중화방청 → 물세척 → 건조
④ 물세척 → 산세정 → 물세척 → 중화방청 → 탈지세정 → 물세척 → 건조

09
배관설비의 유지관리와 관계가 먼 것은?
① 배관의 점검과 보수
② 배관설계 및 시공
③ 밸브류 및 배관부속기기의 점검과 보수
④ 부식과 방식

10
암모니아가스의 누설위치를 찾기 위해서는 무엇을 쓰는 것이 가장 좋은가?
① 비눗물   ② 알코올
③ 냉각수   ④ 페놀프탈레인

[해설] 암모니아가스가 누설되면 페놀프탈레인 시험지가 백색에서 갈색으로 변한다.

11
관의 산 세정작업에서 수세(水洗) 시 적합한 물은?
① 수돗물   ② 산성수
③ 묽은 황산수   ④ 알칼리수

12
화학세정용 약제에서 알칼리성 약제로 맞는 것은?
① 염산   ② 설파민산
③ 4염화탄소   ④ 암모니아

[해설] **알칼리성 약제**
가성소다, 암모니아, 탄산나트륨

정답 07 ③ 08 ③ 09 ② 10 ④ 11 ① 12 ④

제6장 안전관리

01 안전일반

(1) 안전관리의 정의
재해로부터 인간의 생명과 재산을 보존하기 위한 계획적이고 체계적인 제반활동이다.

> U.S.Steel Co의 게리사장이 회사의 경영방침을 안전 제1, 품질 제2, 생산 제3으로 정하고 회사를 경영한 결과 산업재해가 급격히 감소하고, 품질과 생산성도 더욱 향상되었다. 즉, 성공의 근원은 신뢰성에 있다고 분석된다.

(2) 안전관리의 목적
① 인명의 존중(인도주의 실현)
② 사회 복지의 증진
③ 생산성의 향상
④ 경제성의 향상

(3) 안전사고와 재해
① 안전사고 : 고의성이 없는 어떤 불안전한 행동이나 조건이 선행되어 발생하는 사고이다.
② 재해 : 안전사고의 결과로 일어난 인명피해 및 재산의 손실을 말한다.
  - 인위적인 사고에 의한 재해(98%) : 재해예방가능 원칙에 따라 예방 가능한 재해[불안전한 행동(88%)+불안전한 상태(10%)]
  - 천재지변에 의한 재해(2%)
③ 무재해 사고 : 인명이나 물적 등 일체의 피해가 없는 사고를 말한다.
④ 산업재해(Industrial Losses)
  - 통제를 벗어난 energy의 광란으로 인하여 입은 인명과 재산의 피해현상을 말한다.
  - 산업안전보건법상의 산업재해의 정의 : 근로자가 업무에 관계되는 건설물, 설비, 원자재, 가스, 증기, 분진 등에 의하거나 작업 이외의 기타 업무에 기인하여 사망 또는 부상하거나 질병에 이환되는 것을 말한다.

⑤ 중대재해(시행규칙)
- 사망자가 1인 이상 발생한 재해
- 3개월 이상의 요양을 요하는 부상자 또는 직업성 질병자가 동시에 2인 이상 발생한 재해
- 부상자 또는 직업성 질병자가 동시에 10인 이상 발생한 재해

(4) 산업재해의 통상적인 분류
① 통계적 분류
- 사망 중경상(8일 이상의 노동손실)
- 경상해(1일 이상, 7일 이하의 노동손실) 무상해사고
② 상해정도별 분류(ILO에 의한 구분)
- 사망 : 노동손실일 7,500일
- 영구 전노동 불능 상해 : 신체장애등급 1급~3급, 노동손실일수 7,500일
- 영구 일부 노동 불능 상해 : 신체장애등급 4급~14급
- 일시 전노동 불능 상해 : 일정기간 정규노동을 종사할 수 없는 상해
- 일시 일부 노동 불능 상해 : 일시 가벼운 노동에 종사하는 경우
- 응급조치 상해 : 치료 1일 미만을 받고 다음부터 정상 작업에 임할 수 있는 상해

(5) 재해 발생 비율

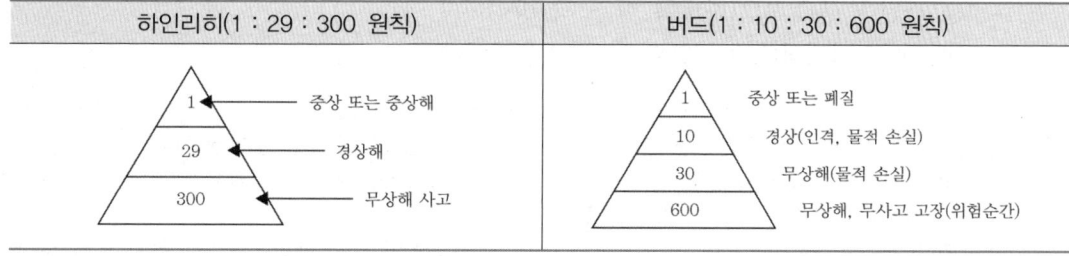

※ Near Accident : 사고 시 손실이 수반되지 않는 재해

(6) 안전관리 조직의 형태
① 라인(Line) 조직형(직계식 조직)
- 안전관리에 관한 계획에서 실시에 이르기까지 모든 권한이 포괄적이고 직선적으로 행사되며, 안전을 전문으로 분담하는 부분이 없다.
- 소규모 사업장에 적합하다(100명 이하).

장점	단점
• 지시나 조치가 철저할 뿐만 아니라 그 실시도 빠르다 • 명령과 보고가 상하관계 뿐이므로 간단명료하다.	• 안전에 대한 지식 및 기술축적이 불가능하다. • 생산업무와 같이 안전대책이 실시되므로 불충분하다. • 라인에 과중한 책임을 지우기가 쉽다.

② 스탭(Staff)형(참모식 조직)
  • 안전관리를 담당하는 스탭(참모진)을 두고 안전관리에 관한 계획, 조사, 검토, 권고, 보고 등을 행하는 관리 방식이다.
  • 중규모 사업장(100명 이상~500명 미만)에 사용된다.

장점	단점
• 사업장의 특수성에 적합한 기술연구를 전문적으로 할 수 있다(안전지식 및 기술 축적이 용이). • 경영자의 조언과 자문역할을 한다.	• 생산 부분에 협력하여 안전명령을 전달·실시하므로 안전지시가 용이하지 않으며, 안전과 생산을 별개로 취급하기 쉽다. • 생산부분은 안전에 대한 책임과 권한이 없다. • 생산라인과의 견해 차이로 안전관리효과가 적을 수 있다.

③ 라인(Line) 스탭(Staff)의 복잡형(직계 참모조직)
  • 라인형과 스탭형의 장점을 취한 절충식으로, 안전대책은 스탭 부분에서 기획하고 이것을 라인을 통해 실시하도록 한 조작 방식이다.
  • 대규모의 사업장(1,000명 이상)에 효율적이다.

장점	단점
• 생산기능과 협조가 잘된다. • 전근로자가 안전활동에 참여할 기회가 부여된다. • 라인 각 계층에 안전업무를 겸임할 수 있다.	• 명령계통과 조언 권고적 참여가 혼동되기 쉽다. • 라인이 스탭에만 의존하거나 또는 활용치 않는 경우가 있다. • 스탭의 월권행위가 있을 수 있다.

(7) 안전관리 사이클(계획의 운용)
  관리의 사이클을 회전시킨다(P → D → C → A).
  ① Plan(계획) : 목표를 정하고 달성하는 방법을 계획한다.
  ② Do(실시) : 교육, 훈련을 하고 실행에 옮기는 것이다.

③ Check(검토) : 결과를 검토하는 것이다.
④ Action(조치) : 검토한 결과에 따라 조치를 취한다.

(8) 재해율

① **연천인율(年千人率)** : 근로자 1,000인당 1년간에 발생하는 사상자수

$$연천인율 = \frac{사상자수}{연평균근로자수} \times 1,000$$
$$※ \ 연천인율 = 도수율 \times 2.4$$

② **도수율(Frequency Rate of Injury, FR)** : 연 근로시간 합계 100만 시간당의 재해 발생건수

$$도수율 = \frac{재해발생건수}{연 \ 근로자시간수} \times 10^6$$

③ **강도율(Severity Rate of Injury, SR)** : 연 근로시간 1,000시간당 재해에 의해서 잃어버린 일수

$$강도율 = \frac{근로손실일수}{연 \ 근로자시간수} \times 1,000$$

> 100인 1일 8시간 300일 근로, 1명 사망, 4급 1명 4건 휴업일 180일의 강도율은?
>
> [해설]
> $$\frac{7,500 + 5,500 + (180 \times \frac{300}{365})}{100 \times 8 \times 300} \times 1,000 = 54.78$$

④ **환산도수율 및 환산강도율**
- 환산도수율 : 평생 동안(30년)의 근로시간인 10만시간당 재해건수
- 환산강도율 : 10만시간당 근로손실일수

$$환산도수율(F) = \frac{도수율}{10}, \ 환산강도율(S) = 강도율 \times 100$$

근로손실일수의 산정기준(국제기준)
- 사망 및 영구 전노동 불능(신체장애등급 1~3급) : 7,500일
- 영구 일부 노동 불능(신체장애등급 4~14급)
- 일시 전노동 불능=휴업일수×300/365

신체장애등급	4	5	6	7	8	9	10	11	12	13	14
근로손실일수	5,500	4,000	3,000	2,200	1,500	1,000	600	400	200	100	50

⑤ 종합재해지수= $\sqrt{도수율 \times 강도율}$

(9) 재해손실비

① 하인리히 방식 : 총재해(cost)=직접비+간접비
- 직접비 : 간접비=1 : 4
- 직접비 : 법령으로 정한 피해자에게 지급되는 산재보상비를 말한다(휴업보상비, 장해보상비, 요양보상비, 장의비, 유족보상비 등).
- 간접비 : 재산손실, 생산중단 등으로 기업이 입은 손실로서 정확한 산출이 어려울 때에는 직접비의 4배로 산정하여 계산한다.

② 시몬즈(R.H.Simonds) 방식 : 총재해 코스트(cost)=산재보험 코스트+비보험 코스트
- 산재보험코스트 : 산업재해보상보험법에 의해 보상된 금액과 보험회사의 보상에 관련된 제경비 및 이익금을 합친금액이다.
- 비보험 코스트=(휴업상해건수×A)+(통원상해건수×B)+(응급조치건수×C)+(무상해사고건수×D)

재해코스트 역설자들
하인리히, 시몬즈, 노구치, 버즈, 콤팩트

(10) 안전표지의 종류

① 금지표지(8종) : 특정의 행동을 금지시키는 표지이다(예 물체이동).
② 경고표지(15종) : 황색 표지로 유해 또는 위험물에 대한 주의를 환기시킨다(예 인화성 물질 및 위험장소).
③ 지시표지(7종) : 청색 원형으로 보호구 착용을 지시한다(예 안전화 착용).
④ 안내표지(7종) : 장소의 위치를 알리는 표지이다.

(11) **산업안전 색채의 종류 및 용도**

종류	표지사항	색도기준	용도
빨강	금지	5R 4/13	정지신호, 유해행위의 금지, 소화설비 및 장소
노랑	경고	2.5Y 8/12	위험 경고, 주의 표지, 기계 방호물
파랑	지시	7.5PB 2.5/7.5	특정 행위의 지시 및 사실의 고지
녹색	안내	5G 5.5/6	비상구 및 피난소, 사람 & 차량의 통행 표시
흰색		N 9.5	파랑, 녹색에 대한 보조색
검정		N 1.5	문자 및 빨강, 노랑에 대한 보조색

(12) **색의 종류 및 사용범위**

색명	표시사항	사용범위
적	① 방화 ② 정지 ③ 금지	① 방화표시, 소화설비, 화학류 ② 긴급정지 신호 ③ 금지표지
황적	위험(경고)	① 보호상자, 보호장치 없는 SW 또는 위험부위 ② 위험장소에 대한 표시
황	주 의	충돌, 추락, 층계, 함정 등 장소기구 주의
녹	① 안전안내 ② 진행유도 ③ 구급구호	① 안내, 진행유도, 대피소 안내 ② 비상구 또는 구호소, 구급상자 ③ 구호장비 보관장소 등의 표시
청	① 조심 ② 지시	① 보호구 사용, 수리 중 기계장소 또는 운전정지 ② 표지 SW 적자의 외면
백	① 통로 ② 정리정돈	① 통로구획선, 방향선, 방향표지 ② 폐품수집소, 수집용기
적자	방사능	방사능 표지

02 배관작업 안전

(1) 관로작업 안전

위험요인	• 굴삭기 운전원의 운전 미숙에 의한 부딪힘 • 굴착된 토사를 굴착면 상부에 과적재하여 토사중량에 의해 법면 무너짐 • 관리감독자 없이 근로자 단독으로 무리하게 작업 중 굴삭기에 부딪힘 • 주변 구조물 하부를 무리하게 굴착하여 구조물 무너짐
예방대책	• 굴삭기 운전원의 자격유무, 경험 정도 확인 후 작업 실시 • 굴착된 토사는 토사 중량에 의해 굴착면이 붕괴되지 않도록 굴착법면 상부에 적재 금지 • 굴삭기로 작업 시 유도자를 배치하여 근로자 접촉, 부딪힘 방지 • 무너지지 않도록 보강조치 실시

(2) 맨홀관 부설작업 안전

위험요인	• 굴삭기 운전원의 운전 미숙에 의한 부딪힘 • 굴착면 상부에 적재된 토사의 중량으로 무너짐 • 굴삭기 버킷에 용접된 인양고리가 탈락되면서 인양 중이던 관로 떨어짐 • 굴착법면을 수직으로 굴착하여 법면 무너짐
예방대책	• 굴삭기 사용 전 운전원 자격 유무, 경험 정도 확인 • 굴착면 상부에 굴착 토사 적재 금지 • 굴삭기 버킷에 용접된 인양고리의 체결, 용접 상태 등 견고성 사전 확인 • 굴착면의 기울기 준수

(3) 배관 반입 · 가공 · 운반작업 안전

위험요인	• 지게차 운전 미숙으로 지게차에 근로자 부딪힘 • 유도자 미배치 상태에서 지게차로 작업 중 주변 근로자 부딪힘 • 지게차로 자재 운반 중 자재 떨어짐 • 지게차 운행 중 후진하는 지게차에 주변 근로자 부딪힘
예방대책	• 지게차 운전원의 자격 여부 확인 • 지게차 사용시 유도자를 배치하여 주변 근로자 통제, 안전하게 지게차 유도 • 자재 적재 시 평탄하고 견고한 지반에 안정되게 적재 • 작업구간 접근방지책 설치

(4) 배관조립 안전

위험요인	• 사다리를 작업발판으로 사용하여 배관조립 작업 중 떨어짐 • 배관용접 작업 중 배관 내 가스 폭발
예방대책	• 안전모, 안전대 등 개인보호구를 착용하고 배관, 덕트작업 실시 • 배관작업 시에는 고소작업대 등 사용 • 배관용접 작업 시 배관 내 가스가 있는지 확인 후 작업 실시

(5) 수공구류 취급 안전

줄(File)	• 작업 전에 반드시 자루 부분을 점검할 것 • 절삭분은 입으로 불어 내지 않음 • 줄은 다른 용도로 사용하지 말 것 • 줄 작업 시 줄의 균열 유무를 확인하고 사용할 것 • 줄눈에 칩(Chip)이 차 있으면 와이어 브러시로 제거
정(Chisel) 및 끌	• 끌 작업 시는 끌날에 다치지 않도록 주의 • 머리가 찌그러진 것은 잘 고른 후 사용 • 따내기 작업 시는 보호안경을 착용 • 절단 시 조각의 비산에 주의 • 정을 잡은 손은 힘을 뺌
해 머	• 보호안경을 착용하고 작업할 것 • 처음부터 큰 힘을 주지 않고 서서히 칠 것 • 장갑을 끼지 않고 작업할 것 • 해머는 자루에 완전하게 고정하여 끼운 후 사용 • 협소한 장소에서는 사용하지 않아야 함
토치램프	• 사용 시 부근에 인화물질이 없는지 확인 • 사용 전에 기름이 누설되는 곳이 없는지 각 부분을 점검 • 작업 전에 소화기, 모래 등을 준비 • 프라이밍 컵에 휘발유를 소량 붓고 점화한 후 서서히 예열 • 예열 후 15~20회 정도 펌핑함 • 작업 중에 가솔린이 떨어지면 화기가 완전히 없는지 확인한 후 가솔린을 주유

(6) 배관기기 작업 안전

동력 나사절삭기	• 절삭된 나사부는 맨손으로 만지지 않도록 함 • 기계의 정비 수리 등은 기계를 정지시킨 후 행함 • 나사 절삭 시에는 계속 절삭유를 공급 • 사용할 때에는 관을 척에 확실히 고정시키고, 사용 후에는 척을 반드시 열어둠 • 정비 및 수리 등을 할 경우에는 기계를 정지시킨 후 실시

파이프벤딩 머신	• 벤딩머신의 능력 이상의 관을 굽히지 않음 • 센터 포머와 엔드 포머에 관을 고정하며, 작업 중 관이 미끄러지면 작업을 중단한 후 재조정함 • 긴 관을 벤딩할 때에는 주변에 장애물이 없는지 확인 • 벤딩작업 완료 후 관이 포머에서 빠지지 않을 경우 해머 등으로 타격하지 않음
연삭작업	• 숫돌은 측면에 작용하는 힘이 약하므로 측면은 사용하지 않도록 함 • 연삭작업 전에 보안경을 착용하고 흡진장치가 없는 연삭작업은 방진마스크를 착용 • 숫돌커버를 장착하고, 공작물 받침대와 숫돌과의 사이 틈새가 3mm 이내가 되도록 조정 • 연삭숫돌은 항상 드레싱하여 사용
사다리 작업	• 사다리 사용 시에는 지면에서 각도를 75° 이내로 하고 미끄러지지 않도록 함 • 복장은 가벼운 차림으로 하며, 작업 시 반드시 안전벨트를 착용 • 바람이 심하고, 비가 많이 오는 날에는 작업을 하지 않음 • 가해지는 하중에 견딜 수 있는 발판을 사용하며, 밑에는 그물을 침 • 공구나 부품을 떨어뜨리지 않도록 주의 • 사다리를 등지고 내려오지 않도록 함

03 용접작업 안전

(1) 용접사고 유형과 예방대책

용접은 2개 또는 그 이상의 물체나 재료를 열에너지 또는 기계적 에너지를 이용하여 접합하는 것을 말하며, 다양한 부재의 절단·접합·제작이 가능하여 산업현장에서 광범위하게 적용된다. 용접 작업의 사고 유형은 다음과 같다.

사고유형	예방책
용접화재사고	용접 작업 장소에서는 반드시 다음의 4가지 물품을 비치해야 함 • 물통(바스켓 약 1,000ℓ에 물을 담은 것) • 불연성 포(칸막이 등) • 건조사(바스켓 1개에 마른모래를 담은 것) • 소화기(분말소화기 2대)
용접폭발사고	• 건식 역화방지기 또는 수봉식 역화방지기를 설치 • 탱크용접 시 내부에 인화성 등이 존재하는지 여부를 확인하고 작업 실시 • 가스 누설이 없는 토치나 호스를 사용
용접화상사고	• 난연성의 작업복 착용 • 개인보호구 착용(용접앞치마, 보안면, 용접장갑 등)
용접추락사고	• 안전대, 안전난간을 설치 • 긴급한 자세 변경, 이동 시 주변 상황 및 몸의 상태 확인 등 • 발생 가능한 추락위험에 대한 안전교육 실시

(2) 용접작업 안전수칙

① 용접기 연결 시 전선은 피복이 벗겨진 것이나 이음 부분이 노출되지 않게 관리, 사용한다.
② TIG 용접, 절단용 LPG, 산소 용기는 넘어지지 않도록 체인을 걸어서 보관한다.
③ 아크나 화기를 발생하기 직전에 작업장 주위를 가스 점검하여 안전을 확인한 후 작업에 임한다.
④ 용접기에 전선 연결 시 반드시 단자보호커버를 씌워야 한다.
⑤ 전기기구 및 접속기구 전용전선, 콘센트 등은 용량과 규격이 적합한 것으로 사용한다.
⑥ 용접작업을 할 때는 용접장갑, 보안면을 반드시 착용한다.
⑦ 용접 불씨가 비산되거나 용접·용융부위로부터 흘러내리지 않도록 석면포로 씌운다.
⑧ LPG 및 각 용기의 압력조정기는 정상적으로 작동되는 것으로 부착하여 사용한다.
⑨ 권선용 케이블 끝단은 클램프로 모재에 연결하여 사용한다.
⑩ 작업장에는 충분한 수량의 용도에 맞는 소화기를 비치한다.
⑪ 작업장에는 인화성·발화성 물질을 방치하지 않는다.
⑫ 탱크 및 용기 등에 인화성 또는 발화성·폭발성 물질이 남아 있는지 확인 후 사용한다.
⑬ 전기 용접기에는 반드시 접지를 하여 사용한다.
⑭ 가스 또는 전기배선은 가열된 금속, 고압전선, 화기에 노출되어 소손되지 않도록 보호해야 한다.
⑮ 접지된 지면 또는 젖은 바닥 위에서 맨손이나 젖은 장갑을 낀 채 용접봉을 교체하지 말아야 한다.
⑯ 용접봉의 홀더는 충분히 절연내력 및 내열성을 갖춘 것을 사용한다.
⑰ 동력 케이블 수용함을 조정하여 최대 전압에 달할 때 차단되게 하고, 동력 스위치를 개방하지 않고는 플러그를 뺄 수 없도록 한다.

(3) 전기 안전수칙

① 작업 시 검전 및 접지상태를 확인한 후 작업한다.
② 장갑 등 안전장구 착용하고 충분한 거리를 유지한 후 작업한다.
③ 적합한 규격의 전기용품을 사용한다.
④ 안전모 착용, 안전허리띠를 착용한다.
⑤ 젖은 손으로 코드를 만지지 않는다.
⑥ 전기설비 작업 시 반드시 차단기 OFF 후 작업을 한다.
⑦ 접속개소는 누전이 발생하지 않도록 절연테이프로 충분히 절연한다.
⑧ 누전차단기의 시험버턴을 눌러 정상적으로 동작하는지 확인한다.
⑨ 멀티탭에 여러 전기기구를 꽂아 사용할 경우는 정격용량을 초과하지 않는 범위에서 사용한다.

⑩ 소비전력이 큰 전기제품(3,000W 이상)은 전기콘센트에 꽂아 사용하지 않도록 한다.
⑪ 문어발식으로 콘센트 꽂아 사용하지 않는다.
⑫ 정격전압, 정격전류에 맞는 전기제품을 사용한다.
⑬ 전선은 충분한 굵기의 전선을 사용한다.

(4) 가스용접 안전수칙

① 용접공 이외에는 용접 및 절단작업을 금한다.
② 이상이 있는 용접기구 및 장비를 쓰는 일이 없도록 수시로 점검한다.
③ 작업장에 반드시 소화기를 구비한다.
④ 작업이 중단될 때는 토치밸브와 실린더밸브를 모두 잠근다.
⑤ 작업장 내에는 가연성 물질이 없도록 확인한다.
⑥ 가스가 새는 용기는 즉시 잠근 채 위험이 없는 장소로 이동하여 천천히 가스를 빼둔다.
⑦ 용기는 항시 전도방지용 고리로 묶어두어 용기의 전도를 방지한다.
⑧ 산소, 실린더, 및 그 부속물(밸브, 커플링, 레귤레이터)은 유류로부터 격리시키고, 기름이 묻은 손이나 장갑으로는 만지지 않는다.
⑨ 작업 시 반드시 해당 보호구를 착용한다.
⑩ 수시로 비눗물 등으로 가스누설검사를 한다.

제6장 출제 예상 문제

01
안전색채 중 적색 표시에 해당하지 않는 것은?
① 위험
② 정지
③ 통로
④ 화재 경보함

[해설] ③ : 통로 - 녹색

02
가스배관 시 하천, 수로를 횡단하는 매설배관의 경우 독성가스 누출의 방지를 위해 이중관으로 시공해야 할 가스만으로 짝지은 것이 아닌 것은?
① 암모니아, 염소
② 포스겐, 산화에틸렌
③ 질소, 수소
④ 시안화수소, 황화수소

[해설] 독성가스는 누출의 방지를 위해 이중관을 해야 하며, 질소와 수소는 불연성 가스이므로 이중관이 필요없다.

03
다음 배관시공 시 안전에 대한 설명 중 틀린 것은?
① 시공 공구들의 정리정돈을 철저히 한다.
② 작업 중 타인과의 잡담 및 장난을 금지한다.
③ 용접헬멧 차광유리의 차광도 번호가 높은 것일수록 좋다.
④ 물건을 고정시킬 때 중심이 한쪽으로 쏠리지 않도록 주의한다.

[해설] 용접헬멧의 차광유리는 11번을 가장 많이 사용한다.

04
다음은 설비보전조직에 대한 설명이다. 어떤 조직의 형태인가?

"보전작업자는 조직상 각 제조부문의 감독자 밑에 둔다."
• 단점 : 생산우선에 의한 보전작업 경시, 보전기술 향상의 곤란성
• 장점 : 운전과의 일체감 및 현장감독의 용이성

① 집중보전
② 지역보전
③ 부문보전
④ 절충보전

[해설] 보전조직의 유형으로는 집중보전, 지역보전, 부분보전, 절충보전이 있다.
• 부문보전 : 각 제조부문의 감독자 밑에 공장의 보전요원을 배치하는 방식이다.

05
안전색채 중 적색 표시에 해당하지 않는 것은?
① 위험
② 정지
③ 통로
④ 화재경보함

[해설]
• 적색 : 방화 금지, 방향 표시, 규제, 고도의 위험에 사용
• 황색 : 주의 표시
• 오렌지색(주황색) : 위험 표시
• 녹색 : 안전지도, 위생 표시, 대피소, 구호소 위치
• 진한 보라색 : 방사능 위험표시

06
강관의 전기용접 작업 시 안전수칙으로 올바른 것은?
① 용접선 코드는 되도록 길게 하여 사용한다.
② 접지선을 사용하고 접촉이 확실하게 접촉시킨다.
③ 홀더가 과열되었을 때는 물속에 넣어 냉각시킨다.
④ 용접작업은 용접용 앞치마만 착용하면 된다.

[해설] 전기용접 작업 시 접지선을 확실하게 사용하고 정확하게 접촉시킨다.

정답 01 ③ 02 ③ 03 ③ 04 ③ 05 ③ 06 ②

07
다음과 같이 와이어로프를 사용하여 동일한 무게의 물건을 들어 올릴 때 로프에 걸리는 힘이 가장 작게 사용하는 것은?

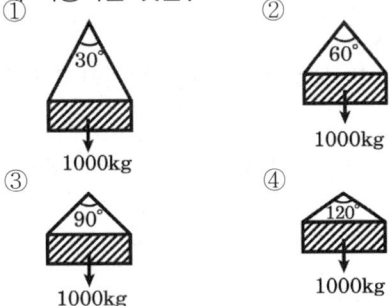

[해설] 로프각이 30°일 때 힘이 가장 적게 사용한다.

08
배관 및 용접 작업 시 지켜야 할 안전사항으로 틀린 것은?
① 커팅 휠(Cutting Wheel)로 관 절단 시 휠이 편심되지 않도록 정확히 고정한다.
② 파이프 밴딩머신으로 관을 구부릴 경우에는 반드시 2개의 관을 한꺼번에 구부린다.
③ 동력나사 절삭기로 나사절삭 시 반드시 접지선 및 전원연결 상태가 양호한지 확인한다.
④ 관의 열간가공 시 사용되는 토치램프의 불길은 타인의 얼굴을 향하지 않도록 한다.

[해설] 파이프 밴딩머신으로 관을 구부릴 경우에는 반드시 1개의 관을 구부린다.

09
가스용접 작업 시 역화현상이 일어났을 때의 조치사항 설명으로 틀린 것은?
① 아세틸렌을 차단한다.
② 팁을 가열시킨다.
③ 토치의 기능을 점검한다.
④ 안전기에 물을 넣고 사용한다.

[해설] 팁이 가열되면 역화현상이 일어나므로 냉각이 필요하다.

10
높은 곳에서 배관 작업을 할 때 주의사항으로 틀린 것은?
① 될 수 있으면 안정성이 있는 발판을 사용한다.
② 복장은 가벼운 차림으로 한다.
③ 발판은 가해지는 하중에 견딜 수 있는 것을 한다.
④ 높은 곳에서 작업은 미숙련자라도 젊은 사람이 작업한다.

[해설] 고소작업은 경험이 많고 숙련된 숙련공이 작업한다.

11
가스용접 시작 전 점검해야 할 사항 중 안전관리상 가장 중요한 사항은?
① 아세틸렌가스 순도를 점검한다.
② 안전기의 수위를 점검한다.
③ 재료와 비교하여 토치를 점검한다.
④ 산소용기의 잔류 압력을 점검한다.

[해설]
• 가스용접 시작 전에 안전기의 수위를 점검해야 하는 이유는 역류·역화 시 차단하는 중요한 역할을 하는 안전장치인 안전기의 수위를 점검하는 것이다.
• 안전기는 역류·역화 시 차단하는 중요한 안전장치이므로 가스용접을 시작하기 전에 수위를 점검해야 한다.

12
배관용 공기기구 사용시 안전수칙 중 틀린 것은?
① 처음에는 천천히 열고 일시에 전부 열지 않는다.
② 기구 등의 반동으로 인한 재해에 항상 대비한다.
③ 공기기구를 사용할 때는 방진안경을 사용한다.
④ 활동부는 항상 기름 또는 그리스가 없도록 깨끗이 닦아준다.

[해설] 배관용 공기기구 활동부에는 항상 기름 또는 그리스를 주입하여 원활하게 작동되도록 한다.

정답 07 ① 08 ② 09 ② 10 ④ 11 ② 12 ④

13
전기용접에서 감전의 방지대책으로 잘못된 것은?
① 용접기에는 반드시 전격방지기를 설치한다.
② 개로전압은 가능한 한 높은 용접기를 사용한다.
③ 용접기 내부에 함부로 손을 대지 않는다.
④ 절연이 완전한 홀더를 사용한다.

[해설] 감전예방차원에서 개로전압이 가능한 낮은 용접기를 사용해야 안전하다.

14
"무결점운동"이라고 불리는 것으로 품질개선을 위한 동기부여 프로그램은 어느 것인가?
① TQC   ② ZD
③ MIL-STD   ④ ISO

[해설] ZD
종업원 한 사람 한 사람의 주의와 노력으로 작업상의 실수를 없애고, 처음부터 올바른 작업을 함으로써 품질과 원가와 납기에 대하여 하자 없이 효과적으로 일을 추진하는 운동을 말한다.

15
용해 아세틸렌 취급 시 주의사항으로 틀린 것은?
① 저장 장소에는 화기를 가까이 하지 말아야 한다.
② 용기는 안전하게 뉘어서 보관한다.
③ 저장장소는 통풍이 잘 되어야 한다.
④ 저장실의 전기스위치, 전등 등은 방폭구조여야 한다.

[해설] 용기는 항상 세워서 보관, 사용 및 이동하는 것이 원칙이다.

16
방식(防蝕)이라는 견지에서 배관시공상 주의해야 할 사항으로 틀린 것은?
① 이온화 경향이 낮은 금속을 사용한다.
② 지하매설관, 피트 내 배관 등은 청소하기 쉽게 한다.
③ 이음부 등이 부식하기 쉬우므로 방식도료를 칠한다.
④ 탱크의 배출구, 펌프 등에서 공기흡입을 원활히 한다.

[해설] 공기흡입이 원활하면 방식거리가 멀다.

17
다음은 줄작업 시 안전수칙이다. 틀린 것은?
① 줄은 작업 전에 반드시 자루 부분을 점검할 것
② 줄작업 시 절삭분은 입으로 불어서 깨끗하게 처리할 것
③ 줄은 다른 용도로 사용하지 말 것
④ 줄작업 시 줄의 균열 유무를 확인하고 사용할 것

[해설] 절삭분은 와이어브러시로 제거해야 한다.

19
연소의 이상현상 중 선화를 설명하고 있는 것은?
① 가스의 연소속도가 유출속도에 비해 크게 되었을 때 불꽃이 염공에서 연소기 내부로 침입하는 현상
② 가스의 연소유출속도가 연소속도에 비해 크게 되었을 때 불꽃이 염공에 접하여 연소되지 않고 염공을 떠나 공중에서 연소하는 현상
③ 불꽃의 저부에 대한 공기의 움직임이 강해지면 불꽃이 노즐에서 정착하지 않고 떨어져 꺼져버리는 현상
④ 연소생성물 중의 가연성분이 산화반응을 완전히 완료하지 않으므로 일산화탄소, 그을음 등이 생기는 현상

[해설] ① : 역화에 대한 설명이다.

20
배관을 지지할 때의 유의사항으로 잘못된 시공방법은?
① 중량밸브나 계전기 등이 있는 경우에는 그 기기 가까이 설치한다.
② 배관의 곡부가 있는 경우는 지지가 곤란하므로 굽힘부에서 멀리 떨어져 지지한다.
③ 분기관이 있는 경우에는 신축을 고려하여 지지한다.
④ 지지는 되도록 기존보를 이용하며, 지지간격을 적당히 잡아 휨이 생기지 않도록 한다.

[해설] 밸브나 곡관 가까이 지지하는 것을 원칙으로 한다.

정답 13② 14② 15② 16④ 17② 19② 20②

21
공정에서 만성적으로 존재하는 것은 아니고 산발적으로 발생하며, 품질의 변동에 크게 영향을 끼치는 요주의 원인으로 우발적 원인인 것을 무엇이라 하는가?
① 우연원인
② 이상원인
③ 불가피 원인
④ 억제할 수 없는 원인

[해설] 우발적 원인 : 이상원인

22
배관시공 시 안전수칙으로 틀린 것은?
① 가열된 관에 의한 화상에 주의한다.
② 점화된 토치를 가지고 장난을 금한다.
③ 와이어로프는 손상된 것을 사용해서는 안 된다.
④ 배관이송 시 로프가 훅(Hook)에서 잘 빠지도록 한다.

[해설] 배관이송 시 로프가 훅(Hook)에서 잘 빠지지 않도록 한다.

23
가스용접 작업에 대한 안전사항으로 틀린 것은?
① 산소병은 40°C 이하 온도에서 보관한다.
② 가스집중장치는 화기를 사용하는 설비에서 5m 이상 떨어진 곳에 설치한다.
③ 산소병은 충전 후 12시간 뒤에 사용한다.
④ 아세틸렌 용기의 취급 시 동결부분은 35°C 이하의 온수로 녹여야 한다.

[해설] 아세틸렌 용기는 충전 후 24시간 정치한 후에 사용한다.

정답 21 ② 22 ④ 23 ③

제 7 장 설비자동화

01 제어요소의 특성과 제어장치의 구성

(1) **자동제어 용어**

① 조작량(Manipulated Variable) : 제어량을 조절하기 위해 조작되는 양이며, 이 경우 스팀의 액량이다.
② 외란(Disturbance) : 프로세스 상태를 바꾸려는 외적 작용, 가령 유입유체의 온도와 액량의 변화 등을 말한다.
③ 정규제어(Regulatory Control) : 목표값이 일정한 자동제어이며, 목표값이 변화할 때는 추적제어(Servo Control)라 한다.
④ 자기평형성 : 자동제어를 하지 않아도 제어량이 어떤 안정된 값으로 되려는 성질을 말한다. 자기평형성이 없거나 있어도 불충분할 때에 이것을 보충해서 평형성, 안정성을 주는 수단이 자동제어이다.
⑤ 지연(Dead Time) : 입력신호의 변화에 출력신호의 변화가 즉시 따르지 않는 현상이며, 지연시간을 무효시간이라고 한다.
⑥ 기준입력요소(Reference Input Element : Gv) : 목표값에 비례하는 신호를 발생한다.
⑦ 기준입력(Reference input : r) : 목표값에 비례하는 신호 입력이다. 제어계를 동작시키는 기준으로 직접 폐회로에 가해지는 입력신호이다.
⑧ 제어장치(Control Device) : 제어를 하기 위하여 제어대상에 부가되는 장치, 즉 기준입력요소, 제어요소, 궤환요소를 통틀어 일컫는다.
⑨ 제어요소(Control Element : Gc) : 동작신호로부터 조작량을 만들어 주는 요소이다.
⑩ 궤환요소(Feedback Element : H) : 제어량으로부터 주궤환을 발생시키는 요소이다.
⑪ 궤환(Feedback : b) : 제어량의 함수이고 동작신호를 얻기 위하여 기준입력과 비교되는 양이다.
⑫ 편차(Deviation or Error) : 측정값 목표값과의 차이이다.
⑬ 정상상태(Steady State) : 일정시간에 걸쳐 변화가 없는 상태를 말한다.
⑭ 오프셋(Offset) : 정상상태에서의 편차정상 상태로 되고 난 다음에 남는 제어동작이다(잔류편차).
⑮ 주피드백량 : 제어량의 값을 목표값과 비교하기 위한 피드백 신호로, 검출에서 발생시킨다.

⑯ 동작신호 : 기준입력과 제어량과의 차이로 제어동작을 일으키는 신호로 편차라고 한다.
⑰ 목표값(Set Point) : 제어량, 즉 열교환기 출구 유체온도의 희망값이며, 프로세스 설계의 기본계산에 따라 정해지고 있는 값이다.
⑱ 응답시간 : 스텝응답 파형에서 오버슈트가 발생하기까지의 시간이다.
⑲ 스텝응답 시간 : 스텝 변화가 생기고부터 계(系) 출력이 최종 정상값(또는 그 일정비율)에 이르기까지의 시간이다.
⑳ 제어요소 : 제어동작신호를 조작량으로 변환하는 요소, 즉 보통 조절부와 조작부로 이루어져 있다.

(2) 자동제어 기법

자동제어의 기법에는 크게 나누어 시퀀스(Sequence) 제어와 피드백(Feedback) 제어의 두 가지가 있다.

시퀀스 제어	• 기기와 프로세스가 미리 정해진 시간과 순서에 따라 차례로 자동운전을 할 수 있는 제어방법 • 정해진 시간이 되면 자동적으로 세탁·배수·탈수를 하는 제어방법 • 보일러 연소장치, 자판기 등
피드백 제어	• 실제운동 상태와 목표치가 일치하도록 기기 또는 프로세스를 제어하는 방법 • 여러 가지 외란이 개입하기 때문에 피드백 개념이 필요 • 정량적으로 물리량을 제어하는 제어계는 대부분 피드백 제어 ※ 포워드(Feed Forward) 제어 : 외관에 대해서 정량적 영향을 계산해서 대비해 두는 제어

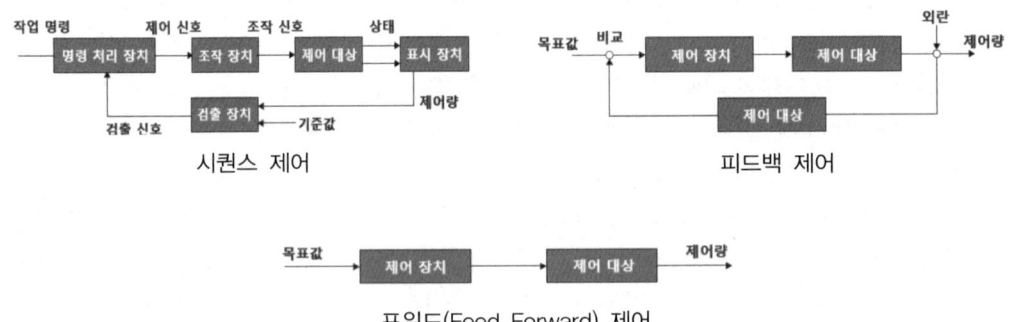

시퀀스 제어   피드백 제어

포워드(Feed Forward) 제어

(3) 자동제어의 구성

① 제어대상(Cotrolled System) : 프로세스·기계 등에 있어서 제어의 대상이 되는 부분, 즉 유체온도·증기온도·연소가스 실내온도 등을 말한다.
② 제어량(Controlled Variable) : 제어 대상의 현상을 나타내는 양이며, 측정되고 제어되는 것을 말한다.

③ 제어장치 : 제어량이 목표값과 일치하도록 어떠한 조작을 가하는 장치이다.
④ **검출부**(Measurement) : 제어량을 검출하고, 이것을 기준입력과 비교할 수 있는 물리량(주 피드백 신호)을 만든다. 열교환기 출구 온도계, 수온계 등이다.
⑤ **조절부**(Controller) : 검출부에서 측정된 제어량과 목표값을 비교하여 편차가 있을 경우는 조작부에 정정 동작신호를 보내는 조절기구이다. 제어편차에 따라 일정한 신호를 조작요소에 보내는 부분과 필요에 따라서 측정한 제어량을 지시 또는 기록하는 표시부가 있다. 온도조절계, 수온조절계, 압력조절계 등이 있다.
⑥ **조작부**(Final Control Element) : 조절계에서의 신호를 받아서 제어대상에 작용시키는 부분이다. 조절밸브, 프로세스 제어에서는 제어량이 온도라도 대개의 경우 조작량은 액량이다. 따라서 조작부는 밸브라는 것이 특징이다.

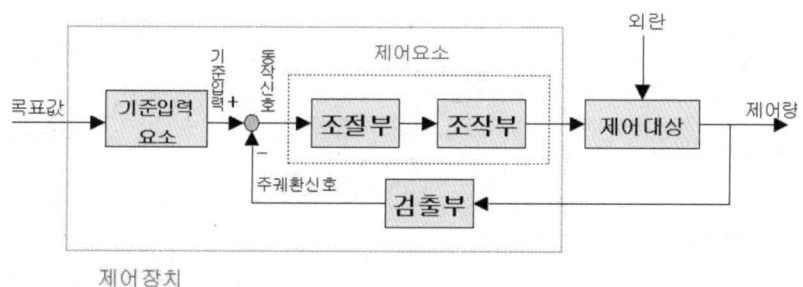

(4) 자동제어계의 요소특성

① 비례요소 : 출력과 입력이 비례하는 요소를 말하며, 스텝응답으로 나타난다.
② 1차 지연요소 : 입력 순간에서 출력은 변화하지만 지연으로 정상 상태가 되는 특징이 있다. 단일의 지수 함수상의 변화를 나타내는 요소를 말한다.
③ 2차 지연요소 : 전달 함수의 분모가 $s(d/dt)$에 대한 2차식으로 되는 전달 요소이다.
④ 고차 지연요소 : 자기 평형성이 있는 2차 이상의 지연을 갖는 계(系)이다.
⑤ 낭비시간(Dead Time) 요소 : 출력이 입력에 대하여 어떤 시간만큼 늦어지는 것과 같은 요소로, 난방기 가동 시 일정시간 이후 실내온도가 상승되기 시작하는 시간을 말한다.
⑥ 적분요소 : 출력이 입력량의 총량으로 나타내는 것과 같은 요소로, 물탱크에서 유입량이 증가됨에 따라 수위가 상승하여 넘치게 되는 것에 해당한다.
⑦ 미분시간 : 미분 동작의 세기를 나타내는 것이다. D가 미분동작에 조작량, P가 비례동작에 조작량일 때, 양자가 같게 되는 시간을 미분시간이라 한다.

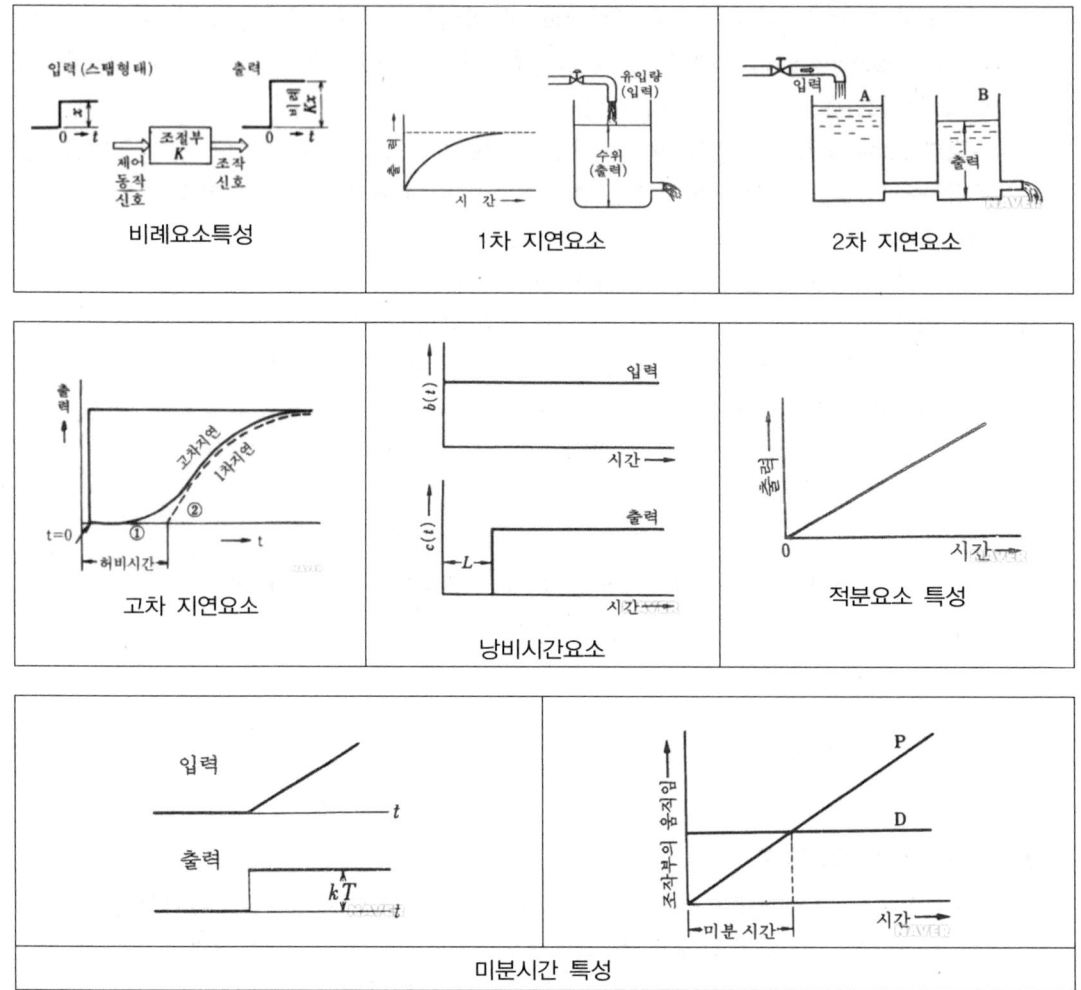

(5) 자동제어응답(출력을 입력에 대한 응답)

① 정상응답 : 과도응답에 대하여 제어계 또는 요소가 완전히 정상상태로 이루어졌을 때의 응답을 말한다.
② 과도응답 : 정상상태에 있는 요소의 입력측에 어떤 변화를 주었을 때 출력측에 생기는 변화의 시간적 경과를 말한다. 즉, 입력의 임의의 시간적 변화에 대하여 계(系)의 출력이 정상상태에 이르기까지의 경과상황을 말한다.
③ 스텝응답 : 입력을 단위량만큼 변화시켜 평형상태를 상실했을 때의 과도응답을 말한다. 즉, 입력값의 레벨을 계단형으로 변화했을 때 출력측에 생기는 응답이다.
④ 주파수 응답 : 사인파상의 입력에 대한 정상응답을 주파수의 함수로 나타낸 것이다. 제어계의 응답의 빠르기, 안정성의 해석, 제어계의 설계자료로 중요하다.

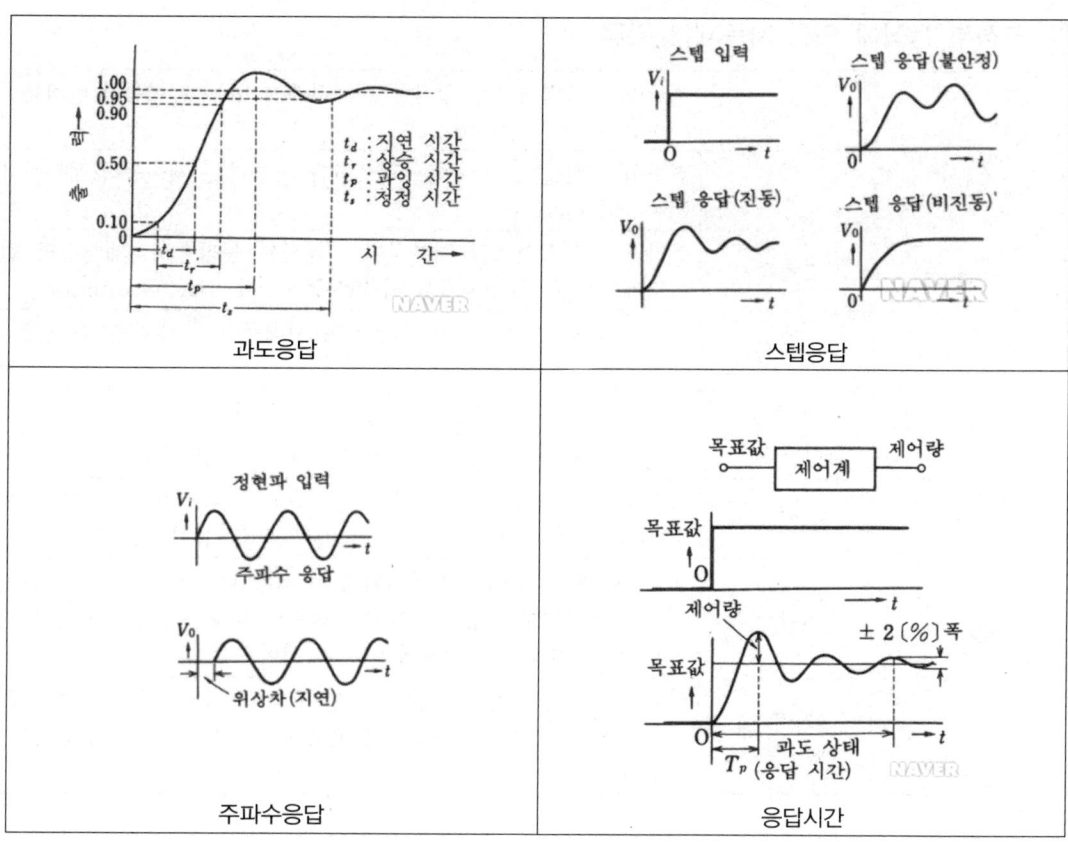

	과도응답	스텝응답
	주파수응답	응답시간

(6) 제어방법에 의한 자동제어분류

정치제어	목표값이 일정한 제어
추치제어	• 추종제어 : 목표값이 시간적으로 변화되는 제어, 자기조성제어라고 함 • 비율제어 : 목표값이 다른 양과 일정한 비율관계에 변화되는 제어 • 프로그램 제어 : 목표값이 다른 양과 일정한 비율관계에 변화되는 제어
캐스케이드 제어	• 두 개의 제어계를 조합하여 제어량의 목표값을 설정하는 제어 • 단일 루프제어에 비해 외란의 영향을 줄이고, 전체의 지연을 적게 하는 데 유효 • 출력측에 낭비시간이나 지연이 큰 프로세스제어에 이용되는 제어

(7) 조정부 동작에 의한 자동제어 분류

연속 동작	P동작	조작량의 출력변화가 일정한 비례관계에 있는 제어동작(비례동작 : Proportional Action).
	I동작	편차의 적분을 가감하여 출력변화가 발생하는 제어동작(적분동작 : Integral Action)
	D동작	조작량이 동작신호의 미분치에 비례하는 동작으로, 제어량의 변화속도에 비례한 정정동작을 함(미분동작 : Derivative Action)
	PI동작	비례 동작의 결점을 줄이기 위하여 비례동작과 적분동작을 합한 것 (비례적분동작)
	PD동작	비례동작과 미분동작을 합한 것(비례미분동작)
	PID동작	조절효과가 좋고 조절속도가 빨라 널리 이용됨(비례적분미분동작)
불연속 동작	2위치동작	조작부를 ON(개) 또는 OFF(폐) 동작시키는 것, 즉 전자 밸브(Solenoid Valve)의 동작이 해당(ON-OFF 동작)
	다위치 동작	• 3위치 또는 그 이상의 위치에 있어 제어하는 것을 다위치 동작이라 하며, 이 단계가 많아지면 실질적으로 비례동작에 가까워짐 • 스텝조절기에 의해 3단계 이상의 제어동작
	불연속 속도동작	압력이나 액면제어등과 같이 응답이 빠른 곳에는 유효하며, 온도 등과 같이 지연이 큰 곳에는 불안정해서 사용할 수 없음(단속도 제어동작)

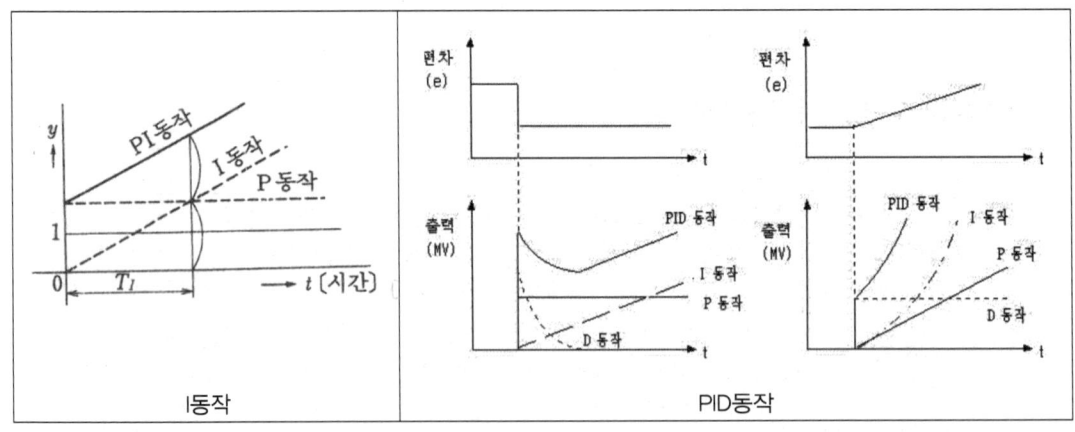

| I동작 | PID동작 |

(8) 신호전달방식

① 공기압식
  • 출력신호에 공기압을 이용하여 신호를 보내는 방식(분사식과 노즐 플래식이 있음)
  • 전송거리 : 100~150m 정도
  • 공기압 : 0.2~1.0kgf/cm^2 정도

② 유압식
- 유압을 이용하여 각 제어계에 신호로 사용(파일럿 밸브식과 분사관식이 있음)
- 전송거리 : 300m 정도
- 조작속도가 빠르고, 조작력이 강함

③ 전기식
- 제어장치에서 대부분의 신호전달방식은 전기식을 사용(ON·OFF 동작을 행하는 압력스위치, 브리지나 전위차계 회로에 의한 것, 전자관 자동평형계기를 이용한 것 등 여러 가지가 있음)
- 전송거리 : 300m~10km까지 가능
- 배선설치가 용이하고, 신호전달에 시간지연이 없음

02 자동제어의 종류

(1) 자동제어의 분류

① 공정제어 : 온도·유량·압력·조성·효율 등 공업공정의 상태량을 제어량으로 하는 제어이다.
② 서보메커니즘 : 물체의 위치·방위·자세 등을 제어량으로 하여 목표값에 추종하는 추종제어이다.
③ 자동조정 : 속도·주파수·전압 등 동력관계와 그 밖의 기기운전량을 제어량으로 하는 제어이다.

(2) 자동제어의 구성

① 비교부
- 기준입력과 주피드백량과의 차를 구하는 부분
- 제어량의 현재값이 목표치와 얼마만큼 차이가 나는가를 판단하는 기구

② 검출부
- 제어량을 검출
- 기준입력과 비교할 수 있는 물리량(주피드백 신호)을 만드는 부분

③ 조절부 : 제어편차에 따라 일정한 신호를 조작요소에 보내는 부분

④ 조작부(푸시버튼 스위치, 컨트롤 스위치)
- 제어대상에 대하여 작용을 걸어오는 부분
- 조작신호를 받아 이것을 조작량으로 바꾸는 부분

⑤ 설정부
- 정치제어일 때 주로 사용되는 것
- 목표치와 주피드백량이 같은 종류의 양이 아니면 비교할 수 없음
- 공정제어의 순서 : 검출기 → 전송기 → 조절계(비교부) → 조작부

(3) 제어방법에 의한 자동제어의 분류
① 정치제어 : 목표값이 시간에 관계없이 일정한 제어이다.
② 추치제어 : 목표값을 측정하면서 제어량을 목표값에 일치하도록 맞추는 방식으로 변화모양을 예측할 수 없으며, 추종제어, 비율제어, 프로그램 제어가 있다.
③ 캐스케이드 제어 : 두 개의 제어계를 조합하여 제어하는 방식이다.

(4) 보일러 인터록의 종류
① 압력초과 인터록 : 증기압력이 입정압력에 도달할 때 전자 밸브를 닫아 보일러의 가동을 정지시키는 것이다(증기압력 제한기).
② 저수위 인터록 : 보일러 수위가 안전 저수위에 도달할 때 전자 밸브를 닫아 보일러의 가동을 정지시키는 것이다(저수위 경보기).
③ 불착화 인터록 : 버너가 점화되지 않거나 실화가 될 경우 전자 밸브를 닫아 연료공급을 중지하여 보일러 가동을 정지하는 것이다(화염검출기).
④ 저연소 인터록 : 연소상태가 불량하거나 저연소 상태로 유량 조절 밸브가 조절되지 않으면 가동을 정지하는 것이다(전자밸브 연료차단기).
⑤ 프리퍼지 인터록 : 점화 전 송풍기가 작동되지 않으면 전자 밸브가 열리지 않아 점화가 되지 않게 하는 장치이다(전자밸브 연료차단기).

(5) 보일러 자동제어 A·B·C(Automatic Boiler Control)

명칭	제어량	조작량
자동연소제어 A·C·C(Automatic Combustion Control)	증기압력, 노내압	공기량, 연료량, 연소가스량
급수제어 F·W·C(Feed Water Control)	보일러 수위	급수량, 연소가스량
증기온도제어 S·T·C(Steam Temperature Control)	증기온도	전열량
증기압력제어 S·P·C(Steam Pressure Control)	증기압력	연료공급량, 연소용 공기량

03 자동제어의 응용

(1) 자동화의 5대 요소
① 센서(Sensor) : 공정 처리 상태 상황을 프로세스에 전달하는 제어부분 장치이다.
② 프로세서(Processor) : 제어정보를 분석·처리하여 필요한 제어명령을 내려주는 장치이다.
③ 액추에이터(Actuator) : 정보를 받아 전기기계 구조에 의해 회전운동과 선형운동을 하는 부분이다(손·발에 해당).
④ 소프트웨어(Software) : 프로그램장치, 프로그램 메모리를 포함하는 장치이다.
⑤ 네트워크(Network) : 중앙컴퓨터와 여러 개의 컨트롤러 간에 시스템 구성기기들과 통신시설이다.

(2) 보일러 자동제어 응용장치

구분	내용
수위제어장치 (Water Level Control Wystem)	• 보일러 급수를 일정량의 수위로 항상 일정하게 유지하게 하는 제어장치 • 1요소식 : 수위, 2요소식 : 수위·증기량, 3요소식 : 수위·증기량·급수유량 • 수위 검출기와 수위 조절기의 편차 신호에 따라 작동하는 조작기(급수펌프) 등으로 구성
화염검출장치 (Flame Detective Equipment)	• 화염의 유무를 전기적인 신호로 바꾸어 프로텍터 릴레이(Protect Relay)로 전송하는 역할 • 실화 및 소화 시 연료 전자밸브를 차단하여 미연소가스로 인한 폭발사고를 방지하는 장치 • 플레임 아이(Flame Eye) : 화염의 발광체를 이용 • 플레임 로드(Flame Rod) : 화염의 이온화현상을 이용한 것으로 가스 점화 버너에 사용 • 스택 스위치(Stack Switch) : 연도에 바이메탈을 설치하여 연소가스의 발열체를 이용한 것
연료차단장치 (Fuel Intercept Apparatus)	• 밸브를 차단하여 사고를 사전에 방지하는 장치 • 보일러의 증기압력이 높아지면 위험하기 때문에 자동적으로 연료의 공급을 차단 • 종류 : 전동식 밸브, 전자 밸브(Slenoid Vlve)
공연비 자동제어장치 (Electronic Feedback Carburetor System, EFC)	• 적정공기비가 유지될 수 있도록 하는 장치 • 연소실로 흡입하는 혼합가스를 이론공연비 부근에서 제어하기 위한 시스템 • 기화기, 에어 브리드 컨트롤 밸브(ABCV), O_2 센서, 컴퓨터에 의해서 구성
연소제어장치 (Automatic Combustion Control System, ACC)	• 연료량, 공기량을 제어하여 공연비(空燃比)를 최적상태로 유지하는 장치 • 발생기의 압력에 따라 공급연료의 양을 조절하는 장치 • 공연비제어도 함께 이루어지도록 한 장치 • 위치제어 제어방법[2위치 제어(On-Off), 3위치 제어(High-Low-Off)] • 전자식 제어방법[비례제어, PID제어, 피드포워드(Feed Forward) 제어]

용어의 정의

- 정치제어 : 보일러의 압력이나 온도를 일정하게 유지하여 항상 일정한 값을 가지는 자동제어
- 연소자동제어 : 연료 및 공기 유량을 조절하고, 연소가스의 유량을 제어하여 발생되는 열을 제어하는 제어
- 자동제어계의 요소 특성에 따른 분류 : 비례요소, 일차 지연요소, 적분요소
- 시퀀스 제어 : 미리 순서에 입각해서 연속 이루어지는 제어(자동판매기, 보일러의 점화)
- 인터록 제어 : 현재 진행 중인 제어동작을 다음 단계로 옮겨가지 못하도록 차단하는 제어
- 피드백 제어 : 출력을 입력에 되돌려 동작을 결정하는 것[비례동작(P동작), 적분동작(I동작), 미분동작(D동작)]
- 동작신호 : 자동제어장치의 구성에서 목표값과 제어량과의 차로서 기준입력과 주피드백 양을 비교하여 얻은 편차량의 신호
- 설정한 목표값을 경계로 가동(開), 정지(閉)의 2가지 동작시키는 제어 : 2위치 동작(불연속 동작으로 온-오프 동작)
- 비례요소 : 입력 변화와 동시에 출력이 시간지연 없이 목표치에 동시에 변화됨(0차 요소라고도 함)
- 정작동 : 조절계의 출력과 제어량이 목표값보다 커질 때 출력이 증가하는 방향으로 움직이게 하는 동작

제7장 출제 예상 문제

01
자동화 시스템에서 인간의 두뇌에 해당하는 부분으로, 제어 정보를 분석·처리하여 필요한 제어명령을 내려주는 제어신호처리장치 중 자동화의 5대 요소 중 하나인 것은?

① 센서(Sensor)
② 네트워크(Network)
③ 프로세서(Processor)
④ 소프트웨어(Software)

[해설] **프로세서(Processor)**
자동화 시스템의 5대 요소로서 제어 데이터를 처리하는 요소로, 제어정보를 분석 처리하여 필요한 제어명령을 내려주는 장치
※ 자동화의 5대 요소 : 센서(Sensor), 프로세서(Processor), 액추에이터(Actuator), 소프트웨어(Software), 네트워크(Network)

02
자동화 시스템에서 중앙컴퓨터와 여러 개의 컨트롤러 간에 시스템 구성기기들과 통신회선을 연결된 배치형태에 따라 성형, 환형 등으로 구분하는 자동화의 5대 요소인 것은?

① 센서(Sensor)
② 네트워크(Network)
③ 프로세서(Processor)
④ 하드웨어(Hardware)

03
목표값이 시간의 변화, 외부조건의 영향을 받지 않고 일정한 값으로 제어되는 방식으로 보일러, 냉난방장치의 압력제어, 급수탱크의 액면제어 등에 사용되는 제어는?

① 추치제어   ② 정치제어
③ 프로세스제어 ④ 비율제어

[해설] **제어장치**
목표값이 시간의 변화 외부조건의 영향을 받지 않고 일정한 값으로 제어 방식

04
자동화 시스템에서 공정처리 상태에 대한 정보 중 유량, 물체의 유무 등의 정보를 프로세서에 전달하는 제어부분인 자동화의 5대 요소 중 하나인 것은?

① 센서(Sensor)
② 네트워크(Network)
③ 액추에이터(Actuator)
④ 소프트웨어(Software)

[해설] 센서는 공정 처리 상태에 대한 정보를 만들고 수집하며 이 정보를 프로세스에 전달하는 제어 부분이다.

05
자동화 시스템에서 공정처리 상태에 대한 정보를 만들고, 수집하며 이 정보를 프로세서에 전달하는 제어부분인 자동화의 5대 요소 중 하나인 것은?

① 센서(Sensor)
② 네트워크(Network)
③ 액추에이터(Actuator)
④ 소프트웨어(Software)

06
설비자동화 유압시스템 결함 중 압력이 저하하는 원인이 아닌 것은?

① 펌프의 흡입이 불량하다.
② 구동동력이 부족하다.
③ 내·외부 누설이 증가한다.
④ 탱크 내의 유면이 너무 높다.

[해설] 탱크 내의 유면이 너무 높은 것은 오일의 압력저하 원인과는 관계가 없다.

정답 01 ③ 02 ② 03 ② 04 ① 05 ① 06 ④

07
자동제어에 있어서 미리 정해놓은 시간적 순서에 따라서 작업을 순차적으로 진행하는 제어방법은?

① 시퀀스 제어(Sequence Control)
② 피드백 제어(Feed Back Control)
③ 폐루프 제어(Closed Loop Control)
④ 궤환제어

[해설] **시퀀스 제어**
미리 정해진 순서에 따라 제어의 각 단계를 차례로 진행해 가는 제어를 말한다.

08
설비자동화 유압시스템의 결함 중 토출유량이 감소하는 원인이 아닌 것은?

① 어큐뮬레이터의 압력변화가 없다.
② 작동유의 점성이 너무 높다.
③ 작동유의 점성이 너무 낮다.
④ 탱크 내의 유면이 너무 낮다.

[해설] 어큐뮬레이터의 압력변화가 있을 경우 토출유량이 감소하는 원인이 될 수 있다.

09
다음 중 자동제어에서 시퀀스 제어(Sequence Control)를 설명한 것으로 가장 적합한 것은?

① 미리 정해 놓은 순서에 따라 제어의 각 단계를 순차적으로 행하는 제어
② 미리 정해놓은 순서에 관계없이 불규칙적으로 제어의 각 단계를 행하는 제어
③ 출력신호를 입력신호로 되돌아오게 하는 되먹임에 의하여 목표값에 따라 자동적으로 제어
④ 입력신호를 출력신호로 되돌아오게 하는 피드백에 의하여 목표값에 따라 자동적으로 제어

10
보일러의 압력이나 온도를 일정하게 유지하는 압력제어, 온도제어와 같이 목표값이 시간에 관계없이 항상 일정한 값을 가지는 자동제어는 다음 중 어느 것인가?

① 시퀀스제어 ② 추치제어
③ 수동제어   ④ 정치제어

[해설] **정치제어**
목표값이 시간에 관계없이 항상 일정한 값을 가지는 자동제어

11
자동화시스템에서 입력신호를 받아 중앙처리장치를 거쳐 작업요소에 전달되는 프로그램장치를 거쳐 작업요소에 전달되는 프로그램장치, 프로그램 메모리를 포함하는 자동화의 5대 요소 중 하나인 것은?

① 센서(Sensor)
② 네트워크(Network)
③ 프로세서(Processor)
④ 소프트웨어(Software)

[해설] **소프트웨어**
입력신호를 받아 중앙처리장치를 거쳐 작업요소에 전달되는 프로그램장치, 프로그램 메모리를 포함하는 장치

12
자동제어장치의 유압식 전송기에 대해 설명한 것으로 틀린 것은?

① 압력의 증폭이 쉽다.
② 속도 위치 등의 제어가 정확하다.
③ 전송지연이 적고 구조가 간단하다.
④ 전송거리는 최고 100m이다.

[해설] 유압식 신호 전송거리는 약 300m이며, 공기식 전송거리는 100m 이내이다.

정답 07 ① 08 ① 09 ① 10 ④ 12 ④

13

자동화시스템에서 크게 회전운동과 선형운동으로 구분되며, 사용하는 에너지에 따라 공압식, 유압식, 전기식 등으로 세분하는 자동화의 5대 요소 중 하나인 것은?

① 센서(Sensor)
② 액추에이터(Actuator)
③ 네트워크(Network)
④ 소프트웨어(Software)

[해설] **액추에이터(Actuator)**
인간의 손, 발의 기능을 하는 부분이다.

14

보일러 자동제어 중 보일러로부터 발생되는 증기의 압력을 일정하게 유지하기 위하여 연료 및 공기 유량을 조절하고, 굴뚝으로 배출되는 연소가스의 유량을 제어하여 발생되는 열을 조정하는 제어는?

① 증기온도제어   ② 급수제어
③ 재열온도제어   ④ 연소제어

[해설] **연소제어**
증기의 압력을 일정하게 유지하기 위하여 연료 및 공기 유량을 조절하고, 굴뚝으로 배출되는 연소가스의 유량을 제어하여 발생되는 열을 조정하는 제어이다.

15

자동제어계의 요소 특성에 따른 분류가 아닌 것은?

① 비례요소   ② 적분요소
③ 일차지연요소   ④ 과도응답요소

[해설] **자동제어계의 요소특성에 따른 분류** : 비례요소, 적분요소, 일차 지연요소

16

다음 중 일반적인 시퀀스제어 분류에 속하지 않는 것은?

① 시한제어   ② 순서제어
③ 조건제어   ④ 비율제어

[해설] **비율제어**
2개 이상의 변수 간의 비율을 미리 정한 비율로 유지하게 하는 제어이다.

정답 13 ② 14 ④ 15 ④ 16 ④

PART 05 공업경영

배관기능장

제1장 품질관리
제2장 생산관리
제3장 작업관리
제4장 기타 공업경영 관련사항

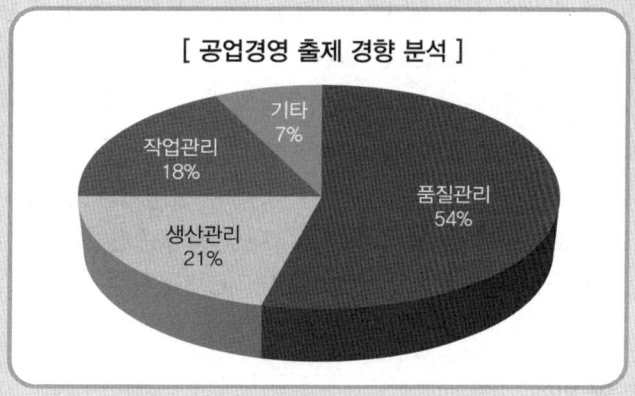

[공업경영 출제 경향 분석]

- 품질관리 54%
- 생산관리 21%
- 작업관리 18%
- 기타 7%

제1장 품질관리

01 통계적 방법의 기초

(1) 통계적 방법[Statistical Method]
- 통계적인 데이터를 써서 논의를 진행하는 방법과 데이터의 해석에 수리 통계학적 방법을 응용하는 방법
- 데이터의 불균일에 확률적인 사고방식을 적용하는 방법
- 관리도법, 발취검사법, 추정검정법, 상관분석, 회귀분석, 분산분석 등을 총칭해서 말한다.

(2) 통계 용어
① 모집단(Population) : 분석의 대상이 되는 어떤 기본 단위의 변수에 관하여 수집한 관찰값들의 집합
② 모수(Parameter) : 모집단의 어떤 특성을 기술하며 모수 값은 그 모수를 특정 값으로 표현한 값
③ 표본(Sample) : 전체 모집단의 축도 또는 단면이 된다는 가정 하에 모집단에서 선택된 모집단 구성단위의 일부
④ 통계량(Statistics) : 표본의 특성을 수치로 나타내는 것
⑤ 산술평균(시료평균 : $\bar{x}$) : n개의 데이터 값의 합을 개수 n개로 나눈 값
⑥ 중앙값(Median, 중위수 : M_e) : 데이터를 크기순으로 나열했을 때 중앙에 위치하는 데이터 값
⑦ 범위의 중앙값(Mid-range : M) : 데이터의 최댓값($x_{\max}$)과 최솟값($x_{\min}$)의 평균값
⑧ 최빈값(Mode, 최빈수 : M_0) : 도수분포표에서 도수가 최대인 곳의 대표치
⑨ 기하평균(Geometric Mean : G) : 기하급수적으로 변화하는 측정값의 평균을 계산한 것
⑩ 조화평균(Harmonic Mean : H) : 각 x_i의 역수를 산술평균하여 이를 다시 역으로 나타낸 값
⑪ 제곱합(Sum Of Square, 변동 : S) : 개개의 데이터에서 나온 편차를 제곱하여 합한 값
⑫ 시료분산(불편분산 : s^2, V) : 모분산(σ^2)의 추정모수로 사용
⑬ 시료의 표준편차(시료편차 : s) : 모표준편차(σ)의 추정모수로 사용
⑭ 평균편차(M_d) : 각각의 데이터와 평균과의 차에 대한 절대평균값

⑮ 범위(Range : R) : $R = x_{max} - x_{min}$
⑯ 변동계수(변이계수 : CV, V_c) : 표준편차(s)를 산술평균($\bar{x}$)으로 나눈 값
⑰ 비대칭도(왜도 : K) : 평균값을 중심으로 분포가 좌우 대칭인지의 여부를 결정하는 척도
⑱ 첨도[$\sigma^4(\beta^4)$] : 분포의 뾰족한 정도를 결정하는 척도
⑲ 계량치 : 연속량으로 측정되는 품질특성값=길이, 질량, 온도, 유량 등
⑳ 계수치 : 수량으로 세어지는 품질특성값=부적합품수, 부적합수 등
㉑ 분산(Variance) : 분산이 클수록 확률분포는 평균에서 멀리 퍼져있고 0에 가까울수록 평균에 집중된다.
㉒ 표준편차(Standard Deviation) : 표준편차가 0에 가까울수록 평균 근처에 집중되어 있음(s 또는 S로 표기)
㉓ 이항분포(Binomial Distribution) : 연속된 n번의 독립적 시행에서 각 시행이 확률 p를 가질 때의 이산확률분포
㉔ 도수분포표 : 데이터를 분할된 급구간에 따라 분류하여 만든 표

(3) 데이터의 정리방법

① 히스토그램 : 계량치가 어떤 분포를 나타내는지 알아보기 위하여 도수분포표를 만든 후 기둥그래프형태로 그린 그림
② 특성요인도 : 문제가 되는 결과와 이에 대응하는 원인과의 관계를 알 수 있도록 생선뼈 형태로 그린 그림
③ 파레토그램(Pareto Diagram) : 불량 등의 발생건수를 항목별로 분류하고 그 크기 순서대로 나열해 놓은 그림
④ 체크시트(Check Sheet) : 데이터가 분류 항목 중에서 어느 곳에 집중되어 있는지 쉽게 알아볼수 있게 나타낸 그림
⑤ 산점도 (Scatter Diagram) : 그래프 용지위에 점으로 나타낸 그림
⑥ 층별(Stratificaion) : 특징에 따라 몇 개의 부분집단으로 나눈 것

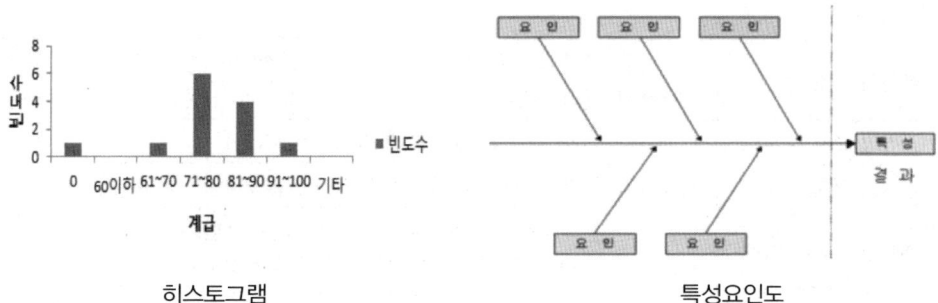

히스토그램   특성요인도

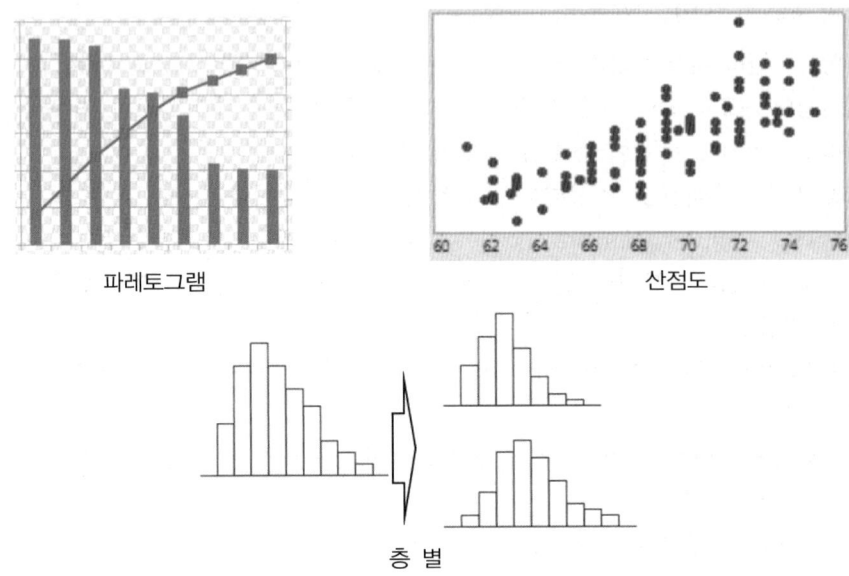

파레토그램　　　　　　　산점도

층 별

02 샘플링 검사

(1) 오차(Error)

모집단의 참값(μ)과 그것을 추정하기 위하여 모집단으로부터 추출한 시료의 측정데이터(x_i)와의 차이이다.

① 오차의 검토순서 : 신뢰성 → 정밀도 → 정확도
② 신뢰성 : 데이터를 신뢰할 수 있는것에 대한 것
③ 정밀도(정도) : 어떤 측정법으로 동일시료를 무한횟수 측정 데이터 산포의 크기

(2) 검사의 분류

공정에 의한 분류	• 수입검사(구입검사)　　　　• 공정검사(중간검사) • 완성검사(최종검사)　　　　• 출하검사(출고검사)
장소에 의한 분류	• 정위치 검사, 순회검사, 입회검사(출장검사)
성질에 의한 분류	• 파괴검사, 비파괴검사, 관능검사
판정대상(검사방법)에 의한 분류	• 전수검사 : 제품전량에 대하여 검사하는 방법 • 로트별 샘플링 검사 : 시료를 채취(샘플링)하여 검사하는 방법 • 관리 샘플링 검사 : 공정검사 조정을 목적으로 검사하는 방법
검사항목에 의한 분류	• 수량검사, 외관검사, 치수검사, 중량검사성능검사

(3) 샘플링 방법

① **샘플링(Sampling)** : 단위개체 또는 단위분량을 어떤 목적 아래 모은 것을 샘플(sample) 또는 시료한다. 모집단으로부터 시료를 채취하는 것을 샘플링이라고 한다.

② **랜덤 샘플링(Random Sampling)** : 모집단의 어떠한 부분도 같은 확률로 시료 중에 뽑혀지도록 샘플링하는 방법. 시료수가 증가할수록 샘플링 정도가 높다.
  - 단순 랜덤 샘플링(Simple Random Sampling) : 모집단에서 완전히 랜덤하게 샘플링하는 방법
  - 계통 샘플링(Systematic Sampling) : 모집단에서 일정한 간격을 두어 샘플링하는 방법
  - 지그재그 샘플링(Zigzag Sampling) : 계통 샘플링에서 주기성 방지하도록 샘플링하는 방법.

③ **2단계 샘플링(Two-Stage Sampling)** : 시료로 샘플링한 다음 2단계로서 1단계에 샘플링한 부분 중에서 몇 개의 시료를 샘플링하는 방법

④ **층별 샘플링(Stratified Sampling)** : 모집단을 여러 개의 층으로 나누고 각 층으로부터 각각 랜덤하게 시료를 샘플링하는 방법

⑤ **취락샘플링(Cluster Sampling)** : 모집단을 여러 개의 중에서 몇 개를 랜덤하게 추출한 뒤 선택된 층 안은 모두 검사하는 방법

⑥ **다단계 샘플링** : 랜덤하게 샘플링한 1차 시료에서 다시 2차 시료를 샘플링하고 2차 시료 중에서 3차 시료를 샘플링하는 방법

⑦ **유의 샘플링** : 일부 특정부분을 샘플링하여 그 시료의 값으로써 전체를 내다보는 방법

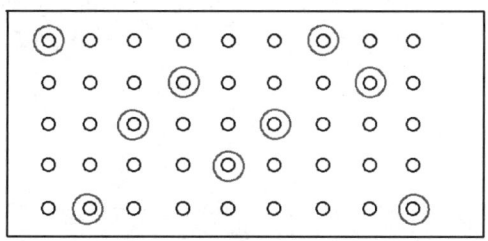

랜덤 샘플링 / 층화 랜덤 샘플링

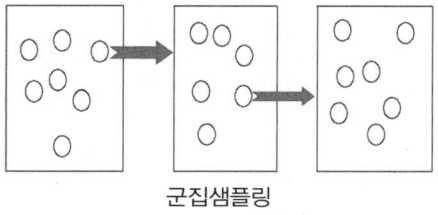

군집샘플링

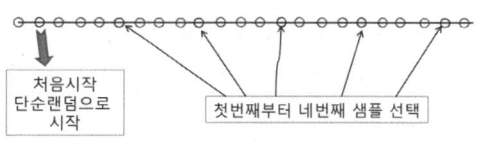

계통샘플링

(5) 샘플링 검사와 전수검사

샘플링 검사	전수검사
• 검사항목이 많은 경우 • 불완전한 전수검사에 비해 높은 신뢰성이 있을 때 • 검사비용이 적은 편이 이익이 많을 때 • 품질향상에 대하여 생산자에게 자극이 필요한 때 • 물품의 검사가 파괴검사일 때 • 대량 생산품이고 연속 제품일 때	• 검사비용에 비해 효과가 클 때 • 물품의 크기가 작고, 파괴검사가 아닐 때 • 불량품이 혼합되면 안 될 때 • 불량품이 다음 공정에 경제적으로 손실이 클 때 • 불량품이 들어가면 안전에 중대한 영향을 미칠 때 • 전수검사를 쉽게 할 수 있을 때

(6) OC(Operating Characteristic) 곡선

샘플링 검사에서 로트의 품질수준(불량률)과 합격률과의 관계를 나타내는 곡선으로 행축에 로트의 품질수준(불량률)을, 종축에 합격률을 표시하여 로트의 불량률과 합격률을 나타내는 그래프이다. 어느 정도의 비율로 합격할 수 있는가를 나타내는 곡선으로 "검사특성곡선"이라고도 한다.

- P : 로트의 부적합품률(%)
- $L_{(p)}$: 로트가 합격할 확률
- α : 합격시키고 싶은 로트가 불합격될 확률(생산자 위험)
- β : 불합격시키고 싶은 로트가 합격될 확률(소비자 위험)
- N : 로트의 크기
- n : 시료의 크기
- c : 합격판정개수

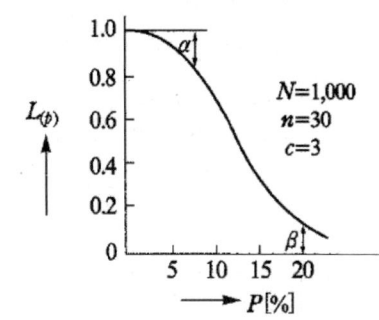

03 관리도

(1) 관리도

① 공정이 관리이탈 상태에 있는 시점을 나타내며 특수원인 변동이 있는지 식별하는 데 사용
② 품질의 산포를 관리하기 위한 관리 한계선이 있는 그래프로 공정을 관리상태로 유지하기 위해 사용
③ 데이터를 시간 순으로 표시하는 그래프로 나타나기도 한다.
④ 대부분의 관리도에는 중심선, 관리상한 및 관리하한이 포함

⑤ 중심선은 공정평균 관리한계는 공정 변동을 의미
⑥ 기본적으로 관리한계는 중심선에서 3σ 위와 아래에 표시

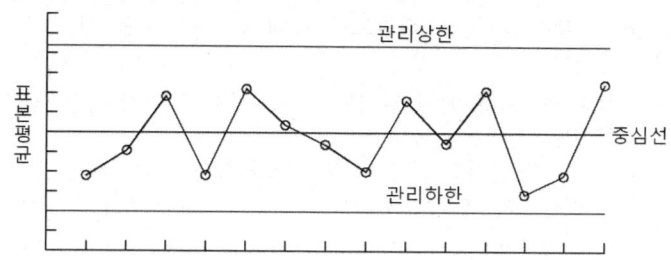

⑦ 관리한계선 : 공정이 관리상태인지 이상상태인지를 판정하는 도구로 사용하는 선
- 중심선(CL : Center Line) : 품질특성의 평균치에 해당하는 선
- 관리상한선(UCL : Upper Control Line) : 중심선에서 3시그마(σ) 위에 있는 관리한계선
- 관리하한선(LCL : Lower Control Line) : 중심선에서 3시그마(σ) 아래에 있는 관리한계선

> **68-95-99.7 규칙(3시그마 규칙)**
> 정규분포를 나타내는 규칙으로, 경험적인 규칙(empirical rule) 또는 3시그마 규칙(three-sigma rule)이라고도 한다.
> - 평균에서 양쪽으로 3표준편차의 범위에 거의 모든 값들(99.7%)이 들어간다는 것을 나타낸다.
> - 약 68%의 값들이 평균에서 양쪽으로 1 표준편차 범위($\mu \pm \sigma$)에 존재한다.
> - 약 95%의 값들이 평균에서 양쪽으로 2 표준편차 범위($\mu \pm 2\sigma$)에 존재한다.
> - 거의 모든 값들(실제로는 99.7%)이 평균에서 양쪽으로 3표준편차 범위($\mu \pm 3\sigma$)에 존재한다.

(2) 관리도의 종류 및 특징

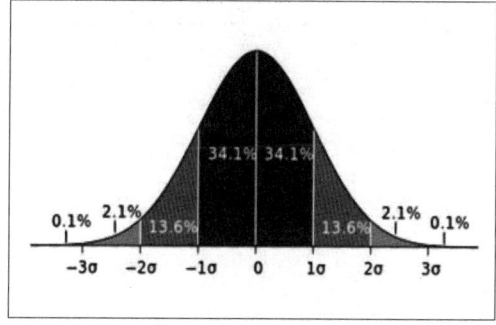
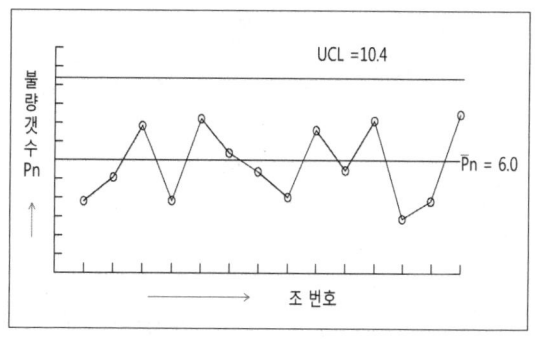

계량값 관리도	• $\bar{x}-R$(평균값−범위) 관리도 : 연속적인 계량치로 나타나는 공정을 관리할 때 사용한다. • $\bar{x}$ 관리도와 R 관리도 : 데이터를 군으로 구분하지 않고 공정을 관리할 경우에 사용한다. • M_e-R (메디안과 범위) 관리도 : 평균치 $\bar{x}$ 대신에 M_e(median : 중앙치)를 사용 • M_e-R (최대값−최소값) 관리도 : 최대치와 최소치를 한 개의 그림표에 점을 찍어 나가는 관리도이다. • $\bar{x}-s$ (평균치와 표준편차) 관리도 : 표준값이 주어져 있을 경우와 주어지지 않았을 경우 사용한다. • 누적합(CUSUM) 관리도 : 평균값과 목표지값을 누적시키는 관리도 • 지수가중 이동평균(EWMA) 관리도 : 시간에 대한 전체적 경향을 나타나는 관리도
계수값 관리도	• np (부적합품수) 관리도 : 공정을 부적합품수 np에 의해 관리할 경우 사용 • p(부적합품률) 관리도 : 공정을 부적합율 p에 의해 관리할 경우 사용 • c(부적합수) 관리도 : 부적합(결점)수에 의거 공정을 관리할 때 사용 • u(단위당 부적합수) 관리도 : 부적합수를 취급할 때 사용

Pn관리도 : 관리한계선을 구하는데 이항분포를 이용하여 관리선을 구하는 관리도

(3) 관리도의 판정

① 연(Run) : 점이 관리한계 내에 있고 중심선 한쪽에 연속으로 나타나는 점
② 경향(Trend) : 관측값을 순서대로 타점했을 때 연속 6 이상의 점이 점점 상승하거나 하강하는 상태
③ 주기(Cycle) : 점이 주기적으로 상하로 변동하여 파형을 나타내는 경우

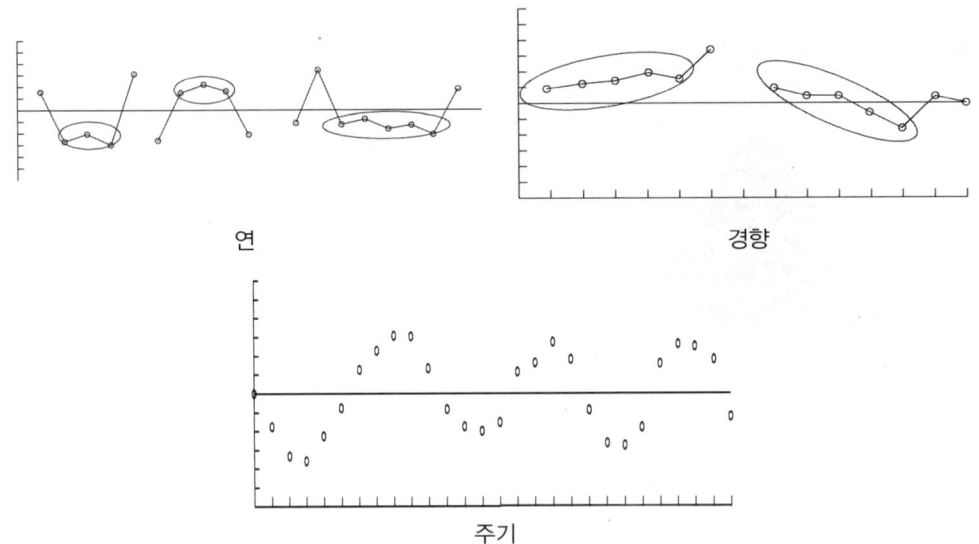

제1장 출제 예상 문제

제1장 품질관리

01
다음 중 샘플링 검사보다 전수검사를 실시하는 것이 유리한 경우는?
① 검사항목이 많은 경우
② 파괴검사를 해야 하는 경우
③ 품질특성치가 치명적인 결점을 포함하는 경우
④ 다수 다량의 것으로 어느 정도 부적합품이 섞여도 괜찮을 경우

[해설] 품질특성치가 치명적인 결점을 포함하는 경우는 샘플링 검사보다 전수검사를 실시하는 것이 유리하다.

02
검사의 분류 방법 중 검사가 행해지는 공정에 의한 분류에 속하는 것은?
① 관리 샘플링검사 ② 로트별 샘플링검사
③ 전수검사 ④ 출하검사

[해설] **검사공정에 의한 분류** : 구입검사, 중간검사, 완성검사, 출하검사

03
c 관리도에서 k=20인 군의 총 부적합수 합계는 58이었다. 이 관리도의 UCL, LCL을 계산하면 약 얼마인가?
① UCL=2.90, LCL=고려하지 않음
② UCL=5.90, LCL=고려하지 않음
③ UCL=6.92, LCL=고려하지 않음
④ UCL=8.01, LCL=고려하지 않음

[해설] ① $UCL = 2.9 + 3\sqrt{2.9} = 8.0088$
② $LCL = 2.9 - 3\sqrt{2.9} = -2.2$
중심선 $\bar{c} = \dfrac{\sum}{k} = \dfrac{58}{20} = 2.9$

04
다음 중 브레인스토밍(Brainstorming)과 관계가 깊은 것은?
① 파레토도 ② 히스토그램
③ 회귀분석 ④ 특성요인도

[해설] **브레인스토밍** : 한 가지 문제를 놓고 여러 사람이 회의를 해 아이디어를 구상하는 방법으로, 많은 아이디어를 얻는 데 매우 효과적임

05
모집단으로부터 공간적, 시간적으로 간격을 일정하게 하여 샘플링하는 방식은?
① 단순 랜덤 샘플링(Simple Random Sampling)
② 2단계 샘플링(Two-Stage Sampling)
③ 취락 샘플링(Cluster Sampling)
④ 계통 샘플링(Systematic Sampling)

[해설] **계통 샘플링** : 모집단으로부터 공간적, 시간적으로 간격을 일정하게 하여 샘플링하는 방식

06
제품공정도를 작성할 때 사용되는 요소(명칭)가 아닌 것은?
① 가공 ② 검사
③ 정체 ④ 여유

[해설] **제품공정도 작성에 사용되는 요소** : 가공, 정체, 검사

07
미리 정해진 일정단위 중에 포함된 부적합수에 의거하여 공정을 관리할 때 사용되는 관리도는?
① c 관리도 ② P 관리도
③ X 관리도 ④ nP 관리도

정답 01 ③ 02 ④ 03 ④ 04 ④ 05 ④ 06 ④ 07 ①

08
이항분포(Binomial Distribution)의 특징에 대한 설명으로 옳은 것은?
① P=0.01일 때는 평균치에 대하여 좌·우 대칭이다.
② P≤0.1이고, nP=0.1~10일 때는 포와송 분포에 근거한다.
③ 부적합품의 출현 개수에 대한 표준편차는 $D(x)$ =nP이다.
④ P≤0.5이고, nP≤5일 때는 정규 분포에 근사한다.

09
부적합수 관리도를 작성하기 위해 $\sum c = 559$, $\sum n = 222$를 구하였다. 시료의 크기가 부분군마다 일정하지 않기 때문에 u 관리도를 사용하기로 하였다. n=10일 경우, u 관리도의 UCL값은 약 얼마인가?
① 4.023 ② 2.518
③ 0.502 ④ 0.252

[해설] ① 중심선 $\bar{u}$ 계산
∴ $\bar{u} = \dfrac{\text{총부적합수}(\sum c)}{\text{총 검사개수}(\sum n)} = \dfrac{559}{222} = 2.518$
② UCL(관리상한선) 계산
∴ $UCL = \bar{u} + 3\sqrt{\dfrac{\bar{u}}{n}} = 2.518 + 3 \times \sqrt{\dfrac{2.518}{10}} = 4.023$
③ UCL(관리하한선) 계산
∴ $UCL = \bar{u} - 3\sqrt{\dfrac{\bar{u}}{n}} = 2.518 - 3 \times \sqrt{\dfrac{2.518}{10}} = 1.012$

10
200개 들이 상자가 15개 있을 때 각 상자로부터 제품을 랜덤하게 10개씩 샘플링 할 경우, 이러한 샘플링 방법을 무엇이라 하는가?
① 층별 샘플링 ② 계통 샘플링
③ 취락 샘플링 ④ 2단계 샘플링

[해설] **층별샘플링** : 모집단을 N개의 층으로 나누어서 각 층으로부터 각각 랜덤하게 시료를 샘플링하는 방법

11
관리도에서 측정한 값을 차례로 타점했을 때 점이 순차적으로 상승하거나 하강하는 것을 무엇이라 하는가?
① 연(Run) ② 주기(Cycle)
③ 경향(Trend) ④ 산포(Dispersion)

12
품질특성을 나타내는 데이터 중 계수치 데이터에 속하는 것은?
① 무게 ② 길이
③ 인장강도 ④ 부적합품률

13
도수분포표에서 알 수 있는 정보로 가장 거리가 먼 것은?
① 로트 분포의 모양
② 100 단위당 부적합 수
③ 로트의 평균 및 표준편차
④ 규격과의 비교를 통한 부적합품률 추정

14
로트에서 랜덤하게 시료를 추출하여 검사한 후 그 결과에 따라 로트의 합격, 불합격을 판정하는 검사방법을 무엇이라 하는가?
① 자주검사 ② 간접검사
③ 전수검사 ④ 샘플링 검사

[해설] **샘플링 검사** : 로트에서 랜덤하게 시료를 추출하여 검사한 후 그 결과에 따라 로트의 합격, 불합격을 판정하는 검사방법

15
계량값 관리도에 해당되는 것은?
① c 관리도 ② u 관리도
③ R 관리도 ④ np 관리도

[해설] **관리도의 종류**
① 계량값 관리도
- $\bar{x}-R$ 관리도
- $\bar{x}$ 관리도
- R 관리도
- M_e-R 관리도
- $L-S$ 관리도
- 누적합 관리도
- 지수가중 이동평균관리도

② 계수값 관리도
- c(부적합수) 관리도
- u(단위당 부적합수) 관리도
- p(부적합품률) 관리도
- np(부적합품수) 관리도

16
계수 규준형 샘플링 검사의 OC곡선에서 좋은 로트를 합격시키는 확률을 뜻하는 것은?(단, α는 제1종 과오, β는 제2종 과오이다)
① α ② β
③ 1−α ④ 1−β

[해설] **계수 규준형 샘플링 검사의 OC곡선**
① α (제1종 과오) : 좋은 품질의 로트가 검사에서 불합격되는 확률
② β(제2종 과오) : 나쁜 품질의 로트가 검사에서 합격되는 확률
④ 1−β : 나쁜 품질의 로트를 불합격시킬 확률

정답 15 ③ 16 ③

제 2 장 생산관리

01 생산계획

(1) 생산관리
① 생산계획 : 생산하여야 할 상품의 종류·수량·품질·생산시기를 과학적으로 예정한다.
② 작업연구 : 작업능률을 향상시키기 위하여 작업방법·생산용구·생산설비·생산환경을 연구하는 것. 작업의 과학적 연구는 시간연구와 동작연구가 중심이 된다.
③ 순서계획 : 제품생산 순서를 정하고 각 작업에 소요되는 시간을 계산하여 전체의 소요시간을 결정한다.
④ 일정계획 : 작업이 구체적으로 언제 수행될 것인가를 달력에 의해서 결정하는 계획
⑤ 공정관리 : 계획대로 수행되도록 배려하고, 지연의 원인을 제거하여 대책을 강구하는 관리

> 생산의 3요소(3M)
> ㉮ 원자재(Material) ㉯ 기계설비(Machine) ㉰ 작업자(Man)
> 생산관리의 기본적인 3가지 목표(QCD)
> ㉮ Q(Quality) : 품질 ㉯ C(Cost) : 원가 ㉰ D(Delivery) : 납기

⑥ 생산계획

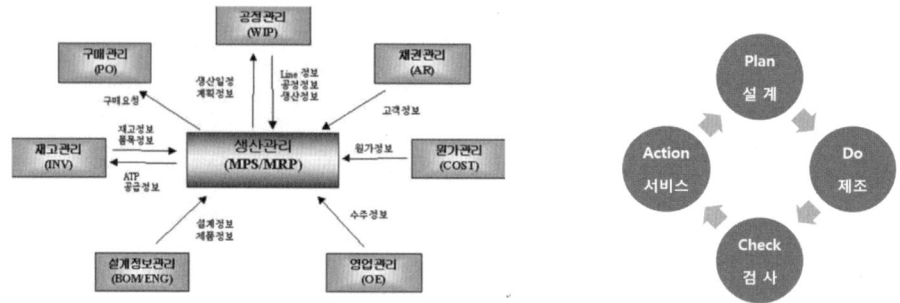

생산활동을 시작함에 있어서 그 목적의 달성을 위하여 조직적이고 합리적인 계획을 수렵하기 위한 사고활동으로서, 생산되는 제품의 종류, 수량, 가격 및 생산 방법, 장소, 일정계획에 관하여 가장 경제적이고 합리적으로 계획을 편성하는 것

(2) 생산형태(Ssystem)의 분류

판매형태에 의한 분류	• 주문생산 • 예측생산
품목과 생산량에 의한 분류	• 개별생산(다품종 소량생산) • 연속생산(소품종 다량생산)
작업의 연속성에 의한 분류	• 단속 생산시스템 • 연속 생산시스템
생산량과 기간에 의한 분류	• 프로젝트 생산시스템 • 별 생산시스템 • 로트(Lot, Batch) 생산시스템(개별생산과 연속생산의 중간) • 연속(대량, 흐름) 생산시스템

(3) 수요예측방법의 분류

정성적 예측기법	시장조사법	• 신제품에 대한 단기예측을 하는 기법 • 소비자패널, 설문지, 시험판매 등의 조사방법 • 소비자의 의견조사나 시장조사를 하는 것 • 예측에 대한 결과는 좋으나 비용과 시간이 많이 소요되는 단점이 있다.
	패널 동의법	• 생산시점 및 능력을 예측할 때 주로 사용되는 것 • 소비자, 영업사원, 경영자로 구성된 패널의 의견으로 예측하는 방법 • 의견이 강한 사람의 의견이 패널 전체의 의견을 좌우한다는 단점이 있다.
	중역 의견법	• 중역들이 모여서 집단적으로 행하는 예측기법 • 장기계획이나 신제품 개발에 사용하는 방법 • 최고경영자의 재능과 지식, 경험 등을 활용, 예측의 정확도는 떨어진다.
	판매원 의견합성법	• 특정지역 판매원들의 수요 예측치를 종합하여 전체수요를 예측방법 • 단기간에 양질의 시장정보를 입수할 수 있는 장점 • 예측치가 판매원의 경험에 너무 치우치는 경향이 있다.
	수명주기 유추법	제품과 비슷한 제품의 과거자료를 이용하여 수요변화를 예측하는 방법
	델파이법 (Delphi)	• 신제품 개발, 신시장 개척, 신설비 취득등 중기·예측에 이용되는 방법 • 전문가들의 의견을 받아 전체의견의 평균치와 4분위 값으로 나타낸다.
정량적 예측기법	시계열 분석	• 과거자료로 추세나 경향을 분석하여 미래의 수요를 예측하는 방법 • 단기 및 중기예측에 많이 사용. 최소자승법, 이동평균법, 지수평활법 Box-jenkins법 등이 있다.
	인과형 예측기법	• 수요예측을 몇 가지의 변수로 구성한 모형을 이용하여 예측하는 방법 • 중기예측에 이용된다.

> **손익분기점(BEP : Break Even Point)**
> 일정기간 매출액(생산액)과 총비용이 균형하는 점으로 이익과 손실이 발생하지 않는 점이다.

$$BEP = \frac{고정비}{1-\frac{변동비}{매출액}} = \frac{고정비}{1-변동비율} = \frac{고정비}{한계이익율}$$

02 생산통계

(1) 생산통계 구분

① 자재관리 : 자재를 계획대로 확보하여 적량이 공급되도록 자재의 흐름을 계획, 조정, 통제하는 것이다.
- 자재계획의 단계 : 원단위 산정 → 사용계획 → 구매계획
- 재료의 원단위 : 원료투입량과 제품생산량의 비율
- 재료의 원단위(%) = $\frac{원료 투입량}{제품 생산량} \times 100$

② 구매관리
사용부문의 요구에 따라 필요량을 적절한 시기에 적정가격으로 구입하는 관리이다. 경영활동 전반과 연결되어 이익의 원천으로서 보다 창조적인 구매활동을 필요로 한다.

> **구매관리 시 중요 요구사항**
> - 용도에 따라 적정하고 적합한 것을 찾아 구입할 것(구매의 가치분석·구매시장조사·품질관리)
> - 납기(納期)에 늦지 않도록 구입할 것(납기관리),
> - 최소재고 고갈의 위험도 없애는 일(적정재고 관리),
> - 우수업체 또는 업자로부터 구입할 것(구매 시장조사·납품업자의 선정·외주 관리),
> - 적절한 수송수단으로 구입할 것(수송관리),
> - 최저의 구매비용으로 구입할 것(구매비용 관리),
> - 사용 중 발생된 잔재(殘材)의 유효적절한 활용(잔재관리) 등이다

③ 재고관리
재고관리(inventory management), 적정재고 수준의 유지를 효율적으로 수행하기 위한 과학적인 관리기법이다. 재고의 기능고객의 수요를 충족, 불규칙적인 수요를 조절 재고부족으로 기회손실을 방지한다.

④ 일정관리 : 일정한 품질과 수량의 제품을 예정한 시간에 생산현장의 생산활동을 계획하고 통제하는 것이다.
  - 일정관리 단계 : 절차계획(순서계획) ⇨ 공수계획(능력소요계획) ⇨ 일정계획 ⇨ 작업배정 ⇨ 여력관리 ⇨ 진도관리
⑤ 일정계획 : 생산에 지정된 시간까지 완성할 수 있도록 일시를 결정하여 생산일정을 계획하는 것이다.

  (가) 가공시간 계산
  - 총작업(가공)시간 $T_n = P + nt(1+\alpha)$
  - 개당(로트당) 작업시간 $T_1 = \dfrac{P}{m} + t(1+\alpha)$

    P : 준비작업시간
    n : 로트수
    t : 정미작업시간
    α : 주작업에 대한 여유율

  (나) 여력관리 : 실제 능력과 부하를 조사하여 양자가 균형을 이루도록 조정하는 것이다.
  - 여력(%) = $\dfrac{능력 - 부하}{능력} \times 100$ = (1 - 부하율) × 100
  - 부하율(%) = $\dfrac{부하}{능력} \times 100$

⑥ 프로젝트관리 : 비용(Cost), 일정(Schedule), 품질(Performance)이 최적화되도록 계획하여 업무활동을 통제하는 것이다.
  - PERT · CPM 네트워크를 이용하여 프로젝트 일정 등을 합리적으로 계획하고 관리하는 기법
  - PERT(performance evaluation & review technique) : 시간비용을 고려한 관리
  - CPM(critical path method) : 건설(자금, 노력, 시간, 비용 등)의 효율향상을 위한 것

일반적 프로젝트의 특징
- 명확한 목표(Well-defined Objectives)
- 고유한 제품(Unique product)
- 한시적 노력(Temporary endeavor)
- 점진적 구현(Progressive elaboration)

배관기능장

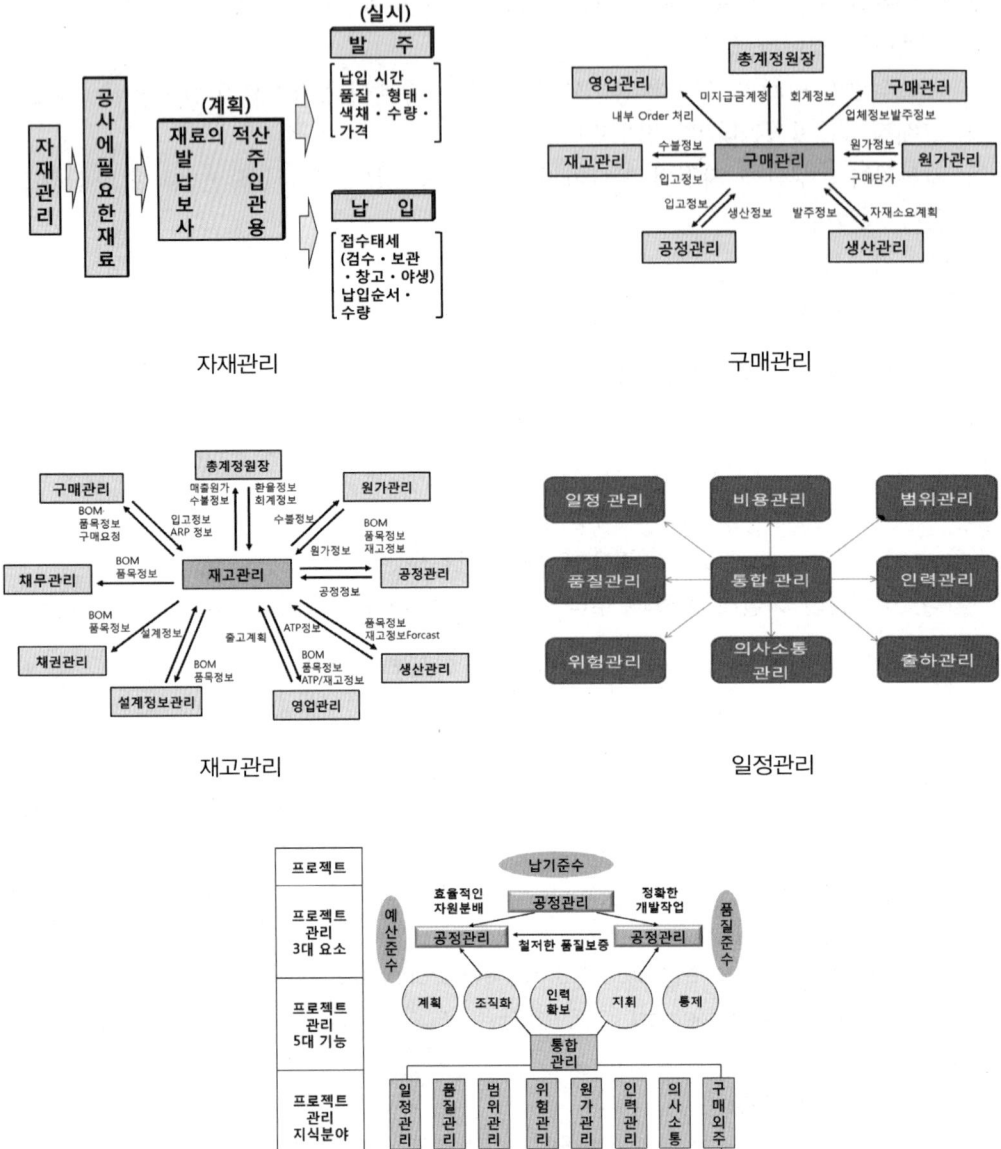

(2) 네트워크(network : 계획공정도)

PERT·CPM의 중추를 이루는 것. 제시된 목표달성을 위한 일련의 작업(활동)을 마디(○)와 가지(→)로 나타낸 체계적인 도표

AOA(Activity On Arrow)	AON(Activity On Node)
• 마디(○)는 단계, 가지(→)는 활동을 나타냄 • PERT에서 주로 적용 • 단계는 활동의 시작과 끝을 나타냄 • 명목상의 활동(⇢)을 필요	• 마디(○)는 작업이나 활동을 나타냄 • 가지(→)는 활동의 선후관계를 나타냄 • CPM에서 적용됨 • 활동의 시작과 끝을 나타냄으로 명목상의 활동(Dummy Activity)이 필요하지 않다.

(3) 네트워크의 구성요소 : 주로 단계(○)와 활동(→)으로 구성되어 있다.

단계 (Event, Node)	단계를 ○로 표시하며 작업활동을 수행함에 있어서 활동의 개시 또는 완료되는 시점을 말한다.
활동 (Activity)	과업 수행상 시간 및 자원이 소비되는 작업으로 한쪽 방향의 실선화살표(→)에 의해서 우측으로 일방통행원칙의 작업진행방향을 표시한다.
명목상의 활동 (Dummy Activity)	시간이나 자원이 필요하지 않고(실제활동이 아님) 활동의 선후관계만 나타내며 점선화살표(⇢)로 표시한다.

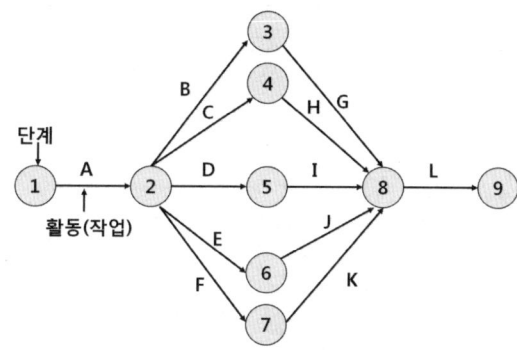

① 단계 ②를 분기단계, 단계 ⑧을 합병단계라고 한다.
② 활동 B, C, D, E, F는 병행활동이며, 활동 A의 후속활동으로 활동 A가 완료되어야 착수 가능하다.

(4) 비용구배(Cost Slope)

작업일정을 단축시키는 데 소요되는 단위시간당 소요비용이다.

$$비용구배 = \frac{특급비용 - 표준비용}{표준시간 - 특급시간}$$

① 특급비용 : 공기를 최대한 단축할 때 비용
② 특급시간 : 공기를 최대한 단축할 수 있는 가능한 시간
③ 표준비용 : 정상적인 소요일수에 대한 공비
④ 표준시간 : 정상적인 소요시간

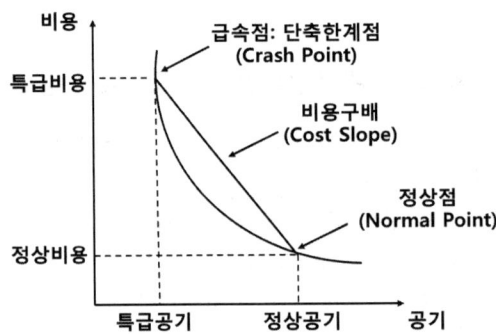

제2장 출제 예상 문제

01
일정통제를 할 때 1인당 그 작업을 단축하는 데 소요되는 비용의 증가를 의미하는 것은?
① 비용구배(Cost Slope)
② 정상소요 시간(Normal Duration)
③ 비용견적(Cost Eestimation)
④ 총비용(Total Cost)

해설 비용구배 : 비용구배는 작업을 1일 단축할 때 추가되는 직접비용을 말한다.

02
서블릭(Therblig) 기호는 어떤 분석에 주로 이용되는가?
① 연합작업분석   ② 공정분석
③ 동작분석   ④ 작업분석

해설 동작분석 : 작업할 때에 발생하는 눈이나 손의 운동을 분석해서 쓸데없는 움직임을 없애고, 피로가 적은 경제적인 동작의 순서나 조합을 확립하기 위해 행해진다. 동작분석을 하려면 동작경제의 원칙이나 기본적인 동작요소[서블릭(Therblig : 작업동작의 최소단위)의 기본요소라고도 한다]를 활용해서 실시한다.

03
준비작업 시간이 5분, 정미작업 시간이 20분, lot수 5, 주작업에 대한 여유율이 0.2라면 가공시간은?
① 150분   ② 145분
③ 125분   ④ 105분

해설 $Th = P + nt(1+\alpha) = 5 + 5 \times 20 \times (1+0.2) = 125$분

04
표는 어느 회사의 월별 판매실적을 나타낸 것이다. 5개월 이동평균법으로 6월의 수요를 예측하면?

월	1	2	3	4	5
판매량	100	110	120	130	140

① 150   ② 140
③ 130   ④ 120

해설 $F_t = \dfrac{A_{t-i}}{n} = \dfrac{100+110+120+130+140}{5} = 120$

F_t : 차기 예측치
A_{t-i} : t-i 기간의 실적치
n : 기간의 수

05
월 100대의 제품을 생산하는데 세이퍼 1대의 제품 1대당 소요공수가 14.4H라 한다. 1일 8H, 월 25일 가동한다고 할 때 이 제품 전부를 만드는 데 필요한 세이퍼의 필요대수는 얼마인가?
① 8대   ② 9대
③ 10대 ④ 11대

해설 필요대수 = $\dfrac{\text{제품 생산에 필요한 월 가동 시간}}{\text{월 가동 시간}}$

$= \dfrac{1 \times 100 \times 14.4}{8 \times 25 \times 0.8 \times 0.9} = 10$[대]

06
다음의 PERT/CPM에서 주공정(Critical Path)은?

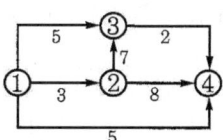

① ① - ③ - ② - ④
② ① - ② - ③ - ④
③ ① - ② - ④
④ ① - ④

해설 작업시간이 가장 긴 것이 주공정이다.
② ① - ② - ③ - ④ = 12시간
③ ① - ② - ④ = 11시간
④ ① - ④ = 5시간

정답 01 ① 02 ③ 03 ? 04 ④ 05 ③ 06 ②

07
제품공정분석표에 사용되는 기호 중 공정간의 정체를 나타내는 기호는?

① ☐　② ▽

③ ✡　④ △

[해설] ① 양과 질 검사
③ 작업 중의 일시대기
④ 원재료의 저장

08
TQC(Total Quality Control)란?
① 시스템적 사고방법을 사용하지 않는 품질관리 기법이다.
② 애프터 서비스를 통한 품질로 보증하는 방법이다.
③ 전사적인 품질정보의 교환으로 품질향상을 기도하는 기법이다.
④ QC부의 정보분석 결과를 생산부에 피드백하는 것이다.

[해설] • TQC : 전사적 품질관리
• SQC : 통계적 품질관리

09
더미활동(Durmmy Activity)에 대한 설명 중 가장 적합한 것은?
① 가장 긴 작업시간이 예상되는 공정을 말한다.
② 공정의 시작에서 그 단계에 이르는 공정별 소요시간들 중 가장 큰 값이다.
③ 실제 활동은 아니며, 활동의 선행조건을 네트워크에 명확히 표현하기 위한 활동이다.
④ 각 활동별 소요시간이 베타분포를 따른다고 가정할 때의 활동이다.

[해설] 더미활동 : 실제 활동은 아니며, 활동의 선행조건을 네트워크에 명확히 표현하기 위한 활동이다.

10
단순지수 평활법을 이용하여 금월의 수요를 예측하려고 한다면 이때 필요한 자료는 무엇인가?
① 일정기간의 평균값, 가중값, 지수평활계수
② 추세선, 최소자승법, 매개변수
③ 전월의 예측치와 실제치, 지수평활계수
④ 추세변동, 순환변동, 우연변동

[해설] **지수평활법** : 가장 최근 데이터에 가장 큰 가중치가 주어지고 시간이 지남에 따라 가중치가 기하학적으로 감소되는 가중치 이동 평균 예측 기법의 한 종류. 데이터들이 시간의 지수 함수에 따라 가중치를 가지므로 지수평활법이라 불린다.

11
수요예측 방법의 하나인 시계열 분석에서 시계열적 변동에 해당되지 않는 것은?
① 추세변동　② 순환변동
③ 계절변동　④ 판매변동

12
원재료가 제품화 되어가는 과정 즉 가공, 검사, 운반, 지연, 저장에 관한 정보를 수집하여 분석하고 검토를 행하는 것은?
① 사무공정 분석표　② 작업자공정 분석표
③ 제품공정 분석표　④ 연합작업 분석표

13
여력을 나타내는 식으로 가장 올바른 것은?
① 여력=1일 실동시간×1개월 실동시간×가동대수
② 여력=(능력－부하)×$\frac{1}{100}$
③ 여력=$\frac{능력－부하}{능력}$×100
④ 여력=$\frac{능력－부하}{부하}$×100

[해설] 여력=$\frac{능력－부하}{능력}$×100

정답 07 ② 08 ③ 09 ③ 10 ③ 11 ④ 12 ③ 13 ③

14
다음 중 부하와 능력의 조정을 도모하는 것은?
① 진도관리 ② 절차계획
③ 공수계획 ④ 현품관리

[해설] 공수계획 : 부하와 능력의 조정을 도모하는 것이다.

15
다음 표를 이용하여 비용구배(Cost Slope)를 구하면 얼마인가?

정상		특급	
소요시간	소요비용	소요시간	소요비용
5일	40,000원	3일	50,000원

① 3,000원/일 ② 4,000원/일
③ 5,000원/일 ④ 6,000원/일

[해설] **비용구배** : 비용구배는 작업을 1일 단축할 때 추가되는 직접비용을 말한다.

$$비용구매 = \frac{특급비용 - 정상비용}{정상일수 - 특급일수}$$
$$= \frac{50000 - 40000}{5 - 3} = 5000(원/일)$$

16
표준시간을 내경법으로 구하는 수식은?
① 표준시간 = 정미시간 + 여유시간
② 표준시간 = 정미시간 × (1 + 여유율)
③ 표준시간 = 정미시간 × ($\frac{1}{1-여유율}$)
④ 표준시간 = 정미시간 × ($\frac{1}{1+여유율}$)

17
TPM 활동의 기본을 이루는 3정 5S 활동에서 3정에 해당되는 것은?
① 정시간 ② 정돈
③ 정리   ④ 정량

[해설] • **3정** : 정량, 정품, 정위치를 3정이라 하며, 무엇이 얼마만큼 어디에서 어떠한 상태로 있는가를 한눈에 보아 알 수 있도록 눈으로 보는 관리를 정착시키는 활동

• **5S** : 정리, 정돈, 청소, 청결, 생활화를 뜻하는 것으로 현장의 낭비와 무질서를 제거하고 눈으로 보는 관리의 생활화로 밝고, 일하기 쉽고, 편안한 제조현장을 만드는 활동

18
생산계획량을 완성하는데 필요한 인원이나 기계의 부하를 결정하여 이를 현재 인원 및 기계의 능력과 비교하여 조정하는 것은?
① 일정계획 ② 절차계획
③ 공수계획 ④ 진도관리

[해설] **공수계획** : 생산계획량을 완성하는데 필요한 인원이나 기계의 부하를 결정하여 이를 현재 인원 및 기계의 능력과 비교분석하여 조정한다.

19
다음 중 절차계획에서 다루어지는 주요한 내용으로 가장 관계가 먼 것은?
① 각 작업의 소요시간
② 각 작업의 실시순서
③ 각 작업에 필요한 기계와 공구
④ 각 작업의 부하와 능력의 조정

20
연간 소요량 4000개인 어떤 부품의 발주비용은 매회 200원이며, 부품단가는 100원, 연간재고유지비율이 10%일 때 F.W.Harris식에 의한 경제적 주문량은 얼마인가?
① 40개/회   ② 400개/회
③ 1000개/회 ④ 1300개/회

[해설]
$$Q_0 = \sqrt{\frac{2D \cdot C}{II}} = \sqrt{\frac{2 \times 4000 \times 200}{100 \times 0.1}} = 400$$

21
일정통제를 할 때 1일당 그 작업을 단축하는 데 소요되는 비용의 증가를 의미하는 것은?
① 비용구배(Cost Slope)
② 정상소요시간(Normal Duration Time)
③ 비용견적(Cost Estimation)
④ 총비용(Total Cost)

[해설] **비용구배** : 비용구배는 작업을 1일 단축할 때 추가되는 직접비용을 말한다.

22
어떤 공장에서 작업을 하는 데 있어서 소요되는 기간과 비용이 다음 표와 같을 때 비용구배는 얼마인가? (단, 활동시간의 단위는 일(日)로 계산한다)

정상작업		특급작업	
기간	비용	기간	비용
15일	150만원	10일	200만원

① 50,000원
② 100,000원
③ 200,000원
④ 300,000원

[해설] 비용구배 = $\dfrac{특급비용 - 정상비용}{정상작업 - 특급작업}$
= $\dfrac{200만원 - 150만원}{15일 - 10일}$ = 100,000(원/일)

23
다음 표는 A 자동차 영업소의 월별 판매실적을 나타낸 것이다. 5개월 단순이동 평균법으로 6월의 수요를 예측하면 몇 대인가?

월	1	2	3	4	5
판매량	100대	110대	120대	130대	140대

① 120
② 130
③ 140
④ 150

[해설] $F_t = \dfrac{At - i}{n} = \dfrac{100 + 110 + 120 + 130 + 140}{5} = 120(대)$

24
품질관리 기능의 사이클을 표현한 것으로 옳은 것은?
① 품질개선 - 품질설계 - 품질보증 - 공정관리
② 품질설계 - 공정관리 - 품질보증 - 품질개선
③ 품질개선 - 품질보증 - 품질설계 - 공정관리
④ 품질설계 - 품질개선 - 공정관리 - 품질보증

25
다음 중 신제품에 대한 수요예측 방법으로 가장 적절한 것은?
① 시장조사법
② 이동평균법
③ 지수평활법
④ 최소자승법

[해설] **시장조사법** : 신제품에 대한 수요예측 방법으로 가장 적합하다.

26
어떤 회사의 매출액이 80000원, 고정비가 15000원, 변동비가 40000원일 때 손익분기점 매출액은 얼마인가?
① 25000원
② 30000원
③ 40000원
④ 55000원

[해설] 손익분기점(BGP) = $\dfrac{고정비(F)}{1 - \dfrac{변동비(V)}{매출액(S)}} = \dfrac{15000}{1 - \dfrac{40000}{80000}}$
= 30000(원)

27
그림과 같은 계획공정도(Network)에서 주공정은?

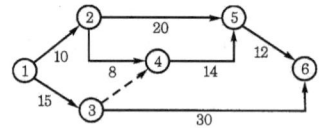

① ① - ③ - ⑥
② ① - ② - ⑤ - ⑥
③ ① - ② - ④ - ⑤ - ⑥
④ ① - ③ - ④ - ⑤ - ⑥

28
단계여유(Slack)의 표시로 옳은 것은?(단, TE : 가장 이른 예정일, TL : 가장 늦은 예정일, TF : 총 여유시간, FF : 자유여유시간)

① TE-TL
② TL-TE
③ FF-TF
④ TE-TF

[해설] **단계여유(Slack)** : 프로젝트의 최종완료 시간에 영향을 미치지 않는, 각 단계에서의 여유시간. 해당 단계의 가장 늦은 단계시간과 가장 이른 단계시간의 차이이다.

29
작업방법 개선의 기본 4원칙을 표현한 것은?

① 층별 － 랜덤 － 재배열 － 표준화
② 배제 － 결합 － 랜덤 － 표준화
③ 층별 － 랜덤 － 표준화 － 단순화
④ 배제 － 결합 － 재배열 － 단순화

[해설] **작업방법 개선의 기본 4원칙** : 배제 － 결합 － 재배열 － 단순화

30
그림의 OC 곡선을 보고 가장 올바른 내용을 나타낸 것은?

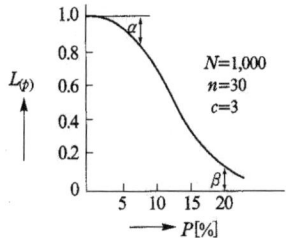

① α : 소비자 위험
② $L_{(p)}$: 로트가 합격할 확률
③ β : 생산자 위험
④ 부적합품률 : 0.03

[해설] ① P(%) : 로트의 부적합품률(%)
② $L_{(p)}$: 로트가 합격할 확률
③ α : 합격시키고 싶은 로트가 불합격될 확률(생산자 위험)
④ β : 불합격시키고 싶은 로트가 합격될 확률(소비자 위험)
⑤ c : 합격판정개수
⑥ N : 로트의 크기
⑦ n : 시료의 크기

제 3 장 작업관리

01 작업방법연구

(1) 작업관리 정의

작업연구는 인간의 일을 분석·설계·관리하기 위한 공학(工學, engineering)이다. 인간이 행하는 생산적인 활동의 모든 것이 포함되며 기업이나 공공사업 등의 조직체에서 행해지는 제조나 서비스 현장에서의 적용을 뜻한다. 그 일을 계획·관리하는 일이 작업연구의 대상이다.

(2) 작업연구

방법연구(Method Study)와 작업측정(Work Measurement)으로 구성, 동작시간연구(Motion And Time Study), 작업간소화(Work Simplification), 방법공학(Method Engineering)이라고도 불린다. 제조업에 있어서 반복작업이 많은 기계 가공이나 조립공장의 직접작업을 대상으로 하여 적용하며, 사무부문과 간접부문에서의 반복작업에도 적용할 수 있다. 건설·토목·농업·수송·창고·백화점·공공 서비스 기관 등 모든 업종에서 작업연구가 활용되고 있다.

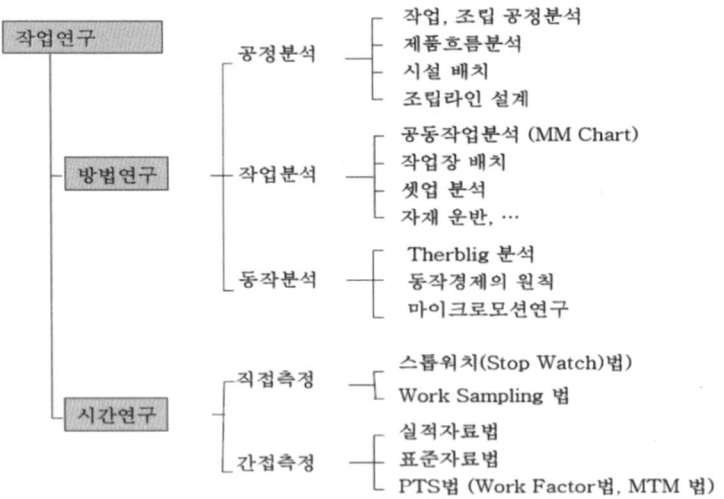

① 방법연구(동작연구, Motion Study) : 불필요한 작업요소를 제거하여 효과적이고 필요한 작업과정을 합리화시키려는 연구, 공정분석, 작업분석, 동작분석 등으로 분류된다.
② 작업측정(시간연구, Time Study) : 숙련된 작업자가 정상속도로 작업할 때 소요되는 시간, 시간측정하기 위한 목적으로 제안된 기법을 연구하는 것

(3) 공정분석

공정도시기호를 이용하여 개선 방안을 모색하려는 방법연구. 제품공정분석, 사무공정분석, 작업자 공정분석, 부대분석으로 분류된다.

제품공정 분석	• 단순공정분석 : 세부분석을 위한 사전 조사용으로 사용되는 것, 가공, 검사의 기호만 사용하는 작업공정도가 이용된다. • 세밀공정분석 : 생산공정의 종합적 개선, 공정관리제도 개선에 사용되는 것, 가공, 검사, 운반, 저장, 정체의 기호를 사용하는 흐름공정도가 이용된다.
사무공정 분석	사무실이나 공장에서 서류를 중심으로 하는 사무제도나 수속을 분석, 개선하는 데 사용하며 주로 서비스분야에 적용된다.
작업자 공정분석	작업을 수행하는 가공, 검사, 운반, 저장 등의 기호를 사용하여 분석하는 것, 업무범위와 경로 등을 개선하는 데 사용된다.

(4) 공정분석 기호

가공시간 및 운반거리 기입 방법

- 가공시간 : $\dfrac{1개당 가공시간 \times 1로트의 수량}{1로트의 총 가공시간}$ 또는, $\dfrac{1로트당 가공시간 \times 로트의 수}{총로트의 가공시간}$
- 평균대기시간 = 평균 대기로트의 수 × 로트당 대기시간
- 운반거리 = $\dfrac{1회 운반거리 \times 운반횟수}{1로트의 총 운반거리}$ = 또는 총 운반거리

공정명	기호의 명칭	공정 기호	의 미
가공	가공	○	원료, 재료, 부품 또는 제품의 형상, 품질에 변화를 주는 과정을 나타낸다.
운반	운반	⇨	원료, 재료, 부품 또는 제품의 위치에 변화를 주는 과정을 나타낸다(지름은 가공기호의 1/2~1/3로 한다).
검사	수량검사	□	원료, 재료, 부품 또는 제품의 양(수량)을 측정하여 그 결과를 기준과 비교하여 차이를 아는 과정을 나타낸다.
	품질검사	◇	원료, 재료, 부품 또는 제품의 품질특성을 시험하고, 그 결과 로트의 합격, 불합격 또는 제품의 양, 불량을 판정하는 과정을 나타낸다.

대기	저장	▽	원료, 재료, 부품 또는 제품을 계획에 따라 저장하고 있는 과정을 나타낸다.
	정체	D	원료, 재료, 부품 또는 제품이 계획과는 달리 정체되어 있는 과정을 나타낸다.
복합기호	품질/수량검사	◇	품질검사를 주로 하면서 수량검사도 한다.
	품질/수량검사	◇	수량검사를 주로 하면서 품질검사도 한다.
	가공/수량검사	○	가공을 주로 하면서 수량검사도 한다.
	수량검사	⊙→	가공을 주로 하면서 운반도 한다.

(5) 작업분석(Operation Analysis)

개개의 작업내용에 대하여 분석하여, 작업내용 개선과 작업표준화의 기초자료로 이용하는 것, 작업표준의 기초자료 및 작업개선의 중점발견, 연계작업의 효율을 높이기 위한 설계, 개선자료로 이용한다. 사실의 정량적인 파악에 의해 현재의 방법을 파악한다.

[분석기법 종류]

작업분석표 (양손동작분석표)	• 손 또는 다른 신체부위를 이용하여 수행되는 작업을 분석하는 데 이용 • 양손을 사용하는 작업분석에 일반적으로 많이 사용되는 분석표
다중활동분석표 (복합활동분석표)	• 작업자와 작업자, 작업자와 기계간의 상호관계 분석 • 작업조편성이나 인원수 결정, 적정기계수를 결정하기 위한 분석표

이론적인 기계대수(n) = $\dfrac{a+t}{a+b}$

a : 작업자와 기계의 동시작업시간
b : 독립적인 작업자만의 작업시간
t : 기계가동시간

(6) 동작분석(Motion Analysis)

작업을 경제적으로 수행할 수 있는 방법을 발견하기 위해 각 작업을 세밀한 단위에 이르기까지 분석한다. 무리, 낭비, 불합리한 요소를 제거하고, 작업 수행에 요구되는 합리적 방법을 결정하기 위한 연구이다. 작업의 동작을 분해가능 한 최소한의 단위로 분석한다.

① 동작분석의 종류
- 서블릭(Therblig) 분석 : 작업자의 작업을 18종류의 동작요소(서블릭 기호)로 정하고, 이 기호를 이용하여 관측용지에 기록하여 작업동작을 분석하는 방법이다.
- 필름분석법(Film Method) : 대상작업을 촬영하여 그 한 컷(Frame), 한 컷을 분석함으로써 동작내용, 동작순서, 동작시간을 명확히 하여 작업개선에 도움을 주기 위한 기법이다.
- 기타 분석 : 사이클 그래프분석, 크로노그래프 사이클 분석, 스트로보 사진 분석, 아이(Eye) 카메라 분석, VTR 분석적인 동작을 줄이거나 배제시켜 최선의 작업방법을 추구한다.

[동작분석 방법]

작업대상	동작분석	
	(미세동작)	동작
분석방법	필름분석 (고속도카메라)	서블릭 PTS법 MTM W·F법

(7) **동작경제의 원칙**

길브레스(F.B. Gilbreth)가 처음 사용하였고, 반즈(R. M. Barnes)가 개량·보완·연구하였다. 작업자가 에너지 낭비 없이 효과적으로 작업할 수 있도록 작업자의 동작을 세밀하게 분석하여 가장 경제적이고 합리적인 표준동작을 설정하는 것이다. 인체의 사용에 관한 원칙, 작업장의 배열에 관한 원칙, 그리고 공구 및 장비의 설계에 관한 원칙이 있다.

신체사용에 관한 원칙	• 불필요한 동작을 배제한다. • 동작은 최단거리로 행한다. • 동작은 최적, 최저차원의 신체부위로서 행한다. • 제한이 없는 쉬운 동작(탄도동작)으로 할 수 있도록 한다. • 가능한 한 물리적 힘(관성, 중력)을 이용하여 작업을 한다. • 동작은 급격한 방향전환을 없애고, 연속곡선운동으로 한다. • 동작은 율동(리듬)을 만든다. • 두 손의 동작은 같이 시작하고 같이 끝나도록 한다. • 휴식시간을 제외하고 양손이 동시에 쉬지 않도록 한다. • 두팔은 반대방향에서 대칭적인 방향으로 동시에 움직인다.

작업장 배치 원칙	• 공구와 재료는 일정위치에 정돈하여야 한다. • 공구와 재료는 작업자의 정상작업영역 내에 배치한다. • 공구와 재료는 작업순서대로 나열한다. • 의자와 작업대의 모양과 높이는 각 작업자에게 알맞도록 설계하고 지급한다. • 충분한 조명을 하여 작업자가 잘 볼 수 있도록 한다. • 재료를 될 수 있는대로 사용위치 가까이에 공급할 수 있도록 중력을 이용한 호퍼 및 용기를 사용한다.
공구설비 설계 원칙	• 손 이외의 신체부분을 이용한 조작방식을 도입한다. • 공구류는 2가지 이상의 기능을 조합한 것을 사용한다. • 공구류와 재료는 처음부터 정한 장소에 정해진 방향으로 놓아 다음에 사용하기 쉽도록 한다. • 각각의 손가락이 사용되는 작업에서는 각 손가락의 힘이 같지 않음을 고려한다. • 공구류의 각종 손잡이는 필요한 기능을 충족시켜 피로를 감소시킬 수 있도록 설계한다. • 기계조작 부분의 위치는 작업자가 최소의 움직임으로 최고의 효율을 얻을 수 있도록 한다.

(8) 서블릭 분석

Gilbreth는 동작연구를 통하여 인간이 행하는 모든 수작업을 18가지의 기본동작으로 구성하고 자기의 성을 거꾸로 써서 서블릭이라고 명명하였다.

Gilbreth(18가지) → 현재 17가지

수작업에서 분해 가능한 최소한의 단위이며 동작 내용보다 동작 목적에 의거하여 분류한다.

> **서블릭 기호 설명**
> • 찾기(SearcH) : 눈 또는 손으로 목표물의 위치를 알고자 할 때 발생(공구나 부품의 위치를 고정시켜 배제 가능)
>   예 연필이 어디 있는지 두리번거린다.
> • 고르기(SelecT) : 2개 이상의 비슷한 물건 중에서 하나를 선택할 때(일반적으로 찾기 다음에 고르기 발생)
>   예 연필꽂이에서 연필 한 자루를 집을 때
> • 쥐기(Grasp) : 대상물을 손가락으로 잡는 모양
>   예 못을 박기 위하여 장도리를 손에 쥘 때
> • 빈손이동(Transport Empty) : 흔히 뻗치기(Reach)와 같은 의미로 사용
>   예 책상 위에 놓여져 있는 펜을 잡으러 갈 때

번호	서블리그 이름	기호			예
		문자기호	기호	설명	
1	찾는다 (search)	Sh	◯	눈으로 물건을 찾는 형	연필을 어디에 있는가 찾는다
2	선택한다 (select)	St	→	선택한 것을 기다리는 형	몇자루 중에서 1자루의 연필을 선택한다.
3	잡는다 (grasp)	G	∩	물건을 잡는 손의 형	연필을 잡는다.
4	빈손이동 (transpor empty)	TE	‿	빈손 형	연필에 손을 뻗치다.
5	운반한다 (transpor load)	TL	‿•	손에 물건이 놓아진 형	연필을 쥐고 있다.
6	쥐고 있다 (hold)	H	⊓	자석에 물건을 달라 붙은 형	연필을 쥔 채로 있다.
7	놓는다 (release load)	RL	⌒•	손바닥을 거꾸로 한 형	연필을 놓는다.
8	정치 (position)	P	9	물건을 손가락 끝에 둔 형	연필끝을 특정위치에 두다.
9	전치 (pre-position)	PP	8	보링의 형	사용하기 쉽게 연필을 고쳐 잡는다.
10	조사하다 (inspect)	I	◯	렌즈의 형	글자의 완성된 모양을 조사하다.
11	조합 (assemble)	A	#	우물 "정"자의 형	연필에 뚜껑을 씌우다.
12	분해 (disasseemble)	DA	╫	우물 "정"자에 하나를 뺀 형	뚜껑을 벗기다.
13	사용하다 (use)	U	U	Use의 U형	글자를 쓰다.
14	피할 수 없는 지연 (unavoidable delay)	UD	⌃•	사람이 앞으로 넘어진 모양	정전으로 글자를 쓸 수 없어 수대기한다.
15	피할 수 있는 지연 (avoidable delay)	AD	∟•	사람이 누워 있는 형	한눈을 팔면서 글자를 쓰지 않는다.
16	생각하다 (delay)	Pn	℔	머리에 손을 대고 생각하고 있는 형	어떤 글자를 쓸까 생각한다.
17	휴식 (overcoming fatigue)	R	⌐	사람이 의자에 앉아서 쉬고 있는 형	피로해서 쉰다.

02 작업시간 연구

(1) **표준시간(Standard Time : ST)**
표준작업조건에서 표준작업방법으로 표준작업능력을 가진 작업자가 표준작업속도로 표준작업량을 완수하는 데 필요한 시간(공수)이다.
① **정미시간(Normal Time : NT)** : 작업수행에 직접 필요한 시간으로 정상시간이라 한다.
② **여유시간(Allowance Time : AT)** : 작업을 진행시키는 데 불규칙적이고 우발적으로 발생하는 소요시간을 정미시간에 가산하여 보상하는 시간이다.

(2) **표준시간의 계산**
① **외경법에 의한 계산** : 여유율(A)을 정미시간 기준으로 산정하여 사용하는 방식

$$표준시간 = 정미시간 \times (1 + 여유율)$$
$$= 정미시간 \times \left(1 + \frac{여유시간}{실동시간 - 여유시간}\right)$$
$$= 정미시간 \times \left(\frac{실동시간}{실동시간 - 여유시간}\right)$$

② **내경법에 의한 계산** : 여유율은 근무시간(실동시간)을 기준으로 산정하는 방법으로 정미시간이 명확하지 않을 경우에 사용한다.

$$표준시간 = 정미시간 \times \left(\frac{1}{1 - 여유율}\right)$$
$$= 정미시간 \times \left(1 + \frac{여유율}{100 - 여유율}\right)$$
$$= 정미시간 \times \left(\frac{100}{100 - 여유율}\right)$$

(3) **작업측정**
제품과 서비스를 생산하는 워크시스템(Work System)을 과학적으로 계획, 관리하기 위하여 작업자가 그 활동에 소요되는 시간과 자원을 측정 또는 추정하여 표준시간을 설정하는 것이다.

작업측정 종류	
간접측정법	• 기정시간표준법(PTS : Predetermined Time Standard System) • 표준자료법 • 실적기록법(통계적 기준법)
직접 측정법	• 시간연구법 : 스톱워치법, 촬영법, VTR 분석법 등 • 워크샘플링(Work Sampling)법 : 작업자를 무작위로 관찰하여 시간표준을 설정하는 기법

제3장 출제 예상 문제

01
모든 작업을 기본동작으로 분해하고 각 기본동작에 대하여 성질과 조건에 따라 정해놓은 시간치를 적용하여 정미시간을 산정하는 방법은?
① PTS법 ② WS법
③ 스톱워치법 ④ 실적기록법

[해설] **PTS법** : 스톱워치를 사용하여 시간을 설정하는 스톱워치법과 사람이 시행하는 작업을 기본동작으로 분석하여, 각 동작에 미리 정해진 시간을 맞추어서 작업의 표준시간을 정한다.

02
다음 중에서 작업자에 대한 심리적 영향을 가장 많이 주는 작업측정의 기법은?
① PTS법 ② 워크샘플링 법
③ WF법 ④ 스톱워치법

[해설] 작업자에 대한 심리적 영향을 가장 많이 주는 작업측정기법이다.

03
제품공정 분석표용 공정도시 기호 중 정체공정(Delay) 기호는 어느 것인가?
① ○ ② →
③ D ④ □

[해설] ① 작업 ② 운반 ③ 정체 ④ 검사

04
PERT에서 Network에 관한 설명 중 틀린 것은?
① 가장 긴 작업시간이 예상되는 공정을 주공정이라 한다.
② 명목상의 활동 (dummy)은 점선 화살표(⇢)로 표시한다.
③ 활동(Activity)은 하나의 생산작업 요소로서 원(○)으로 표시된다.
④ Network는 일반적으로 활동과 단계의 상호관계로 구성된다.

[해설] 활동 : 실선화살표(→)로 표시
단계 : 원(○)으로 표시

05
공정분석 기호 중 □는 무엇을 의미하는가?
① 검사 ② 가공
③ 정체 ④ 저장

[해설] **공정 분석기호** : 가공(작업)-○, 정체-D, 저장-▽

06
그림과 같은 계획공정도(Network)에서 주공정으로 옳은 것은?(단, 화살표 밑의 숫자는 활동시간(단위 : 주)를 나타낸다)

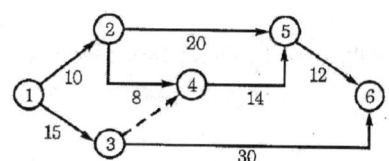

① ①-②-⑤-⑥
② ①-②-④-⑤-⑥
③ ①-③-④-⑤-⑥
④ ①-③-⑥

[해설] 주공정은 가장 긴 작업시간이 예상되는 공정이다.

07
작업자가 장소를 이동하면서 작업을 수행하는 경우에 그 과정을 가공, 검사, 운반, 저장 등의 기호를 사용하여 분석하는 것을 무엇이라 하는가?
① 작업자 연합작업분석
② 작업자 동작분석
③ 작업자 미세분석
④ 작업자 공정분석

08
다음 중 관리 사이클을 가장 올바르게 표시한 것은?(단, A : 조처, C : 검토, D : 실행, P : 계획)
① P → C → A → D
② P → A → C → D
③ A → D → C → P
④ P → D → C → A

[해설] 관리 사이클 : 계획 → 실행 → 검토 → 조처

09
일반적으로 품질 코스트 가운데 가장 큰 비율을 차지하는 코스트는?
① 평가 코스트　② 실패 코스트
③ 예방 코스트　④ 검사 코스트

[해설] 일반적으로 품질 코스트 가운데 실패 코스트가 큰 비율을 차지하게 된다.

10
방법시간측정법(MTM : Method Time Measurement)에서 사용되는 1TMU(Time Measurement Unit)는 몇 시간인가?
① $\frac{1}{100,000}$ 시간　② $\frac{1}{10,000}$ 시간
③ $\frac{6}{10,000}$ 시간　④ $\frac{36}{1,000}$ 시간

11
다음 중 반즈(Ralph M. Barnes)가 제시한 동작경제의 원칙에 해당되지 않는 것은?
① 표준작업의 원칙
② 신체의 사용에 관한 원칙
③ 작업장의 배치에 관한 원칙
④ 공구 및 설비의 디자인에 관한 원칙

[해설] 반즈의 동작경제의 원칙 : 신체의 사용에 관한 원칙, 작업장의 배치에 관한 원칙, 공구 및 설비의 설계에 관한 원칙

12
다음 검사의 종류 중 검사공정에 의한 분류에 해당되지 않는 것은?
① 수입검사　② 출하검사
③ 출장검사　④ 공정검사

[해설] 검사공정에 의한 분류 : 수입검사, 공정검사, 출하검사

13
ASME(American Society of Machine Engineers)에서 정의하고 있는 제품공정 분석표에 사용되는 기호중 "저장(Storage)"을 표현한 것은?
① ○　② D
③ □　④ ▽

[해설] ① 작업 ② 정체 ③ 검사

14
다음 중 사내표준을 작성할 때 갖추어야 할 용건으로 옳지 않은 것은?)
① 내용이 구체적이고 주관적일 것
② 장기적 방침 및 체계하에서 추진할 것
③ 작업표준에는 수단 및 행동을 직접 제시할 것
④ 당사자에게 의견을 말하는 기회를 부여하는 절차로 정할 것

[해설] 기록내용은 구체적이고 객관적이어야 한다.

15
다음 중 인위적 조절이 필요한 상황에 사용될 수 있는 워크팩터(Work Factor)의 기호가 아닌 것은?
① D　② K
③ P　④ S

[해설] 워크팩터(Work Factor) : 표준 작업 시간을 산정하는 수법의 하나. 미리 측정대상 작업자의 동작을 표로 하고 이 표를 바탕으로 작업 시간을 측정하여 분석하는 방법

16

과거의 자료를 수리적으로 분석하여 일정한 경향을 도출한 후 가까운 장래의 매출액, 생산량 등을 예측하는 방법을 무엇이라 하는가?

① 델파이법　　② 전문가패널법
③ 시장조사법　　④ 시계열 분석법

17

작업개선을 위한 공정분석에 포함되지 않는 것은?

① 제품 공정분석　　② 사무 공정분석
③ 직장 공정분석　　④ 작업자 공정분석

18

다음 검사의 종류 중 검사공정에 의한 분류에 해당 되지 않는 것은?

① 수입검사　　② 출하검사
③ 출장검사　　④ 공정검사

19

품질 코스트(quality cost)를 예방 코스트, 실패 코스트, 평가 코스트로 분류할 때, 다음 중 실패 코스트(failure cost)에 속하는 것이 아닌 것은?

① 시험 코스트　　② 불량대책 코스트
③ 재가공 코스트　　④ 설계변경 코스트

20

Ralph M.Barnes 교수가 제시한 동작경제의 원칙 중 작업장 배치에 관한 원칙(Arrangement of the workplace)에 해당 되지 않는 것은?

① 가급적이면 낙하식 운반방법을 이용한다.
② 모든 공구나 재료는 지정된 위치에 있도록 한다.
③ 충분한 조명을 하여 작업자가 잘 볼 수 있도록 한다.
④ 가급적 용이하고 자연스런 리듬을 타고 일할 수 있도록 작업을 구성하여야 한다.

정답 16 ④　17 ③　18 ③　19 ①　20 ④

제4장 기타 공업 경영 관련사항

(1) **설비보전의 종류**

넓은 의미에서는 전 생산시스템 혹은 어떤 특정설비를 가동 가능한 상태로 유지해 놓은 것을 말한다. 이러한 보전방식에는 다음과 같은 것이 있다.

① **예방보전(Preventive Maintenance : Pm)** : 근대적 기업에서는 가능한 한 성능저하나 생산성의 휴지시간을 적게 하고, 유휴손실의 감소에 노력해야 한다. 그러기 위해서 미리 검사·조정 등의 보전활동을 하는 것을 말한다.

② **일상보전(Routine Maintenance : Rm)** : 매일, 매주로 점검·급유·청소 등의 작업을 함으로서 열화나 마모를 가능한 한 방지하도록 하는 것이다.

③ **개량보전(Corrective Maintenance : Cm)** : 교정보전이라고도 하는데, 이는 설비고장 시 단지 수리하는 것뿐만 아니라 보다 좋은 부품교체 등을 통하여 설비의 열화, 마모의 방지는 물론 수명의 연장을 기하도록 하는 활동이다.

④ **사후보전(Breakdown Maintenance : Bm)** : 어느 정도로 예방보전을 빈번히 행하여도 설비는 고장나는 것이 당연하다. 따라서 수리에 대한 여러 대책을 확립해 둘 필요가 있다. 수리부품을 준비해 둔다든지 수리를 외주하든지 또는 예비기계를 설치하는 것이 필요하다.

⑤ **예측보전(Predictive Maintenance)** : 보전활동을 기계를 써서 행하도록 하는 방식이다. 예를 들면, 진동분석기, 광학측정기 등의 계측기를 기계고장의 발생이 쉬운 곳에 설치하여 보전에 사용하도록 하는 것을 말한다.

(2) **설비보전의 조직형태**

① **집중보전(centeral maintenance)** : 한사람의 관리자 밑에 공장의 모든 보전요원이 배치되어 모든 보전활동을 집중관리하는 방식

② **지역보전(areal maintenance)** : 각 제조현장에 보전요원이 상주하여 그 지역의 설비검사, 급유, 수리 등을 담당하는 것으로 대규모공장에 많이 채택하는 방식

③ **부문보전(departmental maintenance)** : 각 제조부문의 감독자 밑에 보전요원을 배치하여 보전을 행하는 방식

④ **절충보전(combination maintenance)** : 집중보전, 지역보전, 부문보전을 결합한 방식으로 각 보전방식의 장점을 살려 보전하는 방식

(3) 설비보전의 발전 순서

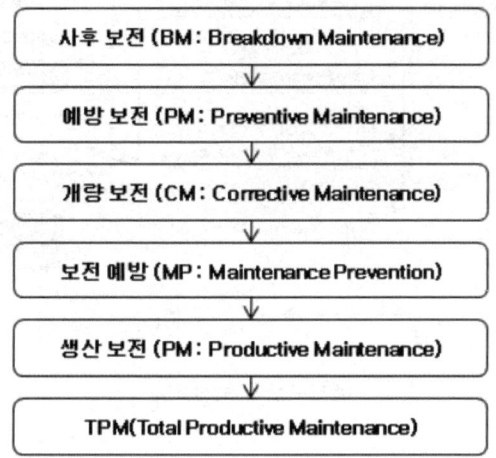

(4) 예지보전

설비진단 기술을 활용하여 설비의 현재상태를 파악, 데이터 수집과 분석을 통하여 현상을 미리 진단하여 문제점을 밝혀내고(Predictive), 꼭 필요한 부분만을 사전에 예방정비(Preventive)하는 개념이다. 불의사고나 Shutdown을 현저히 줄일 수 있고, 설비의 상시감시를 통하여 손실실을 최소화할 수 있게 하여 예방정비의 효율을 극대화 시킬 수 있는 수단을 제공한다.

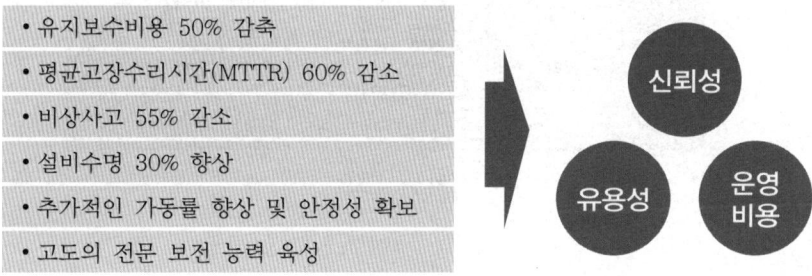

예지보전의 효과

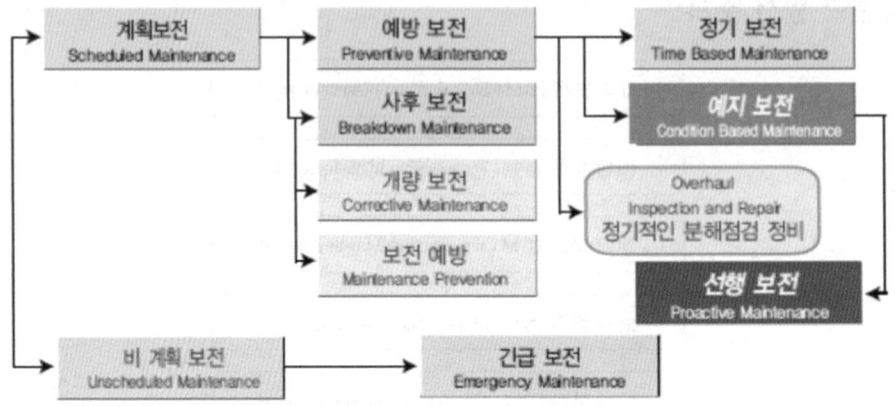

예지보전과 보전종류

(5) Tpm(Total Productive Maintenance)

전원참가 생산보전활동(종합적 설비보전)으로 생산시스템, 종합적인 효율화를 추구하여 라이프 사이클 전체를 대상으로 로스제로(Loss Zero)화를 달성하려는 생산보전(Pm)활동이다. 설비효율의 최대 향상을 목표로 한다(종합적 효율화).

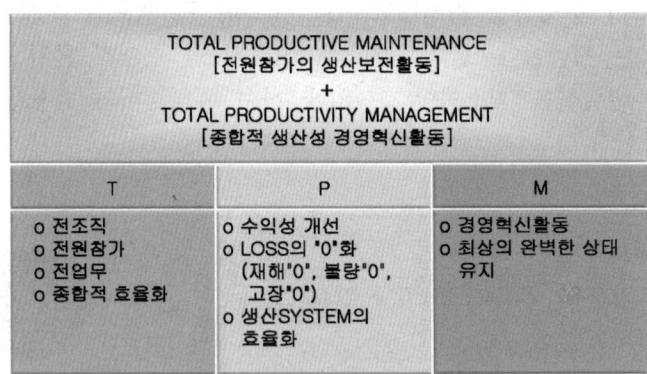

TPM 모식도

3정 5S		
3정	㉮ 정품 : 규격에 맞는 재료나 부품을 사용하는 것 ㉯ 정량 : 정해진 양만큼 사용하는 것 ㉰ 정위치 : 물품이나 공구를 사용한 후에 항상 제자리에 놓는 것	
5행(5S)	㉮ 정리 : 필요한 것과 필요 없는 것을 구분하여 필요 없는 것을 없애는 것 ㉯ 정돈 : 필요한 것은 언제든지 필요한 때에 사용할 수 있는 상태로 하는 것 ㉰ 청소 : 먼지를 닦아내고 그 밑에 숨어 있는 부분을 보기 쉽게 하는 것 ㉱ 청결 : 정리, 정돈, 청소의 상태를 유지하는 것 ㉲ 생활화 : 정해진 일을 올바르게 지키는 습관을 생활화하는 것	

(6) 품질코스트

품질코스트	설계품질	연구 코스트	소비자의 요구품질-참품질-특성을 탐구하는 데 드는 비용 예 시장 조사비, 유행 연구비
		개발 코스트	참품질 특성을 설계부문 또는 연구부문에서 대용특성으로 변환하기 위해 드는 비용 예 설계비, 설계자료비
	제조품질	예방 코스트	처음부터 불량이 발생치 않도록 하는 데 소요되는 비용, 즉 불량품 발생의 예방에 요하는 비용 예 QM계획, QM교육, QC기술, QM사무코스트
		평가 코스트	제품의 품질을 올바르게 평가함으로써, 회사의 품질수준을 유지하는 데 드는 비용 예 각종 검사 및 시험비, PM 코스트 등
		실패 코스트	소정의 품질수준 유지에 실패한 경우 발생하는 불량제품, 불량원료에 의한 손실비용 예 폐기, 재가공, 외주불량, 설계변경, 불량대책, 재심코스트 및 각종 서비스 비용(현지S., 지참S., 대품S.) 등

제4장 **기타 공업 경영 관련사항**

> **TIP**
>
> **한줄요약**
> - 품질관리 기능의 사이클(설계관리보증개선) : 품질설계 → 공정관리 → 품질보증 → 품질개선
> - 4M : ㉠ Man(사람) ㉡ Material(자재) ㉣ Machine(기계) ㉢ Method(방법)
> - 품질특성을 나타내는 데이터 중 계수치 데이터에 속하는 것 : 부적합품의 수
> - 계수치 관리도(계수값 관리도) : P 관리도, nP 관리도, c 관리도, u 관리도
> - c 관리도 : 부적합(결점)수 관리, p 관리도 : 부적합품률, np관리도 : 불량개수 u관리도 : 단위당 결점수
> - 계량치 관리도 : R 관리도, X관리도
> - 공정에서 산발적으로 발생하며, 품질의 변동에 크게 영향을 끼치는 요주의 우발원인 : 이상원인
> - 파레토도(Pareto Diagram) : 데이터를 그 내용이나 원인 등 분류 항목별로 나누어 크기의 순서대로 나열하여 나타낸 그림
> - PTS법 : predetermined time standards method
> - 기정시간표준법(predetermined : 미리 결정된)
> - 일반적으로 품질 코스트 가운데 가장 큰 비율을 차지 하는 것 : 실패 코스트
> - 일정통제를 할 때 1일당 그 작업을 단축하는데 소요되는 비용의 증가를 의미하는 것 : 비용구배 (Cost Slope)
> - 검사 중 판정의 대상에 의한 분류 : ㉠ 전수검사(100% 검사) ㉡ 로트별 검사(로트별 샘플링 검사) ㉢ 관리 샘플링 검사
> - 정확성 : 어떤 측정법에서 동일 시료를 무한횟수 측정하였을 때 데이터 분포의 평균치와 모집단 참값과의 차이
> - 작업 과정을 가공, 검사, 운반, 저장 등의 기호를 사용하여 분석하는 것 : 작업자 공정분석
> - 생산관리 3S 원칙 : 단순화, 표준화, 전문화
> - 생산계획량을 완성하는 데 현재인원 및 기계의 능력과 비교하여 조정하는 것 : 공수계획
> - 특성요인도 : 문제가 되는 결과와 대응하는 원인과의 관계를 알기 쉽게 도표로 나타낸 것
> - 스톱워치법 : 작업자에 대한 심리적 영향을 가장 많이 주는 작업측정의 기법
> - 생산보전(PM : Productive Maintenance) : ㉠ 사후보전(BM) ㉡ 예방보전(PM) ㉢ 계량보전 (CM) ㉣ 보전예방(MP)
> - 예방보전(Preventive Maintenance) : 고장으로 인하여 발생할 수 있는 손실을 최소화하기 위한 예방활동
> - 제품공정 분석표 : 가공, 검사, 운반, 지연, 저장에 관한 정보를 수집하여 분석하고 검토를 행하는 것
> - 검사(품질관리)를 판정 : ㉠ 전수검사 ㉡ 로트별 샘플링검사 ㉢ 관리 샘플링 검사 ㉣ 무검사 ㉤ 자주검사
> - 검사의 성질에 대한 분류 : ㉠ 파괴검사 ㉡ 비파괴검사 ㉢ 관능검사
> - 검사항목에 의한 분류 : ㉠ 수량검사 ㉡ 중량검사 ㉢ 성능 검사 ㉣ 외관검사 ㉤ 치수검사
> - 더미활동(Dummy Activity) : 실제활동은 아니며, 활동의 선행조건을 네트워크에 명확히 표현하기 위한 활동
> - TQC(Total Quality Control) : 전사적인 품질정보의 교환으로 품질향상을 기도하는 기법
> - SQC : 통계적 품질관리, Statistical Quality Control
> - 로트(Lot)수의 정의 : 일정한 제조횟수를 표시하는 개념

- Pn 관리도 : 관리한계선을 구하는데 이항분포를 이용하여 관리선을 구하는 관리도
- 생산관리통계적 방법 ① 관리도 ② 발취 검사법 ③ 추정 검정법 ④ 상관 분석 ⑤ 회귀 분석분산분석
- 생산관리 생산의 효율적 운영에 관하여 계획하고 통제하는 기능
- 품질관리 품질을 보장하고 이것을 가장 경제적 제품으로서 생산하는 방법, 약칭 QC
- 관리 싸이클순서 Plan(계획, 설계) → Do(실시, 실행,제조) → Check(체크, 검토,판매) → Action(품질 만족 조사 조치)
- 7가지 작업 시스템의 요소 ① 과업 ② 작업 ③ 공정투입 ④ 산출 ⑤ 인간 ⑥ 설비 ⑦ 환경
- 제품공정 분석표의 기호 (모든 작업), (운반 : →), (검사 : □), (지연 : D) 및 (저장 : ▽)의 계열을 기호로 표시
- 표준시간＝정미시간＋여유시간＋준비작업시간 (여유시간 : 작업 지연, 기계 고장, 재료등으로 소요되는 시간)
- 표준시간(내경법에 의한 계산식)＝정미시간×$\left(\frac{1}{1-여유율}\right)$ (정미시간 : 작업 수행에 직접 필요한 시간)
- 생산의 3, 4, 5, 7요소 사람, 자재, 기계, 방법, 정보, 판매, 자본
- 샘플링 검사 : 로트에서 랜덤하게 시료를 추출하여 검사한 후 결과에 따라 로트의 합격, 불합격을 판정하는 검사
- 층별 샘플링 : 모집단을 몇 개의 층으로 나누고 각 층으로부터 각각 랜덤하게 시료를 뽑는 샘플링 방법
- 샘플링 검사의 목적 : 검사비용의 절감, 품질향상의 자극, 나쁜 품질의 로트의 불합격 처리
- 규준형 샘플링 검사 : 공급자의 요구와 구입자의 요구 양쪽을 만족하도록 하는 샘플링 검사방식
- ZD(Zero Defect)운동 : 무결점 운동
- 도수 분포표의 작성 목적은? 로트의 분포를 알고 싶을 때, 로트의 평균치와 표준편차를 알고 싶을 때
- 도수분포표에서 도수가 최대인 곳의 대표치를 말하는 것 : 모드(Mode)
- 검사의 종류중 검사공정의 분류수입검사, 공정검사, 출하검사 / 입고검사, 출고검사 / 인수인계검사, 최종검사
- 시계열 분석법 과거분석하여 장래의 매출액 등을 예측하는 방법 : ㉠ 추세변동 ㉡ 순환변동 ㉢ 계절변동 ㉣ 불규칙변동
- 브레인스토밍(Brainstorming)과 가장 관계 깊은 것 : 특성요인도
- 브레인스토밍 : 회의에서 모두가 차례로 아이디어를 제출하여 그 중에서 최선책으로 결정하는 것
- 관리도의 판정 : 연(Run), 경향(Trend), 주기(Cycle)
- 워크팩터(Work Factor)의 기호 : D : 일정한 정지, P : 주의, S : 방향의 조절, U : 방향변경
- 워크팩터(Work Factor)
  - 각종 작업의 표준시간을 정하는 것
  - 작업에 대한 예측시간법
- 워크팩터 종류 MTM법(method time measurement : 방법시간측정), PTS법(predetermined time standards : 기정시간표준법).
- 신제품에 대한 수요예측방법으로 가장 적절한 것 : 시장조사법

제4장 기타 공업 경영 관련사항

- 동작경제의 원칙 : ㉠ 신체의 사용에 관한 원칙 ㉡ 작업장의 배치에 관한 원칙 ㉢ 공구 및 설비의 디자인에 관한 원칙
- 설비의 구식화에 의한 열화 : 상대적 열화
- 서블릭(Therblig) 기호는 어떤 분석에 이용되는가? 동작분석
- 동작분석이란 : 작업할 때에 발생하는 눈이나 손의 운동을 분석, 동작요소(서블릭)을 활용해서 실시
- 모집단의 참값과 측정 데이터의 차이는? : 오차
- 중위수(M_e) : 데이터의 크기를 오름차순으로 나열시 중앙에 위치하는 데이터값
- 시료평균($\bar{x}$) : n개의 데이터값의 합을 개수 n개로 나눈 값으로 산술평균
- 최빈수(M_0) : 도수가 최대가 되는 계급의 대푯값
- 미드-레인지(M) : 데이터의 최대값과 최소값의 평균값으로 범위의 중앙값
- 기하평균(G) : 기하급수적으로 변화하는 측정치 또는 시간에 따라 변화하는 측정치의 평균을 계산한 것
- 조화평균(H) : 역수를 산술평균하여 이를 다시 역으로 나타낸 값으로 평균속도와 평균가격 등을 계산 할 때 사용
- 전수검사가 유리한 경우 ① 검사비용에 비해 효과가 클 때 ② 물품의 크기가 작고, 파괴검사가 아닐 때등
- 샘플링 검사가 유리한 경우 ① 다수불량품이 있어도 문제가 없는 경우 ② 검사 항목이 많은 경우 등

제4장 출제 예상 문제

01
예방보전(Preventive Maintenance)의 효과로 보기에 가장 거리가 먼 것은?
① 기계의 수리비용이 감소한다.
② 생산시스템의 신뢰도가 향상된다.
③ 고장으로 인한 중단시간이 감소한다.
④ 잦은 정비로 인해 제조원가가 증가한다.

[해설] **예방보전** : 고장으로 인하여 발생할 수 있는 손실을 최소화하기 위한 예방활동이다.

02
설비의 구식화에 의한 열화는?
① 상대적 열화   ② 경제적 열화
③ 기술적 열화   ④ 절대적 열화

[해설] ① 기술적 열화(성능열화) : 표시된 기능, 기계효율이 저하하는 열화
② 경제적 열화 : 경제적 가치감소를 초래하는 열화
③ 절대적 열화 : 설비의 노후화

03
예방보전의 기능에 해당하지 않는 것은?
① 취급되어야 할 대상설비의 결정
② 정비작업에서 점검시기의 결정
③ 대상설비 점검개소의 결정
④ 대상설비의 외주이용도 결정

[해설] ①, ②, ③ : 예방보전의 기능

04
생산보전(PM : Productive Maintenance)의 내용에 속하지 않는 것은?
① 사후보전   ② 안전보전
③ 예방보전   ④ 개량 보전

[해설] **생산보전** : 예방보전(PM), 사후보전(BM), 개량보전(CM), 보전예방(MP)

05
제품공정 분석표(Product Process Chart) 작성시 가공시간 기입법으로 가장 올바른 것은?
① $\dfrac{1개당\ 가공시간 \times 1로트의\ 수량}{1로트의\ 총\ 가공시간}$
② $\dfrac{1로트의\ 총가공시간}{1개당\ 총가공시간 \times 1로트의\ 수량}$
③ $\dfrac{1개당\ 가공시간 \times 1로트의\ 총\ 가공시간}{1로트의\ 수량}$
④ $\dfrac{1로트의\ 수량}{1개당\ 가공시간 \times 1로트의\ 수량}$

06
다음 중 품질관리 시스템에 있어서 4M에 해당하지 않는 것은?
① Man   ② Machine
③ Material   ④ Money

[해설] **4M** : 사람(Man), 설비(Machine), 원재료(Material), 방법(Method)

07
다음 중 단속생산 시스템과 비교한 연속생산 시스템의 특징으로 옳은 것은?
① 단위당 생산원가가 낮다.
② 다품종 소량생산에 적합하다.
③ 생산방식의 주문생산방식이다.
④ 생산설비는 범용설비를 사용한다.

[해설] 연속생산시스템의 특징은 단위당 생산원가가 낮다.

정답 01 ④ 02 ① 03 ④ 04 ② 05 ① 06 ④ 07 ①

08
MTM(Method Time Measurement)법에서 사용되는 1TMU(Time Measurement Unit)는 몇 시간인가?

① $\dfrac{1}{100000}$ 시간 ② $\dfrac{1}{10000}$ 시간
③ $\dfrac{6}{10000}$ 시간 ④ $\dfrac{36}{1000}$ 시간

[해설] 1TMU(Time Measurement Unit) : $\dfrac{1}{100000}$ 시간=0.0001시간=0.0006분=0.036 초

09
ASME(American Society of Mechanical Engineers)에서 정의하고 있는 제품공정 분석표에 사용되는 기호 중 "저장(Storage)"을 표현한 것은?

① ○   ② □
③ ▽   ④ ⇨

10
TPM 활동 체제 구축을 위한 5가지 기둥과 가장 거리가 먼 것은?

① 설비초기관리체제 구축 활동
② 설비효율화의 개별개선 활동
③ 운전과 보전의 스킬 업 훈련 활동
④ 설비경제성검토를 위한 설비투자분석 활동

11
다음 내용은 설비보전조직에 대한 설명이다. 어떤 조직의 형태에 대한 설명인가?

> 보전 작업자는 조직상 각 제조부문의 감독자 밑에 둔다
> • 단점 : 생산우선에 의한 보전작업 경시, 보전기술 향상의 곤란성
> • 장점 : 운전자와 일체감 및 현장감독의 용이성

① 집중 보전   ② 지역보전
③ 부문보전   ④ 절충보전

[해설] 부문보전 : 각 제조부문의 감독자 밑에 공장의 보전요원을 배치하는 방식.

12
설비조전조직 중 지역보전(area maintenance)의 장·단점에 해당하지 않는 것은?

① 현장 왕복 시간이 증가한다.
② 조업요원과 지역보전요원과의 관계가 밀접해진다.
③ 보전요원이 현장에 있으므로 생산 본위가 되며 생산의욕을 가진다.
④ 같은 사람이 같은 설비를 담당하므로 설비를 잘 알며 충분한 서비스를 할 수 있다.

[해설] 지역보전의 특징
- 장점으로는 운전자와의 일체감 조성이 용이, 현장감독이 용이, 현장 왕복시간이 감소, 작업일정 조정이 용이, 특정설비의 습숙이 용이
- 단점으로는 노동력의 유효이용이 곤란, 인원배치의 유연성에 제약, 보전용 설비공구가 중복

13
국제 표준화의 의의를 지적한 설명중 직접적인 효과로 보기 어려운 것은?

① 국제간 규격통일로 상호 이익도모
② KS 표시품 수출 시 상대국에서 품질인증
③ 개발도상국에 대한 기술개발의 촉진을 유도
④ 국가 간의 규격상이로 인한 무역장벽의 제거

[해설] ② KS 표시품 수출 시 상대국에서 품질인증 → KS는 대한민국 표준이므로 상대국에서 인증하기 어렵다 국제표준(ISO)

정답 08 ① 09 ③ 10 ④ 11 ③ 12 ① 13 ②

PART 06

배관기능장

실기 적산

01 배관기능장 실기 적산 예상문제

시험시간 : 표준시간 3시간, 연장시간 없음

가. 수험자 유의사항

1. 요구사항

㉠ 제시된 위생 배관도와 표준품셈표, 건설자재 및 노임단가를 활용하여 적산작업 답안지 양식의 표에서 빈칸에 알맞은 명칭이나 규격 또는 수량을 기입하고, 집계표와 내역서를 완성하여 제출하시오.
㉡ 답안지 양식이란 "산출근거, 집계표, 노무인력, 내역서" 등을 말합니다.

1) 산출근거 작성

제시된 위생 배관도를 보고 정수배관, 급수배관, 위생기구 산출근거 표의 빈칸에 배관 및 부속 명칭이나 규격 또는 수량을 기입하시오.

2) 집계표 작성

① 산출근거를 이용하여 배관 및 부속 종류를 규격별로 완성하시오.
② 소수처리 기준은 계산 과정별로 답안지 하단에 별도로 표시하였으니, 이것에 따라 계산하시오.

3) 노무인력 작성

① 노무인력은 배관 호칭별 1m에 대한 배관공과 보통인부를, 위생기구 종류별로 위생공과 보통인부를 표준품셈표를 이용하여 계산하시오.
② 배관의 경우 화장실 배관이므로 20%를 할증하여 구하고, 답안지 하단에 주기하였으니 유의하여 계산하여야 합니다

4) 내역서 작성

① 집계표와 노무인력 산출근거로 내역서를 완성하여야 합니다.
② 잡품 및 소모품비는 강관금액의 3%를 적용하고 소수 이하는 버립니다.
③ 공구손료는 직접노무비의 3%를 적용하고 소수 이하는 버립니다.
④ 급수, 급탕, 환탕, 정수, 통기배관은 백관을 사용하고 배수 및 오수관은 허브(Hub)형 주철관을 사용하는 것으로 합니다.
⑤ 적산문제에 제시되는 참고자료는 다음과 같습니다.
　㉮ 기계설비 표준품셈(시험에 해당되는 내용만 발췌하여 제시됨)
　㉯ 건설자재 및 노임 단가

나. 배관설비 적산작업용 도면

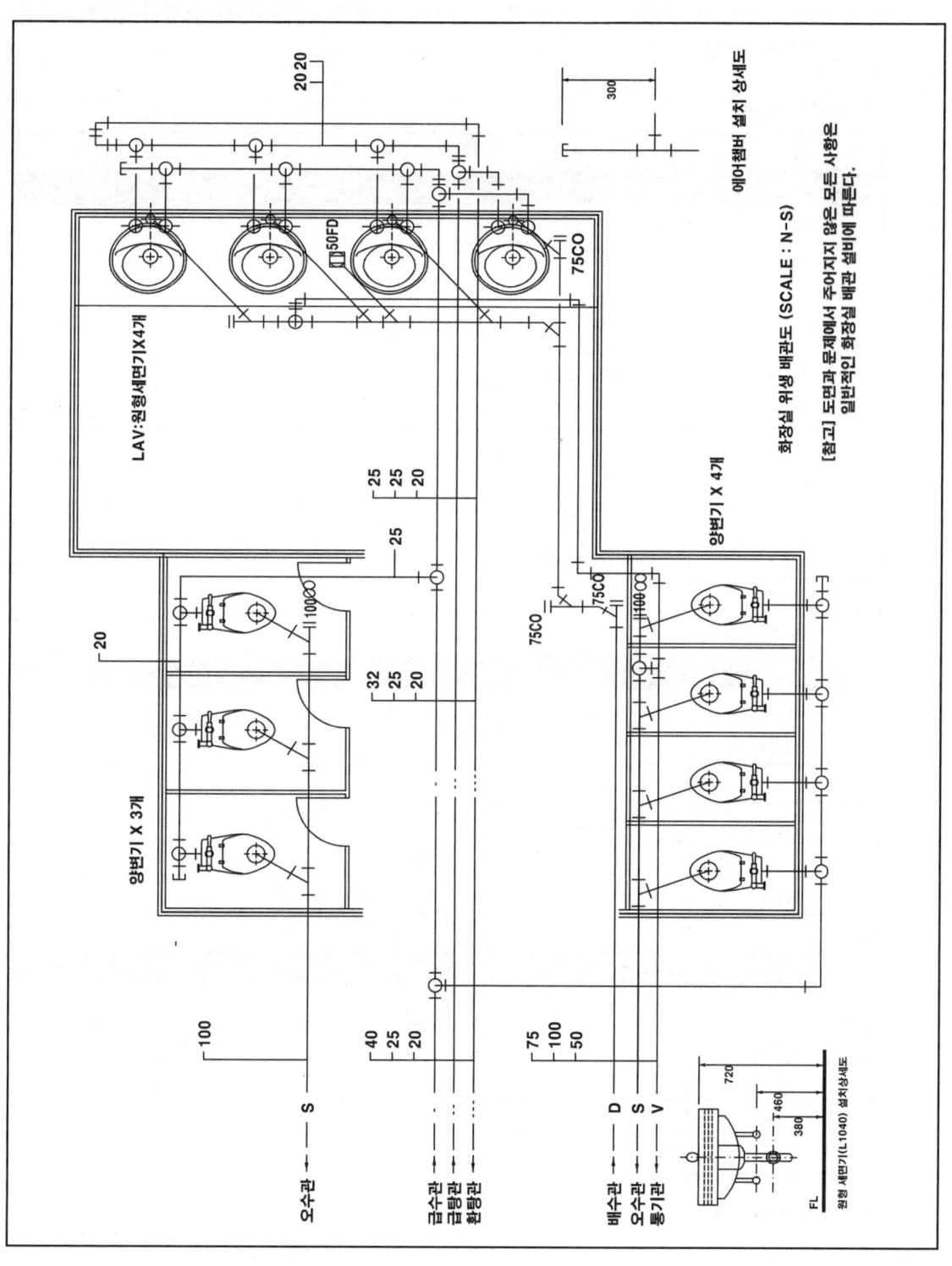

1) 산출근거 작성

급탕 및 환탕주관과 세면기로 가는 분기관 1, 2, 3의 순서로 소요자재를 산출한 결과를 빈칸 ①~⑱에 적합한 품명, 규격, 수량을 쓰시오.

A. 배관 및 부속품

품 명	규 격	수 량	비 고
(1) 급탕관			
백 관	DN25	7.7m	
백 티	DN25×DN15	1개	
백니플	DN25	1개	
백엘보	①	1개	
백 관	DN25	1.1m	
백 티	DN25×DN15	1개	
백니플	②	1개	
백리듀서	DN25×DN20	1개	
백 관	DN20	1.5m	
③	DN20×DN15	1개	
백 관	DN20	1.5m	
백 티	DN20×DN15	1개	
(2) 환탕관			
백니플	DN20	1개	
백엘보	DN20	1개	
④	DN20	1개	
백엘보	DN20	1개	
백 관	DN20	4.5m	
백엘보	DN20	1개	
⑤	DN20	8.5m	
(3) 분기관 1			
백니플	DN15	1개	
백엘보	DN15	1개	
⑥	DN15	0.4m	
백엘보	⑦	1개	
백 관	DN15	1.5m	
⑧	DN15	1개	

백 관	DN15	0.3m×3	슬래브 아래 여유공간
백 관	DN15	0.2m×3	슬래브 두께 부분
백 관	DN15	0.46m×3	입상관
백 티	DN15	1개×3	
백 관	DN15	0.3m×3	Air Chamber용
백 캡	DN15	1개	Air Chamber용
(4) 분기관 2~4			
백니플	DN15	1개×3	
백엘보	DN15	1개×3	
백 관	DN15	1.2m×3	
백엘보	DN15	1개×3	
⑨	DN15	0.3m×3	슬래브 아래 여유공간
백 관	DN15	0.2m×3	슬래브 두께 부분
백 관	DN15	0.46m×3	입상관
백 티	DN15	1개×3	
백 관	DN15	0.3m×3	Air Chamber용
백 캡	DN15	1개×3	Air Chamber용

B. 위생기구

품 명	규 격	수 량	단 위	비 고
원형세면기	L-1040	4	조	P트랩, 표준부속일체 포함
화장거울	450×650×5	4	개	
화장대		4	개	
수건걸이		1	개	

2) 집계표 작성

A. 백관

규 격	산출내역	계[A]	할증률[a]	할증계[a] (1+a)×A
DN25	①	②	10%	③
DN20	④	⑤	10%	⑥
DN15	⑦	⑧	10%	⑨

※ 할증계는 소수 1위에서 사사오입하여 정수로 한다.

B. 백관부속품

품명 규격	백엘보	백캡	백니플	백티 백리듀셔	DN15	DN20	DN25
DN25	①	②	③	DN15	⑩	⑪	⑫
DN20	④	⑤	⑥	DN20	⑬	⑭	⑮
DN15	⑦	⑧	⑨	DN25	⑯	⑰	⑱

C. 위생기구

품 명	규 격	수 량	단 위	비 고
원형세면기	L-1040	4	조	P트랩, 표준부속일체 포함
화장거울	450×650×5	4	개	
화장대		4	개	
수건걸이		1	개	

3) 노무인력 계산 및 작성

명칭 및 규격	수 량	할증(%)	배관공	위생공	보통인부	비 고
백관 DN25	①	20	① / ②		① / ②	
백관 DN20	②	20	③ / ④		③ / ④	
백관 DN15	③	20	⑤ / ⑥		⑤ / ⑥	
세면기	④			① / ②	⑦ / ⑧	
화장거울	⑤			③ / ④		
화장대	⑥			⑤ / ⑥		
수건걸이	⑦			⑦ / ⑧		
계			⑦ 늑	⑧ 늑	⑨ 늑	

※ 배관공, 위생공, 보통인부의 계산값은 소수 3위에서 사사오입하여 소수 2위까지 나타낸다.
※ 배관공, 위생공, 보통인부의 계는 소수 1위에서 사사오입하여 정수만 나타낸다.

4) 내역서 작성

품 명	규 격	단위	수량	재료비 단가	재료비 금액	노무비 단가	노무비 금액	비고
백 관	DN25	m	10	2,500				
백 관	DN20	m	17	1,700				
백 관	DN15	m	12	1,320				
백엘보	DN25	개	1	720	720			
백엘보	DN20	개	3	450	1,350			
백엘보	DN15	개	9	300	2,700			
백 캡	DN15	개	4	230	920			
백니플	DN25	개	2	590	1,180			
백니플	DN20	개	2	410	820			
백니플	DN15	개	4	350	1,400			
백 티	DN25×DN15	개	2	1,000	2,000			
백 티	DN20×DN15	개	2	670	1,340			
백 티	DN15	개	4	460	1,840			
백리듀서	DN25×DN20	개	1	570	570			
세면기	L-1040	조	4	135,000	540,000			
화장거울		개	4	7,200	28,800			
화장대		개	4	10,000	40,000			
수건걸이		개	1	4,000	4,000			
잡품 및 소모품	강관금액의 3%	식	1					
배관공		인	5					
위생공		인	4					
보통인부		인	2					
공구손료	직접노무비의 3%	식	1					
계					722,782		777,000	

※ 잡품 및 소모품비와 공구손료의 금액은 소수 이하는 버린다.

다. 기계설비 표준품셈

1) 강관배관(m당)

규격(mm)	배관공(인)	보통인부(인)	규격(mm)	배관공(인)	보통인부(인)
DN15	0.106	0.026	DN100	0.485	0.121
DN20	0.116	0.028	DN125	0.568	0.142
DN25	0.147	0.037	DN150	0.700	0.175
DN32	0.183	0.045	DN200	0.977	0.244
DN40	0.200	0.056	DN250	1.275	0.320
DN50	0.248	0.063	DN300	1.525	0.382
DN65	0.328	0.082	DN350	1.793	0.500
DN80	0.372	0.092			

[비고]
① 상기 m당 공량은 옥내 일반배관 기준이며 냉온수관, 통기관, 소화관, 공기관, 기름관, 가스관, 급탕관, 배수관, 증기관, 급수관, 냉각수관에 적용한다.
② 먹줄치기, 상자넣기, 인서트, 지지철물 설치, 절단, 나사 또는 용접접합, 수압 또는 통기시험, 소운반 공량을 포함한다.
③ 화장실 배관은 상기 공량에 20%, 기계실 배관은 상기 공량에 30% 할증한다.
④ 옥외 배관(암거 내)은 상기 공량에 10% 감한다.
⑤ 옥내 배관(바닥 난방 배관분 제외)에서 벽을 깎고 이의 보수작업이 필요한 경우에는 공량에 10% 범위 내에서 할증할 수 있다.
⑥ 밸브류 설치품은 [밸브 콕류 설치]를 참조하고 배관 부속품(엘보, 플랜지, 기타) 등의 품은 본 공량에 포함되었다.

2) 위생기구 설치(개당)

종 별	위생공	보통인부	종 별	위생공	보통인부
세면기	0.66	0.14	소변기(중형 스톨)	2.00	0.50
수음기(스탠드형)	2.43	0.47	살수전	0.20	
수음기(벽붙이형)	1.81	0.36	급수전	0.20	
수세기(일반)	0.29	0.05	샤워장치(매립형)	1.00	0.20
수세기(수술용)	1.69	0.39	혼합샤워(호스형)	0.60	0.12
세발기(수건걸이 포함)	1.81	0.37	욕조(샤워 제외)	1.36	1.28
동양식 대변기(하이탱크용)	1.46	0.30	화장거울(450×600mm 기준)	0.24	
동양식 대변기(F.V용)	1.10	0.22	화장대	0.16	
양식 대변기(로우 탱크용)	1.76	0.37	수건걸이	0.15	
양식 대변기(F.V용)	1.17	0.29	휴지걸이	0.14	
소변기(스톨)	0.70	0.10			

[비고]
① 지지철물 설치품을 포함한다.
② 본 공량에는 벽체에 구멍을 뚫고 목심을 박는 공량이 포함되어 있다.
③ 샤워장치(매립형)의 공량은 매립 배관품이 포함되었다.
④ 소운반은 별도 가산한다.

3) 소변기 세정용 전자감응기 설치(개당)

종 별	배관공	비 고
노출형	0.16	

[비고]
① 본 공량에는 벽체에 구멍을 뚫고 목심을 박는 공량이 포함되어 있다.
② 시운전에 따른 보수공량이 포함된 공량이다.
③ 소운반은 별도 가산한다.

라. 건설자재단가 및 노임단가

1) 위생기구

품 명		규격(KS규격번호)	가격(조당)
대변기	서양식 사이펀 제트 변기	C-1110	110,000
	서양식 탱크밀형 사이펀 변기	C-1210	130,000
	서양식 탱크밀형 사이펀 제트 변기	C-1410	110,000
세면기	대형 평면붙임 테두리 없는 세면기	L-510	180,000
	끼워 넣는 원형 세면기	L-1040	135,000
소변기	중형 스톨 소변기(푸시 버튼식)	U-320	105,000
	중형 스톨 소변기(전자 감지식)	U-320	280,000
샤워기	싱글 레버식 샤워기	R-351A	90,000

2) 욕실용 기타 자재(개당)

품 명	규 격	가 격
화장거울	600×450×5t	7,200
화 장 대		10,000
수건걸이		4,000
휴지걸이		4,000

3) 일반 배관용 탄소강관(m당)

호 칭	가 격	
	흑 관	백 관
DN15	980	1,320
DN20	1,260	1,700
DN25	1,950	2,500
DN32	2,470	3,180
DN40	2,840	3,650
DN50	4,000	51,400

4) 가단 주철제 관 이음쇠(개당)

규격		가격(개당)							
		엘보	티	유니언	소켓	니플	부싱	캡	플러그
아연도금관 이음쇠	DN15	300	460	1,340	290	350	—	230	210
	DN20	450	670	1,460	350	410	320	350	300
	DN25	720	1,000	2,050	570	590	410	420	390
	DN32	1,110	1,380	2,600	730	750	620	670	580
	DN40	1,320	1,850	3,370	870	1,070	840	880	790
	DN50	2,070	2,700	4,330	1,390	1,280	1,360	1,320	1,180

5) 건설공사 노임 단가(인당)

직종명	단가(원)	직종명	단가(원)
배관공	75,000	특별인부	66,000
위생공	74,000	보통인부	53,000
보온공	77,000	용접공	88,000

01 배관 적산작업 답안지

1) 산출근거 작성

급탕 및 환탕주관과 세면기로 가는 분기관 1, 2, 3의 순서로 소요자재를 산출한 결과를 빈칸 ①~⑮에 적합한 품명, 규격, 수량을 쓰시오.

A. 배관 및 부속품

품 명	규 격	수 량	비 고
(1) 급탕관			
백관	DN25	7.7m	
백티	DN25×DN15	1개	
백니플	DN25	1개	
백엘보	① DN25	1개	
백관	DN25	1.1m	
백티	② DN25×DN15	1개	
백니플	DN25	1개	
백리듀서	DN25×DN20	1개	
백관	DN20	1.5m	
③ 백티	DN20×DN15	1개	
백관	DN20	1.5m	
백티	DN20×DN15	1개	
(2) 환탕관			
백니플	DN20	1개	
백엘보	DN20	1개	
④ 백니플	DN20	1개	
백엘보	DN20	1개	
백관	DN20	4.5m	
백엘보	DN20	1개	
⑤ 백관	DN20	8.5m	
(3) 분기관1			
백니플	DN15	1개	
백엘보	DN15	1개	
⑥ 백관	DN15	0.4m	
백엘보	⑦ DN15	1개	
백관	DN15	1.5m	

⑧ 백엘보	DN15	1개	
백관	DN15	0.3m×3	슬래브 아래 여유공간
백관	DN15	0.2m×3	슬래브 두께 부분
백관	DN15	0.46m×3	입상관
백티	DN15	1개×3	
백관	DN15	0.3m×3	Air Chamber용
백캡	DN15	1개	Air Chamber용
(4) 분기관 2-4			
백니플	DN15	1개×3	
백엘보	DN15	1개×3	
백관	DN15	1.2m×3	
백엘보	DN15	1개×3	
⑨ 백관	DN15	0.3m×3	슬래브 아래 여유공간
백관	DN15	0.2m×3	슬래브 두께 부분
백관	DN15	0.46m×3	입상관
백티	DN15	1개×3	
백관	DN15	0.3m×3	Air Chamber용
백캡	DN15	1개×3	Air Chamber용

B. 위생기구

품 명	규 격	수 량	단 위	비 고
원형세면기	L-1040	4	조	P트랩, 표준부속일체 포함
화장거울	450×650×5	4	개	
화장대		4	개	
수건걸이		1	개	

2) 집계표 작성

A. 백관

규격	산출내역	계[A]	할증률[a]	할증계[a] (1+a)×A
DN25	① 7.7+1.1	② 8.8	10%	③ 8.8×1.1=9.68≒10
DN20	④ 1.5+1.5+4.5+8.1	⑤ 15.6	10%	⑥ 15.6×1.1=17.16≒17
DN15	⑦ 0.4+1.5+0.3+0.2+0.46+ 0.3+3.6+0.9+0.6+1.38+0.9	⑧ 10.54	10%	⑨ 10.54×1.1=11.59≒12

※ 할증계는 소수 1위에서 사사오입하여 정수로 한다.

B. 백관부속품

규격 \ 품명	백엘보	백 캡	백니플	백리듀셔 \ 백티	DN15	DN20	DN25
DN25	① 1	②	③ 2	DN15	⑩ 4	⑪ 2	⑫ 2
DN20	④ 3	⑤	⑥ 2	DN20	⑬	⑭	⑮
DN15	⑦ 9	⑧ 4	⑨ 4	DN25	⑯	⑰ 1	⑱

C. 위생기구

품 명	규 격	수 량	단 위	비 고
원형세면기	L-1040	4	조	P트랩, 표준부속일체 포함
화장거울	450×650×5	4	개	
화장대		4	개	
수건걸이		1	개	

3) 노무인력 계산 및 작성

명칭 및 규격	수량	할증(%)	배관공	위생공	보통인부	비고
백관 DN25	① 8.8	20	① 0.147 (1.5523) ② 1.55		① 0.037 (0.3907) ② 0.39	
백관 DN20	② 15.6	20	③ 0.116 (2.1715) ④ 2.17		③ 0.028 (0.5241) ④ 0.52	
백관 DN15	③ 10.54	20	⑤ 0.106 (1.3406) ⑥ 1.34		⑤ 0.026 (0.3288) ⑥ 0.33	
세면기	④ 4			① 0.66 ② 2.64	⑦ 0.14 ⑧ 0.56	
화장거울	⑤ 4			③ 0.24 ④ 0.96		
화장대	⑥ 4			⑤ 0.16 ⑥ 0.64		
수건걸이	⑦ 1			⑦ 0.15 ⑧ 0.15		
계			⑦ 5.0≒5	⑧ 4.39≒4	⑨ 1.8≒2	

※ 배관공, 위생공, 보통인부의 계산값은 소수 3위에서 사사오입하여 소수 2위까지 나타낸다.
※ 배관공, 위생공, 보통인부의 계는 소수 1위에서 사사오입하여 정수만 나타낸다.

4) 내역서 작성

품 명	규 격	단위	수량	재료비 단 가	재료비 금 액	노무비 단 가	노무비 금 액	비고
백 관	DN25	m	10	2,500	25,000			
백 관	DN20	m	17	1,700	28,900			
백 관	DN15	m	12	1,320	15,840			6,9740×0.03=2,092
백엘보	DN25	개	1	720	720			
백엘보	DN20	개	3	450	1,350			
백엘보	DN15	개	9	300	2,700			
백 캡	DN15	개	4	230	920			
백니플	DN25	개	2	590	1,180			
백니플	DN20	개	2	410	820			
백니플	DN15	개	4	350	1,400			
백 티	DN25×DN15	개	2	1,000	2,000			
백 티	DN20×DN15	개	2	670	1,340			
백 티	DN15	개	4	460	1,840			
백리듀서	DN25×DN20	개	1	570	570			
세면기	L-1040	조	4	135,000	540,000			
화장거울		개	4	7,200	28,800			
화장대		개	4	10,000	40,000			
수건걸이		개	1	4,000	4,000			
잡품 및 소모품	강관금액의 3%	식	1		2,092			
배관공		인	5			75,000	375,000	
위생공		인	4			74,000	296,000	
보통인부		인	2			53,000	106,000	
공구손료	직접노무비의 3%	식	1		23,310			777,000×0.03=23310
계					722,782		777,000	

※ 잡품 및 소모품비와 공구손료의 금액은 소수 이하는 버린다.

02 배관기능장 실기 적산 예상문제

시험시간 : 표준시간 3시간, 연장시간 없음

가. 수험자 유의사항

1. 요구사항

㉠ 제시된 위생 배관도와 표준품셈표, 건설자재 및 노임단가를 활용하여 적산작업 답안지 양식의 표에서 빈칸에 알맞은 명칭이나 규격 또는 수량을 기입하고, 집계표와 내역서를 완성하여 제출하시오.

㉡ 답안지 양식이란 "산출근거, 집계표, 노무인력, 내역서" 등을 말합니다.

1) 산출근거 작성
제시된 위생 배관도를 보고 정수배관, 급수배관, 위생기구 산출근거 표의 빈칸에 배관 및 부속 명칭이나 규격 또는 수량을 기입하시오.

2) 집계표 작성
① 산출근거를 이용하여 배관 및 부속 종류를 규격별로 완성하시오.
② 소수처리 기준은 계산 과정별로 답안지 하단에 별도로 표시하였으니, 이것에 따라 계산하시오.

3) 노무인력 작성
① 노무인력은 배관 호칭별 1m에 대한 배관공과 보통인부를, 위생기구 종류별로 위생공과 보통인부를 표준품셈표를 이용하여 계산하시오.
② 배관의 경우 화장실 배관이므로 20%를 할증하여 구하고, 답안지 하단에 주기하였으니 유의하여 계산하여야 합니다.

4) 내역서 작성
① 집계표와 노무인력 산출근거로 내역서를 완성하여야 합니다.
② 잡품 및 소모품비는 강관금액의 3%를 적용하고 소수 이하는 버립니다.
③ 공구손료는 직접노무비의 3%를 적용하고 소수 이하는 버립니다.
④ 급수, 급탕, 환탕, 정수, 통기배관은 백관을 사용하고 배수 및 오수관은 허브(Hub)형 주철관을 사용하는 것으로 합니다.
⑤ 적산 문제에 제시되는 참고자료는 다음과 같습니다.
㉮ 기계설비 표준품셈(시험에 해당되는 내용만 발췌하여 제시됨)
㉯ 건설자재 및 노임 단가

5) 수험자 유의사항
　① 문제지에는 비번호(등번호)와 성명을 기재하여 답안지와 함께 반드시 제출하여야 합니다.
　② 시험장 내에서 안전수칙을 준수하고, 시험위원의 지시를 반드시 지켜야 합니다.

나. 배관설비 적산작업용 도면

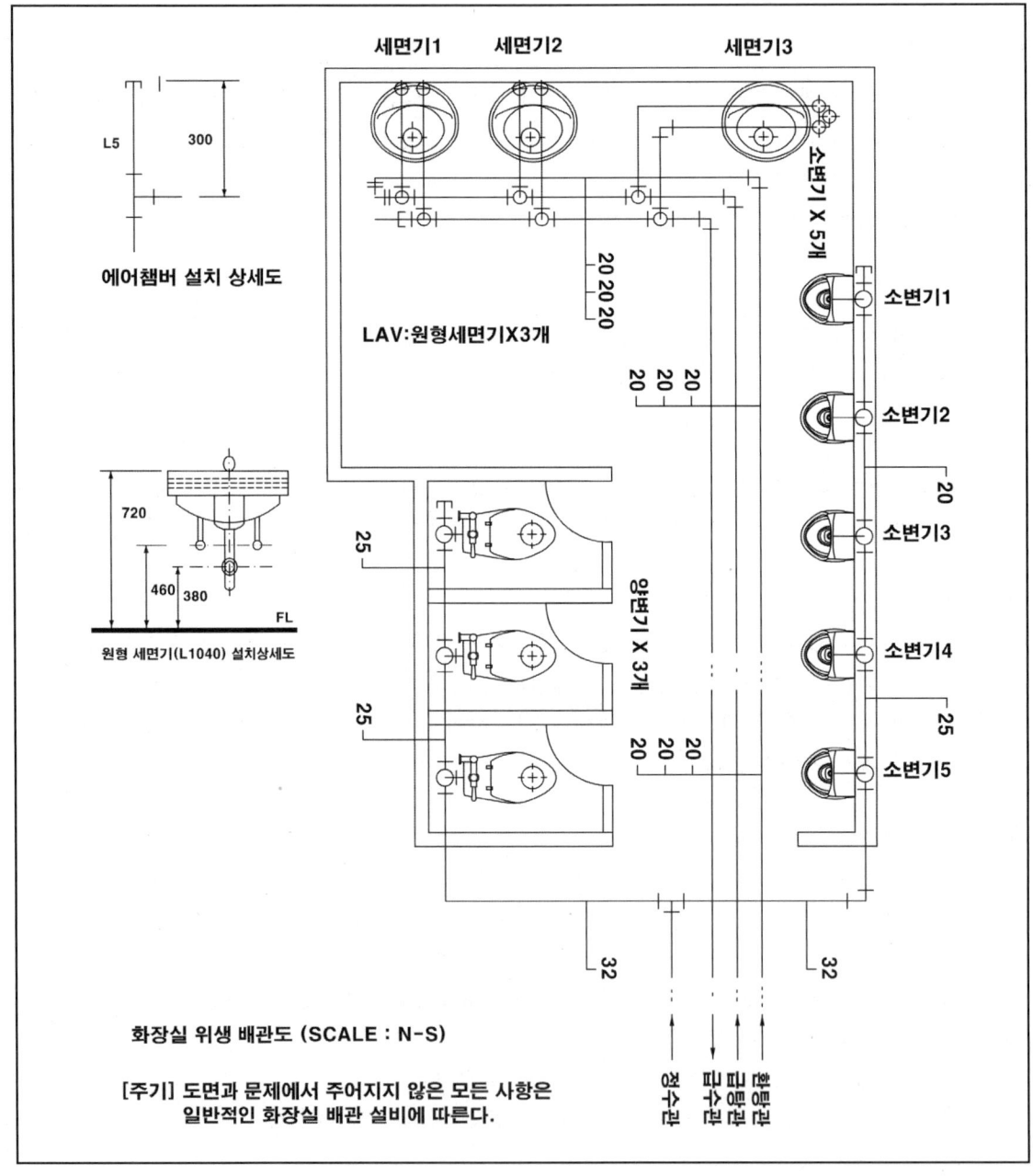

다. 기계설비 표준품셈

1) 강관배관(m당)

규격(mm)	배관공(인)	보통인부(인)	규격(mm)	배관공(인)	보통인부(인)
DN15	0.106	0.026	DN100	0.485	0.121
DN20	0.116	0.028	DN125	0.568	0.142
DN25	0.147	0.037	DN150	0.700	0.175
DN32	0.183	0.045	DN200	0.977	0.244
DN40	0.200	0.056	DN250	1.275	0.320
DN50	0.248	0.063	DN300	1.525	0.382
DN65	0.328	0.082	DN350	1.793	0.500
DN80	0.372	0.092			

[비고]
① 상기 m당 공량은 옥내 일반배관 기준이며 냉온수관, 통기관, 소화관, 공기관, 기름관, 가스관, 급탕관, 배수관, 증기관, 급수관, 냉각수관에 적용한다.
② 먹줄치기, 상자넣기, 인서트, 지지철물 설치, 절단, 나사 또는 용접접합, 수압 또는 통기시험, 소운반 공량을 포함한다.
③ 화장실 배관은 상기 공량에 20%, 기계실 배관은 상기 공량에 30% 할증한다.
④ 옥외 배관(암거 내)은 상기 공량에 10% 감한다.
⑤ 옥내 배관(바닥 난방 배관분 제외)에서 벽을 깎고 이의 보수작업이 필요한 경우에는 공량에 10% 범위 내에서 할증할 수 있다.
⑥ 밸브류 설치품은 [밸브 콕류 설치]를 참조하고, 배관 부속품(엘보, 플랜지, 기타) 등의 품은 본 공량에 포함되었다.

2) 위생기구 설치(개당)

종 별	위생공	보통인부	종 별	위생공	보통인부
세면기	0.66	0.14	소변기(중형 스톨)	2.00	0.50
수음기(스탠드형)	2.43	0.47	살수전	0.20	
수음기(벽붙이형)	1.81	0.36	급수전	0.20	
수세기(일반)	0.29	0.05	샤워장치(매립형)	1.00	0.20
수세기(수술용)	1.69	0.39	혼합샤워(호스형)	0.60	0.12
세발기(수건걸이 포함)	1.81	0.37	욕조(샤워 제외)	1.36	1.28
동양식 대변기(하이탱크용)	1.46	0.30	화장거울(450×600mm 기준)	0.24	
동양식 대변기(F.V용)	1.10	0.22	화장대	0.16	
양식 대변기(로우 탱크용)	1.76	0.37	수건걸이	0.15	
양식 대변기(F.V용)	1.17	0.29	휴지걸이	0.14	
소변기(스톨)	0.70	0.10			

[비고]
① 지지철물 설치품을 포함한다.
② 본 공량에는 벽체에 구멍을 뚫고 목심을 박는 공량이 포함되어 있다.
③ 샤워장치(매립형)의 공량은 매립 배관품이 포함되었다.
④ 소운반은 별도 가산한다.

3) 소변기 세정용 전자감응기 설치(개당)

종 별	배관공	비 고
노출형	0.16	

[비고]
① 본 공량에는 벽체에 구멍을 뚫고 목심을 박는 공량이 포함되어 있다.
② 시운전에 따른 보수공량이 포함된 공량이다.
③ 소운반은 별도 가산한다.

4) 위생기구 목록표

| 기 호 | 명 칭 | 규 격 | 수량 | 접속 관경 |||| 비 고 |
				급수	급탕	배수	오수	
UR	소변기	UR-48D (전자감응식)	5	15			100	전자감응식 표준 부속품 일체 구비
LAV	원형 세면기	LAV2200 (동등품 이상 구비)	3	15	15	50		절수형 수전 표준 부속품 일체 구비

라. 건설자재 단가 및 노임단가

1) 위생기구

품 명		규격(KS규격번호)	가격(조당)
대변기	서양식 사이펀 제트 변기	C-1110	110,000
	서양식 탱크밀형 사이펀 변기	C-1210	130,000
	서양식 탱크밀형 사이펀 제트 변기	C-1410	110,000
세면기	대형 평면붙임 테두리 없는 세면기	L-510	180,000
	원형 세면기	LAV2200	154,000
소변기	중형 스툴 소변기(푸시 버튼식)	U-320	105,000
	중형 스툴 소변기(전자 감지식)	UR-48D	280,000

2) 욕실용 기타 자재(개당)

품 명	규 격	가 격
화장거울	600×450×5t	8,000
화 장 대		10,000
수건걸이		4,200
휴지걸이		4,200

3) 일반 배관용 탄소강관(m당)

호 칭	가 격	
	흑 관	백 관
DN15	980	1,320
DN20	1,260	1,700
DN25	1,950	2,500
DN32	2,470	3,180
DN40	2,840	3,650
DN50	4,000	51,400

4) 가단 주철제 관 이음쇠(개당)

규 격		가격(개당)							
		엘 보	티	유니언	소 켓	니 플	부 싱	캡	플러그
아연도금관 이음쇠	DN15	300	460	1,340	290	350	—	230	210
	DN20	450	670	1,460	350	410	320	350	300
	DN25	720	1,000	2,050	570	590	410	420	390
	DN32	1,110	1,380	2,600	730	750	620	670	580
	DN40	1,320	1,850	3,370	870	1,070	840	880	790
	DN50	2,070	2,700	4,330	1,390	1,280	1,360	1,320	1,180

5) 청동제 밸브(개당)

품 명	규 격	가 격	품 명	규 격	가 격
게이트 밸브 (10kgf/cm^2)	15A	4,680	글로브 밸브 (10kgf/cm^2)	15A	4,170
	20A	6,710		20A	6,590
	25A	10,250		25A	9,570
	32A	14,580		32A	14,230
	40A	19,540		40A	17,600
	50A	30,120		50A	26,650
	65A	59,040		65A	51,520
	80A	84,000		80A	82,150

6) 건설공사 노임 단가(인당)

직종명	단가(원)	직종명	단가(원)
배관공	75,000	특별인부	66,000
위생공	74,000	보통인부	53,000
보온공	77,000	용접공	88,000

마. 적산작업

1) 산출근거 작성

주어진 위생 배관도를 보고 급수주관, 환탕배관 등 위생기구 산출근거표 빈칸 ①~⑳에 배관 및 부속명칭, 규격, 수량을 기입하시오.

A. 배관 및 부속품

품 명	규 격	수 량	비 고
(1) 세면기 급수관			
백 관	DN20	8.1m	
백엘보	DN20	1개	
백 관	DN20	0.7m	
백 티	①	1개	세면기 1
백 관	DN20	1.5m	
백 티	②	1개	세면기 2
백 관	DN20	1.5m	
백 티	DN20×DN15	1개	세면기 3
③	DN20	1개	
백 캡	DN20	1개	
(2) 세면기용 분기관 1			
백니플	DN15	1개	
백엘보	DN15	1개	
④	DN15	1.1m	
백엘보	DN15	1개	
백 관	DN15	1.5m	
백엘보	DN15	1개	
⑤	DN15	0.3m	슬래브 아래 여유공간
백 관	DN15	0.2m	슬래브 두께 부분
백 관	DN15	0.46m	급수전
⑥	DN15	1개	
백 관	⑦	0.3m	Air Chamber용
백 캡	DN15	1개	Air Chamber용
(3) 세면기용 분기관 2~3			
⑧	DN15	2개	
백엘보	DN15	2개	
백 관	DN15	1.2m×2	

백엘보	DN15	2개	
백 관	DN15	0.3m×2	슬래브 아래 여유공간
백 관	DN15	0.2m×2	슬래브 두께 부분
백 관	DN15	0.46m×2	급수전
백 티	DN15	2개	
백 관	DN15	0.3m×2	Air Chamber용
백 캡	DN15	2개	Air Chamber용
(4) 세면기용 분기관 2~3			
백 티	DN32	1개	
백 관	DN32	2.7m	
백엘보	DN32	1개	
⑨	DN32	0.5m	
백 티	DN32×DN15	1개	소변기 5
백니플	DN32	1개	
백리듀서	DN32×DN25	1개	
백 관	DN25	1.5m	
백 티	DN25×DN15	1개	소변기 4
백 관	DN25	1.5m	
백 티	DN25×DN15	1개	소변기 3
백니플	⑩	1개	
백리듀서	DN25×DN20	1개	
백 관	DN20	1.5m	
백 티	DN20×DN15	1개	소변기 2
백니플	DN20	1개	
백 티	DN20×DN15	1개	소변기 1
백니플	DN20	1개	
백 캡	DN20	1개	
(5) 소변기용 분기관 1~5			
백 관	DN15	0.3m×5	
백 관	DN15	0.2m×5	
백 관	DN15	0.2m×5	
⑪	DN15	5개	
백 관	DN15	0.3m×5	Air Chamber용
백 캡	DN15	5개	Air Chamber용

B. 백관 부속품 집계표

품 명 규 격	백엘보	백 캡	백니플
DN32			
DN25			
DN20			
DN15			

※ 집계표 자재 : <u>배관 부속품 없는 것은 0 표시할 것</u>

C. 백관, 백리듀서 부속품 집계표

	DN15	DN20	DN25	DN32
DN32				
DN25				
DN20				
DN15				

※ 집계표 자재 : <u>배관 부속품 없는 것은 0 표시할 것</u>
※ 이경티와 리듀서(이경소켓은 큰 관경의 티와 소켓 단가를 적용)

D. 위생기구 집계표

품 명	규 격	수 량	단 위	비 고
소변기			조	
원형세면기	LAV		조	
화장대			개	
화장거울			개	
수건걸이			개	

2) 노무인력 계산 및 작성
   ① 노무인력은 배관 호칭별 1m에 대한 배관공, 보통인부를 적용한다.
   ② 위생기구 종류별로 위생공과 보통인부를 표준품셈표를 이용하여 계산한다.
   ③ 노무인력 백관의 경우 화장실 배관 20% 할증(주의사항에 기재)한다.

명칭 및 규격	수 량	배관공		위생공		보통인부		비 고
		공 량	공 수	공 량	공 수	공 량	공 수	
백관 DN32								
백관 DN25								
백관 DN20								
백관 DN15								
소변기								
원형세면기								
화장대								
화장거울								
수건걸이								
소 계								
할 증	20%							
계			≒		≒		≒	

※ 배관공, 위생공, 보통인부의 계산값은 소수 3위에서 사사오입하여 소수 2위까지 나타낸다.
※ 배관공, 위생공, 보통인부의 계는 소수 1위에서 사사오입하여 정수만 나타낸다.
※ 해당 없는 <u>공란에 0 표시할 것</u>

3) 집계표 작성 − 백관(m/단위)

규 격	산출내역	계[A]	할증률[a]	할증계[a] (1+a)×A
DN32			10%	
DN25			10%	
DN20			10%	
DN15			10%	

※ 할증계는 소수 1위에서 사사오입하여 정수로 한다.

4) 내역서 작성

품 명	규 격	단위	수량	재료비		노무비		비 고
				단 가	금 액	단 가	금 액	
백 관	DN32	m	4	3,180				
백 관	DN25	m	3	2,500				
백 관	DN20	m	16	1,700				
백 관	DN15	m	15	1,320				
백엘보	DN32	개	1	1,110				
백엘보	DN20	개	1	720				
백엘보	DN15	개	7	300				
백 캡	DN20	개	2	350				
백 캡	DN15	개	8	230				
백니플	DN32	개	1	750				
백니플	DN25	개	1	590				
백니플	DN20	개	2	410				
백니플	DN15	개	3	350				
백 티	DN32	개	1	1,380				
백 티	DN32×DN15	개	1	1,380				
백 티	DN25×DN15	개	2	1,000				
백 티	DN20×DN15	개	5	670				
백 티	DN15	개	8	460				
백리듀서	DN32×DN25	개	1	730				
백리듀서	DN25×DN20	개	1	570				
소변기	UR-48D(전자식)	조	5	280,000				
원형세면기	LAV2200	조	2	154,000				
화장거울	450×600×5t	개	3	8,000				
화장대		개	3	10,000				
수건걸이		개	1	4,200				
잡품 및 소모품	강관금액의 3%	식	1					
배관공		인	5					
위생공		인	13					
보통인부		인	4					
공구손료	직접노무비의 3%	식	1					
계								

※ 잡품 및 소모품비와 공구손료의 금액은 소수 이하는 버린다.

02 배관 적산작업 답안지

1) 산출근거 작성

주어진 위생 배관도를 보고 급수주관, 환탕배관 등 위생기구 산출근거표 빈칸 ①~⑳에 배관 및 부속명칭, 규격, 수량을 기입하시오.

A. 배관 및 부속품

품 명	규 격	수 량	비 고
(1) 세면기 급수관			
백 관	DN20	8.1m	
백엘보	DN20	1개	
백 관	DN20	0.7m	
백 티	① DN20×DN15	1개	세면기 1
백 관	DN20	1.5m	
백 티	② DN20×DN15	1개	세면기 2
백 관	DN20	1.5m	
백 티	DN20×DN15	1개	세면기 3
③ 백니플	DN20	1개	
백 캡	DN20	1개	
(2) 세면기용 분기관 1			
백니플	DN15	1개	
백엘보	DN15	1개	
④ 백관	DN15	1.1m	
백엘보	DN15	1개	
백 관	DN15	1.5m	
백엘보	DN15	1개	
⑤ 백관	DN15	0.3m	슬래브 아래 여유공간
백 관	DN15	0.2m	슬래브 두께 부분
백 관	DN15	0.46m	급수전
⑥ 백티	DN15	1개	
백 관	⑦ DN15	0.3m	Air Chamber용
백 캡	DN15	1개	Air Chamber용
(3) 세면기용 분기관 2~3			
⑧ 백니플	DN15	2개	
백엘보	DN15	2개	

백 관	DN15	1.2m×2	
백엘보	DN15	2개	
백 관	DN15	0.3m×2	슬래브 아래 여유공간
백 관	DN15	0.2m×2	슬래브 두께 부분
백 관	DN15	0.46m×2	급수전
백 티	DN15	2개	
백 관	DN15	0.3m×2	Air Chamber용
백 캡	DN15	2개	Air Chamber용
(4) 세면기용 분기관 2~3			
백 티	DN32	1개	
백 관	DN32	2.7m	
백엘보	DN32	1개	
⑨ 백관	DN32	0.5m	
백 티	DN32×DN15	1개	소변기 5
백니플	DN32	1개	
백리듀서	DN32×DN25	1개	
백 관	DN25	1.5m	
백 티	DN25×DN15	1개	소변기 4
백 관	DN25	1.5m	
백 티	DN25×DN15	1개	소변기 3
백니플	⑩ DN25	1개	
백리듀서	DN25×DN20	1개	
백 관	DN20	1.5m	
백 티	DN20×DN15	1개	소변기 2
백니플	DN20	1개	
백 티	DN20×DN15	1개	소변기 1
백니플	DN20	1개	
백 캡	DN20	1개	
(5) 소변기용 분기관 1~5			
백 관	DN15	0.3m×5	
백 관	DN15	0.2m×5	
백 관	DN15	0.2m×5	
⑪ 백티	DN15	5개	
백 관	DN15	0.3m×5	Air Chamber용
백 캡	DN15	5개	Air Chamber용

B. 백관 부속품 집계표

규 격 \ 품 명	백엘보	백 캡	백니플
DN32	1	0	1
DN25	0	0	1
DN20	1	2	3
DN15	7	8	3

※ 집계표 자재 : 배관 부속품 없는 것은 0 표시할 것

C. 백관, 백리듀서 부속품 집계표

	DN15	DN20	DN25	DN32
DN32	8	5	2	1
DN25	0	0	0	0
DN20	0	1	0	0
DN15	0	0	1	1

※ 집계표 자재 : 배관 부속품 없는 것은 0 표시할 것
※ 이경티와 리듀서(이경소켓은 큰관경의 티와 소켓 단가를 적용)

D. 위생기구 집계표

품 명	규 격	수 량	단 위	비 고
소변기		5	조	
원형세면기	LAV	3	조	
화장대		3	개	
화장거울		3	개	
수건걸이		1	개	

2) 노무인력 계산 및 작성
① 노무인력은 배관 호칭별 1m에 대한 배관공, 보통인부를 적용한다.
② 위생기구 종류별로 위생공과 보통인부를 표준품셈표를 이용하여 계산한다.
③ 노무인력 백관의 경우 화장실 배관 20% 할증(주의사항에 기재)한다.

명칭 및 규격	수 량	배관공		위생공		보통인부		비 고
		공 량	공 수	공 량	공 수	공 량	공 수	
백관 DN32	3.2	0.183	0.59	0	0	0.045	0.14	
백관 DN25	3.0	0.147	0.44	0	0	0.037	0.11	
백관 DN20	13.3	0.116	1.54	0	0	0.028	0.37	
백관 DN15	13.78	0.106	1.46	0	0	0.026	0.36	
소변기	5	0	0	2.00	10.0	0.5	2.50	
원형세면기	3	0	0	0.66	1.98	0.14	0.42	
화장대	3	0	0	0.24	0.72	0	0	
화장거울	3	0	0	0.16	0.48	0	0	
수건걸이	1	0	0	0.15	0.15	0	0	
소 계			4.03=4		13.33		3.90=3	
할 증	20%	(0.59+0.44+1.54+1.46)×1.2=4.836		10.0+1.98+0.72+0.15=12.85		(0.14+0.11+0.37+0.36+2.50+0.42×1.2=4.68		
계			4.83≒5		12.85≒13		4.68≒5	

※ 배관공, 위생공, 보통인부의 계산값은 소수 3위에서 사사오입하여 소수 2위까지 나타낸다.
※ 배관공, 위생공, 보통인부의 계는 소수 1위에서 사사오입하여 정수만 나타낸다.
※ 해당 없는 공란에 0 표시할 것

3) 집계표 작성 - 백관(m/단위)

규 격	산출내역	계[A]	할증률[a]	할증계[a] (1+a)×A
DN32	2.7+0.5	3.2	10%	3.2×1.1=3.52=4
DN25	1.5+1.5	3.0	10%	3.0×1.1=3.3=3
DN20	8.1+0.7+1.5+1.5+1.5+1.5	13.3	10%	13.3×1.1=14.6=15
DN15	세면기분기관 1=1.1+1.5+0.3+0.2+0.46+0.3 =3.86 세면기분기관 2, 3=(1.2+0.3+0.2+0.46+0.3)×2=4.92 소변기 분기관=(0.3+0.2+0.2+0.3)×5=5	13.78	10%	13.78×1.1=15.1=15

※ 할증계는 소수 1위에서 사사오입하여 정수로 한다.

4) 내역서 작성

품 명	규 격	단위	수량	재료비 단 가	재료비 금 액	노무비 단 가	노무비 금 액	비 고
백 관	DN32	m	4	3,180	12,720			
백 관	DN25	m	3	2,500	7,500			
백 관	DN20	m	16	1,700	27,200			
백 관	DN15	m	15	1,320	19,800	\multicolumn{2}{c}{67,220×0.03＝2,016}	
백엘보	DN32	개	1	1,110	1,110			
백엘보	DN20	개	1	720	720			
백엘보	DN15	개	7	300	300			
백 캡	DN20	개	2	350	700			
백 캡	DN15	개	8	230	1,840			
백니플	DN32	개	1	750	750			
백니플	DN25	개	1	590	590			
백니플	DN20	개	2	410	820			
백니플	DN15	개	3	350	1,050			
백 티	DN32	개	1	1,380	1,380			
백 티	DN32×DN15	개	1	1,380	1,380			
백 티	DN25×DN15	개	2	1,000	2,000			
백 티	DN20×DN15	개	5	670	3,350			
백 티	DN15	개	8	460	3,680			
백리듀서	DN32×DN25	개	1	730	730			
백리듀서	DN25×DN20	개	1	570	570			
소변기	UR-48D(전자식)	조	5	280,000	1,400,000			
원형세면기	LAV2200	조	2	154,000	308,000			
화장거울	450×600×5t	개	3	8,000	24,000			
화장대		개	3	10,000	30,000			
수건걸이		개	1	4,200	4,200			
잡품 및 소모품	강관금액의 3%	식	1		2,016			
배관공		인	5			75,000	375,000	
위생공		인	13			74,000	962,000	
보통인부		인	4			53,000	212,000	
공구손료	직접노무비의 3%	식	1		46,470	\multicolumn{2}{c}{1,549,000×0.03＝46,470}	
계					1,904,676		1,549,000	

※ 잡품 및 소모품비와 공구손료의 금액은 소수 이하는 버린다.

| 배관기능장 |

※ 배관기능장 실기 준비물

순	품목
1	수험표
2	신분증
3	안전화 및 작업복
4	물(생수), 직각자
5	용접장갑 및 앞치마
6	용접 자동면
7	슬래그해머
8	와이어브러시
9	용접용 집게
10	용접 지그(시간 단축을 위해 대체품 필요)
11	베이스 철판
12	CM 거치대
13	배관꽂이(시간 단축을 위해 대체품 필요)
14	면장갑(3켤레 이상)
15	걸레(CM용, 청소용, 절삭유 제거용)
16	파이프렌치(12″, 14″) 각 1개씩
17	몽키 스패너(10″, 12″) 각 1개씩 or 스패너 및 견삭기 19mm
18	파이프커터기
19	동관 튜브커터
20	보안경
21	강철자(30mm, 60mm)
22	줄자
23	쇠톱(톱날)
24	일자드라이버
25	연필칼(테플론 제거용), 샤프연필, **사인펜**(강관 절단 표시용), **볼펜**, 치수기입표, 계산기, 더블클립(집게) or 자석(도면 고정용), **테플론테이프**, 유니온 패킹 여유분, 은납봉

| 자격 종목 및 등급 | 배관기능장 | 작품명 | 강관 및 동관, PB관 조립 | 척도 | N.S |

예제 - 1

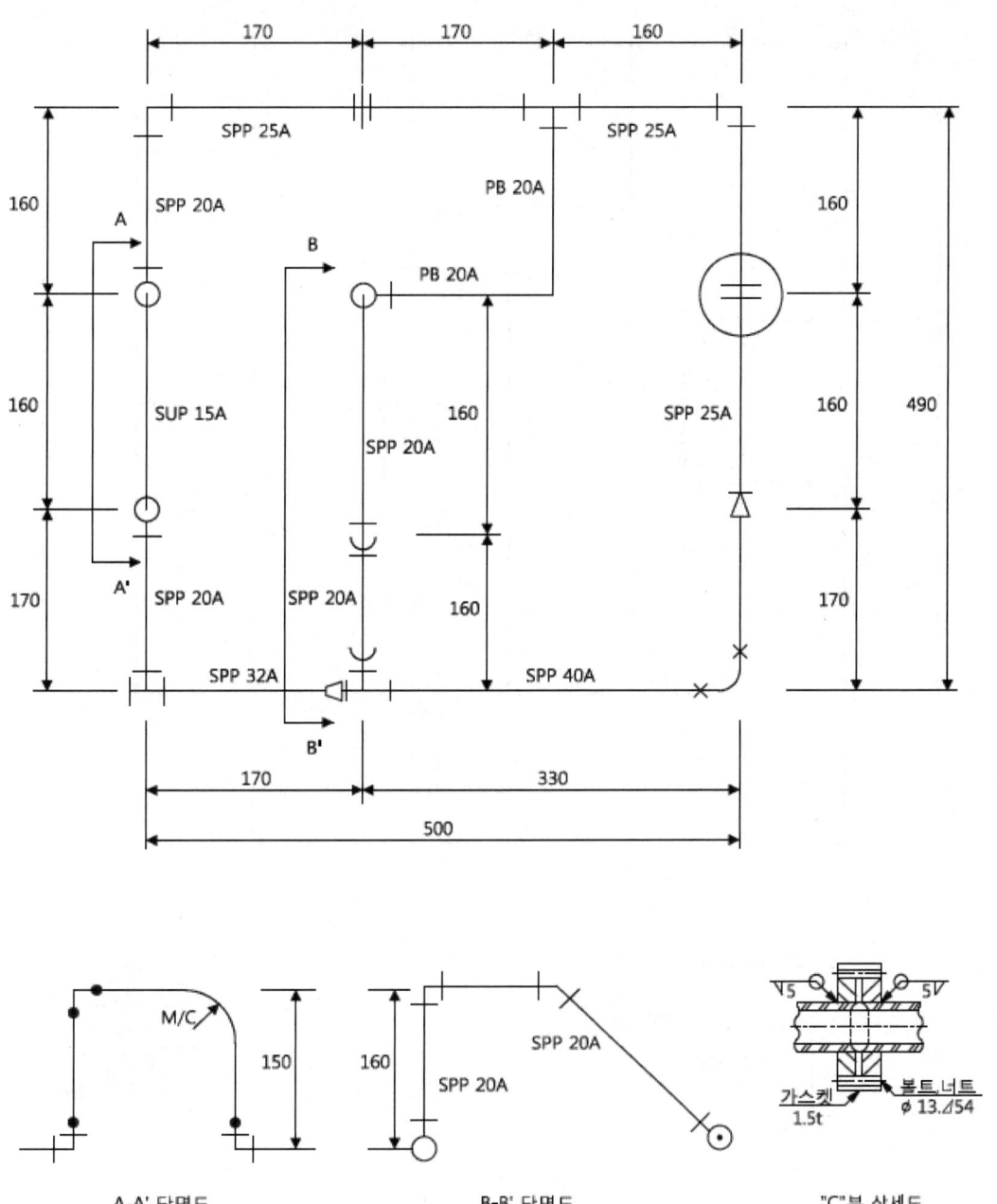

| 자격 종목 및 등급 | 배관기능장 | 작품명 | 강관 및 동관, PB관 조립 | 척도 | N.S |

예제 - 2

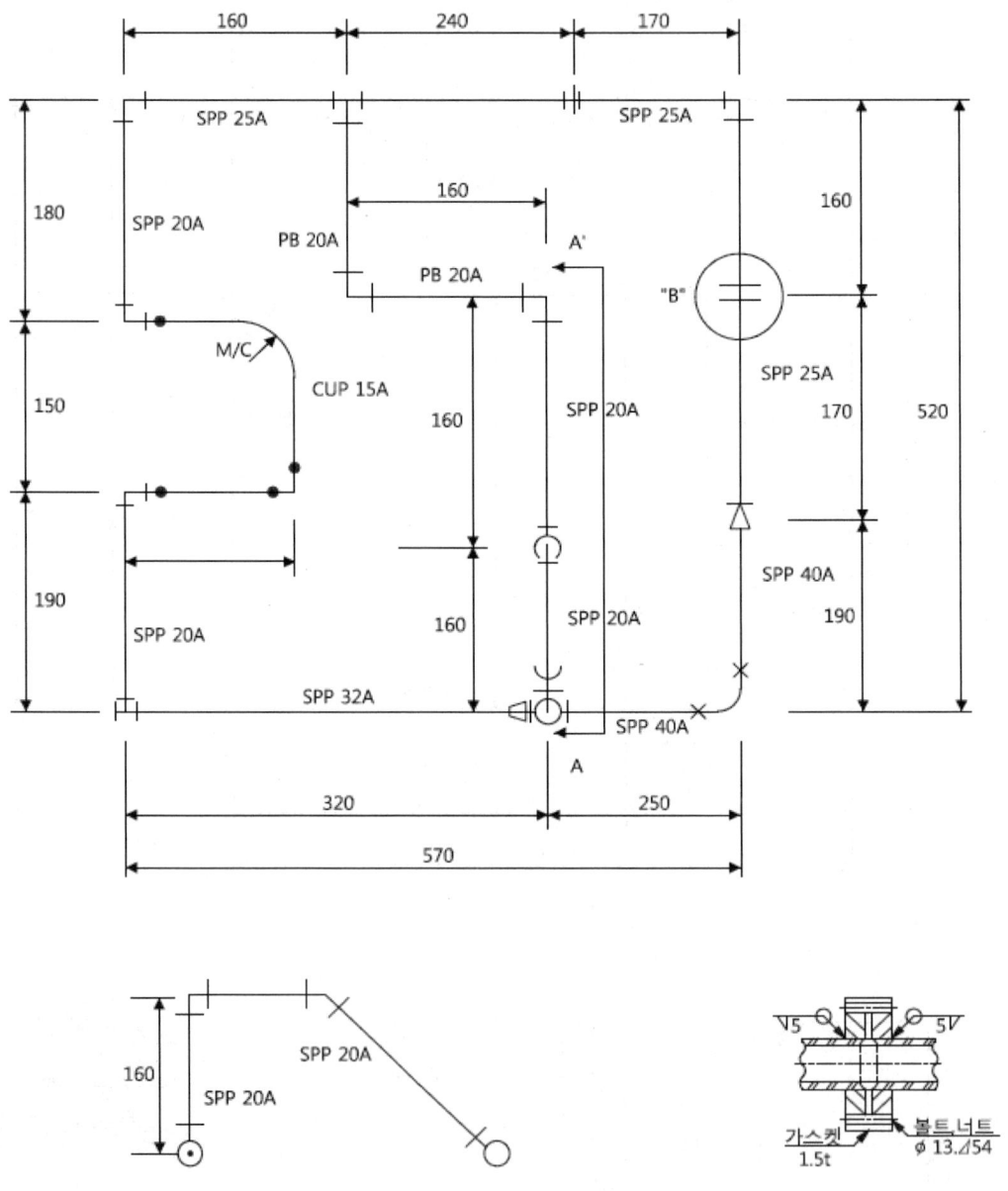

A-A' 단면도

"B"부 상세도

| 자격 종목 및 등급 | 배관기능장 | 작품명 | 강관 및 동관, PB관 조립 | 척도 | N.S |

예제 - 3

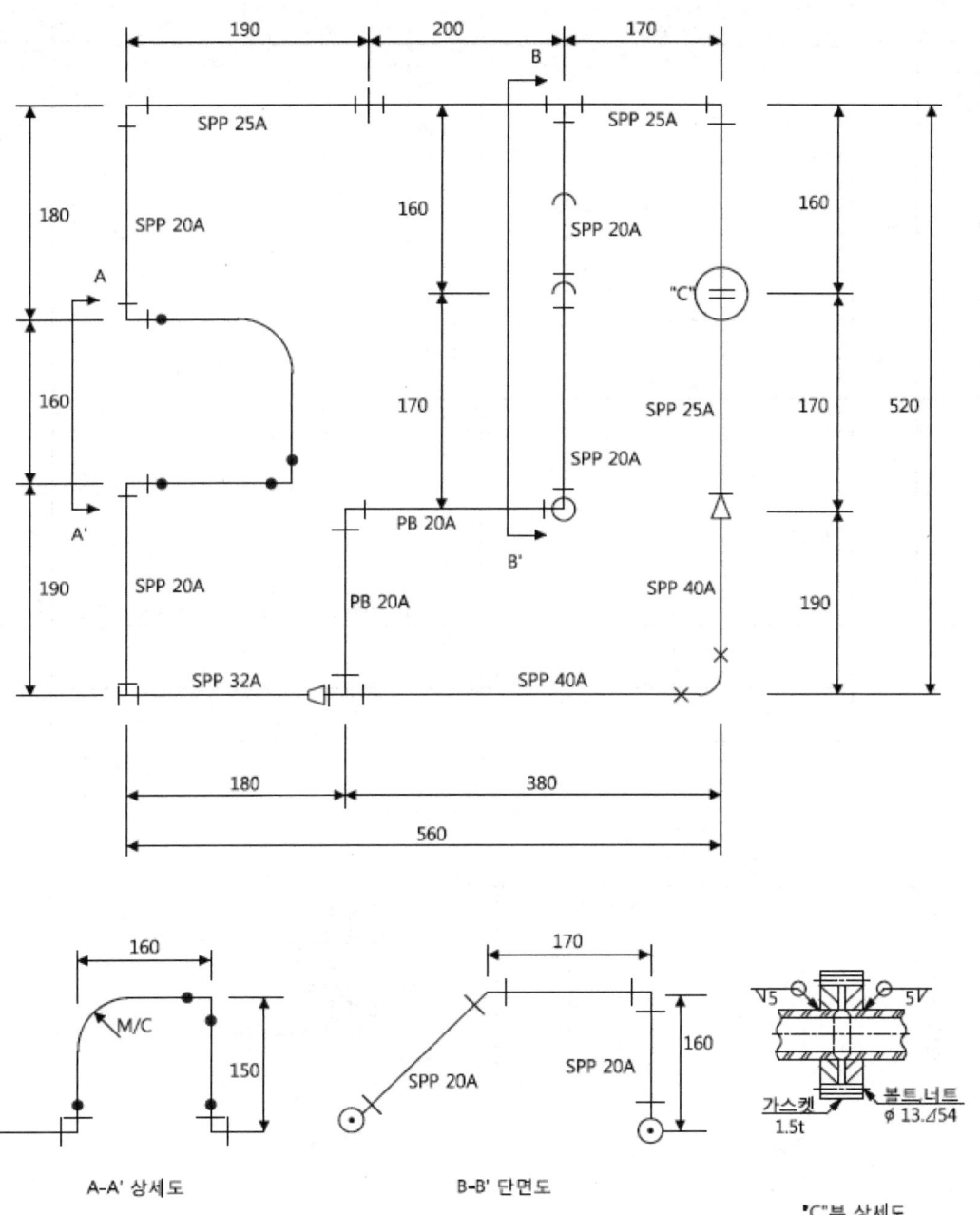

A-A' 상세도 B-B' 단면도 "C"부 상세도

| 자격 종목 및 등급 | 배관기능장 | 작품명 | 강관 및 동관, PB관 조립 | 척도 | N.S |

예제 - 4

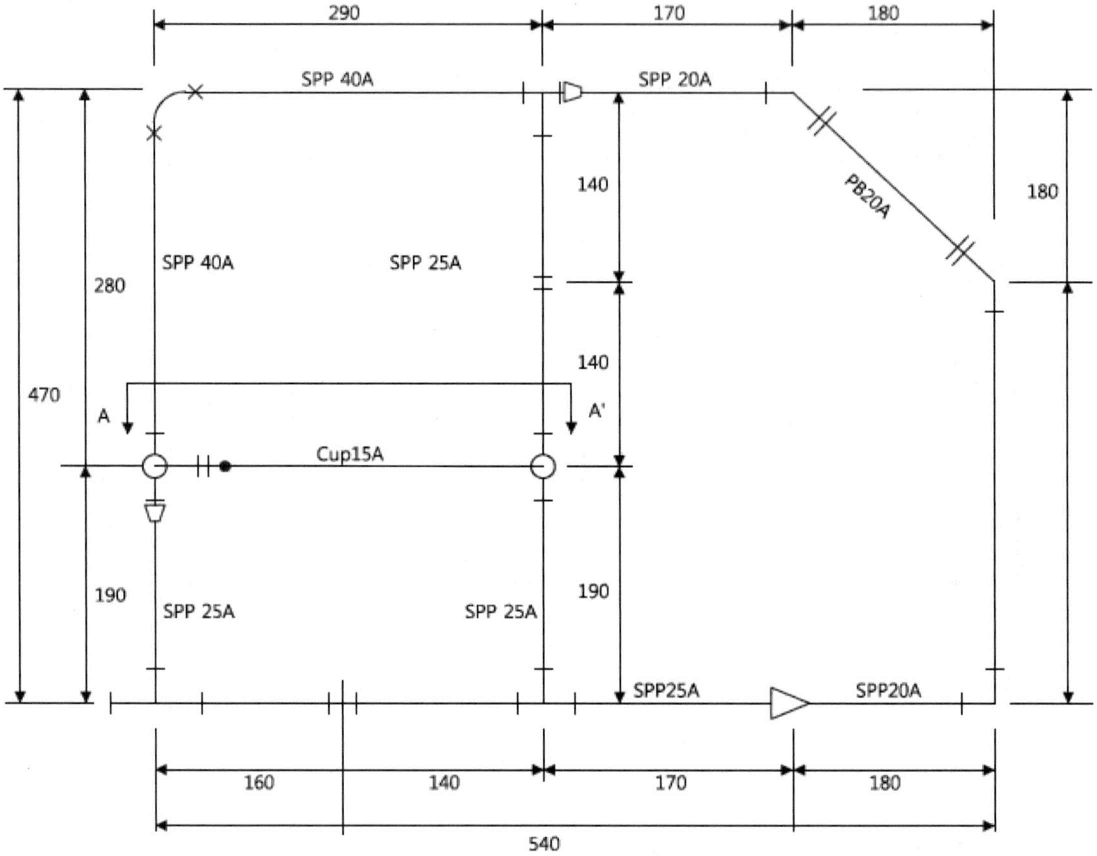

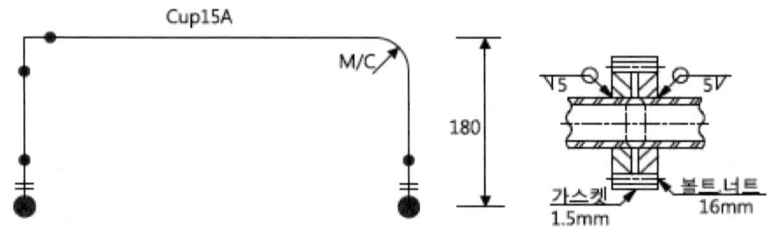

A-A' 상세도   "C"부 상세도

PART 06
배관기능장

필기 과년도 기출문제

2009년 제46회 필기시험
(7월12일 시행)

01
수도 본관에서 옥상탱크까지 수직 높이가 20m이고, 관마찰손실률이 20%일 때 옥상탱크로 수도를 보내기 위하여 수도 본관에서 필요한 최소수압은 몇 MPa 이상인가?

① 0.024 ② 0.24
③ 0.34   ④ 2.40

해설 $20m = 2kg/cm^2$

$$P(MPa) = (2kg/cm^2 + 2kg/cm^2 \times \frac{20}{100})$$
$$= 2.4kg/cm^2 \times \frac{1}{10} = 0.24MPa$$

02
인접 건물에서 화재가 발생했을 때 인화를 방지하기 위해 창문, 출입구, 처마 끝에 물을 뿌려 수막을 형성함으로써 본 건물의 화재발생을 예방하는 설비는?

① 스프링클러   ② 드렌처
③ 소화전   ④ 방화전

해설 **드렌처 설비**
소방대상물을 인접 장소 등의 화재 등으로부터 방화구획이나 연소 우려가 있는 부분의 개구부 상단에 설치하여 물을 수막(水幕) 형태로 살수하는 소방시설 일종의 소방설비이다.

03
증기난방에 비교한 온수난방의 특징 중 잘못된 것은?

① 난방부하의 변동에 따라서 열량조절이 용이하다.
② 온수보일러는 증기보일러보다 취급이 용이하다.
③ 설비비가 많이 드는 편이나 비교적 안전하여 주택 등에 적합하다.
④ 예열시간이 짧아서 단시간에 사용하기 편리하다.

해설 예열시간이 길어 단시간에 사용하기 곤란하다.

04
부식, 마모 등으로 작은 구멍이 생겨 유체가 누설될 경우 고무제품의 각종 크기로 된 볼을 일정량 넣고, 유체를 채운 후 펌프를 작동시켜 누설부분을 통과하려는 볼이 누설부분에 정착, 누설을 미량이 되게 하거나 정지시키는 응급조치법은?

① 코킹법   ② 스토핑 박스법
③ 호트 패킹법   ④ 인젝션법

해설 **인젝션법**
볼을 일정량 넣고 유체를 채운 후 펌프를 작동시켜 누설부분에 정착시키는 응급조치법이다.

05
파이크 랙크(Rack)상의 배관 배열방법을 설명한 것으로 거리가 먼 것은?

① 인접하는 파이프 외측과 외측의 간격을 75mm 이상으로 한다.
② 고온 배관에서 주로 사용하는 루프형 신축관은 파이프랙상의 다른 배관보다 500~700mm 정도 높게 배관한다.
③ 관지름이 클수록 온도가 높을수록 파이프랙상의 중앙에 배열한다.
④ 파이프랙의 폭은 파이프에 보온·보냉하는 경우 그 두께를 가산하여 결정한다.

해설 관지름이 크거나 온도가 높을수록 파이프랙상의 양쪽에 배열한다.

06
공기여과기의 종류 중 담배연기나 5μm 이하의 입자에 가장 효과가 있는 여과기는?

① 유닛형 건식여과기   ② 점성식 여과기
③ 전자식 여과기   ④ 일반 건식여과기

해설 **전자식 여과기**
담배연기나 5μm 이하의 입자에 가장 효과가 크다.

정답 01 ② 02 ② 03 ④ 04 ④ 05 ③ 06 ③

07

가스홀더에서 직접 홀더압을 이용해서 공급하는 가스공급방법으로, 큰 지름의 배관이 필요하며 비용도 상승하게 되어 공급범위가 한정된 가스공급방식인 것은?

① 중앙공급방식　② 고압공급방식
③ 혼합공급방식　④ 저압공급방식

해설 저압공급방식
　　가스홀더에서 직접 홀더압을 이용해서 공급하는 가스 공급방법으로, 큰 지름의 배관이 필요하며 공급범위가 한정된 가스공급방식이다.

08

기계적(물리적) 세정방법에 대한 설명 중 틀린 것은?

① 물 분사기(Water Jet) 세정법 : 고압펌프를 설치하여 압송하는 제트차를 사용해 고압의 가스 상태로 분사하여 스케일을 제거하는 방법
② 피그(Pig) 세정법 : 탑조류, 열교환기, 가열로, 보일러 배관에 사용하는 방법으로, 세정액을 순환시켜 세정하는 방법
③ 샌드 블라스트(Sand Blast) 세정법 : 공기압송장치 등으로 모래를 분사하여 스케일을 제거하는 방법
④ 쇼트 블라스트(Shot Blast) 세정법 : 공기압송장치 등으로 강구(Steel Ball)를 분사하여 스케일을 제거하는 방법

해설 피그 세정법
　　관내 밑 스케일을 제거하는 데 최적의 기계적 세정방법이다.

09

시퀀스 제어(Sequence Control)를 설명한 것으로 가장 적절한 것은?

① 미리 정해놓은 순서에 따라 제어의 각 단계를 순차적으로 행하는 제어
② 미리 정해놓은 순서에 관계없이 불규칙적으로 제어의 각 단계를 행하는 제어
③ 출력신호를 입력신호로 되돌아오게 하는 되먹임에 의하여 목표값에 따라 자동적으로 제어
④ 입력신호를 출력신호로 되돌아오게 하는 피드백에 의하여 목표값에 따라 자동적으로 제어

해설 시퀀스 제어
　　미리 정해진 순서에 따라 제어의 각 단계를 차례로 진행해 가는 제어이다.

10

설정한 목표값을 경계로 가동·정지의 2가지 동작 중 하나를 취하여 동작시키는 제어는?

① 2위치 동작　② 다위치 동작
③ 비례 동작　④ PID 동작

해설 2위치 동작
　　목표값을 경계로 가동·정지의 2가지를 동작시킨다.

11

용접 중 일산화탄소에 의한 중독 위험성이 가장 많은 것은?

① 서브머지드 용접　② 수동교류 용접
③ CO_2 용접　④ 불활성가스 아크용접

해설 CO_2 용접은 탄산가스를 사용하므로 CO_2 가스중독에 주의해야 한다.

12

동력 나사절삭기 사용 시 안전수칙에 관한 설명으로 틀린 것은?

① 관을 척에 확실히 고정시킨다.
② 절삭된 나사부는 나사산이 잘 성형되었는지 맨손으로 만지면서 확인한다.
③ 나사절삭 시에는 주유구에 의해 계속 절삭유가 공급되도록 한다.
④ 나사절삭기의 정비, 수리 등은 절삭기를 정지시킨 다음 행한다.

해설 절삭된 나사부는 나사산이 잘 성형되었는지 육안으로 확인한다.

정답　07 ④　08 ②　09 ①　10 ①　11 ③　12 ②

13
교류 용접기는 무부하 전압이 70~80V 정도로 비교적 높아 감전의 위험이 있으므로, 이를 방지하기 위한 장치로 사용하는 것은?
① 리미트 스위치   ② 2차 권선장치
③ 전격방지장치   ④ 중성점 접지장치

[해설] **전격방지장치**
용접작업을 정지하면 순간에 자동적으로 접촉하여도 감전재해가 발생하지 않을 정도로 전압을 저하시킬 수 있는 장치이다.

14
LPG 집단공급시설(배관 포함)의 기밀시험 기준 압력은 몇 MPa인가?(단, 프로판가스를 기준으로 한다)
① 1.6   ② 1.8
③ 16   ④ 18

15
제어요소 중 입력변화와 동시에 출력이 시간지연 없이 목표치에 동시에 변화하며, 시간지연이 없다는 의미에서 0차 요소라고도 하는 것은?
① 적분 요소   ② 일차 지연요소
③ 고차 지연요소   ④ 비례요소

[해설] **비례요소**
시간지연이 없다는 의미에서 0차 요소라고도 한다.

16
압축공기 배관의 부품에 들어가지 않는 것은?
① 세퍼레이터(Separator)
② 공기여과기(Air Filter)
③ 애프터 쿨러(After Cooler)
④ 사이어미즈 커넥션(Siamese Connection)

[해설] **압축공기 배관 부품**
세퍼레이터, 공기여과기, 에프터 쿨러

17
수격작용(Water Hammering)의 방지책이 아닌 것은?
① 관로에 조압수조를 설치한다.
② 관지름을 작게 하고, 관내 유속을 낮춘다.
③ 플라이휠을 설치하여 펌프 속도의 급변을 막는다.
④ 밸브는 펌프 송출구 가까이에 설치하고, 밸브를 적당히 제어한다.

[해설] 관경을 크게 해야 수격작용이 줄어든다.

18
전기집진장치의 특성에 관한 설명 중 틀린 것은?
① 집진효율이 99.9% 이상이다.
② 압력손실이 적어 송풍기에 따른 동력비가 적게 든다.
③ 함진가스의 처리 가스량이 적어 소용량 집진시설에 적합하다.
④ 각종 공기조화장치나 병원의 수술실 등에서 많이 사용된다.

[해설] 전기식 집진장치는 압력손실이 적어 동력비가 적게 들고 집진효율이 좋으며, 병원의 수술실 등에서 많이 사용된다.

19
설비자동화 제어장치의 신호전송방법에서 최대전송 거리를 비교한 것으로 맞는 것은?
① 공압식<유압식<전기식
② 전기식<유압식<공압식
③ 공압식<전기식<유압식
④ 유압식<전기식<공압식

[해설]
- **공압식** : 150m 이내
- **유압식** : 300m 이내
- **전기식** : 수 km

20
풍량은 8m³/min이고, 풍속은 10m/min일 때 집진용 덕트의 크기(단면적)는 몇 m³인가?(단, 마찰손실에 대한 영향은 무시한다)
① 8   ② 80
③ 0.8 ④ 1

[해설] $Q = A \cdot V$, 즉 $A = \dfrac{Q(풍량)}{V(풍속)} = \dfrac{8}{10} = 0.8 \text{m}^3$

정답 13 ③ 14 ② 15 ④ 16 ④ 17 ② 18 ③ 19 ① 20 ③

21
그림과 같이 배관에 직접 접합하는 배관 지지대로서 주로 배관의 수평부나 곡관부에 사용되는 지지장치의 명칭은?

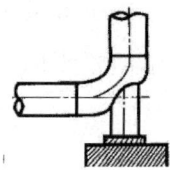

① 파이프 슈(Pipe Shoe)
② 앵커(Anchor)
③ 리지드 서포트(Rigid Support)
④ 콘스탄트 행거(Constant Hanger)

[해설] 파이프 슈는 배관의 수평부나 곡관부지지에 주로 사용한다.

22
최고사용압력이 6.5MPa인 배관에서 SPPS을 사용하는 경우 인장강도가 380MPa일 때 안전율을 4로 하면 다음 스케줄 번호 중 가장 적합한 것은?

① 40   ② 80
③ 100   ④ 120

[해설] 스케줄번호 $= 1,000 \times \dfrac{P}{S} = 1,000 \times \dfrac{6.5}{380 \times \dfrac{1}{4}} = 68.42$

이므로, 큰 사이즈를 적용하면 #80이다.

23
일반적으로 PS관이라고 불리며, PS강선을 인장해서 감아붙인 뒤 관의 원주방향으로 압축응력을 부여해서 내·외압에 의해서 일어나는 인장응력과 상쇄할 수 있게 제작된 특수관은?

① 규소 청동관
② 폴리부틸렌관
③ 석면 시멘트관
④ 프리스트레스 콘크리트관

[해설] 프리스트레스 콘크리트관
일반적으로 PS관이라 칭하며, PS강선으로 압축응력을 부과하여 인장응력과 상쇄할 수 있게 한 것이다.

24
비중이 작고 열 및 전기의 전도도가 높으며, 용접이 잘되고 고순도의 것일수록 내식성 및 가공성이 좋아지므로 이음매 없는 관과 용접관이 있고 화학공업용 배관이나 열교환기 등에 적합한 것은?

① 석면 시멘트관   ② 염화비닐관
③ 강관   ④ 알루미늄관

[해설] 알루미늄관
비중이 2.7로 가볍고 열전도율이 높으며, 가공성 및 내식성이 좋아서 화학공업용 배관과 열교환기 등에 사용된다.

25
천연고무와 비슷한 성질을 가진 합성고무로서 천연고무보다 더 우수한 성질을 가지고 있으며, 내열도는 약 −46~121℃ 사이의 값을 가지고 있는 패킹 재료는?

① 펠트   ② 석면
③ 네오프렌   ④ 테프론

[해설] 네오프렌(합성고무)
천연고무의 성질을 개선시킨 것으로 증기배관 외 물, 공기, 기름 및 냉매배관 등 광범위하게 사용하는 플랜지 패킹이다.

26
신축이음에서 고압에 견디고 고장도 적으며, 설치공간을 많이 차지하여 고압증기의 옥외배관에 많이 쓰이는 것은?

① 루프형   ② 슬리브형
③ 벨로스형   ④ 볼조인트형

[해설] 루프형 신축이음
설치공간을 많이 차지하지만, 고압에 잘 견디고 고장이 적어서 고압증기의 옥외배관에 많이 쓰인다.

27
유리면 벌크를 입상화(Granule)시킨 제품으로 주택의 천장이나 마룻바닥의 보온·단열 등에 사용되며, 사용온도가 500℃인 보온재는?

① 산면(Loose Wool)   ② 블로 울(Blow Wool)
③ 펠트(Felt)   ④ 탄산마그네슘($MgCO_3$)

정답 21 ① 22 ② 23 ④ 24 ④ 25 ③ 26 ① 27 ②

28
폴리부틸렌관(PB) 이음쇠에 관한 설명으로 올바른 것은?
① PB관에 PB관을 연결 시 나사이음과 용접이음이 필요하다.
② 이음쇠 안쪽에 내장된 그래브링과 O링을 이용한 용접 접합이다.
③ 이종관과의 접합 시는 커넥션 및 어댑터를 사용하며, 나사이음을 한다.
④ 스터드 앤드를 이용한 플랜지 이음을 하는 것이 일반적이다.

해설 **폴리부틸렌관**
PB관이라고 하며, 관을 연결구에 삽입하여 그래브링과 O링에 의한 접합을 할 수 있다.

29
증기트랩(Steam Trap)을 그 작동원리에 따라 분류하면 온도조절식 트랩, 열역학적 트랩, 그리고 기계적 트랩으로 분류한다. 이중 열역학적 트랩에 해당하는 것은?
① 벨로스형　　② 디스크형
③ 버킷형　　　④ 바이메탈형

해설 열역학적 트랩에는 디스크식과 오리피스식이 있다.

30
밸브 내부는 버퍼와 스프링이 설치되어 있고, 바이패스밸브 기능도 하는 체크밸브는?
① 리프트형(Lift Type) 체크밸브
② 스윙형(Swing Type) 체크밸브
③ 풋 형(Foot Type) 체크밸브
④ 해머리스(Hammerless Type) 체크밸브

해설 **해머리스 체크밸브**
펌프 출구측에서 발생하는 워터해머를 방지하는 기능이 있다는 의미에서 스모렌스키 체크밸브라 하며, 바이패스 밸브의 기능을 함께 한다.

31
플랜지를 관과 이음하는 방법에 따라 분류할 때 이에 해당하지 않는 것은?
① 소켓 용접형　　② 랩 조인트형
③ 나사 이음형　　④ 바이패스형

해설 바이패스형은 우회배관을 의미하므로 이음방법이 아니다.

32
일반적으로 배관계에 발생하는 진동을 억제하는 경우에 사용하는 배관 지지장치로 가장 적합한 것은?
① 스토퍼　　　② 리지드 행거
③ 앵커　　　　④ 브레이스

해설 브레이스는 기기로부터 발생하는 진동을 흡수하여 배관계통에 전달되는 것을 방지하는 역할을 한다.

33
배관계획에 있어 관 종류의 선택 시 고려해야 할 조건 중 가장 거리가 먼 것은?
① 관내 유체의 화학적 성질
② 관내 유체의 온도
③ 관내 유체의 압력
④ 관내 유체의 경도

해설 관내 유체의 경도는 관 종류 선택 시 고려해야 할 조건과 거리가 멀다.

34
강관의 종류와 KS규격 기호가 맞는 것은?
① SPHT : 고압배관용 탄소강관
② SPPH : 고온배관용 탄소강관
③ STHA : 저온배관용 탄소강관
④ SPPS : 압력배관용 탄소강관

해설
- SPHT : 고온배관용 탄소강관
- SPPH : 고압배관용 탄소강관
- STHA : 보일러 열교환기용 합금강관

정답 28 ③　29 ②　30 ④　31 ④　32 ④　33 ④　34 ④

35
펌프의 배관에 관한 설명으로 틀린 것은?
① 토출 쪽은 압력계를 설치한다.
② 흡입 쪽은 진공계나 연성계를 설치한다.
③ 흡입 쪽 수평관은 펌프 쪽으로 올림 구배한다.
④ 스트레이너는 펌프 토출 쪽 끝에 설치한다.

[해설]  스트레이너 : 관내의 불순물을 제거하여 기기의 성능을 보호하는 역할을 하는 배관설비용 부품으로 종류에는 Y형, U형, V형이 있다. 펌프 흡입측에 설치한다.

36
강관을 4조각내어 중심각이 90° 마이터관을 만들려 할 때 절단각은 몇 도인가?
① 7.5
② 11.25
③ 15
④ 22.5

[해설] 절단각 $= \dfrac{중심각}{2 \times (편수-1)} = \dfrac{90}{2 \times (4-1)} = 15도$

37
비금속 배관재료에 대한 일반적인 이음방법이 올바르게 짝지어진 것은?
① 경질 염화비닐관 - 기볼트 이음
② 석면 시멘트관 - 고무링 이음
③ 폴리에틸렌관 - 용착 슬리브 이음
④ 콘크리트관 - 심플렉스 이음

[해설]
• 경질 염화비닐관 - 테이퍼 코어 접합, 용접법
• 석면 시멘트관 - 기볼트 접합
• 콘크리트관 - 콤포 이음, 몰탈 접합

38
동관의 납땜이음 시 사용하는 공구로서 절단된 관 끝부분의 단면을 정확한 원으로 만들기 위하여 사용하는 공구는?
① 플레어링 툴
② 사이징 툴
③ 봄볼
④ 턴핀

[해설]  사이징 툴(Sizing Tools)
동관의 끝부분을 정확한 치수의 원형으로 교정하기 위하여 사용한다.

39
동력나사 절삭기에 관한 설명으로 옳은 것은?
① 다이헤드식은 관의 절단, 나사절삭은 가능하나 거스러미 제거작업은 하지 못한다.
② 오스터식은 지지로드를 이용하여 절삭기를 수동으로 이송하며, 구조가 복잡하고, 관지름이 큰 것에 주로 사용된다.
③ 오스터식, 호브식, 램식, 다이헤드식 등 네 가지 종류가 있다.
④ 호브식은 나사절삭용 전용 기계이지만 호브와 파이프 커터를 함께 장치하면 관의 나사절삭과 절단을 동시에 할 수 있다.

[해설] 다이헤드형
관의 절단, 나사절삭, burr 제거 등의 일을 연속적으로 할 수 있고, 관을 물린 척을 저속 회전시키면서 다이헤드를 관에 밀어넣어 나사를 가공하는 동력나사 절삭기호브식 나사절삭기는 호브와 파이프 커터를 함께 장치하면 관의 나사절삭과 절단을 동시에 할 수 있다.

40
콘크리트관의 콤포 이음 시 시멘트와 모래의 배합비인 콤포 배합비(시멘트 : 모래)와 수분의 양으로 가장 적합한 것은?
① 1 : 2, 수분의 양은 약 17%
② 1 : 1, 수분의 양은 약 17%
③ 1 : 2, 수분의 양은 약 45%
④ 1 : 1, 수분의 양은 약 45%

[해설] 콤포 이음
시멘트와 모래의 비율을 1 : 1로 하고 수분을 약 17% 정도로 반죽한 것이다.

41
주철 파이프 접합 시 녹은 납이 비산하여 몸에 화상을 입게 되는 주 원인은?
① 접합부에 수분이 있기 때문에
② 녹은 납의 온도가 낮기 때문에
③ 녹은 납의 온도가 높기 때문에
④ 인납 성분에 Pb 함량이 너무 많기 때문에

[해설] 접합부에 수분이 있으면 녹은 납이 비산하여 몸에 화상을 입을 수 있다.

정답 35 ④ 36 ② 37 ③ 38 ② 39 ④ 40 ② 41 ①

42
열량의 단위인 1J의 설명으로 가장 정확한 것은?
① 1N의 힘을 작용시켜 1m 이동시켰을 때 일에 상당하는 열량이다.
② 1Pa의 힘을 작용시켜 1m 이동시켰을 때 일에 상당하는 열량이다.
③ 매초 1W의 공률을 발생하는 힘이다.
④ 매초 1Pa의 압력을 발생하는 힘이다.

해설 1J : 1N의 힘을 작용시켜 1m 이동시켰을 때 일에 상당하는 열량

43
용접에서 피복제의 중요한 작용이 아닌 것은?
① 용착금속에 필요한 합금 원소를 첨가시킨다.
② 아크를 안정하게 한다.
③ 스패터의 발생을 적게 한다.
④ 용착금속을 급랭시킨다.

해설 피복제는 용착금속의 급랭을 방지하는 역할을 한다.(서랭시킨다).

44
정격 2차 전류 200A, 정격사용률이 50%인 아크 용접기로 150A의 용접전류를 사용시 허용사용률은 약 몇 %인가?
① 53 ② 65
③ 71 ④ 89

해설 허용 사용률 $=\dfrac{(정격\ 2차\ 전류)^2}{(실제의\ 용접전류)^2} \times 정격사용률(\%)$
$= \dfrac{(200)^2}{(150)^2} \times 50 = 88.88\%$

45
토치 대신 가늘고 긴 강관(안지름 3.2mm~6mm), 길이 1.5~3m)을 사용하여 이 강관에 산소를 공급하여 그 강관이 산화 연소할 때의 반응열로 금속을 절단하는 방법은?
① 가스 가우징(Gas Gouging)
② 스카핑(Scarfing)
③ 산소창 절단(Oxygen Lance Cutting)
④ 산소아크 절단(Oxygen Arc Cutting)

해설 산소창 절단
토치의 팁 대용으로 산소창이라는 가늘고, 긴 강관(안지름 3.2~6mm, 길이 1.5~3m)을 사용해서 절단용 산소를 큰 강괴의 심부에 송출시켜, 창 자체가 연소되면서 절단되는 방법이다.

46
수랭 동판을 용접부의 양편에 부착하고 용융된 슬래그 속에서 전극와이어를 연속적으로 송급하여 용융슬래그 내를 흐르는 저항열에 의하여 전극와이어 및 모재를 용융 접합시키는 용접법은?
① 일렉트로 슬래그 용접
② 서브머지드 아크 용접
③ 테르밋 용접
④ 전자빔 용접

해설 일렉트로 슬래그 용접
수랭 동판을 용접부의 양편에 부착하고 용융된 슬래그 속에서 전극와이어를 연속적으로 송급하여 용융슬래그 내를 흐르는 저항열에 의하여 전극와이어 및 모재를 용융 접합시키는 용접

47
다음 그림과 같은 입체배관도에 대한 평면도로 맞는 것은?

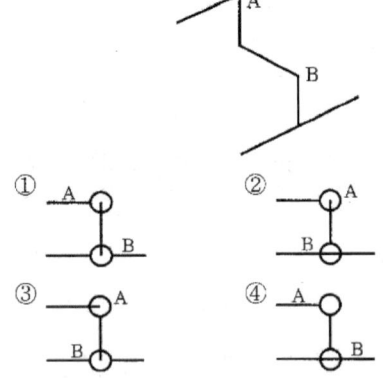

정답 42 ① 43 ④ 44 ④ 45 ③ 46 ① 47 ③

48
다음의 계장계통 도면에서 FRC가 의미하는 것은?

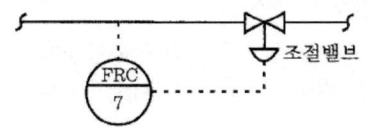

① 수위기록 조절계 ② 유량기록 조절계
③ 압력기록 조절계 ④ 온도기록 조절계

[해설] ① 수위기록 조절계 : LRC
② 유량기록 조절계 : FRC
③ 압력기록 조절계 : PRC
④ 온도기록 조절계 : TRC

49
입체배관도로 작도하는 도면에서 배관의 일부분만을 작도한 도면으로 부분제작을 목적으로 하는 도면은?

① 입면배관도 ② 입체배관도
③ 부분배관도 ④ 평면배관도

[해설] **부분배관도**
플랜트 배관설비 도면에서 입체배관도로 배관의 일부분만을 작도하여 부분 제작을 목적으로 하는 도면이다.

50
용접기호 중 현장용접 기호 표시 기호는?

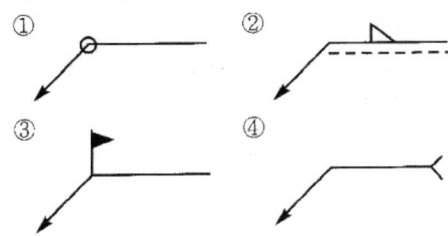

[해설] ① 올둘레 용접

51
배관의 라인번호 결정은 배관도면의 작도와 재료의 집계나 현장조립 및 보전에 효과적이므로 일관성을 갖는 것이 중요하다. 아래의 라인번호에서 틀리게 설명된 것은?

2B-S115-A10-H20

① 2B : 관의 호칭지름
② S115 : 유체의 종류, 상태, 배관계의 식별(배관번호)
③ A10 : 배관계의 시방
④ H20 : 관의 종류

[해설] • 2B : 관의 호칭지름
• S115 : 유체의 종류
• H20 : 보온, 보랭기호

52
가상선의 용도로 틀린 것은?

① 인접 부분의 참고로 표시하는 데 사용한다.
② 가공 전 또는 가공 후의 모양을 표시하는 데 사용한다.
③ 도시된 단면의 앞쪽에 있는 부분을 표시하는 데 사용한다.
④ 대상물의 보이지 않는 부분의 모양을 표시하는 데 사용한다.

[해설] **은선** : 대상물의 보이지 않는 부분의 모양을 표시

53
아래와 같은 배관도시 기호의 종류는?

① 글로브 밸브   ② 밸브 일반
③ 게이트 밸브   ④ 전동 밸브

[해설]

명칭	도시기호	명칭	도시기호	명칭	도시기호
밸브 일반	⋈	수동 밸브		공기 릴리프 밸브	
앵글 밸브		일반 조작 밸브		일반 콕	
체크 밸브		전동 밸브	Ⓜ	게이트 밸브	⋈
스프링 안전밸브		전자 밸브	Ⓢ	글로브 밸브	⋈
볼 밸브	⋈	릴리프 밸브 (일반)		추 안전밸브	
버터 플라이 밸브		체크 밸브		3방향 밸브	

정답 48 ② 49 ③ 50 ③ 51 ④ 52 ④ 53 ①

54
파이프 내에 흐르는 유체의 종류별 표시기호 설명으로 틀린 것은?
① 공기 : A
② 연료가스 : K
③ 연료유 : O
④ 증기 : S

[해설] 연료가스 : G

55
$\bar{x}$ 관리도에서 관리상한이 22.15, 관리하한이 6.85, $\bar{R}=7.5$일 때 시료군의 크기(n)는 얼마인가?(단, $n=2$일 때 $A_2=1.88$, $n=3$일 때 $A_2=1.02$, $n=4$일 때 $A_2=0.73$, $n=5$일 때 $A_2=0.58$이다)
① 2
② 3
③ 4
④ 5

56
어떤 측정법으로 동일 시료를 무한 횟수로 측정하였을 때 데이터 분포의 평균치와 참값과의 차를 무엇이라 하는가?
① 편차
② 신뢰성
③ 정확성
④ 정밀성

[해설] **정확성**
동일 시료를 무한 횟수로 측정하였을 때 데이터 분포의 평균치와 참값과의 차

57
200개 들이 상자가 15개 있다. 각 상자로부터 제품을 랜덤하게 10개씩 샘플링 할 경우, 이러한 샘플링 방법을 무엇이라 하는가?
① 계통 샘플링
② 취락 샘플링
③ 층별 샘플링
④ 2단계 샘플링

[해설] **층별 샘플링**
로트(Lot)나 공정을 몇 개의 층으로 나누어 각층으로부터 임의로 시료를 취하는 방법

58
다음 중 신제품에 대한 수요예측방법으로 가장 적절한 것은?
① 시장조사법
② 이동평균법
③ 지수평활법
④ 최소자승법

[해설] **시장조사법**
신제품에 대한 수요예측방법으로 가장 적합하다.

59
ASME(American Society of Machine Engineers)에서 정의하고 있는 제품공정 분석표에 사용되는 기호 중 "저장(Storage)"을 표현한 것은?
① ○
② D
③ □
④ ▽

[해설] ① 작업 ② 정체 ③ 검사

60
다음 중 사내표준을 작성할 때 갖추어야 할 용건으로 옳지 않은 것은?
① 내용이 구체적이고 주관적일 것
② 장기적 방침 및 체계 하에서 추진할 것
③ 작업표준에는 수단 및 행동을 직접 제시할 것
④ 당사자에게 의견을 말하는 기회를 부여하는 절차로 정할 것

[해설] 기록내용이 구체적으로 객관적일 것

정답 54 ② 55 ② 56 ③ 57 ③ 58 ① 59 ④ 60 ①

2010년 제47회 필기시험
(3월28일 시행)

01
옥내소화전에 대한 내용으로 잘못된 것은?
① 방수압력은 노즐의 끝을 기준으로 $1.7kgf/cm^2$ 이상 $3kgf/cm^2$ 이하로 한다.
② 입상관의 안지름은 50mm 이상으로 한다
③ 소화전의 바닥면을 기준으로 높이 1.5m 이내의 높이에 설치한다.
④ 소화펌프 가까이에 게이트 밸브와 체크 밸브를 설치한다.

[해설] 옥내소화전 방수압력은 노즐의 끝을 기준으로 $1.7kgf/cm^2$ 이상 $7kgf/cm^2$ 이하

02
가스용접 작업에 대한 안전사항으로 틀린 것은?
① 산소병은 40℃ 이하 온도에서 보관한다.
② 가스집중 장치는 화기를 사용하는 설비에서 5m 이상 떨어진 곳에 설치한다.
③ 산소병은 충전후 12시간 뒤에 사용한다.
④ 아세틸렌 용기의 취급 시 동결부분은 35℃ 이하의 온수로 녹여야 한다.

[해설] 아세틸렌 용기는 충전 후 24시간 정치한 후에 사용한다.

03
가장 미세한 먼지를 집진할 수 있으므로 병원의 수술실 및 제약 공장 등에서 많이 사용하는 집진법은?
① 전기 집진법   ② 원심 분리법
③ 여과 집진법   ④ 중력 집진법

[해설] 전기식 집진장치의 특징은 압력손실이 적어 동력비가 적게 들고 집진효율이 좋으며 병원의 수술실 등에 많이 사용된다.

04
오물정화조의 구비조건이 아닌 것은?
① 정화조 순서는 부패조, 예비여과조, 산화조, 소독조의 구조로 한다.
② 정화조의 바닥, 벽, 천정, 칸막이 벽 등은 방수 재료로 시공해야 한다.
③ 부패조, 예비여과조, 산화조에는 안지름이 40cm 이상의 맨홀을 설치한다.
④ 부패조는 침전 분리에 적합한 구조로 하고 오수를 담고 있는 깊이는 2m 이상으로 한다.

[해설] **부패조**
단독 또는 다른 처리법과 조합시켜 오수 처리를 하는 탱크를 말하며, 오수 중의 부유물을 침전 분리하고, 침전한 오니를 탱크 바닥에 저류하여 혐기성 분해를 한다. 분뇨 정화조 등으로 많이 사용된다.

05
가스배관에서 가스공급시설 중 하나인 정압기의 설명으로 맞는 것은?
① 제조공장과 공급지역이 비교적 가깝고 공급면적이 좁아 저압의 가스를 보낼 때 사용한다.
② 제조 공장에서 생산, 정제된 가스를 저장하여 가스의 품질을 균일하게 하고 제조량 및 소요량을 조절한다.
③ 사용량이 서로 다른 시간별 또는 특정시기에 소요 공급 압력을 일정하게 유지한다.
④ 원거리 지역에 대량의 가스를 수송하기 위해 공압 압축기로 가스를 압축한다.

[해설] **정압기(Governor)**
공급가스가 설정압력에 맞게 항상 일정하게 유지하는 역할을 한다.

정답 01 ① 02 ③ 03 ① 04 ④ 05 ③

06
수공구 사용에 대한 안전 유의 사항 중 잘못된 것은?
① 사용 전 모든 부분에 기름을 칠하고 사용할 것
② 결함이 있는 것은 절대로 사용하지 말 것
③ 공구의 성능을 충분히 알고 사용할 것
④ 사용 후에는 반드시 점검하고, 고장난 부분은 즉시 수리 의뢰할 것

[해설] 기름을 칠하고 사용하면 미끄러워서 안전사고 위험이 있다.

07
공조시스템에서 차압 검출 스위치가 설치되는 곳은?
① 송풍기 출구의 덕트
② A·H·U의 증기코일 입구
③ A·H·U의 냉각코일 입구
④ 덕트 내부의 에어필터

[해설] 공조시스템에서 차압 검출 스위치는 덕트 내부의 에어필터에 설치된다.

08
자동제어의 피드백 제어계에서 조절부에 대하여 옳게 설명한 것은?
① 목표치를 기준입력신호로 조절해준다.
② 제어동작 신호를 받아 조작량을 조절한다.
③ 동작신호에 따라 2위치, 비례 등 이에 대응하는 연산출력을 만드는 곳으로 조작신호를 출력한다.
④ 조작량 만큼의 제어결과 즉 제어량을 발생한다.

[해설] 조절부
제어편차에 따라 일정한 신호를 조작요소에 보내는 부분

09
시퀀스 제어(Sequence Control)란 무엇인가?
① 결과가 원인이 되어 진행하는 제어로서 출력 측 신호를 입력 측으로 되돌리는 제어이다.
② 미리 정해놓은 순서에 따라 제어의 각 단계를 순차적으로 행하는 제어이다.
③ 목표치가 다른 양과 일정한 비율관계에서 변화되는 제어이다.
④ 전압이나 주파수 전동기의 회전수 등을 제어량으로 하고 이것을 일정하게 유지하는 것을 목적으로 하는 제어이다.

[해설] 시퀀스 제어
미리 정해진 순서에 따라 제어의 각 단계를 차례로 진행해 가는 제어

10
개별식 급탕법의 장점을 중앙식 급탕법과 비교 설명한 것으로 옳은 것은?
① 탕비장치가 크므로 열효율이 좋다.
② 대규모 급탕에는 경제적이다.
③ 배관 중의 열손실이 적다.
④ 열원으로 값싼 연료를 쓰기가 쉽다.

[해설] ①, ②, ④ : 중앙집중식의 장점들이다.

11
배관공작용 공구에서 화상의 위험이 있는 것은?
① 봄 볼   ② 드레서
③ 토치램프   ④ 맬릿

[해설] 토치램프를 사용할시 화상의 위험이 있으므로 주의가 필요하다.

12
자동화시스템에서 공정처리 상태에 대한 정보를 받아서, 제한된 공간 내에서 기계구조에 의해 일을 하는 부분으로 인간의 손, 발의 기능을 하는 자동화의 5대 요소인 것은?
① 센서(Sensor)
② 네트워크(Network)
③ 액추에이터(Actuator)
④ 소프트웨어(Software)

[해설]
• 자동화의 5대 요소 : 센서(Sensor), 프로세서(Processor), 액추에이터(Actuator), 소프트웨어(Software), 네트워크(Network)
• 액추에이터 (Actuator) : 회전운동과 선형운동으로 구분되며, 사용하는 에너지에 따라 공압식, 유압식, 전기식 등으로 구분한다.

정답 06 ① 07 ④ 08 ③ 09 ② 10 ③ 11 ③ 12 ④

13

150A 관의 안지름은 155mm이다. 이 관을 이용하여 매초 1.5m의 속도로 물을 수송하고 있다. 2시간 동안 수송된 물의 양은 약 몇 m³ 정도인가?

① 102   ② 136
③ 155   ④ 204

[해설] 물의 양 $= A \cdot V = \dfrac{3.14}{4} \times (0.155)^2 \times 1.5 \times 3600 \times 2$
$= 203.78 m^3$

14

암모니아 가스의 누설위치를 찾기 위해서는 무엇을 쓰는 것이 가장 좋은가?

① 비눗물   ② 알코올
③ 냉각수   ④ 페놀프탈렌

[해설] 페놀프탈렌 시험지가 백색에서 갈색으로 변한다.

15

어느 방의 전난방부하가 1.16kW일 때 복사난방을 하려면 DN15인 코일을 약 몇 m나 시설해야 하는가? (단, DN 15인 코일의 m당 표면적은 0.047m²이고, 관 1m² 당 방열량은 0.26kW/m²이라고 한다)

① 85   ② 95
③ 100   ④ 110

[해설] $L = \dfrac{난방부하}{관 표면적 \times 방열량} = \dfrac{1.16}{0.047 \times 0.26} = 94.9m$

16

보일러의 과열로 인한 파열의 원인이 아닌 것은?

① 화염이 국부적으로 집중연소될 경우
② 보일러수에 유지분이 함유되어 있는 경우
③ 스케일 부착으로 열전도율이 저하될 경우
④ 물 순환이 양호하여 증기의 온도가 상승될 경우

[해설] ④ 물 순환이 양호하여 증기의 온도가 상승될 경우 보일러가 과열될 수 없다.

17

샌드 블라스트 세정법에 관한 설명 중 틀린 것은?

① 공기압송장치가 필요하다.
② 모래를 분사하여 스케일을 제거한다.
③ 100A 이상의 대구경관이나 탱크 등에 사용한다.
④ 공기, 질소, 물 등의 압력과 화학세정액을 병행 사용한다.

[해설] 샌드 블라스트(Sand Blast) 세정법
흔히 샌딩이라고 불리우며, 압축공기를 이용하여 모래를 분사시켜 스케일을 제거하는 세정법이다.

18

배관설비의 진공시험에 관한 설명으로 틀린 것은?

① 기밀시험에서 누설 개소가 발견되지 않을 때 하는 시험이다.
② 주위 온도의 변화에 대한 영향이 없는 시험이다.
③ 관 속을 진공으로 만든후 일정시간후의 진공강하 상태를 검사한다.
④ 진공펌프나 추기회수 장치를 이용하여 시험한다.

[해설] 진공시험은 주위의 온도에 민감하므로 온도변화가 적을 때 시행하는게 효과적이다.

19

기송배관의 부속설비 중 공기 수송기에서 분말이나 알맹이를 수송관 쪽으로 공급하는 장치는?

① 송급기   ② 분리기
③ 수송관   ④ 동력원

[해설]
• 기송배관
공기 수송기를 사용하여 분말이나 미립자를 운송하는데 효과적인 배관
• 기송배관의 종류
진공식, 압송식, 진공 압송식

정답 13 ④ 14 ④ 15 ② 16 ④ 17 ④ 18 ② 19 ①

20
가스가 누설될 경우 초기에 발견하여 중독 및 폭발 사고를 미연에 방지하기 위해 누설을 감지할 수 있도록 하는 설비는?

① 가스저장설비
② 가스공급설비
③ 부취설비
④ 부스터(Booster) 설비

[해설] 무색, 무취인 가스를 독특한 냄새를 가진 물질을 주입하여 누설 시 냄새로 감지할 수 있는 설비를 부취설비라 한다.

21
액면측정장치가 아닌 것은?

① 전자 유량계
② 초음파 액면계
③ 방사선 액면계
④ 압력식 액면계

[해설] **전자유량계**
전자유도법칙을 이용한 순간 유량을 측정하는 것이며, 교류형과 직류형이 있으나 공업적으로는 교류형이 많이 사용되고 있다.

22
다음 피복 재료 중 무기질 보온 재료가 아닌 것은?

① 기포성 수지
② 석면
③ 암면
④ 규조토

[해설] **유기질 보온재** : 펠트, 코르크, 기포성 수지

23
강관의 종류와 KS 규격 기호를 짝지은 것으로 틀린 것은?

① 수도용 아연도금 강관 : SPPW
② 고압 배관용 탄소강관 : SPPH
③ 압력 배관용 탄소강관 : SPPS
④ 고온 배관용 탄소강관 : STHS

[해설] **고온 배관용 탄소강관** : SPHT

24
스위블형 신축이음쇠에 관한 설명으로 적합한 것은?

① 회전이음, 지웰이음 등으로도 불린다.
② 신축량이 큰 배관에서도 나사부가 헐거워지지 않는다.
③ 설치비가 비싸 쉽게 조립해서 만들기 힘들다.
④ 굴곡부에서 압력강하가 없다.

[해설] **스위블형 신축이음쇠**
회전이음, 지블이음, 지웰이음

25
양질의 선철에 강을 배합하여 원심력을 이용하여 주조한 후 노속에서 730°C 이상 고르게 가열하여 풀림처리한 주철관은?

① 수도용 원심력식 사형 주철관
② 수도용 원심력식 금형 주철관
③ 수도용 원심력 덕타일 주철관
④ 수도용 입형 주철관

[해설] **수도용 원심력 덕타일 주철관**
구상 흑연 주철관이라 하며 양질의 선철에 강을 배합하여 용해하고, 회전하는 주형에 주입한 다음 원심력을 이용하여 생산하며 관의 질이 균일하게 되어 강도가 크다.

26
제어방식에 따라 감압 밸브 분류 시 자력식 밸브는?

① 파일럿 작동식과 직동식 밸브
② 피스톤식과 다이어프램식 밸브
③ 리프트식과 스윙식 밸브
④ 볼 식과 해머리스식 밸브

[해설] • **작동방법에 따른 구분** : 피스톤식, 다이어프램식, 벨로스식
• **구조에 따른 분류** : 스프링식, 추식
• **제어방식에 따른 분류** : 자력식, 타력식

27
배관재료에 대한 설명중 부적당한 것은?
① 연관 : 초산, 농염산 등에 내식성이 뛰어나다.
② 동관 : 콘크리트 속에서 잘 부식되지 않는다.
③ 주철관 : 강관에 비해 내구성, 내식성이 풍부하다.
④ 흄관 : 원심력 철근 콘크리트 관이다.

해설 **연관**
초산, 농염산에 침식되며 증류수, 극연수에 다소 침식되는 경향이 있다.

28
증기의 공급 압력과 응축수의 압력차가 $0.35kgf/cm^2$ 이상일 때 한하여 유닛 히터나 가열코일 등에 사용하는 특수 트랩은?
① 박스 트랩   ② 플러시 트랩
③ 버킷 트랩   ④ 리프트 트랩

해설 플러시 트랩은 증기의 공급 압력과 응축수의 압력차가 $0.35kgf/cm^2$ 이상일 때 한하여 유닛 히터나 가열코일 등에 사용하는 특수 트랩이다.

29
450°C까지의 고온에 견디며 증기, 온수, 고온의 기름 배관에 가장 적합한 패킹은?
① 합성수지 패킹   ② 금속 패킹
③ 석면 개스킷   ④ 몰드 패킹

해설 석면 패킹은 광물성 섬유류로 450°C까지 고온에 견디는 패킹 또는 보온재이나 발암물질이 함유되어 있어 전세계적으로 사용금지된 품목이다.

30
열팽창에 의한 배관의 이동을 구속하거나 제한하기 위한 지지 장치는?
① 브레이스(Brace)
② 파이프 슈(Pipe Shoe)
③ 행거(Hanger)
④ 리스트레인트(Restraint)

해설
• **앵커(Anchor)** : 이동 및 회전을 방지하기 위하여 지지부분에 완전히 고정하여 사용한다.
• **스톱(Stop)** : 회전 및 배관 축과 직각방향의 이동을 구속하고 나머지 방향의 이동은 자유롭다.
• **가이드(Guide)** : 신축이음에 설치하는 것으로 축과 직각방향의 이동을 구속하고, 축방향의 이동은 허용 및 안내하는 역할을 한다.

31
내식, 내열 및 고온용 관으로서 특히 내식성이 필요로 하는 화학공업배관에 가장 적합한 강관은?
① 배관용 아크 용접 탄소강 강관
② 고압 배관용 탄소강 강관
③ 배관용 스테인리스 강관
④ 알루미늄 도금 강관

해설 **배관용 스테인리스 강관**
내식, 내열 및 고온용 관으로서 특히 내식성이 필요로 하는 화학공업배관에 가장 적합한 강관

32
경질 염화비닐관과 연결이 가능하지 않는 이종관은?
① 동관   ② 연관
③ 강관   ④ 콘크리트관

해설 콘크리트관은 대부분 큰 사이즈라 차이가 심하고 재질 또한 맞지 않다.

33
강관 이음재료를 설명한 것으로 맞는 것은?
① 나사조임형 강관제 이음재료에는 소켓, 니플, 30° 밴드 등이 있다.
② 고온, 고압에 사용되는 강제용접 이음쇠는 삽입용접식만 사용된다.
③ 플랜지 이음 중 플랜지면의 형상에 따라 가장 압력이 낮은 것은 전면 시트이다.
④ 유체의 성질은 플랜지 선택조건에 해당되지 않는다.

해설 전면시트 플랜지는 $16kgf/cm^2$ 이하에 주로 사용한다.

34
내산성 및 내알칼리성이 우수하며 전기 절연성이 가장 큰 관은?
① 동관 ② 연관
③ 염화비닐관 ④ 알루미늄관

해설 **염화비닐관** : 내산성 및 내알칼리성이 우수하며 전기 절연성이 좋다.

35
증기난방에 사용되는 증기의 건조도가 0인 것은?
① 포화수 ② 습포화 증기
③ 과열증기 ④ 포화증기

해설 증기의 온도가 낮을수록 증발잠열이 크고, 온도가 높을수록 증발잠열이 작아진다.
건도 $x=1$일 때 포화증기, $x=0$일 때 포화수이다.

36
연관접합에 대한 설명으로 틀린 것은?
① 연관을 접합할 때 와이어 플라스턴을 사용하나 턴핀은 사용하지 않는다.
② 플라스턴 이음의 종류에는 직선이음, 맞대기 이음, 맨더린 이음 등이 있다.
③ 플라스턴의 용융 온도는 232°C이다.
④ 프라스턴은 주석과 납의 합금이다.

해설 **턴 핀**
이음하려는 연관의 끝 부분에 끼우고 나무 해머로 때려 박아 관 끝 부분을 나팔 모양으로 넓히는 공구

37
동관의 플레어 접합(Flare Joint)에 대한 설명으로 틀린 것은?
① 관지름 20mm 이하의 동관을 이음할 때 사용한다.
② 동관을 필요한 길이로 절단 할 때 관축에 대하여 약간 경사지게 한다.
③ 진동 등으로 인한 풀림을 방지하기 위하여 더블 너트로 체결한다.
④ 플래어 이음용 공구에는 플레어링 툴세트가 있다.

해설 동관을 필요한 길이로 절단할 때 관축에 대하여 직각으로 절단한다.

38
15A에서 50A까지 나사를 낼 수 있는 오스터형 나사 절삭기의 번호는?
① 102(112R) ② 104(114R)
③ 105(115R) ④ 107(117R)

해설
- 102번 : 8A~32A
- 105번 : 40A~80A
- 107번 : 65A~100A

39
스테인리스 강관 MR 조인트에 관한 설명으로 맞는 것은?
① 프레스 가공 등이 필요하고, 관의 강도를 100% 활용할 수 있다.
② 스패너 이외의 특수한 접속공구가 필요하다.
③ 청동제 이음쇠를 사용하여도 다른 강관과는 자연 전위차가 있어 부식의 문제가 있다.
④ 화기를 사용하지 않기 때문에 기존 건물 등의 배관공사에 적합하다.

해설 **MR 조인트 이음쇠**
동합금제 링을 캡너트로 되어서 고정시켜 결합하는 이음쇠 부품

40
표준 대기압에서 50°C의 물 1kg을 100°C의 포화수 증기로 바꾸는데 필요한 열량은 약 몇 kJ인가?(단, 물의 비열은 4.19 kJ/kg·K이고, 물의 증발 잠열은 2256.7 kJ/kg이다)
① 2255.5 ② 2466.2
③ 2674.0 ④ 2883.2

해설 현열 $Q_1 = G \cdot C \cdot \Delta t = 1 \times 4.19 \times (100-50)$
$= 209.5[kJ]$
잠열 $Q_2 = G \cdot \gamma = 1 \times 2256.7 = 2256.7[kJ]$
열량 $Q = Q_1 + Q_2 = 209.5 + 2256.7 = 2466.2[kJ]$

정답 34 ③ 35 ① 36 ① 37 ② 38 ② 39 ④ 40 ②

41
용접잔류 응력을 경감하는 방법으로 틀린 것은?
① 용착금속의 양을 적게 한다.
② 적당한 용착법과 용접 순서를 선택한다.
③ 용착 금속의 양을 많게 한다.
④ 예열을 한다.

[해설] 용착금속의 양을 적당하게 해야 한다.

42
가스용접 토치에 관한 설명 중 틀린 것은?
① 저압식 토치에는 가변압식과 불변압식 토치가 있다.
② 불변압식 토치는 프랑스식이다.
③ 독일식 토치는 팁의 머리에 인젝터와 혼합실이 있다.
④ A형 팁의 번호는 사용하는 연강판 모재의 두께를 표시한다.

[해설] 불변압식 토치는 독일식이다.

43
수 가공용 공구 중 줄의 종류를 눈금의 크기에 따라 분류한 것으로 잘못된 것은?
① 세목   ② 중목
③ 황목   ④ 초목

[해설] **줄의 종류** : 황목, 중목, 세목

44
일반적으로 수격작용이 발생하는 경우가 아닌 것은?
① 펌프를 기동하기 직전
② 송수과정에서 급수밸브를 급격히 폐쇄하는 경우
③ 급수압력이 높은 심야시간에 급수관로를 열어 사용하다가 닫는 경우
④ 펌프를 사용하여 양수하다가 펌프를 정지시키는 경우

[해설] **수격작용**
물 또는 유동적 물체의 움직임을 갑자기 멈추게 하거나 방향이 바뀌게 될 때 순간적인 압력이 발생하는 현상이며, 펌프 기동하기 직전에는 수격작용이 발생하지 않는다.

45
주철관의 소켓 이음(Socket Joint)할 때 누수의 원인으로 가장 적합한 것은?
① 얀의 양이 너무 많고 납이 적은 경우
② 코킹하기 전에 관에 붙어 있는 납을 떼어낸 경우
③ 코킹 세트를 순서대로 차례로 사용한 경우
④ 코킹이 완전한 경우

[해설] 얀(Yarn)의 양과 납이 적당량 있어야 누수가 되지 않는다.
• **급수관** : 얀⅓ + 납⅔
• **배수관** : 얀⅔ + 납⅓

46
MIG 용접에서 200A 이상의 전류를 사용하였을 때 얻을 수 있는 용적이행은?
① 단락형 이행   ② 스프레이 이행
③ 글로블러 이행 ④ 핀치효과형 이행

[해설] MIG 용접은 용접봉 또는 용접와이어를 전극으로 하고 아크를 발생시켜 실시하는 용접의 총칭. 불활성기체 아크 용접의 일종으로, 용접심선을 전극으로 하는 용접이다.

47
그림의 배관도에서 ①~③의 명칭이 올바르게 나열된 것은?

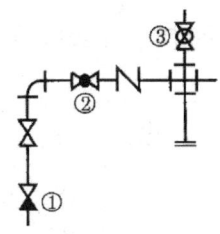

① ① 체크 밸브, ② 글로브 밸브, ③ 콕 일반
② ① 체크 밸브, ② 글로브 밸브, ③ 볼 밸브
③ ① 앵글 밸브, ② 슬루스 밸브, ③ 콕 일반
④ ① 앵글 밸브, ② 슬루스 밸브, ③ 볼 밸브

정답 41 ③ 42 ② 43 ④ 44 ① 45 ① 46 ② 47 ②

2010년 제47회 필기시험

48
그림과 같은 도시기호의 계기 명칭인 것은?

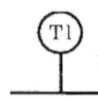

① 압력 지시계   ② 온도 지시계
③ 진동 지시계   ④ 소음 지시계

해설 압력지시계

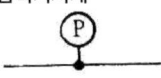

49
이음쇠 끝부분의 접합부 형상을 나타내는 기호 중에서 수나사 있는 접합부를 의미하는 기호는?

① M   ② F
③ C   ④ P

해설

CxF 어뎁터   CxM 어뎁터

① C : 이음재 내로 관이 들어가 접합되는 형태이다.
② M : 나사가 밖으로 난 나사이음용 이음재이다.
③ F : 나사가 안으로 난 나사음용 이음재이다.
④ Ftg : 이음쇠 바깥쪽으로 관이 들어가 접합되는 형태이다.

50
그림과 같은 필릿 용접 기호에서 a는 무엇을 뜻하는가?

a△ n×l(e)

① 용접부 수   ② 목 두께
③ 목 길이   ④ 용접 길이

해설
• a : 용접 목두께
• z : 용접 목길이
• n : 용접부의 개수
• l : 용접부 길이,
• (e) : 인접한 용접부 간의 간격

51
도면에 사용되는 배관도시 약어가 잘못 연결된 것은?
① PC - 압력 조절계   ② TC - 온도 조절계
③ FI - 유량 지시계   ④ FM - 유속계

해설 FR : 유량 조절계

52
판 두께를 고려한 원동 굽힘의 판뜨기 전개시에 바깥지름이 D_0, 안지름이 D_i일 때, 두께가 t인 강판을 굽힐 경우 원통 중심선의 원주길이 L을 옳게 나타낸 것은?
① $L=(D_0-t) \times \pi$ ② $L=(D_0+t) \times \pi$
③ $L=(D_i-t) \times \pi$ ④ $L=(D_i \times \pi)/t$

53
대상물이 보이지 않는 부분의 모양을 표시하는데 쓰이는 선은?
① 굵은 실선   ② 가는 1점 쇄선
③ 파선   ④ 가는 2점 쇄선

해설 파선
물체의 보이지 않는 부분을 표시한 선이다.

54
관의 지름, 부속품, 흐름방향 등을 명시하고 장치, 기기 등의 접속계통을 알기 쉽게 평면적으로 배치해 놓은 도면은?
① 계통도   ② 장치도
③ 평면 배관도   ④ 입면 배관도

해설 계통도
관의 지름, 부속품, 흐름방향 등을 명시하고 장치, 기기 등의 접속계통을 알기 쉽게 평면적으로 배치해 놓은 도면

55
다음 중 통계량의 기호에 속하지 않는 것은?
① σ ② R
③ s ④ $\bar{x}$

해설 ① 모표준편차   ② 범위
③ 시료편차   ④ 시료평균

56
계수 규준형 샘플링 검사의 OC 곡선에서 좋은 로트를 합격시키는 확률을 뜻하는 것은?(α는 제1종 과오, β는 제2종 과오이다)

① α ② β
③ $1-\alpha$ ④ $1-\beta$

[해설] 좋은 로트를 합격시키는 확률 검사는 계수 규준형 샘플링 검사의 QC곡선이다.

57
u 관리도의 관리한계선을 구하는 식으로 옳은 것은?

① $\bar{u} \pm \sqrt{u}$ ② $\bar{u} \pm 3\sqrt{\bar{u}}$
③ $\bar{u} \pm 3\sqrt{n\bar{u}}$ ④ $\bar{u} \pm 3\sqrt{\dfrac{\bar{u}}{n}}$

58
다음 중 인위적 조절이 필요한 상황에 사용될 수 있는 워크팩터(Work Factor)의 기호가 아닌 것은?

① D   ② K
③ P   ④ S

[해설] **워크팩터(Work Factor)**
표준 작업 시간을 산정하는 수법의 하나. 미리 측정 대상 작업자의 동작을 표로 하고 이 표를 바탕으로 작업 시간을 측정하여 분석하는 방법

59
어떤 회사의 매출액이 80,000원, 고정비가 15,000원, 변동비가 40,000원일 때 손익분기점 매출액은 얼마인가?

① 25,000원   ② 30,000원
③ 40,000원   ④ 55,000원

[해설] 손익분기점(BGP) $= \dfrac{\text{고정비}(F)}{1 - \dfrac{\text{변동비}(V)}{\text{매출액}(S)}} = \dfrac{15,000}{1 - \dfrac{40,000}{80,000}}$
$= 30000(원)$

60
예방보전(Preventive Maintenance)의 효과로 보기에 가장 거리가 먼 것은?

① 기계의 수리비용이 감소한다.
② 생산시스템의 신뢰도가 향상된다.
③ 고장으로 인한 중단시간이 감소한다.
④ 잦은 정비로 인해 제조원가가 증가한다.

[해설] **예방보전**
고장으로 인하여 발생할 수 있는 손실을 최소화하기 위한 예방활동이다.

정답 56 ③ 57 ④ 58 ② 59 ② 60 ④

2010년 배관기능장 제48회 필기시험
(7월11일 시행)

01
다음 그림은 자동제어 블록선도(Block Diagram)이다. 이 중 조작부는 어느 것인가?

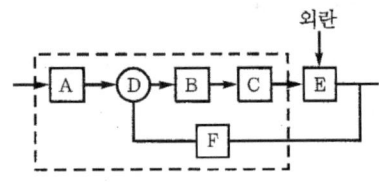

① A부　　　　　② B부
③ C부　　　　　④ F부

[해설]
- A부 : 설정부
- B부 : 조절부
- C부 : 조작부
- E부 : 제어대상
- F부 : 검출부

02
압축공기 배관에 많이 쓰이는 회전식 압축기에 관한 설명 중 잘못된 것은?
① 로터리(Rotary)의 회전에 공기를 압축한다.
② 용적형으로 기름 윤활방식이며 소용량이다.
③ 왕복식 압축기에 비해 부품수가 적고 흡입밸브가 없어 구조가 간단하다.
④ 실린더 피스톤에 의해 기체를 흡입하며 고 압축비를 얻을 수 있다.

[해설] ④ : 왕복동식 압축기

03
산소-아세틸렌 가스용접에 사용하는 산소용기의 색은?
① 흰색　　　　　② 녹색
③ 회색　　　　　④ 청색

[해설] 아세틸렌 : 황색

04
집진장치 덕트 시공에 대한 설명으로 잘못된 것은?
① 냉난방용보다 두꺼운 판을 사용한다.
② 곡선부는 직선부보다 두꺼운 판을 사용한다.
③ 메인 덕트에서 분기할 때는 최저 45° 이상 경사지게 대칭으로 분기한다.
④ 먼지 등이 통과하면서 마찰이 심한 부분에는 강관을 사용한다.

[해설] 분기관을 메인 덕트에 연결하는 경우 최저 30° 이상으로 한다.

05
안전작업이 필요한 이유가 아닌 것은?
① 산업설비의 손실을 감소시킬 수 있다.
② 인명 피해를 예방할 수 있다.
③ 생산재의 손실을 감소할 수 있다.
④ 생산성이 감소된다.

[해설] 안전작업과 생산성과는 연관성이 없다.

06
목표값과 제어량의 차를 제어편차 또는 단순히 편차라 하는데 이 편차를 감소시키기 위한 조절계의 동작 중 연속동작과 관계가 없는 것은?
① 비례동작　　　　② 적분동작
③ 2위치동작　　　 ④ 미분동작

[해설] **연속동작의 종류**
비례동작, 적분동작, 미분동작, 비례적분동작, 비례미분동작, 비례미분적분동작

정답　01 ③　02 ④　03 ②　04 ③　05 ②　06 ③

07
배관 내의 유속이 2m/s이면 수격작용에 의한 발생하는 수압은 약 몇 kgf/cm² 정도인가?
① 2.8
② 28
③ 280
④ 2800

해설 수격작용은 유속의 14배이므로 2×14=28

08
증기 주관 끝의 배관에서 드레인 포켓을 설치하여 응축수를 건식 환수관에 배출하기 위해 주관과 같은 관으로 A부에서 B부의 간격을 각각 몇 이상 연장해 드레인 포켓을 만들어 주는가?

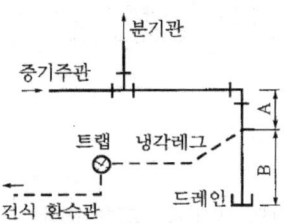

① A : 80 , B : 150
② A : 100 , B : 100
③ A : 100 , B : 150
④ A : 150 , B : 100

해설 • A부 : 100mm 이상
• B부 : 150mm 이상

09
화학공업 배관에서 사용되는 열교환기에 관한 설명 중 잘못된 것은?
① 유체에 대한 냉각, 응축, 가열, 증발 및 폐열 회수 등에 사용된다.
② 열교환기는 열부하, 유량, 조작압력, 온도, 허용압력손실 등을 고려하여 가장 적합한 것을 선택한다.
③ 다관식 원통형 열교환기에는 고정관판형, 유동두형, 케플형 등이 있다.
④ 단관식 열교환기에는 트롬본형, 스파이럴형, U자관형 등이 있다.

해설 • 다관식 : 고정관판형, 유동두형, U자관형, 케플형
• 단관식 : 트롬본형, 탱크형, 스파이럴형

10
옥상탱크식 급수법의 양수관이 25A일 때 옥상탱크의 오버플로관의 관지름으로 가장 적당한 것은?
① 25A
② 50A
③ 75A
④ 100A

해설 오버플로관 크기는 양수관의 2배 크기로 한다.
25A×2배=50A

11
가스배관의 보온공사 시공 시 주의 사항으로 틀리는 것은?
① 보랭공사에서는 방습을 고려하지 않아도 된다.
② 보온재는 내식성, 강도, 내약품성을 잘 분석하여 선정한다.
③ 진동으로 인한 보온재의 탈락 관계를 고려한다.
④ 가장 효과적인 시공방법으로 보온한다.

해설 보랭공사에서도 방습을 고려해야 한다.

12
오물정화조의 주요 구조의 기능에 대한 설명 중 잘못된 것은?
① 부패조 : 염기성 박테리아에 의해 오물을 분해시킨다.
② 예비여과조 : 부패조의 기능이 상실되면 작동한다.
③ 산화조 : 오수 중의 유기물을 분해시킨다.
④ 소독조 : 정화된 오수의 균을 살균 소독 후 방류한다.

해설 예비여과조
오수는 여과조의 아래에서 위로 흐르며 부유물을 걸러내는 곳이다.

13
보일러의 수면이 낮아지는 경우로 가장 적합한 것은?
① 전열면에 스케일이 많이 생기는 경우
② 버너의 능력이 부족한 경우
③ 연료의 발열량이 낮은 경우
④ 자동급수장치가 고장인 경우

해설 자동급수장치가 고장나면 급수가 원활하지 않으므로 수위가 낮아진다.

14
길이 30cm 되는 65A 강관의 중앙을 가스 절단을 한 후 절단부위를 다루는 방법으로 가장 안전한 방법은?
① 손가락을 끼워서 든다.
② 장갑을 끼고 손으로 잡는다.
③ 단조용 집게나 플라이어로 잡는다.
④ 절단 부위에서 가장 먼 곳을 손으로 잡는다.

[해설] 절단 부위는 뜨거워 화상을 입을 위험이 있으므로 적당한 공구(단조용 집게나 플라이어) 사용 한다.

15
배수관 및 통기관의 배관 완료 후 또는 일부 종료 후 각 기구 접속구 등을 밀폐하고, 배관최상부에서 배관 내에 물을 가득 채운 상태에서 누수의 유무를 시험하는 것은?
① 수압시험　　② 통수시험
③ 연기시험　　④ 만수시험

[해설] 배관 내에 물을 가득 채운 상태에서 누수의 유무를 시험을 만수시험이라 한다.

16
자동제어장치의 유압식 전송기에 대해 설명한 것으로 틀린 것은?
① 압력의 증폭이 쉽다.
② 속도 위치 등의 제어가 정확하다.
③ 전송지연이 적고 구조가 간단하다.
④ 전송거리는 최고 100m이다.

[해설] • 공압식 : 150m 이내
• 유압식 : 300m 이내
• 전기식 : 수 km

17
장치의 운전을 정지시키지 않고 유체가 흐르는 상태에서 고장을 수리하는 것으로 바이패스를 시키거나 분기하여 유체를 우회 통과시키는 응급조치 방법인 것은?
① 핫태핑법(Hot Tapping)과 플러깅법(Plugging)
② 스토핑박스법(Stopping Box)과 박스설치법(Box-In)
③ 코킹법(Caulking)과 밴드보강법
④ 인젝션법(Injection)과 밴드보강법

[해설] 유체가 흐르는 상태에서 장치의 운전을 정지시키지 않고 고장을 수리하는 방법으로 핫태핑법과 플러깅법을 사용한다.

18
시퀀스 제어의 분류에 속하지 않는 것은?
① 시한제어　　② 순서제어
③ 조건제어　　④ 비율제어

[해설] 비율제어
목표치가 있는 다른 양과 일정의 비율관계를 가지고 변화시키는 것을 목적으로 하는 수치제어

19
파이프 랙크의 높이를 결정하는데 가장 중요도가 낮은 것은?
① 도로 횡단의 유무
② 타 장치와의 연결 높이
③ 배관 내 원료의 공급 최대온도
④ 파이프 랙크 아래에 있는 기기의 배관에 대한 여유

[해설] 배관 내 원료의 공급 최대온도는 파이프 랙크의 높이를 결정하는데 중요도가 낮다.

20
가스배관에서 고압배관 재료로 적당하지 않는 것은?
① 배관용 탄소강관(KS D 3507)
② 압력배관용 탄소강관(KS D 3562)
③ 배관용 스테인리스강관(KS D 3576)
④ 이음매 없는 동 및 동합금관(KS D 5301

[해설] 배관용 탄소강관은 사용압력이 비교적 낮은(10kgf/cm^2 이하) 배관용으로 사용된다.

정답　14 ③　15 ④　16 ③　17 ①　18 ④　19 ③　20 ①

21
관의 지지장치에서 서포트(Support)의 종류에 해당되지 않는 것은?
① 리지드 서포트(Rigid Support)
② 롤러 서포트(Roller Support)
③ 스프링 서포트(Spring Support)
④ 콘스탄트 서포트(Constant Support)

[해설] 서포트는 하중을 아래에서 위로 받쳐주는 역할을 한다. 콘스탄트 행거는 위에서 하중을 잡아당겨 지지하므로 서포트에 해당되지 않는다.

22
동관이음쇠 중 한쪽은 이음쇠의 바깥쪽으로 동관이 삽입되어 경납 이음될 수 있고, 반대쪽은 관용나사가 이음쇠의 안쪽에 나 있어, 수나사가 있는 강관이나 관이음 부속이 나사 접합 할 수 있는 어댑터의 표기로 올바른 것은?
① Ftg × M
② Ftg × F
③ C × M
④ C × F

[해설]

CxF 어댑터   CxM 어댑터

① C : 이음재 내로 관이 들어가 접합되는 형태이다.
② M : 나사가 밖으로 난 나사이음용 이음재이다.
③ F : 나사가 안으로 난 나사이음용 이음재이다.
④ Ftg : 이음쇠 바깥쪽으로 관이 들어가 접합되는 형태이다.

23
강관 제조방법 표시에서 냉간가공 이음매 없는 강관은?
① -S-C
② -E-C
③ -A-C
④ -B-C

[해설]
- S-C : 냉간완성 이음매 없는 관
- E-C : 냉간완성 전기저항 용접관
- A-C : 냉간완성 아크 용접관
- B-C : 냉간완성 단접관

24
온도계의 종류 중 온도를 측정할 물체와 온도계의 검출소자를 직접 접촉시켜 온도를 측정하는 온도계가 아닌 것은?
① 압력식 온도계
② 바이메탈 온도계
③ 저항 온도계
④ 복사(방사) 온도계

[해설] 복사(방사) 온도계는 비접촉식 온도계이다.

25
증기트랩의 설치 중 보온피복을 하지 않는 나관상태의 냉각레그(Cooling Leg)의 길이는 얼마 이상인가?
① 1.0m 이상
② 1.2m 이상
③ 1.5m 이상
④ 2.0m 이상

[해설] 냉각래그 길이는 1.5m 이상이다.

26
다음 체크 밸브에 관한 설명 중 올바른 것은?
① 리프트식은 수직배관에만 쓰인다.
② 스윙식은 리프트식보다 유체에 대한 마찰저항이 크다.
③ 해머리스형 버퍼는 워터해머 방지 역할을 한다.
④ 풋형(Foot Type)은 개방식 배관의 펌프 흡입관 선단에 사용할 수 없다.

[해설] ① 리프트식은 수평배관에 쓰인다.
② 스윙식은 리프트식보다 유체에 대한 마찰저항이 적다.
④ 풋형(FOOT TYPE)은 개방식 배관의 펌프 흡입관 선단에 설치 한다.

27
수도형 입형주철관 중 저압관의 최대 사용 정수두로 가장 적합한 것은?
① 75m 이하
② 65m 이하
③ 55m 이하
④ 45m 이하

[해설]
- 보통압관 : $7.5 kgf/cm^2$ 이하
- 저압관 : $4.5 kgf/cm^2$ 이하

정답 21 ④ 22 ② 23 ① 24 ④ 25 ③ 26 ③ 27 ④

28

내식성, 특히 내해수성이 좋으며 화학공업용이나 석유공업용의 열교환기, 해수·담수화장치에 사용되며, 이음매 없는 관과 용접관으로 구분하며, 관의 내·외면에서 열을 전달할 목적으로 사용하는 관은?

① 가교화 폴리에틸렌관
② 열교환기용 티탄관
③ 폴리프로필렌관
④ 프리스트레스트관

[해설] 열교환기용 티탄관
내식성, 특히 내해수성이 좋으며 화학공업용이나 석유공업용의 열교환기, 해수·담수화장치에 사용된다. 이음매 없는 관과 용접관으로 구분하며, 관의 내·외면에서 열을 전달할 목적으로 사용하는 관이다.

29

벨로스형 신축이음쇠에 대한 설명으로 올바른 것은?

① 벨로스의 형상 중 Ω형의 신축성이 가장 우수
② 일명 팩리스(Packless) 신축이음쇠라고도 하며 인청동제 또는 스테인리스제가 있다.
③ 건축 배관용의 단식의 최대 신축 길이는 70Mm이다.
④ 축방향의 변위를 받는 포화증기, 220℃ 이하의 공기, 가스, 물 및 기름에 대해 최고 사용압력이 5기압과 10기압의 2종으로 규정되어 있다.

[해설]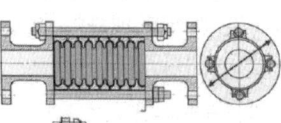

벨로스형(BELLOWS TYPE)
팩리스(PACKLESS)형이라 하며, 단식과 복식 2종류가 있다.

30

고온고압용 패킹으로 양질의 석면섬유와 순수한 흑연을 균일하게 혼합하고, 소량의 내열성 바인더로 굳힌 것을 심으로 하여 사용조건에 따라 스테인리스강선이나 인코넬선을 넣어 석면사로 편조한 패킹은?

① 합성수지패킹
② 테프론 편조 패킹
③ 일산화연 패킹
④ 플라스틱 코어형 메탈패킹

31

다음 중 염화비닐관의 단점인 것은?

① 내산, 내알칼리성이며 전기저항이 적다.
② 열팽창율이 크고, 약 75℃에서 연화한다.
③ 중량이 크고, 알칼리에 잘 부식된다.
④ 폴리에틸렌관보다 비중이 적고 유연하다.

[해설] 염화비닐관은 75℃에서 연화하며, 열팽창율이 심하고 충격강도가 적다.

32

관 재료의 연신율을 구하는 공식으로 적합한 것은?
(단 σ : 연신율, L : 처음 표점거리, L_1 : 늘어난 표점거리)

① $\sigma = \dfrac{L_1 - L}{L_1} \times 100\%$

② $\sigma = \dfrac{L - L_1}{L_1} \times 100\%$

③ $\sigma = \dfrac{L_1 \times L}{L_1} \times 100\%$

④ $\sigma = \dfrac{L_1 - L}{L} \times 100\%$

[해설] $\sigma = \dfrac{\text{늘어난 표점거리} - \text{처음표점거리}}{\text{처음 표점거리}} \times 100(\%)$

33

다음 중 합성수지 도료의 종류가 아닌 것은?

① 프탈산계 : 상온에서 건조하며, 방식도료로 쓰인다.
② 요소멜라민계 : 열처리 도료로서 내열성, 내수성이 좋다.
③ 염화비닐계 : 상온에서 건조하며 내약품성, 내유성이 우수하여 금속의 방식도료로 적합하다.
④ 글라스울계 : 도막이 부드럽고 녹 방지에는 완벽하지 않으나, 값이 싼 장점이 있다.

[해설] 합성수지 도료는 프탈산계, 요소멜라민계, 염화비닐계, 실리콘수지계

정답 28 ② 29 ③ 30 ④ 31 ② 32 ④ 33 ④

34
엘보는 유체의 흐름방향을 바꿀 때 사용되는 이음쇠로 25mm (1")강관에 사용하는 용접이음용 롱엘보의 곡률 반지름은 몇 mm인가?

① 25　　　　② 32
③ 38　　　　④ 45

[해설] 롱 엘보
강관 호칭지름의 1.5배
$25 \times 1.5 = 38$

35
0°C의 물 1kg을 100°C의 포화증기로 만드는데 필요한 열량은 약 몇 kJ인가?(단, 물의 비열은 4.19kJ/kg·K이고, 물의 증발 잠열은 2256.7kJ/kg이다)

① 418.5kJ　　　　② 753.2kJ
③ 2255.5kJ　　　　④ 22675.7kJ

[해설] 현열 $Q_1 = G \cdot C \cdot \Delta t$
　　　　　$= 1 \times 4.19 \times (273+100) - (273+0) = 419[kJ]$
　　잠열 $Q_2 = G \cdot \gamma = 1 \times 2256.7 = 2256.7[kJ]$
　　열량 $Q = Q_1 + Q_2 = 419 + 2256.7 = 2675.7[kJ]$

36
용접 작업의 4대 구성요소를 바르게 나열한 것은?

① 용접모재, 열원, 용가재, 용접기구
② 용접사, 열원, 용접자세, 안전보호구
③ 용접환경, 용접모재, 열원, 용접사
④ 용접자세, 용접모재, 용가재, 열원

[해설] 용접작업의 4대 구성요소
용접모재, 열원, 용가재, 용접기구

37
물에 관한 설명으로 틀린 것은?

① 경도 90ppm 이하를 연수라 한다.
② 물은 4°C일 때 가장 무겁고 4°C보다 높거나 낮으면 가벼워진다.
③ 경도는 물속에 녹아 있는 규산염과 황산염의 비유로 표시한다.
④ 100°C의 물이 100°C의 증기로 되려면 증발잠열을 필요로 한다.

[해설] 경도
물속에 함유된 탄산칼슘과 마그네슘의 양을 나타내는 단위. ppm으로 표시한다.

38
불활성가스 텅스텐 아크용접(TIG)의 장점에 속하지 않는 것은?

① 용제(Flux)를 사용하지 않는다.
② 질화 및 산화를 방지하며내 부식성이 증가한다.
③ 박판용접과 비철금속 용접이 용이하다.
④ 용융점이 낮은 금속 또는 합금의 용접에 적합하다.

[해설] 용융점이 낮은 금속 또는 합금의 용접에 부적합하다

39
주철관 이음에서 종래 사용하여 오던 소켓이음을 개량한 것으로 스테인리스강 커플링과 고무링만으로 쉽게 이음할 수 있는 방법은?

① 플랜지 이음　　② 타이톤 이음
③ 스크루 이음　　④ 노-허브 이음

[해설] 노허브 이음(No-Hub Joint)은 종래 사용하여 오던 소켓이음을 개량한 것으로 스테인리스강 커플링과 고무링만으로 쉽게 이음할 수 있는 방법이다.

40
비중이 공기보다 커서 바닥에 가라앉는 가스는?

① 프로판　　　　② 아세틸렌
③ 수소　　　　　④ 메탄

[해설] 공기분자량은 29이다. 공기보다 분자량이 크면 무거워서 가라앉고 적으면 위로 올라간다
- **프로판** : 44　　・**산소** : 32
- **아세틸렌** : 26　　・**수소** : 2
- **메탄** : 16

41
동관 이음부품 중 접촉부식을 방지하기 위하여 사용되는 부속재료는?

① CM 어댑터　　② CF 어댑터
③ 절연 유니온　　④ 플레어 이음

[해설] 절연 유니온은 접촉부식을 방지하기 위하여 사용되는 부속재료이다.

정답　34 ②　35 ④　36 ①　37 ③　38 ④　39 ④　40 ①　41 ③

42
폴리부틸렌관 이음에만 사용되는 관이음은?
① 몰코 이음　② 납땜 이음
③ 나사 이음　④ 에이콘 이음

해설 **에어콘 이음**
본체, 그라프링, 오링, 캡, 서포트슬리브로 구성되며 관을 연결구에 삽입하여 그라프링과 O링에 의한 이음방법이다.

43
강관의 열간 구부림 가공에 대한 설명으로 틀린 것은?
① 곡률반지름이 작은 경우에 열간 작업을 한다.
② 강관의 경우 800°C~900°C 정도로 가열한다.
③ 구부림 작업 전에 모래를 채우고 적당한 온도까지 가열한 다음 구부린다.
④ 가열하여 가공할 때 곡률 반지름은 일반적으로 관지름의 2배 이하로 한다.

해설 가열하여 가공할 때 곡률 반지름은 일반적으로 관지름의 3배 이상으로 한다.

44
벤더로 관을 굽힐 때 관이 파손되는 원인이 아닌 것은?
① 압력 조정이 세고 저항이 크다.
② 관이 미끄러진다.
③ 받침쇠가 너무 나와 있다.
④ 굽힘반지름이 너무 작다.

해설 관이 미끄러지는 것은 파손원인이 아니다.

45
구리관의 끝 부분을 정확한 지름의 원형으로 만들 때 사용하는 주된 공구는?
① 익스트랙터(Extractors)
② 사이징 툴(Sizing Tools)
③ 플레어 툴(Flare Tool)
④ 익스팬더(Expander)

해설 **익스트랙터(Extractors)**
직관에서 구멍을 내고 관을 T자 모양으로 분기 할 때 사용하는 동관용 공구로 티뽑기라 한다.

46
공기의 기본적 성질에서 건구온도, 습구온도, 노점온도가 모두 동일한 상태일 때는?
① 절대습도 100%　② 절대습도 50%
③ 상대습도 100%　④ 상대습도 50%

해설 **상대습도 100%**
건구온도, 습구온도, 노점온도가 모두 동일하다.

47
다음 배관도에서 각각의 번호 표시된 것의 명칭이 모두 올바른 것은?

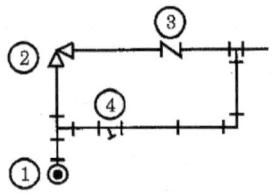

① ① 엘보　② 커플링
　③ 체크 밸브　④ 앵글 밸브
② ① 엘보　② 앵글 밸브
　③ 체크 밸브　④ 스트레이너
③ ① 티　② 앵글 밸브
　③ 체크 밸브　④ 스트레이너
④ ① 티　② 커플링
　③ 체크 밸브　④ 스트레이너

48
다음 그림과 같은 기호로 배관설비 도면에 표시되는 밸브는?

① 밸브 일반　② 슬루스 밸브
③ 글로브 밸브　④ 볼 밸브

해설 제46회 53번 문제 도시기호 참조

정답 42 ④　43 ④　44 ②　45 ①　46 ③　47 ②　48 ②

49
그림과 같은 구조물을 필릿 단속 용접하기 위한 도면에 용접기호가 바르게 기입되어 있는 것은?

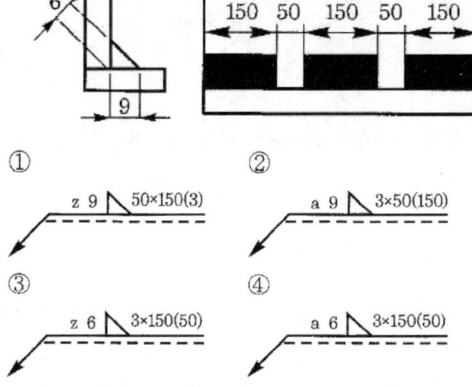

52
화면에 직각 이외의 각도로 배관된 경우 다음의 정투영도 설명으로 맞는 것은?

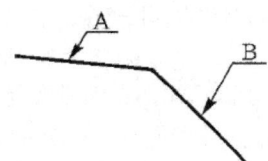

① 관 A가 수평 방향에서 앞쪽으로 경사되어 굽어진 경우
② 관 A가 수평 방향으로 화면에 경사되어 앞방향 위쪽으로 일어선 경우
③ 관 A가 아래쪽으로 경사되어 처진 경우
④ 관 A가 위쪽으로 경사되어 처진 경우

50
관의 결합방식을 나타낸 기호에서 유니언식에 해당하는 것은?

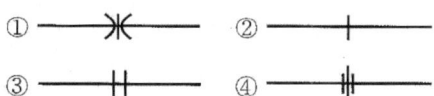

[해설] ③은 플랜지 이음이다.

53
도면에서 어떤 경우에 해칭(Hatching)을 하는가?
① 가상부분을 표시할 경우
② 단면도의 절단된 부분을 표시할 경우
③ 회전하는 부분을 표시할 경우
④ 그림의 일부분만을 도시할 경우

[해설] **해칭**
단면도의 절단된 부분을 표시할 경우

51
다음 그림과 같이 하나의 그림으로 육면체의 세 면 중의 한 면만을 중점적으로 정밀, 정확하게 표시할 수 있는 투상법은?

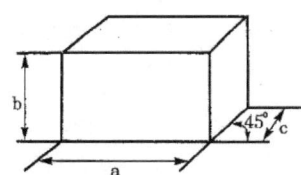

① 정투상법   ② 등각 투상법
③ 사 투상법   ④ 2등각 투상법

[해설] 사 투상법은 하나의 그림으로 정육면체의 세 면 중의 한 면만을 중점적으로 정밀하고 정확하게 표시할 수 있는 특징이 있다.

54
치수보조 기호에서 치수 앞에 붙이는 "□"의 의미는?
① 지름 치수를 나타낸다.
② 이론적으로 정확한 치수를 나타낸다.
③ 대상 부분 단면이 정사각형임을 나타낸다.
④ 참고 지수임을 나타낸다.

[해설] □ : 대상부분 단면이 정사각형임을 나타낸다.

정답 49 ④ 50 ④ 51 ③ 52 ① 53 ② 54 ③

55
과거의 자료를 수리적으로 분석하여 일정한 경향을 도출한 후 가까운 장래의 매출액, 생산량 등을 예측하는 방법을 무엇이라 하는가?

① 델파이법 　　② 전문가 패널법
③ 시장조사법 　④ 시계열 분석법

해설 과거의 자료를 수리적으로 분석하여 일정한 경향을 도출한 후 가까운 장래의 매출액, 생산량 등을 예측하는 방법을 시계열 분석법이라 한다.

56
다음 중 브레인스토밍(Brainstorming)과 가장 관계가 깊은 것은?

① 파레토도 　　② 히스토그램
③ 희귀분석 　　④ 특성요인도

해설 특성요인도
한 가지 문제를 놓고 회의를 통해 여러 가지 아이디어를 구상하는 방법이므로 짧은 시간에 많은 아이디어를 만들어 낼 수 있다.

57
로트의 크기가 시료의 크기에 비해 10배 이상 클 때, 시료의 크기와 합격판정개수를 일정하게 하고 로트의 크기를 증가시키면 검사특성곡선의 모양 변화에 대한 설명으로 가장 적절한 것은?

① 무한대로 커진다.
② 거의 변화하지 않는다.
③ 검사특성곡선의 기울기가 완만해진다.
④ 검사특성곡선의 기울기가 급해진다.

58
로트의 크기 30, 부적합품률 10%인 로트에서 시료의 크기를 5로 하여 랜덤 샘플링할 때 시료 중 부적합품수가 1개 이상일 확률은 약 얼마인가?(단, 초기하분포를 이용하여 계산한다)

① 0.3695 　　② 0.4335
③ 0.5665 　　④ 0.6305

59
관리도에서 점이 관리한계 내에 있으나 중심선 한쪽에 연속해서 나타나는 점을 배열현상으로 무엇이라 하는가?

① 연 　　　　② 경향
③ 산포 　　　④ 주기

해설 연
중심선 한쪽에 연속해서 나타나는 점

60
작업개선을 위한 공정분석에 포함되지 않는 것은?

① 제품공정 분석 　② 사무공정 분석
③ 직장공정 분석 　④ 작업자 공정 분석

해설 직장공정 분석은 작업개선을 위한 공정분석에 포함되지 않는다.

2011년 기능장 제49회 필기시험
(4월17일 시행)

01
불연성가스 소화설비에 대한 설명 중 틀린 것은?
① 소화제 사용에 따른 오염 손상도가 없다.
② 불연성 가스를 방출시켜 산소의 함유량을 줄여 질식 소화하는 방식이다.
③ 펌프 등의 압송장치가 필요 없고 가스압 자체의 힘으로 방출할 수 있다.
④ 이 소화 설비는 통신기기실, 창고, 대형 발전기 등의 소화에 사용해서는 안 된다.

[해설] 불연성 가스 소화설비는 통신기기실, 전기실, 전산실, 대형 발전기 등의 소화에 사용한다.

02
외벽면 표면 열전달률 $\alpha_1 = 23[W/m^2 \cdot K]$, 내벽면 표면 열전달률 $\alpha_2 = 6[W/m^2 \cdot K]$, 방열면 두께가 300mm, 열전도율 $\lambda = 0.05[W/m \cdot K]$인 방열면이 있다. 이때의 열통과율 $[W/m^2 \cdot K]$은 약 얼마인가?
① $0.16[W/m^2 \cdot K]$ ② $0.18[W/m^2 \cdot K]$
③ $0.21[W/m^2 \cdot K]$ ④ $0.24[W/m^2 \cdot K]$

[해설] $K = \dfrac{1}{\dfrac{1}{\alpha_1} + \dfrac{b}{\lambda} + \dfrac{1}{\alpha_2}} = \dfrac{1}{\dfrac{1}{23} + \dfrac{0.3}{0.05} + \dfrac{1}{6}} = 0.161[W/m^2 \cdot K]$

03
도시가스 배관의 시공상 유의할 점을 열거한 것이다. 틀린 것은?
① 공급관은 원칙적으로 최단거리로 설치해야 하며 관계법규에 따른다.
② 내식성이 있는 관 이외의 것을 지중(地中)에 매설하지 않으며 보통 60cm 이상의 깊이에 매설한다.
③ 건물 내의 배관은 가능하면 은폐배관을 해주는 것이 좋다.
④ 건물의 벽을 관통하는 부분의 배관에는 보호관 및 방식 피복을 해준다.

[해설] 도시가스 건물 내의 배관은 가능하면 노출배관으로 하여야 한다.

04
용해 아세틸렌 취급 시 주의사항으로 틀린 것은?
① 저장 장소에는 화기를 가까이 하지 말아야 한다.
② 용기는 안전하게 뉘어서 보관한다.
③ 저장 장소는 통풍이 잘 되어야 한다.
④ 저장실의 전기스위치, 전등 등은 방폭구조이어야 한다.

[해설] 아세틸렌 용기는 보관, 사용 및 운반 시에는 반드시 세워서 취급하여야 한다.

05
고압화학 배관용 금속재료는 고온, 고압에서 특히 부식이 심하며 관 내용물에 따라 부식의 종류도 다르므로 주의를 요한다. 다음에 열거한 것 중 고압가스 화학 배관용 금속재료의 부식의 종류가 아닌 것은?
① 질화 수소에 의한 부식
② 수소에 의한 강의 탈탄
③ 암모니아에 의한 강의 질화
④ 일산화탄소에 의한 금속의 카보닐화

[해설] 질소는 질화작용을 일으켜 강의 경도를 증가시킨다.

정답 01 ④ 02 ① 03 ③ 04 ④ 05 ①

06
백 필터(Bag Filter)를 사용하는 집진방식인 것은?
① 원심력식　② 중력식
③ 전기식　④ 여과식

[해설] **여과식 집진장치**
함진가스를 여과재(Filter)에 통과시켜 입자를 분리, 포집하는 건식방식으로 백 필터(Bag Filter)를 사용한다.

07
보일러 내 부속장치의 역할에 대하여 올바르게 설명된 것은?
① 과열기 : 과열증기를 사용함에 따라 포화증기가 된 것을 재가열한다.
② 절탄기 : 연도 가스에서의 여열로 급수를 가열한다.
③ 공기예열기 : 연도 가스에서의 여열로 전열면적을 더욱 뜨겁게 한다.
④ 탈기기 : 물에 다량 함유된 염화물을 제거하기 위한 증류수를 만든다.

[해설]
- **과열기** : 보일러 내에서 발생한 증기를, 그 압력을 바꾸지 않고 다시 가열해서 열량이 높은 증기로 하기 위해 사용하는 것
- **절탄기** : 보일러에서 발생하는 배기가스, 즉 연소가스의 폐열로 급수온도를 높여 그 손실열을 회수하여 연료를 절감하고 보일러 급수를 가열하는 장치
- **공기예열기** : 연도에서 배출되는 가스의 여열을 이용해서 공기를 가열하여 보일러의 연소실에 공급하는 장치
- **탈기기** : 급수에 존재하는 기체, 가스류를 제거하는 설비

08
다음 중 짧은 전향 날개가 많아 다익송풍기라고도 하며, 비교적 소음이 적고 풍압이 낮은 곳에 주로 사용되는 송풍기는?
① 시로코형　② 축류 송풍기
③ 리밋 로드형　④ 엘리미네이터

[해설] **시로코형**
다익송풍기

09
사용 중인 기계의 전기 퓨즈가 끊어져 용량 규격에 맞은 퓨즈를 끼웠으나, 퓨즈가 다시 끊어졌을 때 조치사항으로 가장 올바른 것은?
① 끊어지지 않을 때까지 계속하여 동일 규격의 퓨즈를 끼워 본다.
② 좀 더 굵은 상위 규격으로 끼운다.
③ 기계의(전선의) 합선이나 누전 여부를 검사한다.
④ 굵은 동선으로 바꾸어 끼운다.

[해설] 규격품의 퓨즈를 사용했음에도 퓨즈가 끊어지면 합선이 누전 여부를 검사한다.

10
다음 자동제어장치 중 하나인 서보(Servo)기구에 대한 설명 중 잘못된 것은?
① 작은 압력에 대응해서 대단히 큰 출력을 발생시키는 장치이다.
② 물체의 위치, 방향 등의 기계적 변위를 제어량으로 하여 목표값의 임의의 변화에 유지하도록 구성된 제어계이다.
③ 선박 및 항공기의 자동조정 장치 및 공작기계의 작동장치 등에 많이 사용된다.
④ 정해진 순서 또는 조건에 따라 제어의 각 단계를 순차적으로 행하는 제어장치이다.

[해설] ④ : 시퀸스제어 방식

11
증기드럼 없이 긴 관만으로 이루어져 있으며, 급수가 진행하면서 절탄기-증발기-과열기의 과정을 거치도록 구성되어 있는 보일러는?
① 관류보일러　② 수관보일러
③ 연관보일러　④ 노통연관보일러

[해설] 관류보일러는 증기드럼이 없이 긴 관만으로 이루어져 있으며, 급수가 진행되면서 절탄기-증발기-과열기의 과정을 거치도록 구성

정답　06 ④　07 ②　08 ④　09 ③　10 ④　11 ①

12
자동화 시스템에서 공정처리 상태에 대한 정보를 만들고, 수집하며 이 정보를 프로세스에 전달하는 자동화의 5대 요소 중 하나인 것은?
① 센서(Sensor)
② 네트워크(Network)
③ 액츄에이터(Actuator)
④ 하드웨어(Hardware)

[해설] • 자동화의 5대 요소 : 센서(Sensor), 프로세서(Processor), 액추에이터(Actuator), 소프트웨어(Software), 네트워크(Network)
• 센서(Sensor) : 공정처리 상태에 대한 정보를 만들고 수집하며 이 정보를 프로세스에 전달하는 제어부분이다.

13
다음 배관시공 시 안전에 대한 설명 중 틀린 것은?
① 시공 공구들의 정리 정돈을 철저히 한다.
② 작업 중 타인과의 잡담 및 장난을 금지한다.
③ 용접헬멧은 차광유리의 차광도 번호가 높은 것일수록 좋다.
④ 물건을 고정시킬 때 중심이 한곳으로 쏠리지 않도록 주의한다.

[해설] 용접헬멧의 차광유리는 11번을 가장 많이 사용한다.

14
다음 제어기기 중 전송신호를 가장 멀리 보낼 수 있는 것은?
① 공기압식 전송기
② 전기식 전송기
③ 유압식 전송기
④ 공·유압식 전송기

[해설] • 공압식 : 150m 이내
• 유압식 : 300m 이내
• 전기식 : 수 km

15
연소의 이상 현상 중 선화를 설명하고 있는 것은?
① 가스의 연소속도가 유출속도에 비해 크게 되었을 때 불꽃이 염공에서 연소기 내부로 침입하는 현상
② 가스의 연소 유출속도가 연소속도에 비해 크게 되었을 때 불꽃이 염공에 접하여 연소되지 않고 염공을 떠나 공중에서 연소하는 현상
③ 불꽃의 저부에 대한 공기의 움직임이 강해지면 불꽃이 노즐에 정착하지 않고 떨어져 꺼져버리는 현상
④ 연소 생성물 중의 가연성분이 산화반응을 완전히 완료하지 않으므로 일산화탄소, 그을음 등이 생기는 현상

[해설] ① 역화, ③ 블로오프, ④ 불완전연소

16
가스배관 이음방법 중 부식에 대하여 강하고, 강도가 있으므로 지반의 침하 등에 강한 이음은?
① 나사 이음
② 플랜지 이음
③ 플레어 이음
④ 기계적 이음

[해설] 기계적 이음은 가스배관 이음방법 중 부식에 강하고, 강도가 있으므로 지반의 침하 등에 강한 이음이다.

17
플랜트 내부의 이물질을 물리적으로 제거할 때 각종 세정기를 사용하여 실시한다. 배관류의 세정에 국한하여 실시되며 관내 밀스케일을 제거하는데 최적의 기계적 세정방법으로 적합한 것은?
① 물분사기(Water Jet) 세정법
② 피그(Pig) 세정법
③ 샌드 블라스트(Sand Blast) 세정법
④ 숏 블라스트(Shot Blast) 세정법

[해설] 배관류의 세정에 국한하여 실시되며 관내 밀스케일을 제거하는데 최적의 기계적 세정방법으로 피그 세정법이다.

18
배관설비 시험에 관한 일반적인 설명으로 잘못된 것은?
① 고압가스설비는 상용압력의 1.5배 이상 압력으로 실시하는 내압시험 및 상용압력 이상의 압력으로 기밀시험을 실시한다.
② 통수시험은 방로 피복을 한 후에 실시한다.
③ 일반적으로 주관과 지관을 분리하여 시험하고 지관은 지관 모두를 시험한다.
④ 공기빼기 밸브에서 물이 나오기 시작하여 관내 공기가 완전히 빠진 것을 확인 후 밸브를 닫고 시험한다.

[해설] 통수시험은 방로 피복(또는 보온피복)을 하기 전에 실시한다.

19
PI 동작이라고도 하며 스텝입력에 비례한 출력에 그 출력을 적분한 것을 조합한 모양으로 출력이 나오는 제어 방법인 동작인 것은?
① 적분동작   ② 미분동작
③ 비례적분동작   ④ 비례동작

[해설]
- P : 비례동작
- I : 적분동작
- D : 미분동작
- PI : 비례동작

20
통기관의 관지름 결정방법 중 틀린 것은?
① 배수탱크의 통기 관지름은 50mm 이상으로 한다.
② 각개통기관은 그것에 연결되는 배수관지름의 1/2 이상으로 하며, 최소 관지름은 20mm 이상으로 한다.
③ 도피통기관은 배수 수직관 통기수직관 중 관지름이 적은 쪽의 관지름 이상으로 한다.
④ 신정통기관의 관지름은 관지름을 줄이지 않고 연장해서 대기 중에 개방한다.

[해설] 최소 관지름은 30mm이다.

21
강관의 신축이음쇠 중 압력 8kgf/cm² 이하의 물, 기름 등의 배관에 사용되며 직선으로 이용하므로 설치공간이 루프형에 비해 적으며, 신축량이 크고 신축으로 인한 응력이 생기지 않는 이음쇠는?
① 슬리브형   ② 벨로스형
③ 루프형   ④ 스위블형

[해설] 슬리브형 신축이음쇠
물, 기름 등의 배관에 사용되며, 신축량이 크고 신축으로 인한 응력이 생기지 않는 이음쇠

22
스테인리스 강관의 용도로 적당하지 않은 것은?
① 기계구조용   ② 보일러 및 열교환기용
③ 배수관용   ④ 위생용

[해설] 스테인리스 강관은 배수관용으로 부적당하다.

23
다음 중 수도용 주철관의 기계식 이음(Mechanical Joint)에 사용되는 재료는?
① 플라스턴   ② 납
③ 마   ④ 고무링

[해설] 기계식 이음
소켓 이음과 플랜지 이음의 특징을 접목한 것으로 고무링을 압륜으로 죄어 볼트로 체결하는 이음방법이다.

24
연단을 아마인유와 혼합한 것으로서 녹을 방지하기 위해 페인트 밑칠로 사용하며, 밀착력이 강력하고 풍화에 강한 도료는?
① 산화철 도료   ② 광명단 도료
③ 알루미늄 도료   ④ 합성수지 도료

[해설] 광명단 도료
연단이라고도 하며 적색 안료에서 사용한다. 아마인유와 혼합하여 만들어 밀착력이 높고 도막의 질이 조밀해서 풍화에 비교적 잘 견디는 방청도료로 밑칠용으로 많이 사용된다.

정답 18② 19③ 20② 21① 22③ 23④ 24②

25
다음 연관의 종류 중 화학공업용에 가장 적합한 것은?
① 연관 1종 ② 연관 2종
③ 연관 3종 ④ 연관 4종

해설
- 연관 1종 : 화학공업용
- 연관 2종 : 일반용
- 연관 3종 : 가스용

26
열동식 트랩의 설명 중 맞는 것은?
① 구조상 역류를 일으킬 우려가 없다.
② 과열 증기용으로 적당하다.
③ 동결의 염려가 없다.
④ 다른 형식의 것보다 응축수의 배출능력이 크다.

해설 열동식 트랩은 동결의 염려가 없다.

27
냉매용 밸브를 설명한 것 중 틀린 것은?
① 플로트 밸브 : 만액식 증발기에 사용하며 증발기 속의 액면을 일정하게 조절한다.
② 증발압력 조정밸브 : 증발기와 압축기 사이에 설치하여 증발기의 부하를 조절한다.
③ 팽창 밸브 : 냉동부하와 증발온도에 따라 증발기에 들어가는 냉매량을 조절한다.
④ 전자 밸브 : 온도조절기나 압력조절기 등에 의해 신호전류를 받아 자동적으로 밸브를 개폐한다.

해설 증발압력 조정밸브는 압력을 조절하는 역할을 한다.

28
패킹을 선정하는데 고려해야 할 사항 중 유체의 물리적 성질과 가장 관계가 깊은 것은?
① 패킹의 경도 ② 플랜지의 형상
③ 재료의 내식성 ④ 유체의 압력

해설 유체의 압력은 플랜지 선택조건에 해당된다.

29
동관 이음쇠의 한쪽은 안쪽으로 동관이 삽입 접합되고 다른 쪽은 암나사를 내며, 강관에는 수나사를 내어 나사이음 하게 되는 경우에 필요한 동합금 이음쇠는?
① C×F 어댑터 ② Ftg×F 어댑터
③ C×M 어댑터 ④ Ftg×M 어댑터

해설

CxF 어뎁터   CxM 어뎁터

① C : 이음재 내로 관이 들어가 접합되는 형태이다.
② M : 나사가 밖으로 난 나사이음용 이음재이다.
③ F : 나사가 안으로 난 나사음용 이음재이다.
④ Ftg : 이음쇠 바깥쪽으로 관이 들어가 접합되는 형태이다.

30
다음 중 경질염화비닐관이 연화하여 변형되기 시작하는 온도는 약 몇 ℃인가?
① 45℃ ② 75℃
③ 180℃ ④ 300℃

해설 연화온도 : 75℃

31
일반적인 수도용 주철관 보통압관의 최대 사용 정수두 압력은 몇 Kgf/cm²인가?
① 5 ② 7.5
③ 9.5 ④ 12

해설
- 보통압관 : 7.5kgf/cm² 이하
- 저압관 : 4.5kgf/cm² 이하

32
강관의 종류와 KS 규격 기호가 맞는 것은?
① SPHT : 고압 배관용 탄소강관
② SPPH : 고온 배관용 탄소강관
③ STHA : 저온 배관용 탄소강관
④ SPPS : 압력 배관용 탄소강관

해설
- SPHT : 고온 배관용 탄소강관
- SPPH : 고압 배관용 탄소강관
- STHA : 보일러 열교환기용 합금강관

정답 25① 26③ 27② 28④ 29① 30② 31② 32④

33
안지름 400mm, 두께 10mm의 압력탱크에 2MPa의 압력이 가해질 때 발생되는 최대 인장응력은 몇 MPa인가?

① 10　　② 20
③ 30　　④ 40

[해설] $\alpha = \dfrac{PD}{2t} = \dfrac{2 \times 400}{2 \times 10} = 40 [MPa/mm^2]$

34
다음 중 체크 밸브의 종류로 틀린 것은?

① 스윙 체크밸브
② 나사조임 체크밸브
③ 버터플라이 체크밸브
④ 앵글 체크밸브

[해설] 앵글 체크밸브는 체크밸브 종류에 속하지 않는다.

35
열용량에 대한 설명으로 맞는 것은?

① 어떤 물질 1kg의 온도를 10℃ 변화시키기 위하여 필요한 열량
② 어떤 물질의 연소 시 생기는 열량
③ 어떤 물질의 온도를 1℃ 변화시키기 위하여 필요한 열량
④ 정적비열에 대한 정압비열을 백분율로 표시한 값

36
다음 석면 시멘트관의 이음방법이 아닌 것은?

① 기볼트 이음　　② 플랜지 이음
③ 칼라 이음　　　④ 심플렉스 이음

[해설] **석면 시멘트관의 이음방법**
기볼트 이음, 칼라 이음, 심플렉스 이음

37
평균 온도차가 6℃일 때 열관류율이 500W/m²·K인 응축기가 있다. 응축기에서 제거되는 열량이 18kW일 때 전열면적은 몇 m²인가?

① 2.3m²　　② 4.8m²
③ 7.2m²　　④ 9.6m²

[해설] $F = \dfrac{18 \times 1000}{500 \times 5} = 7.2 m^2$

38
다음 중 용접부의 잔류응력 완화법이 아닌 것은?

① 기계적응력 완화법　② 저온응력 완화법
③ 침탄응력 완화법　　④ 노내풀림 완화법

[해설] 침탄응력 완화법은 담금질의 한 종류로 경도가 증가한다.

39
강관 접합에서 슬리브 용접 접합 시 슬리브의 길이는 파이프 지름의 몇 배 정도가 가장 적합한가?

① 0.5~1배　　② 1.2~1.7배
③ 2.0~2.5배　④ 2.5~3.2배

[해설]

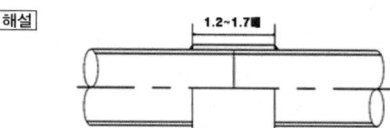

40
급수설비에서 수질오염 방지대책에 관한 설명으로 틀린 것은?

① 빗물이 침입할 수 없는 구조로 하여야 한다.
② 급수탱크 내부에 급수 이외의 배관이 통과해서는 안 된다.
③ 지하탱크나 옥상탱크는 건물 골조를 공용으로 이용하여 만들어야 한다.
④ 역사이폰 작용을 막기 위해서 급수관이 부압으로 되었을 때, 물이 역류되어 빨려 들어가지 않는 구조로 시공해야 한다.

[해설] 지하탱크나 옥상탱크는 건물 골조와는 별도의 시설로 만들어야 한다.

정답 33 ④　34 ④　35 ③　36 ②　37 ③　38 ③　39 ②　40 ③

41
용접법 분류 중에서 압접에 해당하지 않는 것은?
① 스터드 용접 ② 마찰 용접
③ 초음파 용접 ④ 프로젝션 용접

[해설] **스터드 용접**
원봉이나 볼트를 모재에 심기 위한 용접 방법. 심으려 하는 물건과 모재와의 사이에 아크를 발생시키고 적당하게 용융한 뒤에 용융지속에 압착 용접한다. 이 방법은 아크스터드 용접이라고도 부른다.

42
직류 아크 용접에서 직류 정극성(DCSP)의 특징을 가장 올바르게 설명한 것은?
① 모재의 용입이 깊고, 비드의 폭이 넓다.
② 모재의 용입이 깊고, 용접봉의 녹음이 느리다.
③ 모재의 용입이 얇으며 비드의 폭이 좁다.
④ 모재의 용입이 얇으며 용접봉의 녹음이 느리다.

[해설] **정극성**
모재 양극(+), 용접봉 음극(−), 비드폭이 좁고 용접봉의 녹는 속도가 느리다. 모재의 용입이 깊다.

43
동관용 공구 중에서 동관 끝의 확관용 공구로 맞는 것은?
① 익스팬더 ② 사이징 툴
③ 튜브벤더 ④ 튜브커터

[해설] 익스팬더는 동관 끝의 확관용 공구이다.

44
다음 중 강관을 가열 굽힘할 때의 가열온도로 가장 적합한 것은?
① 500~600℃ ② 1200℃ 정도
③ 800~900℃ ④ 1350℃ 정도

45
주철관의 소켓 이음에 대한 설명으로 틀린 것은?
① 납은 얀의 이탈을 방지한다.
② 주로 건축물의 배수배관에 많이 사용하며 연납 이음이라고 한다.
③ 얀은 납과 물이 직접 접촉하는 것을 방지한다.
④ 얀은 수도관일 경우 삽입길이의 2/3 정도 채워 누수를 막아준다.

[해설] • **수도관** : 얀을 소켓 깊이의 1/3 납은 2/3
• **배수관** : 얀을 소켓 깊이의 2/3 납은 1/3

46
다음 중 폴리에틸렌관 이음의 종류가 아닌 것은?
① 인서트 이음 ② 테이퍼 조인트 이음
③ 몰코 이음 ④ 융착 슬리브 이음

47
치수선과 치수보조선의 기입방법으로 틀린 것은?
① 치수선은 원칙적으로 지시하는 길이 또는 각도를 측정하는 방향으로 평행하게 긋는다.
② 치수선 끝에는 화살표, 사선 또는 검정 동그라미를 붙여 그린다.
③ 기점기호는 치수선의 기점을 중심으로 검정 동그라미를 붙여 그린다.
④ 중심선, 외형선, 기준선 및 이들 연장선을 치수선으로 사용하면 안 된다.

48
2개 이상의 관을 동일한 지지대 위에 나란히 배관할 경우 지면의 높이를 기준면으로 하고 관 밑면까지 높이를 3000mm라 할 때 치수 기입법으로 적합한 것은?
① EL+3000 BOP ② EL+3000 TOP
③ GL+3000 BOP ④ GL+3000 TOP

[해설] EL : 그 지방의 해수면에 기준선

정답 41 ① 42 ② 43 ① 44 ③ 45 ④ 46 ③ 47 ③ 48 ③

49

다음 그림은 관 A로부터 분기된 관 B가 화면에 직각으로 바로 앞쪽으로 올라가 있으며 구부러져 있는 경우이다. 정투상도가 옳게 된 것은?

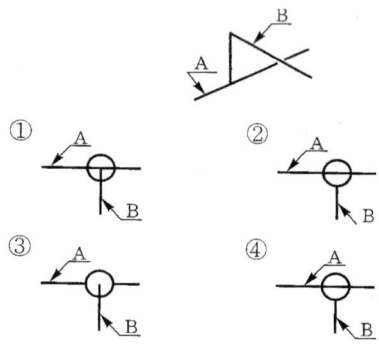

50

그림과 같은 배관의 도시기호는 다음 중 어느 것인가?

① 용접식 캡
② 나사 박음식 플러그
③ 막힌 플랜지
④ 나사 박음식 캡

51

아래의 용접기호에서 인접한 용접부 간의 간격을 나타내는 것은?

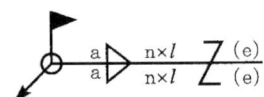

① a
② n
③ l
④ (e)

해설 ① a : 용접 목두께
② n : 용접갯수
③ l : 용접부 길이
④ (e) : 간격(피치)

52

한 도면에서 선들이 두 가지 이상 등분되어 있을 때 그려지는 우선순위로 맞는 것은?

① 외형선 → 숨은선 → 절단선 → 중심선
② 절단선 → 숨은선 → 외형선 → 중심선
③ 중심선 → 숨은선 → 절단선 → 외형선
④ 숨은선 → 절단선 → 중심선 → 외형선

53

제도에서 지시, 치수 등을 기입하기 위한 용도로 사용하는 선으로 맞는 것은?

① 굵은 실선
② 일점 쇄선
③ 이점 쇄선
④ 가는 실선

54

아래 도면의 물량을 맞게 산출한 것은?

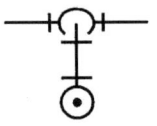

① 엘보 2개, 티 1개
② 엘보 1개, 티 2개
③ 엘보 2개, 티 2개
④ 엘보 3개, 티 1개

55

로트 크기 1,000, 부적합품률이 15%인 로트에서 5개의 랜덤 시료 중에서 발견된 부적합품 수가 1개일 확률을 이항분포로 계산하면 약 얼마인가?

① 0.1648
② 0.3915
③ 0.6085
④ 0.8352

정답 49 ③ 50 ③ 51 ④ 52 ① 53 ④ 54 ① 55 ②

56
다음 검사의 종류 중 검사공정에 의한 분류에 해당되지 않는 것은?
① 수입검사 ② 출하검사
③ 출장검사 ④ 공정검사

해설 출장검사는 검사의 종류 중 검사공정에 의한 분류에 해당되지 않는다.

57
품질 코스트(Quality Cost)를 예방 코스트, 실패 코스트, 평가 코스트로 분류할 때, 다음 중 실패 코스트(Failure Cost)에 속하는 것이 아닌 것은?
① 시험 코스트 ② 불량대책 코스트
③ 재가공 코스트 ④ 설계변경 코스트

58
그림과 같은 계획공정도(Network)에서 주공정은?(단, 화살표 아래의 숫자는 활동시간을 나타낸 것이다)

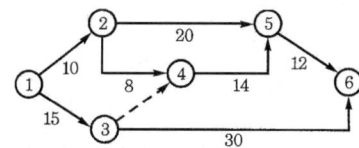

① ① - ③ - ⑥
② ① - ② - ⑤ - ⑥
③ ① - ② - ④ - ⑤ - ⑥
④ ① - ③ - ④ - ⑤ - ⑥

59
다음 중 계량값 관리도에 해당되는 것은?
① c 관리도 ② nP 관리도
③ R 관리도 ④ u 관리도

60
Ralph M.Barnes 교수가 제시한 동작경제의 원칙 중 작업장 배치에 관한 원칙(Arrangement Of The Workplace)에 해당되지 않는 것은?
① 가급적이면 낙하식 운반방법을 이용한다.
② 모든 공구나 재료는 지정된 위치에 있도록 한다.
③ 충분한 조명을 하여 작업자가 잘 볼 수 있도록 한다.
④ 가급적 용이하고 자연스런 리듬을 타고 일할 수 있도록 작업을 구성하여야 한다.

2011년 기능장 제50회 필기시험
(7월31일 시행)

01
다음 공업배관에 많이 사용되는 감압 밸브에 관한 설명 중 잘못 설명된 것은?
① 감압 밸브는 고압관과 저압관 사이에 설치한다.
② 주요 부품은 스프링, 다이어프램, 파일럿 밸브(Pilot Valve) 등이 있다.
③ 감압밸브 설치 시에는 보통 바이패스(By Pass)를 설치하지 않는다.
④ 감압밸브 근처에는 압력계 및 안전 밸브를 장치해야 한다.

[해설] 감압밸브 고장을 대비하여 바이패스는 반드시 설치하여야 한다.

02
펌프의 설치 및 주변 배관 시 주의사항이다. 틀린 것은?
① 펌프는 일반적으로 기초 콘크리트 위에 설치한다.
② 흡입관은 되도록 길게 하고 직관으로 배관한다.
③ 효율을 좋게 하기 위해서 펌프의 설치 위치를 되도록 낮춰서 흡입양정을 작게 한다.
④ 흡입관의 중량이 펌프에 미치지 않도록 관을 지지하여야 한다.

[해설] 흡입관은 직관으로 배관하고 가능하면 짧게 하는 게 좋다.

03
배관계의 지지장치 설계 시 지지점의 설정에 고려해야 할 사항 중 적당하지 않은 것은?
① 과대 응력의 발생이나 드레인 배출에 지장이 없도록 한다.
② 건물, 기기 등의 기존보를 가급적 이용한다.
③ 집중 하중이 걸리는 곳에 지지점을 정한다.
④ 밸브나 수직관 근처는 가급적 피한다.

[해설] 조작이 잦은 밸브나 수직관과 계전기 등과 그 기기 가까이 설치한다.

04
항상 일정한 풍량을 공급하는 공조방식으로 부하변동이 심하지 않는 경우에 적합하며, 부분적으로 부하 변동이 있는 공간에 적용이 곤란한 덕트 방식으로 전공기 방식으로 분류되는 공기조화 방식은?
① 정풍량 단일 덕트 방식
② 유인 유닛 방식
③ 덕트 병용 팬 코일 유닛 방식
④ 패키지 덕트 방식

[해설] **정풍량 단일 덕트 방식**
항상 일정한 풍량을 공급하는 공조방식으로 부하 변동이 심하지 않는 경우에 적합

05
냉방설비에서 공기는 어느 곳에서 냉각된 공기를 실내에 송풍하는가?
① 응축기   ② 증발기
③ 수액기   ④ 팽창 밸브

[해설] **정풍량 단일 덕트 방식**
항상 일정한 풍량을 공급하는 공조방식으로 부하 변동이 심하지 않는 경우에 적합

06
제어에서 입력 신호에 대한 출력신호 응답 중 인디셜(Inditial) 응답이라고도 하며, 입력이 단위량만큼 단계적으로 변화될 때의 응답을 말하는 것은?
① 자기 평형성   ② 과도 응답
③ 주파수 응답   ④ 스탭 응답

정답 01 ③ 02 ② 03 ④ 04 ① 05 ② 06 ④

07
냉매의 조건을 설명한 것 중 잘못된 것은?
① 응고점이 낮을 것
② 임계온도는 상온보다 가급적 높을 것
③ 같은 냉동능력에 대하여 소요동력이 클 것
④ 증기의 비체적이 적을 것

해설 냉동능력이 같을 경우 소요동력이 적을수록 좋다.

08
보일러 자동제어 중 연료 및 공기 유량을 조정하고 굴뚝으로 배출되는 연소가스의 유량을 제어하여 발생되는 열을 조정하는 제어는?
① 증기온도 제어   ② 급수 제어
③ 재열온도 제어   ④ 연소 제어

해설 연소제어
보일러 자동제어 중 연료 및 공기 유량을 조정하고 굴뚝으로 배출되는 연소가스의 유량을 제어하여 발생되는 열을 조정하는 제어

09
온수난방의 팽창탱크에 관한 다음 설명 중 틀린 것은?
① 안전밸브 역할을 한다.
② 팽창탱크의 최고층 방열기보다 1m 이상 높은 곳에 위치하여야 한다.
③ 온도변화에 따른 체적팽창을 도출시킨다.
④ 온수의 순환을 촉진시키는 역할이 주목적이다.

해설 온수순환을 촉진시키는 것은 온수순환펌프의 역할이다.

10
건물의 외벽, 창, 지붕 등에 일정한 간격으로 배열하여 인접건물 화재 시 수막을 만드는 소화설비는?
① 방화전   ② 스프링클러
③ 드렌처   ④ 사이어미즈 커넥션

해설 드렌처 설비
소방대상물을 인접 장소 등의 화재 등으로부터 방화구획이나 연소 우려가 있는 부분의 개구부 상단에 설치하여 물을 수막(水幕)형태로 살수하는 소방시설의 일종의 소방설비이다.

11
1보일러 마력을 설명한 것으로 가장 올바른 것은?
① 50℃의 물 10kg을 1시간에 전부 증기로 변화시키는 증발능력
② 100℃의 물 15.65kg을 1시간 동안 같은 온도의 증기로 변화시키는 증발능력
③ 1시간에 1565kcal의 증발량을 발생시키는 증발능력
④ 1시간에 약 6,280kcal의 증발량을 발생시키는 증발능력

해설 보일러 1마력
100℃ 물 15.65kg을 1시간에 같은 온도의 증기로 변화시킬 수 있는 능력이며, 약 8,435kcal/h의 열을 흡수하여 증기를 발생할 수 있는 능력이다.

12
통기관의 관지름을 결정하는 원칙 설명 중 틀린 것은?
① 신정통기관의 관지름은 관지름을 줄이지 않고 연장해서 대기 중에 개방한다.
② 결합통기관은 배수수직관과 통기수직관 중 관지름이 작은 쪽의 관지름 이상으로 한다.
③ 각개통기관의 관지름은 그것에 연결되는 배수관 지름의 1/2보다 작으면 안 되고 최소 관지름은 30mm이다.
④ 루프통기관의 관지름은 배수수평 분기관과 통기 수직관 중 관지름이 큰 쪽의 1/2보다 작으면 안 되고 최소 관지름은 30mm이다.

해설 루프통기관의 최소 관지름은 40mm이다.

13
건축설비공사 표준시방서 등의 시험기준에 의하여 배관시험 기준에 의한 배관시험 압력은 사용압력의 몇 배로 시험하는가?
① 0.5~1   ② 1.5~2
③ 3~4   ④ 5~6

14
배관용 공기 기구 사용 시 안전수칙 중 틀린 것은?
① 처음에는 천천히 열고 일시에 전부 열지 않는다.
② 기구 등의 반동으로 인한 재해에 항상 대비한다.
③ 공기 기구를 사용할 때는 보호구를 사용한다.
④ 활동부에는 항상 기름 또는 그리스가 없도록 깨끗이 닦아 준다.

[해설] 배관용 공기기구 활동부에는 항상 기름 또는 그리스를 주입하여 원활하게 작동되도록 한다.

15
장치 중에서 응축된 유체를 재가열 증발시킬 목적으로 사용하는 열교환기는?
① 재비기(Reboiler)   ② 예열기(Preheater)
③ 가열기(Heater)   ④ 응축기(Condenser)

[해설] 재비기
응축된 유체를 재가열하여 증발시킬 목적으로 사용하는 열교환기이다.

16
산소를 쓰는 경우에는 다음 중 어떤 장소를 선택하는 것이 가장 좋은가?
① 기름이 있는 건조한 곳
② 직사광선을 받는 밀폐된 곳
③ 가연성 물질이 없고 통풍이 잘되는 곳
④ 습도가 높고 고압가스가 있는 곳

[해설] 직사광선을 받지 않고 습도가 없으며, 고압가스가 근처에 없어야 안전하다. 또한 가연성물질이 없고 통풍이 잘되는 곳을 선택해야 한다.

17
다음은 수요자 전용 가스정압기의 배관설치 도면이다. (가)에 맞는 배관 명칭은?

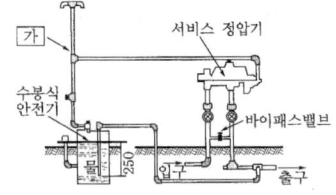

① 팽창관
② 방출관
③ 공기공급관
④ 정압기

18
자동제어계에서 동작신호에 의하여 이에 대응하는 연산출력, 즉 조작신호를 보내는 부분을 무엇이라고 하는가?
① 비교부   ② 검출부
③ 조절부   ④ 조작부

[해설] 조절부
조작신호를 보내는 부분

19
배관설비의 유지관리에서 응급조치법의 종류가 아닌 것은?
① 코킹법과 밴드 보강법
② 인젝션법
③ 박스 설치법
④ 파이어 설치법

[해설] 배관설비의 응급조치법의 종류
코킹법과 밴드 보강법, 인젝션법, 파이어 설치법

20
다음에서 강도율의 계산법으로 맞는 것은?
① $\frac{근로손실일수}{연근로시간수} \times 100$
② $\frac{재해건수}{연근로시간수} \times 100$
③ $\frac{재해건수}{재적근로자수} \times 100$
④ $\frac{근로손실일수}{재적근로자수} \times 100$

21
다음 중 수동으로 직접 조절해야 작동되는 밸브는?
① 플로트 밸브(Float Valve)
② 세정 밸브(Flush Valve)
③ 증발압력 조정밸브
④ 감압 밸브

22
지진, 진동, 풍압, 수격작용 등에 의해 배관이 움직이는 것을 제한하기 위한 장치는?
① 행거(Hanger) ② 서포트
③ 브레이스 ④ 리스트 레인트

[해설] **브레이스**
지진, 진동, 풍압, 수격작용 등에 의해 배관이 움직이는 것을 제한하기 위한 장치

23
배관의 용도에 따른 패킹재료가 적당하지 않은 것은?
① 급수관 – 테플론 ② 배수관 – 네오프렌
③ 급탕관 – 실리콘 ④ 증기관 – 천연고무

[해설] **천연고무**
탄성이 크고 우수하나 열과 기름에는 약하므로 증기관에는 부적당하다.

24
몰리브덴강 및 크롬-몰리브덴강으로 이음매 없이 제조하여 증기관 및 석유정제용 배관에 적합한 강관은?
① 압력배관용 탄소강관
② 고압배관용 탄소강관
③ 배관용 아크용접 탄소강관
④ 배관용 합금강 강관

[해설] **배관용 합금강 강관**
고압 보일러의 증기관, 석유정제용 배관 등 고온·고압용으로 사용된다.

25
과열증기에 사용이 가능하고, 수격작용에 잘 견디며 배관이 용이하나 수명이 짧고, 높은 배압에서 작동되지 않고 소음발생, 증기누설 등의 단점이 있는 트랩은?
① 디스크형 트랩 ② 상향식 버킷 트랩
③ 레버 플로트형 트랩 ④ 하향식 버킷형 트랩

26
관 이음쇠 중 리듀서(Reducer)를 사용하는 경우를 바르게 설명한 것은?
① 관의 끝을 막을 때
② 동경의 관을 도중에서 분기할 때
③ 직선배관에서 90° 혹은 45° 방향으로 전환할 때
④ 배관의 관경을 축소하여 연결할 때

[해설] 리듀서는 동심형과 편심형이 있다.

27
구상흑연 주철관이라고도 하며 내식성, 가요성, 충격에 대한 연성 등이 우수한 주철관은?
① 수도용 원심력 금형 주철관
② 원심력 모르타르 라이닝 주철관
③ 수도용 원심력 덕타일 주철관
④ 수도용 원심력 사형 주철관

[해설] **수도용 원심력 덕타일 주철관**
강도와 인성이 좋고 내식성, 가요성 및 가공성이 뛰어나다.

28
스테인리스강관의 특성에 대한 설명으로 틀린 것은?
① 위생적이어서 적수, 백수, 청수의 염려가 없다.
② 강관에 비해 기계적 성질이 우수하다.
③ 두께가 얇고 가벼워 운반 및 시공이 쉽다.
④ 저온 충격성이 작고 동결에 대한 저항이 작다.

[해설] **스테인리스강관**
저온 충격성 크고, 한랭지 및 저온배관이 가능하며, 동결에 대한 저항이 크다.

29
일반적인 폴리부틸렌관의 이음방법으로 맞는 것은?
① MR 이음 ② 에이콘 이음
③ 몰코 이음 ④ TS식 냉간이음

[해설] **에어콘 이음**
본체, 그라프링(Grab Ring), 오링(O-Ring), 캡, 서포트슬리브로 구성되며 관을 연결구에 삽입하여 그라프링과 O링에 의한 이음방법이다.

정답 22 ③ 23 ④ 24 ④ 25 ① 26 ④ 27 ③ 28 ④ 29 ②

30
내열성, 내유성, 내수성이 좋고 내열도는 150~200℃ 정도이며 베이킹 도료로 사용되는 합성수지 도료는?
① 프탈산계 도료
② 요소 멜라민계 도료
③ 에폭시 수지계 도료
④ 염화비닐계 도료

[해설] 요소멜라민계 도료
내열성, 내유성, 내수성이 좋고 내열도는 150~200℃ 정도이며 베이킹 도료이다.

31
스테인리스 또는 인청동제로 제작된 것으로 일면 팩리스(Packless) 신축이음쇠라고 부르는 것은?
① 루프형 신축이음   ② 슬리브형 신축이음
③ 스위블형 신축이음 ④ 벨로스형 신축이음

[해설]
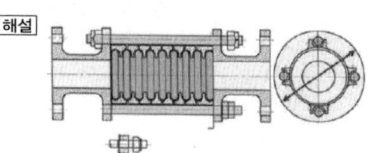
벨로스형(bellows type)
팩리스(packless)형이라 하며, 단식과 복식 2종류가 있다.

32
원심력식 철근 콘크리트관에 대한 설명으로 맞는 것은?
① 흄관이라고도 하며, 관의 이음재의 형상에 따라 A, B, C형으로 나눈다.
② 호칭지름 150~600mm까지는 소켓 이음쇠를 사용한다.
③ 에터니트관이라고도 하며 정수두 75m 이하의 1종관과 정수두 45m 이하의 2종관이 있다.
④ 일반적으로 PS관이라 한다.

[해설] 원심력식 철근 콘크리트관은 일명 흄관이라고도 하며, 관의 이음재의 형상에 따라 A, B, C형으로 나눈다.

33
호칭 20[A](3/4인치) 동관의 실제 바깥지름은 몇 mm인가?
① 19.05   ② 22.22
③ 23.15   ④ 25.20

34
유량계 설치법에 대한 설명으로 잘못된 것은?
① 차압식 유량계의 오리피스는 원칙적으로 수직 배관에 설치한다.
② 차압식 유량계의 노즐 취출방향은 액체인 경우는 하향, 기체일 경우는 상향으로 한다.
③ 증기배관에는 증기가 유량계에 유입하는 것을 방지하고, 차압에 대해 일정한 액주의 높이를 유지할 수 있도록 콘덴서를 설치한다.
④ 체적식 유량계와 면적식 유량계는 조작 및 보수가 쉽도록 설치한다.

[해설] 차압식 유량계의 오리피스는 원칙적으로 수평배관에 설치해야한다.

35
아세틸렌 용기의 충전 전 무게는 50Kgf, 충전 후 57Kgf이 되었다면 용기 속에 충전된 아세틸렌은 몇 L인가?
① 4245   ② 4800
③ 6335   ④ 7600

[해설] 가스량=905(용해 아세틸렌 1kg이 기화하면)×충전 전후의 무게차
905×(57−50)=6335L

36
동력식 나사 절삭기 사용 시 안전수칙으로 틀린 것은?
① 절삭된 나사부는 맨손으로 만지지 않도록 한다.
② 기계의 정비 수리 등은 기계를 정지시킨 후 행한다.
③ 나사 절삭 시에는 계속 절삭유를 공급한다.
④ 절삭기 사용 후에는 필히 척을 닫아 둔다.

[해설] 사용 후에는 척을 반드시 열어 둔다.

정답 30 ② 31 ④ 32 ① 33 ② 34 ① 35 ③ 36 ④

37
철근 콘크리트관을 하수관으로 매설할 때 관거의 최서 매설 깊이(흙 두께)로 맞는 것은?(단, 노면하중, 노반두께 및 다른 매설물의 관계, 동결심도 등은 고려치 않은 두께)
① 80cm   ② 100cm
③ 150cm ④ 200cm

38
관 속에 온수나 냉수가 흐르고 있을 때, 고체와 유체 사이에 온도차가 있을 경우 열 이동이 일어나는 것을 의미하는 용어로 가장 적합한 것은?
① 열복사   ② 열방사
③ 열전달   ④ 대류전열

해설 **열전달**
고체와 유체 사이에 온도차가 있을 경우 열 이동이 일어나는 것

39
일반적인 배관용 강관(구조용 제외)의 절단에 쓰이는 쇠톱의 인치(Inch)당 톱날 산수로 가장 적당한 것은?
① 14산   ② 18산
③ 24산   ④ 32산

해설 • 연강, 주철, 동합금 : 14산
• 강관, 합금강용 : 24산

40
부속기기의 보수 및 점검을 위하여 관의 해체, 교환을 필요로 하는 곳의 이음에 적합하지 않는 이음방법은?
① 유니언 이음   ② 플랜지 이음
③ 플레어 이음   ④ 플라스턴 이음

41
경질 염화비닐관의 이음작업에 관한 설명 중 틀린 것은?
① 삽입접합의 경우 삽입 깊이는 바깥지름의 1.5배가 적당하다.
② 삽입접합에서의 연화 적정온도는 120~130℃이다.
③ 70~80℃로 가열하면 관은 연화하기 시작한다.
④ 연화변형을 한 다음 냉각하여 경화한 관은 가열하여도 본래의 모양으로 되지 않는다.

해설 경질 염화비닐관은 연화변형을 한 다음 냉각하여 경화한 관은 연화온도까지 가열하면 본래의 모양으로 돌아간다.

42
주철관 접합 시 녹은 납이 비산하여 몸에 화상을 입히는 가장 중요한 원인으로 맞는 것은?
① 이음부에 수분이 있기 때문에
② 녹은 납의 온도가 낮기 때문에
③ 녹은 납의 온도가 높기 때문에
④ 납의 성분에 주석이 너무 많이 함유되었기 때문에

해설 이음부에 수분이 있을 때 용해된 납을 부으면 납이 비산하여 작업자가 화상을 입을 위험이 있다.

43
서브머지드 아크 용접에서 아크전압이 증가할 때 생기는 현상이 아닌 것은?
① 아크길이가 길어진다.
② 비드 폭이 넓어진다.
③ 평평한 비드가 형성된다.
④ 용입이 증가한다.

해설 용입이 증가하는것과 관련이 없다.

44
용접부의 파괴시험 검사법 중 기계적 시험방법이 아닌 것은?
① 부식시험   ② 피로시험
③ 굽힘시험   ④ 충격시험

해설 부식시험은 파괴시험의 일종이다.

45
펌프와 관련된 용어 중 "클수록 저양정(대유량)이 되고, 작을수록 고양정(소유량)이 된다"와 가장 관계가 밀접한 용어는?
① 단수   ② 사류
③ 비교회전수 ④ 안내날개

정답 37 ② 38 ③ 39 ② 40 ④ 41 ④ 42 ① 43 ④ 44 ① 45 ③

46
배관설비에 있어서 유량계를 설치하여 유량을 측정한다. 다음과 같이 오리피스로 측정하였을 때 유량은 약 몇 m³/s인가?(단, 유량계수 C_v=0.6, 수주차 $\triangle H$=20[cm], 오리피스 축소 단면적 A=5cm²이다.)

① $5.14 \times 10^{-4} [m^3/s]$
② $5.94 \times 10^{-4} [m^3/s]$
③ $5.14 \times 10^{-4} [m^3/s]$
④ $5.14 \times 10^{-4} [m^3/s]$

[해설] $Q = C \cdot A \cdot \sqrt{2 \cdot g \cdot h}$
$= 0.6 \times 5 \times 10^{-4} \times \sqrt{2 \times 9.8 \times 0.2}$
$= 5.939 \times 10^{-4} [m^3/s]$

47
다음 그림의 용접도시기호에서 n의 문자가 의미하는 것은?

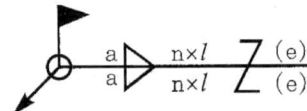

① 용접 목두께
② 용접부 길이(크레이트 제외)
③ 용접부의 개수(용접 수)
④ 인접한 용접부 간의 간격(피치)

[해설]
- a : 용접 목두께
- l : 용접부 길이
- (e) : 인접한 용접부 간의 간격

48
"아주 굵은 선 : 굵은 선 : 가는 선"의 선굵기 비율로 맞는 것은?

① 3 : 2 : 1
② $\sqrt{3}$: 2 : 1
③ 4 : 2 : 1
④ 3 : $\sqrt{2}$: 1

49
배관 내 물질의 종류를 식별하기 위한 색 중 기름을 나타내는 색은?

① 흰색
② 연한 노랑
③ 파랑
④ 어두운 주황

[해설] 색상구분법
- 파랑 : 물
- 흰색 : 공기
- 황색 : 가스

50
건설 또는 제조에 필요한 모든 정보를 전달하기 위한 도면으로 공정도, 시공도, 상세도로 분리되는 도면은 어느 것인가?

① 계획도
② 제작도
③ 주문도
④ 견적도

51
다음 그림을 올바르게 설명한 것은?

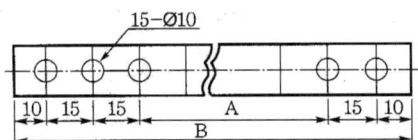

① 구멍의 총 수는 15개이며, A의 치수는 150mm이다.
② 드릴의 지름은 10mm이며, B의 치수는 220mm이다.
③ 구멍의 총 수는 15개이며, B의 치수는 220mm이다.
④ A의 치수는 165mm이며, B의 치수는 230mm이다.

[해설] ① 15-ø10 : 지름 10mm 구멍의 수는 15개이다.
② A의 치수=15×14[개]-(15×3)=165mm
③ B의 치수=15×14[개]+(10×2)=230mm

52
KS배관의 간략도시방법에서 사용하는 선의 종류별 호칭방법에 따른 선의 적용이 서로 틀린 것은?

① 굵은 실선 : 유선 및 결합부품
② 가는 실선 : 해칭, 인출선, 치수선, 치수보조선
③ 굵은 파선 : 다른 도면에 명시된 유선
④ 가는 1점 쇄선 : 도급 계약의 경계

[해설] 가는 1점 쇄선
중심선, 기준선, 피치선

53
다음 그림과 같은 부분조립도에 대한 평면도로 가장 적합한 것은?

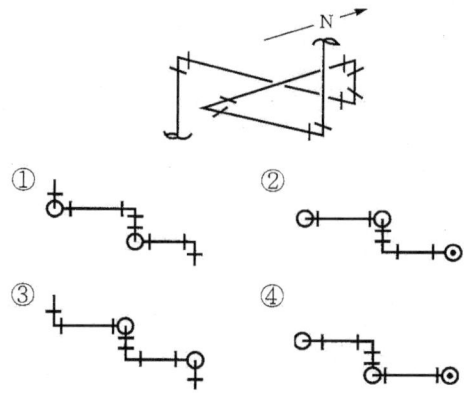

54
입체배관도로 배관의 일부분만을 작도하는 도면으로 부분 제작을 목적으로 하는 도면의 명칭은?

① 평면배관도   ② 입면배관도
③ 부분배관도   ④ 입체배관도

55
관리도에서 측정한 값을 차례로 타점했을 때 점이 순차적으로 상승하거나 하강하는 것을 무엇이라 하는가?

① 연(Run)   ② 주기(Cycle)
③ 경향(Trend) ④ 산포(Dispersion)

56
어떤 측정법으로 동일 시료를 무한회 측정하였을 때 데이터 분포의 평균치와 참값과의 차를 무엇이라 하는가?

① 재현성   ② 안정성
③ 반복성   ④ 정확성

57
컨베이어 작업과 같이 단조로운 작업은 작업자에게 무력감과 구속감을 주고 생산량에 대한 책임감을 저하시키는 등 폐단이 있다. 다음 중 이러한 단조로운 작업의 결함을 제거하기 위해 채택되는 직무설계방법으로서 가장 거리가 먼 것은?

① 자율경영팀 활동을 권장한다.
② 하나의 연속작업시간을 길게 한다.
③ 작업자 스스로가 직무를 설계하도록 한다.
④ 직무확대, 직무충실화 등의 방법을 활용한다.

58
정상소요시간이 5일일 때의 비용이 20,000원이고 특급소요기간이 3일일 때의 비용이 30,000원이라면 비용구배는 얼마인가?

① 4,000[원/일]   ② 5,000[원/일]
③ 7,000[원/일]   ④ 10,000[원/일]

[해설] 비용구배 $= \dfrac{특급비용-정상비용}{정상시간-특급시간} = \dfrac{30000-20000}{5-3}$
$= 5000[원/일]$

59
"무결점 운동"으로 불리는 것으로 미국의 항공사인 마틴사에서 시작된 품질개선을 위한 동기부여 프로그램은 무엇인가?

① ZD   ② 6 시그마
③ TPM   ④ ISO 9001

[해설] ZD
종업원 한 사람 한 사람의 주의와 노력으로 작업상의 실수를 없애고 처음부터 올바른 작업을 함으로써 품질과 원가와 납기에 대하여 하자 없이 효과적으로 일을 추진하는 운동을 말한다.

정답 52 ④ 53 ② 54 ③ 55 ③ 56 ④ 57 ② 58 ② 59 ①

60
도수분포표를 작성하는 목적으로 볼 수 없는 것은?
① 로트의 분포를 알고 싶을 때
② 로트의 평균치와 표준편차를 알고 싶을 때
③ 규격과 비교하여 부적합품률을 알고 싶을 때
④ 주요 품질항목 중 개선의 우선순위를 알고 싶을 때

2012년 기능장 제51회 필기시험
(4월8일 시행)

01
압력계 배관시공 시 유체에 맥동이 있는 경우에 다음 중 어느 것을 설치하여 압력계에 맥동이 전파되지 않게 하는가?
① 사이펀관 ② 펄세이션 댐퍼
③ 실(Seal) 포드 ④ 벨로스

해설 **펄세이션 댐퍼**
유체에 맥동이 있는 경우에 설치하여 압력계에 맥동이 전파되지 않게 한다.

02
목표값이 시간의 변화, 외부조건의 영향을 받지 않고 일정한 값으로 제어되는 방식으로 보일러, 냉난방장치의 압력제어, 급수탱크의 액면제어 등에 사용되는 제어는?
① 추치 제어 ② 정치 제어
③ 프로세스 제어 ④ 비율 제어

해설 **정치제어**
목표값이 외부조건의 영향을 받지 않고 일정한 값으로 제어되는 방식

03
액화가스를 가열하여 기화시키는 기화기의 일반적인 형식의 종류가 아닌 것은?
① 다관식 ② 코일식
③ 개비넷식 ④ 부르동관식

해설 **액화가스 기화기 종류**
다관식, 코일식, 개비넷식

04
탱크 내의 물, 기름, 화학약품 등의 액면을 검출하고 자동 제어하는 방식을 열거한 것이다. 아닌 것은?
① 플로트 방식 ② 전극식
③ 정전 용량식 ④ 헴펠 분석식

05
옥외 소화전 설치는 건축물의 각 부분으로부터 1개의 호스 접속구까지의 수평거리는 몇 m 이하로 하는가?
① 20[m] 이하 ② 20[m] 이하
③ 40[m] 이하 ④ 50[m] 이하

해설 옥외 소화전 설치는 건축물의 각 부분으로부터 1개의 호스 접속구까지의 수평거리는 40m 이하

06
보일러의 수면계 기능시험의 시기로 틀린 것은?
① 보일러를 가동하기 전
② 보일러를 기동하여 압력이 상승하기 시작했을 때
③ 2개 수면계의 수위에 차이가 없을 때
④ 수면계 유리의 교체, 그 외의 보수를 했을 때

해설 2개 수면계의 수위에 차이가 없을 때는 기능시험을 할 필요가 없다.

07
수도본관에서 옥상탱크까지 수직 높이가 20m이고 관 마찰손실율이 20%일 때 옥상탱크로 물을 보내기 위하여 수도본관에서 필요한 최소 수압은 약 몇 MPa 이상인가?
① 0.024 ② 0.24
③ 0.34 ④ 2.40

해설 $P = 20 + (20 \times 0.2) = 0.24[MPa]$

08
배수트랩에서 봉수가 파괴되는 원인으로 거리가 먼 것은?
① 자기 사이펀 작용 ② 감압에 의한 흡인 작용
③ 모세관 작용 ④ 수격 작용

해설 수격 작용은 봉수가 파괴되는 원인과 거리가 멀다.

정답 01 ② 02 ② 03 ④ 04 ④ 05 ③ 06 ③ 07 ② 08 ④

09
파이프 랙크의 높이를 결정하는데 가장 중요도가 낮은 것은?
① 도로 횡단의 유무
② 타 장치와의 연결 높이
③ 배관 내 연료의 공급 최대 온도
④ 파이프 랙크 아래에 있는 기기의 배관에 대한 여유

해설 파이프 랙크의 높이를 결정하는 요인으로 배관 내 연료의 공급 최대온도는 중요도가 낮다.

10
순환법에 의한 화학세정의 공정을 순서대로 열거한 것 중 가장 적합한 것은?
① 물세척 → 중화방청 → 탈지세정 → 물세척 → 건조 → 물세척 → 산세정
② 물세척 → 탈지세정 → 산세정 → 물세척 → 중화방청 → 건조 → 물세척
③ 물세척 → 탈지세정 → 물세척 → 산세정 → 중화방청 → 물세척 → 건조
④ 물세척 → 산세정 → 물세척 → 중화방청 → 탈지세정 → 물세척 → 건조

11
배관설비의 유지관리와 관계가 먼 것은?
① 배관의 점검과 보수
② 배관설계 및 시공
③ 밸브류 및 배관부속기기의 점검과 보수
④ 부식과 방식

12
공기 조화기로부터 냉풍과 온풍을 구분 처리하여 각각의 덕트를 통해 공조 구역으로 공급하고 공조구역에서는 공조 부하에 적당하도록 혼합유닛을 이용하여 혼합급기하는 전공기식 공조 방식은 무엇인가?
① 단일덕트 방식
② 2중덕트 방식
③ 유인유닛 방식
④ 휀코일 유닛 방식

해설 2중덕트 방식
혼합유닛을 이용하여 혼합 급기하는 전공기식 공조 방식

13
ON-OFF 동작(2위치 동작)을 설명한 것은?
① 편차 발생 시 조작부분에서 가장 안정되게 처리하는 동작이다.
② 동작신호의 크기에 따라 조작량을 여러 단계로 두는 동작이다.
③ 조작부의 움직임이 속도를 부하 변동에 충분히 응할 수 있게 하는 동작이다.
④ 제어량이 목표치에서 벗어나면 조작부를 동작시켜 운전을 기동 또는 정지하는 동작이다.

해설 2위치 동작
제어량이 목표치에서 벗어나면 조작부를 동작시켜 운전을 기동 또는 정지하는 동작

14
용접 중 일산화탄소에 의한 중독 위험성이 가장 많은 것은?
① 서브머지드 아크용접
② 피복 아크용접
③ CO_2 용접
④ 불활성 가스 아크용접

해설 CO_2 용접은 일산화탄소에 의한 중독 위험성이 가장 많은 용접이다.

15
석유화학 설비배관에 관한 설명 중 잘못된 것은?
① 배관 내 유체의 누설은 화학장치에 대해 부식을 촉진하고 재해 유발의 원인이 되므로 누설방지용 개스킷을 잘 끼워 주어야 한다.
② 화학장치용 재료로 사용되는 금속재료는 수소에 의한 탈탄, 황화수소에 의한 부식, 산소 또는 가스에 의한 산화 등을 고려하여 선정한다.
③ 고온고압용 재료에는 내식성이 크고 크리프(Creep) 강도가 큰 재료가 사용된다.
④ 화학공업용 배관에 많이 쓰이는 강관의 이음방법에는 플랜지 이음, 나사 이음이 주로 쓰이나 용접 이음은 누설의 염려가 있어 활용되지 않는다.

해설 용접 이음은 누설의 염려가 적다.

정답 09 ③ 10 ③ 11 ② 12 ② 13 ④ 14 ③ 15 ④

16
보일러의 수위제어 방식 중 3요소식에서 검출하는 요소가 아닌 것은?
① 온도
② 수위
③ 증기유량
④ 급수유량

[해설] 수위제어 3요소식
　　　수위, 증기량, 급수유량

17
증기난방 배관시공법에 대하여 잘못 설명한 것은?
① 암거 내에 배관할 때 밸브, 트랩 등은 가급적 맨홀 부근에 집합시켜 놓는다.
② 방열기 브랜치 파이프 등에서 부득이 매설배관 할 때에는 배관으로부터 열손실과 신축에 주의한다.
③ 리프트 이음 시 1단의 흡상고는 1.5m 이내로 한다.
④ 증기주관에 브랜치 파이프를 접할 때에는 원칙적으로 30° 이상의 각도로 취출한다.

[해설] 원칙적으로 45° 이상의 각도로 취출한다.

18
보일러 응축수 회수기 설치 및 배관에 관한 설명으로 틀린 것은?
① 회수기 본체는 반드시 수평으로 설치한다.
② 압력계는 사이폰관에 물을 주입한 후 설치한다.
③ 집수탱크는 본체 상부보다 낮게 설치한다.
④ 집수탱크와 보조탱크의 중간 흡입관과 응축수 송출구에는 체크 밸브를 설치한다.

[해설] 집수탱크는 본체 상부보다 30cm 이상 높게 설치한다.

19
관속에 흐르는 물을 갑자기 정지시키거나 용기 속에 차 있는 물을 갑자기 흐르게 하면 관속물의 압력이 크게 상승 또는 강하하여 관이 파손될 염려가 있다. 이와 같은 현상을 무엇이라 하는가?
① 수격 작용
② 공동 현상
③ 충격 작용
④ 프라이밍 작용

[해설] 수격작용
　　물 또는 유동적 물체의 움직임을 갑자기 멈추게 하거나 방향이 바뀌게 될때 순간적인 압력이 발생하는 현상이다. 흔히 파이프 끝의 밸브를 갑자기 닫거나 파이프 끝에 압력이 갑자기 증가할 때 발생한다. 이러한 압력은 소음과 진동에 큰 문제를 발생시킨다. 이를 방지하지위해 급속 개폐식 수전 가까운 곳에 공기실을 설치해야 한다.

20
폭발성 가스나 증기 등이 있는 장소에서의 작업 시 사용하는 공구의 재질로서 안전상 가장 적합한 것은?
① 고속강도제
② 주강제
③ 비금속제
④ 스테인리스강제

[해설] 폭발성 가스나 증기 등이 있는 장소에서 작업 시 사용하는 공구의 재질은 비금속제가 가장 안전하다.

21
배수, 급수, 공기 등의 배관에 쓰이는 패킹재로서 탄성이 우수하고 흡습성이 없으며 산, 알칼리 등에는 강하나, 열과 기름에는 약한 것은?
① 석면 패킹
② 금속 패킹
③ 합성수지 패킹
④ 고무 패킹

[해설] 고무패킹
　　패킹재로서 탄성이 우수하고 흡습성이 없으며 산, 알칼리 등에는 강하나, 열과 기름에는 약한 것이 특징이다.

22
계측기기의 구비조건에 해당되지 않는 것은?
① 근거리의 지시 및 기록이 가능하고 구조가 복잡할 것
② 견고성과 신뢰성이 높고 경제적일 것
③ 설치장소와 주위조건에 대해 내구성이 있을 것
④ 정밀도가 높고 취급 및 보수가 용이할 것

[해설] 구조가 단순한 게 좋다.

23
배수트랩의 사용 용도에 대한 내용 중 옳지 않은 것은?
① 그리스 트랩 : 호텔, 레스토랑 등의 조리실
② 가솔린 트랩 : 자동차 차고나 공장 등의 바닥
③ P 트랩 : 세면기 수직배수관
④ S 트랩 : 건물의 발코니 등 바닥배수면

해설 **S 트랩**
위생기구(세면기, 대변기, 소변기)를 바닥에 설치된 배수 수평관에 접속할 때 사용된다.

24
보통 비스페놀 A와 에피클로로히드린을 결합하여 만들며 아미노산 등의 경화제를 가하면 기계적 강도나 내약품성이 우수하게 되어 내열성, 내수성이 크고 전기절연도 우수하여 도료 접착제, 방식용으로 가장 적합한 것은?
① 요소 멜라민   ② 에폭시 수지
③ 염화 비닐계   ④ 광명단

25
동관에 대한 설명으로 틀린 것은?
① 전기 및 열전도율이 좋다.
② 산성에는 내식성이 강하고 알칼리성에는 심하게 침식된다.
③ 두께별로 분류할 때 K타입이 M타입보다 두껍다.
④ 전연성이 풍부하고 마찰저항이 적다.

해설 산에는 약하고 알칼리성에는 내식성이 강하다.

26
주로 저압증기 및 온수난방용 배관에 사용하는 방법으로 2개 이상의 엘보를 사용하여 이음부의 나사 회전을 이용해서 배관의 신축을 흡수하는 이음방법은 어느 것인가?
① 루프식 이음   ② 플렉시블 이음
③ 슬리브 이음   ④ 스위블 이음

해설 **스위블 이음쇠**
흔히 회전 이음, 지웰 이음이라 하며 2개 이상의 엘보를 이용하여 신축을 흡수하는 것으로 신축방향이 큰 배관에서는 누설의 우려가 있다.

27
강관의 제조에 관한 설명이다. 틀린 것은?
① 가스용접관은 자동가스용접에 의해 제조되며, 호칭지름 25[A] 이하의 관에 사용된다.
② 전기저항 용접관은 띠강을 압연기에 의해서 연속적으로 둥글게 성형하여 용접한 것으로 일명 절봉관이라고도 한다.
③ 전기저항 용접관은 관의 내측에 한 줄의 이음선(Seam)을 발견할 수 있다.
④ 지름이 큰 관은 띠강판을 나선형으로 감아 원통형으로 만든 접합부의 내·외면을 용접해 만든 관을 스파이널 아크 용접관이라 한다.

28
주철관의 내벽에 모르타르 처리하여 방청작용을 하도록 한 관은?
① 배수용 주철관
② 수도용 주철관
③ 원심력 모르타르 라이닝 주철관
④ 수도용 이형관

해설 원심력 모르타르 라이닝 주철관은 내벽에 모르타르 처리하여 방청작용하는 주철관이다.

29
온도 조절 밸브의 선정 시 고려할 사항으로 거리가 먼 것은?
① 밸브의 지름 및 배관지름
② 사용유체의 비중, 점성, 경도
③ 최대 유량 시에 밸브의 허용압력 손실
④ 가열 또는 냉각되는 유체의 종류와 압력

정답 23 ④ 24 ② 25 ② 26 ④ 27 ① 28 ③ 29 ②

30
원심력 철근 콘크리트관에 대한 설명으로 맞는 것은?
① 일반적으로 에터니트(Eternit)관 이라고도 한다.
② 보통 흄(Hume)관이라고도 한다.
③ 형틀에 철근을 넣고 콘크리트를 주입한 후 진동기 등 다짐용 기계나 수동으로 다져서 공간이 발생되지 않도록 잘 성형한다.
④ 보통관, 후관, 특후관의 3종류가 있다.

[해설] 원심력 철근 콘크리트관을 보통 흄관이라고도 한다.

31
순동이음쇠와 동합금 주물 이음쇠를 비교 설명한 것 중 틀린 것은?
① 순동이음쇠가 용접재와의 친화력이 좋다.
② 동합금 주물 이음쇠가 모세관 현상에 의한 용융 확산이 잘 된다.
③ 동합금 주물 이음쇠는 두꺼워 용접재의 융점이하 부분이 발생할 수 있다.
④ 동합금 주물 이음쇠는 열팽창의 불균일에 의하여 부정적 틈새를 만들 수 있다.

[해설] 동합금 주물 이음쇠는 순동부속을 사용할 때와 비교하여 모세관현상에 의한 용융납의 확산이 잘 안 된다.

32
플랜지를 관과 이음하는 방법에 따라 분류할 때 이에 해당되지 않는 것은?
① 소켓 용접형   ② 랩 조인트 형
③ 나사 이음형   ④ 바이패스 형

[해설] 바이패스는 플랜지를 관과 이음하는 방법에 속하지 않는다.

33
게이트 밸브에 관한 설명 중 틀린 것은?
① 글로브 밸브 또는 옥형변이라 한다.
② 유체의 흐름을 단속하는 대표적인 밸브이다.
③ 완전히 열었을 때 유체의 흐름에 의한 마찰저항 손실이 적다.
④ 밸브를 절반 정도 열고 사용하면 와류가 생겨 유체의 저항이 커지기 때문에 유량조절에는 적합하지 않다.

[해설] 슬루스 밸브 또는 사절변이라고 한다.

34
전선, 연성이 풍부하며 상온가공이 용이하나 수평배관에서는 휘어지기 쉬운 관은?
① 강관   ② 스테인리스관
③ 연관   ④ 주철관

[해설] 연관
전선, 연성이 풍부하며 상온가공이 용이하고 신축성이 좋다.

35
오스터형 수동 나사절삭기에서 107번(117R) 절삭기로 절삭 가능한 관은?
① 8A-32A   ② 15A-50A
③ 40A-80A   ④ 65A-100A

[해설]
- 8A-32A-102번
- 15A-50A-104번
- 40A-80A-105번

36
주철관의 이음에서 고무링 하나만으로 이음하며, 소켓 내부의 홈은 고무링을 고정시키고 돌기부는 고무링이 있는 홈 속에 들어맞게 되어 있으며 삽입구의 끝은 쉽게 기울 수 있도록 테이퍼로 되어 있어 이음과정이 비교적 간편하고 온도변화에 따른 신축이 자유로운 특징을 가지고 있는 이음방법은?
① 소켓이음(Socket Joint)
② 빅토리 이음(Victoric Joint)
③ 타이톤 이음(Tyton Joint)
④ 플랜지 이음(Flange Joint)

정답 30 ② 31 ② 32 ④ 33 ① 34 ③ 35 ④ 36 ③

37
관 안지름이 200mm인 관속을 매초 2m의 속도로 유체가 흐를 때 단위시간당의 유량은 약 몇 m³/h인가?
① 25.6 ② 226.1
③ 314.2 ④ 1130.4

해설 $Q = A \cdot V = \frac{3.14}{4} \times 0.2^2 \times 2 \times 3600 = 226.194 [m^3/h]$

38
콘크리트관의 콤포 이음 시 시멘트와 모래의 배합비와 수분의 양으로 가장 적합한 것은?
① 1:2이고, 수분의 양은 약 17%
② 1:1이고, 수분의 양은 약 17%
③ 1:2이고, 수분의 양은 약 45%
④ 1:1이고, 수분의 양은 약 45%

39
TIG 용접의 장점이 아닌 것은?
① 용접부 변형이 비교적 적다.
② 모든 용접자세가 가능하며 특히 박판보다 후판 용접에서 능률적이다.
③ 아크가 안정되어 스패터의 발생이 적고, 열집중성이 좋아 고능률적이다.
④ 플럭스가 불필요하며 비철금속 용접이 용이하다.

해설 후판보다 박판용접에서 능률적이다.

40
펌프의 배관에 관한 설명으로 틀린 것은?
① 토출쪽은 압력계를 설치한다.
② 흡입쪽은 진공계나 연성계를 설치한다.
③ 흡입쪽 수평관은 펌프 쪽으로 올림 구배한다.
④ 스트레이너는 펌프 토출쪽 끝에 설치한다.

해설  스트레이너(여과기)는 펌프 흡입측에 설치한다. 관내의 불순물을 제거하여 기기의 성능을 보호하는 역할을 하는 배관설비용 부품으로 종류에는 Y형, U형, V형이 있다.

41
용접이음의 단점으로 틀린 것은?
① 재질의 변형 및 잔류응력이 발생한다.
② 열 영향에 의한 취성이 생길 우려가 있다.
③ 품질검사가 곤란하고 수축이 생긴다.
④ 재료의 두께에 많은 제약을 받는다.

해설 재료의 두께에 많은 제약을 덜받는다.

42
비금속 배관재료에 대한 일반적인 이음방법이 올바르게 짝지어진 것은?
① 경질 염화비닐 관 : 기볼트 이음
② 석면 시멘트 관 : 고무링 이음
③ 폴리에틸렌 관 : 융착 슬리브 이음
④ 콘크리트 관 : 심플렉스 이음

해설 ① **경질 염화비닐관** : 냉간접합법, 열간접합법, 플랜지 접합법, 코어접합법, 용접법
② **석면 시멘트관** : 기볼트 접합, 칼라 접합, 심플렉스 접합
③ **콘크리트관** : 콤포 이음, 몰탈접합

43
주철관 전용 절단공구로 가장 적합한 것은?
① 링크형 파이프커터 ② 클램프형 파이프커터
③ 천공형 파이프커터 ④ 소켓형 파이프커터

해설 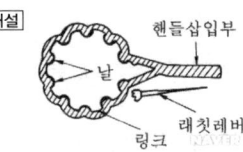 **링크형 파이프커터**
주철관 절단 시 주로 사용되며 원형의 특수 강제 커터, 링크, 핸들 및 래칫 레버로 구성되어 있다. 구조상 매설된 주철관의 절단에 적합하다.

44
산소아크 절단의 원리 설명으로 가장 적합한 것은?
① 산소아크 절단은 예열원으로 아크를 쓰는 가스 절단이다.
② 산소아크 절단 시 화학반응열은 예열에만 이용하여 절단한다.
③ 산소아크 절단은 탄소와 철의 화학반응열을 이용하여 아크로 절단한다.
④ 철에 포함되는 많은 탄소는 절단을 방해하지 않는다.

정답 37② 38② 39② 40④ 41④ 42③ 43① 44①

45
액체가 습증기 상태를 거치지 않고 건증기로 변할 때의 압력을 무엇이라 하는가?
① 증발압력　② 포화압력
③ 기화압력　④ 임계압력

[해설] **임계압력**
　　　 액체가 습증기 상태를 거치지 않고 건증기로 변할 때의 압력

46
그림과 같이 90° 벤딩을 하고자 할 때 관의 총 길이는 약 몇 mm인가?

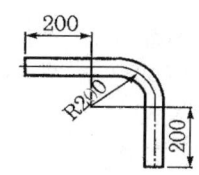

① 714　② 739
③ 857　④ 557

[해설] $L = \dfrac{90}{360} \times 3.14 \times 400 + (200 + 200) = 714.16 [mm]$

47
플랜트 배관도의 종류 중 형식에 따른 분류에 속하지 않는 것은?
① 장치 배관도　② 평면 배관도
③ 입면 배관도　④ 부분 배관도

[해설] **플랜트 배관도의 종류**
　　　 평면 배관도, 입면 배관도, 입체 배관도, 부분 배관 조립도, 공정도, 계통도, 배치도 등

48
배관설비 라인 인덱스 장점으로 볼 수 없는 것은?
① 배관시공 시 배관재료를 정확히 선정할 수 있다.
② 배관공사의 관리 및 자재 관리에 편리하다.
③ 배관 내의 유체마찰이 감소된다.
④ 배관 기기장치의 운전계획, 운전교육에 편리하다.

[해설] **라인 인덱스**
　　　 배관에서 장치와 관에 번호를 부여, 공사와 관리를 편하게 한 것이다.

49
용접기호 중 시임용접 기호는?

①　②　③　④

[해설] ② : 점용접
　　　 ④ : 개선 각이 급격한 V형 맞대기 용접기호이다.

50
정면, 평면, 측면을 하나의 투상면 위에 동시에 볼 수 있도록 두 개의 옆면 모서리가 수평선과 30°가 되게 하여 세 축이 120°의 각도가 되도록 입체도를 투상한 것을 무엇이라 하는가?
① 정 투상도　② 등각 투상도
③ 사 투상도　④ 회전 투상도

51
다음 그림은 계장용 도시기호의 실제 기입기호이다. 무엇을 나타내는가?

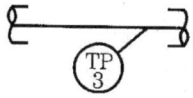

① 면적 유량계　② 기록 압력계
③ 온도측정　　④ 기록 온도검출기

52
파이프 내에 흐르는 유체의 종류별 표시기호로 틀린 것은?
① 공기 : A　② 연료 가스 : K
③ 연료유 : O　④ 증기 : S

[해설] 연료가스 기호는 G로 표기한다.

53
도형의 한정된 특정 부분을 다른 부분과 구별하는 데 사용하는 해칭은 어느 선으로 나타내는가?
① 굵은 실선 ② 가는 실선
③ 은선 ④ 파단선

54
다음 그림과 같은 상관체의 전개도법으로 알맞은 방법은?

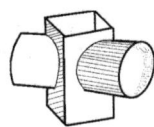

① 방사 전개법 ② 삼각 전개법
③ 평형 전개법 ④ 타출 전개법

55
여유시간이 5분, 정미시간이 40분일 경우 내경법으로 여유율을 구하면 약 몇 %인가?
① 6.33% ② 9.05%
③ 11.11% ④ 12.50%

[해설] ① 내경법에 의한 계산
$$A = \frac{여유시간}{실동시간} \times 100$$
$$= \frac{여유시간}{정미시간 + 여유시간} \times 100$$
$$= \frac{5}{40+5} \times 100 = 11.111 [\%]$$

56
로트에서 랜덤하게 시료를 추출하여 검사한 후 그 결과에 따라 로트의 합격, 불합격을 판정하는 검사 방법을 무엇이라 하는가?
① 자주검사 ② 간접검사
③ 전수검사 ④ 샘플링검사

57
다음과 같은 [데이터]에서 5개월 이동평균법에 의하여 8월의 수요를 예측한 값은 얼마인가?

월	1	2	3	4	5	6	7
판매실적	100	90	110	100	115	110	100

① 103 ② 105
③ 107 ④ 109

[해설] $F_8 = \frac{\sum A_{3 \sim 7}}{n} = \frac{110+100+115+110+100}{5} = 107$

58
관리사이클의 순서를 가장 적절하게 표시한 것은?[단, A는 조치(Act), C는 체크(Check), D는 실시(Do), P는 계획(Plan)]
① P → D → C → A
② A → D → C → P
③ P → A → C → D
④ P → C → A → D

59
다음 중 계량값 관리도만으로 짝지어진 것은?
① c 관리도, u 관리도
② $x-Re$ 관리도, P 관리도
③ $\bar{x}-R$ 관리도, nP 관리도
④ Me$-R$ 관리도, $\bar{x}-R$ 관리도

60
다음 중 모집단의 중심적 경향을 나타낸 측도에 해당하는 것은?
① 범위(Range)
② 최빈값(Mode)
③ 분산(Variance)
④ 변동계수(Coefficient Of Variation)

2012년 기능장 제52회 필기시험
(7월22일 시행)

01
급탕설비 중 저장탱크에 서머스탯을 장치한 가장 주된 이유는?
① 증기압을 측정하기 위해서
② 수량을 조절하기 위해서
③ 온도를 조절하기 위해서
④ 수질을 조절하기 위해서

[해설] **서머스탯**
급탕탱크의 온도를 일정하게 유지하는 자동 온도 조절기

02
자동제어기기 설치 시공에 대한 설명 중 틀린 것은?
① 실내형 온도 및 습도의 검출부는 실내 온·습도의 평균치가 검출될 수 있는 장소에 설치하며, 일반사무실 등의 설치높이는 바닥에서 1.5M 정도로 한다.
② 실내형 습도조절기 및 검출기는 피제어체의 습도가 검출될 수 있는 장소에 설치하되, 과도한 풍속에 의해 그 성능에 변화가 없도록 보호한다.
③ 온도, 습도조절기는 진동 및 물기와 먼지 등이 없는 곳에 설치한다.
④ 플로우 스위치(Flow Switch)는 흐름의 방향을 확인하여 수평배관에 수평(평행)으로 설치한다.

[해설] 플로우 스위치는 흐름의 방향을 확인하여 검출기의 흐름 표시방향과 일치하도록 하여 수평배관에 수직으로 설치한다.

03
전기용접에서 감전의 방지대책으로 잘못된 것은?
① 용접기에는 반드시 전격 방지기를 설치한다.
② 가능한 개로전압이 높은 용접기를 사용한다.
③ 용접기 내부에 함부로 손을 대지 않는다.
④ 절연이 완전한 홀더를 사용한다.

[해설] 무부하 전압이 높은 용접기를 사용하지 않는다.

04
다음 중 장갑을 착용하면 안 되는 작업은?
① 경납땜 작업   ② 아크용접 작업
③ 드릴 작업   ④ 가스절단 작업

[해설] 회전을 하는 기계를 취급하는 경우 장갑을 끼고 작업하면 위험하다.

05
제어요소 중 입력 변화와 동시에 출력이 시간 지연 없이 목표치에 동시에 변화하며, 시간지연이 없다는 의미에서 0차 요소라고도 하는 것은?
① 적분요소   ② 일차지연요소
③ 고차지연요소 ④ 비례요소

[해설] **비례요소**
입력 변화와 동시에 출력이 시간지연 없이 목표치에 동시에 변화한다.

06
추치제어에 관한 설명으로 잘못된 것은?
① 목표값의 크기나 위치가 시간의 변화에 따라 임의로 변화된다.
② 추치제어는 비율제어와 프로그램제어로 구분할 수 있다.
③ 2개 이상의 제어량 값이 일정한 비율관계를 유지하도록 하는 제어는 비율제어이다.
④ 보일러와 냉방기 같은 냉·난방장치의 입력제어용으로 많이 이용된다.

[해설] **추치제어**
목표치가 변화할 때, 그것에 제어량을 추종시키기 위한 제어
종류 : 추종제어, 프로그램 제어, 비율 제어

정답 01 ③ 02 ④ 03 ② 04 ② 05 ④ 06 ④

07
고압가스 배관시공 시 유의해야 할 사항으로 틀린 것은?

① 배관 등의 접합부분은 가능하면 나사 이음을 할 것
② 중 하중에 의해 생기는 응력에 대한 안정성이 있을 것
③ 신축이 생길 우려가 있는 곳에는 신축흡수장치를 할 것
④ 관이음 방법은 가스의 최고사용압력, 관의 재질, 용도 등에 따라 적합하게 선택할 것

해설 고압가스 배관의 접합은 용접 이음을 하는 것을 원칙으로 한다.

08
안개 모양으로 흘러내리는 미세한 물방울로 공기와 직접 접촉시킴으로써 여과기를 통과할 때 제거되지 않는 먼지, 매연 등을 제거하는 장치는?

① 감습기　　　　② 공기 세정기
③ 공기 냉각기　　④ 공기 가열기

해설 공기 세정기
　　미세한 물방울로 공기와 직접 접촉시킴으로써 여과기를 통과할 때 제거되지 않는 먼지, 매연 등을 제거하는 장치이다.

09
위생기구 설치에 대한 일반적인 설명으로 잘못된 것은?

① 세면기 급수전의 위치는 일반적으로 작업자가 전방으로 서 있는 위치에서 냉수는 우측에, 온수는 좌측에 오도록 부착한다.
② 좌변기를 설치하기 위해 볼트로 변기를 바닥에 고정할 때에는 도기의 균열이나 파손에 특히 주의한다.
③ 욕조(Bath)는 온수와 많이 접촉되므로 콘크리트 매설을 피한다.
④ 일반가정용 좌변기에는 로우탱크식이 많이 사용되며, 급수관지름은 DN25, 세정 밸브는 DN32를 연결해 준다.

해설 로우탱크식 좌변기의 급수관은 15[A], 세정관은 50[A]를 연결한다.

10
시퀀스제어의 접점 회로의 논리적(AND) 회로의 논리식이 A·B=R 일 때 참값표가 틀린 것은?

① $1 \cdot 1 = 1$　　　② $1 \cdot 0 = 0$
③ $0 \cdot 1 = 0$　　　④ $0 \cdot 0 = 1$

11
암모니아 가스의 누설위치를 찾기 위해서는 무엇을 쓰는 것이 가장 좋은가?

① 비눗물　　　　② 알코올
③ 냉각수　　　　④ 페놀프타레인

해설 암모니아 가스가 누설되면 페놀프탈레인 시험지가 백색에서 갈색으로 변한다.

12
배관작업 시 안전수칙에 대한 설명으로 틀린 것은?

① 오일 버너를 사용할 때는 연료통이나 탱크를 부근에 놓지 않는다.
② 나사절삭 작업 시에는 관이나 공작물을 확실히 고정, 지지 후에 행한다.
③ 재료는 평탄한 장소에 수평으로 놓고 경사진 장소에서는 미끄럼 방지를 한다.
④ 밀폐된 용기 내에서의 도장작업을 할 때에는 가스 배출을 위해 자연통풍을 해야 한다.

해설 밀폐된 용기 내에서의 도장작업을 할 때에는 가스 배출을 위해 강제통풍을 해야 한다.

13
소화설비에 관련된 설명으로 적당하지 않은 것은?

① 옥내 소화전함의 설치 높이는 바닥에서 1.5m이하가 되도록 한다.
② 옥외소화전은 방수구(개폐장치)의 설치위치에 따라 지상식과 지하식으로 구분한다.
③ 드렌처는 인접 건물에서 화재 시 연소방지를 목적으로 창문, 출입구, 처마 밑, 지붕 등에 물을 뿌리는 설비이다.
④ 스프링클러는 소방관이 보기 쉬운 건물외벽에 설치하며, 화재 시 실내로 압력수를 공급한다.

정답 07 ① 08 ② 09 ④ 10 ④ 11 ④ 12 ④ 13 ④

14
주철관 코킹작업 시 안전수칙으로 틀린 것은?
① 납 용해 작업은 인화물질이 없는 곳에서 행한다.
② 작업 중에는 수분이 들어가지 않는 장소를 택한다.
③ 납 용융액을 취급할 때는 앞치마, 장갑 등을 반드시 착용한다.
④ 납은 소켓에 한 번에 주입하며, 주입 전에 먼저 물을 붓고 작업한다.

[해설] 물이 있으면 납이 비산해 작업자가 위험하다(안전사고 우려).

15
고온고압에 사용되는 화학배관의 부식 종류에 속하지 않는 것은?
① 수소에 의한 탈탄
② 암모니아에 의한 질화
③ 일산화탄소에 의한 금속의 카아보닐화
④ 질화수소에 의한 부식

16
관의 산세정 작업에서 수세(水洗) 시 사용하는 적합한 물은?
① 수돗물
② 산성수
③ 묽은 황산수
④ 알칼리수

17
다음 용어에 대한 설명으로 잘못된 것은?
① 화상 면적 : 화격자의 면적을 말한다.
② 보일러 마력 : 1보일러 마력을 열량으로 환산하면 8462.3kcal/h 이다.
③ 전열면적 : 난방용 방열기의 방열면적으로 표준 방열량은 650kcal/h 이다.
④ 증발량 : 단위시간에 발생하는 증기의 양을 말한다.

18
25[A]용 2개, 20[A]용 3개, 15[A]용 2개의 급수전을 사용할 때 급수 주관의 호칭규격을 급수관의 균등표를 이용하여 산출한 것으로 맞는 것은?(단, 동시 사용률은 무시한다)

<급수관의 균등표>

관지름(mm)	6	8	10	15	20	25	32	40	50	65	80
6	1										
8	2.1	1									
10	4.5	2.1	1								
15	8.2	3.8	1.8	1							
20	16	7.7	3.6	2	1						
25	30	14	6.6	3.7	1.8	1					
32	60	28	13	7.2	3.6	2	1				
40	88	41	19	11	5.3	2.9	1.5	1			
50	164	77	36	20	10.0	5.5	2.8	1.9	1		
65	255	120	56	31	15.5	8.5	4.3	2.9	1.6	1	
80	439	206	97	54	27	15	7	5	2.7	1.7	1

① 32A
② 40A
③ 50A
④ 65A

[해설]
1. 25[A]×2개를 15[A]관으로 계산=3.7×2=7.4
2. 20[A]×3개를 15[A]관으로 계산=2×3=6
3. 15[A]×2개를 15[A]관으로 계산=1×2=2
4. 15[A]관의 합계=7.4+6+2=15.4
5. **결정** : 균등표 값에서 13.04보다 큰 22.8의 호칭 50A를 선택한다.

19
기송배관에서 저압송식 또는 진공식일 때 일반적인 경우 수송물의 수송 가능거리는 몇 m 정도인가?
① 250~300
② 500~550
③ 1,000~1,500
④ 3,000~6,000

20
화학세정용 약제에서 알칼리성 약제로 맞는 것은?
① 염산
② 설파민산
③ 4염화탄소
④ 암모니아

[해설] **알칼리성 약제**
가성소다, 암모니아, 탄산나트륨

21
플랜지 시트 종류 중 전면시트(Seat) 플랜지를 사용할 때 사용 가능한 호칭압력으로 가장 적합한 것은?
① $1kgf/cm^2$ 이하
② $16kgf/cm^2$ 이하
③ $40kgf/cm^2$ 이하
④ $63kgf/cm^2$ 이상

22
다음 중 연관(鉛管)을 잘못 사용한 곳은?
① 가스배관
② 농염산, 초산의 공급배관
③ 가정용 수도 인입관
④ 배수관

[해설] 연관은 초산에 침식된다

23
땅속에 매설된 수도인입관에 설치하여 건물 안의 급수장치 전체 물의 흐름을 조절하거나 개폐할 때 사용되는 수전으로 맞는 것은?
① B형 급수전
② A형 급수전
③ B형 지수전
④ A형 지수전

[해설] **B형 지수전**
매설된 수도인입관에 설치하여 건물안의 급수장치 전체 물의 흐름을 조절하거나 개폐할 때 사용되는 수전

24
증기트랩에서 오픈(Open) 트랩이라고도 하며, 공기가 거의 배출되지 않으므로 열동식 트랩을 병용하여 사용되는 트랩은 어느 것인가?
① 상향식 버킷 트랩
② 온도조절 트랩
③ 플러시 트랩
④ 충격식 트랩

25
글랜드 패킹에 속하지 않는 것은?
① 플라스틱 패킹
② 메커니컬실
③ 일산화연
④ 메탈 패킹

[해설] **일산화연**
나사용 패킹으로 냉매배관에 사용한다.

26
다음 중 체크 밸브에 속하지 않는 것은?
① 리프트형
② 스윙형
③ 풋형
④ 글로브형

27
다음 중 주철관을 사용하기에 부적합한 것은?
① 수도용 급수관
② 가스 공급관
③ 오배수관
④ 열교환기 전열관

[해설] 주철관은 열교환기 전열관에 부적합하다.

28
350℃ 이하의 압력배관에 쓰이는 압력배관용 탄소강관의 기호로 맞는 것은?
① SPPS
② SPPH
③ STLT
④ STWW

[해설]
- SPPH : 고압배관용 탄소강관
- STLT : 저온 열교환기용 강관

29
일명 팩리스 신축이음쇠라고도 하며, 관의 신축에 따라 슬리브와 함께 신축하는 것으로, 미끄럼 면에서 유체가 누설되는 것을 방지하는 것은?
① 루프형 신축이음쇠
② 슬리브형 신축이음쇠
③ 벨로스형 신축이음쇠
④ 스위블형 신축이음쇠

[해설]

벨로스형(Bellows Type)
팩리스(Packless)형이라 하며, 단식과 복식 2종류가 있다.

정답 21② 22② 23③ 24① 25③ 26④ 27④ 28① 29③

30
배관용 타이타늄(Titanium)관에 관한 설명으로 틀린 것은?
① 내식성, 특히 내해수성이 좋다.
② 제조방법에 따라 이음매 없는 관과 용접관으로 나눈다.
③ 화학장치, 석유정제장치, 펄프제지 공업장치 등에 사용된다.
④ 관은 안지름이 최소 20mm부터 100mm까지 있고, 두께는 20mm 이상이다.

31
폴리에틸렌관(Polyethylene Pipe)의 장점으로 틀린 것은?
① 염화비닐관보다 가볍다.
② 염화비닐관보다 화학적, 전기적 성질이 우수하다.
③ 내한성이 좋아 한랭지 배관에 알맞다.
④ 염화비닐관에 비해 인장강도가 크다.

[해설] 염화비닐관에 비해 인장강도가 1/5 정도로 작다.

32
배관계의 진동이나 수격작용에 의한 충격 등을 감쇠 또는 완화시키는 것이 주목적인 지지장치는?
① 레스트레인트(Restraint)
② 브레이스(Brace)
③ 서포트(Support)
④ 턴 버클(Turn Buckle)

[해설] 브레이스(Brace)
배관계의 진동이나 수격작용에 의한 충격 등을 감쇠 또는 완화시키는 것이 주목적인 지지장치

33
한쪽은 나사 이음용 니플(Nipple)과 연결하고 다른 한쪽은 이음쇠의 내부에 관을 삽입하여 용접하는 동관 이음쇠의 형식은?
① Ftg×F
② Ftg×M
③ C×M
④ C×F

[해설]

CxF 어뎁터   CxM 어뎁터
① C : 이음재 내로 관이 들어가 접합되는 형태이다.
② M : 나사가 밖으로 난 나사이음용 이음재이다.
③ F : 나사가 안으로 난 나사이음용 이음재이다.
④ Ftg : 이음쇠 바깥쪽으로 관이 들어가 접합되는 형태이다.

34
다음 보온 피복재 중 유기질 피복재가 아닌 것은?
① 코르크
② 암면
③ 기포성 수지
④ 펠트

[해설] 암면은 무기질 보온재료이다.

35
배관접합에 관한 일반적인 설명으로 틀린 것은?
① 나사 이음은 주로 저압, 저온에서 그다지 위험성이 없는 물, 공기, 저압 증기 등의 관이음에 많이 쓰인다.
② 나사절삭 가공, 취부 및 누설 등의 이유로 4B 이상의 관에서는 용접이음이 유리하다.
③ 플랜트배관용의 일반 프로세스 배관에서는 나사이음만 한다.
④ 가(假)조립이 끝나면 루트 간격이 맞는가, 중심 맞추기가 잘되었는가를 검사하여 수정할 곳이 있으면 수정하여 용접한다.

[해설] 4B 이하의 관에서도 용접 이음이 누설 등에 유리하다.

36
용접기를 설치하기 부적합한 장소는?
① 먼지가 없는 곳
② 비, 바람이 없는 곳
③ 수증기 또는 습도가 높은 곳
④ 주위 온도가 5℃인 곳

[해설] 수증기 또는 습도가 높은 곳은 감전의 위험이 높으므로 가급적 피해야 한다.

정답 30 ④ 31 ④ 32 ② 33 ④ 34 ② 35 ③ 36 ③

37
칼라 속에 2개의 고무링을 넣고 이음하는 방식으로 일명 고무가스켓 이음이라고도 하며, 75~500mm의 지름이 작은 석면 시멘트관에 사용되는 이음방식인 것은?

① 심플렉스 이음 ② 콤포 이음
③ 노 허브 신축 이음 ④ 철근 콘크리트 이음

[해설] **석면 시멘트관의 이음 방법**
기볼트 이음, 칼라 이음, 심플렉스 이음

38
경질 염화비닐관을 열간 삽입이음할 때 삽입길이는 관지름(D)의 몇 배 정도가 가장 적당한가?

① 1.1~1.4D ② 1.5~2.0D
③ 2.1~2.4D ④ 2.5~3.0D

[해설] 삽입길이는 1.5 ~ 2.0D

39
다음 중 융접에 해당되는 용접법은?

① 스터드 용접 ② 방전충격 용접
③ 심 용접 ④ 플래시 맞대기 용접

[해설] 스터드 용접은 융접의 아크용접 중 소모전극의 비피복 아크용접에 해당된다.

40
아래 그림과 같은 곡관에 물이 채워져 있을 때 밑면 AB에 작용하는 수압(게이지 압)은 몇 kPa인가? (단, 중력가속도는 9.8m/s²이다)

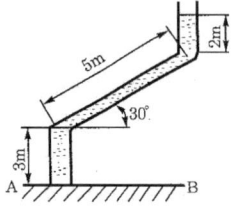

① 98.0 ② 91.1
③ 73.5 ④ 68.6

[해설] $P = \gamma \times h = 1000 \times (3 + 5 \times \sin 30 + 2) \times 9.8 \times 10^{-3}$
$= 73.5 [kPa]$

41
링크형 파이프 커터의 용도로 가장 적합한 것은?

① 주철관 절단용 ② 강관 절단용
③ 비금속관 절단용 ④ 도관 절단용

[해설] 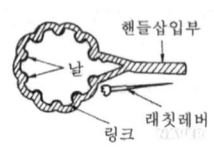 **링크형 파이프커터**
주철관 절단 시 주로 사용되며 원형의 특수 강제 커터, 링크, 핸들 및 래칫 레버로 구성되어 있다. 구조상 매설된 주철관의 절단에 적합하다.

42
주철관 이음 중 기계식 이음의 특징으로 틀린 것은?

① 기밀성이 좋다.
② 수중에서의 접합이 가능하다.
③ 전문 숙련공이 필요하다.
④ 고압에 대한 저항이 크다.

[해설] 기계식 이음은 신속하게 이음할 수 있으며, 숙련공이 필요하지 않다.

43
용접작업 시 일반적인 사항을 설명한 것 중 틀린 것은?

① 다층비드 쌓기에는 덧살올림법, 케스케이드법, 전진 블록법 등이 있다.
② 냉각속도는 같은 열량을 주었을 때 열의 확산방향이 적을수록 빠르다.
③ 용접입열이 일정할 경우 구부리는 연강보다 냉각속도가 빠르다.
④ 주철, 고급 내열합금도 용접균열을 방지하기 위해 용접 전 적당한 온도로 예열시킨다.

[해설] 냉각속도는 같은 열량을 주었을 때 열의 확산방향이 적을수록 느리다.

44
배관설비의 유량 측정에 일반적으로 응용되는 원리(정리)인 것은?

① 상대성 원리 ② 베르누이 정리
③ 프랭크의 정리 ④ 아르키메데스 원리

[해설] **베르누이 방정식**
모든 단면에서 작용하는 위치수두, 압력수두, 속도수두의 합은 항상 일정하다고 정의한다.

정답 37① 38② 39① 40③ 41① 42③ 43② 44②

45
건포화증기의 건도 x는 얼마인가?
① 10   ② 5
③ 1   ④ 0.5

[해설] • 건조도(x)가 1인 경우 : 건포화증기
• 건조도(x)가 0인 경우 : 포화수
• 건조도(x)가 0<x<1인 경우 : 습증기

46
굽힘 반지름(Bending Radius)은 파이프 지름의 몇 배 이상이 되어야 굴곡에 의한 물의 저항을 무시할 수 있는가?
① 1배   ② 2배
③ 3배   ④ 6배

47
다음 배관 도시기호 중 게이트 밸브를 표시하는 것은?

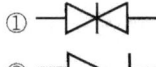

[해설] ① 게이트 밸브(슬루스 밸브)
③ 체크밸브
④ 글로브 밸브

48
CNC 파이프 벤딩 머신으로 그림과 같이 관을 굽히고자 한다. 프로그램을 작성하는데 ①점의 x, y좌표가 (0,0)일 때, ⑤점의 절대좌표는?

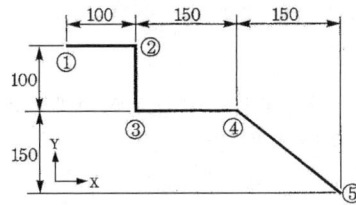

① (250, 300)   ② (300, -250)
③ (400, -250) ④ (400, 250)

[해설] ①점을 기준으로 ⑤번 지점의 절대좌표는 x가 (100+150+150)=400이 되며, y는 아래에 위치하므로 -(100+150)=-250에 해당된다.

49
4편 마이터관(4편 엘보)을 만들려고 한다. 절단각을 구하는 식으로 맞는 것은?

① 절단각 = $\dfrac{중심각}{(편수-1)\times 3}$

② 절단각 = $\dfrac{중심각}{(편수-1)\times 2}$

③ 절단각 = $\dfrac{편수}{(중심각-1)\times 3}$

④ 절단각 = $\dfrac{편수}{(중심각-1)\times 2}$

50
그림과 같은 도면의 지시기호 및 내용에 대한 설명으로 옳은 것은?

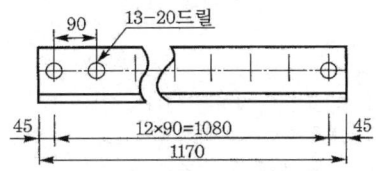

① 드릴 구멍의 지름은 13mm이다.
② 드릴 구멍의 피치는 45mm이다.
③ 드릴 구멍은 13개이다.
④ 드릴 구멍의 깊이는 20mm이다.

[해설] ① 13-20 드릴 : 드릴 구멍의 지름은 20mm이고 구멍수는 13개이다.
② 90 : 드릴 구멍의 피치는 90mm이다.
③ 12×90=1080 : 드릴 구멍 간격 12개의 피치 90mm이며 길이가 1080mm이다.

51
그림과 같은 용접기호를 설명한 것으로 옳은 것은?

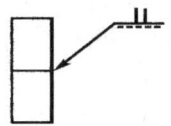

① I형 맞대기 용접 : 화살표 쪽에 용접
② I형 맞대기 용접 : 화살표 반대쪽에 용접
③ H형 맞대기 용접 : 화살표 쪽에 용접
④ H형 맞대기 용접 : 화살표 반대쪽에 용접

52
배관도면을 작성할 때 건물의 바닥면을 기준선으로 하여 배관장치 높이를 표시하는 기호는?
① EL ② GL
③ FL ④ CL

해설 FL
건물의 바닥면을 기준으로 하여 높이를 표시한 기호

53
아래와 같은 배관라인 인덱스에서 관에 흐르는 유체의 종류는?

2-80A-PA-16-39-HINS

① 작업용 공기 ② 재생 냉수
③ 저압 증기 ④ 연료 가스

해설
① 2 : 장치번호
② 80A : 배관의 호칭
③ PA : 유체기호(PA-작업용 공기)
④ 16 : 배관번호
⑤ 39 : 배관재료 종류 별 기호
⑥ HINS : 보온·보랭기호(HINS : 보온, CINS : 보랭, PP : 화상방지)

54
기계제도 분야에서 가장 많이 사용되는 방법으로 보는 방향에서의 형성과 크기만 나타나고, 다른 부분은 알 수가 없기 때문에 물체 전체를 완전히 표현하려면 두 개 이상의 투상도가 필요한 것은?
① 등각 투상도 ② 사 투상도
③ 투시도 ④ 정 투상도

해설 정 투상도
직교하는 3개의 화면 중간에 물체를 놓고 평행광선에 의해 투상된 자취를 그린 것으로 제1각법과 제3각법이 있으며 정면도, 평면도, 측면도로 나타낸다.

55
축의 완성지름, 철사의 인장강도, 아스피린의 순도와 같은 데이터를 관리하는 가장 대표적인 관리도는?
① c 관리도 ② nP 관리도
③ u 관리도 ④ $\bar{x}-R$ 관리도

56
로트의 크기가 시료의 크기에 비해 10배 이상 클 때, 시료의 크기와 합격판정개수를 일정하게 하고 로트의 크기를 증가시킬 경우 검사특성곡선의 모양 변화에 대한 설명으로 가장 적절한 것은?
① 무한대로 커진다.
② 별로 영향을 미치지 않는다.
③ 샘플링 검사의 판별 능력이 매우 좋아진다.
④ 검사특성곡선의 기울기 경사가 급해진다.

57
작업시간 측정방법 중 직접측정법은?
① PTS법 ② 경험견적법
③ 표준자료법 ④ 스톱워치법

58
준비작업 시간 100분, 개당 정미작업시간 15분, 로트크기 20일 때 1개당 소요작업시간은 얼마인가? (단, 여유시간은 없다고 가정한다)
① 15분 ② 20분
③ 35분 ④ 45분

해설 $T_1 = \dfrac{P}{n} + t(1+\alpha) = \dfrac{100}{20} + 15 = 20[분]$

59
소비자가 요구하는 품질로서 설계와 판매정책에 반영되는 품질을 의미하는 것은?
① 시장품질 ② 설계품질
③ 제조품질 ④ 규격품질

해설 소비자가 요구하는 품질로서 설계와 판매정책에 반영되는 품질을 시장품질이라 한다.

정답 52 ③ 53 ① 54 ④ 55 ④ 56 ② 57 ④ 58 ② 59 ①

60
다음 중 샘플링 검사보다 전수검사를 실시하는 것이 유리한 경우는?
① 검사항목이 많은 경우
② 파괴검사를 해야 하는 경우
③ 품질특성치가 치명적인 결점을 포함하는 경우
④ 다수 다량의 것으로 어느 정도 부적합품이 섞여도 괜찮을 경우

[해설] 품질특성치가 치명적인 결점을 포함하는 경우는 샘플링 검사보다 전수검사를 실시하는 것이 유리하다.

정답 60 ③

2013년 기능장 제53회 필기시험
(4월14일 시행)

01
다음 중 기송배관의 형식이 아닌 것은?
① 진공식   ② 압송식
③ 진공 압송식   ④ 분리기식

[해설] 기송배관
공기 수송기를 사용하여 분말이나 미립자를 운송하는 데 효과적인 배관
기송배관의 종류로는 진공식, 압송식, 진공 압송식

02
피드백 제어(Feed Back Control)의 종류가 아닌 것은?
① 정치제어   ② 추치제어
③ 프로세스제어   ④ 조건제어

[해설] 피드백제어 종류로는 정치제어, 추치제어, 프로세스제어가 있다.

03
자동제어계의 검출기에서 검출된 신호가 아주 작거나 조절기의 신호에 적합하지 않을 경우 검출 신호를 증폭하거나 다른 신호로 변환하여 보내는 장치는?
① 지시기   ② 전송기
③ 조절기   ④ 조작기

[해설] 전송기
검출기에서 검출된 신호가 아주 작거나 조절기의 신호에 적합하지 않을 경우 검출 신호를 증폭하거나 다른 신호로 변환하여 보내는 장치

04
자동제어장치에서 기준입력과 검출부 출력을 합하여 제어계가 소요의 작용을 하는 데 필요한 신호를 만들어 보내는 부분으로 맞는 것은?
① 비교부   ② 설정부
③ 조절부   ④ 조작부

[해설] 조절부
자동 제어계에 있어서 동작 신호의 값에 따라 제어계가 필요로 하는 작동을 하는 데에 필요한 신호를 만들어 내어 조작부로 송출하는 부분

05
트랩의 봉수가 모세관 현상에 의하여 없어지는 경우의 조치사항으로 가장 적당한 것은?
① 트랩 가까이에 통기관을 세운다.
② 머리카락 같은 이물질을 제거한다.
③ 기름을 흘러 보내 봉수가 없어지는 것을 막는다.
④ 배수구에 격자를 설치한다.

[해설] 머리카락 같은 이물질을 제거한다.

06
난방배관에서 리프트 피팅에 대한 설명으로 틀린 것은?
① 진공 환수식일 때 사용한다.
② 1단의 높이를 1.5m 이내로 한다.
③ 응축수를 끌어 올릴 때 사용한다.
④ 입상관은 환수주관 구경보다 1~2사이즈 이상 큰 관을 사용한다.

[해설] 리프트 이음
진공 환수식 증기 난방 장치에 있어서 환수관이 진공 급수 펌프로부터 하향으로 되어 있는 경우
※ 입상관은 환수주관 구경보다 1~2 사이즈 작은 치수를 사용하게 바람직하다.

정답 01 ④ 02 ④ 03 ② 04 ③ 05 ② 06 ④

07
길이 30m 되는 65A 강관의 중앙을 가스 절단을 한 후 절단부위를 다루는 방법으로 가장 안전한 방법은?
① 관에 손가락을 끼워서 든다.
② 장갑을 끼고 손으로 잡는다.
③ 단조용 집게나 플라이어로 잡는다.
④ 절단 부위에서 가장 먼 곳을 맨손으로 잡는다.

해설 화상 등 부상의 위험이 있으므로 단조용 집게나 플라이어 등 공구를 사용해서 작업한다.

08
보일러 취급자의 부주의로 인하여 발생하는 사고의 원인으로 맞는 것은?
① 재료의 부적당
② 설계상 결함
③ 발생증기 압력의 과다
④ 구조상의 결함

해설
- **제작상의 원인** : 재료의 부적당, 설계상 결함, 구조상의 결함 등
- **발생증기 압력의 과다** : 보일러 취급자의 부주의로 인하여 발생하는 사고의 원인이다.

09
배관설비의 진공시험에 관한 설명으로 틀린 것은?
① 기밀시험에서 누설 개소가 발견되지 않을 때 하는 시험이다.
② 주위 온도의 변화에 대한 영향이 없는 시험이다.
③ 관 속을 진공으로 만든 후 일정 시간 후의 진공 강하상태를 검사한다.
④ 진공펌프나 푸기 회수장치를 이용하여 시험한다.

해설 진공시험은 주위의 온도에 민감하므로 온도변화가 적을 때 시행하는 게 효과적이다.

10
150A관의 내경은 155mm이다. 이 관을 이용하여 매초 1.5mm의 속도로 물을 수송하고 있다. 2시간 동안 수송된 물의 양은 약 몇 m³ 정도인가?
① 102
② 136
③ 155
④ 204

해설
$$Q = A \cdot V = \frac{\pi}{4} \times D^2 \times V$$
$$= \frac{3.14}{4} \times 0.155^2 \times 1.5 \times 3600 \times 2 = 203.78 m^3$$

11
122[°F]는 섭씨온도와 절대온도로 각각 얼마인가?
① 50℃, 323K
② 55℃, 337K
③ 60℃, 509K
④ 50℃, 581K

해설
① 섭씨온도 계산
$$\therefore ℃ = \frac{5}{9}(°F - 32) = \frac{5}{9} \times (122 - 32) = 50[℃]$$
② 절대온도(K) 계산
$$\therefore K = t℃ + 273 = 50 + 273 = 323[K]$$

12
화학설비 장치 배관재료의 구비 조건으로 틀린 것은?
① 접촉 유체에 대해 내식성이 클 것
② 크리프(Creep) 강도는 적을 것
③ 고온, 고압에 대하여 기계적 강도가 있을 것
④ 저온에서 재질의 열화(劣化)가 없을 것

해설 **크리프(Creep) 강도**
장시간의 하중으로 재료가 계속적으로 서서히 소성변형을 일으키는 것으로 크리프 강도는 커야 좋다.

13
냉각탑의 공기 출구에 물방울이 공기와 함께 유출되지 못하도록 설치 장치는?
① 일리미네이터
② 디스크 시트
③ 플래쉬 가스
④ 진동 브레이크

해설 **일리미네이터**
냉각탑의 공기 출구에 물방울이 공기와 함께 유출하지 못하도록 하는 장치이다.

정답 07 ③ 08 ③ 09 ② 10 ④ 11 ① 12 ② 13 ①

14
산세정에 관한 설명 중 올바른 것은?
① 주로 탈지세정을 목적으로 실시한다.
② 약액 조성은 제3인산소다＋소다회＋계면활성제이며, 세정시간은 6~8시간 정도이다.
③ 플랜트 내부의 스케일을 기계적으로 전부 제거할 수 있는 방법이다.
④ 수세(水洗)를 한 후에는 하이드라진, 아질산염, 인산염 등에 의해 모재표면에 방청피막을 형성시켜야 한다.

해설 산 세정
산화 억제제를 첨가시킨 산성 용액을 세척하려고 하는 기기나 배관 계통에 넣어 적당한 온도로 순환시켜 내부의 스케일이나 부착물을 제거하는 것으로 염산, 유산, 인산, 설파민산을 사용하여 4시간에서 6시간 실시한다.

15
장치의 운전을 정지시키지 않고 유체가 흐르는 상태에서 수리하는 방법으로 흐르고 있는 유체를 막을 수 없을 때 사용하는 응급조치 방법으로 맞는 것은?
① 플러깅(Plugging)법
② 스토핑박스(Stopping Box)법
③ 박스설치(Box-In)법
④ 인젝션(Injection)법

해설 플러깅 응급조치 방법은 장치의 운전을 정지시키지 않고 유체가 흐르는 상태에서 수리하는 방법으로 흐르고 있는 유체를 막을 수 없을 때 사용한다.

16
상수도 시설기준에서 급수관의 매설심도에 관한 설명으로 잘못된 것은?
① 일반적으로 공·사도에서 매설심도는 35cm 이상으로 하는 것이 바람직하다.
② 한랭지에서는 그 지방의 동결심도보다 더 깊게 매설한다.
③ 도시의 지하매설물 규정에 매설심도가 정해져 있을 경우에는 그 규정에 따른다.
④ 도시의 지하 매설물 규정에 매설심도가 정해져 있지 않을 경우에는 매설장소의 토질, 하중, 충격 등을 충분히 고려하여 심도를 결정한다.

해설 상수도 배관은 지면에서 최소 1.2m 아래에 매설하여야 동파를 막을 수 있다.

17
세정식 집진법을 형식에 따라 분류한 것으로 맞는 것은?
① 유수식, 원통식
② 충돌식, 회전식
③ 평판식, 가압수식
④ 유수식, 가압수식

해설 세정식 집진장치 종류
유수식, 가압수식, 회전식

18
수공구 사용에 대한 안전 유의사항 중 잘못된 것은?
① 사용 전에 모든 부분에 기름을 칠하고 사용할 것
② 결함이 있는 것은 절대로 사용하지 말 것
③ 공구의 성능을 충분히 알고 사용할 것
④ 사용 후에는 반드시 점검하고 고장부분은 즉시 수리 의뢰할 것

해설 기름을 칠하고 사용하면 미끄러워서 안전사고 위험이 있다.

19
난방부하가 29kW일 때 필요한 온수난방의 주철방열기의 필요 방열면적은 약 얼마인가?(단, 표준방열량은 증기인 경우 0.756kW/m²이고, 온수인 경우 0.523kW/m²이다)
① 39.8m²
② 55.4m²
③ 72.6m²
④ 88.8m²

해설 방열기 방열면적
$= \dfrac{난방부하}{표준방열량} = \dfrac{29}{0.523} = 55.4[m^2]$

20
구조가 간단하며 효율이 높고 맥동이 적어 널리 사용되고 있는 터보형 펌프의 종류에 해당되지 않는 것은?
① 원심 펌프
② 제트(Jet) 펌프
③ 축류 펌프
④ 사류 펌프

해설 제트 펌프는 특수형 펌프에 속한다.

정답 14 ④ 15 ① 16 ① 17 ④ 18 ① 19 ② 20 ②

21
글랜드 패킹의 종류가 아닌 것은?
① 오일시트 패킹 ② 석면 얀 패킹
③ 아마존 패킹   ④ 몰드 패킹

[해설] 오일시트 패킹은 식물성 섬유제품에 속한다.

22
온도조절기나 압력조절기 등에 의해 신호 전류를 받아 전자 코일의 전자력을 이용, 자동적으로 개폐시키는 밸브의 명칭은?
① 전동 밸브   ② 팽창 밸브
③ 플로트 밸브 ④ 솔레노이드 밸브

[해설] 솔레노이드 밸브
전자 코일의 전자력을 이용, 자동적으로 개폐시키는 밸브

23
앵글, 환봉, 평강 등으로 만들어 파이프의 이동을 방지하기 위한 지지물을 장치하기 위해 천정, 바닥, 벽 등의 콘크리트에 매설하여 두는 지지 금속으로 맞는 것은?
① 인서트(Insert) ② 슬리브(Sleeve)
③ 행거(Hanger)   ④ 앵커(Anchor)

[해설] 인서트(Insert)
앵글, 환봉, 평강 등으로 만들어 파이프의 이동을 방지하기 위한 지지물을 장치하기 위해 천정, 바닥, 벽 등의 콘크리트에 매설하여 두는 지지 금속

24
폴리부틸렌관에 대한 설명으로 가장 적합한 것은?
① 일명 엑셀 온돌 파이프라고도 한다.
② 곡률 반경을 관경의 2배까지 굽힐 수 있다.
③ 일반적인 관보다 작업성이 우수하나, 결빙에 의한 파손이 많다.
④ 관을 연결구에 삽입하여 그래브 링(Grab Ring)과 O-링에 의한 접합을 할 수 있다.

[해설] 폴리부틸렌관 : PB관이라 하며, 관을 연결구에 삽입하여 그래프링과 O링에 의한 접합을 할 수 있다.

25
엘보는 유체의 흐름방향을 바꿀 때 사용되는 이음쇠로 25mm(1") 강관에 사용하는 용접이음용 롱엘보의 곡률반경은 몇 mm인가?
① 25   ② 32
③ 38   ④ 45

[해설] 롱 엘보 : 강관 호칭지름의 1.5배=25×1.5=37.5mm

26
다음 보기에 설명한 신축이음쇠의 특징 중 어느 한가지의 항목에도 해당되지 않는 신축이음쇠는?

① 이음부의 나사회전을 이용한다.
② 관을 굽혀 사용하며, 신축에 따라 자체 응력이 생긴다.
③ 배관에 곡선부분이 있으면 신축이음쇠에 비틀림이 생겨 파손원인이 된다.
④ 평면 및 입체적인 변위가지도 흡수한다.

① 볼조인트형 신축이음쇠
② 슬리브형 신축이음쇠
③ 벨로스형 신축이음쇠
④ 스위블형 신축이음쇠

[해설]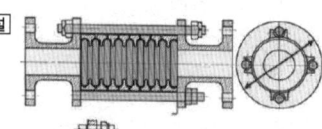
벨로스형(Bellows Type) : 팩리스(Packless)형이라 하며, 단식과 복식 2종류가 있다.

27
증기관 및 환수관의 압력차가 있어야 응축수를 배출하고, 환수관을 트랩보다 위쪽에 배관할 수 있는 트랩은 어느 것인가?
① 버킷 트랩(Bucket Trap)
② 그리스 트랩(Grease Trap)
③ 플로트 트랩(Float Trap)
④ 벨로스 트랩(Bellows Trap)

[해설] 버킷 트랩(Bucket Trap)
버킷에 들어 있는 응축수가 일정량이 되면 부력을 상실한 버킷이 떨어져 밸브를 열고 증기압으로 배수하는 구조의 트랩. 상향형과 하향형이 있다.

정답 21① 22④ 23① 24④ 25③ 26③ 27①

28
염화비닐관의 단점을 설명한 것 중 틀린 것은?
① 열팽창률이 크기 때문에 온도변화에 대한 신축이 심하다.
② 50℃ 이상의 고온 또는 저온 장소에 배관하는 것은 부적당하다.
③ 용제와 방부제(크레오스트액)에 강하나 파이프 접착제에는 침식된다.
④ 저온에 약하며 한랭지에서는 외부로부터 조금만 충격을 주어도 파괴되기 쉽다.

해설 ③ 파이프 접착제에 강하다.

29
압력계에 대한 설명 중 틀린 것은?
① 고압라인의 압력계에는 사이펀관을 부착하여 설치한다.
② 유체의 맥동이 있을 경우는 맥동댐퍼를 설치한다.
③ 부식성 유체에 대해서는 격막시일(Seal) 또는 시일포트(Seal Port)를 설치하여 압력계에 유체가 들어가지 않도록 한다.
④ 현장지시 압력계의 설치위치는 일반적으로 1.0M의 높이가 적당하다.

해설 압력계의 설치높이는 일반적으로 눈높이(약 1.5m)보다 조금 높게 설치해야 잘 보인다.

30
외경 10mm인 강관으로 열팽창길이 10mm를 흡수할 수 있는 신축곡관을 만들 때 필요 곡관의 길이는 얼마인가?
① 64cm
② 74cm
③ 84cm
④ 94cm

해설 곡관의 길이 $l = 0.073\sqrt{d \cdot \Delta L}$
$= 0.073 \times \sqrt{10 \times 10} = 0.73m$

31
주철관에 대한 설명 중 틀린 것은?
① 강관에 비해 내식, 내구성이 크다.
② 주철관 제조법은 수직법과 원심력법 2종류가 있다.
③ 구상흑연주철관은 관의 두께에 따라서 1종관~6종관까지 6종류가 있다.
④ 수도, 가스, 광산용 양수관, 건축용 오배수관 등에 널리 사용한다.

해설 구상흑연주철관
최대 사용 정수두에 따라 고압관, 보통압관, 저압관 분류

32
스테인리스강관의 특징에 대한 설명으로 틀린 것은?
① 내식성이 우수하여 계속 사용 시 내경의 축소, 저항 증대 현상이 없다.
② 위생적이어서 적수, 백수, 청수의 염려가 없다.
③ 강관에 비해 기계적 성질이 우수하고, 두께가 얇고 가벼워 운반 및 시공이 쉽다.
④ 저온 충격성이 크고, 한랭지 배관이 불가능하며 동결에 대한 저항이 적다.

해설 스테인리스강관
저온 충격성 크고, 한랭지 및 저온배관이 가능하며, 동결에 대한 저항이 크다.

33
밸브에 일어나는 현상 중 포핑(Popping)에 대한 설명으로 맞는 것은?
① 유체가 밸브를 통과할 때 밸브 또는 유체에서 나는 소리
② 밸브 디스크가 반복하여 밸브 시트를 두드리는 불안전한 상태
③ 화학적 또는 전기 화학적 작용에 의하여 금속 표면이 변질되어 가는 현상
④ 입구쪽 유체의 압력이 취출압력을 초과하면 내부의 압력 유체를 취출하는 현상

해설 포핑
입구쪽 유체의 압력이 취출압력을 초과하면 내부의 압력 유체를 취출하는 현상

정답 28 ③ 29 ④ 30 ② 31 ③ 32 ④ 33 ④

34
백관에 방청도료의 도장 시공 상의 주의사항이 아닌 것은?

① 2액 혼합형의 도료일 때는 그 혼합비율, 혼합후의 경과시간에 주의를 요한다.
② 도료 건조 시에는 가능한 직사일광에서 건조해야 한다.
③ 저온 다습을 피한다.
④ 한 번에 두껍게 바르지 말고 수회에 걸쳐 바른다.

해설 도료 건조 시 가능한 직사일광을 피해서 가능한 그늘진 곳에서 건조해야 한다.

35
안지름 100mm인 관속에 매초 2.5m의 속도로 물이 흐르고 있을 때 유량은 약 몇 m³/s인가?

① 0.02
② 0.03
③ 0.04
④ 0.05

해설 $Q = A \cdot V = \dfrac{3.14}{4} \times 0.1^2 \times 2.5 = 0.0196 \mathrm{m^3/s}$

36
폴리에틸렌관의 이음방법에 해당되지 않는 것은?

① 테이퍼 조인트 이음
② 턴앤드 글로브 이음
③ 용착슬리브 이음
④ 인서트 이음

해설 턴앤드 글로브 이음은 폴리에틸렌관의 이음방법에 속하지 않는다.

37
다음 중 불활성가스 금속 아크용접은?

① TIG 용접
② CO 용접
③ MIG 용접
④ 플라즈마 용접

해설 MIG 용접
불활성 가스 아크용접의 하나로, 전극에 모재(母材)와 거의 동종의 금속선을 사용하는 용접. 알루미늄, 마그네슘 및 그것의 합금 등과 같은 금속의 중·후판을 용접하거나, 불활성 기체에 소량의 산소를 첨가한 기체를 사용하여 스테인리스강의 중·후판을 용접하는 데에 이용한다.

38
염화비닐관 이음에서 고무링 이음의 특징으로 틀린 것은?

① 시공 작업이 간단하며 특별한 숙련이 없어도 시공할 수 있다.
② 외부의 기후 조건이 나빠도 이음이 가능하다.
③ 부분적으로 땅이 내려앉는 곳에서도 어느 정도 안전하다.
④ 이음 후에 관을 빼거나 다시 끼울 수 없고, 수압에 견디는 강도가 작다.

해설 이음 후에 관을 빼거나 다시 끼울 수 있고, 수압에 잘 견디며 강도가 크다.

39
0℃의 물 1kg을 100℃의 포화증기로 만드는 데 필요한 열량은 약 몇 kJ인가?(단, 물의 비열은 4.19KJ/kg·K이고, 물의 증발 잠열은 2256.7KJ/kg이다)

① 418.5kJ
② 753.2kJ
③ 2255.5kJ
④ 2675.7kJ

해설
- 현열 $Q_1 = G \cdot C \cdot \Delta t$
  $= 1 \times 4.19 \times (273+100) - (273+0)$
  $= 419 [kJ]$
- 잠열 $Q_2 = G \cdot \gamma = 1 \times 2256.7 = 2256.7 [kJ]$
- 열량 $Q = Q_1 + Q_2 = 419 + 2256.7 = 2675.7 [kJ]$

40
용접 이음을 나사 이음과 비교한 특징 설명 중 틀린 것은?

① 나사 이음처럼 관 두께에 불균일한 부분이 생기지 않고 유체의 압력손실이 적다.
② 용접 이음은 나사 이음보다 이음의 강도가 크고 누수의 우려가 적다.
③ 용접 이음은 돌기부가 없으므로 배관상의 공간 효율이 좋다.
④ 용접 이음은 가공이 어려워 시간이 많이 소요되며, 비교적 중량도 무거워 진다.

해설 용접 이음은 가공이 쉬워 시간을 단축할 수 있으며, 비교적 중량도 가벼워진다.

정답 34 ② 35 ① 36 ② 37 ③ 38 ④ 39 ④ 40 ④

41
주철관의 접합법 중 고무링을 압륜으로 죄어 볼트로 체결한 것으로 굽힘성이 풍부하여 다소의 굴곡에도 누수가 없고, 작업이 간편하여 수중에서도 용이하게 접합할 수 있는 주철관의 접합법인 것은?
① 소켓 접합
② 기계적 접합
③ 빅토리 접합
④ 플랜지 접합

[해설] 기계적 접합
고무링을 압륜으로 죄어 볼트로 체결하는 이음방법

42
벤더에 의한 관 굽히기의 도중에 관이 파손되었다면 그 원인으로 가장 적합한 것은?
① 받침쇠가 너무 들어갔다.
② 굽힘형이 주축에서 빗나가 있다.
③ 굽힘 반경이 너무 작다.
④ 재질이 부드럽고 두께가 얇다

[해설] 관이 파손(破損)되는 원인
굽힘반경이 너무 적을 때 관이 파손되기 쉽다.

43
기화하기 쉬운 액체가 잠열을 이용하여 증발하면서 열 교환하는 기기는?
① 가열기(Heater)
② 예열기(Preheater)
③ 증발기(Vaporizer)
④ 압축기(Compressor)

[해설] 증발기(Vaporizer)
기화하기 쉬운 액체가 잠열을 이용하여 증발하면서 열 교환하는 기기

44
산소와 아세틸렌을 혼합시켜 연소할 때 얻을 수 있는 불꽃의 가장 높은 온도의 범위로 맞는 것은?
① 3200~3500℃
② 2000~2700℃
③ 1800~2500℃
④ 4200~5200℃

[해설] 산소 아세틸렌을 혼합하여 연소할 때 얻을 수 있는 불꽃의 가장높은 온도의 범위는 3200~3500℃이다.

45
용접결함 중 내부결함에 속하지 않는 것은?
① 기공
② 언더컷
③ 균열
④ 슬래그 혼입

[해설] 언더컷 : 외부 결함

46
주철관 소켓이음 시 누수의 주요 원인으로 가장 적합한 것은?
① 얀의 양이 너무 많고, 납이 적은 경우
② 코킹 정 세트를 순서대로 사용한 경우
③ 용해된 납 물을 1회에 부어 넣은 경우
④ 코킹이 끝난 후 콜타르를 납 표면에 칠한 경우

[해설] 얀(Yarn)의 양과 납이 적당량 있어야 누수가 되지 않는다.
- 급수관 : 얀 ⅓ + 납 ⅔
- 배수관 : 얀 ⅔ + 납 ⅓

47
밸브기호와 명칭이 올바르게 연결된 것은?
① 밸브(일반) : ─▷◁─
② 버터플라이 밸브 : ─▷◀─
③ 게이트 밸브 : ─▷●◁─
④ 안전밸브 : ─┤╲├─

[해설] ② 볼밸브, ③ 글로브밸브, ④ 체크밸브

48
치수 기입 방법에 대한 설명으로 틀린 것은?
① 치수선, 치수 보조선에는 가는 실선을 사용한다.
② 치수 보조선은 각각의 치수선 보다 약간 길게 끌어내어 그린다.
③ 부품의 중심선이나 외형선은 필요에 따라 치수선으로 사용할 수 있다.
④ 일반적으로 불가피한 경우가 아닐 때에는, 치수 보조선과 치수선이 다른 선과 교차하지 않게 한다.

[해설]
- 부품의 중심선이나 외형선은 필요에 따라 치수선으로 사용할 수 없다.
- 중심선은 가는 일점 쇄선 또는 가는 실선으로 그리고, 외형선은 굵은 실선으로 그린다.

정답 41 ② 42 ③ 43 ③ 44 ① 45 ② 46 ① 47 ① 48 ③

49
관의 끝 부분의 표시 방법에서 아래의 그림 기호로 맞는 것은?

① 막힘 플랜지 ② 체크 조인트
③ 용접식 캡   ④ 나사박음식 플러그

50
판 두께를 고려한 원통 굽힘의 판뜨기 전개 시에 외경이 D_0, 내경이 D_i일 때, 두께가 t인 강판을 굽힐 경우 원통 중심선의 원주길이 L을 옳게 나타낸 것은?

① $L = (D_0 - t) \times \pi$ ② $L = (D_0 + t) \times \pi$
③ $L = (D_i - t) \times \pi$ ④ $L = (D_i \times t) / t$

[해설] 원주길이
(L) = 원통 중심선 지름(D) × 3.14 = (D_0 - t) × 3.14

51
관의 높이 표시방법에 대한 설명 중 올바른 것은?
① OP : 기준면에서 관 중심까지 높이를 나타낼 때 사용
② TOP : 기준면에서 관 외경이 윗면까지 높이를 표시할 때 사용
③ BOP : 기준면에서 관 외경의 밑면까지 높이를 표시할 때 사용
④ TOP : 기준면에서 관의 지지대 중심까지 높이를 표시할 때 사용

52
등각 투영도에 대한 설명으로 맞는 것은?
① 4개의 좌표축을 90°씩 4등분하여 입체적으로 구성한 것이다.
② 3개의 좌표축을 90°씩 3등분하여 입체적으로 구성한 것이다.
③ 3개의 좌표축을 120°씩 3등분하여 입체적으로 구성한 것이다.
④ 4개의 좌표축을 120°씩 4등분하여 입체적으로 구성한 것이다.

[해설] 등각 투영도
3개의 좌표축을 120°씩 3등분하여 입체적으로 구성한 것

53
제관작업을 할 때 아래 그림과 같이 강판의 뒷면을 용접하는 V형 맞대기 용접 후 양면을 평면 다듬질 하는 경우의 용접기호로 맞는 것은?

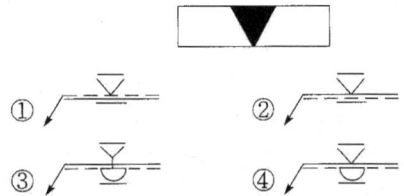

54
가는 파선을 적용할 수 있는 경우를 나열한 것으로 틀린 것은?
① 바닥   ② 벽
③ 도급계약의 경계 ④ 뚫린 구멍

[해설] 가는 파선
대상물의 보이지 않는 부분을 표시(바닥, 벽, 뚫린 구멍 등에 적용)

55
테일러(F.W Taylor)에 의해 처음 도입된 방법으로 작업시간을 직접 관측하여 표준시간을 설정하는 표준시간 설정기법은?
① PTS법   ② 실적자료법
③ 표준자료법   ④ 스톱워치법

[해설] 스톱워치(Stop Watch)법
사람이 시행하는 작업을 기본동작으로 분석하여, 각 동작에 미리 정해진 시간을 맞추어서 작업의 표준시간을 정하는 PTS(Predetermined Time Standard System의 약어)법이 있다.

정답 49 ③ 50 ① 51 ③ 52 ③ 53 ④ 54 ③ 55 ④

56
공정 중에 발생하는 모든 작업, 검사, 운반, 저장, 정체 등이 도식화 된 것이며 또한 분석에 필요하다고 생각되는 소요시간, 운반거리 등의 정보가 기재된 것은?

① 작업분석(Operation Analysis)
② 다중활동분석표(Multiple Activity Chart)
③ 사무공정분석(Form Process Chart)
④ 유통공정도(Flow Process Chart)

[해설] **유통공정도(Flow Process Chart)**
공정 중에 발생되는 작업, 운반, 검사, 정체, 저장 등의 내용을 표시하는데 사용

57
단계여유(Slack)의 표시로 옳은 것은?(단, TE는 가장 이른 예정일, TL은 가장 늦은 예정일, TF는 총 여유시간, FF는 자유여유시간이다)

① TE-TL
② TL-TE
③ FF-TF
④ TE-TF

[해설] **단계여유(Slack)**
프로젝트의 최종 완료시간에 영향을 미치지 않는, 각 단계에서의 여유 시간. 해당 단계의 가장 늦은 단계시간과 가장 이른 단계시간의 차이이다.

58
검사의 분류 방법 중 검사가 행해지는 공정에 의한 분류에 속하는 것은?

① 관리 샘플링검사
② 로트별 샘플링검사
③ 전수검사
④ 출하검사

[해설] **검사공정에 의한 분류**
구입검사, 중간검사, 완성검사, 출하검사

59
c 관리도에서 k=20인 군의 총 부적합수 합계는 58이었다. 이 관리도의 UCL, LCL을 계산하면 약 얼마인가?

① UCL=2.90, LCL=고려하지 않음
② UCL=5.90, LCL=고려하지 않음
③ UCL=6.92, LCL=고려하지 않음
④ UCL=8.01, LCL=고려하지 않음

[해설] ① $UCL = 2.9 + 3\sqrt{2.9} = 8.0088$
② $LCL = 2.9 - 3\sqrt{2.9} = -2.2$
중심선 $\bar{c} = \dfrac{\sum}{k} = \dfrac{58}{20} = 2.9$

60
다음 중 브레인스토밍(Brainstorming)과 관계가 깊은 것은?

① 파레토도
② 히스토그램
③ 회귀분석
④ 특성요인도

[해설] **브레인스토밍**
브레인스토밍은 한 가지 문제를 놓고 여러 사람이 회의를 해 아이디어를 구상하는 방법으로, 많은 아이디어를 얻는 데 매우 효과적이다.

정답 56 ④ 57 ② 58 ④ 59 ④ 60 ④

2013년 기능장 제54회 필기시험
(7월21일 시행)

01
가스 정압기의 부속설비 중 타이머에 의한 소정시간만 승압하는 방법과 차압을 이용하는 방법 및 원격 조작방법이 있는 장치는?
① 이상압력 상승 방지장치
② 자동승압 장치
③ 가스 필터
④ 다이어프램 장치

[해설] **자동 승압장치**
가스 정압기의 부속설비 중 타이머에 의한 소정시간만 승압하는 방법과 차압을 이용하는 방법 및 원격 조작방법이 있는 장치

02
배관용 공구 및 장비 사용시 안전에 관련된 내용으로 올바르지 못한 것은?
① 동력나사 절삭기로 나사가공 시 계속 절삭유가 공급되어야 한다.
② 파이프 벤딩머신의 경우 굽힘 작업 전에 파이프 및 기계작업 반경에 다른 사람 및 장애물이 없어야 한다.
③ 고속절단기 사용시에는 파이프를 손으로만 단단히 잡고 절단하며, 보호 안경도 착용한다.
④ 파이프렌치, 스패너 등을 사용시에는 파이프 등을 자루에 끼워 사용하지 말아야 한다.

[해설] 고속절단기 사용시 파이프를 바이스에 단단히 고정하고 보호 안경 착용하여 절단한다.

03
화학배관 설비에 사용되는 재료의 구비조건으로 틀린 것은?
① 접촉 유체에 대한 내식성이 클 것
② 상용 상태에서의 크리프(Creep) 강도가 작을 것
③ 고온, 고압에 대한 기계적 강도가 클 것
④ 저온 등에서도 재질의 열화(劣化)가 없을 것

[해설] 크리프 강도는 커야 좋다.

04
집진장치에서 양모, 면, 유리섬유 등을 용기에 넣고 이곳에 함진가스를 통과시켜 분진입자를 분리, 포착시키는 집진법은?
① 중력식 집진법   ② 원심력식 집진법
③ 여과식 집진법   ④ 전기 집진법

[해설] **여과식 집진장치**
함진가스를 여과재(Filter)에 통과시켜 입자를 분리, 포집하는 건식방식으로 백 필터(Bag Filter)를 사용한다.

05
온수난방 배관시공에서 역귀환 방식(Reversed Return System)을 사용하는 이유로 적당한 것은?
① 각 구역간 방열량의 균형을 이루게 할 수 있다.
② 배관길이를 짧게 할 수 있다.
③ 마찰저항 손실을 적게 할 수 있다.
④ 배관의 신축을 흡수할 수 있다.

[해설] 역귀환 방식은 온수난방 배관은 각 구역간 방열량의 균형을 이루게 할 수 있다.

06
개별식 급탕방법에서 증기를 열원으로 할 때 증기를 물에 직접 분사, 가열하여 급탕하는 방법은?
① 순간 국소법   ② 기수 혼합법
③ 간접 가열법   ④ 직접 가열법

[해설] **기수혼합법**
개별식 급탕방법에서 증기를 열원으로 할 때 증기를 물에 직접 분사, 가열하여 급탕하는 방법

정답 01 ② 02 ③ 03 ② 04 ③ 05 ① 06 ②

07
보일러의 노통 안에 겔로웨이 관(Galloway Tube)을 설치하는 목적에 맞지 않는 것은?
① 보일러의 고장을 예방한다.
② 전열면적을 증가시킨다.
③ 물의 순환을 돕는다.
④ 노통을 보강하는 역할을 한다.

[해설] 겔로웨이 관(Galloway Tube) 설치목적은 물의 순환을 돕고 전열면적을 증가시킬뿐 아니라 노통을 보강하는 역할을 한다.

08
배관용 공기(Air)기구 사용시 안전수칙으로 틀린 것은?
① 처음에는 천천히 열고, 일시에 전부 열지 않는다.
② 기구 등의 반동으로 인한 재해에 항상 주의한다.
③ 공기기구를 사용할 때는 방진 안경을 사용한다.
④ 활동부에는 항상 기름 또는 그리스가 없도록 깨끗이 닦아준다.

[해설] 배관용 공기기구 활동부에는 항상 기름 또는 그리스를 주입하여 원활이 작동되도록 한다.

09
관의 부식현상을 크게 분류할 때 해당되지 않는 것은?
① 금속이온화에 따른 부식
② 2종 금속간에 일어나는 전류에 의한 부식
③ 가성취화에 의한 부식
④ 외부로 부터의 전류에 의한 부식

[해설] 가성취화는 관의 부식현상을 분류할 때 해당하지 않는다.

10
파이프 랙(Rack)상의 배관 배열방법을 설명한 것으로 틀린 것은?
① 인접하는 파이프 외측과 외측의 간격을 75Mmm로 한다.
② 파이프 루프(Pipe Loop)는 파이프 랙의 다른 배관보다 500~700mm 정도 높게 배관한다.
③ 관지름이 클수록, 온도가 높을수록 파이프 랙 상의 중앙에 배열한다.
④ 파이프 랙의 폭은 파이프에 보온, 보랭하는 경우는 그 두께를 가산하여 결정한다.

[해설] 관지름이 클수록 파이프 랙 상의 양쪽에 배열한다.

11
오물정화조에 대한 설명으로 틀린 것은?
① 정화조 순서는 부패조, 예비여과조, 산화조, 소독조의 구조로 한다.
② 부패조는 침전, 분리에 적합한 구조로 한다.
③ 정화조의 바닥, 벽 등은 내수재료로 시공하여 누수가 없도록 한다.
④ 산화조에는 배기관과 송기구를 설치하지 않고, 살포여과식으로 한다.

[해설] 산화조
- 호기성 박테리아를 증식 → 오수 중의 유기물을 산화 분해하는 곳
- 공기를 잘 통하게 하기 위하여 설치한 배기관은 지상에서 3m 이상의 높이로 설치

12
인접건물에 화재가 발생하였을 때 창이나 벽, 처마, 지붕에 물을 뿌려 수막을 형성함으로써 본 건물의 화재 발생을 예방하는 화재설비는?
① 옥내소화전
② 스프링클러 설비
③ 옥외소화전 설비
④ 드렌처 설비

[해설] 드렌처 설비
인접 건물에 화재가 발생했을 때 인화를 방지하기 위해 창문, 출입구, 처마 끝에 물을 뿌려 수막을 형성함으로서 본 건물의 화재 발생을 예방하는 소화설비이다.

13
유접점 시퀀스제어 구성에 있어서 푸시버튼 스위치, 콘트롤 스위치 등은 어디에 해당되는가?
① 조작부
② 검출부
③ 제어부
④ 표시부

[해설] 조작부(푸시버튼 스위치, 콘트롤 스위치)
제어대상에 대하여 작용을 걸어오는 부분

14
시퀀스(Sequence) 제어의 분류로 속하지 않는 것은?
① 시한제어　　② 조건제어
③ 정치제어　　④ 순서제어

[해설] **시퀀스 제어** : 미리 정해진 순서에 따라 제어의 각 단계를 차례로 진행해 가는 제어를 말한다. 분류로는 시한제어, 순서제어, 조건제어로 분류한다.

15
기송배관의 부속설비에서 분말이나 알맹이를 수송관 쪽으로 공급하는 장치는?
① 송급기　　② 분리기
③ 배출기　　④ 압축기

[해설]
- **기송배관** : 공기 수송기를 사용하여 분말이나 미립자를 운송하는데 효과적인 배관
- **기송배관의 종류** : 진공식, 압송식, 진공 압송식

16
증기압축식 냉동법에서 압축기의 종류에 따라 분류한 것으로 해당되지 않는 것은?
① 왕복식　　② 원심식
③ 회전식　　④ 교축식

[해설] 압축기의 분류
- **용적형** : 왕복동식, 회전식
- **터보형** : 원심력, 축류식

17
아크용접 시 헬멧이나 핸드실드를 사용하지 않아 아크 빛이 직접 눈에 들어오게 되어 일어나는 현상 및 치료법으로 잘못된 것은?
① 전광섬 안염이라는 눈병에 생긴다.
② 눈병 발생 시 냉수로 얼굴과 눈을 닦고 냉습포를 얹거나 심하면 병원에 가서 치료를 받는다.
③ 전광성 안염은 급성의 경우 일반적으로 아크 빛을 받은 지 10~15시간 후에 발병한다.
④ 아크 빛은 눈에 결막염을 일으키게 되며 심하면 실명할 수도 있다.

[해설] **전광성 안염**
　급성의 경우 일반적으로 아크 빛을 받은 지 수 시간 후에 발병

18
제어기기의 종류 중에서 검출기가 지시하는 신호에 따라 목표값에 신속 정확하게 일치하도록 일정한 신호를 조작부에 보내는 장치는?
① 전송기　　② 조절계
③ 조작기　　④ 혼합기

[해설] **조절계**
　검출기가 지시하는 신호에 따라 목표값에 신속하고 정확하게 일치하도록 일정한 신호를 조작부에 보내는 장치

19
어느 방의 전 난방부하가 1.16kW일 때 복사 난방을 하려면 DN15인 코일을 약 몇[m] 시설해야 하는가?(단, DN15인 코일의 m당 표면적은 0.047m²이고, 관 1m²당 방열량은 0.26kW/m²이라고 한다)
① 85　　② 95
③ 100　　④ 110

[해설] $L = \dfrac{난방부하}{관표면적 \times 방열량} = \dfrac{1.16}{0.047 \times 0.26} = 94.9[m]$

20
공동작업에 의한 물건 운반 시의 주의사항 중 틀린 것은?
① 작업 지휘자를 반드시 정하고 간다.
② 운반 중 같은 보조와 속도를 유지하기 위해 체력, 기량이 같은 사람이 작업한다.
③ 긴 물건을 운반 시는 뒤에 있는 사람에게 더 많은 하중이 걸리도록 한다.
④ 들어 올리거나 내릴 때는 서로 소리를 내어 동작을 일치시킨다.

[해설] ③ 긴 물건을 운반 시 하중이 균일하게 걸리도록 한다.

21
강관의 종류와 규격 기호가 맞는 것은?

① SPHT : 고압배관용 탄소강관
② SPPH : 고온배관용 탄소강관
③ STHA : 저온배관용 탄소강관
④ SPPS : 압력배관용 탄소강관

해설 ① SPHT : 고압배관용 탄소강관 → 고온배관용 탄소강관
② SPPH : 고온배관용 탄소강관
③ STHA : 저온배관용 탄소강관 → 보일러 열교환기용 합금강관
④ SPPS : 압력배관용 탄소강관 → 압력배관용 탄소강관

22
유체를 일정한 방향으로만 흐르게 하고 역류를 방지할 때 사용되며, 수평·수직배관에 모두 사용할 수 있는 것은?

① 회전형 체크 밸브
② 리프트형 체크 밸브
③ 슬루스형 체크 밸브
④ 스윙형 체크 밸브

해설 체크 밸브(Check Valve) : 역류방지 밸브라 하며 유체를 한 방향으로만 흐르게 하고 역류를 방지하는 역할을 한다.
① 스윙식(Swing Type) : 수평, 수직배관에 사용
② 리프트식(Lift Type) : 수평배관에 사용
③ 풋 밸브(Foot Valve) : 펌프 흡입관 하부에 사용되는 체크 밸브의 일종, 펌프 정지 시 흡입관 내부의 물이 빠져나가는 것을 방지
④ 해머리스 체크 밸브(Hammerless Check Valve) : 스므렌스키 체크 밸브
※ 펌프 출구측의 체크 밸브용 : 워터해머(Water Hammer)의 방지와 바이패스 밸브의 기능을 함께 한다.

23
배관의 열 변형에 대응하기 위하여 사용하는 신축이음쇠 중 설치공간을 많이 차지하나 고장이 적어 고온 고압의 옥외배관에 가장 적합한 것은?

① 루프형 신축이음쇠
② 슬리브형 신축이음쇠
③ 스위블형 신축이음쇠
④ 벨로스형 신축이음쇠

해설 루프형(Loop Type) 신축이음쇠
- 곡관으로 만들어진 관의 가요성(可撓性)을 이용한 것
- 구조가 간단하고 내구성이 좋아 고온, 고압배관이나 옥외배관에 주로 사용
- 곡률 반지름은 관지름의 6배 이상으로 함

24
행거(Hanger)에 대한 설명으로 틀린 것은?

① 콘스턴트 행거는 배관의 상하 이동을 허용하면서 관지지력을 일정하게 한 것이다.
② 콘스턴트 행거는 추를 이용한 중추식과 스프링을 이용한 스프링식이 있다.
③ 리지드 행거는 주로 수직방향의 변위가 많은 곳에 사용한다.
④ 스프링 행거는 배관에서 발생하는 진동과 소음을 방지하기 위해 턴버클 대신 스프링을 설치한 행거이다.

해설 ③ 리지드 행거는 수직방향의 변위가 없는 곳에 사용한다.

25
염화비닐관보다 화학적, 전기적 성질이 우수하며, 유연성이 좋은 폴리에틸렌관의 종류가 아닌 것은?

① 수도용 폴리에틸렌관
② 내열용 폴리에틸렌관
③ 일반용 폴리에틸렌관
④ 폴리에틸렌 전선관

해설 폴리에틸렌관의 종류
수도용 폴리에틸렌관, 일반용 폴리에틸렌관, 폴리에틸렌 전선관

정답 21 ② 22 ④ 23 ① 24 ③ 25 ②

26
관 재료의 연신율을 구하는 공식으로 맞는 것은?(단, σ : 연신율, L : 처음 표점거리, L_1 : 늘어난 표점거리)

① $\sigma = \dfrac{L_1 - L}{L_1} \times 100[\%]$ ② $\sigma = \dfrac{L - L_1}{L} \times 100[\%]$

③ $\sigma = \dfrac{L_1 \times L}{L} \times 100[\%]$ ④ $\sigma = \dfrac{L_1 - L}{L} \times 100[\%]$

해설 **연신율**
관 재료가 하중을 받아 늘어났을 때 처음의 길이(L)에 대한 늘어난 길이($L_1 - L$)의 비율을 백분율로 표시한 것
∴ $\sigma = \dfrac{L_1 - L}{L} \times 100[\%]$

27
스트레이너에 대한 설명으로 틀린 것은?
① 밸브나 기기 등의 앞에 설치하여 이물질을 제거하여 기기 성능을 보호한다.
② 여과망을 자주 꺼내어 청소하지 않으면 여과망이 막혀 저항이 커지므로 큰 장해가 발생한다.
③ U자형은 Y형에 비해 저항은 크나 보수, 점검에 편리하며 기름 배관에 많이 사용한다.
④ V형은 유체가 직각으로 흐르므로 유체저항이 가장 크고 여과망의 교환, 보수, 점검이 어렵다.

해설  **스트레이너**
관내의 불순물을 제거하여 기기의 성능을 보호하는 역할을 하는 배관설비용 부품으로 종류에는 Y형, U형, V형이 있다

28
강관 이음재료를 설명한 것으로 맞는 것은?
① 나사조임형 강관제 이음재료에는 소켓, 니플, 30° 벤드 등이 있다.
② 고온, 고압에 사용되는 강제용접이음쇠는 삽입용접식과 맞대기 용접식 관이음쇠가 있다.
③ 플랜지 이음 중 플랜지면의 형상에 따라 분류했을 때 가장 호칭압력이 높은 것은 전면 시트이다.
④ 유체의 성질은 플랜지 선택조건에 해당되지 않는다.

해설 ① **벤드** : 45° 벤드/90° 벤드/리턴(180°) 벤드
③ **전면 시트** : 호칭압력 16kgf/cm² 이하에 사용
④ 유체의 성질은 플랜지를 선택하는 조건에 해당

29
형태에 따라 직관과 이형관으로 나누며, 보통 흄(Hume)관이라고 부르는 관은?
① 원심력 철근 콘크리트관
② 철근 콘크리트관
③ 석면 시멘트관
④ PS 콘크리트관

해설 원심력 철근 콘크리트관을 보통 흄관이라고도 부르며 직관과 이형관으로 나눈다.

30
강관의 표시 방법 중 틀린 것은?
① -E-C : 열간가공 냉간가공 이외의 전기저항 용접 강관
② -S-C : 냉간가공 이음매 없는 강관
③ -A-C : 냉간가공 아크용접 강관
④ -A-B : 용접부 가공 레이저용접 강관

해설 **강관 제조 방법 표시(-C : 냉간가공   H : 열간가공)**
• -S-C : 냉간완성 이음매 없는 관
• -E-C : 냉간완성 전기저항 용접관
• -A-C : 냉간완성 아크용접관
• -B-C : 냉간완성 단접관(BUTT WELD PIPE)

31
260℃까지 사용이 가능하고 기름이나 약품에도 침식되지 않으며 테프론(Teflon)이 대표적인 패킹은?
① 합성수지 패킹 ② 금속 패킹
③ 아마존 패킹   ④ 몰드 패킹

해설 **합성수지 패킹**
260℃까지 사용이 가능하고 기름이나 약품에도 침식되지 않으며 테프론(Teflon)이 대표적이다.

정답 26 ④ 27 ④ 28 ② 29 ① 30 ④ 31 ①

32
덕타일 주철관에 대한 특징으로 맞는 것은?
① 강관과 같이 강도와 인성이 없다.
② 보통 주철관보다 내식성이 적다.
③ 보통 회주철관보다 관의 수명이 짧다.
④ 변형에 대한 높은 가요성이 있다.

해설
- 강관과 같이 강도와 인성이 있다.
- 보통 주철관보다 내식성이 있다.
- 보통 회주철관과 같이 관의 수명이 길다.

33
온수온돌 난방코일용으로 많이 사용되며, 엑셀 온돌 파이프라고도 하는 관은?
① 염화 비닐관 ② 폴리 폴리필렌관
③ 폴리 부틸렌관 ④ 가교화 폴리에틸렌관

해설 가교화 폴리에틸렌관은 온수온돌 난방용 코일용으로 많이 사용된다. 일명 엑셀파이프

34
폴리부틸렌에 대한 설명으로 잘못된 것은?
① 폴리부틸렌관의 이음법은 에이콘 이음법이 있다.
② 일반적인 관보다 작업성이 우수하고 신축성이 양호하여 결빙에 의한 파손이 적다.
③ 곡률 반지름을 관지름의 8배까지 굽힐 수 있다.
④ 일반적으로 관의 이음은 나사 또는 용접이음을 주로 한다.

해설 에어콘 이음
본체, 그라프링(Grab Ring, 오링(O-Ring), 캡, 서포트슬리브로 구성되며 관을 연결구에 삽입하여 그라프링과 O링에 의한 이음방법이다.

35
2종 금속간에 일어나는 전류에 따르는 부식을 뜻하는 것은?
① 전식 ② 점식
③ 습지 부식 ④ 접촉부식

해설 접촉부식
2종 금속간에 일어나는 전류에 따르는 부식을 뜻한다.

36
2[kg]의 용해 아세틸렌이 들어있는 아세틸렌용기로 프랑스식 200번 팁을 사용하여 표준불꽃상태로 가스용접을 하고 있다면 몇 시간정도 연속하여 용접할 수 있는가?(단, 용해 아세틸렌 1kg은 905L의 가스발생)
① 6시간 ② 9시간
③ 12시간 ④ 18시간

해설 가스용접시간 = $\dfrac{\text{가스량}[L]}{\text{팁의 능력}[L/h]} = \dfrac{2 \times 905}{200}$
= 9.05[시간]

37
동관의 끝부분을 진원으로 교정할 때 사용하는 공구는?
① 플레어링 툴 ② 튜브벤더
③ 사이징 툴 ④ 익스팬더

해설  사이징 툴(Sizing Tools)
동관의 끝부분을 정확한 치수의 원형으로 교정하기 위하여 사용

38
콘크리트관 이음에서 철근 콘크리트로 만든 칼라와 특수 모르타르를 사용하여 이음하는 것으로 맞는 것은?
① 콤포 이음 ② 심플렉스 이음
③ 칼라 인서트 이음 ④ 기볼트 이음

해설 콤포 이음
시멘트와 모래의 비율을 1:1로 하고 수분을 약17% 정도로 반죽한 것이다.

39
동력나사 절삭기 사용시 안전 수칙으로 부적합한 것은?
① 나사작업 시 관을 척에 확실히 고정시킨다.
② 동력용이므로 관 절단 시 한 번에 절단될 수 있도록 커터의 깊이를 많이 넣는 것이 좋다.
③ 파이프가 위험하게 돌출되었을 때에는 위험 표시를 하고서 작업한다.
④ 손에 기름이 묻은 경우에는 기름을 닦아내고 작업해야 한다.

해설 한번에 절단되지 않도록 커터 핸들을 적당하게 넣으면서 절단한다.

정답 32 ④ 33 ④ 34 ④ 35 ④ 36 ② 37 ④ 38 ① 39 ②

40

동일 관로에서 관의 지름이 0.5m인 곳에서 유속이 4m/s이면, 지름 0.3m인 곳에서의 관내 유속은 약 얼마인가?

① 15.2m/s ② 11.1m/s
③ 9.8m/s   ④ 4.2m/s

[해설] 유속 = $\dfrac{유량(m^3/s)}{단면적(m^2)} = (m/s)$

$G = \dfrac{\pi}{4} \times D_1^2 \times V_1 = \dfrac{\pi}{4} \times D_2^2 \times V_2$ 이다.

$V_2 = \dfrac{\dfrac{\pi}{4} \times D_1^2 \times V_1}{\dfrac{\pi}{4} \times D_2^2} = \dfrac{\dfrac{\pi}{4} \times 0.5^2 \times 4}{\dfrac{\pi}{4} \times 0.3^2} = 11.1[m/s]$

41

증발량이 0.56kg/s인 보일러의 증기엔탈피가 2636KJ/kg이고, 급수엔탈피는 83.9KG/kg이다. 이 보일러의 상당 증발량은 약 얼마인가?

① 0.47kg/s ② 0.63kg/s
③ 0.86kg/s ④ 0.98kg/s

[해설] ① 상당 증발량(환산 증발량)
- 실제 증발량을 기준 증발량으로 환산하였을 때의 증발량
- 100℃의 건조포화증기로 발생시킬 수 있는 양

② 상당 증발량 계산
- 물의 증발잠열 2256.68KJ/kg으로 계산

$\therefore G_e = \dfrac{G_a(h_2 - h_1)}{2256.68} = \dfrac{0.56 \times (2636 - 83.9)}{2256.68}$
$= 0.633 kg/s$

42

용접작업 시 적합한 용접지그(Jig)를 사용할 때 얻을 수 있는 효과로 거리가 먼 것은?

① 용접작업을 용이하게 한다.
② 작업능률이 향상된다.
③ 용접변형을 억제한다.
④ 잔류응력이 제거된다.

[해설] ④ 용접지그를 사용하는 것과 잔류응력이 제거되는 것은 관계가 없다.

43

급수설비에서 수질오염 방지대책에 관한 설명으로 틀린 것은?

① 빗물이 침입할 수 없는 구조로 하여야 한다.
② 지하탱크나 옥상탱크는 건물 골조로 이용하여 만든다.
③ 급수탱크 내부에 급수 이외의 배관이 통과해서는 안 된다.
④ 역사이폰 작용을 막기 위해서 급수관이 부압으로 되었을 때, 물이 역류되어 빨려 들어가지 않는 구조로 시공해야 한다.

[해설] ② 지하탱크나 옥상탱크 건물 골조와는 별도의 시설로 만들어야 한다.

44

다음 관용나사에 관한 설명 중 틀린 것은?

① 관용나사는 일반 체결용 나사보다 피치와 나사산을 크게 한 것이다.
② 테이퍼 나사는 누수를 방지하고 기밀을 유지하는데 사용한다.
③ 나사산의 형태에는 평행나사와 테이퍼나사가 있다.
④ 주로 배관용 탄소강 강관을 이음하는 데 사용되는 나사이다.

[해설] ① 관용나사는 일반 체결용 나사보다 피치와 나사산을 낮게 한 것이다.

45

다음 용접법의 분류 중 융접이 아닌 것은?

① 초음파 용접 ② 테르밋 용접
③ 스터드 용접 ④ 전자빔 용접

[해설] 융접
- 모재의 접합부를 용융시킨 후 용가재를 첨가하여 접합하는 방법
- 아크용접, 가스용접, 테르밋 용접, 스터드 용접, 전자빔 용접 등

46
주철관 이음에서 지진 등 진동이 많은 곳의 배관이음에 적합하고 외압에 잘 견디는 이음방법으로 가장 적당한 것은?

① 소켓 이음 ② 플랜지 이음
③ 플라스턴 이음 ④ 기계식 이음

[해설] 기계식 이음(Mechanical Joint)
- 소켓 이음과 플랜지 이음의 특징을 접목한 것
- 고무링을 압륜(押輪)으로 죄어 볼트로 체결하는 이음방법
- 외압에 대한 굽힘성이 풍부하여 이음부가 다소 구부러져도 누수가 없음
- 수중에서의 접합이 가능
- 기밀성이 좋음
- 고압에 대한 저항이 크다
- 간단한 공구로 신속하게 이음할 수 있음
- 숙련공이 필요하지 않음

47
평면, 정면, 측면을 하나의 투상면 위에 동시에 볼 수 있도록 그린 투상도는?

① 사 투상도 ② 투시 투상도
③ 정 투상도 ④ 등각 투상도

[해설] 등각 투상도 : 면, 정면, 측면을 하나의 투상면 위에 동시에 볼 수 있도록 그린 투상도

48
배관 내의 유체를 표시하는 기호 중 냉각수를 표시하는 것은?

① C ② CH
③ B ④ R

49
배관도시 방법 중 높이 표시법이 올바르게 설명된 것은?

① FL : 가장 아래에 있는 관의 중심을 기준으로 한 배관 장치의 높이를 나타낼 때 기입
② TOB : 가장 위에 있는 관의 중심을 기준으로 한 관 중심까지의 높이를 나타낼 때 기입
③ EL : 2층의 바닥면을 기준으로 한 높이를 나타낼 때 기입
④ GL : 지면을 기준으로 한 높이를 나타낼 때 기입

[해설] ① FI : 1층 바닥면을 기준으로 하여 높이를 표시
② Tob : 관의 윗면을 기준으로 하여 표시
③ El : 지방의 해수면에 기준선(Base Line)을 설정하여 기준선으로부터의 높이를 표시

50
치수기입을 위한 치수선을 그릴 때 유의할 사항으로 맞지 않는 것은?

① 치수선은 원칙적으로 치수보조선을 사용하여 긋는다.
② 치수선은 원칙적으로 지시하는 부품의 길이 또는 각도를 측정하는 방향으로 평행하게 긋는다.
③ 치수선에는 가는 일점쇄선을 사용한다.
④ 치수선은 지시하는 부위가 좁을 경우에는 연장하여 그을 수 있다. 치수선 또는 그 연장선 끝에는 화살표, 사선 또는 동그라미를 붙여 그린다.

[해설] ③ 치수선은 가는 실선을 사용한다.

51
같은 지름의 3편 엘보를 전개할 때 가장 적합한 전개도법은?

① 평행선법 ② 삼각형법
③ 방사선법 ④ 혼합법

[해설] 평행선법
같은 지름의 3편 엘보를 전개할 때 가장 적합

52
용접부 비파괴시험의 종류 중 방사선 투과시험을 나타내는 기본기호로 맞는 것은?

① UT ② VT
③ PT ④ RT

[해설]
- UT : 초음파 검사
- VT : 육안검사
- PT : 침투검사

53
다음 도면에서 벤딩(Bending)부의 관 길이는 약 몇 mm인가?

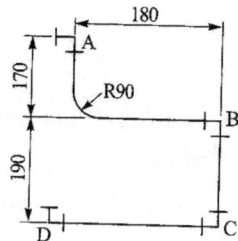

① 70.7
② 141.3
③ 282.6
④ 565.2

해설 $L = \frac{90}{360} \times 3.14 \times D = \frac{90}{360} \times 3.14 \times 180 = 141.3[mm]$

54
대상물의 보이지 않는 부분의 모양을 표시하는데 쓰이는 선은?
① 굵은 실선
② 가는 1점 쇄선
③ 파선
④ 가는 2점 쇄선

해설 파선 : 물체의 보이지 않는 부분을 표시한 선이다.

55
모집단으로부터 공간적, 시간적으로 간격을 일정하게 하여 샘플링하는 방식은?
① 단순 랜덤 샘플링(Simple Random Sampling)
② 2단계 샘플링(Two-Stage Sampling)
③ 취락 샘플링(Cluster Sampling)
④ 계통 샘플링(Systematic Sampling)

해설 계통 샘플링
모집단으로부터 공간적, 시간적으로 간격을 일정하게 하여 샘플링하는 방식

56
예방보전(Preventive Maintenance)의 효과가 아닌 것은?
① 기계의 수리비용이 감소한다.
② 생산시스템의 신뢰도가 향상된다.
③ 고장으로 인한 중단시간이 감소한다.
④ 잦은 정비로 인해 제조원가가 증가한다.

해설 ④ 수리작업의 횟수가 감소하여 제조원가가 절감된다.

57
제품공정도를 작성할 때 사용되는 요소(명칭)가 아닌 것은?
① 가공
② 검사
③ 정체
④ 여유

해설 제품공정도 작성에 사용되는 요소 : 가공, 정체, 검사

58
부적합수 관리도를 작성하기 위해 $\sum c = 559$, $\sum n = 222$를 구하였다. 시료의 크기가 부분군마다 일정하지 않기 때문에 u관리도를 사용하기로 하였다. n=10일 경우, u관리도의 UCL 값은 약 얼마인가?
① 4.023
② 2.518
③ 0.502
④ 0.252

59
작업방법 개선의 기본 4원칙을 표현한 것은?
① 층별 - 랜덤 - 재배열 - 표준화
② 배제 - 결합 - 랜덤 - 표준화
③ 층별 - 랜덤 - 표준화 - 단순화
④ 배제 - 결합 - 재배열 - 단순화

해설 작업방법 개선의 기본 4원칙
배제 - 결합 - 재배열 - 단순화

60
이항분포(Binomial Distribution)의 특징에 대한 설명으로 옳은 것은?
① P=0.01일 때는 평균치에 대하여 좌·우 대칭이다.
② P≤0.1이고, Np=0.1~10 일 때는 포와송 분포에 근거한다.
③ 부적합품의 출현 개수에 대한 표준편차는 D(x) =Np이다.
④ P≤0.5이고, Np≤5 일 때는 정규 분포에 근사한다.

정답 53 ② 54 ③ 55 ④ 56 ④ 57 ④ 58 ① 59 ④ 60 ②

2014년 기능장 제55회 필기시험
(4월 6일 시행)

01
배관 배열의 기본사항에 관한 설명으로 옳지 않은 것은?
① 배관은 가급적 그룹화 되게 한다.
② 배관은 가급적 최단거리로 하고 굴곡부를 많게 한다.
③ 고온, 고유속의 배관은 티(T) 분기부가 가능한 적도록 배치한다.
④ 배관에 불필요한 에어포켓이나 드레인 포켓이 생기지 않도록 한다.

해설 ② 배관은 가급적 최단거리로 하고 굴곡부를 적게 한다.

02
자동제어에서 인디셜(Indicial) 응답이라고도 하는 것은?
① 스텝응답 ② 주파수 응답
③ 자기평형성 ④ 정현파 응답

해설 ① **과도응답** : 시간적 경과를 말한다.
② **스텝응답** : 평형상태를 상실했을 때의 과도응답을 말한다.
③ **정상응답** : 정상상태로 이루어졌을 때의 응답을 말한다.
④ **주파수응답** : 주파수의 함수로 나타낸 것이다.

03
기기 및 배관라인의 점검에 관한 설명으로 옳지 않은 것은?
① 드레인 배출은 점검하지 않는다.
② 도면과 시방서의 기준에 맞도록 설비 되었는가 확인한다.
③ 각 배관의 구배는 완만하고 에어포켓부는 없는지 확인한다.
④ 각종 기기 및 자재와 부속품은 시방서에 명시된 규격품인지 확인한다.

해설 ① 드레인 배출은 이상이 없는지 확인한다.

04
집진장치 중 일반적으로 집진효율이 가장 좋은 것은?
① 전기 집진장치 ② 중력식 집진장치
③ 원심력식 집진장치 ④ 관성력식 집진장치

해설 전기식 집진장치의 제진효율이 가장 높다.
① **취급입자** : $0.05 \sim 20\mu$
② **집진효율** : $90 \sim 99.9\%$

05
요리장의 배수에 섞여 있는 지방분이 배수관으로 흐르지 않게 하기 위하여 설치하는 것은?
① 가솔린 트랩 ② 스트레이너
③ 그리스 트랩 ④ 메인 트랩

해설 **그리스 트랩**
요리장의 배수에 섞여 있는 지방분이 배수관으로 흐르지 않게 하기 위하여 설치하는 것

06
열전온도계의 열전대는 구비조건이 아닌 것은?
① 장시간 사용하여도 오차가 없도록 내구성이 있어야 한다.
② 재현성이 낮고 전기저항, 온도계수, 열전도율이 작아야 한다.
③ 고온에서도 기계적 강도가 크고 내열성, 내식성이 있어야 한다.
④ 취급과 관리가 용이하며 가격이 싸고 동일 특성을 얻기 쉬워야 한다.

해설 ② 재현성이 있어야 한다.

정답 01 ② 02 ① 03 ① 04 ① 05 ③ 06 ②

07
화학공업 배관재료 선정 시 고려하여야 할 화학반응 중 물질에 따른 부식이 잘못 연결된 것은?
① H_2 – 탈탄
② H_2S – 용해
③ NH_3 – 질화
④ CO – 카보닐화

[해설] H_2S는 저온부식 발생

08
자동화시스템에서 크게 회전운동과 선형운동으로 구분되며 사용하는 에너지에 따라 공압식, 유압식, 전기식 등으로 세분하는 자동화의 5대 요소 중 하나인 것은?
① 센서(Sensor)
② 액추에이터(Actuator)
③ 네트워크(Network)
④ 소프트웨어(Software)

[해설] 엑추에이터(Actuator) : 인간의 손, 발의 기능을 하는 부분

09
미리 정해진 순서 또는 조건에 따라 제어의 각 단계를 순차적으로 행하는 제어에 속하지 않는 것은?
① 추치제어
② 시한제어
③ 순서제어
④ 조건제어

[해설] 시퀀스 제어 : 미리 정해진 순서에 따라 제어의 각 단계를 차례로 진행해 가는 제어를 말한다.

10
높이 6m인 곳에 플러시 밸브를 설치하고자 한다. 배관길이가 18m이고 플러시 밸브에서 최저수압 0.07MPa를 요구할 때 필요한 수압은 얼마인가?(단, 관 마찰손실수두는 200mmAq/m로 한다)
① 0.164MPa
② 0.241MPa
③ 0.636MPa
④ 0.706MPa

[해설] ① 6m까지 필요한 수압 계산
$P_1 = 6 \times 0.01 = 0.06 [MPa]$
② 관 마찰손실 압력 계산
$P_2 = \dfrac{18 \times 200}{10^5} = 0.036 [MPa]$
③ 플러시 밸브 최저수압(P_3) – 0.07MPa
④ 필요한 수압 계산
$P = P_1 + P_2 + P_3 = 0.06 + (0.036/1.03) + 0.07$
$= 0.164 MPa$

11
자동제어에서 미분동작이란?
① 편차의 크기에 비례해서 조작량을 변화시키는 동작이다.
② 제어 편차량에 비례한 속도로 조작량을 변화시키는 동작이다.
③ 편차가 변하는 속도에 비례해서 조작량을 변화시키는 동작이다.
④ 조작량이 동작신호에 응해서 두 개의 정해진 값의 어떤 것을 선택하는 동작이다.

[해설] 미분 동작
편차가 변하는 속도에 비례해서 조작량을 변화시키는 동작

12
건축물의 외벽, 창, 지붕 등에 설치하여 인접 건물에 화재가 발생하였을 때 수막을 형성함으로써 화재의 확산을 방지하는 소화설비는?
① 드렌처(Drencher)
② 히트펌프(Heat Pump)
③ 스프링클러(Strinkler)
④ 사이어미즈 커넥션(Siamese Connection)

[해설] 드렌처 설비
인접 건물에 화재가 발생했을 때 인화를 방지하기 위해 창문, 출입구, 처마 끝에 물을 뿌려 수막을 형성함으로서 본 건물의 화재 발생을 예방하는 소화설비

13
기수혼합 급탕방식에서 물의 온도를 자동으로 조정하기 위해 설치하는 것은?
① 자동온수 혼합기
② 자동온도 조정기
③ 자동온도 냉수조정기
④ 자동온도 조정 사일런서

[해설] 자동온도 조정기는 물의 온도를 일정온도로 자동으로 조정한다.

정답 07 ② 08 ② 09 ① 10 ① 11 ③ 12 ① 13 ②

14
스패너나 렌치 사용시 안전상 주의사항으로 틀린 것은?
① 해머 대용으로 사용치 말 것
② 너트에 맞는 것을 사용할 것
③ 스패너나 렌치는 뒤로 밀어 돌릴 것
④ 파이프 렌치를 사용할 때는 정지장치를 확실히 할 것

[해설] ③ 몸 앞으로 조금씩 잡아 당겨 돌린다.

15
아크용접 중 아크광선에 의해 눈이 충혈되었을 때 취해야 할 조치로 가장 적절한 것은?
① 소금물로 씻어 낸 후 작업한다.
② 구급 안약을 눈에 넣고 작업한다.
③ 냉습포로 찜질을 하면서 안정을 취한다.
④ 온수로 얼굴을 닦은 후 눈을 껌벅이면서 눈동자를 자유롭게 한다.

[해설] 아크용접 중 아크광선에 의한 눈 영향
전광성 안염 – 냉수로 얼굴과 눈을 닦고 냉습포로 안정을 취한다.

16
가스관의 부설 위치에 따른 명칭을 설명한 것으로 잘못된 것은?
① 실내관이란 중간 밸브에서 연소기 콕까지의 배관을 말한다.
② 옥외배관이란 소유자의 토지 경계에서 연소기까지의 배관을 말한다.
③ 본관이란 가스 제조공장의 부지 경계에서 정압기까지의 배관을 말한다.
④ 공급관이란 정압기에서 가스 사용자가 점유하고 있는 토지 경계까지 이르는 배관을 말한다.

[해설] 가스부지경계 → 본관 → 정압기 → 공급관 → 부지 경계 → 옥외배관 → 가스미터 → 옥내배관 → 중간 밸브 → 실내관 → 연소기콕 → 연소기
② 옥외배관이란 소유자의 토지 경계에서 가스미터까지의 배관을 말한다.

17
기송배관의 일반적인 3가지 형식이 아닌 것은?
① 진공식 배관
② 압송식 배관
③ 수송식 배관
④ 진공 압송식 배관

[해설] 기송배관 : 공기 수송기를 사용하여 분말이나 미립자를 운송하는데 효과적인 배관
기송배관의 종류로는 진공식, 압송식, 진공 압송식

18
난방시설에서 전열에 의한 손실열량이 11.63kW이고 환기 손실열량이 3.14kW인 곳에 증기난방을 할 경우 소요되는 주철제 방열기는 몇 절이 필요한가? (단, 주철제 방열기 1절의 방열 표면적은 0.28m²이고, 방열량은 0.76kW/m²이다)
① 20절
② 35절
③ 50절
④ 70절

[해설]
$$N_S = \frac{H_1}{방열량 \times 방열표면적} = \frac{11.63+3.14}{0.76 \times 0.28}$$
$$= 69.407 = 70절$$

19
토치램프의 취급에 관한 안전사항으로 옳지 않은 것은?
① 작업 전에 소화기, 모래 등을 준비한다.
② 사용하기 전에 주변에 인화물질이 없는지 확인한다.
③ 각 부분에서 가솔린의 누설 여부를 확인한 후 점화한다.
④ 작업 중 가솔린의 주입 시에는 램프의 불만 꺼져 있는지 확인한 후 주입한다.

[해설] 토치램프 취급 안전사항 : ①, ②, ③ 외
④ 화기가 완전히 없는지 확인하고 냉각이 된 후 가솔린을 주유한다.

20
공동현상의 발생조건이 아닌 것은?
① 흡입관경이 작을 때
② 과속으로 유량이 증가 시
③ 관로 내의 온도 저하 시
④ 흡입양정이 지나치게 길 때

해설 **공동현상**
빠른 속도로 액체가 운동할 때 액체의 압력이 증기압 이하로 낮아져서 액체 내에 증기기포가 발생하는 현상

21
증기와 응축수의 열역학적 특성에 따라 작동되는 증기트랩이 아닌 것은?
① 플로트형 트랩   ② 오리피스형 트랩
③ 디스크형 트랩   ④ 바이패스형 트랩

해설 **증기트랩의 종류** : 오리피스형 트랩, 디스크형 트랩, 바이패스형 트랩

22
플라스틱 패킹에 관한 설명으로 가장 거리가 먼 것은?
① 편조패킹과는 달리 구조는 일정한 조직을 가지고 있지 않다.
② 구조상 단단하므로 고온·고압의 증기배관에 가장 적합하다.
③ 기밀효과가 좋고 저마찰성, 치수의 융통성 등의 장점이 있다.
④ 석면섬유에 바인더와 윤활제를 가해 끈 또는 링 모양으로 성형한 가소성 패킹이다.

해설 **플라스틱 패킹** : 고온·고압의 증기배관에 사용이 부적합하고, 내수성 및 내약품성이 좋다.

23
덕타일 주철관의 설명으로 옳지 않은 것은?
① 구상흑연 주철관이라고도 한다.
② 변형에 대한 가요성과 가공성은 없다.
③ 보통 회주철관보다 관의 수명이 길다.
④ 강관과 같이 높은 강도와 인성이 있다.

해설 변형에 대한 가요성과 가공성이 있다.

24
동관이나 동합금관에 관한 설명으로 옳지 않은 것은?
① 담수에 대한 내식성은 크나, 극연수에는 부식된다.
② 아세톤, 에테르, 프레온 가스, 파라핀 등에는 침식되지 않는다.
③ 타프터치 동관의 순도는 99.99[%] 이상으로 전기기기의 재료로 많이 사용된다.
④ 두께별 분류에서 K형이 가장 얇고, M형은 보통 두께이고, N형이 가장 두껍다.

해설 **동관의 두께 순서**
K > L > M > N

25
내경 2m, 길이 10m인 원통형 탱크를 수직으로 세워놓고 물을 채울 때 필요한 물의 양은 몇 m^3인가?
① 7.85   ② 15.7
③ 31.4   ④ 62.8

해설 $V = \dfrac{\pi}{4} \times D^2 \times L = \dfrac{3.14}{4} \times 2^2 \times 10 = 31.4 m^3$

26
동관 이음쇠의 종류와 기호표시가 잘못된 것은?
① C : 이음쇠 내로 관이 들어가는 접합형태
② Ftg : 이음쇠 외부로 관이 들어가는 형태
③ F : 이음쇠 안쪽에 관용나사가 가공된 형태
④ C×F : 이음쇠 외부에 관용나사가 가공된 형태

해설 ④ C×F : 이음쇠 외부에 관용나사가 가공된 형태
※ **C×F 어댑터** : 이음쇠 내부에 관용나사가 가공된 형태

27
플랜지 시트 모양에 따른 분류 중 대평면 시트의 호칭압력은 몇 kgf/cm^2 이하인가?
① 16   ② 36
③ 53   ④ 63

해설 **플랜지 시트 종류별 호칭압력**
① **전면 시트** : $16 kgf/cm^2$ 이하
② **대평면 시트** : $63 kgf/cm^2$ 이하
③ **소평면 시트** : $16 kgf/cm^2$ 이상
④ **삽입 시트** : $16 kgf/cm^2$ 이상

정답 20 ③ 21 ① 22 ② 23 ② 24 ④ 25 ③ 26 ④ 27 ④

28
한국산업표준(KS)에서 제시하는 강관의 기호와 그 명칭이 바르게 연결된 것은?
① SPPS : 일반배관용 탄소강관
② SPHT : 저온배관용 탄소강관
③ SPPH : 고압배관용 탄소강관
④ SPLT : 저압배관용 탄소강관

해설 ① SPPS : 일반배관용 탄소강관 → 압력배관용 탄소강관
② SPHT : 저온배관용 탄소강관 → 고온배관용 탄소강관
③ SPPH : 고압배관용 탄소강관
④ SPLT : 저압배관용 탄소강관 → 저온배관용 탄소강관

29
다음 중 폴리에틸렌관의 종류에 속하지 않는 것은?
① 수도용 폴리에틸렌관
② 증기용 폴리에틸렌관
③ 일반용 폴리에틸렌관
④ 가스용 폴리에틸렌관

해설 증기용에는 약해서 사용하기 곤란하다.

30
덕트 내의 소음 방지법을 설명한 것으로 옳지 않은 것은?
① 댐퍼 취출구에 흡음재를 부착한다.
② 덕트의 도중에 흡음재를 부착한다.
③ 송풍기 출구 부근에 플리넘 챔버를 장치한다.
④ 덕트의 적당한 곳에 슬라이드 댐퍼를 설치한다.

해설 ④ 덕트의 적당한 곳에 흡음장치를 설치한다.

31
급수배관을 완료하고 수압시험을 하기 위한 조치사항으로 옳지 않은 것은?
① 배관의 개구부는 플러그 등으로 막았다.
② 배관의 중간에 잇는 분기 밸브는 모두 열어 놓았다.
③ 관내에 물을 채울 때는 공기빼기용 밸브를 막았다.
④ 수직배관의 경우 최상부에 공기빼기 장치를 설치하였다.

해설 ③ 관내에 물을 채울 때는 공기빼기용 밸브를 개방하여 공기를 배출시킨다.

32
신축이음쇠 중 평면상의 변위뿐 아니라 입체적인 변위까지도 안전하게 흡수할 수 있는 이음쇠는?
① 루프형 신축이음쇠
② 스위블형 신축이음쇠
③ 벨로스형 신축이음쇠
④ 볼조인트형 신축이음쇠

해설 볼조인트형 신축이음쇠
신축이음쇠 중 평면상의 변위뿐 아니라 입체적인 변위까지도 안전하게 흡수할 수 있는 이음쇠

33
체크 밸브에 관한 설명으로 옳지 않은 것은?
① 체크 밸브는 유체의 역류를 방지한다.
② 리프트식은 수직배관에만 사용된다.
③ 스윙식은 수평, 수직배관 어느 곳에나 사용된다.
④ 풋형 체크 밸브는 펌프운전 중에 흡입측 배관 내 물이 없어지는 것을 방지하기 위해 사용한다.

해설 체크 밸브
유체를 한쪽 방향으로만 흐르게 하고 반대 방향으로는 흐르지 못하도록 하는 밸브이다. 급배수관 또는 냉매관 등에 많이 사용되고 있다. 스윙형과 리프트형이 있다.

34
배관의 하중을 아래에서 위로 떠받치는 배관의 지지장치는?
① 행거   ② 브레이스
③ 서포트   ④ 레스트레인트

해설 서포트는 하중을 아래에서 위로 받쳐주는 역할을 한다.

35
강관의 대구경관 조립에 사용하는 파이프렌치는?
① 체인 파이프렌치
② 업셋 파이프렌치
③ 링크형 파이프렌치
④ 스트레이트 파이프렌치

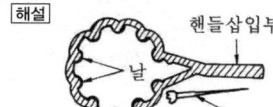

[해설] 링크형 파이프커터
주철관 절단 시 주로 사용되며 원형의 특수 강제 커터, 링크, 핸들 및 래칫 레버로 구성되어 있다. 구조상 매설된 주철관의 절단에 적합하다.

36
CO_2 아크 용접법 중에서 비용극식 용접에 해당하는 것은?
① 순 CO_2 법
② 탄소 아크법
③ 혼합 가스법
④ 아코스 아크법

[해설] 탄소 아크법은 비용극식 용접에 해당한다.

37
폴리에틸렌관의 용착슬리브 이음 시 가열 지그를 이용한 용착(가열)온도로 적합한 온도는 약 몇 ℃ 정도인가?
① 100℃
② 150℃
③ 200℃
④ 300℃

[해설] 용착 슬리브 접합
융착가열온도는 180~240℃ 정도이다.

38
용접시간 10분 중 아크발생시간이 8분, 무부하시간이 2분이었다면 이 용접기의 사용률은 얼마인가?
① 50[%]
② 60[%]
③ 70[%]
④ 80[%]

[해설] 사용률 = $\dfrac{\text{아크발생시간}}{\text{아크발생시간}+\text{정지시간}} \times 100$
$= \dfrac{8}{8+2} \times 100 = 80[\%]$

39
배관 내의 가스압력이 196kPa일 때 체적이 0.01m³, 온도가 27℃이었다. 이 가스가 동일 압력에서 체적이 0.015m³으로 변하였다면 이때 온도는 몇 ℃가 되는가?(단, 이 가스는 이상기체라고 가정한다)
① 27℃
② 127℃
③ 177℃
④ 450℃

[해설] $\dfrac{P_1 V_1}{T_1} = \dfrac{P_2 V_2}{T_2}$ 에서 $P_1 = P_2$ 이다.
$T_2 = T_1 \dfrac{V_2}{V_1} = \dfrac{(273+27) \times 0.015}{0.01} = 450[K] - 273$
$= 177℃$

40
주철관 이음 중 기계식 이음(Mechanical Joint)에 관한 설명으로 옳지 않은 것은?
① 기밀성이 불량하다.
② 굽힘성이 풍부하므로 누수가 없다.
③ 소켓이음과 플랜지이음의 복합형이다.
④ 간단한 공구로 신속하게 이음이 되며, 숙련공이 필요하지 않다.

[해설] 주철관 이음 중 기계식 이음은 기밀성이 양호하다.

41
다음 중 동관용 공구가 아닌 것은?
① 티뽑기
② 사이징 툴
③ 익스팬더
④ 전용 압착공구

[해설] 전용 압착공구는 스테인리스관의 몰코 접합 시 사용하는 공구이다.

42
다음 중 SI 기본단위가 아닌 것은?
① 시간(s)
② 길이(m)
③ 질량(kg)
④ 압력(Pa)

[해설] 압력은 유도단위이다.

43
주철관 이음 시 스테인리스 커필링과 고무링만으로 쉽게 이음 할 수 있는 접합법은?

① 노허브 이음　② 빅토리 이음
③ 타이톤 이음　④ 플랜지 이음

해설 노허브 이음(No Hub Joint)은 종래 사용하여 오던 소켓이음을 개량한 것으로 스테인리스강 커플링과 고무링만으로 쉽게 이음할 수 있는 방법이다.

44
석면 시멘트관의 심플렉스 이음에 관한 설명으로 옳지 않은 것은?

① 수밀성과 굽힘성은 우수하지만 내식성은 약하다.
② 호칭지름 75~500mm의 지름이 작은 관에 많이 사용된다.
③ 접합에 끼워 넣은 공구로는 프릭션 풀러(Friction Puller)를 사용한다.
④ 칼라 속에 2개의 고무링을 넣고 이음하며 고무 가스켓 이음이라고도 한다.

해설 **심플렉스 이음**
칼라 속에 2개의 고무링을 넣고 이음하는 방법으로 고무 가스켓 이음이다.

45
용접이음의 효율을 나타내는 공식은?

① $\dfrac{\text{모재의 인장강도}}{\text{용접봉의 인장강도}} \times 100[\%]$

② $\dfrac{\text{용접봉의 인장강도}}{\text{모재의 인장강도}} \times 100[\%]$

③ $\dfrac{\text{모재의 인장강도}}{\text{시험편의 인장강도}} \times 100[\%]$

④ $\dfrac{\text{시험편의 인장강도}}{\text{모재의 인장강도}} \times 100[\%]$

해설 용접이음 효율[%] = $\dfrac{\text{시험편의 인장강도}}{\text{모재의 인장강도}} \times 100$

46
다음 중 가스절단이 가장 잘 되는 재료는?

① 연강　② 비철금속
③ 주철　④ 스테인리스

해설 산소와 아세틸렌 또는 프로판 불꽃을 이용한 가스절단은 탄소강(연강)에 적합하다.

47
그림과 같은 배관 도시기호의 의미로 옳은 것은?

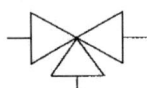

① 콕　② 3방향 밸브
③ 파이프 슈　④ 버터플라이 밸브

해설 유체의 흐름을 3방향으로 흐르게 하는 밸브로 3-way Valve라 한다.

48
다음 평면도를 입체도로 그린 것은?

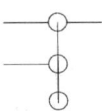

해설

접속상태	실제모양	도시기호	실제모양	도시기호
접속하지 않을 때		┼ ┼	A↓	A⊙
접속하고 있을 때	✚	┼	B↓	B●
분기하고 있을 때	┳	┴	C↓ D	C●─●D

정답 43① 44① 45④ 46① 47② 48③

49
플랜트 배관설비 도면에서 배관도의 일부를 인출, 발췌하여 그린 도면 명칭은?
① 평면 배관도   ② 입체 배관도
③ 입면 배관도   ④ 부분 배관도

해설 **부분 배관도**
플랜트 배관설비 도면에서 입체 배관도로 배관의 일부만을 작도

50
원이나 원호 이외의 불규칙한 곡선을 그릴 때 적당한 제도용구는?
① 줄자   ② 운형자
③ 눈금자   ④ 삼각자

해설 **운형자**
불규칙한 곡선을 그릴 때 사용

51
관 결합 방식의 표시 방법으로 옳은 것은?
① 용접식 : ─■─
② 플랜지식 : ─╫─
③ 소켓식 : ─○─
④ 유니언식 : ─✕─

해설 유니언식(유니온식)
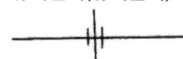

52
다음과 같이 배관라인번호를 나타낼 때 사용하는 기호에 대한 명칭으로 옳지 않은 것은?

3 − 6B − P − 8081 − 39 − CINS

① 6B : 배관 호칭지름
② P : 유체기호
③ 8081 : 배관번호
④ CINS배관재료

해설
- 3 : 장치번호
- 6B : 배관의 호칭지름
- P : 유체기호
- 8081 : 배관번호
- 39 : 배관재료 종류 별 기호
- CINS : 보온·보냉 기호

53
파이프의 외경이 1000mm이고 TOP EL 30000이고, 또 다른 파이프 외경이 500mm이고 BOP EL20000이면 두 파이프의 중심선에서의 높이차는 몇 mm인가?
① 6000   ② 7000
③ 8500   ④ 9250

해설 • EI : 그 지방의 해수면에 기준선(Base Line)을 설정하여 이 기준선으로부터 두 파이프의 중심선에서의 높이차 계산
높이차 = (Top−반지름)−(Bop+반지름)
= (30000−500)−(20000+250)
= 9250Mm

54
다음 용접기호를 바르게 표현한 것은?

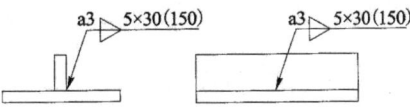

① 용접길이 30mm, 용접부 개수 3
② 용접길이 30mm, 용접부 개수 5
③ 용접부 길이 150mm, 용접부 개수 3
④ 용접부 길이 150mm, 용접부 개수 5

해설 **필릿용접의 병렬단속용접**
목 두께 3mm, 용접길이 30mm, 용접부 개수 5, 피치 150mm 개수 길이 간격순

55
근래 인간공학이 여러 분야에서 크게 기여하고 있다. 다음 중 어느 단계에서 인간공학적 지식이 고려됨으로서 기업에 가장 큰 이익을 줄 수 있는가?
① 제품의 개발단계   ② 제품의 구매단계
③ 제품의 사용단계   ④ 작업자의 채용단계

해설 제품의 개발단계에서부터 인간공학적 지식이 고려되고 반영되어야 기업에 이익이 최대로 될 수 있다.

정답 49 ④ 50 ② 51 ② 52 ④ 53 ④ 54 ② 55 ①

56

다음 [표]를 참조하여 5개월 단순이동평균법으로 7월의 수요를 예측하면 몇 개인가?

[단위 : 개]

월	1	2	3	4	5	6
실적	48	50	53	60	65	68

① 55개 ② 57개
③ 58개 ④ 59개

해설 $FT = \dfrac{At-i}{n} = \dfrac{50+53+60+64+68}{5} = 59$개
　Ft : 차기 예측치
　$At-i$: 기간의 실적치
　n : 기간의 수

57

도수분포표에서 도수가 최대인 계급의 대표값을 정확히 표현한 통계량은?

① 중위수
② 시료평균
③ 최빈수
④ 미드-레인지(Mid-Range)

해설 최빈수
　도수분포표에서 도수가 최대인 계급의 대표값을 정확히 표현한 통계량

58

다음 중 두 관리도가 모두 포와송 분포를 따르는 것은?

① $\bar{x}$ 관리도, R 관리도
② c 관리도, u 관리도
③ np 관리도, p 관리도
④ c 관리도, p 관리도

59

전수검사와 샘플링 검사에 관한 설명으로 가장 올바른 것은?

① 파괴검사의 경우에는 전수검사를 적용한다.
② 전수검사가 일반적으로 샘플링 검사보다 품질향상에 자극을 더 준다.
③ 검사항목이 많을 경우 전수검사보다 샘플링 검사가 유리하다.
④ 샘플링 검사는 부적합품이 섞여 들어가서는 안 되는 경우에 적용한다.

해설 검사항목이 많을 경우 전수검사보다 샘플링 검사가 유리하다.

60

다음 중 반즈(Ralph M. Barnes)가 제시한 동작경제 원칙에 해당되지 않는 것은?

① 표준작업의 원칙
② 신체의 사용에 관한 원칙
③ 작업장의 배치에 관한 원칙
④ 공구 및 설비의 디자인에 관한 원칙

해설 반즈(Raiph M Barnes)가 제시한 동작경제의 원칙
　① 신체의 사용에 관한 원칙
　② 작업장의 배치에 관한 원칙
　③ 공구 및 설비의 디자인에 관한 원칙

정답 56 ④ 57 ③ 58 ③ 59 ③ 60 ①

2014년 기능장 제56회 필기시험
(7월 20일 시행)

01
압축공기 배관의 부품에 들어가지 않는 것은?
① 세퍼레이터(Separator)
② 공기 여과기(Air Filters)
③ 애프터 쿨러(After Cooler)
④ 사이어미즈 커넥션(Siamese Connection)

[해설] 압축공기
콤프레셔라고 하며 공기를 압축하는기계

02
압축기로 공기를 밀어 넣고 송급기(Feeder)에서 운반물을 흡입해서 공기와 함께 수송한 다음 수송관 끝에서 공기와 분리하여 외부에 취출하는 기송배관 형식은?
① 진공식   ② 진공압송식
③ 압송식   ④ 압송진공식

[해설] • 기송배관 : 공기 수송기를 사용하여 분말이나 미립자를 운송하는데 효과적인 배관
• 기송배관의 종류 : 진공식, 압송식, 진공압송식

03
다음 중 보일러의 제어장치에 포함되지 않는 것은?
① 급수제어   ② 연소제어
③ 증기온도 제어   ④ 풋 밸브제어

[해설] 보일러 자동제어의 종류
급수제어, 연소제어, 증기온도 제어, 증기압력 제어

04
아크용접 작업 시 주의사항으로 적당하지 않은 것은?
① 눈 및 피부를 노출시키지 말 것
② 홀더가 가열될 시에는 물에 식힐 것
③ 비가 올 때는 옥외작업을 금지할 것
④ 슬랙을 제거할 때에는 보안경을 사용할 것

[해설] 홀더 등 전기용접 부품 및 기기에 물이 있을 경우 감전의 위험성이 있다.

05
집진장치 덕트 시공에 대한 설명으로 옳지 않은 것은?
① 냉난방용보다 두꺼운 판을 사용한다.
② 곡선부는 직선부보다 두꺼운 판을 사용한다.
③ 먼지 등이 통과하면서 마찰이 심한 부분에는 강관을 사용한다.
④ 메인 덕트에서 분기할 대는 최저 45° 이상 경사지게 대칭으로 분기한다.

[해설] 분기관을 메인 덕트에 연결하는 경우 최저 30° 이상으로 한다.

06
그림과 같은 자동제어 블록선도(Block Diagram) 중 A, C, D, F의 제어요소를 순서대로 배열한 것은?

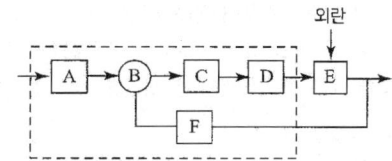

① 설정부, 조절부, 조작부, 검출부
② 설정부, 조작부, 조절부, 검출부
③ 설정부, 조작부, 조절부, 제어대상
④ 설정부, 조작부, 비교부, 제어대상

[해설] 각 부의 명칭
• A부 : 설정부   • B부 : 비교부
• C부 : 조절부   • D부 : 조작부
• E부 : 제어대상   • F부 : 검출부

정답 01 ④ 02 ③ 03 ④ 04 ② 05 ④ 06 ①

07
배수관 및 통기관의 배관 완료 후 또는 일부 종료 후 각 기구 접속구 등을 밀폐하고, 배관 최상부에서 배관 내에 물을 가득 채운 상태에서 누수의 유무를 시험하는 것은?

① 만수시험 ② 통수시험
③ 연기시험 ④ 수압시험

해설 **만수시험**
배관 내에 물을 가득 채운 상태에서 누수의 유무를 시험

08
펌프의 종류 중 고양정, 대유량용으로 유체를 이송시키는데 가장 적합한 터보형 펌프는?

① 원심 펌프 ② 왕복식 펌프
③ 축류 펌프 ④ 로터리 펌프

해설 **원심펌프**
한 개 또는 여러개의 임펠러를 밀폐된 케이싱 내에서 회전시켜 발생하는 원심력을 이용하여 액체를 이송하거나 압력을 상승시켜 축과 직각방향으로 토출된다. 종류로는 터빈펌프와 벌류트펌프가 있으며 양정은 10~20m이다.

09
급탕설비에 간접 가열식 중앙 급탕법에 관한 설명으로 옳지 않은 것은?

① 대규모 급탕설비에 적합하다.
② 급탕 가열용 코일이 필요하다.
③ 기수 혼합식 고압 보일러가 필요하다.
④ 저탕조 내부에 스케일이 잘 생기지 않는다.

해설 **기수 혼합법**
보일러에서 나온 증기를 물탱크 속에 불어 넣어 물을 가열하는 것으로 소음을 방지하기 위하여 스팀 사이렌서를 사용하며 사용 증기압은 1~4kgf/cm² 정도이다.

10
다음 중 방화조치로 적당하지 않은 것은?

① 흡연은 정해진 장소에서만 한다.
② 화기는 정해진 장소에서 취급한다.
③ 유류 취급 장소에는 방화수를 준비한다.
④ 기름걸레 등은 정해진 용기에 보관한다.

해설 유류 취급 장소에는 분말소화기, 포말소화기 등을 준비한다.

11
CAD 시스템을 이용하여 형상을 정의하기 위하여 공간상의 점을 정의하는 방법이 아닌 것은?

① 극좌표계 ② 직선좌표계
③ 직교좌표계 ④ 원통좌표계

해설 **CAD 시스템의 좌표계**
절대좌표계, 상대좌표계, 극좌표계, 직교좌표계, 구좌표, 원통좌표계

12
가스배관에서 가스공급시설 중 하나인 정압기에 관한 설명으로 옳은 것은?

① 제조공장과 공급지역이 비교적 가깝고 공급면적이 좁아 저압의 가스를 보낼 때 사용한다.
② 원거리 지역에 대량의 가스를 수송하기 위하여 공압 압축기로 가스를 압축하는 역할을 한다.
③ 사용량이 서로 다른 시간별 또는 특정 시기에 소요 공급압력을 일정하게 유지하는 역할을 한다.
④ 제조공장에서 생산, 정제된 가스를 저장하여 가스의 품질을 균일하게 하고 제조량과 소요량을 조절하는 것이다.

해설 **정압기**
공급가스가 설정압력에 맞게 항상 일정하게 유지하는 역할을 한다.

13
다음 중 시퀀스 제어의 분류에 속하지 않는 것은?

① 시한제어 ② 순서제어
③ 조건제어 ④ 프로그램 제어

해설 **시퀀스 제어**
미리 정해진 순서에 따라 제어의 각 단계를 차례로 진행해 가는 제어를 말한다. 시한제어, 순서제어, 조건제어로 분류한다.

정답 07 ① 08 ① 09 ③ 10 ③ 11 ② 12 ③ 13 ④

14
배관시공 시 안전 수칙으로 옳지 않은 것은?
① 가열된 관에 의한 화상에 주의한다.
② 점화된 토치를 가지고 장난을 금한다.
③ 와이어 로프는 손상된 것을 사용해서는 안 된다.
④ 배관이송 시 로프는 훅(Hook)에서 잘 빠지도록 한다.

[해설] 배관이송 시 로프가 훅(Hook)에서 잘 빠지지 않도록 한다.

15
아세틸렌가스의 폭발하한계와 폭발상한계 값으로 옳은 것은?
① 폭발하한계 : 1.8vol%, 폭발상한계 : 8.4vol%
② 폭발하한계 : 2.1vol%, 폭발상한계 : 9.5vol%
③ 폭발하한계 : 2.5vol%, 폭발상한계 : 81.0vol%
④ 폭발하한계 : 4.0vol%, 폭발상한계 : 74.5vol%

[해설] 공기 중에서의 아세틸렌의 폭발범위 : 2.5~81.0vol%

16
가스배관 시공에 있어서 가스계량기에서 중간 밸브 사이에 이르는 배관은 무엇인가?
① 본관   ② 옥내배관
③ 공급관   ④ 옥외배관

[해설] 가스배관 시공에 있어서 공급관 → 옥외배관 → 가스계량기 → 옥내배관순으로 배관

17
보일러의 수위제어 방식 중 3요소식에서 검출하는 요소가 아닌 것은?
① 온도   ② 수위
③ 증기유량   ④ 급수유량

[해설] 수위제어 방식중 3요소식
수위, 증기유량, 급수유량

18
배관재의 종류에 따른 지지간격이 옳지 않은 것은?
① 동관 : 입상관일 때 1.2m 이내 마다 지지
② 강관 : 입상관일 때 각 층마다 1개소 이상 지지
③ 강관 : 횡주관 20A 이하일 때 5m 이내 마다 지지
④ 동관 : 횡주관 20A 이하일 때 1m 이내 마다 지지

[해설] 강관
횡주관 20A 이하일 때 1.8m 이내 마다 지지

19
배수 통기배관의 시공상 주의사항으로 옳은 것은?
① 배수 트랩은 반드시 2중으로 한다.
② 냉장고의 배수는 반드시 간접배수로 한다.
③ 배수입관의 최하단에는 트랩을 설치한다.
④ 통기관은 기구의 오버플로선 이하에서 통기 입관에 연결한다.

[해설] 냉장고 배수관은 반드시 간접배수를 한다.

20
장치의 운전을 정지시키지 않고 유체가 흐르는 상태에서 고장을 수리하는 것으로 바이패스를 시키거나 분기하여 유체를 우회 통과시키는 응급조치방법은?
① 코킹(Caulking)법과 밴드보강법
② 인젝션(Injection)법과 밴드보강법
③ 핫태핑(Hot Tapping)법과 플러깅(Plugging)법
④ 스토핑 박스(Stopping Box)법과 박스설치(Box-In)법

[해설] 핫태핑(Hot Tapping)법과 플러깅(Plugging)법
장치의 운전을 정지시키지 않고 유체가 흐르는 상태에서 고장을 수리하는 것으로 바이패스를 시키거나 분기하여 유체를 우회 통과시키는 응급조치방법

21
타르 및 아스팔트 도료에 관한 설명으로 옳은 것은?
① 50℃에서 담금질하여 사용해야 가장 좋다.
② 첨가제 없이 도료 단독으로 사용하여야 효과가 높다.
③ 노출 시에는 외부적 요인에 따라 균열이 발생하기 쉽다.
④ 관 표면에 도포 시 물과 접촉하면 부식하기 쉬우므로 내식성 도료를 도장해야 한다.

해설 ① 130℃ 정도로 담금질하여 사용해야 가장 좋다.
② 첨가제를 사용하여야 효과가 높다.
③ 노출 시에는 외부적 요인(온도변화)에 따라 균열이 발생하기 쉽다.
④ 관의 벽면과 물 사이에 내식성 도막을 만든다.

22
배관의 상하 이동에 관계없이 사용하여 항상 일정한 하중으로 관을 지지하는 행거는?
① 리지드 행거(Rigid Hanger)
② 브레이스 행거(Brace Hanger)
③ 콘스턴트 행거(Constant Hanger)
④ 베어리어블 행거(Variable Hanger)

해설 ① 리지드 행거(rigid hanger) : 수직방향의 변위가 없는 곳에 사용
② 스프링 행거(spring hanger) : 변위가 적은 곳에 사용
③ 콘스턴트 행거(constant hanger) : 관의 상하방향 이동을 이용하면서 변위가 큰 곳에 사용

23
아래 ( ) 안에 들어갈 수치가 옳은 것은?

맞대기 용접식 이음쇠인 엘보의 곡률반경은 롱(Long)이 강관 호칭지름의 (ⓐ)배, 숏(Short)는 호칭지름의 (ⓑ)배이다.

① ⓐ 1.5, ⓑ 1.0
② ⓐ 2.0, ⓑ 1.5
③ ⓐ 1.7, ⓑ 1.5
④ ⓐ 2.0, ⓑ 1.7

해설 • 롱 엘보 : 강관 호칭지름의 1.5배
• 숏 엘보 : 강관 호칭지름이 1배

24
토목, 건축, 철탑, 발판, 지주, 말뚝 등에 많이 쓰이는 강관은?
① 고압배관용 탄소강관
② 고온배관용 탄소강관
③ 일반구조용 탄소강관
④ 경질염화비닐 라이닝강관

해설 일반구조용 탄소강관
토목, 건축, 철탑, 발판, 지주, 말뚝 등에 많이 쓰이는 강관

25
동관 이음쇠의 한쪽은 안쪽으로 동관을 삽입접합되고, 다른 쪽은 암나사를 내어 강관에는 수나사를 내어 나사이음 하게 되는 경우에 필요한 동합금 이음쇠는?
① C×F 어댑터
② Ftg×F 어댑터
③ C×M 어댑터
④ Ftg×M 어댑터

해설

CxF 어댑터   CxM 어댑터

① C : 이음재 내로 관이 들어가 접합되는 형태이다.
② M : 나사가 밖으로 난 나사이음용 이음재이다.
③ F : 나사가 안으로 난 나사음용 이음재이다.
④ Ftg : 이음쇠 바깥쪽으로 관이 들어가 접합되는 형태이다.

26
다음 중 유체의 흐름에 저항이 적고, 침식성의 유체에 대해서도 유체통로 속만을 내식성 재료로 하여 산 등의 화학약품을 차단하는 경우에 가장 적합한 것은?
① 플랩 밸브(Flap Valve)
② 체크 밸브(Check Valve)
③ 플러그 밸브(Plug Valve)
④ 다이어프램 밸브(Diaphragm Valve)

해설 다이어프램 밸브(Diaphragm Valve)
내열성, 내약품성의 고무제의 얇은 판(Diaphragm)을 밸브 시트에 밀어 붙이는 구조

27
다음 중 사용압력이 0.7N/mm² 정도의 낮은 곳에 사용되며 직관, TS관, 편수컬러관이 있는 관은?
① 경질 비닐전선관
② 일반용 경질 염화비닐관
③ 내열성 경질 염화비닐관
④ 수도용 경질 염화비닐관

해설 **수도용 경질 염화비닐관**
사용압력이 0.7N/mm² 정도의 낮은 곳에 사용되며 직관, TS관, 편수컬러관이 있는 관

28
스테인리스 강관에 관한 설명으로 옳지 않은 것은?
① 적수, 백수, 청수의 염려가 없다.
② 저온 충격이 크고 한냉지 배관이 가능하다.
③ 스테인리스강은 철에 12~20[%] 정도의 크롬을 함유하여 만들어진다.
④ 나사식, 몰코식, 노허브 접합, 플랜지식 이음법 등 특수 시공법으로 시공이 복잡하다.

해설 노허브 이음(no-hub joint)은 종래 사용하여 오던 소켓이음을 개량한 것으로 스테인리스강 커플링과 고무링만으로 쉽게 이음할 수 있는 방법이다.

29
밸브에서 고속도 유체의 충격에 의한 기계적인 파괴 작용 또는 이에 화학적 부식작용이 수반되어 고체표면의 국부에 심한 손상을 발생하는 현상은?
① 이로전   ② 채터링
③ 플러싱   ④ 코로전

해설 **이로전**
밸브에서 고속도 유체의 충격에 의한 기계적인 파괴 작용 또는 이에 화학적 부식작용이 수반되어 고체 표면의 국부에 심한 손상을 발생하는 현상

30
네오프렌 패킹에 관한 설명으로 가장 부적절한 것은?
① 고압 증기배관에 주로 사용된다.
② 내열 범위가 −46~121℃인 합성고무이다.
③ 물, 공기, 기름, 냉매배관용에 사용한다.
④ 내유성, 내후성, 내산화성 및 기계적 성질이 우수하다.

해설 네오프렌(합성고무)은 천연고무의 성질을 개선시킨 것으로 증기배관 외 물, 공기, 기름 및 냉매배관 등 광범위하게 사용하는 플랜지 패킹이다.

31
닥타일 주철관의 이음 종류가 아닌 것은?
① TS 이음   ② 타이톤 이음
③ 메카니컬 이음   ④ K-P 메카니컬 이음

해설 **주철관 접합법 종류**
소켓 이음, 기계식 이음(mechanical joint), 타이톤 접합, 빅토리 접합, 플랜지 접합 등 TS 이음은 경질 염화비닐관의 이음 방법이다.

32
외경 25mm인 강관으로 흡수해야 할 신축량이 25mm인 루프형 신축곡관을 만들 때 필요한 관의 길이는?
① 78.5cm   ② 103.5mm
③ 157cm   ④ 185cm

해설 $L = 0.073\sqrt{d \cdot \Delta L} = 0.073 \times \sqrt{25 \times 25} \times 100$
$= 182.5cm$

33
증기트랩 장착상의 주의사항으로 옳지 않은 것은?
① 열동 트랩은 냉각관이 필요하다.
② 버킷형은 운전 정지 중에 동결할 우려가 없다.
③ 열동 트랩은 응축수의 온도를 감지하여 작동한다.
④ 열동 트랩은 구조상 역류를 일으킬 위험성이 있다.

해설 버킷형 증기트랩은 운전 정지 중에 동결의 우려가 있다.

정답 27 ④ 28 ④ 29 ① 30 ① 31 ① 32 ④ 33 ②

34
비중이 작은 열 및 전기 전도도가 높으며 용접이 가능하며, 고순도의 것일수록 내식성 및 가공성이 좋아지므로 이음매 없는 관과 용접관, 화학공업용 배관, 열교환기 등에 적합한 관은?

① 강관
② 알루미늄관
③ 염화비닐관
④ 석면 시멘트관

[해설] 비중이 작은 열 및 전기 전도도가 높으며 용접이 가능하며, 고순도의 것일수록 내식성 및 가공성이 좋아지므로 이음매 없는 관과 용접관, 화학공업용 배관, 열교환기 등에 적합한 관 → 알루미늄관

35
폴리부틸렌관 이음방법 중 PB 이음이라고도 하는 이음방법은?

① 몰코이음(Molco Joint)
② 에이콘 이음(Acorn Joint)
③ 압축이음(Compressed Joint)
④ 플라스틴 이음(Plastann Joint)

[해설] 에어콘 이음
본체, 그라프링, 오링, 캡, 서포트슬리브로 구성되며 관을 연결구에 삽입하여 그라프링과 O링에 의한 이음방법이다.

36
그림과 같이 45° 벤딩을 하고자 한다. 벤딩 하여야 할 부분인 "X"로 표시된 파이프 길이는 약 몇 mm인가?

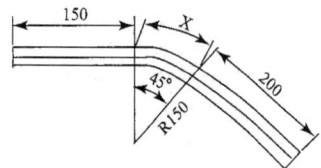

① 117.8
② 133.0
③ 183.0
④ 266.5

[해설] $X = \dfrac{45}{360} \times 3.14 \times D = \dfrac{45}{360} \times 3.14 \times (2 \times 150)$
$= 117.809 mm$

37
10℃의 물 1[kg]을 100℃의 포화증기로 만드는데 필요한 열량은 약 몇 KJ인가?(단, 물의 비열은 4.19KJ/kg·K이고, 물의 증발잠열은 2256.7KJ/kg 이다)

① 539
② 639
③ 2633.8
④ 2937.8

[해설] 현열 $Q_1 = G \cdot C \cdot \Delta t$
$= 1 \times 4.19 \times (100-10) = 377.1 kJ$
잠열 $Q_2 = G \cdot r = 1 \times 2256.7 = 2256.7 kJ$
열량 $Q = Q_1 + Q_2 = 377.1 + 2256.7 = 2633.8 kJ$

38
산소-아세틸렌가스 절단 시 예열용 불꽃의 세기가 강할 경우의 영향으로 옳지 않은 것은?

① 절단면이 거칠어진다.
② 역화를 일으키기 쉽다.
③ 슬랙이 잘 떨어지지 않는다.
④ 위 모서리가 녹아 둥글게 된다.

[해설] 예열용 불꽃의 세기가 약할 경우 → 역화를 일으키기 쉽다.

39
피복 아크 용접에서 직류 정극성(DCSP)에 관한 특성으로 옳지 않은 것은?

① 비드 폭이 넓다.
② 모재의 용입이 깊다.
③ 용접봉의 용융이 늦다.
④ 일반적으로 후판에 많이 쓰인다.

[해설] 정극성은 모재가 양극(+), 용접봉이 음극(-)에 연결하고 특성으로는 모재의 용입이 깊고 용접봉의 녹는 속도 느리며, 비드 폭이 좁다.
※ 역극성은 정극성의 반대로 보면 된다.

정답 34② 35② 36① 37③ 38② 39①

40
주철관의 소켓이음에 관한 설명으로 옳은 것은?
① 코킹방법은 예리한 정을 먼저 사용하고 점차 둔한 정을 사용한다.
② 용융 납은 2~3회에 걸쳐 나누어 삽입하면서 매회 코킹하도록 한다.
③ 콜타르(Coal Tar)는 주철관 표면에 방수 피막을 형성시키기 위해 도포한다.
④ 마(얀)의 삽입길이는 수도용의 경우 전체 삽입길이의 2/3, 배수용은 1/3이 적합하다.

[해설] 정극성은 모재가 양극(+), 용접봉이 음극(-)에 연결하고 특성으로는 모재의 용입이 깊고 용접봉의 녹는 속도 느리며, 비드 폭이 좁다.
※ 역극성은 정극성의 반대로 보면 된다.

41
에이콘 이음(Acorn Joint)에서 에이콘 파이프의 사용 가능 온도로 가장 적합한 것은?
① 0~150℃ ② -10~130℃
③ -30~110℃ ④ -50~100℃

[해설] 에어콘 이음
본체, 그라프링(Grab Ring, 오링(O-Ring), 캡, 서포트슬리브로 구성되며 관을 연결구에 삽입하여 그라프링과 O링에 의한 이음방법이다.

42
증발량이 0.54kg/s인 보일러의 증기엔탈피가 2636KJ/kg이고, 급수엔탈피는 83.9KJ/kg이다. 이 보일러의 상당증발량은 약 얼마인가?(단, 물의 증발잠열은 2256.7KJ/kg이다)
① 0.61kg/s ② 0.63kg/s
③ 0.86kg/s ④ 0.98kg/s

[해설] $G_e = \dfrac{G(h_2 - h_1)}{2256.7} = \dfrac{0.54 \times (2636 - 83.9)}{2256.7}$
$= 0.6106 [kg/s]$

43
폴리에틸렌관의 이음방법에 해당되지 않는 것은?
① 인서트 이음 ② 용착 슬리브 이음
③ 기볼트 이음 ④ 테이퍼 조인트 이음

[해설] 폴리에틸렌관의 이음 종류
① 용착 슬리브 접합
② 테이퍼 접합
③ 인서트 접합
④ 기타 이음방법 : 용접법, 플랜지 이음법, 나사이음

44
비중 1.2인 유체를 0.067m³/s유량으로 높이 12m를 올리려면 펌프의 동력은 약 몇 kW가 필요한가?(단, 펌프의 효율은 100%로 가정한다)
① 9.46 ② 10.14
③ 11.2 ④ 15.01

[해설] $kW = \dfrac{\gamma QH}{102\eta} = \dfrac{(1.2 \times 1000) \times 0.067 \times 12}{102 \times 1} = 9.458 kW$

45
점 용접을 할 때 용접기로 조정할 수 있는 3요소에 해당하는 조건은?
① 가압력, 통전시간, 전류의 종류
② 가압력, 통전시간, 전류의 세기
③ 전극의 재질, 전극의 구조, 전극의 종류
④ 전극의 재질, 전극의 구조, 전류의 세기

[해설] 점 용접 3대 요소
전류의 세기, 통전시간, 가압력

46
구리관의 끝 부분을 정확한 지름의 원형으로 만들 때 사용하는 주된 공구는?
① 커터 ② 가열기
③ 익스팬더 ④ 사이징 툴

[해설]  사이징 툴(Sizing Tools)
동관의 끝부분을 정확한 치수의 원형으로 교정하기 위하여 사용

47
표준약어의 설명으로 옳지 않은 것은?
① API : 미국석유협회
② AWS : 미국용접협회
③ AISI : 미국철강협회
④ ANSI : 미국재료시험학회

[해설]
- API(American Petroleum Institute) : 미국석유협회
- AWS(American Welding Society) : 미국용접협회
- AISI(American Iron and Steel Institute) : 미국철강협회
- ANSI(American National Standard Institute) : 미국표준협회
- ASTM(American Society for Testing and Materials) : 미국 재료 시험 협회

48
다음 도면의 규격 중 A1 규격인 것은?
① 257mm×364mm ② 515mm×728mm
③ 594mm×841mm ④ 1030mm×1456mm

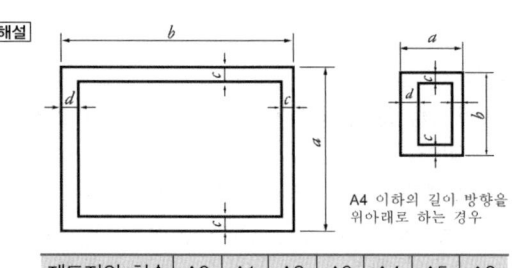

제도지의 치수		A0	A1	A2	A3	A4	A5	A6
a× b		841×1189	594×841	420×594	297×420	210×297	148×210	105×148
c(최소)		10	10	10	5	5	5	5
d (최소)	묶지 않을 때	10	10	10	5	5	5	5
	묶을 때	25	25	25	25	25	25	25

49
다음 계장용 표시 신호의 조작부 기호 중 전동식 기호를 나타낸 것은?

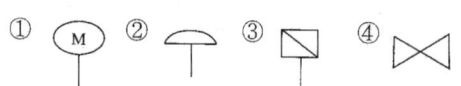

[해설]

종류	그림기호	종류	그림기호
다이야프램 또는 벨로우즈식		전자식	
다이야프램식 (압력 반란스형)		피스톤식	
전동식		수동식	
밸브(일반)		안전밸브	
앵글밸브		포지서너	
삼방변 밸브		수동조작 휠 부착	
버티플라이 밸브 또는 Damper		리미트스위치 부착	
자력밸브		밸브개도 전송기 부착	

50
원뿔을 방사선 전개법으로 전개하려고 한다. 부채꼴의 중심각(θ)을 바르게 표기한 것은?(단, R은 원뿔의 반지름, L은 원뿔 빗변의 길이이다)

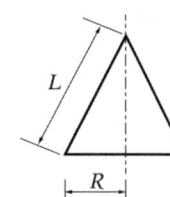

① $\theta = 180 \times \dfrac{L}{R}$
② $\theta = 360 \times \dfrac{L}{R}$
③ $\theta = 180 \times \dfrac{R}{L}$
④ $\theta = 360 \times \dfrac{R}{L}$

[해설] 원뿔의 부채꼴 중심각 계산 $\theta = 360 \times \dfrac{R}{L}$

51
다음 중 각도 치수선을 표시하는 방법으로 옳은 것은?

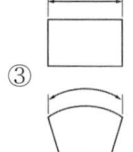

[해설] ① 변의 길이 치수 ② 현의 길이 치수
③ 호의 길이 치수 ④ 각도 치수

정답 47 ④ 48 ③ 49 ① 50 ④ 51 ④

52
다음 평면 배관도를 입체 배관도로 표현한 것으로 옳은 것은?

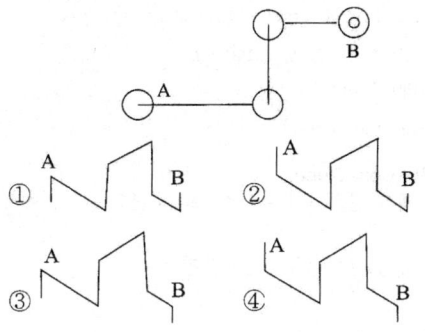

[해설]

접속상태	실제모양	도시기호	실제모양	도시기호
접속하지 않을 때		┼┼		A⊙
접속하고 있을 때		┼		B
분기하고 있을 때		┼		C D

53
KS B ISO 6412-1(제도-배관의 간략 도시방법)에서 규정하는 선의 종류별 호칭방법에 따른 선의 적용에 관한 연결이 옳지 않은 것은?

① 가는 1점 쇄선 : 중심선
② 굵은 파선 : 바닥, 벽, 천장, 구멍
③ 굵은 1점 쇄선 : 특수지정선
④ 가는 실선 : 해칭, 인출선, 치수선, 치수보조선

[해설] 굵은 파선
물체의 보이지 않는 부분의 모양을 표시하는 선이다.

54
다음 중 플러그 용접 기호는?

① 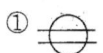 ② ○
③   ④

[해설] ① 시임 용접
② 점 용접
④ 개선각이 급격한 V형 맞대기 용접

55
그림의 OC 곡선을 보고 가장 올바른 내용을 나타낸 것은?

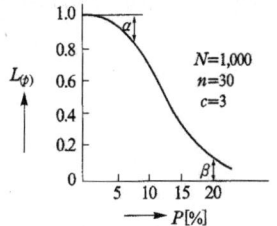

① α : 소비자 위험
② $L_{(p)}$: 로트가 합격할 확률
③ β : 생산자 위험
④ 부적합품률 : 0.03

[해설] ① P(%) : 로트의 부적합품률(%)
② $L_{(p)}$: 로트가 합격할 확률
③ α : 합격시키고 싶은 로트가 불합격될 확률(생산자 위험)
④ β : 불합격시키고 싶은 로트가 합격될 확률(소비자 위험)
⑤ c : 합격판정개수
⑥ N : 로트의 크기
⑦ n : 시료의 크기

56
다음 중 단속생산 시스템과 비교한 연속생산 시스템의 특징으로 옳은 것은?

① 단위당 생산원가가 낮다.
② 다품종 소량생산에 적합하다.
③ 생산방식의 주문생산방식이다.
④ 생산설비는 범용설비를 사용한다.

[해설] 연속생산 시스템의 특징은 단위당 생산원가가 낮다.

57
MTM(Method Time Measurement)법에서 사용되는 1TMU(Time Measurement Unit)는 몇 시간인가?

① $\dfrac{1}{100000}$ 시간 ② $\dfrac{1}{10000}$ 시간

③ $\dfrac{6}{10000}$ 시간 ④ $\dfrac{36}{1000}$ 시간

[해설] 1TMU(Time Measurement Unit)
$\dfrac{1}{100000}$ 시간 = 0.0001 시간 = 0.0006분 = 0.036 초

58
부적합수 관리도를 작성하기 위해 $\sum c = 559$, $\sum n = 222$를 구하였다. 시료의 크기가 부분군마다 일정하지 않기 때문에 u 관리도를 사용하기로 하였다. $n=10$ 일 경우, u 관리도의 UCL 값은 약 얼마인가?

① 4.023 ② 2.518
③ 0.502 ④ 0.252

[해설] ① 중심선 $\bar{u}$ 계산
$\therefore \bar{u} = \dfrac{\text{총 부적합수}(\sum c)}{\text{총 검사개수}(\sum n)} = \dfrac{559}{222} = 2.518$

② UCL(관리상한선) 계산
$\therefore$ UCL =
$\bar{u} + 3\sqrt{\dfrac{\bar{u}}{n}} = 2.518 + 3 \times \sqrt{\dfrac{2.518}{10}} = 4.023$

③ UCL(관리하한선) 계산
$\therefore$ UCL =
$\bar{u} - 3\sqrt{\dfrac{\bar{u}}{n}} = 2.518 - 3 \times \sqrt{\dfrac{2.518}{10}} = 1.012$

59
일정 통제를 할 때 1일당 그 작업을 단축하는 데 소요되는 비용의 증가를 의미하는 것은?

① 정상소요시간(Normal Duration Time)
② 비용견적(Cost Estimation)
③ 비용구배(Cost Slope)
④ 총비용(Total Cost)

[해설] 비용구배(Cost Slope)
작업일정을 단축시키는데 소요되는 단위시간당 소요 비용이다.

비용구배 = $\dfrac{\text{특급비용} - \text{정상비용}}{\text{정상시간} - \text{특급시간}}$

60
미국의 마틴 마리에타사(Martin Marietta Corp.)에서 시작된 품질개선을 위한 동기부여 프로그램으로, 모든 작업자가 무결점을 목표로 설정하고, 처음부터 작업을 올바르게 수행함으로써 품질비용을 줄이기 위한 프로그램은 무엇인가?

① TPM 활동 ② 6시그마 운동
③ ZD 운동 ④ ISO 9001 인증

[해설] ZD
종업원 한 사람 한 사람의 주의와 노력으로 작업상의 실수를 없애고 처음부터 올바른 작업을 함으로써 품질과 원가와 납기에 대하여 하자 없이 효과적으로 일을 추진하는 운동을 말한다.

2015년도 배관기능장 제57회 필기시험
(4월 4일 시행)

01
안개 모양으로 흘러내리는 미세한 물방울로 공기와 직접 접촉시킴으로써 여과기를 통과할 때 제거되지 않는 먼지, 매연 등을 제거하는 장치는?
① 공기 가습기 ② 공기 냉각기
③ 공기 가열기 ④ 공기 세정기

해설 **공기 세정기**
여과기를 통과할 때 제거되지 않는 먼지, 매연을 공기와 미세한 물방울을 직접 접촉시켜 제거시키는 장치이다.

02
공기수송배관에서 기송방식이 아닌 것은?
① 터보식(Turbo Type)
② 진공식(Vacuum Type)
③ 압송식(Pressure Type)
④ 진공압송식(Vacuum Pressure Type)

해설 **기송배관**
공기 수송기를 사용하여 분말이나 미립자를 운송하는 데 효과적인 배관으로 진공식, 압송식, 진공 압송식이 있다.

03
용해 아세틸렌의 취급 시 주의사항으로 옳지 않은 것은?
① 용기는 안전하게 뉘어서 보관한다.
② 저장장소는 화기를 가까이 하지 않아야 한다.
③ 저장장소에는 화기를 가까이 하지 않아야 한다.
④ 저장실의 전기스위치, 전등 등은 방폭구조이어야 한다.

해설 아세틸렌 용기는 보관, 사용 및 운반 시에는 반드시 세워서 취급하여야 한다.

04
다음 중 산업용 로봇을 구성하는 주된 기능이 아닌 것은?
① 제어기능 ② 작업기능
③ 계측인식기능 ④ 사고예방기능

해설 **산업용 로봇의 기능**
제어기능, 작업기능, 계측인식기능

05
화재의 분류가 옳지 않은 것은?
① A급 화재 − 일반화재
② B급 화재 − 유류화재
③ C급 화재 − 종합화재
④ D급 화재 − 금속화재

해설 C급 화재 − 전기화재

06
다음 중 증기 난방법에서 저압증기 난방법으로 분류하는 기압의 범위로 가장 적당한 것은?
① 15~34kPa ② 49~98kPa
③ 98~294kPa ④ 294~490kPa

해설 저압증기난방은 15~34kPa 범위이고 고압증기난방은 98kPa 이상이다.

07
설비의 자동제어장치 중 구비조건이 맞지 않을 때 작동을 정지시키는 것은?
① 인터록(Interlock) 제어장치
② 시퀀스(Sequence) 제어장치
③ 피드백(Feedback) 제어장치
④ 자동연소(Automatic combustion) 제어장치

해설 **인터록 제어**
조건의 충족 여부 등 제어결과에 따라 현재 진행 중인 제어동작을 다음 단계로 옮겨가지 못하도록 차단하는 제어

정답 01 ④ 02 ① 03 ① 04 ④ 05 ③ 06 ① 07 ①

08
수압시험의 방법에서 물을 채우기 전 준비 및 주의사항에 관한 설명으로 옳지 않은 것은?
① 급수 밸브, 배기 밸브를 필요한 개소에 장치한다.
② 안전 밸브, 신축 조인트에 수압이 걸리도록 처치한다.
③ 테스트 펌프, 압력계(테스트압의 1.5배 이상)의 점검을 한다.
④ 물을 채우는 중 테스트 중임을 표시하는 표를 밸브 등에 부착한다.

해설 안전 밸브, 신축 조인트에 수압이 걸리지 않도록 조치한다.

09
다음 중 일반적으로 방로, 방동피복을 하지 않는 관은?
① 급수관   ② 통기관
③ 증기관   ④ 배수관

해설 통기관(에어 빼는 관)에는 일반적으로 방로, 방동피복을 하지 않아도 된다.

10
급수배관설비에 관한 설명으로 옳은 것은?
① 유일한 하향급수법은 압력탱크식이다.
② 수도직결식은 단독주택 정전 시에도 계속 급수가 가능하며 급수오염 가능성이 가장 작다.
③ 옥상탱크식에서 옥상탱크의 양수관과 오버 플로우관(Over Flow Pipe)은 같은 굵기로 한다.
④ 급수설비에서 사용되는 1개의 플러쉬 밸브(Flush Valve)에 필요한 최저 수압은 $0.3Kgf/cm^2$ 이다.

해설
• 하향급수법은 옥상탱크방식이다.
• 오버프로관의 관지름은 양수관의 2배 크기로 한다.
• 플러쉬 밸브 최저수압은 $0.7kgf/cm^2$ 정도이다.

11
자동제어계에서 어떤 요소의 입력에 대한 출력을 응답이라고 하는데 이러한 응답의 종류가 아닌 것은?
① 과도응답   ② 즉시응답
③ 정상응답   ④ 인디셜 응답

해설 자동제어 응답
과도응답, 정상응답, 인디셜 응답

12
가스배관 시공법에 관한 설명으로 옳지 않은 것은?
① LP가스 도관은 청색으로 도색하여 식별한다.
② 가스배관 경로는 최단거리로 하되 은폐, 매설을 가급적 피한다.
③ 건물의 벽을 관통하는 부분은 보호관 내에 삽입하거나 방식 피복한다.
④ 가스관은 가능한 한 콘크리트 내 매설을 피하고 천정, 벽 등을 효과적으로 이용하여 배관한다.

13
통기관은 오버플로우선(일수선)보다 몇 mm 이상으로 세운 다음 통기수직관에 연결하여야 하는가?
① 50   ② 100
③ 150   ④ 200

해설 통기관은 오버플로우선보다 150mm 이상 입상시킨 다음 통기수직관에 연결한다.

14
보일러 버너에 방폭문을 설치하는 이유로 가장 적합한 것은?
① 연료의 절약
② 화염의 검출
③ 연소의 촉진
④ 역화로 인한 폭발의 방지

해설 노내 가스 폭발에 의한 역화현상을 방지하기 위하여 보일러 후부에 방폭문을 설치한다.

15
급탕설비배관에 관한 설명으로 옳지 않은 것은?
① 배관의 곡부에는 스위블 조인트를 설치한다.
② 편심 이경 이음쇠는 급탕배관에 사용하여서는 안된다.
③ 상향 급탕배관방식에서는 급탕관은 상향구배, 환탕관은 하향구배로 한다.
④ 중력순환식 배관의 구배는 1/150, 강제순환식 배관의 구배는 1/200 정도이다.

해설 편심 이경 이음쇠는 급탕배관에 사용하여도 무방하다.

정답 08 ② 09 ② 10 ② 11 ② 12 ① 13 ③ 14 ④ 15 ②

16
관의 검사방법 중 두께와 길이가 큰 물체의 탐상에 적합하며 펄스(Pulse) 반사법을 사용·측정하는 검사법은?
① 육안검사 ② 초음파 검사
③ 누설 검사 ④ 방사선 투과검사

해설 **초음파 검사**
관의 검사방법 중 두께와 길이가 큰 물체의 탐상에 적합하며 펄스(Pulse) 반사법을 사용·측정하는 검사법

17
다음 중 암모니아 가스의 누설위치를 찾을 때 가장 용이한 것은?
① 비눗물 ② 알코올
③ 냉각수 ④ 페놀프타레인

해설 **페놀프타레인**
암모니아 가스 누설 시 백색에서 갈색으로 변한다.

18
보일러의 수면계 기능시험의 시기로 옳지 않은 것은?
① 보일러를 가동하기 전
② 2개 수면계의 수위에 차이가 없을 때
③ 보일러를 가동하여 압력이 상승하기 시작하였을 때
④ 수면계 유리의 교체 또는 그 이외의 보수를 하였을 때

해설 보일러 수면계는 2개의 수면계의 수위에 차이가 있을 때 기능시험을 실시한다.

19
목표값이 시간의 변화와 관계없고 외부조건에 의한 영향을 받지 않으며 항상 일정한 값으로 제어되는 방식은?
① 추치제어 ② 정치제어
③ 자동조정 ④ 프로세스제어

해설 **정치제어**
목표값이 외부조건의 영향을 받지 않고 일정한 값으로 제어되는 방식

20
다음 중 왕복펌프에 해당하지 않는 것은?
① 피스톤 펌프 ② 플런저 펌프
③ 워싱톤 펌프 ④ 볼류우트 펌프

해설 • **왕복펌프** : 피스톤 펌프, 플런저 펌프, 워싱톤 펌프
• 볼류우트 펌프는 원심식 펌프에 속한다.

21
스트레이너에 관한 설명으로 옳지 않은 것은?
① V형은 유체가 직각으로 흐른다.
② U형이 Y형보다 유체저항이 크다.
③ 모양에 따라 Y형, U형, V형이 있다.
④ 정기적으로 여과망을 청소하여야 한다.

해설  **스트레이너**
관내의 불순물을 제거하여 기기의 성능을 보호하는 역할을 하는 배관설비용 부품으로 종류에는 Y형, U형, V형이 있다

22
연관 및 주철관과 비교한 강관의 특징으로 옳지 않은 것은?
① 가볍고 인장강도가 크다.
② 내충격성, 굴요성이 크다.
③ 관의 접합 작업이 용이하다.
④ 내식성이 강해 지중매설 시 부식성이 적다.

해설 강관은 지중매설 시 내식성이 적어서 부식성이 크다.

23
글로브 밸브의 특징이 아닌 것은?
① 주로 유량조절용으로 사용된다.
② 유체의 흐름에 따라 관내 마찰손실이 적다.
③ 유체의 흐름의 방향과 평행하게 밸브가 개폐된다.
④ 밸브의 디스크 모양은 평면형, 반구형, 원뿔형 등의 형상이 있다.

해설 글로브 밸브는 유체의 흐름에 따라 관내 마찰손실이 크다.

24
열 팽창에 의한 배관의 이동을 구속 또는 제한하는 역할을 하는 리스트레인트의 종류 중 배관의 일정 방향의 이동과 회전만 구속하는 것으로 신축이음쇠와 고압에 의해서 발생하는 축방향의 힘을 받는 곳에 사용한 것은?

① 러그 ② 앵커
③ 스토퍼 ④ 스커트

[해설] 스토퍼
회전 및 배관 축과 직각방향의 이동을 구속하고 나머지 방향의 이동이 자유롭다.

25
동관에 관한 설명으로 옳지 않은 것은?

① 전기 및 열전도율이 좋다.
② 전연성이 풍부하고 마찰저항이 적다.
③ 두께별로 분류할 때 K type이 M type보다 두껍다.
④ 산성에는 내식성이 강하고 알카리성에는 심하게 침식된다.

[해설] 산성에는 부식되고 알칼리성에는 내식성이 강하다.

26
덕타일 주철관의 표기가 다음과 같을 때 각각의 표기에 관한 내용이 옳지 않은 것은?

DC 200 D2 K C 99.8 0000

① DC : 관의 재질
② 200 : 호칭지름
③ D2 : 관 두께(2종관)
④ 0000 : 제조자명(약호)

[해설] D2 : 관의 종류(1종, 2종, 3종)

27
다음 중 주철관을 사용하기에 부적합한 것은?

① 오배수관 ② 가스 공급관
③ 수도용 급수관 ④ 열교환기 전열관

[해설] 열교환기 전열관은 주로 동관을 사용한다.

28
주로 95℃ 이하의 물을 수송하는 관으로 많이 사용되며 에이콘 파이프(Acorn Pipe)로도 알려져 있는 관은?

① 폴리에틸렌관 ② 폴리부틸렌관
③ 폴리프로필렌관 ④ 가교폴리에틸렌관

[해설] 폴리부틸렌관
95℃ 이하의 물을 수송하는 관으로 많이 사용되며 외부 손상을 받기 쉽고 인장강도가 적은 특징이 있다.

29
열전도율이 극히 낮고 가벼우며 흡수성은 좋지 않으나 굽힘성은 풍부하고, 불에 잘 타지 않으며 보온·보냉성이 좋은 유기질 피복제는?

① 암면 ② 펠트(Felt)
③ 석면 ④ 기포성 수지

[해설] 기포성 수지
흔히 스티로폼을 기포성 수지라고 한다. 특징으로 열전도율이 극히 낮고 가벼우며 흡수성은 좋지 않으나 굽힘성은 풍부하고, 불에 잘 타지 않으며 보온·보냉성이 좋다.

30
패킹재를 가스킷, 나사용 패킹, 글랜드 패킹으로 분류할 때 나사용 패킹으로 분류되는 것은?

① 모넬메탈 ② 액상 합성수지
③ 메탈 패킹 ④ 플라스틱 패킹

[해설] 액상 합성수지 패킹재료는 나사용 패킹재로 분류한다.

31
곡률반경을 R, 구부림 각도를 θ라고 할 때 구부림 중심곡선길이를 구하는 식으로 옳은 것은?

① $0.01745 R\theta$ ② $\dfrac{\pi R\theta}{90}$
③ $0.01745 \pi R\theta$ ④ $\dfrac{\pi R\theta}{180}$

[해설] 구부림 중심곡선길이
$$L = 2\pi R \dfrac{\theta}{360}(mm) = 2 \times 3.14 \times \dfrac{1}{360} = 0.01745 R\theta$$

32
강관의 신축이음쇠 중 압력 8kgf/cm² 이하의 물, 기름 등의 배관에 사용하고 직선으로 이음하므로 설치공간이 루프형에 비해 적으며, 신축량이 크고 신축으로 인한 응력이 생기지 않는 것은?
① 루프형 ② 슬리브형
③ 벨로즈형 ④ 스위블형

해설 슬리브형 신축이음쇠
압력 8kgf/cm² 이하의 물, 기름 등의 배관에 사용하고 직선으로 이음하므로 설치공간이 루프형에 비해 적으며, 신축량이 크고 신축으로 인한 응력이 생기지 않는다.

33
신축곡관(Loop Joint)에 관한 설명으로 옳은 것은?
① 고압에 견디며 고장이 적다.
② 설치시 장소를 차지하는 면적이 적다.
③ 신축 흡수에 따른 응력이 생기지 않는다.
④ 곡률 반경은 관경의 4~5배 이하가 이상적이다.

해설 신축곡관(Loop Joint)
고압에 잘 견디며 고장이 적고, 곡률 반경은 관경의 6~8배 이하가 이상적이다.

34
한쪽은 나사이음용 니플(Nipple)과 연결하고 다른 한쪽은 이음쇠의 내부에 관을 삽입하여 용접하는 동관 이음쇠의 형식은?
① C×F ② C×M
③ Ftg×M ④ Ftg×F

해설

CxF 어뎁터   CxM 어뎁터

① C : 이음재 내로 관이 들어가 접합되는 형태이다.
② M : 나사가 밖으로 난 나사이음용 이음재이다.
③ F : 나사가 안으로 난 나사음용 이음재이다.
④ Ftg : 이음쇠 바깥쪽으로 관이 들어가 접합되는 형태이다.

35
벤더로 관의 굽힘작업을 할 때 결함 중 주름이 생기는 원인이 아닌 것은?
① 굽힘 반경이 너무 크다.
② 외경에 비해 두께가 얇다.
③ 받침쇠가 너무 들어가 있다.
④ 굽힘형의 홈이 관경에 맞지 않다.

해설 굽힘 반경이 너무 큰 것은 주름이 생기는 원인과 무관하다.

36
기계식 이음(Mechanical Joint)과 비교한 빅토리 이음(Victoric Joint)의 특징에 관한 설명으로 옳은 것은?
① 접합작업이 간단하다.
② 수중에서 용이하게 작업할 수 있다.
③ 가요성이 풍부하여 다소 굴곡하여도 누수하지 않는다.
④ 관내의 압력이 증가하면 고무링이 관벽에 밀착되어 누수가 방지된다.

해설 빅토리 이음
주철관을 사용하여 수도용, 가스용 배관에 주로 이용한다.

37
용접용 이산화탄소(CO_2) 충전용기의 도색은?
① 회색 ② 백색
③ 황색 ④ 청색

해설 용접용 이산화탄소(CO_2) 충전용기의 색상은 청색을 사용한다.

38
아크용접에서 용적이행의 종류에 해당되는 것은?
① 핀치효과형, 스프레이형, 단락형
② 글로블러형, 아크특성형, 정전압특성형
③ 수하특성형, 상승특성형, 정전류특성형
④ 스프레이형, 정류기형, 가포화리액터형

해설 용적이행
용접봉으로부터 모재로 용융금속이 이행현상으로 핀치효과형, 스프레이형, 단락형으로 구분한다.

39

어느 건물에서 열관류율이 0.35W/m² · K인 벽체의 크기가 4m×20m이다. 외기 온도가 −10℃이고 실내온도는 20℃로 하려고 한다면 이 벽체로부터의 손실열량(kW)은 얼마인가?

① 0.84 ② 8.4
③ 840 ④ 8400

[해설] 벽체 열손실열량
$= A \cdot K \cdot \Delta t$ 전체면적$(A) = 4 \times 20 = 80m^2$
$80 \times 0.35 \times (20-(-10)) = 840 W(0.84 KW)$

40

그림에서 단면 ①의 지름이 0.7m, 단면 ②의 지름이 0.4m일 때 단면 ①에서의 유속이 5m/s이면 단면 ②에서의 유량은 약 몇 m³/s인가?

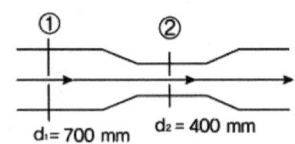

① 0.92 ② 1.92
③ 2.92 ④ 3.92

[해설] 연속의 방정식에서 $Q_1 = Q_2$ 이므로
$Q_1 = A \cdot V = \frac{\pi}{4} \times 0.7^2 \times = 1.92(m^3/s)$

41

용접부의 검사법 중 비파괴 시험에 속하는 것은?

① 피로시험 ② 부식시험
③ 침투시험 ④ 내압시험

[해설] **용접의 비파괴 시험**
외관검사, 육안검사, 침투검사, 자기검사, 방사선투과검사, 초음파탐상검사

42

동관의 저온용접에 관한 설명으로 옳은 것은?

① 용접되는 재료의 변질이 없다.
② 공정조직으로 하면 결정이 조대화 된다.
③ 공정조직으로 하면 취약한 이음이 된다.
④ 용접 시 열에 의한 변형이 적으나 균열발생은 많다.

43

순수한 물 1kg을 섭씨 20℃에서 100℃로 온도를 올리는데 필요한 열량은 약 몇 kJ인가?(단, 물의 비열은 4.187kJ/kg · K이다)

① 134 ② 335
③ 1360 ④ 2590

[해설] $Q_1 = G \cdot C \cdot \Delta t = 1 \times 4.187 \times (100-20)$
$= 334.96 kJ$

44

경질염화비닐관의 이음작업에 관한 설명으로 옳지 않은 것은?

① 70~80℃로 가열하면 관은 연화하기 시작한다.
② 삽입접합에서의 연화 적정온도는 120~130℃이다.
③ 삽입접합의 경우 삽입 깊이는 외경의 1.5배가 적당하다.
④ 연화변형을 한 다음 냉각하여 경화한 관은 가열하여도 본래의 모양으로 되지 않는다.

[해설] 경질염화비닐관은 연화변형을 한 다음 냉각하여 경화한관은 연화온도까지 가열하면 본래의 모양으로 돌아간다.

45

배수용 주철관의 소켓이음 작업 시 주의사항으로 옳지 않은 것은?

① 납은 1회에 넣는다.
② 접합부에 소량의 물을 적시면 좋다.
③ 납을 충분히 가열하여 표면의 산화납을 제거한다.
④ 마(Yarn)는 관의 원 주위에 고르게 감아 압입한다.

[해설] 납은 충분히 가열한 후 용해하여 산화납을 제거하고 소켓에 한 번에 주입하며, 주입 전에 접합부 주위를 깨끗이 하며 수분이 있으면 납이 비산하여 작업자가 다칠 우려가 있다.

46
다음 중 버니어 캘리퍼스의 종류가 아닌 것은?
① CB형 ② CM형
③ NC형 ④ M1형

해설 **버니어 캘리퍼스**
지름이나 거리측정, 외경용, 내경용이 있으며 CB형, CM형, M1형이 있다.

47
배관도에서 굵은 실선을 적용하는 곳은?
① 배관 및 결합부품
② 다른 도면에 명시된 배관
③ 대상물의 일부를 파단한 경계
④ 해칭, 치수기입, 인출선 및 치수선

48
입체 배관도(조립도)에서 발췌하여 상세히 그린 그림으로 각부 치수와 높이를 기입하며, 플랜지 접속 및 배관 부품과 플랜지면 사이의 치수도 기입되어 있는 도면의 명칭으로 가장 적합한 것은?
① 계통도(Flow Diagram)
② 공정도(Block Diagram)
③ 입체 배관도(Isometric Diagram)
④ 부분 조립도(Isometric Each Line Drawing)

해설 **부분 조립도**
조립도에서 상세히 그린 그림으로 각부 치수와 높이를 기입하며, 플랜지 접속 및 배관 부품과 플랜지면 사이의 치수도 기입되어 있는 도면의 명칭

49
설비배관에서 라인 인덱스(line index)의 결정에 관한 설명으로 옳지 않은 것은?
① 장치와 유체를 구분하여 따로 번호를 붙인다.
② 유체의 흐름방향에 따라 차례로 번호를 붙인다.
③ 배관경로 중 지관이 갈라지는 경우에는 번호를 달리하지 않는다.
④ 배관경로 중 압력, 온도가 달라질 때는 배관 번호를 다르게 한다.

해설 라인인덱스에서 배관경로 중 지관이 갈라지는 경우에는 번호를 당연히 달리하여야 한다.

50
강관의 제조방법을 표기한 기호로 옳은 것은?
① -E-G : 열간가공 이음매없는 관
② -S-H : 냉간가공 이음매없는 관
③ -E-H : 열간가공 전기저항용접관
④ -S-C : 열간가공, 냉간가공 이외의 전기저항 용접관

해설 ① -E-G : 열간가공 및 냉간가공 이외의 전기용접 강관
② -S-H : 열간가공 이음매없는 관
④ -S-C : 냉간가공 이음매없는 관

51
KS 배관의 간략도시방법에서 사용하는 선의 종류별 호칭방법에 따른 선의 적용이 서로 틀린 것은?
① 굵은 실선 : 유선 및 결합부품
② 가는 1점 쇄선 : 도급 계약의 경계
③ 굵은 파선 : 다른 도면에 명시된 유선
④ 가는 실선 : 해칭, 인출선, 치수선, 치수보조선

해설 **가는 1점 쇄선**
도형의 중심을 표시하는 선 또는 도형의 대칭선

52
그림과 같은 원통을 만들려고 할 때, 판의 두께를 고려한 원통의 전개 길이를 구하는 식은?

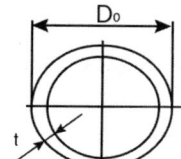

① $D_0 + t \times \pi$
② $(D_0 + t) \times \pi$
③ $D_0 - t \times \pi$
④ $(D_0 - t) \times \pi$

53
화면에 직각 이외의 각도로 배관된 경우 다음의 정투영도에 관한 설명으로 옳은 것은?

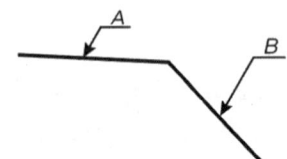

① 관 A가 위쪽으로 경사되어 처진 경우
② 관 A가 아래쪽으로 경사되어 처진 경우
③ 관 A가 수평 방향에서 앞쪽으로 경사되어 굽어진 경우
④ 관 A가 수평 방향으로 화면에 경사되어 앞방향 위쪽으로 일어선 경우

54
용접부 비파괴시험의 종류 중 방사선 투과시험을 나타내는 기본 기호는?

① PT ② RT
③ VT ④ PRT

55
200개 들이 상자가 15개 있을 때 각 상자로부터 제품을 랜덤하게 10개씩 샘플링 할 경우, 이러한 샘플링 방법을 무엇이라 하는가?

① 층별 샘플링 ② 계통 샘플링
③ 취락 샘플링 ④ 2단계 샘플링

[해설] 층별 샘플링
모집단을 N개의 층으로 나누어서 각 층으로부터 각각 랜덤하게 시료를 샘플링하는 방법이다.

56
생산보전(Pm : Productive Maintenance)의 내용에 속하지 않는 것은?

① 보전예방 ② 안전보전
③ 예방보전 ④ 개량보전

[해설] 생산보전으로 보전예방, 예방보전, 개량보전 외 사후보전이 있다.

57
관리도에서 측정한 값을 차례로 타점했을 때 점이 순차적으로 상승하거나 하강하는 것을 무엇이라 하는가?

① 연(Run) ② 주기(Cycle)
③ 경향(Trend) ④ 산포(Dispersion)

58
어떤 공장에서 작업을 하는데 있어서 소요되는 기간과 비용이 다음 표와 같을 때 비용구배는?(단, 활동시간의 단위는 일(日)로 계산한다)

정상작업		특급작업	
기간	비용	기간	비용
15일	150만원	10일	200만원

① 50,000원 ② 100,000원
③ 200,000원 ④ 500,000원

[해설] 비용구배
비용구배는 작업을 1일 단축할 때 추가되는 직접 비용을 말한다.

$$\text{비용구배} = \frac{\text{특급비용} - \text{정상비용}}{\text{정상일수} - \text{특급일수}}$$
$$= \frac{2,000,000 - 1,500,000}{15 - 10} = 100,000(원/일)$$

59
품질특성을 나타내는 데이터 중 계수치 데이터에 속하는 것은?

① 무게 ② 길이
③ 인장강도 ④ 부적합품률

[해설] 부적합품률은 품질특성을 나타내는 데이터 중 계수치 데이터에 속한다.

60
모든 작업을 기본동작으로 분해하고, 각 기본동작에 대하여 성질과 조건에 따라 미리 정해 놓는 시간치를 적용하여 정미시간을 산정하는 방법은?

① PTS법 ② Work Sampling
③ 스톱워치법 ④ 실적자료법

[해설] PTS법은 모든 작업을 기본동작으로 분해하고, 각 기본동작에 대하여 성질과 조건에 따라 미리 정해 놓는 시간치를 적용하여 정미시간을 산정하는 방법이다.

2015년도 기능장 제58회 필기시험
(7월 19일 시행)

01
용접 및 배관작업 시 안전사항으로 옳지 않은 것은?
① 중유(벙커C유)를 담았던 드럼통을 가스용접기로 절단하였다.
② 대형 중력 양두 그라인더 작업 시 용접용 장갑을 끼고 작업하셨다.
③ 작업장에 가스화재 발생 시 가스용기를 잠근 후 소방서에 연락하였다.
④ 가솔린 용기를 물로 헹군 다음 용접 부위 아래까지 물을 담은 후 용접하였다.

해설 중유(벙커C유)를 담았던 드럼통 절단 시 화재방지조치 완료 후 작업한다.

02
드릴작업 중 안전 수칙으로 틀린 것은?
① 장갑을 끼고 작업해서는 안 된다.
② 드릴날 끝이 양호한 것을 사용한다.
③ 이상음이 나면 즉시 스위치를 끈다.
④ 드릴에 의한 칩이 발생하면 회전 중에 제거한다.

해설 드릴에 의한 칩이 발생하면 회전을 정지시킨 후 제거한다.

03
열교환기의 종류 중 판(Plate)형 열교환기의 형태가 아닌 것은?
① 스파이럴형 열교환기
② 플레이트식 열교환기
③ 쉘 엔 튜브식 열교환기
④ 플레이트 핀식 열교환기

해설 쉘 엔 튜브식 열교환기는 다관원통형 열교환기이다.

04
자동제어계의 동작순서로 옳은 것은?
① 검출 - 판단 - 비교 - 조작
② 검출 - 비교 - 판단 - 조작
③ 조작 - 비교 - 판단 - 검출
④ 조작 - 판단 - 비교 - 검출

해설 자동제어계의 동작순서 : 검출 - 비교 - 판단 - 조작

05
원유를 상압증류하여 얻어지는 비등점 200℃ 이하의 유분을 무엇이라고 하는가?
① 나프타
② 액화천연가스
③ 오프가스
④ 액화석유가스

해설 나프타 : 원유를 상압증류하여 얻어지는 비등점 200℃ 이하의 유분

06
기송배관의 부속설비인 수송관이 저압송식 또는 진공식일 때 일반적인 수송 가능거리는?
① 100~150m
② 250~300m
③ 1000~1500m
④ 3000~6000m

해설 저압송식 또는 진공식일 때 수송 가능거리는 250m~300m 정도이다.

07
화학공업배관에서 사용되는 열교환기에 관한 설명으로 옳지 않은 것은?
① 유체에 대한 냉각, 응축, 가열, 증발 및 폐열 회수 등에 사용된다.
② 단관식 열교환기에는 트롬본형, 스파이럴형, U자관형 등이 있다.
③ 다관식 원통형 열교환기에는 고정관판형, 유동두형, 케틀형 등이 있다.
④ 열교환기는 열부하, 유량, 조작압력, 온도, 허용압력 손실 등을 고려하여 가장 적합한 것을 선택한다.

해설 스파이럴형은 단관식이 아닌 판형의 열교환기이다.

정답 01 ① 02 ④ 03 ③ 04 ② 05 ① 06 ② 07 ②

08
자동세탁기, 교통신호기, 엘리베이터, 자동판매기 등과 같이 유기적인 관계를 유지하면서 정해진 순서에 따라 제어하는 방식은?

① 시퀀스제어(Sequence Control) 방식
② 피드백제어(Feedback Control) 방식
③ 인터록제어(Interlock Control) 방식
④ 프로세스제어(Process Control) 방식

[해설] 시퀀스 제어
미리 정해진 순서에 따라 제어의 각 단계를 차례로 진행해 가는 제어이다.

09
배관 라인상에 설치되는 계측기기 배관시공법에 관한 설명으로 옳지 않은 것은?

① 압력계의 설치위치는 분기 후 1.5m 이상으로 한다.
② 유량계 설치 시 출구 측에 반드시 여과기를 설치한다.
③ 열전대온도계는 충격을 피하고, 습기, 먼지, 일광 등에 주의해야 한다.
④ 액면계는 가시(可視) 방향의 반대측에서 햇빛이 들어오는 방향으로 부착한다.

[해설] 유량계 설치 시 입구 측에 반드시 여과기를 설치한다.

10
배수탱크 및 배수펌프의 용량을 결정할 때 고려하여야 할 사항으로 가장 거리가 먼 것은?

① 배수의 종류
② 오수의 저장시간
③ 펌프의 최대 운전간격
④ 배수 부하의 변동상태

[해설] 펌프의 최대 운전간격은 용량결정과 거리가 멀다.

11
공기조화설비의 덕트 주요 요소인 가이드 베인에 관한 설명으로 옳은 것은?

① 대형 덕트의 풍량 조절용이다.
② 소형 덕트의 풍량 조절용이다.
③ 덕트 분기 부분의 풍량조절을 한다.
④ 굽은(회전) 부분의 기류를 안정시킨다.

12
소화설비장치 중 연결송수관의 송수구 설치에 관한 설명으로 옳지 않은 것은?

① 송수구는 구경 65mm의 것을 설치
② 지면으로부터 높이 0.5m~1m 이하의 위치에 설치
③ 소방차가 쉽게 접근할 수 있는 노출된 장소에 설치
④ 송수압력범위를 표시한 표지를 송수구로부터 20m 이상의 거리를 두고 설치할 것

[해설] 송수압력범위를 표시한 표시는 송수구 입구에 표시한다.

13
줄 작업 시 안전수칙으로 옳지 않은 것은?

① 줄은 다른 용도로 사용하지 말 것
② 줄은 작업 전에 반드시 자루 부분을 점검할 것
③ 줄 작업 시 줄의 균열 유무를 확인하고 사용할 것
④ 줄 작업 시 절삭분은 입으로 불어서 깨끗하게 처리할 것

[해설] 절삭분은 와이어 브러쉬로 제거해야한다.

14
온수난방 귀환관의 배관방법을 직접 귀환방식과 역귀환 방식으로 구분할 때 역귀환 방식을 사용하는 이유로 가장 적당한 것은?

① 배관길이를 짧게 할 수 있다.
② 마찰저항손실을 적게 할 수 있다.
③ 온수의 순환율을 다르게 할 수 있다.
④ 각 구역간 방열량의 균형을 이루게 할 수 있다.

정답 08 ① 09 ② 10 ③ 11 ④ 12 ④ 13 ④ 14 ④

15
종래에 사용하던 제어반의 릴레이, 타이머, 카운터 등의 기능을 프로그램으로 대체하고 만들어진 기기로서 제어반을 소형화 할 수 있고 내부 제어회로 수정을 쉽게 할 수 있는 제어용 기기는?

① PLC ② 서보 시스템
③ D/A 컨버터 ④ 유접점 시퀀스 제어

[해설] PLC
종래에 사용하던 제어반의 릴레이, 타이머, 카운터 등의 기능을 프로그램으로 대체하고 만들어진 기기로서 제어반을 소형화 할 수 있고 내부 제어회로 수정을 쉽게 할 수 있는 제어용 기기

16
1보일러 마력을 설명한 것으로 가장 적합한 것은?

① 1시간에 1565kcal의 증발량을 발생시키는 증발능력
② 1시간에 약 6280kcal의 증발량을 발생시키는 증발능력
③ 50℃의 물 10kg을 1시간에 전부 증기로 변화시키는 증발능력
④ 100℃의 물 15.65kg을 1시간 동안 같은 온도의 증기로 변화시키는 증발능력

17
배관의 부식에 관한 설명으로 옳지 않은 것은?

① 부식형태로는 국부부식, 입계부식, 선택부식이 있다.
② 금속재료가 화학적 변화를 일으키는 부식에는 건식, 습식, 전식이 있다.
③ pH가 높고 통기성이 좋으며 전기저항이 높은 토양에 매설된 금속관은 부식속도가 크다.
④ 부식속도는 관이 매설되어 있는 토양의 환경, 배관조건, 이종 금속류의 영향 등에 따라 균일하지는 않다.

[해설] pH가 높고 통기성이 좋으며 전기저항이 높은 토양에 매설된 금속관은 부식속도가 느리다.

18
배관설비 시험에 관한 일반적인 설명으로 잘못된 것은?

① 통수시험은 방로 피복을 한 후에 실시한다.
② 일반적으로 주관과 지관을 분리하여 시험하고 지관은 지관 모두를 시험한다.
③ 공기빼기 밸브에서 물이 나오기 시작하여 관내 공기가 완전히 빠진 것을 확인 후 밸브를 닫고 시험한다.
④ 고압가스설비는 상용압력의 1.5배 이상 압력으로 실시하는 내압시험 및 상용압력 이상의 압력으로 기밀시험을 실시한다.

[해설] 통수시험은 방로 피복을 하기 전에 실시한다.

19
공정제어에 있어서 마치 인간의 두뇌와 같은 작용을 하는 것으로 오차의 신호를 받아 어떤 동작을 하면 되는가를 판단한 후 처리하는 부분은?

① 검출기 ② 전송기
③ 조절기 ④ 조작부

[해설] 조절기
인간의 두뇌와 같은 작용을 한다.

20
배관설비의 유지관리에서 응급조치법의 종류가 아닌 것은?

① 인젝션법 ② 박스 설치법
③ 파이어 설치법 ④ 코킹법과 밴드보강법

[해설] 배관설비의 유지관리에서 응급조치법
인젝션법, 박스 설치법, 코킹법과 밴드보강법, 핫태핑과 플러깅법

21
화학약품에 강하고 내유성이 크며, −30~130℃의 내열범위를 가지는 증기, 기름, 약품배관에 적합한 패킹재료는?

① 액상 합성수지 ② 오일시일 패킹
③ 플라스틱 패킹 ④ 석면 조인트시트

[해설] 액상 합성수지
화학약품에 강하고 내유성이 크며, −30~130℃의 내열범위를 가지는 증기, 기름, 약품 배관에 적합한 패킹재료

정답 15 ① 16 ④ 17 ③ 18 ① 19 ③ 20 ③ 21 ①

22
서로 다른 2종의 금속선을 양 끝에 접합하여 만든 것으로 이 양접점을 서로 다른 온도로 유지시켰을 때 발생되는 기전력을 전위차계로 측정함으로써 온도를 측정하는 온도계는?

① 광 온도계 ② 저항 온도계
③ 열전 온도계 ④ 바이메탈 온도계

해설 **열전온도계**
서로 다른 2종의 금속선을 양 끝에 접합하여 만든 것으로 이 양접점을 서로 다른 온도로 유지시켰을 때 발생되는 기전력을 전위차계로 측정

23
저압, 중압, 고압 어느 곳에도 사용이 가능하고 처리되는 응축수의 양에 비해 소형이며 공기도 함께 배출할 수 있는 트랩은?

① 열동식 트랩 ② 하향식 버켓 트랩
③ 플로우트 트랩 ④ 임펄스 증기 트랩

해설 **임펄스 증기 트랩**
저압, 중압, 고압 어느 곳에도 사용이 가능하고 처리되는 응축수의 양에 비해 소형이며 공기도 함께 배출할 수 있는 트랩이다.

24
연단을 아마인유와 혼합한 것으로서 녹을 방지하기 위해 페인트 밑칠로 사용하며, 밀착력이 강력하고 풍화에 강한 도료는?

① 광명단 도료 ② 알루미늄 도료
③ 산화철 도료 ④ 합성수지 도료

해설 **광명단도료**
연단이라고도 하며 적색 안료에서 사용한다. 아마인유와 혼합하여 만들어 밀착력이 높고 도막의 질이 조밀해서 풍화에 비교적 잘 견디는 방청도료로 밑칠용으로 많이 사용된다.

25
압력배관용 탄소강관의 스케줄번호에 따른 수압시험의 압력으로 맞는 것은?

① Sch NO.10 − 1.0MPa
② Sch NO.20 − 3.0MPa
③ Sch NO.40 − 6.0MPa
④ Sch NO.60 − 8.0MPa

해설 **압력배관용 탄소강관 수압시험의 압력**
- 스케줄 10~2.0MPa
- 스케줄 20~3.5MPa
- 스케줄 30~5.0MPa
- 스케줄 40~6.0MPa
- 스케줄 60~9.0MPa
- 스케줄 80~12.0MPa

26
유체의 흐름 방향의 변화가 크고 유량의 조절이 정확하여 소형으로 가장 많이 사용하는 스톱 밸브는?

① 콕 ② 슬루스 밸브
③ 체크밸브 ④ 글로브 밸브

해설 **글로브 밸브**
나사에 의해 밸브를 밸브 시트에 꽉 눌러 유체의 개폐를 실행하는 밸브이고 유량조정용으로도 사용하며 일명 스톱 밸브라고도 한다.

27
일반적인 폴리부틸렌관의 이음방법으로 적합한 것은?

① MR 이음 ② 에이콘 이음
③ 몰코 이음 ④ TS식 냉간이음

해설 **에이콘 이음**
본체, 그라프링, 오링, 캡, 서포트 슬리브로 구성되며 관을 연결구에 삽입하여 그라프링과 O링에 의한 이음방법이다.

28
주철관에 관한 설명으로 틀린 것은?

① 내식성, 내압성이 우수하다.
② 제조법으로는 원심력법과 천공법이 있다.
③ 수도용 급수관, 가스공급관, 건축물의 오배수관 등으로 사용된다.
④ 재질에 따라 보통주철관, 고급주철관 및 덕타일 주철관 등으로 분류한다.

해설 제조공법으로 수직법과 원심력법 2종류가 있다.

정답 22 ③ 23 ④ 24 ① 25 ③ 26 ④ 27 ② 28 ②

29
일명 팩레스(Packless) 신축 이음쇠라고도 하며 관의 신축에 따라 슬리브와 함께 신축하는 것으로 미끄럼 면에서 유체가 누설되는 것을 방지하는 것은?
① 루프형 식축이음쇠
② 슬리브형 신축이음쇠
③ 벨로스형 신축이음쇠
④ 스위블형 신축이음쇠

[해설]
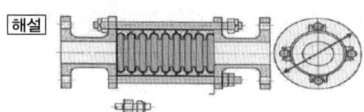
벨로스형(Bellows Type) : 팩리스(Packless)형이라 하며, 단식과 복식 2종류가 있다

30
플랜지 시트 종류 중 전면시트(seat) 플랜지를 사용할 때 사용 가능한 호칭압력으로 가장 적합한 것은?
① $1kgf/cm^2$ 이하
② $16kgf/cm^2$ 이하
③ $40kgf/cm^2$ 이하
④ $63kgf/cm^2$ 이상

31
건물내의 배수 수평주관 끝에 설치하여 공공 하수관에서 유독가스가 건물 안으로 침입하는 것을 방지하는 트랩은?
① 메인 트랩
② 가솔린 트랩
③ 드럼 트랩
④ 그리스 트랩

[해설] 메인 트랩
건물 내의 배수 수평주관 끝에 설치하여 공공 하수관에서 유독가스가 건물 안으로 침입하는 것을 방지하는 역할

32
비금속관에 관한 설명으로 옳지 않은 것은?
① 석면 시멘트관을 일명 에터니트관이라고 한다.
② 원심력 철근 콘크리트관을 흄관이라고도 한다.
③ 수도용 경질염화비닐관은 고온에 잘 견디지 못한다.
④ 석면 시멘트관 중 제1종의 상용수압은 $4.5kg/cm^2$이다.

[해설] 석면 시멘트관 중 제1종의 상용수압은 $7.5kg/cm^2$이다.

33
스테인리스 강관에 관한 설명으로 옳지 않은 것은?
① 위생적이어서 적수, 백수, 청수의 염려가 없다.
② 강관에 비해 기계적 성질이 불량하고 인장강도가 강의 절반 수준이다.
③ 내식성이 우수하여 계속 사용시 내경의 축소, 저항증대 현상이 없다.
④ 저온 충격성이 크고, 한랭지 배관이 가능하며 동결에 대한 저항이 크다.

[해설] **스테인리스강관** : 기계적 성질이 양호하다.

34
브레이스(brace)에 관한 설명으로 틀린 것은?
① 구조에 따라 스프링식과 유압식이 있다.
② 스프링식은 온도가 높지 않은 배관에 사용한다.
③ 진동을 방지하는 방진기와 충격을 완화하는 완충기가 있다.
④ 유압식은 배관의 이동에 대하여 저항이 크므로 규모가 작은 배관에 많이 사용한다.

[해설] 브레이스 : 지진, 진동, 풍압, 수격작용 등에 의해 배관이 움직이는 것을 제한하기 위한 장치

35
공구와 그 용도가 바르게 연결된 것은?
① 드레서 : 연관 표면의 도장 공구
② 맬릿 : 터언핀을 때려 박는 데 쓰이는 공구
③ 봄볼 : 주관을 깨끗하게 하는 데 쓰이는 공구
④ 벤드벤 : 연관에 삽입해서 관에 구멍을 뚫는 공구

[해설]
- **드레서** : 연관(납관)의 표면 산화물 제거하는 공구
- **봄볼** : 주관을 깨끗하게 하는 데 쓰이는 공구.
- **벤드벤** : 연관을 굽히거나 펼 때 사용.

36
관지름 20mm 이하의 동관에 주로 사용되며, 끝을 나팔 모양으로 넓혀 설비의 점검, 보수 등을 위해 분해할 필요가 잇는 배관부에 연결하는 이음은?
① 압축 이음
② 납땜 이음
③ 나사 이음
④ 플랜지 이음

[해설] 압축 이음
관지름 20mm 이하의 동관에 주로 사용되며, 끝을 나팔 모양으로 넓혀 설비의 점검, 보수 등을 위해 분해할 필요가 잇는 배관부에 연결하는 이음

정답: 29 ③ 30 ② 31 ① 32 ④ 33 ② 34 ④ 35 ② 36 ①

37
아크용접 중 언더컷 현상이 잘 발생하는 경우는?
① 아크길이가 짧을 때
② 용접전류가 높을 때
③ 용접속도가 늦을 때
④ 적정한 용접봉을 사용할 때

[해설] 용접전류가 높을 때 언더컷 현상이 잘 발생한다.

38
관의 절단, 나사절삭, 거스러미(Burr) 제거 등의 일을 연속적으로 할 수 있고, 관을 물린 척을 저속 회전시키면서 다이헤드를 관에 밀어 넣어 나사를 가공하는 동력나사 절삭기의 종류는?
① 리드형
② 오스터형
③ 리머형
④ 다이헤드형

[해설] 다이헤드형
관의 절단, 나사절삭, 거스러미(Burr) 제거 등의 일을 연속적으로 할 수 있고, 관을 물린 척을 저속 회전시키면서 다이헤드를 관에 밀어 넣어 나사를 가공하는 동력나사 절삭기

39
내경이 10cm인 수평직관 속을 평균 유속 5m/s로 물이 흐를 때 길이 10m에서 나타나는 손실수두는 약 몇 m 인가?(단, 관의 마찰손실계수(λ)는 0.017이다)
① 1.25
② 2.08
③ 2.10
④ 2.17

[해설] $h_f = f \times \dfrac{L}{D} \times \dfrac{V^2}{2g} = 0.017 \times \dfrac{10}{0.1} \times \dfrac{5^2}{2 \times 9.8} = 2.168 \, (mH_2O)$

40
금속과 금속을 충분히 접근시켰을 때 발생하는 원자 사이의 인력으로 접합하는 방법은?
① 확관적 접합법
② 기계적 접합법
③ 야금적 접합법
④ 시임(Seam) 및 리벳 접합법

[해설] 야금적 접합법
금속과 금속을 충분히 접근시켰을 때 발생하는 원자 사이의 인력으로 접합하는 방법

41
주철관 접합 시 녹은 납이 비산하여 몸에 화상을 입히는 사고가 발생하였다면 이 사고의 가장 중요한 원인으로 추정되는 것은?
① 이음부에 수분이 있기 때문에
② 녹은 납의 온도가 낮기 때문에
③ 녹은 납의 온도가 높기 때문에
④ 납의 성분에 주석이 너무 많이 함유되었기 때문에

[해설] 접합부에 수분이 있으면 녹은 납이 비산하여 몸에 화상을 입을 수 있다.

42
열에 관한 설명으로 옳지 않은 것은?
① 순수할 물의 비열은 4.19kJ/kg·K 이다.
② 순수한 물이 100℃에서 끓고 있을 때의 포화압력은 760mmHg이다.
③ 표준 대기압 하에서 10kg의 물을 10℃에서 90℃로 올리는데 필요한 열량은 3352kJ이다.
④ 표준 대기압 하에서 100℃의 물 1kg이 100℃의 수증기가 되기 위한 열량은 2675.8kJ이다.

[해설] 표준 대기압 하에서 100℃의 물 1kg이 100℃의 수증기가 되기 위한 열량은 2256kJ/kg

43
경질 염화비닐관 접합법의 종류가 아닌 것은?
① 나사 접합
② 용착 슬리브 접합
③ 플랜지 접합
④ 테이퍼 코어 접합

[해설] 용착 슬리브 접합은 폴리 에틸렌관의 이음방법이다.

44
관 이음에 관한 설명으로 옳지 않은 것은?
① 유니온은 호칭지름 50A 이하의 관에 사용된다.
② 관 플랜지의 호칭압력은 3가지 단계로 나누어 진다.
③ 관을 도중에서 네 방향으로 분기할 때는 크로스를 사용한다.
④ 티(T)나 엘보의 크기는 지름이 같을 때는 호칭지름 하나로 표시한다.

[해설] 플랜지 호칭 압력은 8단계로 나눈다(2, 5, 10, 16, 20, 30, 40, 63kg/cm²).

정답 37 ② 38 ④ 39 ④ 40 ③ 41 ① 42 ④ 43 ② 44 ②

45
평균 온도차가 5℃일 때 열 관류율이 500W/m²·K인 응축기가 있다. 응축기에서 제거되는 열량이 18kW일 때 전열면적은 몇 m² 인가?
① 2.3　　② 4.6
③ 7.2　　④ 9.6

해설 $F = \dfrac{18 \times 1000}{500 \times 5} = 7.2 m^2$

46
서브머지드 아크용접에서 시작부와 종단부에 용접결함을 막기 위하여 사용하는 것은?
① 백킹　　② 레일
③ 후럭스　　④ 앤드탭

해설 서브머지드 아크용접은 흔히 잠호용접이라고 하며 시작부와 종단부에 용접결함을 막기 위하여 앤드탭을 사용한다.

47
용접부 및 용접부 표면의 형상기호 중 영구적인 덮개판을 사용할 때의 기호는?

① 　　②
③ ｜M｜　　④ ｜MR｜

48
배관 도면상의 치수표시법에 관한 설명으로 옳지 않은 것은?
① 일반적으로 치수는 mm를 단위로 한다.
② 기준면으로부터 배관 높이를 나타낼 때 관의 중심을 기준으로 하여 GL로 표시한다.
③ 지금이 서로 다른 관의 높이를 표시할 때, 관 외경의 아랫면까지를 BOP로 표시할 수도 있다.
④ 만곡부를 가지는 관은 일반적으로 배관의 중심선부터 중심선까지의 치수를 기입하는 것이 좋다.

해설 GL
지면의 높이를 기준으로 할 때 사용한다.

49
정투상도에서 배면도란?
① 뒤에서 보고 그린 그림
② 밑에서 보고 그린 그림
③ 위에서 내려다보고 그린 그림
④ 정면도를 기준으로 45°로 보고 그린 그림

50
그림은 관 A로부터 분기된 관 B가 화면에 직각으로 바로 앞쪽으로 올라가 있으며 구부러져 있는 경우이다. 정투상도가 바르게 그려진 것은?

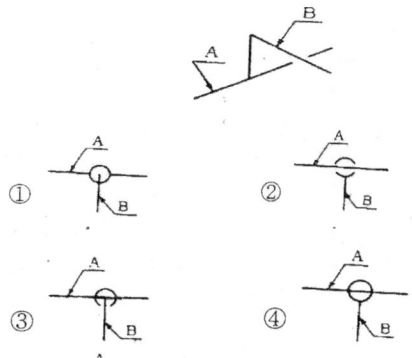

51
그림과 같은 크로스 이음쇠의 호칭방법으로 가장 적합한 것은?

① $2\dfrac{1}{2}B \times 2B \times 3B \times 4B$

② $3B \times 4B \times 2\dfrac{1}{2}B \times 2B$

③ $4B \times 2B \times 3B \times 2\dfrac{1}{2}B$

④ $4B \times 3B \times 2\dfrac{1}{2}B \times 2B$

정답 45 ③　46 ④　47 ③　48 ②　49 ①　50 ①　51 ③

52
그림과 같은 부분 평면 배관도에서 필요한 엘보(Elbow)의 수는 모두 몇 개인가?

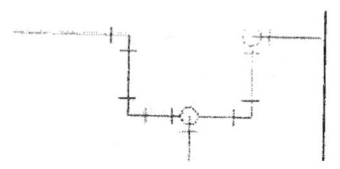

① 4개　　　　② 5개
③ 6개　　　　④ 7개

53
기계제도 도면에서 길이를 표기하는 방법으로 가장 적절한 것은?

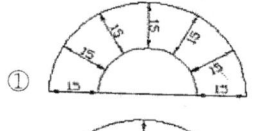　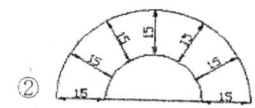

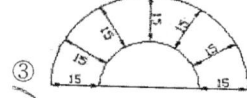　

54
다음 관의 관말부 도면 기호가 나타내는 것은?

① 티　　　　② 용접식 캡
③ 나사식 캡　　④ 막힌 플랜지

55
자전거를 셀 방식으로 생산하는 공장에서, 자전거 1대당 소요공수가 14.5H이며, 1일 8H, 월 25일 작업을 한다면 작업자 1명당 월 생산가능 대수는 몇 대인가?(단, 작업자의 생산종합효율은 80%이다)

① 10대　　　　② 11대
③ 13대　　　　④ 14대

해설 8H×25일=200H

월 생산가능 대수 = $\frac{200}{14.5} \times 0.8$ = 11대

56
도수분포표에서 알 수 있는 정보로 가장 거리가 먼 것은?

① 로트 분포의 모양
② 100 단위당 부적합 수
③ 로트의 평균 및 표준편차
④ 규격과의 비교를 통한 부적합품률 추정

57
로트에서 랜덤하게 시료를 추출하여 검사한 후 그 결과에 따라 로트의 합격, 불합격을 판정하는 검사방법을 무엇이라 하는가?

① 자주검사　　② 간접검사
③ 전수검사　　④ 샘플링 검사

해설 샘플링 검사
　　로트에서 랜덤하게 시료를 추출하여 검사한 후 그 결과에 따라 로트의 합격, 불합격을 판정하는 검사방법

58
ASME(American Society of Mechanical Engineers)에서 정의하고 있는 제품공정 분석표에 사용되는 기호 중 "저장(Storage)"을 표현한 것은?

① ○　　　　② □
③ ▽　　　　④ ⇨

해설 □ : 검사　　○ : 운반

59
미리 정해진 일정단위 중에 포함된 부적합수에 의거 하여 공정을 관리할 때 사용되는 관리도는?

① c 관리도　　② P 관리도
③ X 관리도　　④ nP 관리도

60
TPM활동 체제구축을 위한 5가지 기둥과 가장 거리가 먼 것은?

① 설비초기관리 체제구축 활동
② 설비효율화의 개별개선 활동
③ 운전과 보전의 스킬업 훈련 활동
④ 설비경제성 검토를 위한 설비투자분석 활동

2016년도 기능장 제59회 필기시험
(4월 2일 시행)

01
배관작업 시 안전사항으로 옳은 것은?
① 토치램프 또는 가열토치를 사용하여 관 가열 굽힘작업 시 가능한 오래 가열할수록 좋다.
② 주철관의 소켓 접합 시공시 용해 납은 3회로 나누어 주입한다.
③ 높은 곳에서 배관작업 시 사다리를 사용할 경우에는 사닐 각도를 지면에서 30° 이내로 하고 미끄러지지 않도록 설치한다.
④ 배관 작업중 볼트 및 너트를 조일 때에는 몸의 중심을 잘 맞추고 스패너는 볼트가 맞는 것을 사용한다.

[해설] ① 토치램프 또는 가열토치를 사용하여 관 가열 굽힘작업 시 구부림 작업 전에 모래를 채우고 적당한 온도까지 가열한 다음 구부린다.
② 주철관의 소켓 접합시공 시 납은 충분히 가열한 후 용해하여 산화납을 제거하고 소켓에 한번에 주입하며, 주입 전에 접합부 주위를 깨끗이 하며 물이 있으면 납이 비산해 작업자가 다칠 우려가 있다.
③ 높은 곳에서 배관작업 시 사다리를 사용할 경우에는 지면에서 각도를 75° 이내로 하고 미끄러지지 않도록 설치한다.

02
가스배관 이음방법 중 관을 그대로 이음에 삽입하여 잠김 너트 등을 사용한 접합이음으로서 비교적 강도가 있어 지반의 침하 등에 강한 이음은?
① 나사이음   ② 플랜지 이음
③ 플레어 이음   ④ 기계적 이음

[해설] **기계적 이음(접합)**
관을 그대로 이음에 삽입하여 잠김너트 등을 사용한 접합이음으로서 비교적 강도가 있어 지반의 침하 등에 강한 이음이다.

03
배관 내의 유속이 2m/s일 때, 수격작용에 의해 발생하는 수압은 약 몇 kgf.cm² 정도인가?
① 2.8   ② 28
③ 280   ④ 2800

[해설] **배관에서의 수격작용**
밸브 등을 급속개폐 시 유속의 불규칙한 변화로 유속의 14배 이상의 압력변화로 나타난다.
$2 \times 14 = 28 [kgf.cm^2]$

04
화학 세정용 약제 중 알칼리성 약제로 맞는 것은?
① 트리클로에틸렌   ② 설파인산
③ 4염화탄소   ④ 암모니아

[해설]
- **산성 약제** : 염산(HCl), 황산(H_2SO_4), 인산(H_3PO_4), 설파민산(NH_2SO_3H)
- **알칼리성 약제** : 가성소다(NaOH), 암모니아(NH_3), 탄산나트륨(Na_2CO_3), 인산나트륨(Na_3PO_4)
- **유기산** : 구연산, 개미산

05
대형 보일러의 설치, 시공시 급수장치에 관한 설명으로 틀린 것은?
① 급수관에는 보일러에 인접하여 급수 밸브와 체크 밸브를 설치하여야 한다.
② 급수능력은 최대 증발량의 10% 이상이어야 한다.
③ 급수의 흐름 방향에 맞게 급수 밸브를 설치한다.
④ 자동급수 조절기를 설치할 때에는 필요에 따라 즉시 수동으로 변경할 수 있는 구조로 한다.

[해설] 급수능력은 최대 증발량의 25% 이상이어야 한다.

정답 01 ④ 02 ④ 03 ② 04 ④ 05 ②

06

공기조화 설비 방식 중 패키지(Package)방식의 특징으로 틀린 것은?

① 건물의 일부만 냉방하는 경우 손쉽게 이용할 수 있다.
② 유닛을 배치할 필요가 없으므로 바닥의 이용도가 높다.
③ 중앙기계실 냉동기 설치방식에 비해 공사비가 적게 들며 공사기간도 짧다.
④ 실온 제어의 편차가 크고 온·습도 제어의 정도가 낮다.

해설 패키지(Package) 방식의 특징
① 현장설치가 간단하여 설비비가 저렴하다.
② 자동제어가 가능하여 조작이 편리하다.
③ 건물의 부분 냉방에 적용할 수 있다.
④ 대용량 장치일 경우 중앙식보다 설비가 많이 소요될 수 있다.
⑤ 실온 제어의 편차가 크고 온.습도 제어의 정도가 낮다.
⑥ 송풍기 구조상 덕트가 길어지는 경우 및 고속덕트를 적용할 수 없다.
⑦ 일반적으로 소음이 많이 발생될 수 있다.

07

다음 중 윌리암 하젠(William-Hazen)공식에 의한 급수관의 유량 선도와 가장 거리가 먼 것은?

① 유량(L.min)   ② 마찰손실(mmAq/m)
③ 유속(m/s)   ④ 평균급수유속(m/s)

해설 윌리암 하젠(William-hazen)공식

$$h = \frac{10.67L \times Q^{1.85}}{C^{1.85} \times D^{4.87}}$$

여기서 h : 마찰손실수두(m)
　　　　L : 관의 길이 (m)
　　　　Q : 유량 (m³/s)
　　　　D : 관내경(m)
　　　　C : 유속계수 (강관일 경우 100)

08

화학배관 설비에 사용되는 재료의 구비조건으로 틀린 것은?

① 접촉 유체에 대한 내식성이 클 것
② 고온·고압에 대한 기계적 강도가 클 것
③ 상용 상태에서의 크리프(Creep) 강도가 작을 것
④ 저온 등에서도 재질의 열화(劣化)가 없을 것

해설 크리프(Creep) 강도
장시간의 하중으로 재료가 계속적으로 서서히 소성변형을 일으키는 것. 크리프 강도는 커야 좋다.

09

고압가스 재해에 대한 설명으로 틀린 것은?

① 가연성의 기체가 공기 속에서 부유하다가 공기의 산소 분자와 접촉하면 폭발할 수 있다.
② 액화석유가스와 같이 공기보다 무거운 가스는 누설되면 확산되어 낮은 곳에는 고이지 않는다.
③ 일산화탄소는 가연성 가스로서 공기와 공존할 때는 폭발할 수 있다.
④ 아세틸렌은 공기나 산소와 같은 지연성 가스와 공존하지 않아도 폭발이 일어날 수 있다.

해설 고압가스 재해
① 액화석유가스(비중이 1.53~2)와 같이 공기보다 무거운 가스는 누설되면 낮은 곳에 체류하여 점화원이 있을 때 폭발할 수 있다.
② 아세틸렌은 공기나 산소와 같은 지연성 가스와 공존하지 않아도 분해 폭발, 화합폭발이 일어날 수 있다.

10

온수난방에서 개방식 팽창탱크의 용량은 온수 팽창량의 몇배가 가장 적당한가?

① 1.5 ~2.5배   ② 3.5 ~4.5배
③ 5.5 ~6.5배   ④ 7.5 ~8.5배

해설 온수난방의 개방식 팽창탱크의 용량은 온수가 팽창하여 체적이 증가하는 온수 팽창량의 1.5 ~2.5배 크기로 한다.

정답 06 ② 07 ④ 08 ③ 09 ② 10 ①

11
배관설비 유지관리와 가장 거리가 먼 것은?
① 밸브류 및 배관부속기기의 점검과 보수
② 배관의 점검과 보수
③ 배관설계 및 시공
④ 부식과 방식

[해설] 배관설비 유지관리
① 배관의 점검과 보수
② 밸브류 및 배관부속기기의 점검과 보수
③ 부식과 방식 등이 있으며 배관설계 및 시공은 유지관리와 거리가 멀다.

12
전기식 자동제어 시스템에서 온도조절기의 조절부에 사용되는 것으로 가장 거리가 먼 것은?
① 수은 스위치   ② 스냅 스위치
③ 다이어프램   ④ 밸런싱 릴레이

[해설] 전기식 자동제어 온도조절기의 조절부
① 스냅 스위치 : 주위의 온도 증감에 의해 바이메탈이 좌우로 변위되어 접점이 개폐되는 동작을 한다.
② 마이크로 스위치 : 스위치 자체에 스냅동작 기구를 갖고 있으며, 소형으로 정밀도가 높고 수명이 길기 때문에 각종 설비의 스위치로 사용된다.
③ 수은 스위치 : 질소 등의 불활성가스와 수은을 봉입한 것으로 지름 2cm이하의 유리관 내에 2~4극의 전극을 설치한 것이다.
④ 포텐쇼미터(가변저항) : 비례제어 신호를 발생하기 위하여 포텐쇼미터(가변저항)을 사용한 것이다.
⑤ 밸런싱 릴레이 : 전류가 흐르면 전자석이 되는 2개 조의 코일에 흡인되는 가동접점, 2개의 고정접점으로 구성되어 있다.

13
자동제어장치에서 제어 편차를 감소시키기 위한 조절계의 동작에는 연속 동작과 불연속 동작이 있다. 다음 중 불연속 동작에 해당하는 것은?
① 2위치 동작   ② 비례동작
③ 적분동작   ④ 미분동작

[해설] 연속동작
비례동작, 적분동작, 미분동작

14
배관용 공기(Air)기구 사용 시 안전수칙으로 틀린 것은?
① 처음에는 천천히 열고, 일시에 전부 열지 않는다.
② 기구 등의 반동으로 인한 재해에 항상 주의한다.
③ 공기기구를 사용할 때는 방진안경을 사용한다.
④ 활동부에는 항상 기름 또는 그리스가 없도록 깨끗이 닦아준다.

[해설] 배관용 공기기구 활동부에는 항상 기름 또는 그리스를 주입하여 원활하게 작동되도록 한다.

15
다음 중 가스용접 작업을 하기에 가장 적절한 장소는?
① 기름이 있는 건조한 곳
② 직사광선을 받는 밀폐된 곳
③ 습도가 높고 고압가스가 있는 곳
④ 가연성 물질이 없고 통풍이 잘되는 곳

[해설] 가스용접작업은 화재위험이 있으므로 가연성 물질이 없고 통풍이 잘되는 것이어야 한다.

16
원심식 송풍기의 날개 직경이 450mm이다. 송풍기 번호(NO)는?
① NO. 2   ② NO. 3
③ NO. 4   ④ NO. 5

[해설] 원심식 송풍기의 크기 표시법
임펠러(날개)의 직경 150mm를 기준으로 NO. 1로 표시한다. 그러므로 날개 직경 450mm인 경우 NO. 3으로 표시한다.
(풀이 : $\frac{450}{150} = 3$)

정답 11 ③ 12 ③ 13 ① 14 ④ 15 ④ 16 ②

17
LPG 가스배관 시 주의사항으로 옳은 것은?
① 배관재료로 내압 및 내유성 재료는 사용할 수 없다.
② 옥외 저압부 배관과 조정기를 접속하기 위해 사용되는 고무관의 길이는 50cm 이상 되어야 한다.
③ 배관 및 고무관류는 가급적 이음부를 없게 하고 누설 시 탐지 및 수리가 쉽도록 배관한다.
④ 나사이음 배관 시 페인트를 사용하여 패킹하여야 한다.

[해설] LPG 배관 시 주의사항 중 옳은 내용
① 배관재료로 내압 및 내유성 재료는 사용할 수 있다.
② 옥외 저압부 배관과 조정기를 접속하기 위해 사용되는 경질관의 길이는 30cm 미만이 되도록 한다.
③ LPG는 천연고무, 페이트, 구리스, 윤활유 등을 용해하는 성질이 있으므로 나사이음 배관 접합부에 사용하는 패킹재는 LPG에 견디는 것을 선택하여야 한다.

18
공조 시스템에서 토출되는 공기 온도가 매우 높아지거나 낮아지는 것을 방지하기 위하여 또는 전열기의 과열방지, 외기의 이상 저하에 의한 코일의 동파 등을 방지하기 위하여 적용되는 제어방식은?
① 위치비례 제어   ② 플로팅 제어
③ 리미트 제어   ④ 최소개도 제어

19
다음 중 유틸리티(Utility) 배관이 아닌 것은?
① 각종압력의 증기 및 응축수 배관
② 냉각세정용 유체 공급관
③ 연료유 및 연료가스 공급관
④ 유닛 내 열교환기 등의 기기에 접속되는 원료운반 배관

[해설] 유틸리티(Utility) 배관
프로세스의 반응에는 직접 관여하지는 않지만 그 운전에 중대한 영향을 미치는 각종 유체의 배관으로 다음과 같은 종류가 있다.
① 각종 압력의 증기 및 응축수 배관
② 냉각세정용 유체 공급관
③ 냉각공기 공급관
④ 질소공급관
⑤ 연료유 및 연료가스 공급관
⑥ 기타

20
공정제어에서 오차의 신호를 받아 제어동작을 판단한 후 처리하는 부분은?
① 공정제어용 검출기
② 전송기
③ 조절기
④ 벨로스

[해설] 조절기
인간의 두뇌에 해당되며, 오차의 신호를 받아 제어동작을 판단한 후 처리하는 부분이다.

21
화학약품에 강하고 내유성이 크며, −30~130℃의 내열범위를 가지는 증기, 기름, 약품 배관에 적합한 패킹재료는?
① 액상 합성수지   ② 오일시일 패킹
③ 플라스틱 패킹   ④ 석면 조인트시트

[해설] 액상 합성수지
화학약품에 강하고 내유성이 크며, −30~130℃의 내열범위를 가지는 증기, 기름, 약품배관에 적합한 패킹재료이다.

22
스트레이너(Strainer)는 밸브, 기기 등의 앞에 설치하여 관내의 불순물을 제거하는데 사용하는 여과기를 말한다. 스트레이너의 형상에 따른 종류에 해당되지 않는 것은?
① S 형   ② Y 형
③ U 형   ④ V 형

[해설]
- V형은 유체가 직각으로 흐르므로 유체저항이 적고, 여과망의 교환, 점검, 보수 및 관리가 편리하다.
- 스트레이너 : 관내의 불순물을 제거하여 기기의 성능을 보호하는 역할을 하는 배관 설비용 부품으로 종류에는 Y형, U형, V형이 있다.

정답 17 ③ 18 ③ 19 ④ 20 ③ 21 ① 22 ④

23
다음 중 체크 밸브의 종류로 틀린 것은?
① 스윙 체크밸브
② 나사조임 체크밸브
③ 버터플라이 체크밸브
④ 앵글 체크밸브

해설 **체크 밸브의 종류**
스윙식, 리프트식, 풋 밸브, 해머리스 체크밸브, 버터플라이 체크밸브 등

24
염화비닐관의 단점을 설명한 것 중 틀린 것은?
① 열팽창률이 크기 때문에 온도변화에 대한 신축이 심하다.
② 50°C 이상의 고온 또는 저온 장소에 배관하는 것은 부적당하다.
③ 용제와 방부제(크레오소트액)에 강하나 파이프 접착제에는 침식된다.
④ 저온에 약하며 한랭지에서는 외부로부터 조금만 충격을 주어도 파괴되기 쉽다.

해설 용제와 방부제(크레오소트액)에 약하고 파이프 접착제에는 침식된다.

25
화학약품에 강하고, 내유성이 크며 내열범위가 −30~130°C인 증기, 기름약품 배관에 사용하는 나사용 패킹으로 적합한 것은?
① 페인트 ② 메터니컬 실
③ 일산화연 ④ 액상 합성수지

해설 **액상 합성수지**
내유성이 크며 내열범위가 −30~130°C 인 증기, 기름 약품 배관에 사용하는 나사용 패킹으로 적합한 재료이다.

26
유량계 설치법에 대한 설명으로 잘못된 것은?
① 차압식 유량계의 오리피스는 원칙적으로 수직 배관에 설치한다.
② 차압식 유량계의 노즐취출 방향은 액체인 경우는 하향, 기체일 경우는 상향으로 한다.
③ 증기배관에는 증기가 유량계에 유입하는 것을 방지하고, 차압에 대해 일정한 액주의 높이를 유지할 수 있도록 콘덴서를 설치한다.
④ 체적식 유량계와 면적식 유량계는 조작 및 보수가 쉽도록 설치한다.

해설 차압식 유량계(오리피스미터, 플로노즐, 벤투리미터)는 원칙적으로 수평배관에 설치하여야 한다.

27
주철관의 내벽에 모르타르 처리하여 방청작용을 하도록 한 관은?
① 배수용 주철관
② 덕타일 주철관
③ 수동용 이형관
④ 원심력 모르타르 라이닝 주철관

해설 원심력 모르타르 라이닝 주철관은 내벽에 모르타르 처리하여 방청작용하는 주철관이다.

28
납관(연관)이음에 사용되는 용융온도가 232°C인 플라스턴 합금의 주요성분 비율로 옳은 것은?
① Pb 30%+Sn 70%
② Pb 40%+Sn 60%
③ Pb 50%+Sn 50%
④ Pb 60%+Sn 40%

해설 **플라스턴 합금의 주요성분 비율**
납(Pb) 60%+주석(Sn) 40%

29
관의 회전을 방지하고 축 방향의 이동을 허용하는 안내 역할을 하며, 축과 직각방향의 이동을 구속하는데 사용하는 것은?
① 행거 ② 스토퍼
③ 가이드 ④ 서포트

해설 **가이드**
배관계의 축 방향의 이동을 허용하는 안내 역할을 하며 축과 직각 방향의 이동을 구속하는데 사용

30
증기트랩에서 오픈(Open)이라고도 하며, 공기가 거의 배출되지 않으므로 열동식 트랩을 병용하여 사용하는 트랩은 어느 것인가?
① 상향식 버킷 트랩   ② 온도조절 트랩
③ 플러시 트랩   ④ 충격식 트랩

해설 버킷 트랩(Bucket Trap)
버킷에 들어 있는 응축수가 일정량이 되면 부력을 상실한 버킷이 떨어져 밸브를 열고 증기압으로 배수하는 구조의 트랩. 상향형과 하향형이 있다.

31
보일러의 수관, 연관, 화학 및 석유공업의 열교환기 등에 사용하는 열전달용 강관의 기호는?
① SPA   ② STA
③ STBH   ④ SPHT

해설
• SPA : 배관용 합금강관
• SPHT : 고온배관용 강관

32
온수온돌 난방코일용으로 많이 사용되며, 엑셀 온돌 파이프라고도 하는 관은?
① 염화비닐관
② 폴리프로필렌관
③ 폴리부틸렌관
④ 가교화 폴리에틸렌관

해설 가교화 폴리에틸렌관(엑셀파이프)은 온수온돌 난방용 코일용으로 많이 사용된다.

33
비중이 0.92~0.96 정도로 염화비닐관보다 가볍고 -60℃에서도 취화하지 않아 한랭지 배관에 적절한 관은?
① 동관   ② 폴리에틸렌관
③ 연관   ④ 경질염화비닐관

해설 폴리에틸렌관은 PVC관이며, 비중이 0.92~0.96 정도로 염화비닐관보다 가볍고 -60℃에서도 취화하지 않아 한랭지 배관에 알맞다.

34
글랜드 패킹에 속하지 않는 것은?
① 플라스틱 패킹   ② 메커니컬 실
③ 일산화연   ④ 메탈 패킹

해설 일산화연
나사용 패킹으로 냉매배관에 사용하며 페인트에 소량의 일산화연을 첨가한 것이다.

35
다음 중 비중이 공기보다 커서 바닥으로 가라앉는 가스는?
① 프로판   ② 아세틸렌
③ 수소   ④ 메탄

해설 공기분자량은 29이다. 공기보다 분자량이 크면 무거워서 가라앉고 적으면 위로 올라간다.
• 프로판 : 44
• 아세틸렌 : 26
• 수소 : 2
• 메탄 : 16

36
전기저항 용접법 중 겹치기 용접을 할 수 없는 용접법은?
① 스폿용접   ② 심용접
③ 플래시 용접   ④ 프로젝션 용접

해설 맞대기 저항 용접
플래시 용접, 업셋용접, 맞대기 심용접, 방전충격 용접

37
주철관의 기계식 이음(Mechanical Joint)의 특징이 아닌 것은?
① 기밀성이 좋다.
② 고압에 대한 저항이 크다.
③ 온도 변화에 따른 신축이 자유롭다.
④ 플랜지 접합과 소켓 접합의 장점을 취한 것이다.

해설 기계식 이음
지진 등 진동이 많은 곳의 배관 이음에 적합하고 외압에 잘 견디는 이음방법으로 가장 적당하다.

38
용접부의 파괴시험 검사법 중 기계적 시험방법이 아닌 것은?

① 부식시험 ② 피로시험
③ 굽힘시험 ④ 충격시험

해설 **기계적 시험의 종류**
인장시험, 굽힘시험, 충격시험, 피로시험

39
폴리에틸렌관의 이음방법 중 관끝의 바깥쪽과 이음관의 안쪽을 동시에 가열 용융하여 이음하는 방법은?

① 인서트 이음 ② 용착 슬리브 이음
③ 코어 플랜지 이음 ④ 테이퍼 조인트 이음

해설 **용착 슬리브 접합**
관 끝의 바깥쪽과 이음관의 안쪽을 동시에 가열하여 용융이음한다.

40
동관의 끝부분을 진원으로 교정할 때 사용하는 공구는?

① 플레어링 툴
② 봄볼
③ 사이징 툴
④ 익스팬더

해설 **사이징 툴(Sizing Tools)**
동관의 끝부분을 정확한 치수의 원형으로 교정하기 위하여 사용

41
각종 관작업 시 필요한 공구 및 기계를 연결한 것 중 틀린 것은?

① Pvc관 : 열풍용접기, 리머
② 동관 : 턴핀, 익스팬더(Expander)
③ 주철관 : 링크형 파이프커터, 클립
④ 스테인리스강관 : Tig 용접기, 전용 압착공구

해설 **턴 핀(Turn Pin)**
이음하려는 연관의 끝 부분에 끼우고 나무 해머로 때려 박아 관 끝 부분을 나팔 모양으로 넓히는데 사용하는 공구이다.

42
강관을 4조각 내어 중심각이 90° 마이터 관을 만들려 할 때 절단각은 몇 도(°)인가?

① 7 ② 11
③ 15 ④ 22.

해설 절단각 $= \dfrac{중심각}{2 \times (편수-1)} = \dfrac{90°}{2 \times (4-1)} = 15$도

43
그림과 같은 높이 20m인 커다란 저수탱크 밑에 구멍(지름 2cm)이 생겨 탱크 속의 물이 유출되고 있다. 이때 유량 m³/s은 약 얼마인가?(단, 유출에 의한 높이의 변화를 무시하며, 유량계수 $C_v = 1$이다)

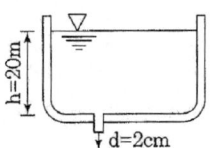

① 6.2×10^{-3} ② 6.2×10^{-3}
③ 6.2×10^3 ④ 1.98×10^3

해설 ① 유출되는 물의 유속 계산
$\therefore V = \sqrt{2gh} = \sqrt{2 \times 9.8 \times 20}$
$= 19.798 ≒ 19.8 (m/s)$
② 유량 계산
$\therefore Q = C_v A V$
$= 1 \times \dfrac{3.14}{4} \times 0.02^2 \times 19.8$
$= 6.2 \times 10^{-3} (m^3/s)$

44
0°C의 얼음 1kg을 100°C의 포화증기로 만드는 데 필요한 열량은 약 얼마인가?(단, 얼음의 융해열은 333.6kJ/kg, 물의 비열은 4.19kJ/kg·K, 물의 증발잠열은 2256.7kJ/kg이다)

① 2255kJ ② 2590kJ
③ 2674kJ ④ 3009kJ

해설
- 잠열 $Q_1 = G \cdot \gamma = 1 \times 333.6 = 333.6$ kJ
- 현열 $Q_2 = G \cdot C \cdot \Delta t = 1 \times 4.19 \times (100-0)$
$= 419$ kJ
- 잠열 $Q_3 = G \cdot r = 1 \times 2256.7 = 2256.7$ kJ
- 열량 계산 $Q = Q_1 + Q_2 + Q_3$
$= 333.6 + 419 + 2256.7 = 3009.3$ kJ

45
벤더에 의한 관 굽히기 도중에 관이 파손되었다면 그 원인으로 가장 적합한 것은?

① 받침쇠가 너무 들어갔다.
② 굽힘형이 주축에서 빗나가 있다.
③ 굽힘 반경이 너무 작다.
④ 재질이 부드럽고 두께가 얇다.

[해설] 관이 파손(破損) 되는 원인
① 압력형의 조정이 강하고 저항이 크다.
② 받침쇠가 너무 나와 있다.
③ 곡률 반지름이 너무 작다.
④ 재료에 결함이 있다.

46
콘크리트관의 시멘트와 모래의 배합비와 수분의 양으로 가장 적합한 것은?

① 1 : 2이고 수분의 양은 약 17%
② 1 : 1이고 수분의 양은 약 17%
③ 1 : 2이고 수분의 양은 약 45%
④ 1 : 1이고 수분의 양은 약 45%

[해설] 콤포이음
시멘트와 모래의 비율을 1:1로 하고 수분을 약17% 정도로 반죽한 것이다.

47
(보기)의 용접기호에 관한 설명으로 틀린 것은?

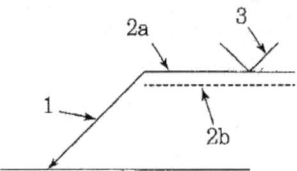

① 1 : 화살표   ② 2a : 기준선(실선)
③ 2b : 동일선(파선) ④ 3: 용접기호

[해설] 2b : 식별선(점선)

48
KS 배관의 간략도시 방법에서 사용하는 선의 종류별 호칭방법에 따른 선의 적용으로 틀린 것은?

① 가는 1점 쇄선 : 바닥, 벽, 천장
② 굵은 파선 : 다른 도면에 명시된 유선
③ 가는 실선 : 해칭, 인출선, 치수선.
④ 굵은 실선 : 유선 및 결합 부품

[해설] 가는 1점 쇄선의 용도(적용)
중심선, 기준선, 피치선

49
평면, 정면, 측면을 하나의 투상면 위에 동시에 볼 수 있도록 그린 투상도는?

① 사 투상도   ② 투시 투상도
③ 정 투상도   ④ 등각 투상도

[해설] 투상도의 종류
① **정투상도** : 직교하는 3개의 화면 중간에 물체를 놓고 평행광선에 의해 투상된 자취를 그린 것으로 보는 방향에서의 형상과 크기만 나타나고, 다른 부분은 알 수가 없기 때문에 물체 전체를 완전히 표현하려면 두 개이상의 투상도가 필요하므로 정면도, 평면도, 측면도로 나타내며 제1각법과 제3각법이 있다.
② **등각 투상도** : 정면, 평면, 측면을 하나의 투상면 위에 동시에 볼 수 있도록 두 개의 옆면 모서리가 수평선과 30°가 되게 하여 세 축이 120°의 각도가 되도록 입체도를 투상한 것이다.
③ **부등각 투상도** : 직육면체의 등각 투상도에서 직각으로 만나는 3개의 모서리가 임의의 각도를 이룬다.
④ **사 투상도** : 하나의 그림으로 육면체의 세 면 중의 한 면만을 중점적으로 엄밀, 정확하게 표시할 수 있는 투상법이다.

50
배관설비 라인 인텍스의 장점으로 가장 거리가 먼 것은?

① 배관시공 시 배관재료를 정확히 선정할 수 있다.
② 배관공사의 관리 및 자재 관리에 편리하다.
③ 배관 내의 유체 마찰이 감소된다.
④ 배관기기 장치의 운전계획, 운전교육에 편리하다.

[해설] 라인 인덱스
배관에서 장치와 관에 번호를 부여, 공사와 관리를 편하게 한 것이다.

51

2개 이상의 관을 동일한 지지대 위에 나란히 배관할 경우 지면의 높이를 기준면으로 하고 관 밑면까지 높이를 3000mm라 할 때, 치수기입법으로 적합한 것은?

① EL+3000 BOP　② EL+3000 TOP
③ GL+3000 BOP　④ EL+3000 TOP

해설 지면을 기준으로 높이를 표시하는 것이 GL이고, 관 밑면까지의 높이는 BOP로 표시하는 것이므로 지면을 기준으로 관 AXLAUS까지 높이가 3000mm을 치수기입법으로 표시하면 GL+3000BOP가 된다.

52

단면을 표시하는 방법에 대한 설명으로 틀린 것은?

① 단면을 나타내는 해칭(Hatching)은 주된 중심선 또는 단면도의 주된 외형선에 대하여 45° 경사지게 등간격으로 가는 선으로 그린다.
② 해칭의 간격은 단면의 크기와 무관하게 2~3mm 등간격으로 그린다.
③ 해칭대신에 연필 또는 흑색 색연필을 이용하여 스머징(Smudging)을 하여도 좋다.
④ 인접한 단면의 해칭은 선의 각도 또는 선의 간격을 바꾸어서 기입한다.

해설 해칭의 간격은 도면의 크기에 따라 다르나, 보통 2~3mm 등간격으로 그린다.

53

배관설치 시 배관의 높이 치수기입방법 중에서 건물의 바닥면을 기준하여 표시하는 기호는?

① EL　② GL
③ FL　④ OL

해설 FL : 건물의 바닥면을 기준으로 하여 높이를 표시한 기호

54

그림과 같은 구조물을 필릿 단속 용접하기 위한 도면에 표기되는 용접기호 바르게 기입되어 있는 것은?

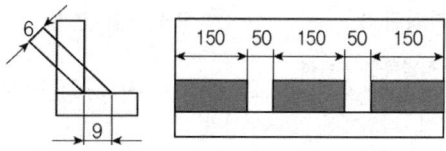

①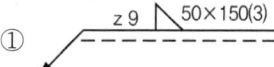

②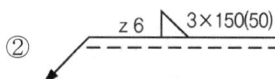

③

④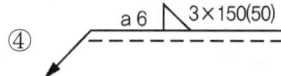

55

일반적으로 품질코스트 가운데 가장 큰 비율을 차지하는 것은?

① 평가코스트　② 실패코스트
③ 예방코스트　④ 검사코스트

해설 QC 활동의 초기단계에는 평가코스트나 예방코스트에 비교하여 실패코스트가 큰 비율을 차지하게 된다.

56

계량값 관리도에 해당되는 것은?

① c 관리도　② u 관리도
③ R 관리도　④ np 관리도

해설 관리도의 종류
① **계량값 관리도** : $\bar{x}-R$ 관리도, $\bar{x}$ 관리도, R 관리도, M_e-R 관리도, $L-S$ 관리도, 누적합관리도, 지수가중 이동평균관리도
② **계수값 관리도** : c (부적합수) 관리도, u (단위당 부적합수) 관리도, p (부적합품률) 관리도, np (부적합품수) 관리도

57
작업측정의 목적 중 틀린 것은?
① 작업개선　　② 표준시간 설정
③ 과업관리　　④ 요소작업 분할

[해설] 작업측정의 목적
　　표준시간의 설정, 유휴시간의 제거, 작업성과의 측정, 작업개선 및 과업관리

58
계수 규준형 샘플링 검사의 OC곡선에서 좋은 로트를 합격시키는 확률을 뜻하는 것은?(단, α는 제1종 과오, β는 제2종 과오이다)
① α　　② β
③ 1-α　　④ 1-β

[해설] 계수 규준형 샘플링 검사의 OC곡선
① α(제1종 과오) : 좋은 품질의 로트가 검사에서 불합격되는 확률
② β(제2종 과오) : 나쁜 품질의 로트가 검사에서 합격되는 확률
④ 1-β : 나쁜 품질의 로트를 불합격시킬 확률

59
정규분포에 관한 설명 중 틀린 것은?
① 일반적으로 평균치가 중앙값보다 크다.
② 평균을 중심으로 좌우 대칭의 분포이다.
③ 대체로 표준편차가 클수록 산포가 나쁘다고 본다.
④ 평균치가 0이고 표준편차가 1인 정규분포를 표준정규분포라 한다.

[해설]
• 정규분포는 연속 확률 분포의 하나이다. 정규분포는 수집된 자료의 분포를 근사하는 데에 자주 사용되며, 이것은 중심극한정리에 의하여 독립적인 확률변수들의 평균은 정규분포에 가까워지는 성질이 있기 때문이다.
• 정규분포의 특징 위에 제시된 것 외 모든 정규곡선은 평균, 중앙값, 최빈치가 모두 동일하고, 평균은 곡선의 위치를 정하고, 표준편차는 곡선의 모양(분포의 폭)을 결정한다. 또한 계량형 관리도와 계량형 샘플링 검사의 기초가 된다.

60
어떤 작업을 수행하는 데 작업소요시간이 빠른 경우 5시간, 보통이면 8시간, 늦으면 12시간 걸린다고 예측되었다면 3점 견적법에 의한 기대 시간치와 분산을 계산하면 약 얼마인가?
① $te=8.0$, $\sigma^2=1.17$　② $te=8.2$, $\sigma^2=1.36$
③ $te=8.3$, $\sigma^2=1.17$　④ $te=8.3$, $\sigma^2=1.36$

[해설] ① 기대 시간치 계산
$$t_e = \frac{t_0 + 4t_m + t_p}{6} = \frac{5+(4\times 8)+12}{6} = 8.166$$
② 분산 $= (\frac{12-5}{6})^2 = 1.36$

• t_0 (낙관 시간치) : 작업 활동을 수행하는 데 필요한 최소시간
• t_m (정상 시간치) : 작업활동을 수행하는 데 정상적으로 소요되는 시간
• t_p (비관 시간치) : 작업 활동을 수행하는 데 필요한 최대시간

정답　57 ④　58 ③　59 ①　60 ②

2016년도 배관기능장 제60회 필기시험
(7월 10일 시행)

01
파이프 랙크(Pipe Rack)에 관한 설명으로 가장 적합한 것은?
① 배관의 이동, 구속 및 제한 등을 하고자 할 때 사용하는 것이다.
② 배관의 수평부와 곡관부를 지지하는 데 사용하는 서포트를 의미한다.
③ 관의 수직이동에 대하여 지지하중의 변화하는 하중을 조정하는 것이다.
④ 복수의 배관을 병렬로 배열할 때 공통지지 가대(架坮)를 제작, 그 위에 배관하는 데 사용하는 공통지지 구조물을 말한다.

[해설] **파이프 랙크(Pipe Rack)**
복수의 배관을 병렬로 배열할 때 공통지지 가대(架坮)를 제작, 그 위에 배관하는 데 사용하는 공통지지 구조물을 말한다.

02
배관설비의 진공시험에 관한 설명으로 틀린 것은?
① 기밀시험에서 누설 개소가 발견되지 않을 때 하는 시험이다.
② 주위온도의 변화에 대한 영향이 없는 시험이다.
③ 관 속을 진공으로 만든 후 일정시간 후의 진공 강하상태를 검사한다.
④ 진공 펌프나 추기 회수장치를 이용하여 시험한다.

[해설] 진공시험은 주위의 온도에 민감하므로 온도변화가 적을 때 시행하는 게 효과적이다.

03
냉각탑의 공기 출구에 물방울이 공기와 함께 유출하지 못하도록 설치하는 것은?
① 엘리미네이터   ② 디스크 시트
③ 플래쉬 가스   ④ 진동 브레이크

[해설] **냉각탑**
냉동기의 응축기에 사용하는 냉각용수를 재차 사용하기 위하여 실외공기와 직접 접속시켜 이 물을 냉각하는 일종의 열교환장치이다.

04
자동제어계를 구성하고 있는 제어요소에서 동작신호(Actuating Signal)에 관한 내용으로 옳은 것은?
① 어떤 장치에서 제어량에 대한 희망값 또는 외부로부터 이 제어계에 부여된 값
② 목표값과 제어량과의 차로서 기준입력과 주피드백량을 비교하여 얻은 편차량의 신호
③ 제어량을 목표값과 비교하기 위하여 목표값과 같은 종류의 물리량으로 변환하여 검출하는 부분신호
④ 목표값과 주 피드백 신호를 비교하기 위하여 주 피드백 신호와 같은 종류의 신호로 목표값을 변화시켜 제어계의 폐루프에 부여하는 신호

[해설] **동작신호**
목표값과 제어량과의 차로서 기준입력과 주피드백량을 비교하여 얻은 편차량의 신호

05
자동제어요소의 동작특성에서 연속동작이 아닌 것은?
① 비례동작   ② 적분동작
③ 미분동작   ④ 2위치 동작

[해설] **불연속 동작**
2위치동작(on-off동작), 다위치 동작, 불연속 속도 동작

정답 01 ④ 02 ② 03 ① 04 ② 05 ④

06
위생기구 등의 설치 완료 후에 시행되는 배관시험방법 중 배수관의 최종시험으로 이용되는 배관시험방법은?
① 수압시험 ② 만수시험
③ 기밀시험 ④ 통수시험

[해설] 기밀시험
위생기구 등의 설치 완료 후에 시행되는 배관시험방법 중 배수관의 최종시험으로 이용되는 배관시험방법으로는 연기시험과 박하시험으로 최종시험에 해당한다.

07
화학설비장치에 사용되는 열교환기 중 유체에 미리 열을 주어 다음 공정의 효율을 증대하기 위하여 사용하는 장치는?
① 가열기 ② 예열기
③ 과열기 ④ 증발기

[해설]
- **과열기** : 보일러 내에서 발생한 증기를 그압력을 바꾸지 않고 다시 가열해서 열량이 높은 증기로 하기 위해 사용하는 것
- **절탄기** : 보일러에서 발생하는 배기가스, 즉 연소가스의 폐열로 급수온도를 높여 그 손실열을 회수하여 연료를 절감하고 보일러 급수를 가열하는 장치
- **공기예열기** : 연도에서 배출되는 가스의 여열을 이용해 서 공기를 가열하여 보일러의 연소실에 공급하는 장치
- **탈기기** : 급수에 존재하는 기체, 가스류를 제거하는 설비

08
급탕설비 중 저장탱크에 서머스탯을 장치한 가장 주된 이유는?
① 증기압을 측정하기 위해서
② 수량을 조절하기 위해서
③ 온도를 조절하기 위해서
④ 수질을 조절하기 위해서

[해설] 저장탱크에 온도를 조절하기 위해 서머스탯을 장착한다.

09
보일러 취급자의 부주의로 인하여 발생하는 사고의 원인으로 맞는 것은?
① 재료의 부적당
② 설계상 결함
③ 발생증기 압력의 과다
④ 구조상의 결함

[해설] 보일러 사고의 원인
① **제작상의 원인** : 재료불량, 강도부족, 설계불량, 구조불량, 용접불량 등
② **취급상의 원인** : 압력초과, 저수위, 급수처리 불량, 부식, 과열, 정비불량 등

10
중앙식 급탕법의 특징에 관한 설명으로 옳지 않은 것은?
① 탕비장치가 대규모로 설치되므로 열효율이 낮다.
② 열원으로 석탄, 중유 등이 사용되므로 연료비가 저렴하다.
③ 일반적으로 다른 설비 기계류와 동일한 장소에 설치되어 관리상 유리하다.
④ 처음 건설비는 비싸지만, 경상비가 적으므로 대규모 급탕에서는 중앙식이 경제적이다.

[해설] 탕비장치가 대규모로 설치되므로 열효율이 좋다.

11
공기신호, 기계적 변위, 유압 등의 변화량을 전류로 변환시켜 전송하는 장치로 전송거리를 0.3~10km로 길게 하여도 전송지연이 거의 없는 전송기는?
① 유압식 전송기
② 전기식 전송기
③ 공기압식 전송기
④ 유압공기식 전송기

[해설] 전기식
공기신호, 기계적 변위, 유압 등의 변화량을 전류로 변환시켜 전송하는 장치로 전송거리를 0.3~10km로 길게 하여도 전송지연이 거의 없는 전송기

정답 06 ③ 07 ② 08 ③ 09 ③ 10 ① 11 ②

12
제어에서 입력신호에 대한 출력신호 응답 중 인디셜 응답이라고도 하며, 입력이 단위량만큼 단계적으로 변환될 때의 응답을 말하는 것은?
① 자기 평형성 ② 과도 응답
③ 주파수 응답 ④ 스텝 응답

[해설] **스텝응답** : 입력이 단위량만큼 단계적으로 변환될 때의 응답을 뜻하며 인디셜 응답이라고도 한다.
※ **응답** : 자동제어계의 어떤 요소에 대하여 입력을 원인이라 하면 출력은 결과가 되며, 이때의 출력을 입력에 대한 응답이라고 한다.

13
석유화학 설비배관에 관한 설명으로 틀린 것은?
① 배관 내 유체의 누설은 화학 장치에 대해 부식을 촉진하고 재해 유발의 원인이 되므로 누설방지용 개스킷을 잘 끼워 주어야 한다
② 화학장치용 재료로 사용되는 금속재료는 수소에 의한 탈탄, 황화수소에 의한 부식, 산소 또는 가스에 의한 산화 등을 고려하여 선정한다.
③ 고온고압용 재료에는 내식성이 크고 크리프(Creep) 강도가 큰 재료가 사용된다.
④ 화학공업용 배관에 많이 쓰이는 강관의 이음방법에는 플랜지이음, 나사 이음이 주로 쓰이나 용접 이음은 누설의 염려가 있어 활용되지 않는다.

[해설] 나사 이음은 누설의 염려가 있어 활용되지 않고, 용접이음은 누설의 염려가 없어 널리 활용된다.

14
짧은 전향날개가 많아 다익송풍기라고도 하며, 비교적 소음이 적고 풍압이 낮은 곳에 주로 사용하는 송풍기는?
① 시리코형 ② 축류 송풍기
③ 리밋 로드형 ④ 엘리미네이터

[해설] **시리코형 송풍기**
짧은 전향날개가 많아 다익송풍기라고도 하며, 비교적 소음이 적고 풍압이 낮은 곳에 주로 사용하는 송풍기

15
보일러 내부 부식 중 점식을 방지하는 방법이 아닌 것은?
① 아연판 매달기 ② 용존산소 제거
③ 강한 전류 통전 ④ 방청도장, 보호피막

[해설] 점식부식은 보일러 내부에 용존산소에 의해 부식이 발생하며 방지법으로 위 항외 강한전류 통전이 아닌 약한 전류를 통전시켜서 방지하는 방법이 있다.

16
배관공작 안전사항 중 수공구 운반 시 주의사항으로 틀린 것은?
① 불안전한 장소에는 수공구를 놓지 않도록 할 것
② 수공구를 손에 잡고 사다리를 오르내리지 말 것
③ 끌이나 정 등의 예리한 날부분은 칼집에 보관할 것
④ 드라이버 등과 같이 뽀족한 공구는 주머니에 넣고 다닐 것

[해설] 드라이버 등과 같이 뽀족한 공구는 주머니에 넣고 다니면 위험하므로 공구함 등에 보관한다.

17
건구온도(t_1) 26°C, 상대습도($\varnothing_1$) 50%인 공기 70kg과 건구온도(t_2) 32°C, 상대습도($\varnothing_2$) 70%인 공기 30kg을 단열혼합하면 온도는 몇 °C인가?
① 27.8°C ② 28.3°C
③ 28.8°C ④ 29.3°C

[해설]
$$t_m = \frac{G_1 \cdot C_1 \cdot t_1 + G_2 \cdot C_2 \cdot t_2}{G_1 \cdot C_1 + G_2 \cdot C_2} =$$
$$\frac{70 \times 0.24 \times 26 + 30 \times 0.24 \times 32}{70 \times 0.24 + 30 \times 0.24} = 27.8°C$$
정압비열 – 0.24ksal/kgf · °C

18
가스설비 중 액화가스를 가열하여 기화시키는 기화기의 종류가 아닌 것은?
① 다관식 ② 코일식
③ 직동식 ④ 캐비닛식

[해설] **액화가스 기화기 종류** : 다관식, 코일식, 캐비닛식

정답 12 ④ 13 ④ 14 ① 15 ③ 16 ④ 17 ① 18 ③

19
캔 음료수 자판기에 동전을 넣으면 캔이 나온다. 이것은 어떤 제어를 적용한 것인가?
① 서보기구 ② 피드백 제어
③ 폐루프 제어 ④ 시퀀스 제어

해설 **시퀀스 제어**
미리 정해진 순서에 따라 제어의 각 단계를 차례로 진행해 가는 제어

20
통기관의 관경을 결정하는 원칙에 관한 내용으로 옳지 않은 것은?
① 신정 통기관은 관경은 줄이지 않고 연장해서 대기 중에 개방한다.
② 결합 통기관은 배수 수직관과 통기 수직관 중 관경이 작은 쪽의 관경 이상으로 한다.
③ 각개 통기관은 관경은 그것에 연결되는 배수관경의 1/2보다 작으면 안 되고 최소관경은 30mm이다.
④ 루프 통기관의 관경은 배수 수평 분기관과 통기 수직관 중 관경이 큰 쪽의 1/2 보다 작으면 안 되고 최소 관경은 30mm이다.

해설 통기관 배수관경의 1/2 이상이어야하고 최소한 40mm 이상이어야 한다.

21
보온재의 종류 중 무기질 보온재가 아닌 것은?
① 기포성 수지 ② 석면
③ 암면 ④ 규조토

해설 기포성 수지는 유기질 보온재이다.

22
다음 중 가장 높은 온도에서 사용할 수 있는 개스킷은?
① 인조고무 ② 식물섬유
③ 테프론 ④ 압축석면

해설 석면은 발암물질이어서 사용금지재료이다. 하지만 높은 온도에 견디는 재료이다.

23
프리스트레스드(Prestressed) 콘크리트관에 관한 설명으로 옳은 것은?
① 일반적으로 에터니트관이라고 부르며 고압으로 가압하여 성형한 것이다.
② 보통 흄관이라 하며 철근을 형틀에 넣고 원심력으로 성형한 것이다.
③ Ps강선으로 압축응력을 부과하여 인장응력과 상쇄할 수 있게 한 것이다.
④ 내측은 흄관, 외측은 에터니트관으로 이중으로 만든 특수관이다.

해설 **프리스트레스 콘크리트관**
일반적으로 PS관이라 칭하며, PS강선으로 압축응력을 부과하여 인장응력과 상쇄할 수 있게 한 것이다.

24
배관계획에 있어 관 종류 선택 시 고려해야할 조건으로 가장 거리가 먼 것은?
① 관내 유체의 화학적 성질
② 관내 유체의 온도
③ 관내 유체의 압력
④ 관내 유체의 경도

해설 관내 유체의 경도는 관 종류 선택 시 고려조건이 될 수 없다.

25
그루브 조인트(Groove Joint) 이음쇠의 종류로 가장 거리가 먼 것은?
① 고정식 그루브 조인트
② 유동식 그루브 조인트
③ 고정식 티 조인트
④ 유동식 용접 그루브 조인트

해설 **그루브 조인트(Groove Joint)**
용접이 필요 없는 방식의 배관부속으로 고정식과 유동식으로 구분되며 용접 그루브 조인트는 해당되지 않는다.

정답 19 ④ 20 ④ 21 ① 22 ④ 23 ③ 24 ④ 25 ④

26
사용압력이 50kgf/cm², 관의 인장강도가 30kgf/mm²인 탄소강관의 안전율이 4일 때, 가장 적합한 사용관의 스케줄 번호는

① Sch No. 40 ② Sch No. 60
③ Sch No. 80 ④ Sch No. 120

[해설] $Sch\ No = 10 \times \dfrac{P}{S} = 10 \times \dfrac{50}{\dfrac{30}{4}} = 66.7$

66.7보다 큰 80번을 선택하면 된다.

27
용융상태인 유리에 압축공기 또는 증기를 분사시켜 짧은 섬유모양으로 만든 것으로 단열, 내열, 내구성이 좋은 보온재는?

① 규산칼슘 ② 폴리우레탄 폼
③ 유리섬유 ④ 탄산 마그네슘

[해설] **유리섬유**
흔히 그라스울이라 하며 용융상태인 유리에 압축공기 또는 증기를 분사시켜 짧은 섬유모양으로 만든 것으로 단열, 내열, 내구성이 좋은 보온재이다.

28
동관 및 동합금관의 사용처로 적절하지 않은 것은?

① 아세톤의 공급관으로 사용한다.
② 휘발유의 공급관으로 사용한다.
③ 담수 및 경수의 공급관으로 사용한다.
④ 암모니아수의 공급관으로 사용한다.

[해설] 동관 및 동합금관 재료는 암모니아수에는 심하게 침식되므로 부적합하다.

29
스트레이너의 종류와 특징에 대한 설명으로 틀린 것은?

① 모양에 따라 Y형, U형, V형이 있다.
② 정기적으로 여과망을 청소해야 한다.
③ V형은 유체가 직각으로 흐른다.
④ U형이 Y형보다 유체저항이 크다.

[해설] V형 여과기는 주철제의 몸체 속에 V자 모양의 여과망을 넣은 것으로 유체가 이 여과망을 통과하면서 여과되며, 유체가 직선으로 되어있어 여과망의 교환, 점검, 보수 및 관리가 편리하다.

• **스트레이너** : 관내의 불순물을 제거하여 기기의 성능을 보호하는 역할을 하는 배관설비용 부품으로 종류에는 Y형, U형, V형이 있다.

30
내식성, 특히 내해수성이 좋으며 화학공업용이나 석유 공업용의 열교환기, 해수. 담수화장치에 사용되며, 이음매 없는 관과 용접관으로 구분하며, 관의 내·외면에서 열을 전달할 목적으로 사용하는 관은?

① 가교화 폴리에틸렌관
② 열교환기용 티타늄관
③ 폴리프로필렌관
④ 염화비닐관

[해설] **열교환기용 티타늄관**
식성, 특히 내해수성이 좋으며 화학공업용이나 석유 공업용의 열교환기, 해수.담수화장치에 사용되며, 이음매 없는 관과 용접관으로 구분하며, 관의 내·외면에서 열을 전달할 목적으로 사용하는 관

31
원심력 모르타르 라이닝 주철관에 대한 일반적인 특징으로 옳은 것은?

① 라이닝을 실시한 관은 모르타르를 통하여 물이 관속으로 침투하기 쉽다.
② 라이닝을 실시한 관은 마찰 저항이 적으며 수질의 변화가 적다.
③ 삽입구를 포함하여 관의 내면 모두 라이닝 한다.
④ 원심력 덕타일 주철관은 라이닝 할 수 없다.

정답 26 ① 27 ③ 28 ④ 29 ③ 30 ② 31 ②

32
배관계의 진동이나 수격작용에 의한 충격등을 감쇠 또는 완화시키는 것이 주목적인 지지장치는?
① 리스트레인트(Restraint)
② 브레이스(Brace)
③ 서포트(Support)
④ 턴 버클(Turn Buckle)

[해설] 브레이스 : 기계의 진동 및 수격작용 등에 의한 진동을 완화시키기 위하여 사용

33
배수, 급수, 공기 등의 배관에 쓰이는 패킹재로서 탄성이 우수하고 흡습성이 없으며 산, 알칼리 등에는 강하나 열과 기름에 약한 것은?
① 석면 패킹
② 금속 패킹
③ 합성수지 패킹
④ 고무 패킹

[해설] 고무패킹 : 패킹재로서 탄성이 우수하고 흡습성이 없으며 산, 알칼리 등에는 강하나, 열과 기름에는 약한 것이 특징이다.

34
주철관의 접합방법 중 압력이 증가할 때마다 고무링이 관벽에 밀착되어 누수를 방지하는 접합법은?
① 기계적 접합(Mechanical Joint)
② 빅토리 접합(Victory Joint)
③ 타이튼 접합(Tyton Joint)
④ 플랜지 접합(Flanged Joint)

[해설] 빅토리 접합 : 주철관의 접합방법 중 압력이 증가할 때마다 고무링이 관벽에 밀착되어 누수를 방지하며, 수도용, 가스용 배관에 주로 이용한다.

35
순수한 물의 물리적 성질에 관한 설명으로 옳은 것은?
① 밀도는 약 $1kg/cm^3$이다.
② 물의 비중은 0°C일 때 1이다.
③ 점성계수는 온도가 높을수록 작아진다.
④ 동일조건에서 해수(바닷물)보다 비중이 약 1.2배 크다.

[해설] 동일조건에서 순수한 물은 해수보다 비중이 작다.

36
연관이음에 쓰이는 플라스턴 접합에 대한 설명으로 틀린 것은?
① 플라스턴 합금에 의한 이음 방법으로서 취급시 특수한 기술이 필요하다.
② 플라스턴 이음의 종류에는 직선이음, 맞대기 이음, 맨더린 이음 등이 있다.
③ 플라스턴의 용융온도는 약 232°C이다.
④ 플라스턴은 주석과 납의 합금이다.

[해설] 특수한 기술이 없어도 간단하게 작업할 수 있다.

37
다음 관용나사에 관한 설명으로 틀린 것은?
① 관용나사는 일반체결용 나사보다 피치와 나사산을 크게 한 것이다.
② 테이퍼나사는 누수를 방지하고 기밀을 유지하는데 사용한다.
③ 나사산의 형태에는 평행나사 데이퍼나사가 있다.
④ 주로 배관용 탄소강 강관을 이음하는 데 사용되는 나사이다.

[해설] 관용나사는 일반 체결용 나사보다 피치와 나사산을 작게 한다.

38
가로 5m, 세로 1m, 자유 수면의 높이가 1m 인 사각 수조의 하부에 지름 5cm의 구멍을 뚫었을 경우 유출되는 최초의 유량은?(단, 유량 계수 C_v=0.4이다)
① $0.35m^3/s$
② $0.035m^3/s$
③ $0.0035m^3/s$
④ $0.00035m^3/s$

[해설] ① 유출되는 물의 유속 계산
$$\therefore V = \sqrt{2gh} = \sqrt{2 \times 9.8 \times 1}$$
$$= 4.427 ≒ 4.43 m^3/s$$
② 유량계산
$$\therefore Q = C_v AV$$
$$= 0.4 \times \frac{\pi}{4} \times 0.05^2 \times 4.43$$
$$= 3.48 \times 10^{-3} = 0.00348 ≒ 0.0035 m^3/s$$

정답 32 ② 33 ④ 34 ② 35 ④ 36 ① 37 ① 38 ③

39
배관설비의 유량측정에 일반적으로 응용되는 원리(정리)인 것은?
① 상대성 원리　② 베르누이 정리
③ 프랭크의 정리　④ 아르키메데스 원리

해설　**베르누이 방정식**
모든 단면에서 작용하는 위치수두, 압력수두, 속도수두의 합은 항상 일정하다고 정의한다.

40
주철관의 이음에서 고무링 하나만으로 이음하며, 소켓 내부의 홈은 고무링을 고정시키고, 돌기부는 고무링이 있는 홈 속에 들어맞게 되어있으며 삽입구의 끝은 쉽게 끼울수 있도록 테이퍼로 되어 있어 이음과정이 비교적 간편하고 온도변화에 따른 신축이 자유로운 특징을 가지고 있는 이음방법은?
① 소켓 이음(Socket Joint)
② 빅토리 이음(Victory Joint)
③ 타이튼 이음(Tyton Joint)
④ 플랜지 이음(Flange Joint)

해설　**타이튼 이음**
고무링 하나만으로 이음하며, 소켓 내부의 홈은 고무링을 고정시키고, 돌기부는 고무링이 있는 홈 속에 들어맞게 되어있으며 삽입구의 끝은 쉽게 끼울 수 있도록 테이퍼로 되어 있어 이음과정이 비교적 간편하고 온도변화에 따른 신축이 자유로운 이음방법

41
건포화 증기의 건도 x는 얼마인가?
① 0　② 0.2
③ 0.5　④ 1

해설　건조도(x)가 1인 경우 : 건포화증기
건조도(x)가 0인 경우 : 포화수
건조도(x)가 0<x<1인 경우 : 습증기

42
펌프와 관련된 용어 중 "클수록 저양정(대유량)이 되고, 작을수록 고양정(소유량)이 된다"와 가장 밀접한 관계의 용어는?
① 단수　② 사류
③ 비교회전수　④ 안내날개

43
용접부 응력제거 방법 중 용접부 양측 약 150mm를 일정 속도로 이용하는 가스불꽃을 이용하여 150~200°C로 가열한 후 수랭하는 방법은?
① 국부 풀림법
② 피닝법
③ 기계적 응력 완화법
④ 저온 응력 완화법

해설　**저온 응력 완화법**
용접부 응력 제거 방법 중 용접부 양측 약 150mm를 일정 속도로 이용하는 가스불꽃을 이용하여 150~200°C로 가열한 후 수랭하는 방법

44
사용목적에 따라 열교환기를 분류한 것으로 틀린 것은?
① 가열기(Heater)
② 예열기(Preheater)
③ 증발기(Vaporizer)
④ 압출기(Compressor)

해설　열교환기는 사용목적에 따라 가열기, 예열기, 증발기로 분류한다.

45
폴리부틸렌관 이음이라고도 하며, 재질의 굽힘성은 관경의 8배까지 가능한 이음은?
① 물코이음　② 납땜이음
③ 나사이음　④ 에이콘 이음

해설　**에어콘 이음**
본체, 그라프링, 오링, 캡, 서포트슬리브로 구성되며 관을 연결구에 삽입하여 그라프링과 O링에 의한 이음방법이다.

정답　39 ②　40 ③　41 ④　42 ③　43 ④　44 ④　45 ④

46
동일 관로에서 관의 지름이 0.5m인 곳에서 유속이 4m/s이면, 지름 0.2m인 곳에서의 관내 유속은?

① 9m/s   ② 10m/s
③ 12 m/s ④ 25m/s

해설 연속의 방정식에서 $Q_1 = Q_2$ 이므로
$A_1 \times V_1 = A_2 \times V_2$ 가 된다

$\therefore V_2 = \dfrac{A_1 \times V_1}{A_2} = \dfrac{\frac{\pi}{4} \times 0.5^2 \times 4}{\frac{\pi}{4} \times 0.2^2} = 25 \text{m/s}$

47
정면, 평면, 측면을 하나의 투상면 위에 동시에 볼 수 있도록 두 개의 옆면 모서리가 수평선과 30°가 되게 하여 세 축이 120°의 각도가 되도록 입체도로 투상한 것은 무엇인가?

① 정 투상도   ② 등각 투상도
③ 사 투상도   ④ 회전 투상도

해설 등각투상도
정면, 평면, 측면을 하나의 투상면 위에 동시에 볼 수 있도록 두 개의 옆면 모서리가 수평선과 30°가 되게 하여 세 축이 120°의 각도가 되도록 입체도를 투상한 것이다.

48
투상도의 표시방법 중 물체의 위해서 내려다본 모양을 도면에 표현한 그림은?

① 정면도   ② 배면도
③ 측면도   ④ 평면도

해설 평면도
물체를 위에서 내려다 본 모양을 나타낸 도면

49
그림과 같은 용접기호에서 목 두께를 나타내는 것은?

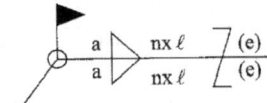

① a   ② n
③ L   ④ (e)

해설 • a : 용접 목두께
• l : 용접부 길이
• (e) : 인접한 용접부 간의 간격

50
도형의 한정된 특정 부분을 다른 부분과 구별하는 데 사용하는 해칭은 어느 선으로 나타내는가?

① 굵은 실선   ② 가는 실선
③ 은선   ④ 파단선

해설 해칭
단면도의 절단된 부분과 같이 도형의 한정된 특정 부분을 다른 부분과 구별하는데 사용하는 것으로 가는 실선으로 규칙적으로 줄을 늘어놓은 것이다.

51
아래와 같은 배관 라인 인덱스에서 관에 흐르는 유체의 종류는?

2 – 80A – PA – 16 – 39 – HINS

① 작업용 공기   ② 재생 냉수
③ 저압 증기   ④ 연료 가스

해설 기호 설명
• 2 : 장치번호
• 80A : 배관의 호칭
• PA : 유체기호(PA-작업용 공기)
• 16 : 배관번호
• 39 : 배관재료 종류별 기호
• HINS : 보온·보냉기호(HINS-보온, CINS-보냉, PP-화상방지)

52
그림과 같이 경사진 투영면에 투영한 그림을 무엇이라고 하는가?

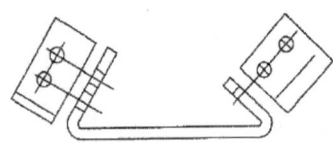

① 국부 투상도   ② 보조 투상도
③ 회전 투상도   ④ 경사 투상도

해설 보조 투상도
경사진 투영면에 투영한 그림

53
다음 도면에서 벤딩(Vending)부의 관 길이는 약 몇 mm인가?

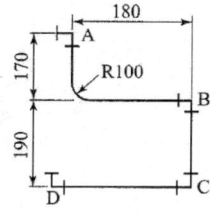

① 100　　② 141
③ 157　　④ 175

[해설] $L = \dfrac{90}{360} \times \pi D = \dfrac{90}{360} \times \pi \times (2 \times 100) = 157.079$ mm

54
배관 도시법에 있어서 치수 기입법 중 높이 표시가 아닌 것은?

① EL　　② BL
③ GL　　④ FL

[해설]
- FL : 건물의 바닥면을 기준으로 하여 높이를 표시한 기호
- EL : 그 지방의 해수면에 기준선(Base Line)을 설정하여 이 기준선으로부터의 높이를 표시하는 표시법
- GL : 포장된 지표면을 기준으로 하여 배관장치의 높이를 표시할 때 적용된다.

55
샘플링에 관한 설명으로 틀린 것은?

① 취락 샘플링에서는 취락 간의 차는 작게, 취락 내의 차는 크게 한다.
② 제조공정의 품질 특성에 주기적인 변동이 있는 경우 계통 샘플링을 적용하는 것이 좋다.
③ 시간적 또는 공간적으로 일정 간격을 두고 샘플링하는 방법을 계통 샘플링이라고 한다.
④ 모집단을 몇 개의 층으로 나누어 각 층마다 랜덤하게 시료를 추출하는 것을 층별 샘플링이라 한다.

[해설] 계통 샘플링
모집단에서 시간적, 공간적으로 일정한 간격을 두어 샘플링하는 방법이다.

56
이항분포(Binomial Distribution)에서 매회 A가 일어나는 확률이 일정한 값 P일 때, N회의 독립시행 중 사상 A가 x회 일어날 확률 P(x)를 구하는 식은? (단, N은 로트의 크기, N은 시료의 크기, P는 로트의 모부적합품률이다)

① $P(x) = \dfrac{n!}{x!(n-x)!}$

② $P(x) = e^{-x} \cdot \dfrac{(nP)^x}{x}$

③ $P(x) = \dfrac{\binom{NP}{x}\binom{N-NP}{n-x}}{\binom{N}{n}}$

④ $P(x) = \binom{n}{x} P^x (1-P)^{n-x}$

[해설] 이항분포를 이용한 확률 계산식
$P(x) = \binom{n}{x} P^x (1-P)^{n-x}$
② 푸와송 분포를 이용하는 경우
③ 초기하 분포를 이용하는 경우

57
다음 내용은 설비보전조직에 대한 설명이다. 어떤 조직의 형태에 대한 설명인가?

> 보전 작업자는 조직상 각 제조부문의 감독자 밑에 둔다.
> - 단점 : 생산우선에 의한 보전작업 경시, 보전기술 향상의 곤란성
> - 장점 : 운전자와 일체감 및 현장감독의 용이성

① 집중보전　　② 지역보전
③ 부문보전　　③ 절충보전

[해설] 부문보전
각 제조부문의 감독자 밑에 공장의 보전요원을 배치하는 방식

58

다음은 관리도의 사용 절차를 나타낸 것이다. 관리도의 사용 절차를 순서대로 나열한 것은?

> ㉠ 관리하여야 할 항목의 선정
> ㉡ 관리도의 선정
> ㉢ 관리하려는 제품이나 종류의 선정
> ㉣ 시료를 채취하고 측정하여 관리도를 작성

① ㉠ → ㉡ → ㉢ → ㉣
② ㉠ → ㉢ → ㉣ → ㉡
③ ㉢ → ㉠ → ㉡ → ㉣
④ ㉢ → ㉣ → ㉠ → ㉡

59

다음표는 어느 자동차 영업소의 월별 판매 실적을 나타낸 것이다. 5개월 단순이동 평균법으로 6월의 수요를 예측하면 몇 대인가?

월	1월	2월	3월	4월	5월
판매량	100	110	120	130	140

① 120대
② 130대
③ 140대
④ 150대

[해설] $F_6 = \dfrac{\Sigma A_{1\sim 5}}{n} = \dfrac{100+110+120+130+140}{5} = 120$

60

표준시간 설정 시 미리 정해진 표를 활용하여 작업자의 동작에 대해 시간을 산정하는 시간연구법에 해당하는 것은?

① PTS법
② 스톱워치법
③ 워크샘플링법
④ 실적자료법

[해설] **PTS법**
표준시간 설정 시 미리 정해진 표를 활용하여 작업자의 동작에 대해 시간을 산정하는 시간연구법

정답 58 ③ 59 ① 60 ①

2017년 기능장 제61회 필기시험
(3월 5일 시행)

01
오물 정화조의 구비조건에 대한 설명으로 틀린 것은?
① 정화조는 부패조, 예비 여과조, 산화조, 소독조의 구조로 한다.
② 부패조는 침전, 분리에 적합한 구조로 한다.
③ 정화조의 바닥, 벽 등은 내수재료로 시공하여 누수가 없도록 한다.
④ 산화조에는 배기관과 송기구를 설치하지 않고 살포여과식으로 한다.

[해설] 산화조에는 배기관과 송기구를 설치를 설치하여야 한다.

02
중앙식 급탕설비 중 간접가열식과 비교한 직접가열식 급탕설비의 특징이 아닌 것은?
① 열효율 측면에서 경제적이다.
② 건물 높이에 해당하는 수압이 보일러에 생긴다.
③ 보일러 내부에 물때가 생기지 않아 수명이 길다.
④ 고층 건물보다는 주로 소규모 건물에 적합하다.

[해설] 보일러 내부에 물때가 생기지 생겨 전열효율을 저하시킨다.

03
플랜트 설비에서 사용하는 연속식 혼합기가 아닌 것은?
① 정지 혼합기
② 퍼크 밀(Pug Mill)
③ 코 니더(Ko-Kneader)
④ 니더 믹서(Kneader Mixer)

[해설] **연속식 혼합기** : 정지 혼합기, 퍼크 밀, 코 니더

04
다음 중 장갑을 착용하고 작업하면 안 되는 작업은?
① 경납땜 작업   ② 아크용접 작업
③ 드릴 작업   ④ 가스절단 작업

[해설] 드릴은 회전하는 기계이므로 장갑을 끼고 작업하지 않는다.

05
고온·고압에 사용되는 화학배관의 부식 종류에 속하지 않는 것은?
① 수소에 의한 탈탄
② 암모니아에 의한 질화
③ 일산화탄소에 의한 금속의 카보닐화
④ 질소에 의한 부식

[해설] 화학배관에는 질소에 의한 부식은 발생하지 않는다.

06
자동제어의 유압장치에 사용되는 펌프가 아닌 것은?
① 기어펌프   ② 플런저 펌프
③ 베인펌프   ④ 볼류트 펌프

[해설] 유압장치에 사용하는 펌프로는 기어펌프, 플런저 펌프, 베인펌프가 있으며, 볼류트 펌프는 급수펌프로 이용을 많이 한다.

07
장치의 운전을 정지시키지 않고 유체가 흐르는 상태에서 수리하는 방법으로, 흐르고 있는 유체를 막을 수 없을 때 사용하는 응급조치 방법으로 적절한 것은?
① 플러깅(Plugging)
② 스토핑박스(Stopping Box)법
③ 박스설치(Box-In)법
④ 인젝션(Injection)법

[해설] **플러깅법**
장치의 운전을 정지시키지 않고 유체가 흐르는 상태에서 고장을 수리하는 것으로 바이패스를 시키거나 분기하여 유체를 우회 통과시키는 응급조치 방법

정답 01 ④ 02 ③ 03 ④ 04 ③ 05 ④ 06 ④ 07 ①

08
산업재해의 경중 정도를 알기 위해 사용되는 강도율의 계산식으로 옳은 것은?

① $\dfrac{근로손실일수}{연근로시간수} \times 1000$

② $\dfrac{재해건수}{연근로시간수} \times 1000$

③ $\dfrac{재해건수}{재적근로자수} \times 1000$

④ $\dfrac{근로손실일수}{재적근로자수} \times 1000$

[해설] **강도율**
재해발생률을 표시하는 방법 중 하나로, 재해규모의 정도를 표시한다. 1000노동시간당의 노동손실일수를 나타낸 것으로, 총근로손실일수÷총근로시간수×1000의 식으로 산출한다.

09
배관시공 시 안전에 대한 설명으로 틀린 것은?
① 시공공구의 정리정돈을 철저히 한다.
② 작업 중 타인과의 잡담 및 장난을 금지한다.
② 용접헬멧은 차광유리의 차광도 번호가 높은 것 일수록 좋다.
③ 물건을 고정시킬 때 중심이 한쪽으로 쏠리지 않도록 주의한다.

[해설] 용접헬멧의 차광유리는 11번을 가장 많이 사용한다.

10
자동제어 장치에서 기준 입력과 검출부 출력을 합하여 제어계가 소요의 작용을 하는데 필요한 신호를 만들어 보내는 부분으로 맞는 것은?
① 비교부   ② 설정부
③ 조절부   ④ 조작부

[해설] **조절부**
자동제어 장치에서 기준 입력과 검출부 출력을 합하여 제어계가 소요의 작용을 하는데 필요한 신호를 만들어 보내는 부분

11
배관검사의 종류로 가장 거리가 먼 것은?
① 외관검사   ② 초음파 검사
③ 굽힘검사   ④ 방사선투과 검사

[해설] 굽힘검사는 파괴검사이며, 나머지는 비파괴 검사이다.

12
증기 압축식 냉동법에서 압축기의 종류에 따라 분류한 것으로 해당되지 않는 것은?
① 왕복식   ② 원심식
③ 회전식   ④ 교축식

[해설] **증기 압축식 냉동장치 압축기 종류**
왕복식(왕복동식), 원심식, 회전식 등

13
배관설치 작업 시 주의사항으로 틀린 것은?
① 플랜지의 볼트 구멍은 도면에 따라 지정하는 것 이외에는 중심선 배분으로 한다.
② 밸브 부착은 흐름방향, 핸들위치를 배관도에서 확인한 다음 부착한다.
③ 볼트는 고온부에 사용할 경우는 반드시 소손방지제를 도포한다.
④ 고온배관에 사용하는 볼트 길이는 완전 죔 작업을 한 후 나사산이 밖으로 나와서는 안 된다.

[해설] 고온배관에 사용하는 볼트 길이는 완전죔 작업을 한 후 나사산이 밖으로 1~2산 정도 남도록 한다.

14
자동제어에서 인디셜(Indicial) 응답이라고도 하는 것은
① 스텝응답   ② 주파수 응답
③ 자기평형성   ④ 정현파응답

[해설]
- **응답** : 자동제어계의 어떤 요소에 대하여 입력을 원인이라 하면 출력은 결과가 되며, 이때의 출력을 입력에 대한 응답이라고 한다.
- **스텝응답** : 입력을 단위량만큼 변화시켜 평형상태를 상실했을 때의 과도응답을 말한다.

정답 08① 09③ 10③ 11③ 12④ 13④ 14①

15
동력 나사 절삭기 사용 시 안전수칙에 관한 설명으로 틀린 것은?
① 관을 척에 확실히 고정시킨다.
② 절삭된 나사부는 나사산이 잘 성형되었는 지 맨손으로 만지면서 확인해본다.
③ 나사절삭 시 주유구에 계속 절삭유가 공급되도록 한다.
④ 나사 절삭기의 정비, 수리 등은 절삭기를 정지시킨 다음 행한다.

[해설] 절삭된 나사부는 맨손으로 만지지 않도록 한다.

16
관로의 마찰 손실수두에 대해 관속의 유속 및 관의 직경과의 관계로 옳은 것은?
① 손실수두는 속도와 무관하다.
② 손실수두는 관의 직경에 비례한다.
③ 손실수두는 속도의 제곱에 비례한다.
④ 손실수두는 속도와 미끄럼계수에 상관관계가 있다.

[해설] 마찰손실수두 $h_f = f \times \dfrac{L}{D} \times \dfrac{V^2}{2g}$
유속(V)의 제곱에 비례한다.

17
배관의 지지는 자중이나 진동 또는 열팽창으로 인한 신축 등을 고려하여 적절한 방법으로 지지하도록 되어 있는데 관경에 따른 최대지지 간격으로 틀린 것은?
① 15~20(A) : 1.8m ② 25~32(A) : 2.0m
③ 40~80(A) : 4.0m ④ 175(A) 이상 : 5.0m

[해설] 배관의 지지간격
③ 40~80(A) : 3.0m 이내

18
기송배관의 일반적인 3가지 형식이 아닌 것은
① 진공식 배관   ② 압송식 배관
③ 수송식 배관   ④ 진공 압송식 배관

[해설] • 기송배관 : 공기 수송기를 사용하여 분말이나 미립자를 운송하는 데 효과적인 배관
• 기송배관의 종류 : 진공식, 압송식, 진공 압송식

19
집진장치 덕트 시공에 대한 설명으로 틀린 것은?
① 냉난방용보다 더 두꺼운 판을 사용한다.
② 곡선부는 직선부보다 두꺼운 판을 사용한다.
③ 먼지 등이 통과하면서 마찰이 심한 부분에는 강관을 대체 사용한다.
④ 지관을 주덕트에 연결할 때에는 지그재그형으로 삽입하지 않는다.

[해설] 지관을 주덕트에 연결할 때에는 지그재그형으로 설치한다.

20
관의 부식현상에 대한 방식 방법으로 틀린 것은?
① 금속 피복법
② 비금속 피복법
③ 가성취화에 의한 방식법
④ 저접지물과 절연법

[해설] 가성취화
비교적 고압 고온의 리벳 보일러에 발생하는 응력부식 균열의 일종이다.

21
폴리에틸렌관의 종류가 아닌 것은?
① 수도용 폴리에틸렌관
② 내열용 폴리에틸렌관
③ 일반용 폴리에틸렌관
④ 폴리에틸렌 전선관

[해설] 폴리에틸렌관의 종류
수도용, 가스용, 일반용, 전선관

22
배관 지지물인 리스트레인트(Restraint)의 종류가 아닌 것은?
① 앵커　　　　② 스톱
③ 가이드　　　④ 브레이스

해설 **브레이스**
　　기계의 진동 및 수격작용 등에 의한 진동을 완화시키기 위하여 사용

23
폴리에틸렌관(Polyethylene Pipe)의 장점으로 틀린 것은?
① 염화비닐관보다 가볍다.
② 염화비닐관보다 화학적, 전기적 성질이 우수하다.
③ 내한성이 좋아 한랭지 배관에 알맞다.
④ 염화비닐관에 비해 인장강도가 크다.

해설 폴리에틸렌관은 가볍고 유연성이 풍부하나 고온에 약하고 파괴압력이 적다.

24
압력계에 대한 설명으로 가장 거리가 먼 것은?
① 고압라인의 압력계에는 사이펀관을 부착하여 설치한다.
② 유체의 맥동이 있을 경우는 맥동댐퍼를 설치한다.
③ 부식성 유체에 대해서는 격막 실(Seal) 또는 실 포트(Seal Port)를 설치하여 압력계에 유체가 들어가지 않도록 한다.
④ 현장지시 압력계의 설치 위치는 일반적으로 0.5M 높이가 적당하다.

해설 ④ 현장지시 압력계의 설치 위치는 일반적으로 바닥에서 1.2M 높이가 적당하다.

25
나사용 패킹으로 가장 거리가 먼 것은?
① 페이트　　　　② 일산화연
③ 액상합성수지　④ 네오프렌

해설 네오프랜(합성고무)은 천연고무의 성질을 개선시킨 것으로 증기배관 외 물, 공기, 기름 및 냉매배관 등 광범위하게 사용하는 플랜지 패킹이다.

26
작동방법에 따른 감압밸브(Pressure Reducing Valve)의 종류가 아닌 것은?
① 파일럿식　　　② 피스톤식
③ 다이어프램식　④ 벨로스식

해설 ① 파일럿식은 제어방식에 따른 분류에 속한다.

27
스테인리스 강관의 이음쇠 중 동합금제 링을 캡 너트로 고정시켜 결합하는 이음쇠는?
① MR 조인트 이음쇠　② 몰코 조인트 이음쇠
③ 랩 조인트 이음쇠　　④ 팩레스 조인트 이음쇠

해설 **MR 조인트 이음쇠**
　　동합금제 링을 캡너트로 되어서 고정시켜 결합하는 이음쇠 부품.

28
배관의 열 변형에 대응하기 위하여 사용하는 신축이음쇠 중 고압에 잘 견디며 설치공간을 많이 차지하여 옥외배관에 많이 쓰이는 것은?
① 벨로즈형 신축이음쇠
② 슬리브형 신축이음쇠
③ 스위블형 신축이음쇠
④ 루프형 신축이음쇠

해설 **루프형 신축이음**
　　고압에 잘 견디며 설치공간을 많이 차지하여 옥외배관에 많이 사용하고 곡률 반지름은 관지름의 6배 이상으로 한다. 신축 흡수에 따른 응력이 발생한다.

29
덕타일 주철관에 관한 설명으로 틀린 것은?
① 구상흑연 주철관 이라고도 한다.
② 변형에 대한 가요성과 가공성은 없다.
③ 보통 회주철관보다 관의 수명이 길다.
④ 강관과 같이 높은 강도와 인성이 있다.

해설 **수도용 원심력 덕타일 주철관**
　　구상흑연 주철관이라 하며 양질의 선철에 강을 배합하여 용해하고, 회전하는 주형에 주입한 다음 원심력을 이용하여 생산하며 관의 질이 균일하게 되어 강도가 크다.

정답　22 ④　23 ④　24 ④　25 ②　26 ①　27 ①　28 ④　29 ②

30
관속에 흐르는 유체의 화학적 성질에 따른 관 재료 선택 시의 고려사항으로 가장 거리가 먼 것은?

① 수송유체에 대한 관의 내식성
② 지중매설 배관일 때 외압으로 인한 강도
③ 유체의 온도변화에 따른 관과의 화학 반응
④ 유체의 농도변화에 따른 관과의 화학 반응

[해설] 지중매설 배관일 때 외압으로 인한 강도는 기계적 성질이므로 화학적으로 고려대상이 아니다.

31
체적식 유량계의 종류에 속하지 않는 것은?

① 로터리식　　② 오리피스식
③ 피스톤식　　④ 오벌식

[해설] 오리피스식은 차압식 유량계에 해당된다.

32
엘보는 유체의 흐름방향을 바꿀 때 사용되는 이음 쇠인데, 25mm(1″)강관에 사용하는 용접 이음용 숏 엘보의 곡률 반경은 몇 mm인가?

① 25　　② 32
③ 38　　④ 45

[해설]
- 숏 엘보 : 강관의 호칭지름 1배
- 롱 엘보 : 강관 호칭지름의 1.5배

33
배관의 용도에 따른 패킹재료의 연결로 틀린 것은?

① 급수관 - 테프론　　② 배수관 - 네오프렌
③ 급탕관 - 실리콘　　④ 증기관 - 천연고무

[해설] **천연고무** : 탄성이 크고 우수하나 열과 기름에는 약하므로 증기관에는 부적당하다.

34
비강관제 루프형 신축이음에서 관의 외경이 34mm 일 때 팽창을 흡수할 곡관의 길이는?(단, 흡수해야 할 관의 늘어난 길이는 65mm이다)

① 348cm　　② 416cm
③ 510cm　　④ 552cm

[해설] 흡수곡관길이
$$L = 0.073\sqrt{d \cdot \Delta L}$$
$$= 0.073 \times \sqrt{34 \times 65} \times 100 = 343.1\text{cm}$$

35
주철관 이음 시 스테인리스 커플링과 고무링만으로 쉽게 이음할 수 있는 접합 방법은?

① 노허브 이음　　② 빅토리 이음
③ 타이톤 이음　　④ 플린지 이음

[해설] 노허브 이음(No-Hub Joint)은 종래 사용하여 오던 소켓이음을 개량한 것으로 스테인리스강 커플링과 고무링만으로 쉽게 이음 할 수 있는 방법이다.

36
다음 중 불활성가스 금속아크 용접은?

① TIG　　② CO_2
③ MIG　　④ 플라즈마 용접

[해설] MIG(Metal Inert Gas)
불활성가스 아크 용접의 하나. 용가재의 전극 와이어를 연속적으로 공급하여 아크를 발생시키는 방법. 반자동과 전자동 용접이 있으며, 알루미늄 합금의 스폿 용접 등에 쓰인다.

37
동관의 플레어 접합(Flare Joint)에 대한 설명으로 틀린 것은?

① 관 지름 20mm 이하의 동관을 이음할 때 주로 사용한다.
② 동관을 필요한 길이로 절단할 때 관축에 대하여 약간 경사지게 한다.
③ 진동 등으로 인한 풀림을 방지하기 위하여 더블너트로 체결한다.
④ 플레어 이음용 공구에는 플레어링 툴 세트가 있다.

[해설] 동관을 필요한 길이로 절단할 때 관축에 대하여 직각으로 절단한다.

38
스테인리스 강관 MR조인트에 관한 설명으로 옳은 것은?
① 프레스 가공 등이 필요하고, 관의 강도를 100% 활용할 수 있다.
② 스패너 이외의 특수한 접속 공구가 필요하다.
③ 청동제 이음쇠를 사용하여도 다른 강관과는 자연 전위차가 있어 부식의 문제가 있다.
④ 화기를 사용하지 않기 때문에 기존 건물 등의 배관 공사에 적합하다.

[해설] **MR 조인트 이음쇠**
동합금제 링을 캡너트로 되어서 고정시켜 결합하는 이음쇠 부품

39
피배관 내의 가스압력이 196KPa일 때 체적이 0.01m³, 온도가 27°C이었다. 이 가스가 동일 압력에서 체적이 0.15m³로 변하였다면 이때 온도는 몇 °C가 되는가?(단, 이가스는 이상기체라고 가정한다)
① 27°C
② 127°C
③ 177°C
④ 450°C

[해설] $\dfrac{P_1 \cdot V_1}{T_1} = \dfrac{P_2 \cdot V_2}{T_2}$ 에서 $P_1 = P_2$

$T_2 = \dfrac{V_2 \cdot T_1}{V_1} = \dfrac{0.015 \times (273+27)}{0.01}$
$= 450(K) - 273 = 177°C$

40
액체가 습증기 상태를 거치지 않고 건증기로 변할 때의 압력을 무엇이라 하는가?
① 증발압력
② 포화압력
③ 기화압력
④ 임계압력

[해설] **임계점**
포화수가 증발현상 없이 증기로 변화할 때의 상태점을 임계점이라고 하며, 이때의 온도를 임계온도, 압력을 임계 압력이라 한다.

41
다음 중 공조 설비와 관련된 습공기 이론에서 건구온도, 습구온도, 노점온도가 동일한 경우는?
① 절대습도 100%
② 상대습도100%
③ 절대습도 50%
④ 상대습도50%

[해설] **상대습도100%**
건구온도, 습구온도, 노점온도가 동일하다.

42
다음 중 용접 작업 전에 이루어지는 변형 방지법은?
① 노내 풀림법
② 직선 수축법
③ 점가열 수축법
④ 역 변형법

[해설] **역 변형법**
용접 작업 후 용접부의 팽창과 수축에 의해 열변형이 발생하는 것을 용접작업전에 변형을 방지 하는 방법으로 용접 순서, 용접법 및 소성 역 변형 등이 있다.

43
펌프의 배관에 관한 설명으로 틀린 것은?
① 토출쪽은 압력계를 설치한다.
② 흡입쪽은 진공계나 연성계를 설치한다.
③ 흡입쪽 수평관은 펌프 쪽으로 올림 구배한다.
④ 스트레이너는 펌프 토출 쪽 끄텡 수평으로 설치한다.

[해설]
- 스트레이너는 펌프 흡입쪽에 설치하여 유입되는 이물질을 제거하여 펌프를 보호한다.
- **스트레이너** : 관내의 불순물을 제거하여 기기의 성능을 보호하는 역할을 하는 배관 설비용 부품으로 종류에는 Y형, U형, V형이 있다.

44
CO_2 아크 용접법 중에서 비용극식 용접에 해당하는 것은?
① 순CO_2법
② 탄소아크법
③ 혼합 가스법
④ 아코스 아크법

[해설] 탄소 아크법은 비용극식 용접에 해당한다.

정답 38 ④ 39 ③ 40 ④ 41 ② 42 ④ 43 ③ 44 ②

45

점그림과 같이 20A 강관이 설치된 증기관에서의 2000mm 방향(×방향)의 신축량은?(단, 설치 시 온도는 10°C이고, 증기가 흐를 때의 온도는 130°C이며, 강관의 선팽창계수는 $1.2×10^{-5}$ m/m·°C이다)

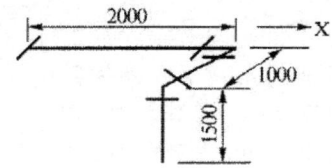

① 2.64mm ② 2.88mm
③ 5.28mm ④ 5.76mm

[해설] 신축량
$= \Delta L = L \cdot \alpha \cdot \Delta t = 2000 × 1.2 × 10^{-5} × (130-10)$
$= 2.88$mm
참고로 강관의 선팽창계수 $1.2×10^{-5}$ m/m·°C

46

표준 대기압을 나타내는 값으로 틀린 것은?

① 760mmHg ② 10.33mAq
③ 101.325kPa ④ 14.7bar

[해설] 1atm=760mmHg=76cmHg=10.33 mAq
=101.325 kPa
④ 14.7bar=013.25mbar=14.7lb/in²=14.7psi로 표기해야 한다.

47

표치수기입을 위한 치수선을 그릴 때 유의사항으로 틀린 것은?

① 치수선은 원칙적으로 치수보조선을 사용하여 긋는다.
② 치수선은 원칙적으로 지시하는 부품의 길이 또는 각도를 측정하는 방법으로 평행하게 긋는다.
③ 치수선에는 가는 일점 쇄선을 사용한다.
④ 중심선, 외형선, 기준선 및 이들의 연장선을 치수선으로 사용해서는 안 된다.

[해설] 치수선은 가는 실선을 사용한다.

48

다입체 배관도로 배관의 일부분만을 작도하는 도면으로 부분 제작을 목적으로 하는 도면의 명칭은?

① 평면 배관도 ② 입면배관도
③ 부분 배관도 ④ 입체배관도

[해설] 부분배관도
플랜트 배관설비 도면에서 입체 배관도로 배관의 일부분만을 작도하여 부분 제작을 목적으로 하는 도면이다.

49

설비 배관도에서 아래와 같은 라인 인텍스 표기 중에 PP가 나타내는 것은?

3 −3B −P15 −39 − PP

① 보온 ② 보랭
③ 보온·보랭 ④ 화상방지

[해설] • 3 : 장치번호
• 3B : 배관의 호칭
• P15 : 유체기호
• 39 : 배관재료 종류별 기호.
• PP : 화상방지(CINS : 보랭, HINS : 보온)

50

아래와 같은 입체도의 평면도로 가장 적합한 것은

[보기]
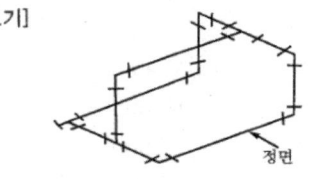

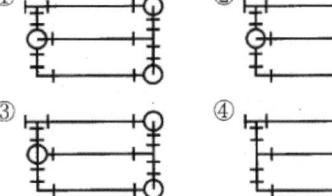

51
호칭지름 13mm인 일반 배관용 스테인리스강관(재질 304) 프레스식 관이음쇠로 90° 엘보를 의미하는 것은?

① KS B 1547 13-90E-304
② KS B 1547 DN13-90E-304
③ KS B 1547 304-90E-13
④ KS B 1547 90E 13-304

해설 • KS B 1547 : 일반배관용 스테인리스강관 프레스식 관 이음쇠
• 90E-13-304 : 관이음쇠 명칭 90° 엘보, 호칭지름 13mm, 재질 304

52
가는 파선을 적용할 수 있는 경우로 틀린 것은?
① 바닥   ② 벽
③ 뚫린 구멍   ④ 도급계약의 경계

해설 가는 파선
일명 은선 또는 숨은선이라 하며, 대상물의 보이지 않는 부분의 모양을 표시하거나 바닥, 벽, 뚫린 구멍 등을 표시

53
K그림과 같이 90°, 60°, 30°로 이루어진 직각 삼각형 모양의 앵글 브래킷의 C부의 길이는?

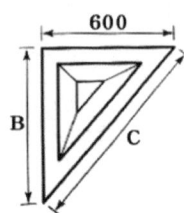

① 1000mm
② 1040mm
③ 1200mm
④ 1800mm

해설 길이 계산 : $C = \dfrac{600}{\tan 30°} = 1200mm$
또는 $600 \times 2 = 1200mm$

54
다음 용접기호를 바르게 표현한 것은?

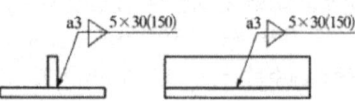

① 용접길이 30mm, 용접부 개수 3
② 용접길이 30mm, 용접부 개수 5
③ 용접길이 150mm, 용접부 개수 3
④ 용접길이 150mm, 용접부 개수 5

해설 • a3 : 3mm,
• 30mm : 용접길이
• 5 : 용접부 개수
• 150mm : 피치

55
설비배치 및 개선의 목적을 설명한 내용으로 가장 관계가 먼 것은?
① 재공품의 증가   ② 설비투자 최소화
③ 이동거리의 감소   ④ 작업자 부하 평준화

해설 ① 재공품의 증가 : 설비배치 및 개선의 목적과 거리가 멀다.

56
부적합품률이 20%인 공정에서 생산되는 제품을 매시간 10개씩 샘플링 검사하여 공정을 관리하려고 한다. 이때 측정되는 시료의 부적합품수에 대한 기댓값과 분산은 약 얼마인가?
① 기댓값 : 1.6, 분산 : 1.3
② 기댓값 : 1.6, 분산 : 1.6
③ 기댓값 : 2.0, 분산 : 1.3
④ 기댓값 : 2.0, 분산 : 1.6

57
검사의 종류중 검사공정에 의한 분류에 해당되지 않는 것은?
① 수입검사   ② 출하검사
③ 출장검사   ④ 공정검사

해설 ③ 출장검사는 장소에 의한 분류에 속한다.

정답 51 ④ 52 ④ 53 ③ 54 ② 55 ① 56 ④ 57 ③

58

3σ법의 $\overline{X}$ 관리도에서 공정이 관리 상태에 있는 데도 불구하고 관리상태가 아니라고 판정하는 제1종 과오는 약 몇%인가?

① 0.27
② 0.54
③ 1.0
④ 1.2

해설 3σ법의 제1종 과오와 제2종 과오
- 제1종 과오 : 공정이 관리상태에 있는데도 관리상태가 아니라고 판단하는 과오로 0.27% 정도이다.
- 제2종 과오 : 공정이 관리상태에 있지 않는 데도 관리상태라고 판단하는 과오

59

설비조전조직 중 지역보전(Area Maintenance)의 장·단점에 해당하지 않는 것은?

① 현장 왕복 시간이 증가한다.
② 조업요원과 지역보전요원과의 관계가 밀접해진다.
③ 보전요원이 현장에 있으므로 생산 본위가 되며 생산의욕을 가진다.
④ 같은 사람이 같은 설비를 담당하므로 설비를 잘 알며 충분한 서비스를 할 수 있다.

해설 **지역보전의 특징**
- **장점** : 운전자와의 일체감 조성 용이, 현장감독 용이, 현장 왕복시간 감소, 작업일정 조정 용이, 특정 설비의 습숙 용이
- **단점** : 노동력의 유효이용 곤란, 인원배치의 유연성에 제약, 보전용 설비공구 중복

60

워크 샘플링에 관한 설명 중 틀린 것은?

① 워크 샘플링은 일명 스냅리딩(Snap Reading)이라 불린다.
② 워크 샘플링은 스톱워치를 사용하여 관측대상을 순간적으로 관측하는 것이다.
③ 워크 샘플링은 영국의 통계학자 L.H.C.Tippet가 가동률 조사를 위해 창안한 것이다.
④ 워크 샘플링은 사람의 상태나 기계의 가동상태 및 작업의 종류 등을 순간적으로 관측하는 것이다.

해설 워크 샘플링은 관측 대상을 무작위로 선정하여 일정 시간 관측하고, 그 상태를 기록, 집계한 다음 그 데이터를 기초로 하여 작업자나 기계 설비의 가동상태 등을 통계적 수법을 사용하여 분석하는 작업연구의 한 수법이다.

정답 58 ① 59 ① 60 ②

2017년 배관기능장 제62회 필기시험
(7월 8일 시행)

01
그림과 같은 자동제어의 블록선도(Block Diagram) 중 A, C, D, F의 제어요소를 순서대로 배열한 것은?

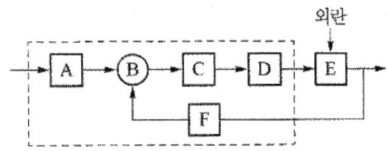

① 설정부, 조절부, 조작부, 검출부
② 설정부, 조작부, 조절부, 검출부
③ 설정부, 조작부, 조절부, 제어대상
④ 설정부, 조작부, 비교부, 제어대상

해설 각 부의 명칭
 · A : 설정부   · B : 비교부
 · C : 조절부   · D : 조작부
 · E : 제어대상 · F : 검출부

02
LP가스 공급방식에서 강제기화 방식 중 기화에 의해서 강제 기화시키는 방식은?

① 자연기화 방식
② 공기혼합 가스공급 방식
③ 변성가스 공급 방식
④ 생가스 공급 방식

해설 ① 생가스 공급방식 : 기화된 가스 그대로 공급하는 방법이다
 ② 공기혼합가스 공급방식 : 기화된 LP가스에 일정량의 공기를 혼합하여 공급하는 방법.
 ③ 변성가스 공급방식 : 촉매를 이용하여 메탄, 수소, 일산화탄소 등의 가스로 변성시켜 공급하는 방법

03
펌프의 설치 및 주변 배관 시 주의사항으로 틀린 것은?

① 펌프는 일반적으로 기초 콘크리트 위에 설치한다.
② 흡입관은 되도록 길게 하고 직관으로 배관한다.
③ 효율을 좋게 하기 위해서 펌프의 설치 위치를 되도록 낮춰서 흡입 양정을 작게 한다.
④ 흡입관의 중량이 펌프에 미치지 않도록 관을 지지하여야 한다.

해설 흡입관은 가능하면 짧게 하고 흡수면 또는 바닥면에서 흡입관 지름의 1.5~2배 이상의 거리를 띄어야 한다.

04
루프 통기 방식(Loop Vent System)에 관한 설명으로 틀린 것은?

① 회로 통기 또는 환상 통기 방식이라고도 한다.
② 루프 통기로 처리할 수 있는 기구의 수는 8개 이내이다.
③ 통기 입관에서 최상류 기구까지의 거리는 7.5m 이내로 한다.
④ 배수 주관이 통기관을 겸하므로 건식 통기라고도 한다.

해설 ④ 배수 주관이 통기관을 겸하므로 습식 통기라고도 한다.

05
난방시설에서 전열에 의한 손실열량이 11.63kW이고 환기 손실 열량이 3.14kW인 곳에 증기난방을 할 경우 소요되는 주철제방열기는 몇 절이 필요한가?(단, 주철제 방열기 1절의 방열 표면적은 0.28m²이고 방열량은 0.76kW/m²이다)

① 20절   ② 35절
③ 50절   ④ 70절

해설 $E_a = \dfrac{\text{총전체 손실}}{\text{방열량} \times \text{방열기 표면적}} =$

$N_s = \dfrac{H_1}{650a} = \dfrac{11.63 + 3.14}{0.76 \times 0.28} = 69.407 = 70절$

정답 01 ① 02 ④ 03 ② 04 ④ 05 ④

06
피드백 제어에 대한 설명으로 옳은 것은?
① 사람 손에 의하여 조작하는 제어
② 정해진 순서에 의한 제어
③ 제어량의 값을 목표값과 비교하는 제어
④ 정해진 수치에 의하여 행하는 제어

해설 **피드백 제어**
출력신호를 입력측에 되돌려 동작을 결정한다.

07
온수난방 배관법인 역 귀환방식인 것은?
① 리프트 피팅(Lift Fitting) 방식
② 리버스 리턴(Reverse Return) 방식
③ 하트포드 배관(Hartford Connection) 방식
④ 냉각 레그(Cooling Leg) 방식

해설 **역 귀환방식**
각 방열기에 공급되는 온수의 양을 일정하게 배분하여 방열량의 균형을 이루기 위하여 공급 및 환수관의 길이가 일정하게 유지시키도록 배관한다.

08
다음은 수요자 전용 가스정압기의 배관설치 도면이다. (가)배관의 명칭은?

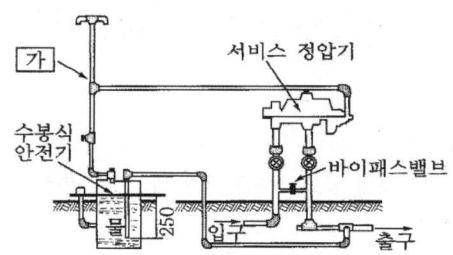

① 팽창관　　② 방출관
③ 공기공급관　④ 정압기

해설 **방출관**
정압기에서 방출되는 가스를 대기 중으로 방출시키는 관이다.

09
미시퀀스 제어의 접점의 논리적(AND)회로의 논리식이 A·B=R 일 때 참값표가 틀린 것은?
① 1·1=1　　② 1·0=0
③ 0·1=0　　④ 0·0=1

해설 논리적(AND) 회로(진리표)

입력		출력
A	B	R
0	0	0
0	1	0
1	0	0
1	1	1

④ 0·0=0이어야 한다.

10
배관시설에 세정방법에 관한 설명으로 틀린 것은?
① 기계적 세정방법은 플랜트 본체나 부분을 분해하거나 해체할 필요가 없다.
② 화학 세정법은 보통 설비를 운전하고 있는 상태에서 세정하는 방법이다.
③ 산 세정법에서는 부식억제제의 선택이 매우 중요하다.
④ 알칼리 세정은 유지류 및 규산계 스케일 등의 제거에 활용된다.

해설 ① 기계적 세정방법은 플랜트 본체나 부분을 분해하거나 해체할 필요가 있다.

11
자동화시스템에서 크게 회전운동과 선형운동으로 구분되며, 사용하는 에너지에 따라 공압식, 유압식, 전기식 등으로 구분되는 자동화의 요소로 옳은 것은?
① 센서(Sensor)
② 액추에이터(Actuator)
③ 네트워크(Network)
④ 소프트웨어(Software)

해설 **자동화의 5대 요소**
센서(Sensor), 프로세서(Processor) 액추에이터(Actuator), 소프트웨어(Software), 네트워크(Network),
※ **액추에이터(Actuator)** : 회전운동과 선형운동으로 구분되며, 사용하는 에너지에 따라 공압식, 유압식, 전기식 등으로 구분한다.

정답 06 ③ 07 ② 08 ② 09 ④ 10 ① 11 ②

12
아크용접 작업 시의 주의사항으로 틀린 것은?
① 눈 및 피부를 노출시키지 말 것
② 홀더가 가열될 시에는 물에 식힐 것
③ 비가 올 때는 옥외작업을 금지할 것
④ 슬랙을 제거할 때에는 보안경을 사용할 것

해설 ② 홀더가 가열될 시에는 물에 식힐 경우 감전의 위험성이 커진다.

13
다음 중 유류배관설비의 기밀시험을 할 때 사용할 수 없는 것은?
① 질소   ② 산소
③ 탄산가스   ④ 아르곤가스

해설 산소는 조연성 가스이므로 폭발등의 예방 차원에서 유류배관의 기밀시험에 사용을 금지한다.

14
추치제어에 관한 설명으로 틀린 것은?
① 목표값의 크기나 위치가 시간의 변화에 따라 임의로 변화되고, 이것을 제어량이 정확히 따라가고 외부영향이 없도록 하는 제어이다.
② 추치제어는 비율제어와 프로그램제어로 구분할 수 있다.
③ 2개 이상의 제어량값이 일정한 비율관계를 유지하도록 하는 제어는 비율제어이다.
④ 보일러와 냉방기같은 냉·난방장치의 압력제어용으로 많이 이용된다.

해설 추치제어
목표값을 측정하면서 제어량을 목표값에 일치하도록 맞추는 방식으로 변화모양을 예측할 수 없다.
④ 보일러와 냉방기는 압력이 일정한 가운데 운전을 요하므로 정치제어를 사용한다.

15
급수배관 시공법에 대한 설명으로 틀린 것은?
① 배관 기울기는 모두 선단 앞 올림 기울기로 한다.
② 부식하기 쉬운 것에는 방식 피복을 한다.
③ 수평관의 굽힘 부분이나 분기 부분에는 반드시 받침쇠를 단다.
④ 급수관과 배수관이 평행 매설될때는 양 배관의 수평 간격을 500mm이상으로 한다.

해설 급수 배관 시공법에서 배관 기울기는 끝 내림기울기 (구배)로 한다(기울기 $\frac{1}{250}$).

16
압력계 배관시공 시 유체에 맥동이 있는 경우에 설치하여 압력계에 맥동이 전파되지 않게 하는 것은?
① 사이폰(Siphon) 관
② 펄세이션(Pulsation) 댐퍼
③ 시일(Seal) 포드
④ 벨로스(Bellows)

해설 펄세이션(Pulsation) 댐퍼
압력계 배관시공 시 유체에 맥동이 있는 경우에 설치하여 압력계에 맥동이 전파되지 않게 한다.

17
도시가스 제조 공장의 부지 경계에서 정압기까지의 배관을 무엇이라고 하는가?
① 옥내배관   ② 본관
③ 공급관   ④ 옥외배관

해설 본관이란 가스 제조공장의 부지 경계에서 정압기까지의 배관을 말한다.

| 도시가스 제조 공장부지 경계 | 본관 | 정압기 |

18
간접가열식 중앙급탕법에 대한 설명으로 틀린 것은?
① 가열용 코일이 필요하다.
② 고압 보일러가 필요하다.
③ 대규모 급탕설비에 적당하다.
④ 저탕조 내부에 스케일이 잘 생기지 않는다.

해설 간접가열식
저장 탱크 내부에 가열 코일을 설치하여 증기를 순환시켜 탱크 내의 물을 간접적으로 가열하는 방식으로 저탕조는 물의 저장과 가열을 동시에 하기 때문에 탱크 히터 또는 스토리지 탱크(Storage Tank)라 한다.
② 고압 보일러가 불필요하다.

정답 12② 13② 14④ 15① 16② 17② 18②

19
그림과 같은 파이프 랙(Pipe Rack)이 있다. 다음 중 연료유 라인, 연료가스 라인, 보일러 급수라인 등의 유틸리티(Utility) 배관은 어디에 배열하는 것이 가장 적합한가?

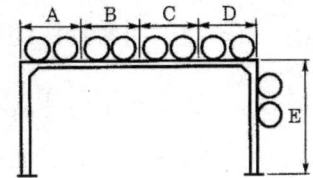

① A 부분 및 D 부분
② B 부분 및 C 부분
③ C 부분 및 D 부분
④ D 부분 및 E 부분

[해설] • A, D : 대구경관 배치
• B, C : 유틸리티 배관 배치

20
사용압력에 따른 도시가스 공급방식이 아닌 것은?
① 저압공급 방식   ② 중앙공급 방식
③ 고압공급 방식   ④ 특고압 공급 방식

[해설] **사용압력에 따른 도시가스 공급방식**
① **저압공급 방식** : 0.1MPa 이하
② **중앙공급 방식** : 0.1MPa 이하
③ **고압공급 방식** : 0.1MPa 이상

21
단식과 복식이 있으며, 이음 방법은 나사이음식, 플랜지 이음식이 있고 일명 팩리스(Packless) 신축 조인트라고도 하는 것은?)
① 슬리브형   ② 벨로스형
③ 루프형   ④ 스위블형

[해설]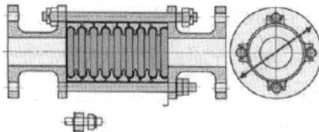
벨로스형(Bellows Type)
팩리스(Packless)형이라 하며, 단식과 복식 2종류가 있다.

22
유체의 흐름에 저항이 적고, 침식성의 유체에 대해 유체통로 속만을 내식성 재료로 하여 산 등의 화학약품을 차단하는 특징을 가진 밸브는?
① 플랩 밸브(Flap Valve)
② 체크 밸브(Check Valve)
③ 플러그 밸브(Plug Valve)
④ 다이어프램 밸브(Diaphragm Valve)

[해설] **다이어프램 밸브**
유체의 흐름에 저항이 적고, 침식성의 유체에 대해 유체통로 속만을 내식성 재료로 하여 산 등의 화학약품을 차단하는 특징을 가진 밸브

23
네오프랜 패킹에 관한 설명으로 틀린 것은?
① 고압 증기배관에 주로 사용된다.
② 내열범위가 −46~121°C인 합성고무이다.
③ 고무류 패킹에 해당된다.
④ 내유성, 내후성, 내산화성 및 기계적 성질이 우수하다.

[해설] 네오프랜(합성고무)은 천연고무의 성질을 개선시킨 것으로 증기배관 외 물, 공기, 기름 및 냉매배관 등 광범위하게 사용하는 플랜지 패킹이다.

24
계측기기의 구비조건으로 틀린 것은?
① 근거리의 지시 및 기록이 가능하고 구조가 복잡할 것
② 견고성과 신뢰성이 높고 경제적일 것
③ 설치장소와 주위조건에 대해 내구성이 있을 것
④ 정밀도가 높고 취급 및 보수가 용이할 것

[해설] ① 근거리의 지시 및 기록이 가능하고 구조가 간단할 것

25
경질염화 비닐관에 대한 설명으로 틀린 것은?
① 열전도율이 강관, 주철관보다 10배 이상 크다.
② 전기 절연성이 좋으므로 전기부식 작용이 없다.
③ 해수, 콘크리트 내부의 배관에는 양호한 내구성을 가진다.
④ 극저온, 고온배관에는 부적당하다.

[해설] 열의 불량도체이다(열전도는 철의 1/50 정도).

26
합성수지 도료에 관한 설명으로 틀린 것은?
① 프탈산계 : 상온에서 도막을 건조시키는 도료이며 내후성, 내유성이 우수하다.
② 요소 멜라민계 : 내열성, 내유성, 내수성이 좋다.
③ 염화비닐계 : 내약품성, 내유성, 내산성이 우수하여, 금속의 방식도료로 우수하다.
④ 실리콘 수지계 : 은분이라고도 하며, 내후성 도료로 사용되며, 5℃ 이하의 온도에서 건조가 잘 안된다.

[해설] **합성수지 도료**
합성주지를 기본 원료로 하는 도료이며 약품이나 열에 강하고 굴곡성이 뛰어나며 전기 절연성이 크다. 종류로는 프탈산계, 요소 멜라민계, 염화비닐계 등이 있다.

27
배관재료 및 용도에 대한 설명으로 틀린 것은?
① 엘보 : 배관의 방향을 바꿀 때 사용한다.
② 레듀서 : 지름이 서로 다른 관을 연결할 때 사용한다.
③ 밸브 : 유체의 흐름을 차단하거나 흐름의 방향을 바꿀 때 사용한다.
④ 플랜지 : 배관을 필요에 따라 도중에 분기할 때 사용한다.

[해설] 연결 부속 중 분해 조립이 가능하도록 할 때 쓰이는 것으로는 플랜지, 유니온이 해당된다.

28
증기와 응축수의 열역학적 특성에 따라 작동되는 증기트랩은?
① 디스크형 트랩   ② 버킷형 트랩
③ 플로트형 트립   ④ 바이메탈형 트랩

[해설] 디스크형 트랩은 열역학적 트랩에 속하며 오리피스도 디스크형에 속한다.

29
덕타일 주철관의 이음 종류가 아닌 것은?
① TS이음   ② 타이튼 이음
③ 메카니컬 이음   ④ K-P 메카니컬 이음

[해설] TS이음은 경질 염화비닐관의 이음방법이다.

30
동관의 외경 산출공식에 의해 150A의 외경을 산출한 것으로 옳은 것은?
① 150.42mm   ② 155.58mm
③ 160.25mm   ④ 165.6mm

[해설] ① 150A는 6B와 같은 규격이고, 1인치(inch)는 25.4mm이다.
② 외경의 산출 외경 = 호칭경(B) + $\frac{1}{8}$ inch
= $(6 \times 25.4) + (\frac{1}{8} \times 25.4) = 155.575$mm

31
보온 피복재중 유기질 피복재가 아닌 것은?
① 코르크   ② 암면
③ 기포성 수지   ④ 펠트

[해설] 암면은 무기질 보온재이며 석면, 규조토, 탄산마그네슘, 유리섬유도 무기질 보온재이다.

32
다음 중 토목, 건축, 철탑, 발판, 지주, 말뚝 등에 많이 쓰이는 강관의 종류는?
① 고압배관용 탄소강관
② 고온배관용 탄소강관
③ 일반구조용 탄소강관
④ 경질염화비닐 라이닝강관

[해설] **일반구조용 탄소강관(SPS)**
토목, 건축, 철탑, 발판, 지주, 비계, 말뚝, 기타의 구조물에 사용한다.

33
밸브의 종류별 특징에 관한 설명으로 옳은 것은?
① 감압밸브는 자동적으로 유량을 조정하여 고압측의 압력을 일정하게 유지한다.
② 스윙형 체크밸브는 수평, 수직 어느 배관에도 사용할 수 있다.
③ 안전밸브에는 벨로스형, 다이어프램형 등이 있다.
④ 버터플라이 밸브는 글로브 밸브의 일종으로 유량조절에 사용한다.

정답 26 ④ 27 ④ 28 ① 29 ① 30 ② 31 ② 32 ③ 33 ②

[해설] ① 감압 밸브는 고압측의 압력과 관계없이 저압측(2차측)의 압력을 일정하게 유지한다.
③ 안전 밸브에는 스프링식, 파열판식, 가용전식, 중추식 등이 있다.
④ 버터플라이 밸브는 글로브 밸브의 일종이 아니며 유량조절에 용이하지 않다.

34
스테인리스강 또는 인청동의 가늘고 긴 벨로즈의 바깥을 탄력성이 풍부한 구리망, 철망 등으로 피복하여 보강한 신축 이음쇠로 방진용으로도 사용 가능한 것은?
① 플랙시블 튜브
② 신축곡관
③ 슬리브형 신축 이음쇠
④ 팩레스 신축 이음쇠

[해설] **플랙시블 튜브**
스테인리스강 또는 인청동의 가늘고 긴 벨로즈의 바깥을 탄력성이 풍부한 구리망, 철망 등으로 피복하여 보강한 신축 이음쇠로 방진용으로도 사용 가능하다.

35
주철관의 타이튼 이음(Tyton Joint)에 관한 설명으로 틀린 것은?
① 이음에 필요한 부품은 고무링 하나뿐이다.
② 매설할 경우 특수공구를 이용한 작업할 공간이 필요하므로 이음부를 넓게 팔 필요가 있다.
③ 온도변화에 따른 신축이 자유롭다.
④ 이음 과정이 간단하며 관 부설을 신속히 할 수 있다.

[해설] 매설할 경우 이음부를 넓게 팔 필요가 없다(작업공간만 확보되면 됨).

36
어떤 기름의 동점성계수 ν가 $1.5 \times 10^{-4} m^2/s$이고 비중량이 $8.33 \times 10^3 N/m^3$일 때 점성계수 μ의 값은?
① 1.28×10^{-5} N·s/m²
② 0.108 N·s/cm²
③ 1.28×10^{-3} N·s/m²
④ 0.128 N·s/m²

[해설] 점성계수 $\mu = \rho \times \nu = \dfrac{\gamma}{g} \times \nu$
$= \dfrac{8.33 \times 10^3}{9.8} \times 1.5 \times 10^{-4}$
$= 0.1275 N·s/m^2$

37
다음 중 폴리에틸렌관 이음의 종류가 아닌 것은?
① 인서트 이음
② 테이퍼 조인트 이음
③ 용착 슬리브 이음
④ 몰코 이음

[해설] 몰코 이음은 스테인리스관의 이음방법이다.

38
주철관 이음 중 종래 사용하여 오던 소켓이음을 개량한 것으로 스테인리스강 커플링과 고무링만으로 쉽게 이음할 수 있는 방법은?
① 플랜지 이음
② 타이튼 이음
③ 스크루 이음
③ 노-허브 이음

[해설] 노허브 이음(no-hub joint)은 종래 사용하여 오던 소켓 이음을 개량한 것으로 스테인리스강 커플링과 고무링만으로 쉽게 이음 할 수 있는 방법이다.

39
동력나사 절삭기에 관한 설명으로 옳은 것은?
① 다이헤드식은 관의 절단, 나사절삭은 가능하나 거스러미 제거 작업은 불가능 하다.
② 오스터식은 지지로드를 이용하여 절삭기를 수동으로 이송하며 구조가 복잡하고, 관경이 큰 것에 주로 사용된다.
③ 오스터식, 호브식, 램식, 다이헤드식의 4가지 종류가 있다
④ 호브식은 나사절삭용 전용 기계이지만 호브와 파이프커터를 함께 장치하면 관의 나사절삭과 절단을 동시에 할 수 있다.

[해설] **다이헤드형**
관의 절단, 나사절삭, burr 제거 등의 일을 연속적으로 할 수 있고, 관을 물린 척을 저속 회전시키면서 다이헤드를 관에 밀어 넣어 나사를 가공하는 동력나사 절삭기 램식은 파이프 밴딩기이다.

정답 34 ① 35 ② 36 ④ 37 ④ 38 ④ 39 ④

40
용접작업 시 적합한 용접지그(Jig)를 사용할 때 얻을 수 있는 효과로 가장 거리가 먼 것은?
① 용접작업을 용이하게 한다.
② 작업능률이 향상된다.
③ 용접변형을 억제한다.
④ 잔류응력이 제거된다.

[해설] ④ 용접지그를 사용하는 것과 잔류응력이 제거되는 것은 관계가 없고 잔류응력은 열처리에 의해서만 제거할 수 있다.

41
석면 시멘트관의 심플렉스 이음에 관한 설명으로 틀린 것은?
① 수밀성과 굽힘성은 우수하지만 내식성은 약하다.
② 호칭지름 75~500mm 의 지름이 작은 관에 많이 사용된다.
③ 접합에 끼워 넣는 공구로는 프릭션 플러(Friction Puller)를 사용한다.
④ 칼라 속에 2개의 고무링을 넣고 이음하여 고무개스킷 이음이라고도 한다.

[해설] 석면 시멘트관의 심플렉스 이음은 수밀성과 굽힘성 및 내식성도 우수하다.

42
주철관의 소켓 이음에 관한 설명으로 옳은 것은?
① 코킹방법은 예리한 정을 먼저 사용하고 점차 둔한 정을 사용한다.
② 용융 납은 2~3회에 걸쳐 나누어 삽입하면서 매회 코킹 하도록 한다.
③ 콜타르(Coal Tar)는 주철관 표면에 방수 피막을 형성시키기 위해 도포한다.
④ 마(야안)의 삽입길이는 수도용의 경우 전체 삽입길이의 2/3, 배수용 1/3이 적합하다.

[해설] • 얀(Yarn)의 양과 납이 적당량 있어야 누수가 되지 않는다.
• 용융 납은 1회로 단번에 붓는다.
급수관 : 얀⅓ + 납⅔
배수관 : 얀⅔ + 납⅓

43
용기 내에 유체가 t초 동안 흘러들어가게 한 후 유체의 질량을 W(kg), 체적을 V(m³)일때 유량 Q(m³/s)의 식은?
① $t \times V$
② $\dfrac{V}{t}$
③ $t \times W$
④ $\dfrac{W}{t}$

[해설] 유량 $Q(m^3/s) = \dfrac{V(m^3)}{t초(s)}$

44
테르밋 용접(Thermit Welding)에 대한 설명으로 옳은 것은?
① 전기용접법 중의 한 가지 방법이다.
② 산화철과 알루미늄의 반응열을 이용한 방법이다.
③ 액체 산소를 사용한 가스용접법의 일종이다.
④ 원자수소의 발열을 이용한 방법이다.

[해설] **테르밋 용접(Thermit Welding)**
금속 산화물이 알루미늄에 의해 탈산될 때의 강한 반응열을 이용해서 하는 용접. 용접 테르밋법과 가압 테르밋법이 있다. 전력을 사용하지 않는다. 주강·후판(厚板)·레일 등의 용접에 사용한다.

45
10°C의 물 1kg을 100°C의 포화증기로 만드는데 필요한 열량은?(단, 물의 비열은 4.19KJ/kg·K이고, 물의 증발 잠열은 2256.7KJ/kg이다)
① 539kJ
② 639kJ
③ 2633.8kJ
④ 2937.8kJ

[해설] • 현열 $Q_1 = G \cdot C \cdot \Delta t$
  $= 1 \times 4.19 \times (100-10) = 377.1 kJ$
• 잠열 $Q_2 = G \cdot \gamma = 1 \times 2256.7 = 2256.7 kJ$
• 열량 계산 $Q = Q_1 + Q_2 = 377.1 + 2256.7$
  $= 2633.8 kJ$

정답 40 ④ 41 ① 42 ① 43 ② 44 ② 45 ③

46
다음 중 증기를 교축할 때 변화가 없는 것은 어느 것인가?
① 온도 ② 엔트로피
③ 건도 ④ 엔탈피

해설 엔탈피는 일정하고, 엔트로피는 증가한다.

47
아래 기호는 보일러실의 배관용 기기를 표시한 것이다. 다음 중 이 기호가 의미하는 것은?

① 리프트 피팅 ② 증기트랩
③ 기수분리기 ④ 유분리기

해설 **기수분리기**
보일러에서 발생된 증기 중에 혼입된 수분을 분리하는 기기이다.

48
다음 평면도를 입체도로 그린 것은?

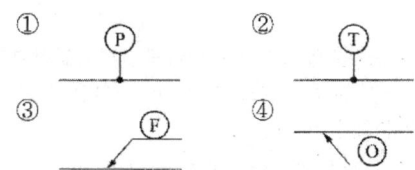

해설 ① 압력계
② 온도계
③ 연료
④ 기름

49
다음 그림을 바르게 설명한 것은?

① I형 홈용접으로 2회 실시하시오.
② I형 홈용접으로 단속용접 하시오.
③ I형 홈용접으로 루트간격 2mm로 하시오.
④ I형 홈용접 루트간격 2mm로 양면 실시하시오.

50
파이프의 외경이 1000mm, TOP EL30000이고 또 다른 파이프 외경이 500mm, BOP EL20000 이며 두 파이프의 중심선에서의 높이차는 몇 mm인가?
① 6000 ② 7000
③ 8500 ④ 9250

해설 높이차 = (TOP − 반지름) − (BOP + 반지름) = (30000−500)−(20000+250)=9250mm

51
다음의 계장계통 도면에서 FRC가 의미하는 것은?

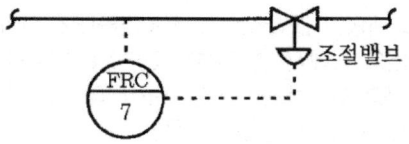

① 수위기록 조절계 ② 유량기록 조절계
③ 압력기록 조절계 ④ 온도기록 조절계

해설 ① **수위기록 조절계** : LC
② **유량기록 조절계** : FRC
③ **압력기록 조절계** : PRC
④ **온도기록 조절계** : TRC

52
다음과 같이 배관라인 번호를 나타낼 때 사용하는 기호에 대한 설명으로 틀린 것은?

3 − 6B − P − 8081 − 39 − CINS

① 6B : 배관 호칭지름
② P : 유체기호
③ 8081 : 배관번호
④ CINS : 배관재료

해설 • **3** : 장치번호
• **6B** : 배관의 호칭지름
• **P** : 유체기호
• **8081** : 배관번호
• **39** : 배관재료 종류별 기호
• **CINS** : 보온·보냉 기호(CINS : 보냉, HINS : 보온, PP : 화상방지)

53
배관 내의 유체를 표시한 기호 중 냉각수를 표시하는 것은?

① C ② CH
③ B ④ R

[해설] 배관 내의 유체 표시 기호
① C : 냉각수(cooling water)
② CH : 냉온수(chilled hot water)
③ CW : 냉수(cold water)
④ R : 냉매(refrigerant)

54
저탕탱크 내의 가열코일을 도면에 나타내기 위하여, 탱크 정면도 상에서 불규칙한 곡선으로 일부를 떼어낸 경계를 표시하는데 사용하는 선의 명칭과 그 선의 종류 및 굵기로 옳은 것은?

① 회전단면선, 가는 파선
② 가상선, 가는 2점 쇄선
③ 파단선, 가는 실선
④ 절단선, 가는 1점 쇄선

[해설] 파단선
저탕탱크 내의 가열코일을 도면에 나타내기 위하여, 탱크 정면도 상에서 불규칙한 곡선으로 일부를 떼어낸 경계를 표시할 때 사용한다.

55
품질특성에서 X관리도로 관리하기에 가장 거리가 먼 것은?

① 볼펜의 길이
② 알코올의 농도
③ 1일 전력소비량
④ 나사길이의 부적합품 수

[해설] X관리도는 시간이 많이 소요되는 화학분석치, 알코올의 농도, 배치(Batch)반응 공정의 수율, 1일 전력소비량 등을 관리하는데 적합하지만 나사길이의 부적합품 수를 관리하기에는 부적합하다.

56
다음 데이터로부터 통계량을 계산한 것 중 틀린 것은?

> 21.5, 23.7, 24.3, 27.2, 29.1

① 범위(R)=7.6
② 제곱합(S)=7.59
③ 중앙값(M_e)=24.3
④ 시료분산(s^2)=8.988

[해설] ① 제곱합(S) 계산
$$\bar{x}=\frac{\Sigma x}{n}=\frac{21.5+23.7+24.3+27.2+29.1}{5}$$
$$=25.16$$
② 제곱합(S) 계산
$$S=(21.5-25.16)^2+(23.7-25.16)^2+$$
$$(24.3-25.16)^2+(27.2-25.16)^2+$$
$$(29.1-25.16)^2=35.952$$
③ **중앙값**(M_e) : 데이터에서 순서대로 나열된 중간값에 해당하는 것은 24.3이다
④ 시료분산(s^2) 계산 $s^2=\dfrac{S}{n-1}=\dfrac{35.952}{5-1}=8.988$

57
다음 중 검사특성곡선(OC curve)에 관한 설명으로 틀린 것은?(단, N : 로트의 크기, n : 시료의 크기, c : 합격판정개수이다)

① N, n이 일정할 때 c가 커지면 나쁜 로트의 합격률은 높아진다.
② N, c가 일정할 때 n이 커지면 좋은 로트의 합격률은 낮아진다.
③ N/n/c의 비율이 일정하게 증가하거나 감소하는 퍼센트 샘플링 검사 시 좋은 로트의 합격률은 영향이 없다.
④ 일반적으로 로트의 크기 N이 시료 n에 비해 10배 이상 크다면, 로트의 크기를 증가시켜도 나쁜 로트의 합격률은 크게 변화하지 않는다.

[해설] 퍼센트 샘플링 검사 시 N이 달라지면 n, c 도 같이 변하므로 부적합품률이 같은 로트에 대해 품질보증의 정도가 달라져 일정한 품질의 보증을 얻을 수 없다.

58
다음 그림의 AOA(Activity-on-Arc) 네트워크에서 E 작업을 시작하려면 어떤 작업들이 완료되어야 하는가?

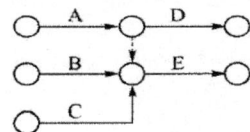

① B
② A, B
③ B, C
④ A, B, C

해설 E 작업을 시작하려면 A, B, C 작업들이 완료되어야 한다.

59
브레인스토밍(Brainstorming)과 가장 관계가 깊은 것은?

① 특성요인도
② 파레토도
③ 히스토그램
④ 회귀분석

해설 **특성요인도**
품질 특성치가 어떤 요인에 의해 영향을 받고 있는가를 조사하여 이것을 하나의 도형으로 묶어 특성과 원인과의 관계를 나타낸 것

60
표준시간을 내경법으로 구하는 수식으로 맞는 것은?

① 표준시간＝정미시간＋여유시간
② 표준시간＝정미시간×(1＋여유율)
② 표준시간＝정미시간×$(\frac{1}{1+여유율})$
③ 표준시간＝정미시간×$(\frac{1}{1-여유율})$

해설 **표준시간 계산법**
① **외경법** : 표준시간＝정미시간×(1＋여유율)
② **내경법** : 표준시간＝정미시간×$(\frac{1}{1-여유율})$

정답 58 ④ 59 ① 60 ③

2018년 배관기능장 제63회 필기시험
(3월 31일 시행)

01
압축기의 분류에서 용적식(체적식) 압축기에 해당하지 않는 것은?
① 왕복식   ② 회전식
③ 원심식   ④ 스크류식

해설 • 용적형 : 왕복동식, 회전식, 스크류식
• 터보형 : 원심력, 축류식

02
화학배관 설비 중 열교환기에 대한 설명으로 틀린 것은?
① 가열기 : 유체를 증기또는 장치 중의 폐열유체로 가열하여 필요한 온도까지 상승시키기 위한 열교환기
② 증발기 : 유체를 가열 증발시켜 발생한 증기를 사용하는 열교환기
③ 재비기 : 장치 중에서 응축된 유체를 재가열 증발시킬 목적으로 사용하는 열교환기
④ 응축기 : 증발성 기체를 사용하여 현열을 제거해 액화시키는 열교환기

해설 응축기
증기를 냉각해 열을 빼앗아서 응축 변화시키는 장치를 말한다.
※ 냉동기 : 압축기로 고압 고온으로 압축된 냉매 증기를 냉각하고 응축열을 제거해 액화시킨다.

03
피드백 제어 방식에서 연속 동작에 해당되는 것은?
① ON − OFF 동작   ② 다위치 동작
③ 불연속 속도 동작   ④ 적분동작

해설 ① 연속동작 : 비례동작, 적분동작, 미분동작
② 불연속 동작 : 2위치 동작(on-off동작), 다위치 동작, 불연속 속도 동작

04
1시간에 100°C의 물 31.3kg이 전부 증기로 되는 증발능력을 지닌 증기보일러의 능력은 몇 보일러 마력인가?
① 1 보일러 마력   ② 2 보일러 마력
③ 3 보일러 마력   ④ 4 보일러 마력

해설 1보일러 마력
100°C의 물 15.65Kg을 1시간 동안 같은 온도의 증기로 변화시키는 증발능력
마력 = $\dfrac{31.3}{15.65}$ = 2마력

05
공정제어의 요소 중 마치 인간의 두뇌와 같은 작용을 하는 것으로 오차의 신호를 받아 어떤 동작을 하면 되는가를 판단한 후 처리하는 부분은?
① 검출기   ② 전송기
③ 조절기   ④ 조작부

해설 조절기
인간의 두뇌와 같은 작용을 하는 것으로 오차의 신호를 받아 어떤 동작을 하면 되는가를 판단한 후 처리하는 부분

06
자동제어에서 미리 정해 놓은 시간적 순서에 따라서 작업을 순차적으로 진행하는 제어방법은?
① 시퀀스 제어(Sequence Control)
② 피드백 제어(Feedback Control)
③ 폐루프 제어(Closed Loop Control)
④ 최적 제어(Optimal Control)

해설 시퀀스 제어
미리 정해진 순서에 따라 제어의 각 단계를 차례로 진행해 가는 제어

정답 01 ③   02 ④   03 ④   04 ②   05 ③   06 ①

07
시퀀스 제어의 접전 회로의 회로명칭과 논리식으로 옳은 것은?

① 논리적(AND) 회로는 A·B=0
② 논리합(OR) 회로는 A+B=R
③ 논리부정(NOT) 회로는 A+$\overline{B}$=0
④ 기억(NOR) 회로는 A(A+B)=0

[해설]
- 논리곱 회로=AND 회로 A·B=1
- 논리합 회로=OR 회로 A+B=R
- 논리 부정 회로=NOT회로 X=$\overline{A}$

08
플랜트 배관에서 내압이 높고 고온인 유체가 누설될 경우 벤트밸브를 설치하여 누설을 방지하는 응급조치 방법은?

① 코킹법
② 밴드 보강법
③ 인젝션법
④ 박스설치법

[해설] 배관설비의 응급조치법
- 박스설치법: 내압이 높고 고온인 유체가 누설될 경우 벤트밸브를 설치하여 누설을 방지하는 응급조치 방법

09
같은 펌프를 유량이 2000LPM일 때 회전수를 1000rpm에서 1200rpm으로 변경시킬 때 유량(LPM)은 얼마가 되는가?

① 2400
② 2200
③ 2000
④ 600

[해설] 펌프 유량은 회전수 변화에 비례한다.

$$Q_2 = Q_1 \times \frac{N_2}{N_1} = 2000 \times \frac{1200}{1000} = 2400 m^3/min$$

10
노통 보일러에서 노통에 직각으로 설치하여 전열면적을 증가시키며 노통을 보강하는 관은?

① 아담슨조인트
② 갤로웨이관
③ 기수증발관
④ 공기예열관

[해설] 갤로웨이관
노통에 직각으로 설치하여 전열면적을 증가시키며 노통을 보강하는 관

11
펌프 배관 시공에 대한 설명으로 틀린 것은?

① 흡입측 수평관에는 펌프쪽으로 올림 구배를 한다.
② 토출측 수직관 상부에는 수격 방지 시설을 한다.
③ 흡입측에는 압력계를, 토출측에는 진공계를 설치한다.
④ 흡입관의 중량이나 토출관의 중량이 펌프에 영향을 주지 않는 구조로 한다.

[해설] ③ 흡입측에는 진공계를, 토출측에는 압력계를 설치한다.

12
파이프 랙(Pipe Rack)의 간격 결정 조건으로 틀린 것은?

① 배관 구경의 대소
② 배관 내 유체의 종류
③ 배관 내 마찰 저항
④ 배관 내 유체의 온도

[해설] 파이프 랙(Pipe Rack)의 간격 결정 조건
배관 구경의 대소, 배관 내 유체의 종류, 배관 내 유체의 온도
③ 배관 내 마찰저항: 마찰저항은 관경을 정할 때 고려대상

13
수-공기 방식으로서 여러 개의 방을 가진 건물에서 각 실마다 개별 조절이 가능한 공기조화 방식은?

① 룸 쿨러 방식
② 2중 덕트 방식
③ 유인 유닛 방식
④ 패키지 방식

[해설] 유인 유닛 방식
수-공기 방식으로서 여러 개의 방을 가진 건물에서 각실마다 개별 조절이 가능한 공기조화 방식

정답 07② 08④ 09① 10② 11③ 12③ 13③

14
급수배관 시공에 대한 설명으로 틀린 것은?
① 급수배관의 최소 관경은 원칙적으로 20mm로 한다.
② 음료용 배관을 배수관, 잡용수관 등 다른 배관과 직접 연결시켜서는 안 된다.
③ 급수관은 수리 시 물을 완전히 뺄 수 있도록 기울기를 주어야 하며, 기울기는 1/250을 표준으로 한다.
④ 급수관과 배수관을 근접하여 매설하는 경우에는 원칙적으로 양 배관의 수평간격을 100mm 이상으로 하고, 급수관은 배수관의 아래쪽에 매설한다.

[해설] 구부러지는 부분을 적게 하여 마찰 손실을 고려하고 배관 거리를 짧게 하며 관 안의 공기, 물 등이 완전히 배출되도록 시공한다.
④ 급수관과 배수관을 근접하여 매설하는 경우에는 원칙적으로 양 배관의 수평간격을 100mm 이상으로 하고, 배수관은 급수관의 아래쪽에 매설한다.

15
증기난방 배관시공법에 대한 설명으로 틀린 것은?
① 암거 내에 배관할 때 밸브, 트랩 등은 가급적 맨홀 부근에 집합시켜 놓는다.
② 방열기 브랜치 파이프 등에서 부득이 매설 배관할 때에는 배관으로부터의 열손실과 신축에 주의한다.
③ 리프트 이음시 1단의 흡상고는 1.5m 이내로 한다.
④ 증기 주관에 브랜치 파이프를 접할 때에는 원칙적으로 30° 이하의 각도로 설치한다.

[해설] ④ 증기 주관에 브랜치 파이프를 접할 때에는 수직 또는 45° 이상의 각도로 설치한다.

16
배관용 공기기구 사용시 안전수칙으로 틀린 것은?
① 처음에는 천천치 열고 일시에 전부 열지 않는다.
② 기구등의 반동으로 인한 재해에 항상 대비한다.
③ 공기 기구를 사용할 때는 보호구를 착용한다.
④ 활동부에는 항상 기름 또는 그리스가 없도록 깨끗이 닦아 준다.

[해설] 배관용 공기기구 활동부에는 항상 기름 또는 그리스를 주입하여 원활이 작동되도록 한다.

17
제어요소 중 입력 변화와 동시에 출력이 시간지연 없이 목표치에 동시에 변화하며, 시간지연이 없다는 의미에서 0차 요소라고도 하는 것은?
① 적분요소 ② 일차지연요소
③ 고차지연요소 ④ 비례요소

[해설] 비례요소
제어요소 중 입력 변화와 동시에 출력이 시간지연 없이 목표치에 동시에 변화된다. 시간 지연이 없다는 의미에서 0차 요소라고도 한다.

18
다음 중 아크 용접기로 배관의 용접작업 시 감전을 방지하기 위한 가장 적합한 조치는?
① 리밋 스위치 부착
② 2차 권선장치 부착
③ 자동 전격 방지장치 부착
④ 중성 점접지 연결

[해설] 아크 용접기로 용접작업 시 감전으로 인한 사고를 방지하기 위해 자동전격 방지장치를 부착한다.

19
가스배관의 보랭 및 보온 단열 공사 시공법에 대한 설명으로 틀린 것은?
① 배관을 보랭 단열할 때는 2~3개의 관을 함께 보랭재로 싼다.
② 배관 지지부의 보랭은 보랭재를 충분히 밀착시키고 방습 시공을 완전하게 한다.
③ 배관의 말단인 플래지부 등에 저온용 매스틱을 발라주고 아스팔트 루핑으로 보온해서 방습해 준다.
④ 시공 후 진동 등으로 인해 보온재가 탈락되지 않도록 견고하게 고정한다.

[해설] ① 배관을 보랭 단열할 때는 2~3개의 관을 함께 보랭재로 싸는 것보다, 단일 배관 보온 또는 보랭을 해야 효과적이다.

정답 14④ 15④ 16④ 17④ 18③ 19①

20
다음 중 유류배관 설비의 기밀 시험을 할 때 안전상 가장 부적절한 가스는?
① 질소 ② 산소
③ 탄산가스 ④ 아르곤

[해설] 산소는 조연성 가스이므로 폭발 등의 예방차원에서 유류배관의 기밀시험에 사용을 금지한다.

21
일반적인 파일럿식 감압밸브에 대한 설명으로 틀린 것은?
① 최대 감압비는 3 : 1 정도이다.
② 1차측 적용압력은 $10kgf/cm^2$ 이하이다.
③ 2차측 조정압력은 $0.35\sim8\ kgf/cm^2$ 정도이다.
④ 1차측 압력의 변동과 2차측 소비 유량변화에 관계없이 2차측 압력은 일정하게 유지된다.

[해설] ① 최대 감압비는 10 : 1 정도이다

22
양질의 선철에 강을 배합하여 용해하고, 회전하는 주형에 주입하여 원심력을 이용하여 주조한 후 730℃ 이상에서 일정시간 풀림하여 제조한 관은?
① 수도용 입형 주철직관
② 수도용 원심력 사형 주철관
③ 수도용 원심력 금형 주철관
④ 덕타일 주철관

[해설] **수도용 원심력 덕타일 주철관**
구상 흑연 주철관이라 하며 양질의 선철에 강을 배합하여 용해하고, 회전하는 주형에 주입한 다음 원심력을 이용하여 생산하며 관의 질이 균일하게 되어 강도가 크다.

23
강관과 비교하여 경질 염화비닐관의 특징으로 옳은 것은?
① 열팽창율이 작다.
② 충격강도가 크다.
③ 관내 마찰손실이 작다.
④ 저온 및 고온에서의 강도가 크다.

[해설] 경질 염화비닐관의 특징
① 열팽창율이 크다.
② 충격강도가 작다.
④ 저온 및 고온에서의 강도가 작다.

24
동관에 대한 설명으로 틀린 것은?
① 타프피치동은 산소 함량이 0.02~0.05% 정도, 순도 99.9% 이상이 되도록 전기동을 정제한 것이다.
② 인탈산동은 전기동 중의 산소를 인을 써서 제거한 것으로 산소는 0.01% 이하로 제거되나 대신 인이 잔류한다.
③ 무산소동은 산소도 최대한 제거시키고 잔류되는 탈산제도 없는 동으로 순도는 99.96% 이상이다.
④ 인탈산동은 고온의 환원성 분위기에서 수소취화 현상을 일으키므로 고온 용접 시 주의해야 한다.

[해설] ④ 인탈산동은 고온의 환원성 분위기에서 수소취화 현상이 없어지므로 고온 용접 시 주의해야 한다.

25
합성수지류 패킹 중 가장 많이 사용되며 어떠한 약품이나 기름에도 침해되지 않는 것은?
① 네오프렌 ② 주석
③ 테프론 ④ 구리

[해설] 테프론 합성수지패킹은 비점착성, 내열성(-260℃에서 +260℃까지 사용), 저마찰계수, 내유성, 내약품성특징을 가지고 있으며 가장 많이 사용되고 있다.

26
배관의 이동 구속 제한을 하고자 할 때 사용되는 레스트레인트(Restraint)의 종류가 아닌 것은?
① 앵커(Anchor) ② 스토퍼(Stopper)
③ 가이드(Guide) ④ 클램프(Clamp)

[해설] **레스트레인트(Restraint)의 종류**
앵커(Anchor), 스토퍼(Stopper), 가이드(Guide)
④ 클램프(Clamp)는 작업할 때 2물체를 찝어서 고정하는 공구의 일종이다.

27
앵글, 환봉, 평강 등으로 만들어 파이프의 이동을 방지하는 목적으로 지지물을 장치하기 위해 천정, 바닥, 벽 등의 콘크리트에 매설하여 두는 지지금속을 무엇이라고 하는가?

① 인서트(Insert) ② 슬리브(Sleeve)
③ 행거(Hanger) ④ 러그(Lugs)

[해설] 인서트는 주로 현장에서 콘크리트 타설전에 미리 매입하여 마감 공사시에 사용하기 위한 선매입 너트류를 말하며, 천장에 달대를 설치하여 배관이나 경량철골천장틀의 설치 시 사용한다.

28
주철관의 접합방법 중 소켓 접합에서 얀과 납의 채움길이에 대한 설명으로 옳은 것은?

① 배수관일 때 삽입길이의 약 1/3을 얀으로 하고, 약 2/3을 납으로 한다.
② 급수관일 때 삽입길이의 약 1/4을 얀으로 하고, 약 3/4을 납으로 한다.
③ 배수관일 때 삽입길이의 약 2/3을 얀으로 하고, 약 1/3을 납으로 한다.
④ 급수관일 때 삽입길이의 약 3/4을 얀으로 하고, 약 1/4을 납으로 한다.

[해설] 얀(Yarn)의 양과 납이 적당량 있어야 누수가 되지 않는다.
 • 급수관 : 얀⅓ + 납⅔
 • 배수관 : 얀⅔ + 납⅓

29
배관재료에 대한 설명으로 틀린 것은?

① 동관은 관 두께에 따라 K형, L형, M형으로 구분한다.
② 연관은 화학 공업용으로 사용되는 1종관과 일반용으로 쓰이는 2종관, 가스용으로 사용되는 3종관이 있다.
③ 주철관은 용도에 따라 수도용, 배수용, 가스용, 광산용으로 구분한다.
④ 배관용 탄소강 강관은 1MPa 이상, 10MPa 이하 증기관에 적합하다.

[해설] 증기관용 배관은 SPPS & SPPH를 사용
 • SPP : 배관용 탄소강관
 • SPPS : 압력 배관용 탄소강관(350℃ 이하 사용, 압력 1~10MPa)
 • SPPH : 고압 배관용 탄소강관(350℃ 이하 사용, 압력 10MPa 이상)

30
관지름이 50A, 인장강도 42kg/mm²인 SPPS관을 사용하고, 스케줄 번호로 적당한 것은?(단, 최고 사용압력은 7.84MPa 이고, 안전율은 4이다)

① Sch NO. 40 ② Sch NO. 60
③ Sch NO. 80 ④ Sch NO. 100

[해설] 스케줄 번호
압력관의 두께를 표시하는 번호로서 10, 20, 30, 40, 50, 60, 70, 80…

$$Sch\ No = 10 \times \frac{P}{S} = 10 \times \frac{7.84 \times 10}{42 \times \frac{1}{4}} = 75$$

그러므로 75 보다 큰 80번을 선택한다.
 • P=사용압력(kg/cm²)
 • S=허용응력(kg/m². 인장강도/안전율)

31
강관의 종류와 기호의 연결로 옳은 것은?

① SPHT : 고압 배관용 탄소강관
② STWW : 상수도용 도복장 강관
③ STHA : 저온 배관용 탄소강관
④ STBH : 일반 구조용 탄소강관

[해설] ① SPHT : 고온 배관용 탄소강관
  ③ STHA : 보일러 열교환기용 합금강 강관
  ④ STBH : 보일러 열교환기용 탄소강 강관

32
강관의 제조방법에서 아크용접 관은 350A 이상의 큰 지름의 관을 만들 때 쓰는 방법으로 띠강판의 측면을 용접에 적합하도록 베벨 가공하여 용절하기에 가장 적합한 것은?

① TIG 용접
② 전기아크용접
③ 자동 서브머지드 아크용접
④ CO_2 아크용접

해설
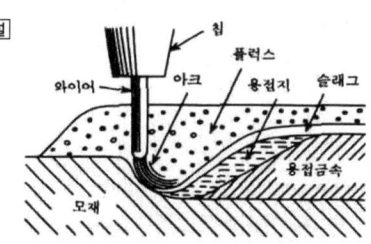

서브머지드(Submerged) 아크용접
잠호용접이라고 하며, 용접 그룹 위에 미리 모래 모양의 플럭스를 쌓올린 속에 용접 와이어를 박아넣어 자동적 또는 연속적으로 아크 용접을 해가는 방법이다.

33
100A 강관을 Inch계(B자)의 호칭으로 지름을 표시하면 얼마인가?

① 1B ② 2B
③ 3B ④ 4B

해설 1inch=25.4mm =2.54cm
통용되는 호칭(100A=100mm=4B)
호칭경계산=$\frac{100}{25.4}$ = 3.93 = 약 4B

34
배관에 설치되는 밸브, 트랩, 기기 등의 앞에 설치하여 관속의 유체에 섞여 있는 이물질을 제거하여 기기의 성능을 보호하는데 사용되는 것은?

① 버킷트랩 ② 드럼트랩
③ 체크 밸브 ④ 스트레이너

해설  **스트레이너**
관내의 불순물을 제거하여 기기의 성능을 보호하는 역할을 하는 배관설비용 부품으로 종류에는 Y형, U형, V형이 있다.

35
다음 아크 용접부의 결함에 대한 방지대책의 연결로 옳은 것은?

① 언더컷 – 높은 전류를 사용한다.
② 오버랩 – 용접 전류를 낮춘다.
③ 기공 – 용접 속도를 높인다.
④ 선상조직 – 급랭을 피한다

해설 ① **언더컷** : 전류를 낮춘다.
② **오버랩** : 전류를 높인다.
③ **기공** : 용접봉 또는 표면청결

36
강관의 슬리브 용접 시 슬리브의 길이는 관경의 몇 배로 하는 것이 가장 적당한가?

① 1.2~1.7배 ② 4~4.5배
③ 2.0~2.5배 ④ 7배이상

해설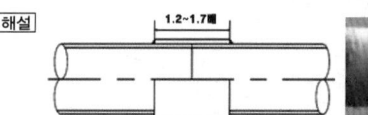
강관의 슬리브 용접시 슬리브의 길이는 관경의 1.2~1.8배 맞대기 용접 이음용 롱엘보의 곡률 반지름은 강관 호칭지름의 1.5배

37
불활성 가스 텅스텐 아크용접(TIG)의 장점으로 틀린 것은?

① 용제(flux)를 사용하지 않는다.
② 질화 및 산화를 방지하여 내부식성이 증가한다.
③ 박판용접과 비철금속 용접이 용이하다.
④ 용융점이 낮은 금속 또는 합금의 용접에 적합하다.

해설 ④ TIG 용접은 합금의 용접에는 작업이 부적합하다.

38
AW-300인 교류아크 용접기의 정격 2차 전류는 얼마인가?

① 150A ② 220A
③ 300A ④ 600A

해설 AW-300인 교류아크 용접기에서 숫자는 2차 정격전류를 의미한다.
예) AW-600=600A(2차 정격전류)

정답 32 ② 33 ④ 34 ④ 35 ④ 36 ① 37 ④ 38 ③

39
관용나사의 테이퍼 값으로 가장 적합한 것은?
① 1/6   ② 1/10
③ 1/16 ④ 1/30

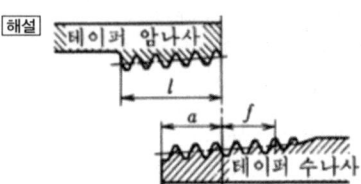

[해설] 관, 관용 부품, 유체 기구 등의 접속에 사용되는 나사로서 평행 나사와 테이퍼 나사가 있으며 테이퍼 나사에서는 테이퍼를 1/16로 취하는 것이 좋다.

40
100A강관으로 반지름(R)이 800Mm의 6편 마이터(Miter) 배관을 제작하고자 한다. 절단각은 얼마인가?(단, 중심각은 90°이다)
① 7°   ② 9°
③ 15° ④ 19°

[해설] 마이터 절단각 $= \dfrac{중심각}{2\times(편수-1)} = \dfrac{90}{2\times(6-1)} = 9°$

41
표준대기압에서 0°C의 물 20kg을 100°C의 포화증기로 변화시키는데 필요 열량kJ은? 단, 물의 비열은 4.19 kJ/kg·K이고, 물의 증발 잠열은 2256.7 kJ/kg이다)
① 26740   ② 45110
③ 53514   ④ 86960

[해설] $H_1 = 1 \times 4.19 \times (100-0) = 419$
$H_2 = 1 \times 2256.7 = 2256.7$
∴ $Q = 419 + 2256.7 = 2675.7$ KJ
물 20kg을 증기로 변환 2675.7 KJ $\times 20 = 53514$ KJ

42
열용량에 대한 설명으로 옳은 것은?
① 어떤 물질 1kg의 온도를 10°C 변화시키기 위하여 필요한 열량
② 어떤 물질의 연소 시 생기는 열량
③ 어떤 물질의 온도를 1°C 변화시키기 위하여 필요한 열량
④ 정적비열에 대한 정압비열을 백분율로 표시한 값

[해설] **열용량**
물의 온도 변화에서의 열량 계산은 (물의 양×온도 변화)였다. 이 식은 물의 비열이 1이기 때문에 만들어진 것이다. 그러나 비열은 물질에 따라 제각기 다르므로, 어떤 물질에 온도 변화가 있었을 때 이동한 열량은 다음과 같이 구한다.
열량=비열×질량×온도의 변화
어떤 물질 전체의 온도를 1°C 올리는 데 필요한 열량을 열용량이라고 한다.
열용량=비열×질량×물질의 질량

43
다음 중 SI 기본 단위가 아닌 것은?
① 시간(s)   ② 길이(m)
③ 질량(kg) ④ 압력(Pa)

[해설]

SI 기본단위		
양	측정단위	단위기호
길이	미터	M
질량	킬로그램	KG
시간	초	S
전류	암페어	A
열역학온도	켈빈	K
물질량	몰	MOL
광도	칸델라	CD

국제단위계에는 7개의 기본단위가 정해져 있는데, 이것을 SI 기본단위라고 한다. 다음은 7개의 기본단위를 나타낸 것이다.
※ 압력은 SI 기본단위에 속하지 않는다.

44
외경 50mm인 증기관으로 오메가형 루프이음을 설치할 경우 흡수해야 할 배관 길이를 10mm로 한다면 벤드의 전 길이는 얼마인가?
① 1.65m   ② 500mm
③ 22.36cm ④ 223cm

[해설] 신축관 길이 $= 0.073\sqrt{d\triangle}$
$= 0.073\sqrt{50\times10} = 1.63 ≒ 1.65$m

정답 39③ 40② 41③ 42③ 43④ 44①

45

램식과 로터리식 파이프 벤딩 머신에 대한 비교 설명으로 틀린 것은?

① 램식은 이동식이므로 배관공사 현장에서 지름이 비교적 작은 관에 적당하다.
② 로터리식은 관에 모래를 채우는 대신 심봉을 넣고 구부린다.
③ 로터리식은 두께에 관계없이 강관 및 스테인리스관, 동관까지도 벤딩이 가능하다.
④ 동일 모양의 굽힘을 다량 생산하는데 적합한 것은 램식이다.

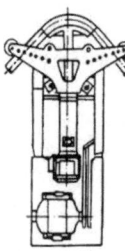

로터리식 파이프 벤딩 머신 심봉을 넣고 구부린다 두께에 관계없이 강관 및 스테인리스관, 동관까지도 벤딩 동일 모양의 굽힘을 다량 생산한다.

46

다음 중 석면 시멘트관의 접합방법이 아닌 것은?

① 기볼트 이음   ② 칼라 이음
③ 심플렉스 이음 ④ 플랜지 이음

해설 석면 시멘트관의 접합방법
기볼트 이음, 칼라 이음, 심플렉스 이음
④ **플랜지 이음** : 주철, 강관, 동 및 동합금관, 스테인리스관 이음에 주로 사용

47

동관배관에서 다음과 같이 재료가 산출되었다. 동관 용접개소는 각각 몇 개소인가?

- 동관 (DN25) 길이 : 2.5m
- 동관 (DN15) 길이 : 1.5m
- 동레듀서 (C×C) DN25/DN20 : 1개
- 어댑터 (C×M) DN20 : 1개
- 동엘보 (C×C) DN20 : 1개

① DN25 3개소·DN20 5개소·DN15 1개소
② DN25 2개소·DN20 4개소·DN15 2개소
③ DN25 5개소·DN20 3개소·DN15 1개소
④ DN25 3개소·DN20 7개소·DN15 2개소

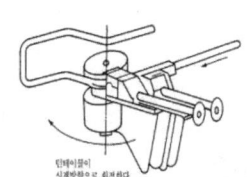

동티 (C×C×C) DN25/ DN15	동레듀서 (C×C) DN25/ DN20	청동 게이트 밸브 DN20	어댑터 (C×M) DN20 : 1개	동유니온 (C×M) DN20	동엘보 (C×C) DN20
용접	용접이음	나사이음	나사 용접이음	나사 용접이음	용접이음

- **25A 계산** : 3개소(이경티2개소+레듀서1개소)
- **20A 계산** : 5개소(레듀서1개소+엘보2개소+유니온1개소+어댑터1개소)
- **15A 계산** : 1개소(이경티1개소)

48

밸브의 조작부 표시 방법 중 동력 조작을 나타내는 것은?

명칭	도시기호	명칭	도시기호	명칭	도시기호
밸브 일반	⋈	수동 밸브		공기 릴리프 밸브	
앵글 밸브		일반 조작 밸브		일반 콕	
체크 밸브		전동 밸브	(M)	게이트 밸브	⋈
스프링 안전밸브		전자 밸브	(S)	글로브 밸브	⋈
볼 밸브	⋈	릴리프 밸브 (일반)		추 안전밸브	
버터 플라이 밸브	⋈	체크 밸브		3방향 밸브	

정답 45 ④ 46 ④ 47 ① 48 ②

49
다음 평면배관도를 입체배관도로 표현한 것으로 옳은 것은?

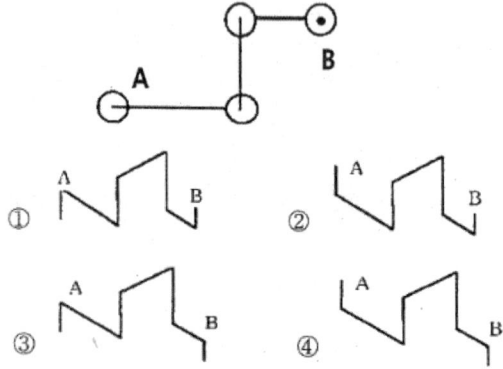

[해설]

접속상태	실제모양	도시기호	실제모양	도시기호
접속하지 않을 때		┼┼		A⊙
접속하고 있을 때		┼		B⊙
분기하고 있을 때		┴		C○─○D

50
절단 단면부분을 표시할 필요가 있을 경우 단면도의 단면 자리에 해칭하는 방법에 대한 설명으로 틀린 것은?

① 해칭은 주된 중심선 또는 단면도의 주된 외형선에 대하여 45°로 가는 실선을 등간격으로 그린다.
② 해칭선의 간격은 해칭을 하는 단면의 크기와 관계없이 일정하게 그린다.
③ 인접한 단면의 해칭은 선의 방향 또는 각도를 바꾸든지 간격을 바꾸어서 그린다.
④ 같은 절단면 위에 나타나는 같은 부품의 단면에도 동일한 해칭을 한다.

[해설] ② 해칭선의 간격은 해칭을 하는 단면의 크기와 관계 있고 일정하게 그리지 않는다.
해칭의 간격은 도면의 크기에 따라 다르나, 보통 2~3mm 등간격으로 그린다.

51
아래의 배관제도에서 +3200의 치수가 의미하는 것은?

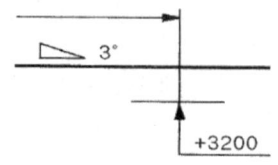

① 관의 윗면까지 높이 3200mm
② 관의 중심까지 높이 3200mm
③ 관의 아랫면까지 높이 3200mm
④ 관의 3° 기울어진 길이 3200mm

[해설] 바닥에서 관 바깥지름의 아랫면까지 +3200 표기한 것이다.

52
이음쇠 끝부분의 접합부 형상을 나타내는 기호 중 수나사가 잇는 접합부를 의미하는 기호는?

① M   ② F
③ C   ④ P

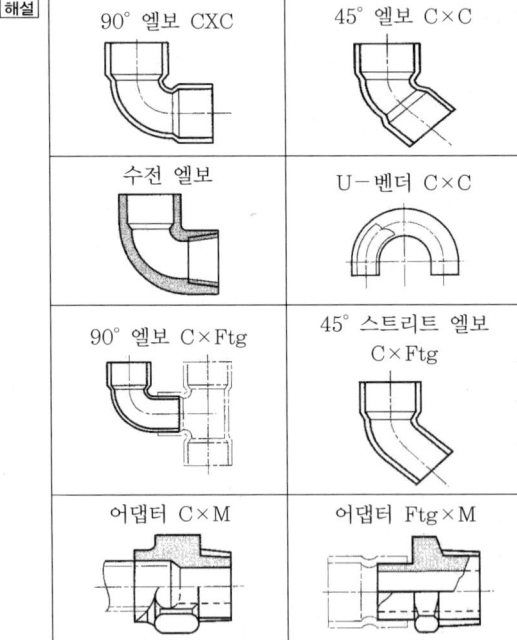

정답 49 ① 50 ② 51 ③ 52 ①

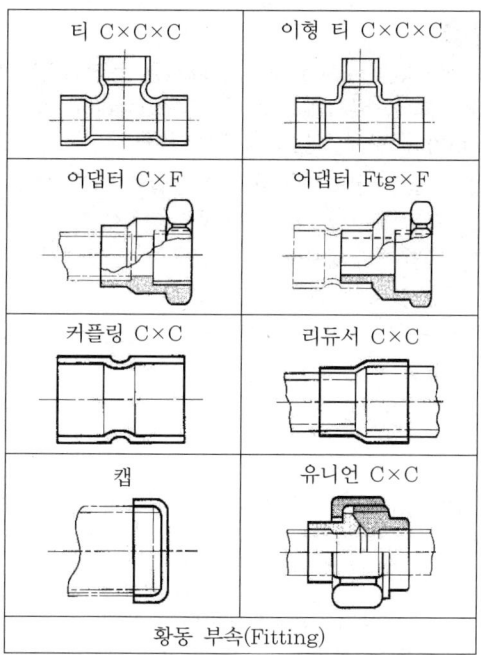

황동 부속(Fitting)

53
입체 배관도로 작도하는 도면으로서, 배관의 일부분만을 작도한 도면이며 부분제작을 목적으로 하는 도면은?

① 입면 배관도   ② 입체 배관도
③ 부분 배관도   ④ 평면 배관도

해설 **부분 배관도**
입체 배관도로 작도하는 도면으로서 배관의 일부분만을 작도한 도면으로 부분제작을 목적으로 하는 도면

54
건설 또는 제조에 필요한 모든 정보를 전달하기 위한 도면으로 공정도, 시공도, 상세도로 구분되는 도면은 어느 것인가?

① 계획도   ② 제작도
③ 주문도   ④ 견적도

해설 **제작도**
건설 또는 제조에 필요한 모든 정보를 전달하기 위한 도면으로 공정도, 시공도, 상세도로 구분되는 도면

55
전수검사와 샘플링 검사에 관한 설명으로 맞는 것은?

① 파괴검사의 경우에는 전수검사를 적용한다.
② 검사항목이 많을 경우 전수검사보다 샘플링 검사가 유리하다.
③ 샘플링 검사는 부적합품이 섞여 들어가서는 안 되는 경우에 적용한다.
④ 생산자에게 품질향상의 자극을 주고 싶을 경우 전수검사가 샘플링 검사보다 더 효과적이다.

해설 **샘플링 검사가 유리한 경우**
① 다수, 다량의 것으로 불량품이 있어도 문제가 없는 경우
② 검사 항목이 많은 경우, 물품의 검사가 파괴검사일 때
③ 불완전한 전수검사에 비해 높은 신뢰성이 있고 검사비용이 적은 편이 이익이 많을 때
④ 대량 생산품이고 연속 제품일 때, 품질향상에 대하여 생산자에게 자극이 필요한 때

56
어떤 회사의 매출액이 80000원, 고정비가 15000원, 변동비가 40000원일 때 손익분기점 매출액은 얼마인가?

① 25000원   ② 30000원
③ 40000원   ④ 55000원

해설 **손익분기점**
$$\frac{고정비}{한계이익률} = \frac{고정비}{1-\frac{변동비}{매상고}} = \frac{15000}{1-\frac{40000}{80000}} = 30000원$$

57
다음 데이터의 제곱합(Sum Of Squares)은 약 얼마인가?

| 18.8 | 19.1 | 18.8 | 18.2 | 18.4 |
| 18.3 | 19.0 | 18.6 | 19.2 | |

① 0.129   ② 0.338
③ 0.359   ④ 1.029

해설 **제곱합(S) 계산**
$\bar{x} = \frac{\Sigma x}{n}$
$= \frac{18.8+19.1+18.8+18.2+18.4+18.3+19.0+18.6+19.2}{9}$
$S = (18.7-18.7)^2 + (18.7-19.1)^2 + (18.7-18.8)^2$
$+ (18.7-18.2)^2 + (18.7-18.4)^2 + (18.7-18.3)^2$
$+ (18.7-19.0)^2 + (18.7-18.6)^2 + (18.7-19.2)^2 = 1.029$

정답 53 ③ 54 ② 55 ② 56 ② 57 ④

58
국제 표준화의 의의를 지적한 설명중 직접적인 효과로 보기 어려운 것은?

① 국제간 규격통일로 상호 이익도모
② KS 표시품 수출 시 상대국에서 품질인증
③ 개발도상국에 대한 기술개발의 촉진을 유도
④ 국가 간의 규격상이로 인한 무역장벽의 제거

해설 ② KS는 대한민국 표준이므로 상대국에서 인증하기 어렵다. 국제표준 (ISO)

59
직물, 금속, 유리 등의 일정 단위 중 나타나는 흠의 수, 핀홀 수 등 부적합수에 관한 관리도를 작성하려면 가장 적합한 관리도는?

① c 관리도
② np 관리도
③ p 관리도
④ $\overline{X} - R$

해설 계수값 관리도
- c(부적합수) 관리도
- u(단위당 부적합수) 관리도
- p(부적합품률) 관리도
- np(부적합품수) 관리도

60
Ralph M. Barnes 교수가 제시한 동작경제의 원칙 중 작업장 배치에 관한 원칙(Arrangement of the workplace)에 해당되지 않는 것은?

① 가급적이면 낙하식 운반방법을 이용한다.
② 모든 공구나 재료는 지정된 위치에 있도록 한다.
③ 적절한 조명을 하여 작업자가 잘 보면서 작업할 수 있도록 한다.
④ 가급적 용이하고 자연스런 리듬을 타고 일할 수 있도록 작업을 구성하여야 한다.

④ 가급적 용이하고 자연스런 리듬을 타고 일할 수 있도록 작업을 구성하여야 한다. → 길브레드 (Gilbreth)동작경제의 원칙

해설 반즈(Raiph M Barnes)가 제시한 동작경제의 원칙
① 신체의 사용에 관한 원칙
② 작업장의 배치에 관한 원칙
③ 공구 및 설비의 디자인에 관한 원칙

길브레드(Gilbreth) 동작경제의 원칙
- 양손의 동작은 동시에 시작하여 동시에 끝나야 한다.
- 양손은 휴식시간을 제외하고는 동시에 쉬어서는 안 된다.
- 팔의 동작은 서로 반대의 대칭적 방향으로 이루어져야 하며 동시에 행해져야 한다.
- 손과 몸의 동작은 일에 만족스럽게 할 수 있는 가장 단순한 동작에 한정되어야 한다.
- 작업에 도움이 되도록 가급적 물체의 관성(慣性)을 활용하고, 근육운동으로 작업을 수행하는 경우를 최소한으로 줄여야 한다.
- 갑자기 예각방향으로 변화를 하는 직선동작보다는 유연하고 연속적인 곡선동작을 하는 것이 좋다.
- 제한되거나 통제된 동작보다는 탄도적 동작이 보다 빠르고 쉬우며 정확하다.
- 작업을 원활하고 자연스럽게 수행하는 데는 리듬이 중요하다. 가급적 쉽고 자연스러운 리듬이 가능하도록 작업이 배열되어야 한다.
- 눈의 고정은 가급적 줄이고 함께 가까이 있도록 한다.

정답 58 ② 59 ① 60 ④

퍼펙트 배관기능장
필기실기 시험문제

발 행 일 2019년 5월 10일 초판 1쇄 발행
　　　　　2020년 1월 10일 초판 2쇄 발행

저　　자 김관식 · 도천기

발 행 처 크라운출판사
　　　　　http://www.crownbook.com

발 행 인 이상원
신고번호 제 300-2007-143호
주　　소 서울시 종로구 율곡로13길 21
대표전화 02)745-0311~3
팩　　스 02)743-2688
홈페이지 www.crownbook.com
I S B N 978-89-406-4059-3 / 13540

특별판매정가　29,000원

이 도서의 판권은 크라운출판사에 있으며, 수록된 내용은
무단으로 복제, 변형하여 사용할 수 없습니다.
　　　　　Copyright CROWN, ⓒ 2020 Printed in Korea

이 도서의 문의를 편집부(02-763-1668)로 연락주시면
친절하게 응답해 드립니다.